건설안전기사

기사

실기 필답형 +작업형

건축시공기술사 · 건설안전기술사 **신상욱** 편저

북스케치
합격을 스케치하다

Preface 머리말

　건설산업의 고도화와 초고층 건축물의 등장, 건축물의 복잡한 입면 및 구조, 대형화로 인해 건설 안전 사고의 위험은 더욱 증대되고 있다. 이로 인해 건설안전 기술 인력의 수요 및 필요성이 더욱 증가하고 중요시되는 추세이다.

　특히「중대재해 처벌 등에 관한 법률」이 시행됨에 따라 안전관리자의 수요는 대폭 증가하고 이와 관련한 업무와 책임은 무거워지고 있는 실정이다. 최근 발생한 안전사고의 대부분은 충분한 대비와 방안을 수립했음에도 사고가 발생하는 경우가 종종 발생하고 있다. 이를 최소화하는 방안은 안전관리자의 역량과 사업주의 관심, 안전관리의 시스템화를 구축하는 것이 필요하다.

　건설안전 기술인의 업무는 단순히 현장에서 작업자의 상태, 행동을 점검하는 차원으로 넘어 체계적인 안전관리 계획 수립 및 실행, 위험성평가, 자율예방구축에 초점이 맞추어지고 있다. 이를 위해서는 안전 관련 법령을 숙지하고 준수하는 것은 필수적이다. 이 책은 단순히 건설안전기사 수험서가 아닌 건설안전기술 법령의 맞춤 서적이라는 것을 밝혀두는 바이다.

　건설안전 기술인은 건설기술을 바탕으로 하는 안전관리의 역할을 수행해야 한다. 현장의 위험요소를 예측하고 이에 대한 기술적, 안전적 방안을 제안할 수 있어야 하고 안전시설물 등으로 인해 공사 간섭 및 방해 우려 요소를 사전에 검토하여 대안을 도출해내는 능력을 배양해야 한다. 물론 안전시설물 및 작업자의 안전에 관한 관리가 선행되어야 하는 것은 굳이 언급할 필요가 없다.

　본 저자는 건축설계, 건축시공, 건축공무, 건설안전관리, 재해예방기술지도 등 건설분야의 다양한 업무 경력을 바탕으로 미래의 건설안전 기술인을 희망하는 수험자들에게 '건설안전기사' 합격의 영광을 드리기 위해 본 저서를 출간하는데 최선의 노력을 다하였다.

　이 책은 시험과목에 중요한 테마별로 출제 예상 및 빈출 이론만을 정리하여 수험자의 학습시간을 단축하는데 중점을 두어 집필하였다. 또한 기출문제 풀이를 상세히 하여 해당문제에서 파생될 수 있는 이론과 예상문제(온라인강의)를 제시하여 학습효과를 높이는데 심혈을 기울였다.

📣 합격 전략

1. **암기법**을 바탕으로 무조건 **3회독** 해라.
2. 변형문제에 대비해서 기출보다는 **이론에 더욱 시간을 투자해라.**
3. **기출문제의 이론을 중심**으로 학습하라.
4. 수험기간을 단축하기 위해 **온라인 강의**를 적극 활용해라.

　끝으로 스터디채널 대표님, 북스케치 대표님 외 북스케치 편집부 분들께도 감사의 말씀을 남긴다. 더불어 사랑하는 내 가족의 노고에 깊은 감사를 드린다. 이 책이 수험자 여러분에게 합격의 길로 안내할 거라 확신하며 여러분의 건승을 기원하는 바이다.

2025. 02.　건축시공기술사 · 건설안전기술사 · 산업안전지도사　한상욱

건설안전기사 시험정보

시험 개요

건설업은 공사기간단축, 비용절감 등의 이유로 사업주와 건축주들이 근로자의 보호를 소홀히 할 수 있기 때문에 건설현장의 재해요인을 예측하고 재해를 예방하기 위하여 건설안전 분야에 대한 전문지식을 갖춘 전문인력을 양성하고자 자격제도를 제정하였다.

수행 직무

건설 재해 예방계획 수립, 작업환경의 점검 및 개선, 유해 위험방지 등의 안전에 관한 기술적인 사항을 관리하며 건설물이나 설비작업의 위험에 따른 응급조치, 안전장치 및 보호구의 정기점검, 정비 등의 직무를 수행한다.

시험 일정

건설안전기사 시험은 국가자격 정기시험 1회, 2회, 4회로 연중 3회 실시하고 있다. 세부 일정은 큐넷 홈페이지(http://www.q-net.or.kr)에서 확인할 수 있다.

취득 방법 및 시험 내용

- **시행처** : 한국산업인력공단
- **관련학과** : 대학과 전문대학의 산업안전공학, 건설안전공학, 토목공학, 건축공학 관련 학과
- **합격기준**

필기	100점을 만점으로 하여 과목당 40점 이상, 전과목 평균 60점 이상
실기	100점을 만점으로 하여 60점 이상

- **시험과목**

필기	1. 산업안전관리론, 2. 산업심리 및 교육, 3. 인간공학 및 시스템안전공학, 4. 건설시공학, 5. 건설재료학, 6. 건설안전기술
실기	건설안전실무

- **검정방법**

필기	객관식 4지 택일형 과목당 20문항(과목당 30분)
실기	복합형[필답형(1시간 30분, 60점) + 작업형(50분 정도, 40점)]

건설안전기사 실기 출제기준

직무 분야	안전관리	중직무 분야	안전관리	자격 종목	건설안전기사	적용 기간	2021.1.1.~2025.12.31.

직무 내용	건설현장의 생산성 향상과 인적·물적 손실을 최소화하기 위한 안전계획을 수립하고, 그에 따른 작업환경의 점검 및 개선, 현장 근로자의 교육계획 수립 및 실시, 작업환경 순회감독 등 안전관리 업무를 통해 인명과 재산을 보호하고, 사고 발생 시 효과적이며 신속한 처리 및 재발 방지를 위한 대책안을 수립, 이행하는 등 안전에 관한 기술적인 관리 업무를 수행하는 직무이다.

실기검정방법	복합형	시험시간	약 2시간 20분 (필답형 : 1시간 30분, 작업형 : 약 50분)

실기 과목명	주요항목	세부항목
건설안전 실무	1. 안전관리	1. 안전관리 조직 이해하기 2. 안전관리 계획 수립하기 3. 산업재해 발생 및 재해 조사 분석하기 4. 재해 예방대책 수립하기 5. 개인 보호구 선정하기 6. 안전 시설물 설치하기 7. 안전보건교육 계획하기 8. 안전보건교육 실시하기
	2. 건설공사 안전	1. 건설공사 특수성 분석하기 2. 가설공사 안전을 이해하기 3. 토공사 안전을 이해하기 4. 구조물공사 안전을 이해하기 5. 마감공사 안전을 이해하기 6. 건설기계, 기구 안전을 이해하기 7. 사고형태별 안전을 이해하기
	3. 안전기준	1. 건설안전 관련법규 적용하기 2. 안전기준에 관한 규칙 및 기술지침 적용하기

Contents 차례

Appendix 최신 기출문제

Part 1 필답형 문제 (핵심문제 + 기출문제)

Appendix

최신 기출문제

Appendix 최신 기출문제(필답형)

※ 제시된 문제는 실제 출제 문제와 상이할 수 있습니다.

 **2024년 필답형 1회**

01 다음이 설명하는 (1) 양중기의 종류와 (2) 리프트 3가지를 작성하시오.

> (1) 훅이나 그 밖의 달기구 등을 사용하여 화물을 권상 및 횡행 또는 권상동작만을 하여 양중하는 것
> (2) 동력을 사용하여 사람이나 화물을 운반하는 것을 목적으로 하는 기계설비

답 안 연 습	
모 범 답 안	(1) 호이스트 (2) 건설용리프트, 산업용리프트, 자동차정비용리프트 **산업안전보건기준에 관한 규칙(약칭: 안전보건규칙)** 　　　　　[시행 2024. 12. 29.] [고용노동부령 제417호, 2024. 6. 28., 일부개정] **제132조(양중기)** ① 양중기란 다음 각 호의 기계를 말한다.〈개정 2019. 4. 19.〉 1. 크레인[호이스트(hoist)를 포함한다] 2. 이동식 크레인 3. 리프트(이삿짐운반용 리프트의 경우에는 적재하중이 0.1톤 이상인 것으로 한정한다) 4. 곤돌라 5. 승강기 ② 제1항 각 호의 기계의 뜻은 다음 각 호와 같다.〈개정 2019. 4. 19., 2021. 11. 19., 2022. 10. 18.〉 1. "크레인"이란 동력을 사용하여 중량물을 매달아 상하 및 좌우(수평 또는 선회를 말한다)로 운반하는 것을 목적으로 하는 기계 또는 기계장치를 말하며, "호이스트"란 훅이나 그 밖의 달기구 등을 사용하여 화물을 권상 및 횡행 또는 권상동작만을 하여 양중하는 것을 말한다. 2. "이동식 크레인"이란 원동기를 내장하고 있는 것으로서 불특정 장소에 스스로 이동할 수 있는 크레인으로 동력을 사용하여 중량물을 매달아 상하 및 좌우(수평 또는 선회를 말한다)로 운반하는 설비로서 「건설기계관리법」을 적용 받는 기중기 또는 「자동차관리법」 제3조에 따른 화물 · 특수자동차의 작업부에 탑재하여 화물운반 등에 사용하는 기계 또는 기계장치를 말한다.

3. "리프트"란 동력을 사용하여 사람이나 화물을 운반하는 것을 목적으로 하는 기계설비로서 다음 각 목의 것을 말한다.

　가. 건설용 리프트: 동력을 사용하여 가이드레일(운반구를 지지하여 상승 및 하강 동작을 안내하는 레일)을 따라 상하로 움직이는 운반구를 매달아 사람이나 화물을 운반할 수 있는 설비 또는 이와 유사한 구조 및 성능을 가진 것으로 건설현장에서 사용하는 것

　나. 산업용 리프트: 동력을 사용하여 가이드레일을 따라 상하로 움직이는 운반구를 매달아 화물을 운반할 수 있는 설비 또는 이와 유사한 구조 및 성능을 가진 것으로 건설현장 외의 장소에서 사용하는 것

　다. 자동차정비용 리프트: 동력을 사용하여 가이드레일을 따라 움직이는 지지대로 자동차 등을 일정한 높이로 올리거나 내리는 구조의 리프트로서 자동차 정비에 사용하는 것

　라. 이삿짐운반용 리프트: 연장 및 축소가 가능하고 끝단을 건축물 등에 지지하는 구조의 사다리형 붐에 따라 동력을 사용하여 움직이는 운반구를 매달아 화물을 운반하는 설비로서 화물자동차 등 차량 위에 탑재하여 이삿짐 운반 등에 사용하는 것

4. "곤돌라"란 달기발판 또는 운반구, 승강장치, 그 밖의 장치 및 이들에 부속된 기계부품에 의하여 구성되고, 와이어로프 또는 달기강선에 의하여 달기발판 또는 운반구가 전용 승강장치에 의하여 오르내리는 설비를 말한다.

5. "승강기"란 건축물이나 고정된 시설물에 설치되어 일정한 경로에 따라 사람이나 화물을 승강장으로 옮기는 데에 사용되는 설비로서 다음 각 목의 것을 말한다.

　가. 승객용 엘리베이터: 사람의 운송에 적합하게 제조 · 설치된 엘리베이터

　나. 승객화물용 엘리베이터: 사람의 운송과 화물 운반을 겸용하는데 적합하게 제조 · 설치된 엘리베이터

　다. 화물용 엘리베이터: 화물 운반에 적합하게 제조 · 설치된 엘리베이터로서 조작자 또는 화물취급자 1명은 탑승할 수 있는 것(적재용량이 300킬로그램 미만인 것은 제외한다)

　라. 소형화물용 엘리베이터: 음식물이나 서적 등 소형 화물의 운반에 적합하게 제조 · 설치된 엘리베이터로서 사람의 탑승이 금지된 것

　마. 에스컬레이터: 일정한 경사로 또는 수평로를 따라 위 · 아래 또는 옆으로 움직이는 디딤판을 통해 사람이나 화물을 승강장으로 운송시키는 설비

02 방어기제와 도피기제에 해당하는 종류를 각각 2가지 작성하시오.

답 안 연 습	

모 범 답 안	1. 방어기제 ① 합리화　② 동일화　③ 보상　④ 모방 2. 도피기제 ① 백일몽　② 억제　③ 억압　④ 퇴행

03 산업안전보건관리비를 산정하시오. (단, 재료비와 직접노무비의 합계: 5,000,000,000, 건축공사)

답안 연습

모범 답안

풀이) 5,000,000,000 × 2.37% =118,500,000원

건설업 산업안전보건관리비 계상 및 사용기준

[시행 2025. 1. 1.] [고용노동부고시 제2024-53호, 2024. 9. 19., 일부개정]

【별표 1】공사종류 및 규모별 산업안전보건관리비 계상기준표

(단위: 원)

구분 공사종류	대상액 5억원 미만인 경우 적용 비율(%) 대상액 5억원 미만인 경우 적용 비율(%)	대상액 5억원 이상 50억원 미만인 경우 적용 비율(%)	기초액	대상액 50억원 이상인 경우 적용 비율(%) 대상액 50억원 이상인 경우 적용 비율(%)	영 별표5에 따른 보건관리자 선임 대상 건설공사의 적용비율(%) 영 별표5에 따른 보건관리자 선임 대상 건설공사의 적용비율(%)
건축공사	3.11%	2.28%	4,325,000원	2.37%	2.64%
토목공사	3.15%	2.53%	3,300,000원	2.60%	2.73%
중건설공사	3.64%	3.05%	2,975,000원	3.11%	3.39%
특수건설공사	2.07%	1.59%	2,450,000원	1.64%	1.78%

04 프리스트레스 콘크리트 구조에서 프리스트레스 도입 시 응력손실 원인 2가지를 작성하시오.

답안 연습

모범 답안

① 콘크리트의 탄성수축   ② 콘크리트의 크리프   ③ 콘크리트의 건조수축

05 차량계 하역운반기계에 화물을 적재하는 경우 사업주의 준수사항 3가지를 작성하시오.

답 안 연 습	

| 모 범 답 안 | 산업안전보건기준에 관한 규칙(약칭 : 안전보건규칙)
[시행 2024. 12. 29.] [고용노동부령 제417호, 2024. 6. 28., 일부개정]
제173조(화물적재 시의 조치) ① 사업주는 차량계 하역운반기계등에 화물을 적재하는 경우에 다음 각 호의 사항을 준수하여야 한다.
1. 하중이 한쪽으로 치우치지 않도록 적재할 것
2. 구내운반차 또는 화물자동차의 경우 화물의 붕괴 또는 낙하에 의한 위험을 방지하기 위하여 화물에 로프를 거는 등 필요한 조치를 할 것
3. 운전자의 시야를 가리지 않도록 화물을 적재할 것
② 제1항의 화물을 적재하는 경우에는 최대적재량을 초과해서는 아니 된다. |

06 가설통로를 설치하는 경우 준수사항 4가지를 작성하시오.

답 안 연 습	

| 모 범 답 안 | 산업안전보건기준에 관한 규칙(약칭: 안전보건규칙)
[시행 2024. 12. 29.] [고용노동부령 제417호, 2024. 6. 28., 일부개정]
제23조(가설통로의 구조) 사업주는 가설통로를 설치하는 경우 다음 각 호의 사항을 준수하여야 한다.
1. 견고한 구조로 할 것
2. 경사는 30도 이하로 할 것. 다만, 계단을 설치하거나 높이 2미터 미만의 가설통로로서 튼튼한 손잡이를 설치한 경우에는 그러하지 아니하다.
3. 경사가 15도를 초과하는 경우에는 미끄러지지 아니하는 구조로 할 것
4. 추락할 위험이 있는 장소에는 안전난간을 설치할 것. 다만, 작업상 부득이한 경우에는 필요한 부분만 임시로 해체할 수 있다.
5. 수직갱에 가설된 통로의 길이가 15미터 이상인 경우에는 10미터 이내마다 계단참을 설치할 것
6. 건설공사에 사용하는 높이 8미터 이상인 비계다리에는 7미터 이내마다 계단참을 설치할 것 |

07 보기에 제시된 안전보건표지의 명칭을 각각 작성하시오.

모 범 답 안	① 인화성물질 경고 ② 급성독성물질 경고 ③ 폭발성물질 경고 산업안전보건법 시행규칙 [시행 2025. 1. 1.] [고용노동부령 제419호, 2024. 6. 28., 일부개정] 안전보건표지의 종류와 형태(제38조제1항 관련)

08 이동식크레인의 종류를 2가지 작성하시오.

답 안 연 습	

모 범 답 안	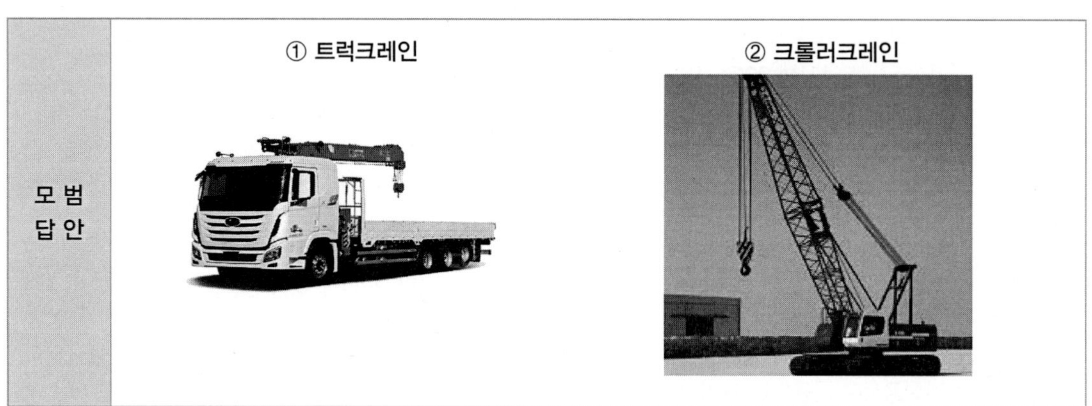

09 토공사 시 비탈면 보호공법의 종류 3가지를 작성하시오.

답안 연습	

모범 답안	① 숏크리트공법　② 격자틀 붙이기　③ 낙석방지망 설치

10 해체공사를 하는 경우 화약류 취급 시 유의사항 3가지를 작성하시오.

<table>
<tr><td>답 안
연 습</td><td></td></tr>
</table>

<table>
<tr><td rowspan="2">모 범
답 안</td><td>

해체공사표준안전작업지침

    [시행 2020. 1. 16.] [고용노동부고시 제2020-11호, 2020. 1. 7., 일부개정]

제21조(화약발파 공법)

1. 화약류 취급시에는 다음 각 목의 사항에 유의하여야 한다.

　가. 폭발물을 보관하는 용기를 취급할 때는 불꽃을 일으킬 우려가 있는 철제기구나 공구를 사용해서는 안된다.

　나. 화약류는 해당 사항에 대해 양도양수허가증의 수량에 의해 반입하고 사용시 필요한 분량만을 용기로부터 반출하여 즉시 사용토록 한다.

　다. 화약류에 충격을 주거나, 던지거나, 떨어뜨리지 않도록 한다.

　라. 화약류는 화로나 모닥불 부근 또는 그라인더(grinder)를 사용하고 있는 부근에선 취급하지 않도록 한다.

　마. 전기뇌관은 전지, 전선, 전기모터, 기타의 전기설비 부근에 접촉되지 않도록 한다.

　바. 화약, 폭약, 화공약품은 각각 다른 용기에 수납하여야 한다.

　사. 사용하고 남은 화약류는 발파현장에 남겨놓지 않고 화약류 취급소에 반납하도록 한다.

　아. 화약고나 다량의 폭발물이 있는 곳에서는 뇌관장치를 하지 않도록 한다.

　자. 화약류 취급시에는 항상 도난에 유의하여 출입자 명부를 비치함과 동시에 과부족이 발생되지 않도록 한다.

　차. 화약류를 멀리 떨어진 현장에 운반할 때에는 정해진 포대나 상자 등을 사용하도록 한다.

　카. 화약, 폭약 및 도화선과 뇌관 등을 운반할 때에는 한 사람이 한꺼번에 운반하지 말고 여러 사람이 각기 종류별로 나누어 별개 용기에 넣어 운반토록 한다.

　타. 화약류 운반시에는 운반자의 능력에 알맞는 양을 운반케 하여야 한다.

　파. 발파기를 사전에 점검하고 작동불가 및 불능시 즉시 교체하여야 한다.

　하. 화약류의 운반시는 화기나 전선의 부근을 피하며, 넘어지지 않게 하고 떨어뜨리거나 부딪히지 않도록 유의하여야 한다.

</td></tr>
</table>

11 흙막이공법의 (1) 지지방식과 (2) 구조방식을 각각 2가지 작성하시오.

답 안 연 습	

모 범 답 안	(1) 지지방식 : ① 어스앵커 ② 버팀대 (2) 구조방식 : ① 널말뚝 ② 지하연속벽

12 안전보건진단을 받아 안전보건개선계획을 수립해야 하는 대상 4가지를 작성하시오.

답 안 연 습	

모 범 답 안	산업안전보건법 시행령
	[시행 2025. 1. 1.] [대통령령 제34603호, 2024. 6. 25., 일부개정]
	제49조(안전보건진단을 받아 안전보건개선계획을 수립할 대상)
	법 제49조 제1항 각 호 외의 부분 후단에서 "대통령령으로 정하는 사업장"이란 다음 각 호의 사업장을 말한다.
	1. 산업재해율이 같은 업종 평균 산업재해율의 2배 이상인 사업장
	2. 법 제49조 제1항 제2호에 해당하는 사업장
	   (사업주가 필요한 안전조치 또는 보건조치를 이행하지 아니하여 중대재해가 발생한 사업장)
	3. 직업성 질병자가 연간 2명 이상(상시근로자 1천명 이상 사업장의 경우 3명 이상) 발생한 사업장
	4. 그 밖에 작업환경 불량, 화재·폭발 또는 누출 사고 등으로 사업장 주변까지 피해가 확산된 사업장
	   으로서 고용노동부령으로 정하는 사업장

13 사다리식 통로를 설치하는 경우 준수사항 3가지를 작성하시오.

답안 연습	

모범 답안	산업안전보건기준에 관한 규칙(약칭: 안전보건규칙) 　　　　[시행 2024. 12. 29.] [고용노동부령 제417호, 2024. 6. 28., 일부개정] 제24조(사다리식 통로 등의 구조) ① 사업주는 사다리식 통로 등을 설치하는 경우 다음 각 호의 사항을 준수하여야 한다.〈개정 2024. 6. 28.〉 1. 견고한 구조로 할 것 2. 심한 손상·부식 등이 없는 재료를 사용할 것 3. 발판의 간격은 일정하게 할 것 4. 발판과 벽과의 사이는 15센티미터 이상의 간격을 유지할 것 5. 폭은 30센티미터 이상으로 할 것 6. 사다리가 넘어지거나 미끄러지는 것을 방지하기 위한 조치를 할 것 7. 사다리의 상단은 걸쳐놓은 지점으로부터 60센티미터 이상 올라가도록 할 것 8. 사다리식 통로의 길이가 10미터 이상인 경우에는 5미터 이내마다 계단참을 설치할 것 9. 사다리식 통로의 기울기는 75도 이하로 할 것. 다만, 고정식 사다리식 통로의 기울기는 90도 이하로 하고, 그 높이가 7미터 이상인 경우에는 다음 각 목의 구분에 따른 조치를 할 것 　가. 등받이울이 있어도 근로자 이동에 지장이 없는 경우: 바닥으로부터 높이가 2.5미터 되는 지점부터 등받이울을 설치할 것 　나. 등받이울이 있으면 근로자가 이동이 곤란한 경우: 한국산업표준에서 정하는 기준에 적합한 개인용 추락 방지 시스템을 설치하고 근로자로 하여금 한국산업표준에서 정하는 기준에 적합한 전신안전대를 사용하도록 할 것 10. 접이식 사다리 기둥은 사용 시 접혀지거나 펼쳐지지 않도록 철물 등을 사용하여 견고하게 조치할 것 ② 잠함(潛函) 내 사다리식 통로와 건조·수리 중인 선박의 구명줄이 설치된 사다리식 통로(건조·수리작업을 위하여 임시로 설치한 사다리식 통로는 제외한다)에 대해서는 제1항 제5호부터 제10호까지의 규정을 적용하지 아니한다.

14 누전에 의한 감전을 방지하기 위해 감전방지용 누전차단기를 설치해야 하는 전기기계 · 기구 4가지를 작성하시오.

답 안 연 습	

모 범 답 안

산업안전보건기준에 관한 규칙(약칭: 안전보건규칙)

[시행 2024. 12. 29.] [고용노동부령 제417호, 2024. 6. 28., 일부개정]

제304조(누전차단기에 의한 감전방지) ① 사업주는 다음 각 호의 전기 기계 · 기구에 대하여 누전에 의한 감전위험을 방지하기 위하여 해당 전로의 정격에 적합하고 감도(전류 등에 반응하는 정도)가 양호하며 확실하게 작동하는 감전방지용 누전차단기를 설치해야 한다.〈개정 2021. 11. 19.〉

1. 대지전압이 150볼트를 초과하는 이동형 또는 휴대형 전기기계 · 기구
2. 물 등 도전성이 높은 액체가 있는 습윤장소에서 사용하는 저압(1.5천볼트 이하 직류전압이나 1천볼트 이하의 교류전압을 말한다)용 전기기계 · 기구
3. 철판 · 철골 위 등 도전성이 높은 장소에서 사용하는 이동형 또는 휴대형 전기기계 · 기구
4. 임시배선의 전로가 설치되는 장소에서 사용하는 이동형 또는 휴대형 전기기계 · 기구

② 사업주는 제1항에 따라 감전방지용 누전차단기를 설치하기 어려운 경우에는 작업시작 전에 접지선의 연결 및 접속부 상태 등이 적합한지 확실하게 점검하여야 한다.

③ 다음 각 호의 어느 하나에 해당하는 경우에는 제1항과 제2항을 적용하지 않는다.〈개정 2019. 1. 31., 2021. 11. 19.〉

1. 「전기용품 및 생활용품 안전관리법」이 적용되는 이중절연 또는 이와 같은 수준 이상으로 보호되는 구조로 된 전기기계 · 기구

2. 절연대 위 등과 같이 감전위험이 없는 장소에서 사용하는 전기기계 · 기구

3. 비접지방식의 전로

④ 사업주는 제1항에 따라 전기기계 · 기구를 사용하기 전에 해당 누전차단기의 작동상태를 점검하고 이상이 발견되면 즉시 보수하거나 교환하여야 한다.

⑤ 사업주는 제1항에 따라 설치한 누전차단기를 접속하는 경우에 다음 각 호의 사항을 준수하여야 한다.

1. 전기기계 · 기구에 설치되어 있는 누전차단기는 정격감도전류가 30밀리암페어 이하이고 작동시간은 0.03초 이내일 것. 다만, 정격전부하전류가 50암페어 이상인 전기기계 · 기구에 접속되는 누전차단기는 오작동을 방지하기 위하여 정격감도전류는 200밀리암페어 이하로, 작동시간은 0.1초 이내로 할 수 있다.
2. 분기회로 또는 전기기계 · 기구마다 누전차단기를 접속할 것. 다만, 평상시 누설전류가 매우 적은 소용량부하의 전로에는 분기회로에 일괄하여 접속할 수 있다.
3. 누전차단기는 배전반 또는 분전반 내에 접속하거나 꽂음접속기형 누전차단기를 콘센트에 접속하는 등 파손이나 감전사고를 방지할 수 있는 장소에 접속할 것
4. 지락보호전용 기능만 있는 누전차단기는 과전류를 차단하는 퓨즈나 차단기 등과 조합하여 접속할 것

2024년 필답형 2회

01 시설물의 상태를 판단하고 시설물이 점검 당시의 사용요건을 만족시키고 있는지 확인하며 시설물 주요부재의 상태를 확인할 수 있는 수준의 외관조사 및 측정·시험장비를 이용한 조사를 실시하는 안전점검은 무엇인지 작성하시오.

답안 연습	

모범 답안	시설물의 안전 및 유지관리에 관한 특별법 시행규칙(약칭: 시설물안전법 시행규칙) 　　　　　[시행 2024. 7. 17.] [국토교통부령 제1366호, 2024. 7. 16., 일부개정] 제2조(안전점검의 종류)「시설물의 안전 및 유지관리에 관한 특별법」(이하 "법"이라 한다)제2조 제5호에 따른 안전점검은 다음 각 호와 같이 구분한다. 1. 정기안전점검 : 시설물의 상태를 판단하고 시설물이 점검 당시의 사용요건을 만족시키고 있는지 확인할 수 있는 수준의 외관조사를 실시하는 안전점검 2. 정밀안전점검 : 시설물의 상태를 판단하고 시설물이 점검 당시의 사용요건을 만족시키고 있는지 확인하며 시설물 주요부재의 상태를 확인할 수 있는 수준의 외관조사 및 측정·시험장비를 이용한 조사를 실시하는 안전점검

02 ① 중대재해의 범위 3가지와 ② 중대재해 발생 시 보고사항 2가지를 작성하시오.

답안 연습	

모범 답안	산업안전보건법 시행규칙 　　　　　[시행 2024. 12. 29.] [고용노동부령 제419호, 2024. 6. 28., 일부개정] **제3조(중대재해의 범위)** 법 제2조 제2호에서 "고용노동부령으로 정하는 재해"란 다음 각 호의 어느 하나에 해당하는 재해를 말한다. 1. 사망자가 1명 이상 발생한 재해 2. 3개월 이상의 요양이 필요한 부상자가 동시에 2명 이상 발생한 재해 3. 부상자 또는 직업성 질병자가 동시에 10명 이상 발생한 재해 **제67조(중대재해 발생시 보고)** 사업주는 중대재해가 발생한 사실을 알게 된 경우에는 법 제54조 제2항에 따라 지체 없이 다음 각 호의 사항을 사업장 소재지를 관할하는 지방고용노동관서의 장에게 전화·팩스 또는 그 밖의 적절한 방법으로 보고해야 한다. 1. 발생 개요 및 피해 상황 2. 조치 및 전망 3. 그 밖의 중요한 사항

03 재해원인 분석방법 중 통계적 원인분석법의 종류 2가지를 작성하시오.

<table>
<tr><td>답 안
연 습</td><td></td></tr>
</table>

<table>
<tr><td>모 범
답 안</td><td>
① 특성요인도
: 재해원인을 조사하고 해당 요인을 통해 어떠한 결과가 도출되는지를 표로 나타낸 것으로 생선뼈 형태로 작성
② 파레토도
: 재해 발생 원인을 도출하여 가장 많은 원인의 항목을 도출하는 방법
③ 관리도
: 재해 발생 건수를 월별로 작성하여 관리하는 방법
</td></tr>
</table>

04 콘크리트 타설작업 시 준수사항 4가지를 작성하시오.

<table>
<tr><td>답 안
연 습</td><td></td></tr>
</table>

<table>
<tr><td>모 범
답 안</td><td>
산업안전보건기준에 관한 규칙(약칭: 안전보건규칙)
[시행 2024. 12. 29.] [고용노동부령 제417호, 2024. 6. 28., 일부개정
제334조(콘크리트의 타설작업) 사업주는 콘크리트 타설작업을 하는 경우에는 다음 각 호의 사항을 준수해야 한다.〈개정 2023. 11. 14.〉
1. 당일의 작업을 시작하기 전에 해당 작업에 관한 거푸집 및 동바리의 변형·변위 및 지반의 침하 유무 등을 점검하고 이상이 있으면 보수할 것
2. 작업 중에는 감시자를 배치하는 등의 방법으로 거푸집 및 동바리의 변형·변위 및 침하 유무 등을 확인해야 하며, 이상이 있으면 작업을 중지하고 근로자를 대피시킬 것
3. 콘크리트 타설작업 시 거푸집 붕괴의 위험이 발생할 우려가 있으면 충분한 보강조치를 할 것
4. 설계도서상의 콘크리트 양생기간을 준수하여 거푸집 및 동바리를 해체할 것
5. 콘크리트를 타설하는 경우에는 편심이 발생하지 않도록 골고루 분산하여 타설할 것
</td></tr>
</table>

05 달비계에 사용할 수 없는 와이어로프의 3가지 사항을 작성하시오.

답 안 연 습	

모 범 답 안	산업안전보건기준에 관한 규칙(약칭: 안전보건규칙) 　　　　　[시행 2024. 12. 29.] [고용노동부령 제417호, 2024. 6. 28., 일부개정] 제63조(달비계의 구조) ① 사업주는 곤돌라형 달비계를 설치하는 경우에는 다음 각 호의 사항을 준수해야 한다. 〈개정 2021. 11. 19.〉 1. 다음 각 목의 어느 하나에 해당하는 와이어로프를 달비계에 사용해서는 아니 된다. 　가. 이음매가 있는 것 　나. 와이어로프의 한 꼬임[(스트랜드(strand)를 말한다. 이하 같다)]에서 끊어진 소선(素線)[필러(pillar)선은 제외한다)]의 수가 10퍼센트 이상(비자전로프의 경우에는 끊어진 소선의 수가 와이어로프 호칭지름의 6배 길이 이내에서 4개 이상이거나 호칭지름 30배 길이 이내에서 8개 이상)인 것 　다. 지름의 감소가 공칭지름의 7퍼센트를 초과하는 것 　라. 꼬인 것 　마. 심하게 변형되거나 부식된 것 　바. 열과 전기충격에 의해 손상된 것

06 하인리히방식에 따른 각각 손실비용을 구하여 작성하시오. (단, 작년 총산업재해보상보험 보상액은 100,000,000원)

답 안 연 습	

모 범 답 안	① 하인리히방식 = 직접손실비용 : 간접손실비용 = 1 : 4 　– 직접비 : 산재보상비 　– 간접비 : 재산손실, 생산중단 등으로 인한 기업손실 ② 풀이) 　– 직접손실비용 : 100,000,000 　– 간접손빌비용 : 400,000,000 　– 총손실비용 : 500,000,000

07 안전 및 보건에 관한 협의체를 구성한 경우, 산업안전보건위원회 구성원 중 사용자위원에 해당하는 것을 작성하시오.

답 안 연 습	

모범답안

산업안전보건법 시행령
[시행 2025. 1. 1.] [대통령령 제34603호, 2024. 6. 25., 일부개정]

제35조(산업안전보건위원회의 구성) ① 산업안전보건위원회의 근로자위원은 다음 각 호의 사람으로 구성한다.

1. 근로자대표
2. 명예산업안전감독관이 위촉되어 있는 사업장의 경우 근로자대표가 지명하는 1명 이상의 명예산업안전감독관
3. 근로자대표가 지명하는 9명(근로자인 제2호의 위원이 있는 경우에는 9명에서 그 위원의 수를 제외한 수를 말한다) 이내의 해당 사업장의 근로자

② 산업안전보건위원회의 사용자위원은 다음 각 호의 사람으로 구성한다. 다만, 상시근로자 50명 이상 100명 미만을 사용하는 사업장에서는 제5호에 해당하는 사람을 제외하고 구성할 수 있다.

1. 해당 사업의 대표자(같은 사업으로서 다른 지역에 사업장이 있는 경우에는 그 사업장의 안전보건관리책임자를 말한다. 이하 같다)
2. 안전관리자(제16조 제1항에 따라 안전관리자를 두어야 하는 사업장으로 한정하되, 안전관리자의 업무를 안전관리전문기관에 위탁한 사업장의 경우에는 그 안전관리전문기관의 해당 사업장 담당자를 말한다) 1명
3. 보건관리자(제20조 제1항에 따라 보건관리자를 두어야 하는 사업장으로 한정하되, 보건관리자의 업무를 보건관리전문기관에 위탁한 사업장의 경우에는 그 보건관리전문기관의 해당 사업장 담당자를 말한다) 1명
4. 산업보건의(해당 사업장에 선임되어 있는 경우로 한정한다)
5. 해당 사업의 대표자가 지명하는 9명 이내의 해당 사업장 부서의 장

③ 제1항 및 제2항에도 불구하고 법 제69조 제1항에 따른 건설공사도급인(이하 "건설공사도급인"이라 한다)이 법 제64조 제1항 제1호에 따른 안전 및 보건에 관한 협의체를 구성한 경우에는 산업안전보건위원회의 위원을 다음 각 호의 사람을 포함하여 구성할 수 있다.

1. 근로자위원 : 도급 또는 하도급 사업을 포함한 전체 사업의 근로자대표, 명예산업안전감독관 및 근로자대표가 지명하는 해당 사업장의 근로자
2. 사용자위원 : 도급인 대표자, 관계수급인의 각 대표자 및 안전관리자

08 곤돌라의 운반구에 근로자를 탑승시킬 수 있는 경우 추락위험을 방지하기 위한 2가지 사항을 작성하시오.

답 안 연 습	

모 범 답 안	산업안전보건기준에 관한 규칙(약칭: 안전보건규칙) 　　　　[시행 2024. 12. 29.] [고용노동부령 제417호, 2024. 6. 28., 일부개정] 제86조(탑승의 제한) ① 사업주는 크레인을 사용하여 근로자를 운반하거나 근로자를 달아 올린 상태에서 작업에 종사시켜서는 아니 된다. 다만, 크레인에 전용 탑승설비를 설치하고 추락 위험을 방지하기 위하여 다음 각 호의 조치를 한 경우에는 그러하지 아니하다. 1. 탑승설비가 뒤집히거나 떨어지지 않도록 필요한 조치를 할 것 2. 안전대나 구명줄을 설치하고, 안전난간을 설치할 수 있는 구조인 경우에는 안전난간을 설치할 것 3. 탑승설비를 하강시킬 때에는 동력하강방법으로 할 것 ⑤ 사업주는 곤돌라의 운반구에 근로자를 탑승시켜서는 아니 된다. 다만, 추락 위험을 방지하기 위하여 다음 각 호의 조치를 한 경우에는 그러하지 아니하다.

09 다음 빈칸에 알맞은 조도값을 넣으시오.

답 안 연 습	1. 초정밀작업 : (　　　)럭스 이상 2. 정밀작업 : (　　　)럭스 이상 3. 보통작업 : (　　　)럭스 이상 4. 그 밖의 작업 : (　　　)럭스 이상

모 범 답 안	산업안전보건기준에 관한 규칙(약칭: 안전보건규칙) 　　　　[시행 2024. 12. 29.] [고용노동부령 제417호, 2024. 6. 28., 일부개정] 제8조(조도) 사업주는 근로자가 상시 작업하는 장소의 작업면 조도(照度)를 다음 각 호의 기준에 맞도록 하여야 한다. 다만, 갱내(坑內) 작업장과 감광재료(感光材料)를 취급하는 작업장은 그러하지 아니하다. 1. 초정밀작업 : 750럭스(lux) 이상 2. 정밀작업 : 300럭스 이상 3. 보통작업 : 150럭스 이상 4. 그 밖의 작업 : 75럭스 이상

10 차량계 건설기계 운전자가 운전위치를 이탈하는 경우 준수사항 2가지를 작성하시오.

답 안 연 습	

모 범 답 안	산업안전보건기준에 관한 규칙(약칭: 안전보건규칙) [시행 2024. 12. 29.] [고용노동부령 제417호, 2024. 6. 28., 일부개정] **제99조(운전위치 이탈 시의 조치)** ① 사업주는 차량계 하역운반기계등, 차량계 건설기계의 운전자가 운전위치를 이탈하는 경우 해당 운전자에게 다음 각 호의 사항을 준수하도록 하여야 한다.〈개정 2024. 6. 28.〉 1. 포크, 버킷, 디퍼 등의 장치를 가장 낮은 위치 또는 지면에 내려 둘 것 2. 원동기를 정지시키고 브레이크를 확실히 거는 등 차량계 하역운반기계등, 차량계 건설기계의 갑작스러운 이동을 방지하기 위한 조치를 할 것 3. 운전석을 이탈하는 경우에는 시동키를 운전대에서 분리시킬 것. 다만, 운전석에 잠금장치를 하는 등 운전자가 아닌 사람이 운전하지 못하도록 조치한 경우에는 그러하지 아니하다. ② 차량계 하역운반기계등, 차량계 건설기계의 운전자는 운전위치에서 이탈하는 경우 제1항 각 호의 조치를 하여야 한다.

11 철골작업 시의 위험방지를 위해 작업제한을 하는 기상조건 3가지를 작성하시오.

답 안 연 습	

모 범 답 안	산업안전보건기준에 관한 규칙(약칭: 안전보건규칙) [시행 2024. 12. 29.] [고용노동부령 제417호, 2024. 6. 28., 일부개정] **제383조(작업의 제한)** 사업주는 다음 각 호의 어느 하나에 해당하는 경우에 철골작업을 중지하여야 한다. 1. 풍속이 초당 10미터 이상인 경우 2. 강우량이 시간당 1밀리미터 이상인 경우 3. 강설량이 시간당 1센티미터 이상인 경우

12 철골공사 시 추락방지를 위해 설치하는 재해방지설비 2가지를 작성하시오.

답 안 연 습	

모 범 답 안

철골공사 표준안전작업지침

[시행 2020. 1. 16.] [고용노동부고시 제2020-7호, 2020. 1. 7., 일부개정]

〈재해방지설비〉

		기능	용도, 사용장소, 조건	설비
추락 방지		안전한 작업이 가능한 작업대	높이 2미터 이상의 장소로서 추락의 우려가 있는 작업	비계, 달비계, 수평통로, 안전난간대
		추락자를 보호할 수 있는 것	작업대 설치가 어렵거나 개구부 주위로 난간설치가 어려운 곳	추락방지용 방망
		추락의 우려가 있는 위험 장소에서 작업자의 행동을 제한하는 것	개구부 및 작업대의 끝	난간, 울타리
		작업자의 신체를 유지시키는 것	안전한 작업대가 난간설비를 할 수 없는 곳	안전대부착설비, 안전대, 구명줄
비래 낙하 및 비산 방지		위에서 낙하된 것을 막는 것	철골 건립, 볼트 체결 및 기타 상하작업	방호철망, 방호울타리, 가설앵커설비
		제3자의 위해방지	볼트, 콘크리트 덩어리, 형틀재, 일반자재, 먼지 등이 낙하비산할 우려가 있는 작업	방호철망, 방호시트, 방호울타리, 방호선반, 안전망
		불꽃의 비산방지	용접, 용단을 수반하는 작업	석면포

13 사다리식 통로를 설치하는 경우 준수사항 3가지를 작성하시오.

답 안 연 습	

모범 답안	산업안전보건기준에 관한 규칙(약칭: 안전보건규칙) [시행 2024. 12. 29.] [고용노동부령 제417호, 2024. 6. 28., 일부개정] 제24조(사다리식 통로 등의 구조) ① 사업주는 사다리식 통로 등을 설치하는 경우 다음 각 호의 사항을 준수하여야 한다.〈개정 2024. 6. 28.〉 1. 견고한 구조로 할 것 2. 심한 손상·부식 등이 없는 재료를 사용할 것 3. 발판의 간격은 일정하게 할 것 4. 발판과 벽과의 사이는 15센티미터 이상의 간격을 유지할 것 5. 폭은 30센티미터 이상으로 할 것 6. 사다리가 넘어지거나 미끄러지는 것을 방지하기 위한 조치를 할 것 7. 사다리의 상단은 걸쳐놓은 지점으로부터 60센티미터 이상 올라가도록 할 것 8. 사다리식 통로의 길이가 10미터 이상인 경우에는 5미터 이내마다 계단참을 설치할 것 9. 사다리식 통로의 기울기는 75도 이하로 할 것. 다만, 고정식 사다리식 통로의 기울기는 90도 이하로 하고, 그 높이가 7미터 이상인 경우에는 다음 각 목의 구분에 따른 조치를 할 것 　가. 등받이울이 있어도 근로자 이동에 지장이 없는 경우: 바닥으로부터 높이가 2.5미터 되는 지점부터 등받이울을 설치할 것 　나. 등받이울이 있으면 근로자가 이동이 곤란한 경우: 한국산업표준에서 정하는 기준에 적합한 개인용 추락 방지 시스템을 설치하고 근로자로 하여금 한국산업표준에서 정하는 기준에 적합한 전신안전대를 사용하도록 할 것 10. 접이식 사다리 기둥은 사용 시 접혀지거나 펼쳐지지 않도록 철물 등을 사용하여 견고하게 조치할 것 ② 잠함(潛函) 내 사다리식 통로와 건조·수리 중인 선박의 구명줄이 설치된 사다리식 통로(건조·수리작업을 위하여 임시로 설치한 사다리식 통로는 제외한다)에 대해서는 제1항제5호부터 제10호까지의 규정을 적용하지 아니한다.

14 안전보건진단을 받아 안전보건개선계획을 수립해야 하는 대상 4가지를 작성하시오.

답안 연습	

모범 답안	산업안전보건법 시행령 [시행 2025. 1. 1.] [대통령령 제34603호, 2024. 6. 25., 일부개정] 제49조(안전보건진단을 받아 안전보건개선계획을 수립할 대상) 법 제49조 제1항 각 호 외의 부분 후단에서 "대통령령으로 정하는 사업장"이란 다음 각 호의 사업장을 말한다. 1. 산업재해율이 같은 업종 평균 산업재해율의 2배 이상인 사업장 2. 법 제49조 제1항 제2호에 해당하는 사업장 　(사업주가 필요한 안전조치 또는 보건조치를 이행하지 아니하여 중대재해가 발생한 사업장) 3. 직업성 질병자가 연간 2명 이상(상시근로자 1천명 이상 사업장의 경우 3명 이상) 발생한 사업장 4. 그 밖에 작업환경 불량, 화재·폭발 또는 누출 사고 등으로 사업장 주변까지 피해가 확산된 사업장으로서 고용노동부령으로 정하는 사업장

 **2023년 필답형 1회**

01 사업주가 구축물 등에 대한 구조검토, 안전진단 등 안전성 평가를 하여 근로자에게 미칠 위험성을 제거해야 하는 경우 3가지를 작성하시오.

답 안 연 습	

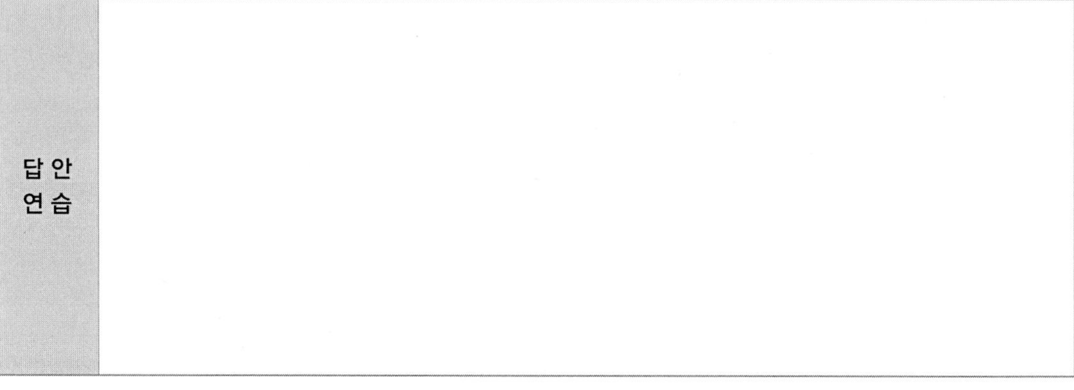

| 모 범
답 안 | 산업안전보건기준에 관한 규칙(약칭 : 안전보건규칙)

제52조(구축물 등의 안전성 평가)
사업주는 구축물 등이 다음 각 호의 어느 하나에 해당하는 경우에는 구축물 등에 대한 구조검토, 안전진단 등의 안전성 평가를 하여 근로자에게 미칠 위험성을 미리 제거해야 한다. 〈개정 2023. 11. 14.〉
1. 구축물 등의 인근에서 굴착 · 항타작업 등으로 침하 · 균열 등이 발생하여 붕괴의 위험이 예상될 경우
2. 구축물 등에 지진, 동해(凍害), 부동침하(不同沈下) 등으로 균열 · 비틀림 등이 발생했을 경우
3. 구축물 등이 그 자체의 무게 · 적설 · 풍압 또는 그 밖에 부가되는 하중 등으로 붕괴 등의 위험이 있을 경우
4. 화재 등으로 구축물 등의 내력(耐力)이 심하게 저하됐을 경우
5. 오랜 기간 사용하지 않던 구축물 등을 재사용하게 되어 안전성을 검토해야 하는 경우
6. 구축물등의 주요구조부(「건축법」 제2조 제1항 제7호에 따른 주요구조부를 말한다. 이하 같다)에 대한 설계 및 시공 방법의 전부 또는 일부를 변경하는 경우
7. 그 밖의 잠재위험이 예상될 경우[제목개정 2023. 11. 14.]. |

02 아래 표는 굴착면의 기울기 기준에 관한 내용이다. 빈칸에 알맞게 채워 넣으시오.

굴착면의 기울기 기준(제339조 제1항 관련)

지반의 종류	굴착면의 기울기
모래	1 : 1.8
연암 및 풍화암	1 : (①)
경암	1 : (②)
그 밖의 흙	1 : (③)

답 안 연 습	지반의 종류	굴착면의 기울기

모 범 답 안

■ 산업안전보건기준에 관한 규칙 [별표 11] 〈개정 2023. 11. 14.〉

굴착면의 기울기 기준(제339조 제1항 관련)

지반의 종류	굴착면의 기울기
모래	1 : 1.8
연암 및 풍화암	1 : 1.0
경암	1 : 0.5
그 밖의 흙	1 : 1.2

비고
1. 굴착면의 기울기는 굴착면의 높이에 대한 수평거리의 비율을 말한다.
2. 굴착면의 경사가 달라서 기울기를 계산하기가 곤란한 경우에는 해당 굴착면에 대하여 지반의 종류별 굴착면의 기울기에 따라 붕괴의 위험이 증가하지 않도록 위 표의 지반의 종류별 굴착면의 기울기에 맞게 해당 각 부분의 경사를 유지해야 한다.

03 사질지반에서 투수성이 클 경우 흙막이 배면과 굴착 저면의 지하수위차로 발생하는 흙막이 하자는 무엇인가?

답 안 연 습	

모 범 답 안	보일링(Boiling) 현상 **정의)** 사질지반에서 투수성이 클 경우 흙막이 배면과 굴착저면의 지하수위차로 인해 굴착저면을 통해 모래와 물이 부풀어 올라 마치 끓어오르는 것처럼 나타나는 현상 **원인)** ① 흙막이의 근입장 깊이가 부족할 때 ② 흙막이 벽의 배면과 굴착저면과의 지하수위차가 클 경우 ③ 굴착 하부 지반에 투수성이 큰 사질층이 존재할 경우 **대책)** ① 흙막이 근입장을 깊게 하여 불투수층까지 박아 넣음 ② Deep well, Well point 등의 배수공법을 적용 ③ 수밀성이 높은 지하연속벽(diaphragm wall) 공법과 Sheet Pile 공법을 적용 ④ 약액주입공법을 채택해 지수벽 또는 지수층을 형성하는 방법

04 무재해를 실현하기 위한 전사적인 안전활동 중 하나로 작업 전·중·후 공구상자를 앞에 두고 작업원들이 모여 당일 작업내용 및 안전수칙 등 서로의 안전을 체크하는 등의 활동을 무엇이라 하는가?

답 안 연 습	

모 범 답 안	TBM(Tool Box Meeting) 작업 현장 근처에서 작업 시작 전, 공종별 관리자를 중심으로 작업자들이 모여 작업 내용과 안전작업 절차 등에 대해 쉽고 빠르게 확인 및 의논하는 위험예지활동이다. 당일 작업 시작 전, 점심시간 등 휴게시간을 가진 후, 작업을 재개하기 전에 진행하며 일반적으로 다음과 같은 방법으로 한다. 1. 준비단계 : 건강상태 확인, 작업 전 스트레칭, 보호구 착용상태 확인 2. 위험확인 또는 예지단계 : 당일 작업 내용 공유, 위험요소 확인 및 안전사고 예측 3. 마무리단계 : 최종 위험요소 및 예방대책 재확인, 안전구호 제창

05 아래 표는 근로자 안전교육과정 및 교육대상, 교육시간을 나타내고 있다. 알맞게 빈칸을 채워 넣으시오.

<table>
<tr><th rowspan="2">답안
연습</th><th colspan="2">교육과정</th><th colspan="2">교육대상</th><th>교육시간</th></tr>
<tr></tr>
<tr><td rowspan="3">가. 정기교육</td><td colspan="2">1) 사무직 종사 근로자</td><td>(   )</td></tr>
<tr><td rowspan="2">2) 그 밖의 근로자</td><td>가) 판매업무에 직접 종사하는 근로자</td><td>(   )</td></tr>
<tr><td>나) 판매업무에 직접 종사하는 근로자 외의 근로자</td><td>(   )</td></tr>
<tr><td rowspan="3">나. 채용 시 교육</td><td colspan="2">1) 일용근로자 및 근로계약기간이 1주일 이하인 기간제근로자</td><td>(   )</td></tr>
<tr><td colspan="2">2) 근로계약기간이 1주일 초과 1개월 이하인 기간제근로자</td><td>(   )</td></tr>
<tr><td colspan="2">3) 그 밖의 근로자</td><td>(   )</td></tr>
<tr><td rowspan="2">다. 작업내용 변경 시 교육</td><td colspan="2">1) 일용근로자 및 근로계약기간이 1주일 이하인 기간제근로자</td><td>(   )</td></tr>
<tr><td colspan="2">2) 그 밖의 근로자</td><td>(   )</td></tr>
<tr><td rowspan="3">라. 특별교육</td><td colspan="2">1) 일용근로자 및 근로계약기간이 1주일 이하인 기간제근로자 : 별표 5 제1호라목(제39호는 제외한다)에 해당하는 작업에 종사하는 근로자에 한정한다.</td><td>(   )</td></tr>
<tr><td colspan="2">2) 일용근로자 및 근로계약기간이 1주일 이하인 기간제근로자 : 별표 5 제1호라목제39호에 해당하는 작업에 종사하는 근로자에 한정한다.</td><td>(   )</td></tr>
<tr><td colspan="2">3) 일용근로자 및 근로계약기간이 1주일 이하인 기간제근로자를 제외한 근로자 : 별표 5 제1호라목에 해당하는 작업에 종사하는 근로자에 한정한다.</td><td>가) 16시간 이상
(최초 작업에 종사하기 전 4시간 이상 실시하고 12시간은 3개월 이내에서 분할하여 실시 가능)
나) 단기간 작업 또는 간헐적 작업인 경우에는 2시간 이상</td></tr>
<tr><td>마. 건설업 기초안전
· 보건교육</td><td colspan="2">건설 일용근로자</td><td>(   )</td></tr>
</table>

<table>
<tr><td rowspan="20" style="writing-mode: vertical-rl">모 범
답 안</td><td colspan="5">■ 산업안전보건법 시행규칙 [별표 4] 〈개정 2023. 9. 27.〉
안전보건교육 교육과정별 교육시간(제26조제1항 등 관련</td></tr>
<tr><td colspan="5">1. 근로자 안전보건교육(제26조제1항, 제28조제1항 관련))</td></tr>
<tr><td colspan="2">교육과정</td><td colspan="2">교육대상</td><td>교육시간</td></tr>
<tr><td rowspan="4">가. 정기교육</td><td colspan="2">1) 사무직 종사 근로자</td><td></td><td>매반기 6시간 이상</td></tr>
<tr><td rowspan="3">2) 그 밖의 근로자</td><td>가) 판매업무에 직접 종사하는 근로자</td><td></td><td>매반기 6시간 이상</td></tr>
<tr><td>나) 판매업무에 직접 종사하는 근로자 외의 근로자</td><td></td><td>매반기 12시간 이상</td></tr>
<tr><td colspan="2">1) 일용근로자 및 근로계약기간이 1주일 이하인 기간제근로자</td><td></td><td>1시간 이상</td></tr>
<tr><td rowspan="3">나. 채용 시 교육</td><td colspan="2">2) 근로계약기간이 1주일 초과 1개월 이하인 기간제근로자</td><td></td><td>4시간 이상</td></tr>
<tr><td colspan="2">3) 그 밖의 근로자</td><td></td><td>8시간 이상</td></tr>
<tr><td colspan="2" rowspan="0"></td></tr>
</table>

<table>
<tr><td>교육과정</td><td>교육대상</td><td>교육시간</td></tr>
<tr><td rowspan="4">가. 정기교육</td><td>1) 사무직 종사 근로자</td><td>매반기 6시간 이상</td></tr>
<tr><td>2) 그 밖의 근로자 — 가) 판매업무에 직접 종사하는 근로자</td><td>매반기 6시간 이상</td></tr>
<tr><td>2) 그 밖의 근로자 — 나) 판매업무에 직접 종사하는 근로자 외의 근로자</td><td>매반기 12시간 이상</td></tr>
<tr><td></td><td></td></tr>
<tr><td rowspan="3">나. 채용 시 교육</td><td>1) 일용근로자 및 근로계약기간이 1주일 이하인 기간제근로자</td><td>1시간 이상</td></tr>
<tr><td>2) 근로계약기간이 1주일 초과 1개월 이하인 기간제근로자</td><td>4시간 이상</td></tr>
<tr><td>3) 그 밖의 근로자</td><td>8시간 이상</td></tr>
<tr><td rowspan="2">다. 작업내용 변경 시 교육</td><td>1) 일용근로자 및 근로계약기간이 1주일 이하인 기간제근로자</td><td>1시간 이상</td></tr>
<tr><td>2) 그 밖의 근로자</td><td>2시간 이상</td></tr>
<tr><td rowspan="3">라. 특별교육</td><td>1) 일용근로자 및 근로계약기간이 1주일 이하인 기간제근로자 : 별표 5 제1호라목(제39호는 제외한다)에 해당하는 작업에 종사하는 근로자에 한정한다.</td><td>2시간 이상</td></tr>
<tr><td>2) 일용근로자 및 근로계약기간이 1주일 이하인 기간제근로자 : 별표 5 제1호라목제39호에 해당하는 작업에 종사하는 근로자에 한정한다.</td><td>8시간 이상</td></tr>
<tr><td>3) 일용근로자 및 근로계약기간이 1주일 이하인 기간제근로자를 제외한 근로자 : 별표 5 제1호라목에 해당하는 작업에 종사하는 근로자에 한정한다.</td><td>가) 16시간 이상
(최초 작업에 종사하기 전 4시간 이상 실시하고 12시간은 3개월 이내에서 분할하여 실시 가능)
나) 단기간 작업 또는 간헐적 작업인 경우에는 2시간 이상</td></tr>
<tr><td>마. 건설업 기초안전·보건교육</td><td>건설 일용근로자</td><td>4시간 이상</td></tr>
</table>

06 곤돌라형 달비계에 사용할 수 없는 와이어로프 조건 3가지 작성하시오.

답 안 연 습	

모 범
답 안
	산업안전보건기준에 관한 규칙 (약칭 : 안전보건규칙)
	
	제63조(달비계의 구조)
	① 사업주는 곤돌라형 달비계를 설치하는 경우에는 다음 각 호의 사항을 준수해야 한다. 〈개정 2021. 11. 19.〉
	1. 다음 각 목의 어느 하나에 해당하는 와이어로프를 달비계에 사용해서는 아니 된다.
	  가. 이음매가 있는 것
	  나. 와이어로프의 한 꼬임[[스트랜드(strand)를 말한다. 이하 같다)]에서 끊어진 소선(素線)[필러(pillar)선은 제외한다)]의 수가 10퍼센트 이상(비자전로프의 경우에는 끊어진 소선의 수가 와이어로프 호칭지름의 6배 길이 이내에서 4개 이상이거나 호칭지름 30배 길이 이내에서 8개 이상)인 것
	  다. 지름의 감소가 공칭지름의 7퍼센트를 초과하는 것
	  라. 꼬인 것
	  마. 심하게 변형되거나 부식된 것
	  바. 열과 전기충격에 의해 손상된 것

07 다음은 계단의 설치기준에 관한 사항이다. 빈칸에 알맞게 채워 넣으시오.

답 안 연 습	① 사업주는 계단 및 계단참을 설치하는 경우 매제곱미터당 (　　) 이상의 하중에 견딜 수 있는 강도를 가진 구조로 설치하여야 하며, 안전율[안전의 정도를 표시하는 것으로서 재료의 파괴응력도(破壞應力度)와 허용응력도(許容應力度)의 비율을 말한다)]은 (　　) 이상으로 하여야 한다. ② 사업주는 계단을 설치하는 경우 그 폭을 (　　) 이상으로 하여야 한다. ③ 사업주는 높이가 (　　)를 초과하는 계단에 높이 (　　)이내마다 진행방향으로 길이 (　　) 이상의 계단참을 설치해야 한다. ④ 사업주는 계단을 설치하는 경우 바닥면으로부터 높이 (　　)이내의 공간에 장애물이 없도록 하여야 한다. ⑤ 사업주는 높이 (　　) 이상인 계단의 개방된 측면에 안전난간을 설치하여야 한다.

<table>
<tr><td rowspan="1">모 범
답 안</td><td>

산업안전보건기준에 관한 규칙 (약칭 : 안전보건규칙)

제26조(계단의 강도)

① 사업주는 계단 및 계단참을 설치하는 경우 매제곱미터당 500킬로그램 이상의 하중에 견딜 수 있는 강도를 가진 구조로 설치하여야 하며, 안전율[안전의 정도를 표시하는 것으로서 재료의 파괴응력도(破壞應力度)와 허용응력도(許容應力度)의 비율을 말한다)]은 4 이상으로 하여야 한다.

② 사업주는 계단 및 승강구 바닥을 구멍이 있는 재료로 만드는 경우 렌치나 그 밖의 공구 등이 낙하할 위험이 없는 구조로 하여야 한다.

제27조(계단의 폭)

① 사업주는 계단을 설치하는 경우 그 폭을 1미터 이상으로 하여야 한다. 다만, 급유용·보수용·비상용 계단 및 나선형 계단이거나 높이 1미터 미만의 이동식 계단인 경우에는 그러하지 아니하다. 〈개정 2014. 9. 30.〉

② 사업주는 계단에 손잡이 외의 다른 물건 등을 설치하거나 쌓아 두어서는 아니 된다.

제28조(계단참의 설치)

사업주는 높이가 3미터를 초과하는 계단에 높이 3미터 이내마다 진행방향으로 길이 1.2미터 이상의 계단참을 설치해야 한다. 〈개정 2023. 11. 14.〉 [제목개정 2023. 11. 14.]

제29조(천장의 높이)

사업주는 계단을 설치하는 경우 바닥면으로부터 높이 2미터 이내의 공간에 장애물이 없도록 하여야 한다. 다만, 급유용·보수용·비상용 계단 및 나선형 계단인 경우에는 그러하지 아니하다.

제30조(계단의 난간) 사업주는 높이 1미터 이상인 계단의 개방된 측면에 안전난간을 설치하여야 한다.

</td></tr>
</table>

08 항타기 또는 항발기를 조립하거나 해체하는 경우 점검사항 3가지를 작성하시오.

<table>
<tr><td>답 안
연 습</td><td>

</td></tr>
</table>

모범 답안	산업안전보건기준에 관한 규칙 (약칭 : 안전보건규칙)
	
	제207조(조립 · 해체 시 점검사항)
	① 사업주는 항타기 또는 항발기를 조립하거나 해체하는 경우 다음 각 호의 사항을 준수해야 한다. 〈신설 2022. 10. 18.〉
	1. 항타기 또는 항발기에 사용하는 권상기에 쐐기장치 또는 역회전방지용 브레이크를 부착할 것
	2. 항타기 또는 항발기의 권상기가 들리거나 미끄러지거나 흔들리지 않도록 설치할 것
	3. 그 밖에 조립 · 해체에 필요한 사항은 제조사에서 정한 설치 · 해체 작업 설명서에 따를 것
	② 사업주는 항타기 또는 항발기를 조립하거나 해체하는 경우 다음 각 호의 사항을 점검해야 한다. 〈개정 2022. 10. 18.〉
	  1. 본체 연결부의 풀림 또는 손상의 유무
	  2. 권상용 와이어로프 · 드럼 및 도르래의 부착상태의 이상 유무
	  3. 권상장치의 브레이크 및 쐐기장치 기능의 이상 유무
	  4. 권상기의 설치상태의 이상 유무
	  5. 리더(leader)의 버팀 방법 및 고정상태의 이상 유무
	  6. 본체 · 부속장치 및 부속품의 강도가 적합한지 여부
	  7. 본체 · 부속장치 및 부속품에 심한 손상 · 마모 · 변형 또는 부식이 있는지 여부
	[제목개정 2022. 10. 18.]
	
	〈중요〉
	제209조(무너짐의 방지) 사업주는 동력을 사용하는 항타기 또는 항발기에 대하여 무너짐을 방지하기 위하여 다음 각 호의 사항을 준수해야 한다. 〈개정 2019. 1. 31., 2022. 10. 18., 2023. 11. 14.〉
	1. 연약한 지반에 설치하는 경우에는 아웃트리거 · 받침 등 지지구조물의 침하를 방지하기 위하여 깔판 · 받침목 등을 사용할 것
	2. 시설 또는 가설물 등에 설치하는 경우에는 그 내력을 확인하고 내력이 부족하면 그 내력을 보강할 것
	3. 아웃트리거 · 받침 등 지지구조물이 미끄러질 우려가 있는 경우에는 말뚝 또는 쐐기 등을 사용하여 해당 지지구조물을 고정시킬 것
	4. 궤도 또는 차로 이동하는 항타기 또는 항발기에 대해서는 불시에 이동하는 것을 방지하기 위하여 레일 클램프(rail clamp) 및 쐐기 등으로 고정시킬 것
	5. 상단 부분은 버팀대 · 버팀줄로 고정하여 안정시키고, 그 하단 부분은 견고한 버팀 · 말뚝 또는 철골 등으로 고정시킬 것[제목개정 2019. 1. 31.]

09 다음 안전보건표지의 이름을 쓰시오.

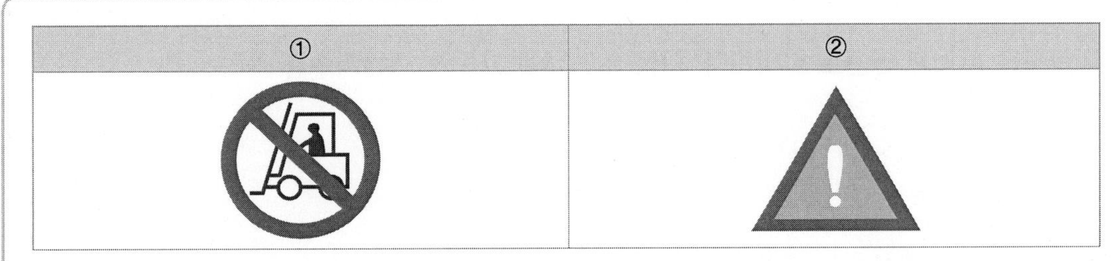

①	②

답 안 연 습	

모 범 답 안	① 차량통행금지 ② 위험장소경고

10 굴착공사 사전조사 시 기본적인 토질 조사대상 3가지를 작성하시오.

답 안 연 습	

모 범 답 안	굴착공사 표준안전 작업지침 **제3조(사전조사)** ① 기본적인 토질에 대한 조사는 다음 각 호에 의한다. 1. 조사대상은 지형, 지질, 지층, 지하수, 용수, 식생 등으로 한다. 2. 조사내용은 다음 각 목의 사항을 기준으로 한다. 　가. 주변에 기 절토된 경사면의 실태조사 　나. 지표, 토질에 대한 답사 및 조사를 하므로써 토질구성(표토, 토질, 암질), 토질구조(지층의 경사, 　　　지층, 파쇄대의 분포, 변질대의 분포), 지하수 및 용수의 형상 등의 실태 조사 　다. 사운딩 　라. 시추 　마. 물리탐사(탄성파조사) 　바. 토질시험 등 ② 굴착작업전 가스관, 상하수도관, 지하케이블, 건축물의 기초 등 지하매설물에 대하여 조사하고 굴착 　시 이에 대한 안전조치를 하여야 한다.

11 다음은 A 업체 연근로 현황이다. 다음 조건을 보고 종합재해지수를 구하시오.

- 상시근로자 수 : 600명
- 1일 8시간 근무
- 1년 300일 근무
- 연간 요양재해발생건수 : 6건
- 연간 휴업일수 : 100일

<table>
<tr><td>답 안
연 습</td><td></td></tr>
</table>

모 범 답 안	

$$\text{도수율} = \frac{\text{재해건수}}{\text{총 근로시간수}} \times 1{,}000{,}000 = \frac{6}{600 \times 8 \times 300} \times 1{,}000{,}000 = \frac{25}{6} = 4.166$$

$$\text{강도율} = \frac{\text{근로손실일수}}{\text{총 근로시간수}} \times 1{,}000 = \frac{100 \times \frac{300}{365}}{600 \times 8 \times 300} \times 1{,}000 = \frac{25}{438} = 0.057$$

$$\text{종합재해지수} = \sqrt{\text{강도율} \times \text{도수율}} = \sqrt{0.057 \times 4.166} = 0.487$$

12 터널지보공을 설치한 경우 수시점검 시 이상을 발견한 경우 즉시 보강 또는 보수해야 하는 경우 3가지를 작성하시오.

답 안 연 습	

모 범 답 안

산업안전보건기준에 관한 규칙 (약칭 : 안전보건규칙)

제366조(붕괴 등의 방지)

사업주는 터널 지보공을 설치한 경우에 다음 각 호의 사항을 수시로 점검하여야 하며, 이상을 발견한 경우에는 즉시 보강하거나 보수하여야 한다.

1. 부재의 손상·변형·부식·변위 탈락의 유무 및 상태
2. 부재의 긴압 정도
3. 부재의 접속부 및 교차부의 상태
4. 기둥침하의 유무 및 상태

〈중요〉

제347조(붕괴 등의 위험 방지)

① 사업주는 흙막이 지보공을 설치하였을 때에는 정기적으로 다음 각 호의 사항을 점검하고 이상을 발견하면 즉시 보수하여야 한다.

1. 부재의 손상·변형·부식·변위 및 탈락의 유무와 상태
2. 버팀대의 긴압(緊壓)의 정도
3. 부재의 접속부·부착부 및 교차부의 상태
4. 침하의 정도

② 사업주는 제1항의 점검 외에 설계도서에 따른 계측을 하고 계측 분석 결과 토압의 증가 등 이상한 점을 발견한 경우에는 즉시 보강조치를 하여야 한다.

13 시스템비계를 사용하여 비계를 구성하는 경우 준수사항 3가지를 작성하시오.

답 안 연 습	

| 모 범
답 안 | 산업안전보건기준에 관한 규칙 (약칭 : 안전보건규칙)

제69조(시스템 비계의 구조)
사업주는 시스템 비계를 사용하여 비계를 구성하는 경우에 다음 각 호의 사항을 준수하여야 한다.
1. 수직재·수평재·가새재를 견고하게 연결하는 구조가 되도록 할 것
2. 비계 밑단의 수직재와 받침철물은 밀착되도록 설치하고, 수직재와 받침철물의 연결부의 겹침길이는 받침철물 전체길이의 3분의 1 이상이 되도록 할 것
3. 수평재는 수직재와 직각으로 설치하여야 하며, 체결 후 흔들림이 없도록 견고하게 설치할 것
4. 수직재와 수직재의 연결철물은 이탈되지 않도록 견고한 구조로 할 것
5. 벽 연결재의 설치간격은 제조사가 정한 기준에 따라 설치할 것

〈중요〉
제70조(시스템비계의 조립 작업 시 준수사항)
사업주는 시스템 비계를 조립 작업하는 경우 다음 각 호의 사항을 준수하여야 한다.
1. 비계 기둥의 밑둥에는 밑받침 철물을 사용하여야 하며, 밑받침에 고저차가 있는 경우에는 조절형 밑받침 철물을 사용하여 시스템 비계가 항상 수평 및 수직을 유지하도록 할 것
2. 경사진 바닥에 설치하는 경우에는 피벗형 받침 철물 또는 쐐기 등을 사용하여 밑받침 철물의 바닥면이 수평을 유지하도록 할 것
3. 가공전로에 근접하여 비계를 설치하는 경우에는 가공전로를 이설하거나 가공전로에 절연용 방호구를 설치하는 등 가공전로와의 접촉을 방지하기 위하여 필요한 조치를 할 것
4. 비계 내에서 근로자가 상하 또는 좌우로 이동하는 경우에는 반드시 지정된 통로를 이용하도록 주지시킬 것
5. 비계 작업 근로자는 같은 수직면상의 위와 아래 동시 작업을 금지할 것
6. 작업발판에는 제조사가 정한 최대적재하중을 초과하여 적재해서는 아니 되며, 최대적재하중이 표기된 표지판을 부착하고 근로자에게 주지시키도록 할 것 |

2023년 필답형 2회 

01 다음은 강관비계의 구조에 관한 내용이다. 아래 빈칸을 채워 넣으시오.

- 비계기둥의 간격은 띠장 방향에서는 (   )m 이하, 장선 방향에서는 (   )m 이하로 할 것
- 띠장 간격은 (   )m 이하의 위치에 설치할 것
- 비계기둥의 제일 윗부분으로부터 (   )m 되는 지점 밑부분의 비계기둥은 (   )개의 강관으로 묶어 세울 것
- 비계기둥 간의 적재하중은 (   )kg을 초과하지 않도록 할 것

답안연습

모범답안

산업안전보건기준에 관한 규칙 (약칭 : 안전보건규칙)

제60조(강관비계의 구조)

사업주는 강관을 사용하여 비계를 구성하는 경우 다음 각 호의 사항을 준수해야 한다. 〈개정 2012. 5. 31., 2019. 10. 15., 2019. 12. 26., 2023. 11. 14.〉

1. 비계기둥의 간격은 띠장 방향에서는 1.85미터 이하, 장선(長線) 방향에서는 1.5미터 이하로 할 것. 다만, 다음 각 목의 어느 하나에 해당하는 작업의 경우에는 안전성에 대한 구조검토를 실시하고 조립도를 작성하면 띠장 방향 및 장선 방향으로 각각 2.7미터 이하로 할 수 있다.

    가. 선박 및 보트 건조작업

    나. 그 밖에 장비 반입·반출을 위하여 공간 등을 확보할 필요가 있는 등 작업의 성질상 비계기둥 간격에 관한 기준을 준수하기 곤란한 작업

2. 띠장 간격은 2.0미터 이하로 할 것. 다만, 작업의 성질상 이를 준수하기가 곤란하여 쌍기둥틀 등에 의하여 해당 부분을 보강한 경우에는 그러하지 아니하다.

3. 비계기둥의 제일 윗부분으로부터 31미터되는 지점 밑부분의 비계기둥은 2개의 강관으로 묶어 세울 것. 다만, 브라켓(bracket, 까치발) 등으로 보강하여 2개의 강관으로 묶을 경우 이상의 강도가 유지되는 경우에는 그러하지 아니하다.

4. 비계기둥 간의 적재하중은 400킬로그램을 초과하지 않도록 할 것

02 크레인(이동식크레인 제외)을 사용하여 작업을 하는 경우 작업시작 전 점검사항 3가지를 작성하시오.

답 안 연 습	

모 범 답 안	■ 산업안전보건기준에 관한 규칙 [별표 3] 〈개정 2019. 12. 26.〉 **작업시작 전 점검사항(제35조 제2항 관련)** 가. 권과방지장치 · 브레이크 · 클러치 및 운전장치의 기능 나. 주행로의 상측 및 트롤리(trolley)가 횡행하는 레일의 상태 다. 와이어로프가 통하고 있는 곳의 상태

03 다음은 가설통로의 구조에 관한 내용이다. 빈칸을 채워 넣으시오.

- 경사는 (   )도 이하로 할 것. 다만, 계단을 설치하거나 높이 2m 미만의 가설통로로서 튼튼한 손잡이를 설치한 경우에는 그러하지 아니하다.
- 경사가 (   )도를 초과하는 경우에는 미끄러지지 아니하는 구조로 할 것
- 수직갱에 가설된 통로의 길이가 (   )m 이상인 경우에는 (   )m 이내마다 계단참을 설치할 것
- 건설공사에 사용하는 높이 (   )m 이상인 비계다리에는 (   )m 이내마다 계단참을 설치할 것

답 안 연 습	

모 범 답 안	산업안전보건기준에 관한 규칙 (약칭 : 안전보건규칙) **제23조(가설통로의 구조)** 사업주는 가설통로를 설치하는 경우 다음 각 호의 사항을 준수하여야 한다. 1. 견고한 구조로 할 것 2. 경사는 30도 이하로 할 것. 다만, 계단을 설치하거나 높이 2미터 미만의 가설통로로서 튼튼한 손잡이를 설치한 경우에는 그러하지 아니하다. 3. 경사가 15도를 초과하는 경우에는 미끄러지지 아니하는 구조로 할 것 4. 추락할 위험이 있는 장소에는 안전난간을 설치할 것. 다만, 작업상 부득이한 경우에는 필요한 부분만 임시로 해체할 수 있다. 5. 수직갱에 가설된 통로의 길이가 15미터 이상인 경우에는 10미터 이내마다 계단참을 설치할 것 6. 건설공사에 사용하는 높이 8미터 이상인 비계다리에는 7미터 이내마다 계단참을 설치할 것

04 다음은 지붕 위에서의 위험방지에 관한 내용이다. 빈칸을 채워 넣으시오.

- 지붕의 가장자리에 (   )을 설치할 것
- 채광창에는 견고한 구조의 (   )를 설치할 것
- 슬레이트 등 강도가 약한 재료로 덮은 지붕에는 폭 (   )m 이상의 발판을 설치할 것

답 안 연 습	

모 범 답 안	산업안전보건기준에 관한 규칙 (약칭 : 안전보건규칙) **제45조(지붕 위에서의 위험 방지)** ① 사업주는 근로자가 지붕 위에서 작업을 할 때에 추락하거나 넘어질 위험이 있는 경우에는 다음 각 호의 조치를 해야 한다. 1. 지붕의 가장자리에 제13조에 따른 안전난간을 설치할 것 2. 채광창(skylight)에는 견고한 구조의 덮개를 설치할 것 3. 슬레이트 등 강도가 약한 재료로 덮은 지붕에는 폭 30센티미터 이상의 발판을 설치할 것 ② 사업주는 작업 환경 등을 고려할 때 제1항 제1호에 따른 조치를 하기 곤란한 경우에는 제42조 제2항 각 호의 기준을 갖춘 추락방호망을 설치해야 한다. 다만, 사업주는 작업 환경 등을 고려할 때 추락방호망을 설치하기 곤란한 경우에는 근로자에게 안전대를 착용하도록 하는 등 추락 위험을 방지하기 위하여 필요한 조치를 해야 한다. [전문개정 2021. 11. 19.]

05 아래 제시된 각각의 의미를 작성하시오.(단, 계산식으로 답할 것)

① 도수율   ② 강도율   ③ 휴업재해율

답 안 연 습	

모 범 답 안	① 도수율 $= \dfrac{재해발생건수}{연근로시간수} \times 1,000,000$ ② 강도율 $= \dfrac{근로손실일수}{연근로시간수} \times 1,000$ ③ 휴업재해율 $= \dfrac{휴업재해자수}{임금근로자수} \times 100$

06 아래 빈칸에 제시된 현상이 발생하기 쉬운 지반을 알맞게 채워 넣으시오.

- 히빙 현상 : (①)
- 보일링 현상 : (②)

답 안 연 습	

모범답안

① 히빙(Heaving) 현상 : 연약 점토지반을 굴착 시 흙막이벽 내외 흙의 중량 차이에 의해서 굴착 저면의 지지력을 상실하여 붕괴되고, 배면에 있는 흙이 내부로 밀려 들어와 굴착 저면이 부풀어 오르는 현상. 주로 흙막이벽의 근입장이 부족하거나 흙막이벽 내외 흙의 중량 차이에 의해서 발생. 흙막이 근입장을 경질지반까지 박거나, 강성이 큰 흙막이 벽을 사용.

② 보일링(Boiling) 현상 : 사질지반에서 투수성이 클 경우, 흙막이 배면과 굴착저면의 지하수위차로 인해 굴착저면을 통해 모래와 물이 부풀어 올라 마치 끓어오르는 것처럼 나타나는 현상. 흙막이의 근입장 깊이가 부족할 때, 흙막이 벽의 배면과 굴착저면과의 지하수위차가 클 경우, 굴착 하부 지반에 투수성이 큰 사질층이 존재할 경우 발생함.

07 자율안전확인대상기계 등에 해당하는 기계 · 기구 4가지를 작성하시오.

답 안 연 습	

모범답안

산업안전보건법 시행령

제77조(자율안전확인대상기계등)

① 법 제89조 제1항 각 호 외의 부분 본문에서 "대통령령으로 정하는 것"이란 다음 각 호의 어느 하나에 해당하는 것을 말한다.

1. 다음 각 목의 어느 하나에 해당하는 기계 또는 설비
   가. 연삭기(研削機) 또는 연마기. 이 경우 휴대형은 제외한다.
   나. 산업용 로봇
   다. 혼합기
   라. 파쇄기 또는 분쇄기
   마. 식품가공용 기계(파쇄 · 절단 · 혼합 · 제면기만 해당한다)
   바. 컨베이어
   사. 자동차정비용 리프트
   아. 공작기계(선반, 드릴기, 평삭 · 형삭기, 밀링만 해당한다)
   자. 고정형 목재가공용 기계(둥근톱, 대패, 루타기, 띠톱, 모떼기 기계만 해당한다)
   차. 인쇄기

08 콘크리트 타설 시 측압 시 커지는 이유 3가지를 작성하시오.

<table><tr><td>답 안
연 습</td><td></td></tr></table>

<table><tr><td>모 범
답 안</td><td>측압(t/m^2)
콘크리트를 타설 시 거푸집 수직부재가 수평방향으로 받는 압력. 콘크리트 타설 윗면에서 최대측압이 발생하는 지점까지의 거리를 콘크리트 헤드(con'c head)라 한다. 거푸집이 평활할수록, 슬럼프가 클수록, 시공연도가 좋을수록, 철근 · 철골량이 적을수록, 외기의 온도가 낮을수록, 습도가 높을수록, 부배합, 타설속도가 빠를수록, 다짐이 충분할수록, 타설높이가 높을수록 측압은 커진다.</td></tr></table>

09 흙막이 지보공을 설치하였을 때 사업주가 정기적으로 점검하고 이상 발견 시 즉시 보수해야 하는 사항 4가지를 작성하시오.

<table><tr><td>답 안
연 습</td><td></td></tr></table>

<table><tr><td>모 범
답 안</td><td>산업안전보건기준에 관한 규칙 (약칭 : 안전보건규칙)
제347조(붕괴 등의 위험 방지)
① 사업주는 흙막이 지보공을 설치하였을 때에는 정기적으로 다음 각 호의 사항을 점검하고 이상을 발견하면 즉시 보수하여야 한다.
1. 부재의 손상 · 변형 · 부식 · 변위 및 탈락의 유무와 상태
2. 버팀대의 긴압(緊壓)의 정도
3. 부재의 접속부 · 부착부 및 교차부의 상태
4. 침하의 정도</td></tr></table>

10 토목공사 작업 시 다짐공법 2가지를 작성하시오.

답 안 연 습	

모 범 답 안	① 폭파다짐공법 ② 다짐말뚝공법 ③ 진동다짐공법

11 아래는 방진마스크의 성능기준에 관한 내용이다. 빈칸에 알맞게 채워 넣으시오.

형태 및 등급		염화나트륨(NaCl) 및 파라핀 오일(Paraffin oil) 시험(%)
분리식	특 급	( )
	1 급	( )
	2 급	( )
안면부 여과식	특 급	( )
	1 급	( )
	2 급	( )

답 안 연 습	

모범 답안

보호구 안전인증 고시

[시행 2023. 12. 18.] [고용노동부고시 제2023-64호, 2023. 12. 18., 일부개정]

방진마스크의 성능 기준(제12조관련,보호구안전인증 고시 별표4)

형태 및 등급		염화나트륨(NaCl) 및 파라핀 오일(Paraffin oil) 시험(%)
분리식	특 급	99.95 이상
	1 급	94.0 이상
	2 급	80.0 이상
안면부 여과식	특 급	99.0 이상
	1 급	94.0 이상
	2 급	80.0 이상

〈중요〉

형태 및 등급		유량(ℓ/min)	차압 (Pa)
분리식	전면형	160	250 이하
		30	50 이하
		95	150 이하
	반면형	160	200 이하
		30	50 이하
		95	130 이하
안면부 여과식	특 급	30	100 이하
	1 급		70 이하
	2 급		60 이하
	특 급	95	300 이하
	1 급		240 이하
	2 급		210 이하

12 제시된 안전모의 종류 및 사용구분에 관해 작성하시오.(① AB, ② AE, ③ ABE)

답안 연습

모 범 답 안	보호구 안전인증 고시 [별표 1] 추락 및 감전 위험방지용 안전모의 성능기준(제4조 관련)		
	종류(기호)	사용구분	비고
	AB	물체의 낙하 또는 비래 및 추락에 의한 위험을 방지 또는 경감 시키기 위한 것	
	AE	물체의 낙하 또는 비래에 의한 위험을 방지 또는 경감하고, 머리부위 감전에 의한 위험을 방지하기 위한 것	내전압성(주1)
	ABE	물체의 낙하 또는 비래 및 추락에 의한 위험을 방지 또는 경감하고, 머리부위 감전에 의한 위험을 방지하기 위한 것	내전압성
	(주1) 내전압성이란 7,000V 이하의 전압에 견디는 것을 말한다.		

13 승강기의 종류 4가지를 쓰시오.(단. 산업안전보건기준에 관한 규칙에 규정된 사항)

답 안 연 습	

모 범 답 안	산업안전보건기준에 관한 규칙 (약칭 : 안전보건규칙) 제132조(양중기) ① 양중기란 다음 각 호의 기계를 말한다. 〈개정 2019. 4. 19.〉 5. "승강기"란 건축물이나 고정된 시설물에 설치되어 일정한 경로에 따라 사람이나 화물을 승강장으로 옮기는 데에 사용되는 설비로서 다음 각 목의 것을 말한다. 가. 승객용 엘리베이터 : 사람의 운송에 적합하게 제조ㆍ설치된 엘리베이터 나. 승객화물용 엘리베이터 : 사람의 운송과 화물 운반을 겸용하는데 적합하게 제조ㆍ설치된 엘리베이터 다. 화물용 엘리베이터 : 화물 운반에 적합하게 제조ㆍ설치된 엘리베이터로서 조작자 또는 화물취급자 1명은 탑승할 수 있는 것(적재용량이 300킬로그램 미만인 것은 제외한다) 라. 소형화물용 엘리베이터 : 음식물이나 서적 등 소형 화물의 운반에 적합하게 제조ㆍ설치된 엘리베이터로서 사람의 탑승이 금지된 것 마. 에스컬레이터 : 일정한 경사로 또는 수평로를 따라 위ㆍ아래 또는 옆으로 움직이는 디딤판을 통해 사람이나 화물을 승강장으로 운송시키는 설비

14 아래는 작업발판의 구조에 관한 내용이다. 빈칸에 알맞게 채워 넣으시오.

- 작업발판의 폭은 (   )cm 이상으로 하고, 발판재료 간의 틈은 (   )cm 이하로 할 것
- 선박 및 보트 건조작업의 경우 선박블록 또는 엔진실 등의 좁은 작업공간에 작업발판을 설치하기 위하여 필요하면 작업발판의 폭을 (   )cm 이상으로 할 수 있고, 걸침비계의 경우 강관기둥 때문에 발판재료 간의 틈을 3cm 이하로 유지하기 곤란하면 (   )cm 이하로 할 수 있다. 이 경우 그 틈 사이로 물체 등이 떨어질 우려가 있는 곳에는 출입금지 등의 조치를 하여야 한다.
- 추락의 위험이 있는 장소에는 (   )을 설치할 것
- 작업발판재료는 뒤집히거나 떨어지지 않도록 (   ) 이상의 지지물에 연결하거나 고정시킬 것

답안 연습

모범 답안

산업안전보건기준에 관한 규칙 (약칭 : 안전보건규칙)

제56조(작업발판의 구조)

사업주는 비계(달비계, 달대비계 및 말비계는 제외한다)의 높이가 2미터 이상인 작업장소에 다음 각 호의 기준에 맞는 작업발판을 설치하여야 한다. 〈개정 2012. 5. 31., 2017. 12. 28.〉

1. 발판재료는 작업할 때의 하중을 견딜 수 있도록 견고한 것으로 할 것
2. 작업발판의 폭은 40센티미터 이상으로 하고, 발판재료 간의 틈은 3센티미터 이하로 할 것. 다만, 외줄비계의 경우에는 고용노동부장관이 별도로 정하는 기준에 따른다.
3. 제2호에도 불구하고 선박 및 보트 건조작업의 경우 선박블록 또는 엔진실 등의 좁은 작업공간에 작업발판을 설치하기 위하여 필요하면 작업발판의 폭을 30센티미터 이상으로 할 수 있고, 걸침비계의 경우 강관기둥 때문에 발판재료 간의 틈을 3센티미터 이하로 유지하기 곤란하면 5센티미터 이하로 할 수 있다. 이 경우 그 틈 사이로 물체 등이 떨어질 우려가 있는 곳에는 출입금지 등의 조치를 하여야 한다.
4. 추락의 위험이 있는 장소에는 안전난간을 설치할 것. 다만, 작업의 성질상 안전난간을 설치하는 것이 곤란한 경우, 작업의 필요상 임시로 안전난간을 해체할 때에 추락방호망을 설치하거나 근로자로 하여금 안전대를 사용하도록 하는 등 추락위험 방지 조치를 한 경우에는 그러하지 아니하다.
5. 작업발판의 지지물은 하중에 의하여 파괴될 우려가 없는 것을 사용할 것
6. 작업발판재료는 뒤집히거나 떨어지지 않도록 둘 이상의 지지물에 연결하거나 고정시킬 것
7. 작업발판을 작업에 따라 이동시킬 경우에는 위험 방지에 필요한 조치를 할 것

2023년 필답형 4회

01 하인리히의 사고예방대책 5단계를 작성하시오.

답 안 연 습	

모범답안

① 안전보건관리조직　② 사실의 발견　③ 평가 및 분석　④ 시정책의 선정　⑤ 시정책의 적용

단 계	내 용	조치 사항
1 단계	안전보건관리조직	안전보건관리조직의 구성 및 운영 안전보건관리계획서 수립 및 시행
2 단계	사실의 발견	작업분석 및 위험요인 확인 점검, 검사 및 재해원인 조사
3 단계	평가 및 분석	재해 조사, 분석, 평가
4 단계	시정책의 선정	기술적, 제도적 개선안 수립 재발방지 대책을 위한 구체적 강구
5 단계	시정책의 적용	대책의 실현 및 재평가 보완 3E 및 4M의 대책 적용

02 철근 정착방법 2가지를 작성하시오.

답 안 연 습	

모범답안

① 갈고리에 의한 방법 : 철근의 끝을 표준갈고리 형태로 가공하여 정착하는 방법
② 매입길이에 의한 방법 : 콘크리트 내부에 적정한 길이로 철근을 매입하여 정착하는 방법

03 A업체 사고사망만인율(‰) 구하시오. (연간 상시근로자수 4000명, 사망자 1명)

답 안 연 습	

| 모 범
답 안 | 사고사망만인율(‰) $= \dfrac{1}{4000} \times 10{,}000 = 2.5$

■ 산업안전보건법 시행규칙 [별표 1]
2. 건설업체의 산업재해발생률은 다음의 계산식에 따른 업무상 사고사망만인율(이하 "사고사망만인율"이라 한다)로 산출하되, 소수점 셋째 자리에서 반올림한다.

사고사망만인율(‰) $= \dfrac{\text{사고사망자수}}{\text{상시근로자 수}} \times 10{,}000$ |

04 철근콘크리트공사에 사용되는 거푸집널과 동바리에 대해 간략하게 작성하시오.

답 안 연 습	

| 모 범
답 안 | ① 콘크리트 타설 시 직접적으로 접하는 목재 또는 금속 등의 판재류
② 콘크리트가 소정의 강도를 얻도록 상부하중(고정하중, 작업하중 등)을 지지하는 임시 지지대 |

05 무재해 운동의 3원칙을 작성하시오.

답 안 연 습	

| 모 범
답 안 | ① 무의 원칙 ② 참여의 원칙 ③ 선취의 원칙 |

06 달비계 또는 높이 5m 이상의 비계를 해체하는 경우 준수사항을 3가지 작성하시오.

<table>
<tr><td>답 안
연 습</td><td></td></tr>
</table>

<table>
<tr><td>모 범
답 안</td><td>

산업안전보건기준에 관한 규칙 (약칭 : 안전보건규칙)

제57조(비계 등의 조립·해체 및 변경)

① 사업주는 달비계 또는 높이 5미터 이상의 비계를 조립·해체하거나 변경하는 작업을 하는 경우 다음 각 호의 사항을 준수하여야 한다.

1. 근로자가 관리감독자의 지휘에 따라 작업하도록 할 것
2. 조립·해체 또는 변경의 시기·범위 및 절차를 그 작업에 종사하는 근로자에게 주지시킬 것
3. 조립·해체 또는 변경 작업구역에는 해당 작업에 종사하는 근로자가 아닌 사람의 출입을 금지하고 그 내용을 보기 쉬운 장소에 게시할 것
4. 비, 눈, 그 밖의 기상상태의 불안정으로 날씨가 몹시 나쁜 경우에는 그 작업을 중지시킬 것
5. 비계재료의 연결·해체작업을 하는 경우에는 폭 20센티미터 이상의 발판을 설치하고 근로자로 하여금 안전대를 사용하도록 하는 등 추락을 방지하기 위한 조치를 할 것
6. 재료·기구 또는 공구 등을 올리거나 내리는 경우에는 근로자가 달줄 또는 달포대 등을 사용하게 할 것

② 사업주는 강관비계 또는 통나무비계를 조립하는 경우 쌍줄로 하여야 한다. 다만, 별도의 작업발판을 설치할 수 있는 시설을 갖춘 경우에는 외줄로 할 수 있다.

</td></tr>
</table>

07 굴착면의 높이가 2m 이상인 암석의 굴착작업 특별교육내용을 4가지 쓰시오.

답 안 연 습	

모 범 답 안	■ 산업안전보건법 시행규칙 [별표 5] 〈개정 2023. 9. 27.〉 **안전보건교육 교육대상별 교육내용(제26조 제1항 등 관련)** **라. 특별교육 대상 작업별 교육** 22. 굴착면의 높이가 2미터 이상이 되는 암석의 굴착작업 　－ 폭발물 취급 요령과 대피 요령에 관한 사항 　－ 안전거리 및 안전기준에 관한 사항 　－ 방호물의 설치 및 기준에 관한 사항 　－ 보호구 및 신호방법 등에 관한 사항 　－ 그 밖에 안전 · 보건관리에 필요한 사항

08 A업체 건설현장 조적공이 말비계에서 작업하던 중 떨어져 머리가 바닥에 닿아 사망하였다. 재해 형태, 기인물, 가해물을 순서대로 작성하시오.

답 안 연 습	

모 범 답 안	① 재해형태 : 떨어짐(추락) ② 기인물 : 말비계 ③ 가해물 : 바닥

09 다음 조건을 보고 세이프티 스코어(Safe-T-Score)를 구하고 안전관리 수행도를 평가하시오. (과거 도수율 120, 현재 도수율 100, 근로자 수 400명, 근로시간 수 1일 8시간 300일 근무)

답 안 연 습	

모 범 답 안	

$$\text{세이프티 스코어} = \frac{100 - 120}{\sqrt{\dfrac{120}{400 \times 8 \times 300} \times 1,000,000}} - 1.7888 \text{ 으로 안전관리 수행도가 심각한 차이}$$

가 없음.

$$\text{세이프티 스코어} = \frac{\text{도수율(현재)} - \text{도수율(과거)}}{\sqrt{\dfrac{\text{도수율(과거)}}{\text{총근로시간수}} \times 1,000,000}}$$

① 현재와 과거의 안전성적을 비교하여 (+)이면 나쁜 기록,(−)이면 과거에 비해 좋은 기록
② 평가방법 : +2 이상(과거보다 심각), +2∼−2(심각한 차이 없음), −2 이하(과거보다 좋음)

10 작업발판 일체형 거푸집의 종류를 4가지를 작성하시오(단. 산업안전보건기준에 관한 규칙 상)

답 안 연 습	

모 범 답 안	

산업안전보건기준에 관한 규칙 (약칭 : 안전보건규칙)

제331조의3(작업발판 일체형 거푸집의 안전조치)

① "작업발판 일체형 거푸집"이란 거푸집의 설치 · 해체, 철근 조립, 콘크리트 타설, 콘크리트 면처리 작업 등을 위하여 거푸집을 작업발판과 일체로 제작하여 사용하는 거푸집으로서 다음 각 호의 거푸집을 말한다.

1. 갱 폼(gang form)
2. 슬립 폼(slip form)
3. 클라이밍 폼(climbing form)
4. 터널 라이닝 폼(tunnel lining form)
5. 그 밖에 거푸집과 작업발판이 일체로 제작된 거푸집 등

11 사질토 지반 개량공법의 종류를 2가지 작성하시오.

답안 연습	

모범 답안	① 진동다짐(Vibro Floatation)공법 ② 폭파다짐공법 ③ 전기충격공법 ④ 약액주입공법 ⑤ 동압밀(다짐)공법

12 콘크리트 타설작업을 하기 위하여 콘크리트 펌프카를 사용하는 경우 준수사항을 3가지 작성하시오.

답안 연습	

모범 답안	**산업안전보건기준에 관한 규칙 (약칭 : 안전보건규칙)** **제335조(콘크리트 타설장비 사용 시의 준수사항)** 사업주는 콘크리트 타설작업을 하기 위하여 콘크리트 플레이싱 붐(placing boom), 콘크리트 분배기, 콘크리트 펌프카 등(이하 이 조에서 "콘크리트타설장비"라 한다)을 사용하는 경우에는 다음 각 호의 사항을 준수해야 한다. 〈개정 2023. 11. 14.〉 1. 작업을 시작하기 전에 콘크리트타설장비를 점검하고 이상을 발견하였으면 즉시 보수할 것 2. 건축물의 난간 등에서 작업하는 근로자가 호스의 요동·선회로 인하여 추락하는 위험을 방지하기 위하여 안전난간 설치 등 필요한 조치를 할 것 3. 콘크리트타설장비의 붐을 조정하는 경우에는 주변의 전선 등에 의한 위험을 예방하기 위한 적절한 조치를 할 것 4. 작업 중에 지반의 침하나 아웃트리거 등 콘크리트타설장비 지지구조물의 손상 등에 의하여 콘크리트타설장비가 넘어질 우려가 있는 경우에는 이를 방지하기 위한 적절한 조치를 할 것 [제목개정 2023. 11. 14.]

13 콘크리트 균열깊이를 검사하는 초음파법 3가지를 작성하시오.

답 안 연 습	

모 범 답 안	① BS 법(발신자와 수신자를 균열부에 배치하여 전파시간 등을 이용해 균열깊이 추정) ② Tc-To법(발신자와 수신자를 균열의 중심으로 등간격으로 배치하여 균열깊이 추정) ③ T- 법(발신자를 고정하고 수신자를 10㎝ 내외로 이동시키며 전파거리와 전달시간의 관계로 검사)

14 명예산업안전감독관의 업무를 4가지 작성하시오.

답 안 연 습	

모 범 답 안	**산업안전보건법 시행령** **제32조(명예산업안전감독관 위촉 등)** ② 명예산업안전감독관의 업무는 다음 각 호와 같다. 이 경우 제1항 제1호에 따라 위촉된 명예산업안전감독관의 업무 범위는 해당 사업장에서의 업무(제8호는 제외한다)로 한정하며, 제1항 제2호부터 제4호까지의 규정에 따라 위촉된 명예산업안전감독관의 업무 범위는 제8호부터 제10호까지의 규정에 따른 업무로 한정한다. 1. 사업장에서 하는 자체점검 참여 및 「근로기준법」 제101조에 따른 근로감독관(이하 "근로감독관"이라 한다)이 하는 사업장 감독 참여 2. 사업장 산업재해 예방계획 수립 참여 및 사업장에서 하는 기계 · 기구 자체검사 참석 3. 법령을 위반한 사실이 있는 경우 사업주에 대한 개선 요청 및 감독기관에의 신고 4. 산업재해 발생의 급박한 위험이 있는 경우 사업주에 대한 작업중지 요청 5. 작업환경측정, 근로자 건강진단 시의 참석 및 그 결과에 대한 설명회 참여 6. 직업성 질환의 증상이 있거나 질병에 걸린 근로자가 여러 명 발생한 경우 사업주에 대한 임시건강진단 실시 요청 7. 근로자에 대한 안전수칙 준수 지도 8. 법령 및 산업재해 예방정책 개선 건의 9. 안전 · 보건 의식을 북돋우기 위한 활동 등에 대한 참여와 지원 10. 그 밖에 산업재해 예방에 대한 홍보 등 산업재해 예방업무와 관련하여 고용노동부장관이 정하는 업무

 **2022년 필답형 1회**

01 지게차를 사용하여 작업을 하는 때 작업 시작 전 점검사항 4가지를 쓰시오. (4점)

답 안 연 습	

모 범 답 안	산업안전보건기준에 관한 규칙 [별표 3] 〈개정 2019. 12. 26.〉 **작업시작 전 점검사항(제35조 제2항 관련)**	
	9. 지게차를 사용하여 작업을 하는 때(제2편 제1장 제10절 제2관)	가. 제동장치 및 조종장치 기능의 이상 유무 나. 하역장치 및 유압장치 기능의 이상 유무 다. 바퀴의 이상 유무 라. 전조등 · 후미등 · 방향지시기 및 경보장치 기능의 이상 유무

02 건설공사의 총 공사원가가 100억 원이고, 이 중 재료비와 직접 노무비의 합이 60억 원인 터널신설공사의 산업안전보관관리비를 다음 기준표를 참고하여 계산하시오. (5점)

(개정된 내용에 따라 답안을 수정함)

공사종류 및 규모별 안전관리비 계상기준표 [별표 1]

구분 공사종류	대상액 5억원 미만인 경우 적용비율(%)	대상액 5억원 이상 50억원 미만인 경우		대상액 50억원 이상인 경우 적용비율(%)	영 별표5에 따른 보건관리자 선임 대상 건설공사의 적용비율(%)
		적용 비율(%)	기초액		
건축공사	3.11%	2.28%	4,325,000원	2.37%	2.64%
토목공사	3.15%	2.53%	3,300,000원	2.60%	2.73%
중건설공사	3.64%	3.05%	2,975,000원	3.11%	3.39%
특수건설공사	2.07%	1.59%	2,450,000원	1.64%	1.78%

답 안 연 습	

모 범 답 안	건설업 산업안전보건관리비 계상 및 사용기준 [시행 2025. 1. 1.] (2024. 9. 19. 개정) 산업안전보건관리비 = 대상액(재료비 + 직접노무비) × 요율 (중건설공사 적용) = 6,000,000,000 × 0.0311 = 186,600,000원

03 크레인에 전용 탑승설비를 설치하고 근로자를 운반하거나 근로자를 달아 올리는 작업을 할 때, 추락 위험을 방지하기 위한 사업주의 조치사항을 3가지 쓰시오. (6점)

답 안 연 습	

모 범 답 안	**산업안전보건기준에 관한 규칙** **제86조(탑승의 제한)** ① 사업주는 크레인을 사용하여 근로자를 운반하거나 근로자를 달아 올린 상태에서 작업에 종사시켜서는 아니 된다. 다만, 크레인에 전용 탑승설비를 설치하고 추락 위험을 방지하기 위하여 다음 각 호의 조치를 한 경우에는 그러하지 아니하다. 　1. 탑승설비가 뒤집히거나 떨어지지 않도록 필요한 조치를 할 것 　2. 안전대나 구명줄을 설치하고, 안전난간을 설치할 수 있는 구조인 경우에는 안전난간을 설치할 것 　3. 탑승설비를 하강시킬 때에는 동력하강방법으로 할 것

04 아래 작업을 하는 근로자에 대해서 사업주가 지급하고 착용하도록 해야 하는 보호구 1가지를 (   )에 쓰시오. (6점)

1. 물체가 떨어지거나 날아올 위험 또는 근로자가 추락할 위험이 있는 작업 : (   )
2. 높이 또는 깊이 2미터 이상의 추락할 위험이 있는 장소에서 하는 작업 : (   )
3. 물체의 낙하·충격, 물체에의 끼임, 감전 또는 정전기의 대전에 의한 위험이 있는 작업 : (   )
4. 물체가 흩날릴 위험이 있는 작업 : (   )
5. 용접 시 불꽃이나 물체가 흩날릴 위험이 있는 작업 : (   )
6. 감전의 위험이 있는 작업 : (   )

답 안 연 습

모 범 답 안

산업안전보건기준에 관한 규칙

제32조(보호구의 지급 등) ① 사업주는 다음 각 호의 어느 하나에 해당하는 작업을 하는 근로자에 대해서는 다음 각 호의 구분에 따라 그 작업조건에 맞는 보호구를 작업하는 근로자 수 이상으로 지급하고 착용하도록 하여야 한다. 〈개정 2024. 6. 28.〉

 1. 물체가 떨어지거나 날아올 위험 또는 근로자가 추락할 위험이 있는 작업 : 안전모
 2. 높이 또는 깊이 2미터 이상의 추락할 위험이 있는 장소에서 하는 작업 : 안전대(安全帶)
 3. 물체의 낙하·충격, 물체에의 끼임, 감전 또는 정전기의 대전(帶電)에 의한 위험이 있는 작업 : 안전화
 4. 물체가 흩날릴 위험이 있는 작업 : 보안경
 5. 용접 시 불꽃이나 물체가 흩날릴 위험이 있는 작업 : 보안면
 6. 감전의 위험이 있는 작업 : 절연용 보호구
 7. 고열에 의한 화상 등의 위험이 있는 작업 : 방열복
 8. 선창 등에서 분진(粉塵)이 심하게 발생하는 하역작업 : 방진마스크
 9. 섭씨 영하 18도 이하인 급냉동어창에서 하는 하역작업 : 방한모·방한복·방한화·방한장갑
 10. 물건을 운반하거나 수거·배달하기 위하여 「도로교통법」 제2조제18호가목5)에 따른 이륜자동차 또는 같은 법 제2조제19호에 따른 원동기장치자전거를 운행하는 작업 : 「도로교통법 시행규칙」 제32조 제1항 각 호의 기준에 적합한 승차용 안전모
 11. 물건을 운반하거나 수거·배달하기 위해 「도로교통법」 제2조제21호의2에 따른 자전거등을 운행하는 작업: 「도로교통법 시행규칙」 제32조제2항의 기준에 적합한 안전모
② 사업주로부터 제1항에 따른 보호구를 받거나 착용지시를 받은 근로자는 그 보호구를 착용하여야 한다.

05 하인리히의 재해예방 대책 5단계는 아래와 같다. 다음 물음에 답하시오.(5점)

> 제1단계 : 안전관리조직
> 제2단계 : 사실의 발견
> 제3단계 : 분석평가
> 제4단계 : 시정책 선정
> 제5단계 : 시정책 적용

05-1 [사고 및 활동기록의 검토를 하고, 작업을 분석·평가하여 점검, 검사로 사고 조사를 하여 불안전 요소를 발견하는 단계]는 어느 단계인가?

05-2 "시정책의 적용"단계에서 적용할 3E를 모두 쓰시오.

모 범 답 안	**05-1** 제2단계 : 사실의 발견
	05-2 ① 기술 Engineering, ② 교육 Education, ③ 규제 Enforcement

06 가설통로를 설치하는 경우 사업주의 준수 사항을 5가지 쓰시오. (5점)

답 안 연 습	

모 범 답 안	**산업안전보건기준에 관한 규칙**
	제23조(가설통로의 구조) 사업주는 가설통로를 설치하는 경우 다음 각 호의 사항을 준수하여야 한다.
	1. 견고한 구조로 할 것
	2. 경사는 30도 이하로 할 것. 다만, 계단을 설치하거나 높이 2미터 미만의 가설통로로서 튼튼한 손잡이를 설치한 경우에는 그러하지 아니하다.
	3. 경사가 15도를 초과하는 경우에는 미끄러지지 아니하는 구조로 할 것
	4. 추락할 위험이 있는 장소에는 안전난간을 설치할 것. 다만, 작업상 부득이한 경우에는 필요한 부분만 임시로 해체할 수 있다.
	5. 수직갱에 가설된 통로의 길이가 15미터 이상인 경우에는 10미터 이내마다 계단참을 설치할 것
	6. 건설공사에 사용하는 높이 8미터 이상인 비계다리에는 7미터 이내마다 계단참을 설치할 것

07 연약한 점토 지반을 굴착할 때, 흑막이벽 배면 흙의 중량이 굴착 바닥면의 지지력보다 커지면, 중량 차이로 인해, 굴착바닥면이 부풀어 올라 오르는 현상을 히빙(heaving)이라고 한다. 히빙(heaving) 방지 대책을 2가지만 쓰시오. (4점)

답 안 연 습	

모 범 답 안	히빙(Heaving)현상 **1) 정의** 　연약 점토지반을 굴착 시 흙막이벽 내외 흙의 중량 차이에 의해서 굴착 저면의 흙지지력을 상실하여 붕괴되고, 배면에 있는 흙이 내부로 밀려 들어와 굴착 저면이 부풀어 오르는 현상을 말한다. **2) 방지대책** 　① 흙막이벽 근입 깊이 증가 　② 흙막이 배면 지표 상재하중 제거 　③ 지반개량을 통한 하부지반 전단강도 개선 　④ 강성이 큰 흙막이 공법 선정

08 이동식 크레인을 사용하여 작업을 하는 때에 작업 시작 전 점검사항을 3가지만 쓰시오. (4점)

답 안 연 습	

모 범 답 안	산업안전보건기준에 관한 규칙 [별표 3] 〈개정 2019. 12. 26.〉 **작업시작 전 점검사항(제35조 제2항 관련)**

모 범 답 안	5. 이동식 크레인을 사용하여 작업을 할 때(제2편 제1장 제9절 제3관)	가. 권과방지장치나 그 밖의 경보장치의 기능 나. 브레이크 · 클러치 및 조정장치의 기능 다. 와이어로프가 통하고 있는 곳 및 작업장소의 지반상태

09 아래 ( ) 안에 알맞은 것을 쓰시오. (2점)

> 사업주는 순간풍속이 ( )m/s를 초과하는 바람이 불어올 우려가 있는 경우 옥외에 설치되어 있는 주행 크레인에 대하여 이탈방지장치를 작동시키는 등 이탈 방지를 위한 조치를 하여야 한다.

답 안 연 습	

모 범 답 안	산업안전보건기준에 관한 규칙 **제140조(폭풍에 의한 이탈 방지)** 사업주는 순간풍속이 초당 30미터를 초과하는 바람이 불어올 우려가 있는 경우 옥외에 설치되어 있는 주행 크레인에 대하여 이탈방지장치를 작동시키는 등 이탈 방지를 위한 조치를 하여야 한다.

10 사업주가 근로자의 위험을 방지하기 위하여, 차량계 건설기계를 사용하여 작업을 할 때에는 작업계획을 작성하고 그 작업계획에 따라 작업을 실시하도록 하여야 한다. 이 작업계획에 포함되어야 할 내용을 3가지 쓰시오. (3점)

답 안 연 습	

모 범
답 안

산업안전보건기준에 관한 규칙 [별표 4] 〈개정 2021. 5. 28.〉

사전조사 및 작업계획서 내용(제38조 제1항 관련)

작업명	작업계획서 내용
3. 차량계 건설기계를 사용하는 작업	가. 사용하는 차량계 건설기계의 종류 및 성능 나. 차량계 건설기계의 운행경로 다. 차량계 건설기계에 의한 작업방법

11 콘크리트 공사 시 사용하는 외부 비계의 종류를 5가지만 쓰시오. (5점)

답안 연습	

모범 답안	산업안전보건기준에 관한 규칙 제7장 비계 ① 강관 비계 ② 시스템 비계 ③ 통나무 비계 ④ 강관틀 비계 ⑤ 달비계

12 달비계 또는 높이 5m 이상의 비계를 조립 · 해체하거나 변경하는 작업을 하는 경우 사업주의 준수 사항을 4가지 쓰시오. (4점)

답안 연습	

모범 답안	산업안전보건기준에 관한 규칙 **제57조(비계 등의 조립 · 해체 및 변경)** ① 사업주는 달비계 또는 높이 5미터 이상의 비계를 조립 · 해체하거나 변경하는 작업을 하는 경우 다음 각 호의 사항을 준수하여야 한다. 1. 근로자가 관리감독자의 지휘에 따라 작업하도록 할 것 2. 조립 · 해체 또는 변경의 시기 · 범위 및 절차를 그 작업에 종사하는 근로자에게 주지시킬 것 3. 조립 · 해체 또는 변경 작업구역에는 해당 작업에 종사하는 근로자가 아닌 사람의 출입을 금지하고 그 내용을 보기 쉬운 장소에 게시할 것 4. 비, 눈, 그 밖의 기상상태의 불안정으로 날씨가 몹시 나쁜 경우에는 그 작업을 중지시킬 것 5. 비계재료의 연결 · 해체작업을 하는 경우에는 폭 20센티미터 이상의 발판을 설치하고 근로자로 하여금 안전대를 사용하도록 하는 등 추락을 방지하기 위한 조치를 할 것 6. 재료 · 기구 또는 공구 등을 올리거나 내리는 경우에는 근로자가 달줄 또는 달포대 등을 사용하게 할 것 ② 사업주는 강관비계 또는 통나무비계를 조립하는 경우 쌍줄로 하여야 한다. 다만, 별도의 작업발판을 설치할 수 있는 시설을 갖춘 경우에는 외줄로 할 수 있다.

13 발파작업을 할 때에 유해·위험을 방지하기 위한 관리감독자의 업무내용을 4가지 쓰시오. (4점)

답 안 연 습	

산업안전보건기준에 관한 규칙 [별표 2] 〈개정 2023. 11. 14.〉

관리감독자의 유해·위험 방지(제35조 제1항 관련)

11. 발파작업(제2편 제4장 제2절 제2관)	가. 점화 전에 점화작업에 종사하는 근로자가 아닌 사람에게 대피를 지시하는 일 나. 점화작업에 종사하는 근로자에게 대피장소 및 경로를 지시하는 일 다. 점화 전에 위험구역 내에서 근로자가 대피한 것을 확인하는 일 라. 점화순서 및 방법에 대하여 지시하는 일 마. 점화신호를 하는 일 바. 점화작업에 종사하는 근로자에게 대피신호를 하는 일 사. 발파 후 터지지 않은 장약이나 남은 장약의 유무, 용수(湧水)의 유무 및 암석·토사의 낙하 여부 등을 점검하는 일 아. 점화하는 사람을 정하는 일 자. 공기압축기의 안전밸브 작동 유무를 점검하는 일 차. 안전모 등 보호구 착용 상황을 감시하는 일

14 아래 (   ) 안에 알맞게 채우시오. (3점)

- 사다리의 상단은 걸쳐놓은 지점으로부터 (①   )cm 이상 올라가도록 할 것
- 사다리식 통로의 기울기는 (②   )도 이하로 할 것. 다만, 고정식 사다리식 통로의 기울기는 90도 이하로 하고 그 높이가 7m 이상인 경우에는 바닥으로부터 높이가 2.5m 되는 지점부터 등받이울을 설치할 것
- 사다리식 통로의 길이가 10m 이상인 경우에는 (③   )m 이내마다 계단참을 설치할 것

답 안 연 습

모 범 답 안

산업안전보건기준에 관한 규칙 〈개정 2024. 6. 28.〉

제24조(사다리식 통로 등의 구조) ① 사업주는 사다리식 통로 등을 설치하는 경우 다음 각 호의 사항을 준수하여야 한다.

1. 견고한 구조로 할 것
2. 심한 손상 · 부식 등이 없는 재료를 사용할 것
3. 발판의 간격은 일정하게 할 것
4. 발판과 벽과의 사이는 15센티미터 이상의 간격을 유지할 것
5. 폭은 30센티미터 이상으로 할 것
6. 사다리가 넘어지거나 미끄러지는 것을 방지하기 위한 조치를 할 것
7. 사다리의 상단은 걸쳐놓은 지점으로부터 60센티미터 이상 올라가도록 할 것
8. 사다리식 통로의 길이가 10미터 이상인 경우에는 5미터 이내마다 계단참을 설치할 것
9. 사다리식 통로의 기울기는 75도 이하로 할 것. 다만, 고정식 사다리식 통로의 기울기는 90도 이하로 하고, 그 높이가 7미터 이상인 경우에는 다음 각 목의 구분에 따른 조치를 할 것
   가. 등받이울이 있어도 근로자 이동에 지장이 없는 경우: 바닥으로부터 높이가 2.5미터 되는 지점부터 등받이울을 설치할 것
   나. 등받이울이 있으면 근로자가 이동이 곤란한 경우: 한국산업표준에서 정하는 기준에 적합한 개인용 추락 방지 시스템을 설치하고 근로자로 하여금 한국산업표준에서 정하는 기준에 적합한 전신안전대를 사용하도록 할 것
10. 접이식 사다리 기둥은 사용 시 접혀지거나 펼쳐지지 않도록 철물 등을 사용하여 견고하게 조치할 것

② 잠함(潛函) 내 사다리식 통로와 건조 · 수리 중인 선박의 구명줄이 설치된 사다리식 통로(건조 · 수리작업을 위하여 임시로 설치한 사다리식 통로는 제외한다)에 대해서는 제1항 제5호부터 제10호까지의 규정을 적용하지 아니한다.

01 다음은 공사금액 1,000억 원의 건설업에서 선임해야 하는 최소 안전관리자 수 및 1명 이상 포함되어야 하는 안전관리자 자격 2가지를 작성하시오. (단, 공사기간 85% 기준) (6점)

답안 연습	

**모범
답안**

산업안전보건법 시행령

[**별표 3**] 건설업 공사금액 800억 원 이상 1,500억 원 미만 : 2명 이상. 다만, 전체 공사기간을 100으로 할 때 공사 시작에서 15에 해당하는 기간과 공사 종료 전의 15에 해당하는 기간(이하 "전체 공사기간 중 전·후 15에 해당하는 기간"이라 한다) 동안은 1명 이상으로 한다.

별표 4 제1호부터 제7호까지 또는 제 10호에 해당하는 사람을 선임하되, 같은 표 제1호부터 제3호까지의 어느 하 나에 해당하는 사람이 1명 이상 포함되어야 한다.

[**별표 4**] 안전관리자의 자격(제17조 관련)

안전관리자는 다음 각 호의 어느 하나에 해당하는 사람으로 한다.

1. 법 제143조 제1항에 따른 산업안전지도사 자격을 가진 사람
2. 「국가기술자격법」에 따른 산업안전산업기사 이상의 자격을 취득한 사람
3. 「국가기술자격법」에 따른 건설안전산업기사 이상의 자격을 취득한 사람
4. 「고등교육법」에 따른 4년제 대학 이상의 학교에서 산업안전 관련 학위를 취득한 사람 또는 이와 같은 수준 이상의 학력을 가진 사람
5. 「고등교육법」에 따른 전문대학 또는 이와 같은 수준 이상의 학교에서 산업안전 관련 학위를 취득한 사람

02 다음은 근로자의 추락 등에 의한 위험방지를 위한 안전난간 설치 기준이다. (　　) 안에 들어갈 내용을 작성하시오. (3점)

1. 상부 난간대, 중간 난간대, 발끝막이판 및 난간기둥으로 구성할 것. 다만, 중간 난간대, 발끝막이판 및 난간기둥은 이와 비슷한 구조와 성능을 가진 것으로 대체할 수 있다.
2. 상부 난간대는 바닥면·발판 또는 경사로의 표면(이하 "바닥면등"이라 한다)으로부터 (①) 이상 지점에 설치하고, 상부 난간대를 120cm 이하에 설치하는 경우에는 중간 난간대는 상부 난간대와 바닥면등의 중간에 설치하여야 하며, 120cm 이상 지점에 설치하는 경우에는 중간 난간대를 2단 이상으로 균등하게 설치하고 난간의 상하 간격은 (②) 이하가 되도록 할 것. 다만, 계단의 개방된 측면에 설치된 난간기둥 간의 간격이 25cm 이하인 경우에는 중간 난간대를 설치하지 아니할 수 있다.
3. 발끝막이판은 바닥면등으로부터 (③) 이상의 높이를 유지할 것. 다만, 물체가 떨어지거나 날아올 위험이 없거나 그 위험을 방지할 수 있는 망을 설치하는 등 필요한 예방 조치를 한 장소는 제외한다.

답 안 연 습

모 범 답 안

산업안전보건기준에 관한 규칙

제13조(안전난간의 구조 및 설치요건) 사업주는 근로자의 추락 등의 위험을 방지하기 위하여 안전난간을 설치하는 경우 다음 각 호의 기준에 맞는 구조로 설치해야 한다. 〈개정 2023. 11. 14.〉

1. 상부 난간대, 중간 난간대, 발끝막이판 및 난간기둥으로 구성할 것. 다만, 중간 난간대, 발끝막이판 및 난간기둥은 이와 비슷한 구조와 성능을 가진 것으로 대체할 수 있다.
2. 상부 난간대는 바닥면·발판 또는 경사로의 표면(이하 "바닥면등"이라 한다)으로부터 90센티미터 이상 지점에 설치하고, 상부 난간대를 120센티미터 이하에 설치하는 경우에는 중간 난간대는 상부 난간대와 바닥면등의 중간에 설치해야 하며, 120센티미터 이상 지점에 설치하는 경우에는 중간 난간대를 2단 이상으로 균등하게 설치하고 난간의 상하 간격은 60센티미터 이하가 되도록 할 것. 다만, 난간기둥 간의 간격이 25센티미터 이하인 경우에는 중간 난간대를 설치하지 않을 수 있다.
3. 발끝막이판은 바닥면등으로부터 10센티미터 이상의 높이를 유지할 것. 다만, 물체가 떨어지거나 날아올 위험이 없거나 그 위험을 방지할 수 있는 망을 설치하는 등 필요한 예방 조치를 한 장소는 제외한다.
4. 난간기둥은 상부 난간대와 중간 난간대를 견고하게 떠받칠 수 있도록 적정한 간격을 유지할 것
5. 상부 난간대와 중간 난간대는 난간 길이 전체에 걸쳐 바닥면등과 평행을 유지할 것
6. 난간대는 지름 2.7센티미터 이상의 금속제 파이프나 그 이상의 강도가 있는 재료일 것
7. 안전난간은 구조적으로 가장 취약한 지점에서 가장 취약한 방향으로 작용하는 100킬로그램 이상의 하중에 견딜 수 있는 튼튼한 구조일 것

03 다음은 계단 설치 기준이다. 다음 (   )을 채우시오. (4점)

1. 사업주는 계단 및 계단참을 설치하는 경우 매제곱미터당 (①)kg 이상의 하중에 견딜 수 있는 강도를 가진 구조로 설치하여야 하며, 안전율은 (②) 이상으로 하여야 한다.
2. 사업주는 계단을 설치하는 경우 그 폭을 (③)m 이상으로 하여야 한다.
3. 사업주는 계단을 설치하는 경우 바닥면으로부터 높이 (④)m 이내의 공간에 장애물이 없도록 하여야 한다.
4. 사업주는 높이 (⑤)m 이상인 계단의 개방된 측면에 안전난간을 설치하여야 한다.

답 안 연 습	

모 범 답 안	산업안전보건기준에 관한 규칙 **제26조(계단의 강도)** ① 사업주는 계단 및 계단참을 설치하는 경우 매제곱미터당 500킬로그램 이상의 하중에 견딜 수 있는 강도를 가진 구조로 설치하여야 하며, 안전율[안전의 정도를 표시하는 것으로서 재료의 파괴응력도(破壞應力度)와 허용응력도(許容應力度)의 비율을 말한다)]은 4 이상으로 하여야 한다. ② 사업주는 계단 및 승강구 바닥을 구멍이 있는 재료로 만드는 경우 렌치나 그 밖의 공구 등이 낙하할 위험이 없는 구조로 하여야 한다. **제27조(계단의 폭)** ① 사업주는 계단을 설치하는 경우 그 폭을 1미터 이상으로 하여야 한다. 다만, 급유용·보수용·비상용 계단 및 나선형 계단이거나 높이 1미터 미만의 이동식 계단인 경우에는 그러하지 아니하다. 〈개정 2014. 9. 30.〉 ② 사업주는 계단에 손잡이 외의 다른 물건 등을 설치하거나 쌓아 두어서는 아니 된다. **제29조(천장의 높이)** 사업주는 계단을 설치하는 경우 바닥면으로부터 높이 2미터 이내의 공간에 장애물이 없도록 하여야 한다. 다만, 급유용·보수용·비상용 계단 및 나선형 계단인 경우에는 그러하지 아니하다. **제30조(계단의 난간)** 사업주는 높이 1미터 이상인 계단의 개방된 측면에 안전난간을 설치하여야 한다.

04 다음은 한 건설현장의 한 해 동안의 근무 상황이다. 다음과 같은 경우 도수율, 강도율, 종합재해지수(FSI)를 구하시오. (5점)

- 연평균 근로자 수 : 200명
- 연간 작업일수 : 300일
- 1일 작업시간 : 8시간
- 출근율 : 90%
- 휴업일수 : 125일
- 연간요양재해발생건수 : 9건
- 시간 외 작업시간 합계 : 20,000시간
- 지각 외 조퇴시간 합계 : 2,000시간

답 안 연 습

모 범 답 안

① 도수율 $= \dfrac{\text{재해건수}}{\text{연근로시간수}} \times 1,000,000 = \dfrac{9}{(200 \times 300 \times 8 \times 0.9) + 20,000 - 2,000} \times 1,000,000 = 20$

② 강도율 $= \dfrac{\text{근로손실일수}}{\text{연근로시간}} \times 1,000 = \dfrac{125 \times \dfrac{300}{365}}{(200 \times 300 \times 8 \times 0.9) - 20,000 - 2,000} \times 1,000 = 0.228$

③ 종합재해지수 $= \sqrt{\text{도수율} \times \text{강도율}} = \sqrt{20 \times 0.228} = 2.135$

05 발파작업을 할 때에 유해 · 위험을 방지하기 위한 관리감독자의 업무내용을 4가지 쓰시오.
(4점)

답 안 연 습	

산업안전보건기준에 관한 규칙 [별표 2] 〈개정 2021. 11. 19.〉

관리감독자의 유해 · 위험 방지(제35조 제1항 관련)

모 범 답 안	11. 발파작업(제2편 제4장 제2절 제2관)	가. 점화 전에 점화작업에 종사하는 근로자가 아닌 사람에게 대피를 지시하는 일 나. 점화작업에 종사하는 근로자에게 대피장소 및 경로를 지시하는 일 다. 점화 전에 위험구역 내에서 근로자가 대피한 것을 확인하는 일 라. 점화순서 및 방법에 대하여 지시하는 일 마. 점화신호를 하는 일 바. 점화작업에 종사하는 근로자에게 대피신호를 하는 일 사. 발파 후 터지지 않은 장약이나 남은 장약의 유무, 용수(湧水)의 유무 및 암석 · 토사의 낙하 여부 등을 점검하는 일 아. 점화하는 사람을 정하는 일 자. 공기압축기의 안전밸브 작동 유무를 점검하는 일 차. 안전모 등 보호구 착용 상황을 감시하는 일

06 아래 (   ) 안에 알맞게 쓰시오. (4점)   (개정 법령 내용에 맞게 수정함)

(가) 정기교육 : 사무직 종사 근로자 매반기 (①) 시간 이상
(나) 작업내용 변경 시 교육 : 일용근로자를 제외한 근로자 (③) 시간 이상
(다) 건설업 기초안전·보건교육 : 건설 일용근로자 (④) 시간 이상

답안 연습	

**모범
답안**

■ 산업안전보건법 시행규칙 [별표 4] 〈개정 2023. 9. 27.〉
1. 근로자 안전보건교육(제26조제1항, 제28조제1항 관련))

교육과정	교육대상		교육시간
가. 정기교육	1) 사무직 종사 근로자		매반기 6시간 이상
	2) 그 밖의 근로자	가) 판매업무에 직접 종사하는 근로자	매반기 6시간 이상
		나) 판매업무에 직접 종사하는 근로자 외의 근로자	매반기 12시간 이상
나. 채용 시 교육	1) 일용근로자 및 근로계약기간이 1주일 이하인 기간제근로자		1시간 이상
	2) 근로계약기간이 1주일 초과 1개월 이하인 기간제근로자		4시간 이상
	3) 그 밖의 근로자		8시간 이상
다. 작업내용 변경 시 교육	1) 일용근로자 및 근로계약기간이 1주일 이하인 기간제근로자		1시간 이상
	2) 그 밖의 근로자		2시간 이상
마. 건설업 기초안전·보건교육	건설 일용근로자		4시간 이상

07 구조물 해체공사 시 기계 기구의 유압력에 의한 해체공법을 2가지 작성하시오. (4점)

답 안 연 습	

| 모 범
답 안 | 해체공사표준안전작업지침 [시행 2020. 1. 16.]
제3조(압쇄기) 압쇄기는 쇼벨에 설치하며 유압조작에 의해 콘크리트등에 강력한 압축력을 가해 파쇄하는 것으로 다음 각 호의 사항을 준수하여야 한다.
　1. 압쇄기의 중량, 작업충격을 사전에 고려하고, 차체 지지력을 초과하는 중량의 압쇄기부착을 금지하여야 한다.
　2. 압쇄기 부착과 해체에는 경험이 많은 사람으로서 선임된 자에 한하여 실시한다.
　3. 압쇄기 연결구조부는 보수점검을 수시로 하여야 한다.
　4. 배관 접속부의 핀, 볼트 등 연결구조의 안전 여부를 점검하여야 한다.
　5. 절단날은 마모가 심하기 때문에 적절히 교환하여야 하며 교환대체품목을 항상 비치하여야 한다.

제4조(대형브레이커) 대형 브레이커는 통상 쇼벨에 설치하여 사용하며, 다음 각 호의 사항을 준수하여야 한다.
　1. 대형 브레이커는 중량, 작업 충격력을 고려, 차체 지지력을 초과하는 중량의 브레이커부착을 금지하여야 한다.
　2. 대형 브레이커의 부착과 해체에는 경험이 많은 사람으로서 선임된 자에 한하여 실시하여야 한다.
　3. 유압작동구조, 연결구조 등의 주요구조는 보수점검을 수시로 하여야 한다.
　4. 유압식일 경우에는 유압이 높기 때문에 수시로 유압호오스가 새거나 막힌 곳이 없는가를 점검하여야 한다.
　5. 해체대상물에 따라 적합한 형상의 브레이커를 사용하여야 한다.

제5조(철제햄머) 햄머를 크레인 등에 부착하여 구조물에 충격을 주어 파쇄하는 것으로 다음 각 호의 사항을 준수하여야 한다.
　1. 햄머는 해체대상물에 적합한 형상과 중량의 것을 선정하여야 한다.
　2. 햄머는 중량과 작압반경을 고려하여 차체의 부움, 후레임 및 차체 지지력을 초과하지 않도록 설치하여야 한다.
　3. 햄머를 매달은 와이어 로우프의 종류와 직경 등은 적절한 것을 사용하여야 한다.
　4. 햄머와 와이어 로우프의 결속은 경험이 많은 사람으로서 선임된 자에 한하여 실시하도록 하여야 한다.
　5. 킹크, 소선절단, 단면이 감소된 와이어로우프는 즉시 교체하여야 하며 결속부는 사용 전 후 항상 점검하여야 한다. |

08 굴착 공사 시 히빙(heaving) 현상의 발생 원인을 3가지 쓰시오. (3점)

답 안 연 습	

모 범 답 안	히빙(Heaving)현상 1) 정의 　연약 점토지반을 굴착 시 흙막이벽 내외 흙의 중량 차이에 의해서 굴착 저면의 흙지지력을 상실하여 붕괴되고, 배면에 있는 흙이 내부로 밀려 들어와 굴착 저면이 부풀어 오르는 현상을 말한다. 2) 발생원인 　① 흙막이벽 근입 깊이가 짧다. 　② 흙막이 배면 지표 상재하중이 크다. 　③ 강성이 작은 흙막이 공법을 적용하였다. 3) 방지대책 　① 흙막이벽 근입 깊이 증가 　② 흙막이 배면 지표 상재하중 제거 　③ 지반개량을 통한 하부지반 전단강도 개선 　④ 강성이 큰 흙막이 공법 선정

09 지반의 동상 방지 대책 2가지를 쓰시오.

답 안 연 습	

모 범 답 안	① 지표의 흙을 동결되지 않는 재료로 치환한다. ② 단열 재료를 지중에 삽입한다. ③ 동결심도 하부에 배수층을 설치하여 지하수위를 저하시킨다.

10 산업안전보건법에서 비가 올 경우를 대비하여 빗물 등의 침투에 의한 붕괴재해를 예방하기 위하여 필요한 사업주의 조치 사항을 2가지 쓰시오. (4점)

답 안 연 습	

모 범 답 안	산업안전보건기준에 관한 규칙 **제340조(지반의 붕괴 등에 의한 위험방지)** ① 사업주는 굴착작업에 있어서 지반의 붕괴 또는 토석의 낙하에 의하여 근로자에게 위험을 미칠 우려가 있는 경우에는 미리 흙막이 지보공의 설치, 방호망의 설치 및 근로자의 출입 금지 등 그 위험을 방지하기 위하여 필요한 조치를 하여야 한다. ② 사업주는 비가 올 경우를 대비하여 측구(側溝)를 설치하거나 굴착경사면에 비닐을 덮는 등 빗물 등의 침투에 의한 붕괴재해를 예방하기 위하여 필요한 조치를 하여야 한다. 〈개정 2019. 10. 15.〉 **참고** 23년 개정으로 ②항 내용은 삭제됨 **제340조(굴착작업 시 위험방지)** (현행 기준) 사업주는 굴착작업 시 토사등의 붕괴 또는 낙하에 의하여 근로자에게 위험을 미칠 우려가 있는 경우에는 미리 흙막이 지보공의 설치, 방호망의 설치 및 근로자의 출입 금지 등 그 위험을 방지하기 위하여 필요한 조치를 해야 한다. [전문개정 2023. 11. 14.]

11 안전보건개선계획에 대한 (   )를 채우시오. (6점)

(가) 안전보건개선계획의 수립·시행명령을 받은 사업주는 고용노동부장관이 정하는 바에 따라 안전보건개선 계획서를 작성하여 그 명령을 받은 날부터 (①) 일 이내에 관할 지방고용노동관서의 장에게 제출하여야 한다.
(나) 안전보건개선계획서에는 시설, (②), (③), 산업재해 예방 및 작업환경의 개선을 위하여 필요한 사항이 포함되어야 한다.

답 안 연 습	

모 범 답 안	**제61조(안전보건개선계획의 제출 등)** ① 법 제50조 제1항에 따라 안전보건개선계획서를 제출해야 하는 사업주는 법 제49조 제1항에 따른 안전보건개선계획서 수립·시행 명령을 받은 날부터 60일 이내에 관할 지방고용노동관서의 장에게 해당 계획서를 제출(전자문서로 제출하는 것을 포함한다)해야 한다. ② 제1항에 따른 안전보건개선계획서에는 시설, 안전보건관리체제, 안전보건교육, 산업재해 예방 및 작업환경의 개선을 위하여 필요한 사항이 포함되어야 한다.

12 하인리히가 제시한 재해예방의 4원칙을 쓰시오. (4점)

답 안 연 습	

모 범 답 안	① 예방가능의 원칙 ② 손실우연의 원칙 ③ 원인계기의 원칙 ④ 대책선정의 원칙

13 연약한 지반에 하중을 가하여 흙을 압밀시키는 공법으로 구조물 축조장소에 사전 성토하여 침하시켜 흙의 전단강도를 증가시킨 후 성토부분을 제거하는 공법 명칭을 쓰시오. (3점)

답 안 연 습	

모 범 답 안	선행재하공법(pre loading) 연약지반 개량을 위한 공법 중 하나로 연약 지반 지표면에 구조물보다 하중을 크게 하거나 동등한 하중을 사전에 재하하여 해당 구조물을 축조하기 전에 미리 침하가 발생하도록 하는 공법을 말한다.

 **2022년 필답형 4회**

01 계단의 설치 기준과 관련하여 (   )를 채우시오. (4점)

- 사업주는 계단 및 계단참을 설치하는 경우 매제곱미터당 (①)kg 이상의 하중에 견딜 수 있는 강도를 가진 구조로 설치하여야 하며, 안전율은 (②) 이상으로 하여야 한다.
- 사업주는 계단을 설치하는 경우 그 폭을 (③)m 이상으로 하여야 한다.
- 사업주는 높이가 3m를 초과하는 계단에 높이 3m 이내마다 너비 (④)m 이상의 계단참을 설치하여야 한다.
- 사업주는 높이 (⑤)m 이상인 계단의 개방된 측면에 안전난간을 설치하여야 한다.

답 안 연 습	

| 모 범 답 안 | 산업안전보건기준에 관한 규칙[시행 2023. 7. 1.] [고용노동부령 제367호, 2022. 10. 18., 일부개정]

제26조(계단의 강도) ① 사업주는 계단 및 계단참을 설치하는 경우 매제곱미터당 500킬로그램 이상의 하중에 견딜 수 있는 강도를 가진 구조로 설치하여야 하며, 안전율[안전의 정도를 표시하는 것으로서 재료의 파괴응력도(破壞應力度)와 허용응력도(許容應力度)의 비율을 말한다)]은 4 이상으로 하여야 한다.
② 사업주는 계단 및 승강구 바닥을 구멍이 있는 재료로 만드는 경우 렌치나 그 밖의 공구 등이 낙하할 위험이 없는 구조로 하여야 한다.

제27조(계단의 폭)
① 사업주는 계단을 설치하는 경우 그 폭을 1미터 이상으로 하여야 한다. 다만, 급유용·보수용·비상용 계단 및 나선형 계단이거나 높이 1미터 미만의 이동식 계단인 경우에는 그러하지 아니하다. 〈개정 2014. 9. 30.〉
② 사업주는 계단에 손잡이 외의 다른 물건 등을 설치하거나 쌓아 두어서는 아니 된다.

제28조(계단참의 높이)
사업주는 높이가 3미터를 초과하는 계단에 높이 3미터 이내마다 너비 1.2미터 이상의 계단참을 설치하여야 한다.

제29조(천장의 높이)
사업주는 계단을 설치하는 경우 바닥면으로부터 높이 2미터 이내의 공간에 장애물이 없도록 하여야 한다. 다만, 급유용·보수용·비상용 계단 및 나선형 계단인 경우에는 그러하지 아니하다.

제30조(계단의 난간) 사업주는 높이 1미터 이상인 계단의 개방된 측면에 안전난간을 설치하여야 한다. |

02 다음을 보고 산업안전보건관리비를 계산하시오.

- 건축공사
- 직접 노무비 : 190억 원
- 재료비 : 210억 원
- 발주자가 제공한 재료비 : 90억 원

답안연습

모범답안

풀이)

(21,000,000,000 + 19,000,000,000 + 9,000,000,000) x 0.0237 = 1,161,300,000

건설업 산업안전보건관리비 계상 및 사용기준

[시행 2025. 1. 1.] [고용노동부고시 제2024-53호, 2024. 9. 19., 일부개정]

[별표1] 공사종류 및 규모별 안전관리비 계상기준표

(단위 : 원)

구분 공사종류	대상액 5억원 미만인 경우 적용비율(%)	대상액 5억원 이상 50억원 미만인 경우		대상액 50억원 이상인 경우 적용비율(%)	영 별표5에 따른 보건관리자 선임 대상 건설공사의 적용비율(%)
		적용 비율(%)	기초액		
건축공사	3.11%	2.28%	4,325,000원	2.37%	2.64%
토목공사	3.15%	2.53%	3,300,000원	2.60%	2.73%
중건설공사	3.64%	3.05%	2,975,000원	3.11%	3.39%
특수건설공사	2.07%	1.59%	2,450,000원	1.64%	1.78%

03 산업안전보건법령상 양중기의 방호장치 4가지를 작성하시오.

<table>
<tr><td>답 안
연 습</td><td></td></tr>
<tr><td>모 범
답 안</td><td>

산업안전보건기준에 관한 규칙

제134조(방호장치의 조정)

① 사업주는 다음 각 호의 양중기에 과부하방지장치, 권과방지장치(捲過防止裝置), 비상정지장치 및 제동장치, 그 밖의 방호장치[(승강기의 파이널 리미트 스위치(final limit switch), 속도조절기, 출입문 인터 록(inter lock) 등을 말한다]가 정상적으로 작동될 수 있도록 미리 조정해 두어야 한다. 〈개정 2017. 3. 3., 2019. 4. 19.〉

1. 크레인

2. 이동식 크레인

3. 삭제 〈2019. 4. 19.〉

4. 리프트

5. 곤돌라

6. 승강기

② 제1항제1호 및 제2호의 양중기에 대한 권과방지장치는 훅 · 버킷 등 달기구의 윗면(그 달기구에 권상용 도르래가 설치된 경우에는 권상용 도르래의 윗면)이 드럼, 상부 도르래, 트롤리프레임 등 권상장치의 아랫면과 접촉할 우려가 있는 경우에 그 간격이 0.25미터 이상[(직동식(直動式) 권과방지장치는 0.05미터 이상으로 한다)]이 되도록 조정하여야 한다.

③ 제2항의 권과방지장치를 설치하지 않은 크레인에 대해서는 권상용 와이어로프에 위험표시를 하고 경보장치를 설치하는 등 권상용 와이어로프가 지나치게 감겨서 근로자가 위험해질 상황을 방지하기 위한 조치를 하여야 한다.

</td></tr>
</table>

04 시멘트의 품질시험 항목 5가지를 작성하시오.

답안 연습	

모범 답안	1. 화학성분시험 2. 분말도시험 3. 안정도시험 4. 응결시간시험 5. 압축강도시험

05 건설현장에서 공사 진척에 따른 안전관리의 최소 사용기준과 관련하여 빈칸을 채우시오.

- 공정율 50% 이상 ~ 70% 미만 : 사용기준 (①)% 이상
- 공정율 70% 이상 ~ 90% 미만 : 사용기준 (②)% 이상
- 공정율 90% 이상 : 사용기준 (③)% 이상

답안 연습	

모범 답안	건설업 산업안전보건관리비 계상 및 사용기준

[별표 3] 공사진척에 따른 안전관리비 사용기준

공정율	50퍼센트 이상 70퍼센트 미만	70퍼센트 이상 90퍼센트 미만	90퍼센트 이상
사용기준	50퍼센트 이상	70퍼센트 이상	90퍼센트 이상

※ 공정률은 기성공정률을 기준으로 한다.
① 50　② 70　③ 90

06 히빙(heaving)현상의 방지대책을 5가지 작성하시오.

답 안 연 습	

모 범 답 안	1. 지반개량공법을 통해 지반의 전단강도를 증대시킨다. 2. 웰포인트 등의 배수공법을 병행하여 공법을 시행한다. 3. 흙막이벽 근입장을 경질지반까지 깊게 박는다. 4. 아일랜드컷 공법을 적용하여 지반을 굴착한다. 5. 흙막이 배면의 상재하중을 제거시킨다.

07 산업안전보건법상 달비계의 안전계수와 관련하여 빈칸을 채우시오.

- 달기 와이어로프 및 달기강선 : (①) 이상
- 달기 체인 및 달기 훅 : (②) 이상
- 달기강대 및 달비계 하부 및 상부지점의 안전계수 : 강재의 경우 (③) 이상, 목재의 경우 5 이상

답 안 연 습	

모 범 답 안	**산업안전보건기준에 관한 규칙** **제55조(작업발판의 최대적재하중)** ① 사업주는 비계의 구조 및 재료에 따라 작업발판의 최대적재하중을 정하고, 이를 초과하여 실어서는 아니 된다. ② 달비계(곤돌라의 달비계는 제외한다)의 최대 적재하중을 정하는 경우 그 안전계수는 다음 각 호와 같다. 1. 달기 와이어로프 및 달기 강선의 안전계수 : 10 이상 2. 달기 체인 및 달기 훅의 안전계수 : 5 이상 3. 달기 강대와 달비계의 하부 및 상부 지점의 안전계수 : 강재(鋼材)의 경우 2.5 이상, 목재의 경우 5 이상 ③ 제2항의 안전계수는 와이어로프 등의 절단하중 값을 그 와이어로프 등에 걸리는 하중의 최대값으로 나눈 값을 말한다. ① 10 ② 5 ③ 2.5

08 크레인에 전용 탑승설비를 설치하고 근로자를 운반하거나 근로자를 달아 올리는 작업을 할 때, 추락 위험을 방지하기 위한 조치사항 2가지를 작성하시오.

답 안 연 습	

모 범 답 안	**산업안전보건기준에 관한 규칙** **제86조(탑승의 제한)** ① 사업주는 크레인을 사용하여 근로자를 운반하거나 근로자를 달아 올린 상태에서 작업에 종사시켜서는 아니 된다. 다만, 크레인에 전용 탑승설비를 설치하고 추락 위험을 방지하기 위하여 다음 각 호의 조치를 한 경우에는 그러하지 아니하다. 1. 탑승설비가 뒤집히거나 떨어지지 않도록 필요한 조치를 할 것 2. 안전대나 구명줄을 설치하고, 안전난간을 설치할 수 있는 구조인 경우에는 안전난간을 설치할 것 3. 탑승설비를 하강시킬 때에는 동력하강방법으로 할 것

09 물체가 떨어지거나 날아올 위험이 있는 경우, 재해방지를 위한 대책을 3가지 작성하시오.

답 안 연 습	

모 범 답 안	**산업안전보건기준에 관한 규칙 [2022. 10. 18., 일부개정]** **제14조(낙하물에 의한 위험의 방지)** ① 사업주는 작업장의 바닥, 도로 및 통로 등에서 낙하물이 근로자에게 위험을 미칠 우려가 있는 경우 보호망을 설치하는 등 필요한 조치를 하여야 한다. ② 사업주는 작업으로 인하여 물체가 떨어지거나 날아올 위험이 있는 경우 낙하물 방지망, 수직보호망 또는 방호선반의 설치, 출입금지구역의 설정, 보호구의 착용 등 위험을 방지하기 위하여 필요한 조치를 하여야 한다. 이 경우 낙하물 방지망 및 수직보호망은 「산업표준화법」 제12조에 따른 한국산업표준(이하 "한국산업표준"이라 한다)에서 정하는 성능기준에 적합한 것을 사용하여야 한다. 〈개정 2017. 12. 28., 2022. 10. 18.〉 ③ 제2항에 따라 낙하물 방지망 또는 방호선반을 설치하는 경우에는 다음 각 호의 사항을 준수하여야 한다. 1. 높이 10미터 이내마다 설치하고, 내민 길이는 벽면으로부터 2미터 이상으로 할 것 2. 수평면과의 각도는 20도 이상 30도 이하를 유지할 것

10 폭풍·폭우 및 폭설 등 악천후로 인하여 작업을 중지시킨 후 또는 비계를 조립, 해체하거나 변경한 후 작업재개 시 작업시작 전 점검항목 4가지를 작성하시오.

답 안 연 습	

모 범 답 안	산업안전보건기준에 관한 규칙 **제58조(비계의 점검 및 보수)** 사업주는 비, 눈, 그 밖의 기상상태의 악화로 작업을 중지시킨 후 또는 비계를 조립·해체하거나 변경한 후에 그 비계에서 작업을 하는 경우에는 해당 작업을 시작하기 전에 다음 각 호의 사항을 점검하고, 이상을 발견하면 즉시 보수하여야 한다. 1. 발판 재료의 손상 여부 및 부착 또는 걸림 상태 2. 해당 비계의 연결부 또는 접속부의 풀림 상태 3. 연결 재료 및 연결 철물의 손상 또는 부식 상태 4. 손잡이의 탈락 여부 5. 기둥의 침하, 변형, 변위(變位) 또는 흔들림 상태 6. 로프의 부착 상태 및 매단 장치의 흔들림 상태

11 공사용 가설도로를 설치하는 경우 사업주의 준수사항을 3가지 작성하시오.

답 안 연 습	

모 범 답 안	산업안전보건기준에 관한 규칙 **제379조(가설도로)** 사업주는 공사용 가설도로를 설치하는 경우에 다음 각 호의 사항을 준수하여야 한다. 〈개정 2019. 10. 15.〉 1. 도로는 장비와 차량이 안전하게 운행할 수 있도록 견고하게 설치할 것 2. 도로와 작업장이 접하여 있을 경우에는 울타리 등을 설치할 것 3. 도로는 배수를 위하여 경사지게 설치하거나 배수시설을 설치할 것 4. 차량의 속도제한 표지를 부착할 것

12 해체작업용 기계 · 기구를 5가지 작성하시오.

답 안 연 습	

모 범 답 안	해체공사표준안전작업지침[시행 2020. 1. 16.] [고용노동부고시 제2020-11호, 2020. 1. 7., 일부개정] 제3조(압쇄기) 제4조(대형브레이커) 제5조(철제햄머) 제6조(화약류) 제7조(핸드브레이커) 제8조(팽창제) 제9조(절단톱) 제10조(재키) 제11조(쐐기타입기) 제12조(화염방사기) 제13조(절단줄톱)

13 시설물 안전 및 유지관리에 관한 특별법상 1종 시설물 중 도로터널 종류 3가지 작성하시오.

답 안 연 습	

모 범 답 안	1. 연장 1000m 이상의 터널 2. 3차로 이상의 터널 3. 터널구간의 연장이 500m 이상인 지하차도

14 섬유로프의 사용금지 기준 2가지 작성하시오.

답 안 연 습	

모 범 답 안	**산업안전보건기준에 관한 규칙** **제63조(달비계의 구조)** ① 사업주는 곤돌라형 달비계를 설치하는 경우에는 다음 각 호의 사항을 준수해야 한다. 〈개정 2021. 11. 19.〉 9. 달비계에 다음 각 목의 작업용 섬유로프 또는 안전대의 섬유벨트를 사용하지 않을 것 　가. 꼬임이 끊어진 것 　나. 심하게 손상되거나 부식된 것 　다. 2개 이상의 작업용 섬유로프 또는 섬유벨트를 연결한 것 　라. 작업높이보다 길이가 짧은 것

Appendix 최신 기출문제(작업형)

※ 제시된 문제는 실제 출제 문제와 상이할 수 있습니다.

 2024년 작업형 1회 / [A형]

01 다음은 와이어로프 클립체결에 관한 사항이다. 와이어로프의 지름이 16mm 이하인 경우 클립의 수를 작성하시오.

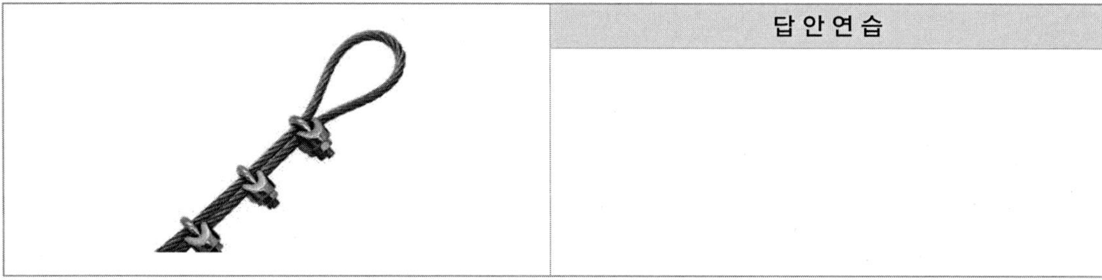	답 안 연 습

모 범 답 안

① 클립수 : 4개

크레인 달기기구 및 줄걸이 작업용 와이어로프의 작업에 관한 기술지침

(KOSHA GUIDE M-186-2015)

〈체결 클립 개수〉

와이어로프의 지름(mm)	클립수(개)
16 이하	4
16 초과 ~ 28 이하	5
28 초과	6

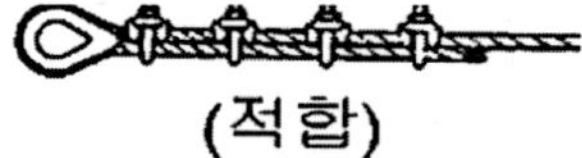

(적합)

(부적합)

(부적합)

02 사업주가 잠함, 우물통, 수직갱, 그 밖에 이와 유사한 건설물 또는 설비의 내부에서 굴착작업을 하는 경우 준수사항 2가지를 작성하시오.

답 안 연 습

모 범 답 안

산업안전보건기준에 관한 규칙 (약칭: 안전보건규칙)

[시행 2024. 12. 29.] [고용노동부령 제417호, 2024. 6. 28., 일부개정]

제377조(잠함 등 내부에서의 작업) ① 사업주는 잠함, 우물통, 수직갱, 그 밖에 이와 유사한 건설물 또는 설비(이하 "잠함등"이라 한다)의 내부에서 굴착작업을 하는 경우에 다음 각 호의 사항을 준수하여야 한다.

1. 산소 결핍 우려가 있는 경우에는 산소의 농도를 측정하는 사람을 지명하여 측정하도록 할 것

2. 근로자가 안전하게 오르내리기 위한 설비를 설치할 것

3. 굴착 깊이가 20미터를 초과하는 경우에는 해당 작업장소와 외부와의 연락을 위한 통신설비 등을 설치할 것

② 사업주는 제1항 제1호에 따른 측정 결과 산소 결핍이 인정되거나 굴착 깊이가 20미터를 초과하는 경우에는 송기(送氣)를 위한 설비를 설치하여 필요한 양의 공기를 공급해야 한다.

03 다음에 제시한 차량계 건설기계의 명칭 및 기능을 작성하시오.

답 안 연 습

모 범 답 안

① 진동롤러 : 다짐작업

04 사업주는 비계의 높이가 2미터 이상인 작업장소에 작업발판을 설치하여야 한다. 작업발판의 구조 3가지를 작성하시오.

답 안 연 습

모 범 답 안

산업안전보건기준에 관한 규칙 (약칭: 안전보건규칙)

[시행 2024. 12. 29.] [고용노동부령 제417호, 2024. 6. 28., 일부개정]

제56조(작업발판의 구조) 사업주는 비계(달비계, 달대비계 및 말비계는 제외한다)의 높이가 2미터 이상인 작업장소에 다음 각 호의 기준에 맞는 작업발판을 설치하여야 한다. 〈개정 2012. 5. 31., 2017. 12. 28.〉

1. 발판재료는 작업할 때의 하중을 견딜 수 있도록 견고한 것으로 할 것
2. 작업발판의 폭은 40센티미터 이상으로 하고, 발판재료 간의 틈은 3센티미터 이하로 할 것. 다만, 외줄비계의 경우에는 고용노동부장관이 별도로 정하는 기준에 따른다.
3. 제2호에도 불구하고 선박 및 보트 건조작업의 경우 선박블록 또는 엔진실 등의 좁은 작업공간에 작업발판을 설치하기 위하여 필요하면 작업발판의 폭을 30센티미터 이상으로 할 수 있고, 걸침비계의 경우 강관기둥 때문에 발판재료 간의 틈을 3센티미터 이하로 유지하기 곤란하면 5센티미터 이하로 할 수 있다. 이 경우 그 틈 사이로 물체 등이 떨어질 우려가 있는 곳에는 출입금지 등의 조치를 하여야 한다.
4. 추락의 위험이 있는 장소에는 안전난간을 설치할 것. 다만, 작업의 성질상 안전난간을 설치하는 것이 곤란한 경우, 작업의 필요상 임시로 안전난간을 해체할 때에 추락방호망을 설치하거나 근로자로 하여금 안전대를 사용하도록 하는 등 추락위험 방지 조치를 한 경우에는 그러하지 아니하다.
5. 작업발판의 지지물은 하중에 의하여 파괴될 우려가 없는 것을 사용할 것
6. 작업발판재료는 뒤집히거나 떨어지지 않도록 둘 이상의 지지물에 연결하거나 고정시킬 것
7. 작업발판을 작업에 따라 이동시킬 경우에는 위험 방지에 필요한 조치를 할 것

05 파이프 서포트를 동바리로 사용하는 경우 조립 시 사업주의 안전조치에 관한 준수사항 3가지를 작성하시오.

답 안 연 습

모 범 답 안

산업안전보건기준에 관한 규칙 (약칭: 안전보건규칙)

[시행 2024. 12. 29.] [고용노동부령 제417호, 2024. 6. 28., 일부개정]

제332조의2(동바리 유형에 따른 동바리 조립 시의 안전조치) 사업주는 동바리를 조립할 때 동바리의 유형별로 다음 각 호의 구분에 따른 각 목의 사항을 준수해야 한다.

1. 동바리로 사용하는 파이프 서포트의 경우

   가. 파이프 서포트를 3개 이상 이어서 사용하지 않도록 할 것

   나. 파이프 서포트를 이어서 사용하는 경우에는 4개 이상의 볼트 또는 전용철물을 사용하여 이을 것

   다. 높이가 3.5미터를 초과하는 경우에는 높이 2미터 이내마다 수평연결재를 2개 방향으로 만들고 수평연결재의 변위를 방지할 것

06 차량계 하역운반기계 등에 화물을 적재하는 경우 사업주의 준수사항 2가지를 작성하시오.

답 안 연 습

<table>
<tr><td align="center">모 범 답 안</td></tr>
</table>

산업안전보건기준에 관한 규칙 (약칭: 안전보건규칙)

[시행 2024. 12. 29.] [고용노동부령 제417호, 2024. 6. 28., 일부개정]

제173조(화물적재 시의 조치) ① 사업주는 차량계 하역운반기계 등에 화물을 적재하는 경우에 다음 각 호의 사항을 준수하여야 한다.

1. 하중이 한쪽으로 치우치지 않도록 적재할 것
2. 구내운반차 또는 화물자동차의 경우 화물의 붕괴 또는 낙하에 의한 위험을 방지하기 위하여 화물에 로프를 거는 등 필요한 조치를 할 것
3. 운전자의 시야를 가리지 않도록 화물을 적재할 것

② 제1항의 화물을 적재하는 경우에는 최대적재량을 초과해서는 아니 된다.

07 말비계를 조립하여 사용하는 경우 사업주의 준수사항 2가지를 작성하시오.

<table>
<tr><td align="center">답 안 연 습</td></tr>
</table>

<table>
<tr><td align="center">모 범 답 안</td></tr>
</table>

산업안전보건기준에 관한 규칙 (약칭: 안전보건규칙)

[시행 2024. 12. 29.] [고용노동부령 제417호, 2024. 6. 28., 일부개정]

제67조(말비계) 사업주는 말비계를 조립하여 사용하는 경우에 다음 각 호의 사항을 준수하여야 한다.

1. 지주부재(支柱部材)의 하단에는 미끄럼 방지장치를 하고, 근로자가 양측 끝부분에 올라서서 작업하지 않도록 할 것
2. 지주부재와 수평면의 기울기를 75도 이하로 하고, 지주부재와 지주부재 사이를 고정시키는 보조부재를 설치할 것
3. 말비계의 높이가 2미터를 초과하는 경우에는 작업발판의 폭을 40센티미터 이상으로 할 것

08 작업발판 및 통로의 끝이나 개구부로 근로자가 추락할 위험이 있는 장소에 덮개를 설치할 경우 준수사항을 작성하시오.

	답 안 연 습

모 범 답 안

산업안전보건기준에 관한 규칙 (약칭: 안전보건규칙)

[시행 2024. 12. 29.] [고용노동부령 제417호, 2024. 6. 28., 일부개정]

제43조(개구부 등의 방호 조치)

① 사업주는 작업발판 및 통로의 끝이나 개구부로서 근로자가 추락할 위험이 있는 장소에는 안전난간, 울타리, 수직형 추락방망 또는 덮개 등(이하 이 조에서 "난간등"이라 한다)의 방호 조치를 충분한 강도를 가진 구조로 튼튼하게 설치하여야 하며, 덮개를 설치하는 경우에는 뒤집히거나 떨어지지 않도록 설치하여야 한다. 이 경우 어두운 장소에서도 알아볼 수 있도록 개구부임을 표시해야 하며, 수직형 추락방망은 한국산업표준에서 정하는 성능기준에 적합한 것을 사용해야 한다. 〈개정 2019. 12. 26., 2022. 10. 18.〉

② 사업주는 난간등을 설치하는 것이 매우 곤란하거나 작업의 필요상 임시로 난간등을 해체하여야 하는 경우 제42조제2항 각 호의 기준에 맞는 추락방호망을 설치하여야 한다. 다만, 추락방호망을 설치하기 곤란한 경우에는 근로자에게 안전대를 착용하도록 하는 등 추락할 위험을 방지하기 위하여 필요한 조치를 하여야 한다. 〈개정 2017. 12. 28.〉

2024년 작업형 1회 / [B형]

01 사업주는 근로자가 상시 작업하는 장소의 작업면 조도를 기준에 맞도록 하여야 한다. 작업 환경에 따른 조도기준을 작성하시오.

답 안 연 습

모 범 답 안

산업안전보건기준에 관한 규칙 (약칭: 안전보건규칙)

[시행 2024. 12. 29.] [고용노동부령 제417호, 2024. 6. 28., 일부개정]

제8조(조도) 사업주는 근로자가 상시 작업하는 장소의 작업면 조도(照度)를 다음 각 호의 기준에 맞도록 하여야 한다. 다만, 갱내(坑內) 작업장과 감광재료(感光材料)를 취급하는 작업장은 그러하지 아니하다.

1. 초정밀작업 : 750럭스(lux) 이상
2. 정밀작업 : 300럭스 이상
3. 보통작업 : 150럭스 이상
4. 그 밖의 작업 : 75럭스 이상

02 지게차의 방호조치 중 헤드가드의 기준 2가지를 작성하시오.

답 안 연 습

모 범 답 안

산업안전보건기준에 관한 규칙 (약칭: 안전보건규칙)

[시행 2024. 12. 29.] [고용노동부령 제417호, 2024. 6. 28., 일부개정]

제180조(헤드가드) 사업주는 다음 각 호에 따른 적합한 헤드가드(head guard)를 갖추지 아니한 지게차를 사용해서는 안 된다. 다만, 화물의 낙하에 의하여 지게차의 운전자에게 위험을 미칠 우려가 없는 경우에는 그렇지 않다. 〈개정 2019. 1. 31., 2022. 10. 18.〉

1. 강도는 지게차의 최대하중의 2배 값(4톤을 넘는 값에 대해서는 4톤으로 한다)의 등분포정하중(等分布靜荷重)에 견딜 수 있을 것
2. 상부틀의 각 개구의 폭 또는 길이가 16센티미터 미만일 것
3. 운전자가 앉아서 조작하거나 서서 조작하는 지게차의 헤드가드는 한국산업표준에서 정하는 높이 기준 이상일 것
4. 삭제 〈2019. 1. 31.〉

참고 : 〈방호장치〉 헤드가드, 백레스트, 전조등, 후미등, 안전벨트

---

03 콘크리트 타설작업을 하기 위하여 콘크리트 플레이싱 붐(placing boom), 콘크리트 분배기, 콘크리트 펌프카 등을 사용하는 경우 사업주의 준수사항 2가지를 작성하시오.

답 안 연 습

모 범 답 안

산업안전보건기준에 관한 규칙 (약칭: 안전보건규칙)

[시행 2024. 12. 29.] [고용노동부령 제417호, 2024. 6. 28., 일부개정]

제335조(콘크리트 타설장비 사용 시의 준수사항) 사업주는 콘크리트 타설작업을 하기 위하여 콘크리트 플레이싱 붐(placing boom), 콘크리트 분배기, 콘크리트 펌프카 등(이하 이 조에서 "콘크리트타설장비"라 한다)을 사용하는 경우에는 다음 각 호의 사항을 준수해야 한다. 〈개정 2023. 11. 14.〉

1. 작업을 시작하기 전에 콘크리트타설장비를 점검하고 이상을 발견하였으면 즉시 보수할 것
2. 건축물의 난간 등에서 작업하는 근로자가 호스의 요동·선회로 인하여 추락하는 위험을 방지하기 위하여 안전난간 설치 등 필요한 조치를 할 것
3. 콘크리트타설장비의 붐을 조정하는 경우에는 주변의 전선 등에 의한 위험을 예방하기 위한 적절한 조치를 할 것
4. 작업 중에 지반의 침하나 아웃트리거 등 콘크리트타설장비 지지구조물의 손상 등에 의하여 콘크리트타설장비가 넘어질 우려가 있는 경우에는 이를 방지하기 위한 적절한 조치를 할 것

[제목개정 2023. 11. 14.]

04 굴착기를 사용하여 인양작업을 하는 경우 사업주의 준수사항 3가지를 작성하시오.

답 안 연 습

모 범 답 안

산업안전보건기준에 관한 규칙 (약칭: 안전보건규칙)

[시행 2024. 12. 29.] [고용노동부령 제417호, 2024. 6. 28., 일부개정]

제221조의5(인양작업 시 조치) ① 사업주는 다음 각 호의 사항을 모두 갖춘 굴착기의 경우에는 굴착기를 사용하여 화물 인양작업을 할 수 있다.

　1. 굴착기의 퀵커플러 또는 작업장치에 달기구(훅, 걸쇠 등을 말한다)가 부착되어 있는 등 인양작업이 가능하도록 제작된 기계일 것

　2. 굴착기 제조사에서 정한 정격하중이 확인되는 굴착기를 사용할 것

　3. 달기구에 해지장치가 사용되는 등 작업 중 인양물의 낙하 우려가 없을 것

② 사업주는 굴착기를 사용하여 인양작업을 하는 경우에는 다음 각 호의 사항을 준수해야 한다.

　1. 굴착기 제조사에서 정한 작업설명서에 따라 인양할 것

　2. 사람을 지정하여 인양작업을 신호하게 할 것

　3. 인양물과 근로자가 접촉할 우려가 있는 장소에 근로자의 출입을 금지시킬 것

　4. 지반의 침하 우려가 없고 평평한 장소에서 작업할 것

　5. 인양 대상 화물의 무게는 정격하중을 넘지 않을 것

③ 굴착기를 이용한 인양작업 시 와이어로프 등 달기구의 사용에 관해서는 제163조부터 제170조까지의 규정(제166조, 제167조 및 제169조에 따라 준용되는 경우를 포함한다)을 준용한다. 이 경우 "양중기" 또는 "크레인"은 "굴착기"로 본다. [본조신설 2022. 10. 18.]

05 고소작업대를 사용하는 경우 준수사항 4가지를 작성하시오.

<table>
<tr><td>답 안 연 습</td></tr>
</table>

모 범 답 안

산업안전보건기준에 관한 규칙 (약칭: 안전보건규칙)

[시행 2024. 12. 29.] [고용노동부령 제417호, 2024. 6. 28., 일부개정]

제186조(고소작업대 설치 등의 조치) ① 사업주는 고소작업대를 설치하는 경우에는 다음 각 호에 해당하는 것을 설치하여야 한다.

1. 작업대를 와이어로프 또는 체인으로 올리거나 내릴 경우에는 와이어로프 또는 체인이 끊어져 작업대가 떨어지지 아니하는 구조여야 하며, 와이어로프 또는 체인의 안전율은 5 이상일 것
2. 작업대를 유압에 의해 올리거나 내릴 경우에는 작업대를 일정한 위치에 유지할 수 있는 장치를 갖추고 압력의 이상저하를 방지할 수 있는 구조일 것
3. 권과방지장치를 갖추거나 압력의 이상상승을 방지할 수 있는 구조일 것
4. 붐의 최대 지면경사각을 초과 운전하여 전도되지 않도록 할 것
5. 작업대에 정격하중(안전율 5 이상)을 표시할 것
6. 작업대에 끼임 · 충돌 등 재해를 예방하기 위한 가드 또는 과상승방지장치를 설치할 것
7. 조작반의 스위치는 눈으로 확인할 수 있도록 명칭 및 방향표시를 유지할 것

② 사업주는 고소작업대를 설치하는 경우에는 다음 각 호의 사항을 준수하여야 한다.

1. 바닥과 고소작업대는 가능하면 수평을 유지하도록 할 것
2. 갑작스러운 이동을 방지하기 위하여 아웃트리거 또는 브레이크 등을 확실히 사용할 것

③ 사업주는 고소작업대를 이동하는 경우에는 다음 각 호의 사항을 준수해야 한다. 〈개정 2023. 11. 14.〉

1. 작업대를 가장 낮게 내릴 것
2. 작업자를 태우고 이동하지 말 것. 다만, 이동 중 전도 등의 위험예방을 위하여 유도하는 사람을 배치하고 짧은 구간을 이동하는 경우에는 제1호에 따라 작업대를 가장 낮게 내린 상태에서 작업자를 태우고 이동할 수 있다.
3. 이동통로의 요철상태 또는 장애물의 유무 등을 확인할 것

④ 사업주는 고소작업대를 사용하는 경우에는 다음 각 호의 사항을 준수하여야 한다.

1. 작업자가 안전모 · 안전대 등의 보호구를 착용하도록 할 것
2. 관계자가 아닌 사람이 작업구역에 들어오는 것을 방지하기 위하여 필요한 조치를 할 것
3. 안전한 작업을 위하여 적정수준의 조도를 유지할 것
4. 전로(電路)에 근접하여 작업을 하는 경우에는 작업감시자를 배치하는 등 감전사고를 방지하기 위하여 필요한 조치를 할 것
5. 작업대를 정기적으로 점검하고 붐 · 작업대 등 각 부위의 이상 유무를 확인할 것
6. 전환스위치는 다른 물체를 이용하여 고정하지 말 것
7. 작업대는 정격하중을 초과하여 물건을 싣거나 탑승하지 말 것
8. 작업대의 붐대를 상승시킨 상태에서 탑승자는 작업대를 벗어나지 말 것. 다만, 작업대에 안전대 부착설비를 설치하고 안전대를 연결하였을 때에는 그러하지 아니하다.

06 전기기계 · 기구 충전부에 접촉하거나 접근함으로써 감전 위험이 있는 충전부분에 대하여 감전을 방지하기 위한 방법 2가지를 작성하시오.

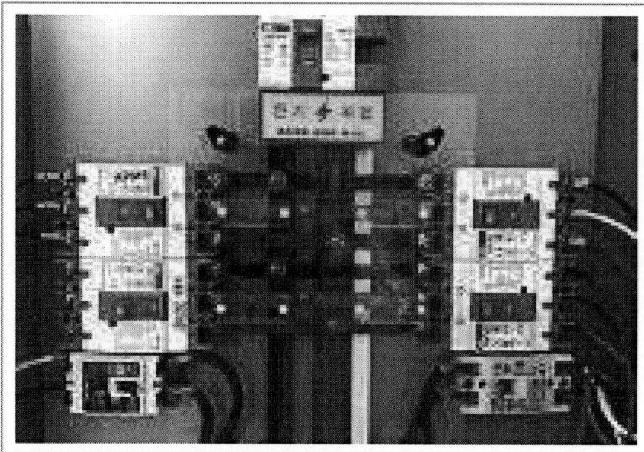

답 안 연 습

모 범 답 안

산업안전보건기준에 관한 규칙 (약칭: 안전보건규칙)

[시행 2024. 12. 29.] [고용노동부령 제417호, 2024. 6. 28., 일부개정]

제301조(전기 기계 · 기구 등의 충전부 방호) ① 사업주는 근로자가 작업이나 통행 등으로 인하여 전기기계, 기구[전동기 · 변압기 · 접속기 · 개폐기 · 분전반(分電盤) · 배전반(配電盤) 등 전기를 통하는 기계 · 기구, 그 밖의 설비 중 배선 및 이동전선 외의 것을 말한다. 이하 같다)] 또는 전로 등의 충전부분(전열기의 발열체 부분, 저항접속기의 전극 부분 등 전기기계 · 기구의 사용 목적에 따라 노출이 불가피한 충전부분은 제외한다. 이하 같다)에 접촉(충전부분과 연결된 도전체와의 접촉을 포함한다. 이하 이 장에서 같다)하거나 접근함으로써 감전 위험이 있는 충전부분에 대하여 감전을 방지하기 위하여 다음 각 호의 방법 중 하나 이상의 방법으로 방호하여야 한다.

1. 충전부가 노출되지 않도록 폐쇄형 외함(外函)이 있는 구조로 할 것
2. 충전부에 충분한 절연효과가 있는 방호망이나 절연덮개를 설치할 것
3. 충전부는 내구성이 있는 절연물로 완전히 덮어 감쌀 것
4. 발전소 · 변전소 및 개폐소 등 구획되어 있는 장소로서 관계 근로자가 아닌 사람의 출입이 금지되는 장소에 충전부를 설치하고, 위험표시 등의 방법으로 방호를 강화할 것
5. 전주 위 및 철탑 위 등 격리되어 있는 장소로서 관계 근로자가 아닌 사람이 접근할 우려가 없는 장소에 충전부를 설치할 것

② 사업주는 근로자가 노출 충전부가 있는 맨홀 또는 지하실 등의 밀폐공간에서 작업하는 경우에는 노출 충전부와의 접촉으로 인한 전기위험을 방지하기 위하여 덮개, 울타리 또는 절연 칸막이 등을 설치하여야 한다. 〈개정 2019. 10. 15.〉

③ 사업주는 근로자의 감전위험을 방지하기 위하여 개폐되는 문, 경첩이 있는 패널 등(분전반 또는 제어반 문)을 견고하게 고정시켜야 한다.

07 흙막이 지보공을 설치하였을 때 정기적으로 사업주가 점검하는 사항 3가지를 작성하시오.

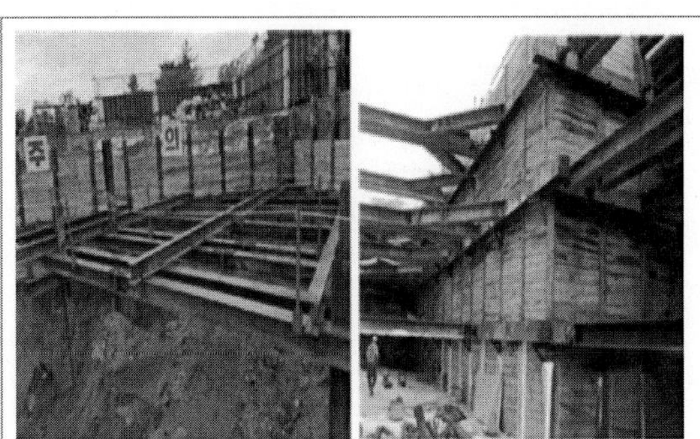

답 안 연 습

모 범 답 안

산업안전보건기준에 관한 규칙 (약칭: 안전보건규칙)

[시행 2024. 12. 29.] [고용노동부령 제417호, 2024. 6. 28., 일부개정]

제347조(붕괴 등의 위험 방지) ① 사업주는 흙막이 지보공을 설치하였을 때에는 정기적으로 다음 각 호의 사항을 점검하고 이상을 발견하면 즉시 보수하여야 한다.

1. 부재의 손상 · 변형 · 부식 · 변위 및 탈락의 유무와 상태
2. 버팀대의 긴압(緊壓)의 정도
3. 부재의 접속부 · 부착부 및 교차부의 상태
4. 침하의 정도

② 사업주는 제1항의 점검 외에 설계도서에 따른 계측을 하고 계측 분석 결과 토압의 증가 등 이상한 점을 발견한 경우에는 즉시 보강조치를 하여야 한다.

08 근로자가 상시 분진작업에 관련된 업무를 하는 경우 사업주가 근로자에게 알려야 할 사항 3가지를 작성하시오.

답 안 연 습

모 범 답 안

산업안전보건기준에 관한 규칙 (약칭: 안전보건규칙)

[시행 2024. 12. 29.] [고용노동부령 제417호, 2024. 6. 28., 일부개정]

제614조(분진의 유해성 등의 주지) 사업주는 근로자가 상시 분진작업에 관련된 업무를 하는 경우에 다음 각 호의 사항을 근로자에게 알려야 한다.

1. 분진의 유해성과 노출경로
2. 분진의 발산 방지와 작업장의 환기 방법
3. 작업장 및 개인위생 관리
4. 호흡용 보호구의 사용 방법
5. 분진에 관련된 질병 예방 방법

 2024년 작업형 1회 / [C형]

01 근로자의 추락 등의 위험을 방지하기 위하여 안전난간을 설치하는 경우 설치기준 2가지를 작성하시오.

답 안 연 습

모 범 답 안

산업안전보건기준에 관한 규칙 (약칭: 안전보건규칙)

[시행 2024. 12. 29.] [고용노동부령 제417호, 2024. 6. 28., 일부개정]

제13조(안전난간의 구조 및 설치요건) 사업주는 근로자의 추락 등의 위험을 방지하기 위하여 안전난간을 설치하는 경우 다음 각 호의 기준에 맞는 구조로 설치해야 한다. 〈개정 2015. 12. 31., 2023. 11. 14.〉

1. 상부 난간대, 중간 난간대, 발끝막이판 및 난간기둥으로 구성할 것. 다만, 중간 난간대, 발끝막이판 및 난간기둥은 이와 비슷한 구조와 성능을 가진 것으로 대체할 수 있다.
2. 상부 난간대는 바닥면·발판 또는 경사로의 표면(이하 "바닥면등"이라 한다)으로부터 90센티미터 이상 지점에 설치하고, 상부 난간대를 120센티미터 이하에 설치하는 경우에는 중간 난간대는 상부 난간대와 바닥면등의 중간에 설치해야 하며, 120센티미터 이상 지점에 설치하는 경우에는 중간 난간대를 2단 이상으로 균등하게 설치하고 난간의 상하 간격은 60센티미터 이하가 되도록 할 것. 다만, 난간기둥 간의 간격이 25센티미터 이하인 경우에는 중간 난간대를 설치하지 않을 수 있다.
3. 발끝막이판은 바닥면등으로부터 10센티미터 이상의 높이를 유지할 것. 다만, 물체가 떨어지거나 날아올 위험이 없거나 그 위험을 방지할 수 있는 망을 설치하는 등 필요한 예방 조치를 한 장소는 제외한다.
4. 난간기둥은 상부 난간대와 중간 난간대를 견고하게 떠받칠 수 있도록 적정한 간격을 유지할 것
5. 상부 난간대와 중간 난간대는 난간 길이 전체에 걸쳐 바닥면등과 평행을 유지할 것
6. 난간대는 지름 2.7센티미터 이상의 금속제 파이프나 그 이상의 강도가 있는 재료일 것
7. 안전난간은 구조적으로 가장 취약한 지점에서 가장 취약한 방향으로 작용하는 100킬로그램 이상의 하중에 견딜 수 있는 튼튼한 구조일 것

02 와이어로프 폐기기준 3가지를 작성하시오.

	답 안 연 습

모 범 답 안
산업안전보건기준에 관한 규칙 (약칭: 안전보건규칙) [시행 2024. 12. 29.] [고용노동부령 제417호, 2024. 6. 28., 일부개정] **제63조(달비계의 구조)** ① 사업주는 곤돌라형 달비계를 설치하는 경우에는 다음 각 호의 사항을 준수해야 한다. 〈개정 2021. 11. 19.〉 1. 다음 각 목의 어느 하나에 해당하는 와이어로프를 달비계에 사용해서는 아니 된다. 　가. 이음매가 있는 것 　나. 와이어로프의 한 꼬임[[스트랜드(strand)를 말한다. 이하 같다]]에서 끊어진 소선(素線)[필러(pillar)선은 제외한다]]의 수가 10퍼센트 이상(비자전로프의 경우에는 끊어진 소선의 수가 와이어로프 호칭지름의 6배 길이 이내에서 4개 이상이거나 호칭지름 30배 길이 이내에서 8개 이상)인 것 　다. 지름의 감소가 공칭지름의 7퍼센트를 초과하는 것 　라. 꼬인 것 　마. 심하게 변형되거나 부식된 것 　바. 열과 전기충격에 의해 손상된 것

03 동바리 침하방지조치 2가지를 작성하시오.

	답 안 연 습

모 범 답 안

산업안전보건기준에 관한 규칙 (약칭: 안전보건규칙)

[시행 2024. 12. 29.] [고용노동부령 제417호, 2024. 6. 28., 일부개정]

제332조(동바리 조립 시의 안전조치) 사업주는 동바리를 조립하는 경우에는 하중의 지지상태를 유지할 수 있도록 다음 각 호의 사항을 준수해야 한다.

1. 받침목이나 깔판의 사용, 콘크리트 타설, 말뚝박기 등 동바리의 침하를 방지하기 위한 조치를 할 것
2. 동바리의 상하 고정 및 미끄러짐 방지 조치를 할 것
3. 상부·하부의 동바리가 동일 수직선상에 위치하도록 하여 깔판·받침목에 고정시킬 것
4. 개구부 상부에 동바리를 설치하는 경우에는 상부하중을 견딜 수 있는 견고한 받침대를 설치할 것
5. U헤드 등의 단판이 없는 동바리의 상단에 멍에 등을 올릴 경우에는 해당 상단에 U헤드 등의 단판을 설치하고, 멍에 등이 전도되거나 이탈되지 않도록 고정시킬 것
6. 동바리의 이음은 같은 품질의 재료를 사용할 것
7. 강재의 접속부 및 교차부는 볼트·클램프 등 전용철물을 사용하여 단단히 연결할 것
8. 거푸집의 형상에 따른 부득이한 경우를 제외하고는 깔판이나 받침목은 2단 이상 끼우지 않도록 할 것
9. 깔판이나 받침목을 이어서 사용하는 경우에는 그 깔판·받침목을 단단히 연결할 것

[전문개정 2023. 11. 14.]

---

04 악천후 및 강풍 시 타워크레인 작업중지에 관한 영상이다. 타워크레인 운전작업 중지를 해야 하는 풍속기준을 작성하시오.

답 안 연 습

모 범 답 안

산업안전보건기준에 관한 규칙 (약칭: 안전보건규칙)

[시행 2024. 12. 29.] [고용노동부령 제417호, 2024. 6. 28., 일부개정]

제37조(악천후 및 강풍 시 작업 중지)

① 사업주는 비·눈·바람 또는 그 밖의 기상상태의 불안정으로 인하여 근로자가 위험해질 우려가 있는 경우 작업을 중지하여야 한다. 다만, 태풍 등으로 위험이 예상되거나 발생되어 긴급 복구작업을 필요로 하는 경우에는 그러하지 아니하다.

② 사업주는 순간풍속이 초당 10미터를 초과하는 경우 타워크레인의 설치·수리·점검 또는 해체 작업을 중지하여야 하며, 순간풍속이 초당 15미터를 초과하는 경우에는 타워크레인의 운전작업을 중지하여야 한다. 〈개정 2017. 3. 3.〉

05 동력을 사용하는 항타기 또는 항발기에 대하여 무너짐을 방지하기 위한 사업주의 준수사항 2가지를 작성하시오.

<table>
<tr><td>답 안 연 습</td></tr>
</table>

모 범 답 안

산업안전보건기준에 관한 규칙 (약칭: 안전보건규칙)

[시행 2024. 12. 29.] [고용노동부령 제417호, 2024. 6. 28., 일부개정]

제209조(무너짐의 방지) 사업주는 동력을 사용하는 항타기 또는 항발기에 대하여 무너짐을 방지하기 위하여 다음 각 호의 사항을 준수해야 한다. 〈개정 2019. 1. 31., 2022. 10. 18., 2023. 11. 14.〉

1. 연약한 지반에 설치하는 경우에는 아웃트리거 · 받침 등 지지구조물의 침하를 방지하기 위하여 깔판 · 받침목 등을 사용할 것
2. 시설 또는 가설물 등에 설치하는 경우에는 그 내력을 확인하고 내력이 부족하면 그 내력을 보강할 것
3. 아웃트리거 · 받침 등 지지구조물이 미끄러질 우려가 있는 경우에는 말뚝 또는 쐐기 등을 사용하여 해당 지지구조물을 고정시킬 것
4. 궤도 또는 차로 이동하는 항타기 또는 항발기에 대해서는 불시에 이동하는 것을 방지하기 위하여 레일 클램프(rail clamp) 및 쐐기 등으로 고정시킬 것
5. 상단 부분은 버팀대 · 버팀줄로 고정하여 안정시키고, 그 하단 부분은 견고한 버팀 · 말뚝 또는 철골 등으로 고정시킬 것
6. 삭제 〈2022. 10. 18.〉
7. 삭제 〈2022. 10. 18.〉
[제목개정 2019. 1. 31.]

06 사업주는 인화성 가스가 발생할 우려가 있는 지하작업장에서 작업하는 경우 가스의 농도를 측정하는 사람을 지명하고 그로 하여금 해당 가스의 농도를 측정하게 한다. 이 경우에 해당하는 3가지를 작성하시오.

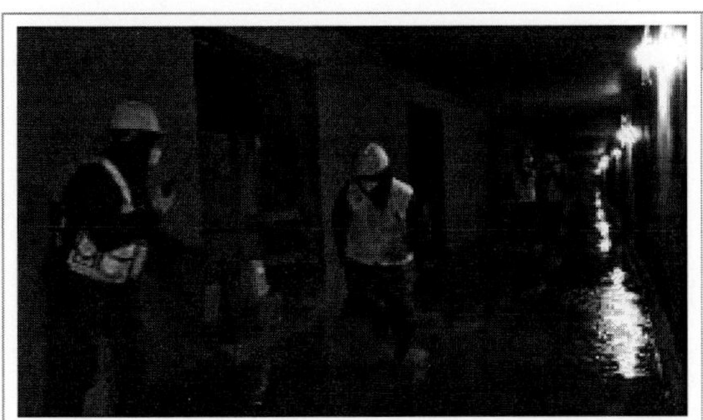

<table>
<tr><td align="center">답 안 연 습</td></tr>
</table>

<table><tr><td align="center">모 범 답 안</td></tr></table>

산업안전보건기준에 관한 규칙 (약칭: 안전보건규칙)

[시행 2024. 12. 29.] [고용노동부령 제417호, 2024. 6. 28., 일부개정]

제296조(지하작업장 등) 사업주는 인화성 가스가 발생할 우려가 있는 지하작업장에서 작업하는 경우(제350조에 따른 터널 등의 건설작업의 경우는 제외한다) 또는 가스도관에서 가스가 발산될 위험이 있는 장소에서 굴착작업(해당 작업이 이루어지는 장소 및 그와 근접한 장소에서 이루어지는 지반의 굴삭 또는 이에 수반한 토사등의 운반 등의 작업을 말한다)을 하는 경우에는 폭발이나 화재를 방지하기 위해 다음 각 호의 조치를 해야 한다. 〈개정 2023. 11. 14.〉

1. 가스의 농도를 측정하는 사람을 지명하고 다음 각 목의 경우에 그로 하여금 해당 가스의 농도를 측정하도록 할 것

　가. 매일 작업을 시작하기 전

　나. 가스의 누출이 의심되는 경우

　다. 가스가 발생하거나 정체할 위험이 있는 장소가 있는 경우

　라. 장시간 작업을 계속하는 경우(이 경우 4시간마다 가스 농도를 측정하도록 하여야 한다)

2. 가스의 농도가 인화하한계 값의 25퍼센트 이상으로 밝혀진 경우에는 즉시 근로자를 안전한 장소에 대피시키고 화기나 그 밖에 점화원이 될 우려가 있는 기계 · 기구 등의 사용을 중지하며 통풍 · 환기 등을 할 것

07 강관비계 벽이음 기준의 설치기준을 작성하시오.

답 안 연 습

모 범 답 안

산업안전보건기준에 관한 규칙 (약칭: 안전보건규칙)
　　　　[시행 2024. 12. 29.] [고용노동부령 제417호, 2024. 6. 28., 일부개정]
■ 산업안전보건기준에 관한 규칙 [별표 5]
강관비계의 조립간격(제59조 제4호 관련)

강관비계의 종류	조립간격(단위: m)	
	수직방향	수평방향
단관비계	5	5
틀비계(높이가 5m 미만인 것은 제외한다)	6	8

08 사업주가 발파작업에 종사하는 근로자에게 준수하도록 조치해야 할 사항 3가지를 작성하시오.

답 안 연 습

모 범 답 안

산업안전보건기준에 관한 규칙 (약칭: 안전보건규칙)

[시행 2024. 12. 29.] [고용노동부령 제417호, 2024. 6. 28., 일부개정]

제348조(발파의 작업기준) 사업주는 발파작업에 종사하는 근로자에게 다음 각 호의 사항을 준수하도록 하여야 한다.

1. 얼어붙은 다이나마이트는 화기에 접근시키거나 그 밖의 고열물에 직접 접촉시키는 등 위험한 방법으로 융해되지 않도록 할 것
2. 화약이나 폭약을 장전하는 경우에는 그 부근에서 화기를 사용하거나 흡연을 하지 않도록 할 것
3. 장전구(裝填具)는 마찰·충격·정전기 등에 의한 폭발의 위험이 없는 안전한 것을 사용할 것
4. 발파공의 충진재료는 점토·모래 등 발화성 또는 인화성의 위험이 없는 재료를 사용할 것
5. 점화 후 장전된 화약류가 폭발하지 아니한 경우 또는 장전된 화약류의 폭발 여부를 확인하기 곤란한 경우에는 다음 각 목의 사항을 따를 것
   가. 전기뇌관에 의한 경우에는 발파모선을 점화기에서 떼어 그 끝을 단락시켜 놓는 등 재점화되지 않도록 조치하고 그 때부터 5분 이상 경과한 후가 아니면 화약류의 장전장소에 접근시키지 않도록 할 것
   나. 전기뇌관 외의 것에 의한 경우에는 점화한 때부터 15분 이상 경과한 후가 아니면 화약류의 장전장소에 접근시키지 않도록 할 것
6. 전기뇌관에 의한 발파의 경우 점화하기 전에 화약류를 장전한 장소로부터 30미터 이상 떨어진 안전한 장소에서 전선에 대하여 저항측정 및 도통(導通)시험을 할 것

 2024년 작업형 2회 / [A형]

01 작업자 개구부 추락방지를 위한 안전조치 2가지 작성하시오.

답 안 연 습

모 범 답 안

산업안전보건기준에 관한 규칙 (약칭: 안전보건규칙)

[시행 2024. 12. 29.] [고용노동부령 제417호, 2024. 6. 28., 일부개정]

제43조(개구부 등의 방호 조치)

① 사업주는 작업발판 및 통로의 끝이나 개구부로서 근로자가 추락할 위험이 있는 장소에는 안전난간, 울타리, 수직형 추락방망 또는 덮개 등(이하 이 조에서 "난간등"이라 한다)의 방호 조치를 충분한 강도를 가진 구조로 튼튼하게 설치하여야 하며, 덮개를 설치하는 경우에는 뒤집히거나 떨어지지 않도록 설치하여야 한다. 이 경우 어두운 장소에서도 알아볼 수 있도록 개구부임을 표시해야 하며, 수직형 추락방망은 한국산업표준에서 정하는 성능기준에 적합한 것을 사용해야 한다. 〈개정 2019. 12. 26., 2022. 10. 18.〉

② 사업주는 난간등을 설치하는 것이 매우 곤란하거나 작업의 필요상 임시로 난간등을 해체하여야 하는 경우 제42조 제2항 각 호의 기준에 맞는 추락방호망을 설치하여야 한다. 다만, 추락방호망을 설치하기 곤란한 경우에는 근로자에게 안전대를 착용하도록 하는 등 추락할 위험을 방지하기 위하여 필요한 조치를 하여야 한다. 〈개정 2017. 12. 28.〉

02 건설현장 양중기 종류 및 방호장치를 각각 3가지 작성하시오.

답 안 연 습

모 범 답 안
산업안전보건기준에 관한 규칙 (약칭: 안전보건규칙)
[시행 2024. 12. 29.] [고용노동부령 제417호, 2024. 6. 28., 일부개정]
제134조(방호장치의 조정) ① 사업주는 다음 각 호의 양중기에 과부하방지장치, 권과방지장치(捲過防止裝置), 비상정지장치 및 제동장치, 그 밖의 방호장치[(승강기의 파이널 리미트 스위치(final limit switch), 속도조절기, 출입문 인터 록(inter lock) 등을 말한다]가 정상적으로 작동될 수 있도록 미리 조정해 두어야 한다. 〈개정 2017. 3. 3., 2019. 4. 19.〉 1. 크레인 2. 이동식 크레인 3. 삭제 〈2019. 4. 19.〉 4. 리프트 5. 곤돌라 6. 승강기

03 이동식비계를 조립하여 작업을 하는 경우 사업주 준수사항 3가지 작성하시오.

답 안 연 습

<table>
<tr><th colspan="2">모 범 답 안</th></tr>
</table>

산업안전보건기준에 관한 규칙 (약칭: 안전보건규칙)

[시행 2024. 12. 29.] [고용노동부령 제417호, 2024. 6. 28., 일부개정]

제68조(이동식비계) 사업주는 이동식비계를 조립하여 작업을 하는 경우에는 다음 각 호의 사항을 준수하여야 한다. 〈개정 2019. 10. 15., 2024. 6. 28.〉

1. 이동식비계의 바퀴에는 뜻밖의 갑작스러운 이동 또는 전도를 방지하기 위하여 브레이크·쐐기 등으로 바퀴를 고정시킨 다음 비계의 일부를 견고한 시설물에 고정하거나 아웃트리거를 설치하는 등 필요한 조치를 할 것
2. 승강용사다리는 견고하게 설치할 것
3. 비계의 최상부에서 작업을 하는 경우에는 안전난간을 설치할 것
4. 작업발판은 항상 수평을 유지하고 작업발판 위에서 안전난간을 딛고 작업을 하거나 받침대 또는 사다리를 사용하여 작업하지 않도록 할 것
5. 작업발판의 최대적재하중은 250킬로그램을 초과하지 않도록 할 것

04 굴착면의 기울기 기준에 대해 작성하시오.

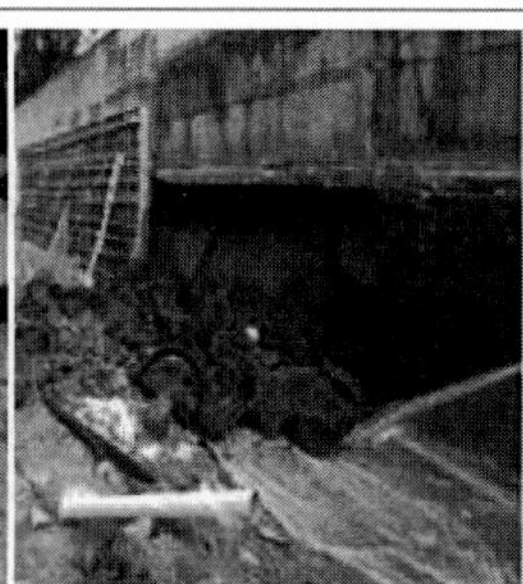

<table>
<tr><th colspan="2">답 안 연 습</th></tr>
<tr><th>지반의 종류</th><th>굴착면의 기울기</th></tr>
<tr><td></td><td></td></tr>
<tr><td></td><td></td></tr>
<tr><td></td><td></td></tr>
<tr><td></td><td></td></tr>
</table>

<table>
<tr><th colspan="2">모 범 답 안</th></tr>
</table>

산업안전보건기준에 관한 규칙 (약칭: 안전보건규칙)

[시행 2024. 12. 29.] [고용노동부령 제417호, 2024. 6. 28., 일부개정]

■ 산업안전보건기준에 관한 규칙 [별표 11] 〈개정 2023. 11. 14.〉

굴착면의 기울기 기준(제339조 제1항 관련)

지반의 종류	굴착면의 기울기
모래	1 : 1.8
연암 및 풍화암	1 : 1.0
경암	1 : 0.5
그 밖의 흙	1 : 1.2

비고
1. 굴착면의 기울기는 굴착면의 높이에 대한 수평거리의 비율을 말한다.
2. 굴착면의 경사가 달라서 기울기를 계산하기가 곤란한 경우에는 해당 굴착면에 대하여 지반의 종류별 굴착면의 기울기에 따라 붕괴의 위험이 증가하지 않도록 위 표의 지반의 종류별 굴착면의 기울기에 맞게 해당 각 부분의 경사를 유지해야 한다.

최신 기출문제

05 가설통로 설치 시 준수사항 3가지를 작성하시오.

답 안 연 습

모 범 답 안

산업안전보건기준에 관한 규칙 (약칭: 안전보건규칙)

[시행 2024. 12. 29.] [고용노동부령 제417호, 2024. 6. 28., 일부개정]

제23조(가설통로의 구조) 사업주는 가설통로를 설치하는 경우 다음 각 호의 사항을 준수하여야 한다.

1. 견고한 구조로 할 것
2. 경사는 30도 이하로 할 것. 다만, 계단을 설치하거나 높이 2미터 미만의 가설통로로서 튼튼한 손잡이를 설치한 경우에는 그러하지 아니하다.
3. 경사가 15도를 초과하는 경우에는 미끄러지지 아니하는 구조로 할 것
4. 추락할 위험이 있는 장소에는 안전난간을 설치할 것. 다만, 작업상 부득이한 경우에는 필요한 부분만 임시로 해체할 수 있다.
5. 수직갱에 가설된 통로의 길이가 15미터 이상인 경우에는 10미터 이내마다 계단참을 설치할 것
6. 건설공사에 사용하는 높이 8미터 이상인 비계다리에는 7미터 이내마다 계단참을 설치할 것

06 고소작업대를 설치하는 경우 준수사항 4가지를 작성하시오.

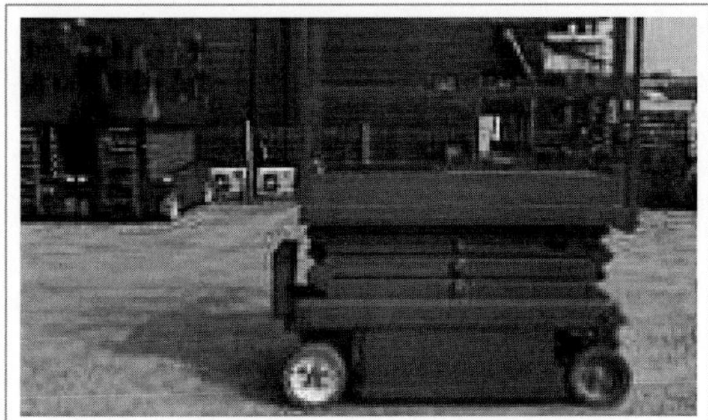

답 안 연 습

모 범 답 안

산업안전보건기준에 관한 규칙 (약칭: 안전보건규칙)

[시행 2024. 12. 29.] [고용노동부령 제417호, 2024. 6. 28., 일부개정]

제186조(고소작업대 설치 등의 조치) ① 사업주는 고소작업대를 설치하는 경우에는 다음 각 호에 해당하는 것을 설치하여야 한다.

1. 작업대를 와이어로프 또는 체인으로 올리거나 내릴 경우에는 와이어로프 또는 체인이 끊어져 작업대가 떨어지지 아니하는 구조여야 하며, 와이어로프 또는 체인의 안전율은 5 이상일 것
2. 작업대를 유압에 의해 올리거나 내릴 경우에는 작업대를 일정한 위치에 유지할 수 있는 장치를 갖추고 압력의 이상저하를 방지할 수 있는 구조일 것
3. 권과방지장치를 갖추거나 압력의 이상상승을 방지할 수 있는 구조일 것
4. 붐의 최대 지면경사각을 초과 운전하여 전도되지 않도록 할 것
5. 작업대에 정격하중(안전율 5 이상)을 표시할 것
6. 작업대에 끼임·충돌 등 재해를 예방하기 위한 가드 또는 과상승방지장치를 설치할 것
7. 조작반의 스위치는 눈으로 확인할 수 있도록 명칭 및 방향표시를 유지할 것

② 사업주는 고소작업대를 설치하는 경우에는 다음 각 호의 사항을 준수하여야 한다.

1. 바닥과 고소작업대는 가능하면 수평을 유지하도록 할 것
2. 갑작스러운 이동을 방지하기 위하여 아웃트리거 또는 브레이크 등을 확실히 사용할 것

③ 사업주는 고소작업대를 이동하는 경우에는 다음 각 호의 사항을 준수해야 한다. 〈개정 2023. 11. 14.〉

1. 작업대를 가장 낮게 내릴 것
2. 작업자를 태우고 이동하지 말 것. 다만, 이동 중 전도 등의 위험예방을 위하여 유도하는 사람을 배치하고 짧은 구간을 이동하는 경우에는 제1호에 따라 작업대를 가장 낮게 내린 상태에서 작업자를 태우고 이동할 수 있다.
3. 이동통로의 요철상태 또는 장애물의 유무 등을 확인할 것

④ 사업주는 고소작업대를 사용하는 경우에는 다음 각 호의 사항을 준수하여야 한다.

1. 작업자가 안전모·안전대 등의 보호구를 착용하도록 할 것
2. 관계자가 아닌 사람이 작업구역에 들어오는 것을 방지하기 위하여 필요한 조치를 할 것
3. 안전한 작업을 위하여 적정수준의 조도를 유지할 것
4. 전로(電路)에 근접하여 작업을 하는 경우에는 작업감시자를 배치하는 등 감전사고를 방지하기 위하여 필요한 조치를 할 것
5. 작업대를 정기적으로 점검하고 붐·작업대 등 각 부위의 이상 유무를 확인할 것
6. 전환스위치는 다른 물체를 이용하여 고정하지 말 것
7. 작업대는 정격하중을 초과하여 물건을 싣거나 탑승하지 말 것
8. 작업대의 붐대를 상승시킨 상태에서 탑승자는 작업대를 벗어나지 말 것. 다만, 작업대에 안전대 부착설비를 설치하고 안전대를 연결하였을 때에는 그러하지 아니하다.

07 사업주가 잠함, 우물통, 수직갱, 그 밖에 이와 유사한 건설물 또는 설비의 내부에서 굴착작업을 하는 경우 준수사항 2가지를 작성하시오.

답 안 연 습

모 범 답 안

산업안전보건기준에 관한 규칙 (약칭: 안전보건규칙)

[시행 2024. 12. 29.] [고용노동부령 제417호, 2024. 6. 28., 일부개정]

제377조(잠함 등 내부에서의 작업) ① 사업주는 잠함, 우물통, 수직갱, 그 밖에 이와 유사한 건설물 또는 설비(이하 "잠함등"이라 한다)의 내부에서 굴착작업을 하는 경우에 다음 각 호의 사항을 준수하여야 한다.

1. 산소 결핍 우려가 있는 경우에는 산소의 농도를 측정하는 사람을 지명하여 측정하도록 할 것

2. 근로자가 안전하게 오르내리기 위한 설비를 설치할 것

3. 굴착 깊이가 20미터를 초과하는 경우에는 해당 작업장소와 외부와의 연락을 위한 통신설비 등을 설치할 것

② 사업주는 제1항 제1호에 따른 측정 결과 산소 결핍이 인정되거나 굴착 깊이가 20미터를 초과하는 경우에는 송기(送氣)를 위한 설비를 설치하여 필요한 양의 공기를 공급해야 한다.

08 추락방호망 설치기준 2가지를 작성하시오.

답 안 연 습

모 범 답 안

산업안전보건기준에 관한 규칙 (약칭: 안전보건규칙)

[시행 2024. 12. 29.] [고용노동부령 제417호, 2024. 6. 28., 일부개정]

제42조(추락의 방지) ① 사업주는 근로자가 추락하거나 넘어질 위험이 있는 장소[작업발판의 끝·개구부(開口部) 등을 제외한다]또는 기계·설비·선박블록 등에서 작업을 할 때에 근로자가 위험해질 우려가 있는 경우 비계(飛階)를 조립하는 등의 방법으로 작업발판을 설치하여야 한다.

② 사업주는 제1항에 따른 작업발판을 설치하기 곤란한 경우 다음 각 호의 기준에 맞는 추락방호망을 설치해야 한다. 다만, 추락방호망을 설치하기 곤란한 경우에는 근로자에게 안전대를 착용하도록 하는 등 추락위험을 방지하기 위해 필요한 조치를 해야 한다. 〈개정 2017. 12. 28., 2021. 5. 28.〉

1. 추락방호망의 설치위치는 가능하면 작업면으로부터 가까운 지점에 설치하여야 하며, 작업면으로부터 망의 설치지점까지의 수직거리는 10미터를 초과하지 아니할 것

2. 추락방호망은 수평으로 설치하고, 망의 처짐은 짧은 변 길이의 12퍼센트 이상이 되도록 할 것

3. 건축물 등의 바깥쪽으로 설치하는 경우 추락방호망의 내민 길이는 벽면으로부터 3미터 이상 되도록 할 것. 다만, 그물코가 20밀리미터 이하인 추락방호망을 사용한 경우에는 제14조제3항에 따른 낙하물 방지망을 설치한 것으로 본다.

③ 사업주는 추락방호망을 설치하는 경우에는 한국산업표준에서 정하는 성능기준에 적합한 추락방호망을 사용하여야 한다. 〈신설 2017. 12. 28., 2022. 10. 18.〉

④ 사업주는 제1항 및 제2항에도 불구하고 작업발판 및 추락방호망을 설치하기 곤란한 경우에는 근로자로 하여금 3개 이상의 버팀대를 가지고 지면으로부터 안정적으로 세울 수 있는 구조를 갖춘 이동식 사다리를 사용하여 작업을 하게 할 수 있다. 이 경우 사업주는 근로자가 다음 각 호의 사항을 준수하도록 조치해야 한다. 〈신설 2024. 6. 28.〉

1. 평탄하고 견고하며 미끄럽지 않은 바닥에 이동식 사다리를 설치할 것

2. 이동식 사다리의 넘어짐을 방지하기 위해 다음 각 목의 어느 하나 이상에 해당하는 조치를 할 것

   가. 이동식 사다리를 견고한 시설물에 연결하여 고정할 것

   나. 아웃트리거(outrigger, 전도방지용 지지대)를 설치하거나 아웃트리거가 붙어있는 이동식 사다리를 설치할 것

   다. 이동식 사다리를 다른 근로자가 지지하여 넘어지지 않도록 할 것

3. 이동식 사다리의 제조사가 정하여 표시한 이동식 사다리의 최대사용하중을 초과하지 않는 범위 내에서만 사용할 것

4. 이동식 사다리를 설치한 바닥면에서 높이 3.5미터 이하의 장소에서만 작업할 것

5. 이동식 사다리의 최상부 발판 및 그 하단 디딤대에 올라서서 작업하지 않을 것. 다만, 높이 1미터 이하의 사다리는 제외한다.

6. 안전모를 착용하되, 작업 높이가 2미터 이상인 경우에는 안전모와 안전대를 함께 착용할 것

7. 이동식 사다리 사용 전 변형 및 이상 유무 등을 점검하여 이상이 발견되면 즉시 수리하거나 그 밖에 필요한 조치를 할 것

2024년 작업형 2회 / [B형]

01 낙하물 방지망 또는 방호선반을 설치하는 경우 준수사항 2가지 작성하시오.

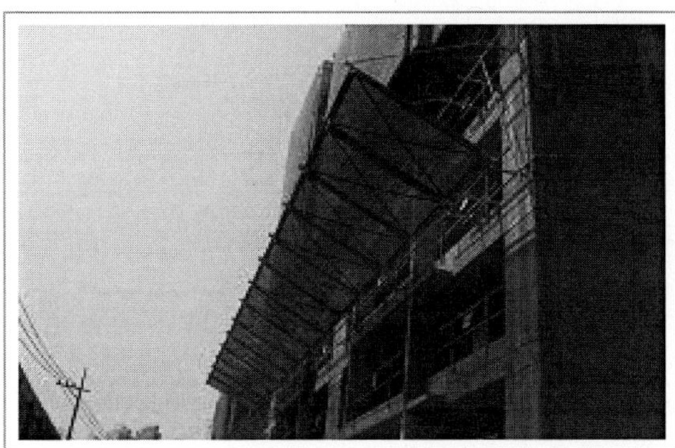

답 안 연 습

모 범 답 안

산업안전보건기준에 관한 규칙 (약칭: 안전보건규칙)

[시행 2024. 12. 29.] [고용노동부령 제417호, 2024. 6. 28., 일부개정]

제14조(낙하물에 의한 위험의 방지) ① 사업주는 작업장의 바닥, 도로 및 통로 등에서 낙하물이 근로자에게 위험을 미칠 우려가 있는 경우 보호망을 설치하는 등 필요한 조치를 하여야 한다.

② 사업주는 작업으로 인하여 물체가 떨어지거나 날아올 위험이 있는 경우 낙하물 방지망, 수직보호망 또는 방호선반의 설치, 출입금지구역의 설정, 보호구의 착용 등 위험을 방지하기 위하여 필요한 조치를 하여야 한다. 이 경우 낙하물 방지망 및 수직보호망은 「산업표준화법」 제12조에 따른 한국산업표준(이하 "한국산업표준"이라 한다)에서 정하는 성능기준에 적합한 것을 사용하여야 한다. 〈개정 2017. 12. 28., 2022. 10. 18.〉

③ 제2항에 따라 낙하물 방지망 또는 방호선반을 설치하는 경우에는 다음 각 호의 사항을 준수하여야 한다.

1. 높이 10미터 이내마다 설치하고, 내민 길이는 벽면으로부터 2미터 이상으로 할 것
2. 수평면과의 각도는 20도 이상 30도 이하를 유지할 것

02 와이어로프 폐기기준 3가지를 작성하시오.

	답 안 연 습

모 범 답 안
산업안전보건기준에 관한 규칙 (약칭: 안전보건규칙)

[시행 2024. 12. 29.] [고용노동부령 제417호, 2024. 6. 28., 일부개정]

제63조(달비계의 구조) ① 사업주는 곤돌라형 달비계를 설치하는 경우에는 다음 각 호의 사항을 준수해야 한다. 〈개정 2021. 11. 19.〉

1. 다음 각 목의 어느 하나에 해당하는 와이어로프를 달비계에 사용해서는 아니 된다.

　가. 이음매가 있는 것

　나. 와이어로프의 한 꼬임[(스트랜드(strand)를 말한다. 이하 같다)]에서 끊어진 소선(素線)[필러(pillar)선은 제외한다)]의 수가 10퍼센트 이상(비자전로프의 경우에는 끊어진 소선의 수가 와이어로프 호칭지름의 6배 길이 이내에서 4개 이상이거나 호칭지름 30배 길이 이내에서 8개 이상)인 것

　다. 지름의 감소가 공칭지름의 7퍼센트를 초과하는 것

　라. 꼬인 것

　마. 심하게 변형되거나 부식된 것

　바. 열과 전기충격에 의해 손상된 것

03 근로자의 추락 등의 위험을 방지하기 위하여 안전난간을 설치하는 경우 설치기준 2가지를 작성하시오.

답 안 연 습

모 범 답 안

산업안전보건기준에 관한 규칙 (약칭: 안전보건규칙)

[시행 2024. 12. 29.] [고용노동부령 제417호, 2024. 6. 28., 일부개정]

제13조(안전난간의 구조 및 설치요건) 사업주는 근로자의 추락 등의 위험을 방지하기 위하여 안전난간을 설치하는 경우 다음 각 호의 기준에 맞는 구조로 설치해야 한다. 〈개정 2015. 12. 31., 2023. 11. 14.〉

1. 상부 난간대, 중간 난간대, 발끝막이판 및 난간기둥으로 구성할 것. 다만, 중간 난간대, 발끝막이판 및 난간기둥은 이와 비슷한 구조와 성능을 가진 것으로 대체할 수 있다.

2. 상부 난간대는 바닥면 · 발판 또는 경사로의 표면(이하 "바닥면등"이라 한다)으로부터 90센티미터 이상 지점에 설치하고, 상부 난간대를 120센티미터 이하에 설치하는 경우에는 중간 난간대는 상부 난간대와 바닥면등의 중간에 설치해야 하며, 120센티미터 이상 지점에 설치하는 경우에는 중간 난간대를 2단 이상으로 균등하게 설치하고 난간의 상하 간격은 60센티미터 이하가 되도록 할 것. 다만, 난간기둥 간의 간격이 25센티미터 이하인 경우에는 중간 난간대를 설치하지 않을 수 있다.

3. 발끝막이판은 바닥면등으로부터 10센티미터 이상의 높이를 유지할 것. 다만, 물체가 떨어지거나 날아올 위험이 없거나 그 위험을 방지할 수 있는 망을 설치하는 등 필요한 예방 조치를 한 장소는 제외한다.

4. 난간기둥은 상부 난간대와 중간 난간대를 견고하게 떠받칠 수 있도록 적정한 간격을 유지할 것

5. 상부 난간대와 중간 난간대는 난간 길이 전체에 걸쳐 바닥면등과 평행을 유지할 것

6. 난간대는 지름 2.7센티미터 이상의 금속제 파이프나 그 이상의 강도가 있는 재료일 것

7. 안전난간은 구조적으로 가장 취약한 지점에서 가장 취약한 방향으로 작용하는 100킬로그램 이상의 하중에 견딜 수 있는 튼튼한 구조일 것

04 건설현장 타워크레인의 방호장치 3가지 작성하시오.

답 안 연 습

모 범 답 안

산업안전보건기준에 관한 규칙 (약칭: 안전보건규칙)

[시행 2024. 12. 29.] [고용노동부령 제417호, 2024. 6. 28., 일부개정]

제134조(방호장치의 조정) ① 사업주는 다음 각 호의 양중기에 과부하방지장치, 권과방지장치(捲過防止裝置), 비상정지장치 및 제동장치, 그 밖의 방호장치[[승강기의 파이널 리미트 스위치(final limit switch), 속도조절기, 출입문 인터 록(inter lock) 등을 말한다]가 정상적으로 작동될 수 있도록 미리 조정해 두어야 한다. 〈개정 2017. 3. 3., 2019. 4. 19.〉

1. 크레인
2. 이동식 크레인
3. 삭제 〈2019. 4. 19.〉
4. 리프트
5. 곤돌라
6. 승강기

05 근로자가 밀폐공간에서 작업을 시작하기 전에 사업주가 확인해야 할 사항 2가지를 작성하시오.

답 안 연 습

모 범 답 안

산업안전보건기준에 관한 규칙 (약칭: 안전보건규칙)

[시행 2024. 12. 29.] [고용노동부령 제417호, 2024. 6. 28., 일부개정]

제619조(밀폐공간 작업 프로그램의 수립·시행) ① 사업주는 밀폐공간에서 근로자에게 작업을 하도록 하는 경우 다음 각 호의 내용이 포함된 밀폐공간 작업 프로그램을 수립하여 시행하여야 한다.

1. 사업장 내 밀폐공간의 위치 파악 및 관리 방안

2. 밀폐공간 내 질식·중독 등을 일으킬 수 있는 유해·위험 요인의 파악 및 관리 방안

3. 제2항에 따라 밀폐공간 작업 시 사전 확인이 필요한 사항에 대한 확인 절차

4. 안전보건교육 및 훈련

5. 그 밖에 밀폐공간 작업 근로자의 건강장해 예방에 관한 사항

② 사업주는 근로자가 밀폐공간에서 작업을 시작하기 전에 다음 각 호의 사항을 확인하여 근로자가 안전한 상태에서 작업하도록 하여야 한다.

1. 작업 일시, 기간, 장소 및 내용 등 작업 정보

2. 관리감독자, 근로자, 감시인 등 작업자 정보

3. 산소 및 유해가스 농도의 측정결과 및 후속조치 사항

4. 작업 중 불활성가스 또는 유해가스의 누출·유입·발생 가능성 검토 및 후속조치 사항

5. 작업 시 착용하여야 할 보호구의 종류

6. 비상연락체계

③ 사업주는 밀폐공간에서의 작업이 종료될 때까지 제2항 각 호의 내용을 해당 작업장 출입구에 게시하여야 한다.

제619조의2(산소 및 유해가스 농도의 측정) ① 사업주는 밀폐공간에서 근로자에게 작업을 하도록 하는 경우 작업을 시작(작업을 일시 중단하였다가 다시 시작하는 경우를 포함한다. 이하 이 조에서 같다)하기 전에 밀폐공간의 산소 및 유해가스 농도의 측정 및 평가에 관한 지식과 실무경험이 있는 자를 지정하여 그로 하여금 해당 밀폐공간의 산소 및 유해가스 농도를 측정(「전파법」 제2조 제1항 제5호·제5호의2에 따른 무선설비 또는 무선통신을 이용한 원격 측정을 포함한다. 이하 제629조, 제638조 및 제641조에서 같다)하여 적정공기가 유지되고 있는지를 평가하도록 해야 한다. 〈개정 2024. 6. 28.〉

② 사업주는 제1항에 따라 밀폐공간의 산소 및 유해가스 농도를 측정 및 평가하는 자에 대하여 밀폐공간에서 작업을 시작하기 전에 다음 각 호의 사항의 숙지여부를 확인하고 필요한 교육을 실시해야 한다. 〈신설 2024. 6. 28.〉

1. 밀폐공간의 위험성

2. 측정장비의 이상 유무 확인 및 조작 방법

3. 밀폐공간 내에서의 산소 및 유해가스 농도 측정방법

4. 적정공기의 기준과 평가 방법

③ 사업주는 제1항에 따라 산소 및 유해가스 농도를 측정한 결과 적정공기가 유지되고 있지 아니하다고 평가된 경우에는 작업장을 환기시키거나, 근로자에게 공기호흡기 또는 송기마스크를 지급하여 착용하도록 하는 등 근로자의 건강장해 예방을 위하여 필요한 조치를 하여야 한다. 〈개정 2024. 6. 28.〉 [본조신설 2017. 3. 3.]

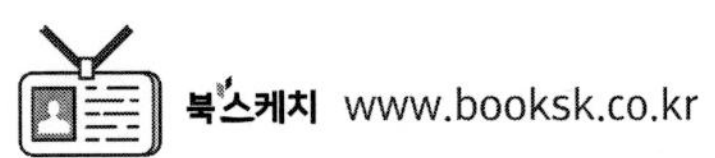

06 가설통로 설치 시 준수사항 3가지를 작성하시오.

답 안 연 습

모 범 답 안

산업안전보건기준에 관한 규칙 (약칭: 안전보건규칙)

[시행 2024. 12. 29.] [고용노동부령 제417호, 2024. 6. 28., 일부개정]

제23조(가설통로의 구조) 사업주는 가설통로를 설치하는 경우 다음 각 호의 사항을 준수하여야 한다.

1. 견고한 구조로 할 것
2. 경사는 30도 이하로 할 것. 다만, 계단을 설치하거나 높이 2미터 미만의 가설통로로서 튼튼한 손잡이를 설치한 경우에는 그러하지 아니하다.
3. 경사가 15도를 초과하는 경우에는 미끄러지지 아니하는 구조로 할 것
4. 추락할 위험이 있는 장소에는 안전난간을 설치할 것. 다만, 작업상 부득이한 경우에는 필요한 부분만 임시로 해체할 수 있다.
5. 수직갱에 가설된 통로의 길이가 15미터 이상인 경우에는 10미터 이내마다 계단참을 설치할 것
6. 건설공사에 사용하는 높이 8미터 이상인 비계다리에는 7미터 이내마다 계단참을 설치할 것

07 근로자의 추락 등의 위험을 방지하기 위하여 안전난간을 설치하는 경우 설치기준 2가지를 작성하시오.

답 안 연 습

모 범 답 안

산업안전보건기준에 관한 규칙 (약칭: 안전보건규칙)

[시행 2024. 12. 29.] [고용노동부령 제417호, 2024. 6. 28., 일부개정]

제13조(안전난간의 구조 및 설치요건) 사업주는 근로자의 추락 등의 위험을 방지하기 위하여 안전난간을 설치하는 경우 다음 각 호의 기준에 맞는 구조로 설치해야 한다. 〈개정 2015. 12. 31., 2023. 11. 14.〉

1. 상부 난간대, 중간 난간대, 발끝막이판 및 난간기둥으로 구성할 것. 다만, 중간 난간대, 발끝막이판 및 난간기둥은 이와 비슷한 구조와 성능을 가진 것으로 대체할 수 있다.
2. 상부 난간대는 바닥면 · 발판 또는 경사로의 표면(이하 "바닥면등"이라 한다)으로부터 90센티미터 이상 지점에 설치하고, 상부 난간대를 120센티미터 이하에 설치하는 경우에는 중간 난간대는 상부 난간대와 바닥면등의 중간에 설치해야 하며, 120센티미터 이상 지점에 설치하는 경우에는 중간 난간대를 2단 이상으로 균등하게 설치하고 난간의 상하 간격은 60센티미터 이하가 되도록 할 것. 다만, 난간기둥 간의 간격이 25센티미터 이하인 경우에는 중간 난간대를 설치하지 않을 수 있다.
3. 발끝막이판은 바닥면등으로부터 10센티미터 이상의 높이를 유지할 것. 다만, 물체가 떨어지거나 날아올 위험이 없거나 그 위험을 방지할 수 있는 망을 설치하는 등 필요한 예방 조치를 한 장소는 제외한다.
4. 난간기둥은 상부 난간대와 중간 난간대를 견고하게 떠받칠 수 있도록 적정한 간격을 유지할 것
5. 상부 난간대와 중간 난간대는 난간 길이 전체에 걸쳐 바닥면등과 평행을 유지할 것
6. 난간대는 지름 2.7센티미터 이상의 금속제 파이프나 그 이상의 강도가 있는 재료일 것
7. 안전난간은 구조적으로 가장 취약한 지점에서 가장 취약한 방향으로 작용하는 100킬로그램 이상의 하중에 견딜 수 있는 튼튼한 구조일 것

08 이동식비계를 조립하여 작업을 하는 경우 사업주 준수사항 3가지 작성하시오.

답 안 연 습

모 범 답 안

산업안전보건기준에 관한 규칙 (약칭: 안전보건규칙)

[시행 2024. 12. 29.] [고용노동부령 제417호, 2024. 6. 28., 일부개정]

제68조(이동식비계) 사업주는 이동식비계를 조립하여 작업을 하는 경우에는 다음 각 호의 사항을 준수하여야 한다. 〈개정 2019. 10. 15., 2024. 6. 28.〉

1. 이동식비계의 바퀴에는 뜻밖의 갑작스러운 이동 또는 전도를 방지하기 위하여 브레이크·쐐기 등으로 바퀴를 고정시킨 다음 비계의 일부를 견고한 시설물에 고정하거나 아웃트리거를 설치하는 등 필요한 조치를 할 것

2. 승강용사다리는 견고하게 설치할 것

3. 비계의 최상부에서 작업을 하는 경우에는 안전난간을 설치할 것

4. 작업발판은 항상 수평을 유지하고 작업발판 위에서 안전난간을 딛고 작업을 하거나 받침대 또는 사다리를 사용하여 작업하지 않도록 할 것

5. 작업발판의 최대적재하중은 250킬로그램을 초과하지 않도록 할 것

2023년 작업형 1회 / [A형]

01 다음 영상은 프리캐스트 콘크리트(Precast Con'c)가 야적된 모습을 보여주고 있다. 이 공법의 장점 2가지를 작성하시오.

답 안 연 습

모 범 답 안
프리캐스트 콘크리트는 외부의 기온, 습도 등 환경조건에 영향을 거의 받지 않고 공장에서 생산되는 콘크리트로 시멘트, 물, 모래, 자갈의 혼합비율이 일정하여 균질한 콘크리트를 확보할 수 있다. ① 현장 공사기간 단축 ② 콘크리트 원가 절감 ③ 균질한 콘크리트 품질 확보

02 다음 영상은 터널 내부 뿜칠작업을 보여주고 있다. 이 공법의 명칭과 공법 2가지를 작성하시오.

답 안 연 습

모 범 답 안
① 숏크리트 타설공법 ② 습식공법, 건식공법

03 다음 영상은 철골기둥을 세우는 장면을 보여주고 있다. 앵커 볼트에 접속시킬 때 준수사항 2가지를 작성하시오.

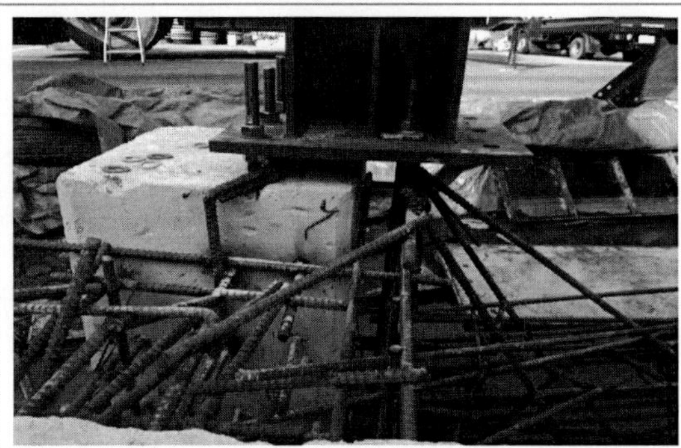

답 안 연 습

모 범 답 안

철골공사표준안전작업지침

제10조(기둥의 고정)

사업주는 철골기둥을 앵커 볼트 또는 다른 철골기둥에 접속시킬 때 다음 각호의 사항을 준수하여야 한다.

1. 앵커 볼트에 고정시키는 작업은 다음 각 목의 순서에 따라야 한다.

　가. 기둥의 인양은 고정시킬 바로 위에서 일단 멈춘 다음 손이 닿을 위치까지 내리도록 한다.

　나. 앵커 볼트의 바로 위까지 흔들림이 없도록 유도하면서 방향을 확인하고 천천히 내려야 한다.

　다. 기둥 베이스 구멍을 통해 앵커 볼트를 보면서 정확히 유도하고, 볼트가 손상되지 않도록 조심스럽게 제자리에 위치시켜야 한다. 이때 손, 발이 끼지 않도록 주의한다.

　라. 바른 위치에 잘 들어갔는지 확인하고 앵커 볼트 전체의 균형을 유지하면서 확실히 조여야 한다.

　마. 인양 와이어 로우프를 제거하기 위하여 기둥위로 올라갈 때 또는 기둥에서 내려올 때는 기둥의 트랩을 이용하여야 한다.

　바. 인양 와이어 로우프를 풀어 제거할 때에는 안전대를 사용해야 하며 샤클핀이 빠져 떨어지는 일 등이 발생하지 않도록 주의해야 한다.

04 다음 영상은 강관비계 설치 장면을 보여주고 있다. 강관을 사용하여 비계를 구성하는 경우 준수사항 3가지를 작성하시오.

답 안 연 습

모 범 답 안

산업안전보건기준에 관한 규칙 (약칭 : 안전보건규칙)

제60조(강관비계의 구조)

사업주는 강관을 사용하여 비계를 구성하는 경우 다음 각 호의 사항을 준수해야 한다. 〈개정 2012. 5. 31., 2019. 10. 15., 2019. 12. 26., 2023. 11. 14.〉

1. 비계기둥의 간격은 띠장 방향에서는 1.85미터 이하, 장선(長線) 방향에서는 1.5미터 이하로 할 것. 다만, 다음 각 목의 어느 하나에 해당하는 작업의 경우에는 안전성에 대한 구조검토를 실시하고 조립도를 작성하면 띠장 방향 및 장선 방향으로 각각 2.7미터 이하로 할 수 있다.

    가. 선박 및 보트 건조작업

    나. 그 밖에 장비 반입·반출을 위하여 공간 등을 확보할 필요가 있는 등 작업의 성질상 비계기둥 간격에 관한 기준을 준수하기 곤란한 작업

2. 띠장 간격은 2.0미터 이하로 할 것. 다만, 작업의 성질상 이를 준수하기가 곤란하여 쌍기둥틀 등에 의하여 해당 부분을 보강한 경우에는 그러하지 아니하다.

3. 비계기둥의 제일 윗부분으로부터 31미터 되는 지점 밑부분의 비계기둥은 2개의 강관으로 묶어 세울 것. 다만, 브라켓(bracket, 까치발) 등으로 보강하여 2개의 강관으로 묶을 경우 이상의 강도가 유지되는 경우에는 그러하지 아니하다.

4. 비계기둥 간의 적재하중은 400킬로그램을 초과하지 않도록 할 것

05 다음 영상은 낙하물 방지망을 보여주고 있다. 낙하물방지망 또는 방호선반을 설치하는 경우 준수사항 2가지를 작성하시오.

답 안 연 습

모 범 답 안

산업안전보건기준에 관한 규칙 (약칭 : 안전보건규칙)

제14조(낙하물에 의한 위험의 방지)

① 사업주는 작업장의 바닥, 도로 및 통로 등에서 낙하물이 근로자에게 위험을 미칠 우려가 있는 경우 보호망을 설치하는 등 필요한 조치를 하여야 한다.

② 사업주는 작업으로 인하여 물체가 떨어지거나 날아올 위험이 있는 경우 낙하물 방지망, 수직보호망 또는 방호선반의 설치, 출입금지구역의 설정, 보호구의 착용 등 위험을 방지하기 위하여 필요한 조치를 하여야 한다. 이 경우 낙하물 방지망 및 수직보호망은 「산업표준화법」 제12조에 따른 한국산업표준(이하 "한국산업표준"이라 한다)에서 정하는 성능기준에 적합한 것을 사용하여야 한다. 〈개정 2017. 12. 28., 2022. 10. 18.〉

③ 제2항에 따라 낙하물 방지망 또는 방호선반을 설치하는 경우에는 다음 각 호의 사항을 준수하여야 한다.

  1. 높이 10미터 이내마다 설치하고, 내민 길이는 벽면으로부터 2미터 이상으로 할 것

  2. 수평면과의 각도는 20도 이상 30도 이하를 유지할 것

---

06 다음 영상은 가스용기를 운반하는 모습을 보여주고 있다. 가스용기 취급 시 준수사항 3가지를 작성하시오.

답 안 연 습

모 범 답 안

산업안전보건기준에 관한 규칙 (약칭 : 안전보건규칙)

제234조(가스등의 용기)

사업주는 금속의 용접·용단 또는 가열에 사용되는 가스등의 용기를 취급하는 경우에 다음 각 호의 사항을 준수하여야 한다.

1. 다음 각 목의 어느 하나에 해당하는 장소에서 사용하거나 해당 장소에 설치·저장 또는 방치하지 않도록 할 것
    가. 통풍이나 환기가 불충분한 장소
    나. 화기를 사용하는 장소 및 그 부근
    다. 위험물 또는 제236조에 따른 인화성 액체를 취급하는 장소 및 그 부근
2. 용기의 온도를 섭씨 40도 이하로 유지할 것
3. 전도의 위험이 없도록 할 것
4. 충격을 가하지 않도록 할 것
5. 운반하는 경우에는 캡을 씌울 것
6. 사용하는 경우에는 용기의 마개에 부착되어 있는 유류 및 먼지를 제거할 것
7. 밸브의 개폐는 서서히 할 것
8. 사용 전 또는 사용 중인 용기와 그 밖의 용기를 명확히 구별하여 보관할 것
9. 용해아세틸렌의 용기는 세워 둘 것
10. 용기의 부식·마모 또는 변형상태를 점검한 후 사용할 것

07 다음 영상은 건설현장 슬라브 개구부를 보여주고 있다. 조치사항 2가지를 작성하시오.

답 안 연 습

모 범 답 안

산업안전보건기준에 관한 규칙 (약칭 : 안전보건규칙)

제43조(개구부 등의 방호 조치)

① 사업주는 작업발판 및 통로의 끝이나 개구부로서 근로자가 추락할 위험이 있는 장소에는 안전난간, 울타리, 수직형 추락방망 또는 덮개 등(이하 이 조에서 "난간등"이라 한다)의 방호 조치를 충분한 강도를 가진 구조로 튼튼하게 설치하여야 하며, 덮개를 설치하는 경우에는 뒤집히거나 떨어지지 않도록 설치하여야 한다. 이 경우 어두운 장소에서도 알아볼 수 있도록 개구부임을 표시해야 하며, 수직형 추락방망은 한국산업표준에서 정하는 성능기준에 적합한 것을 사용해야 한다. 〈개정 2019. 12. 26., 2022. 10. 18.〉

② 사업주는 난간등을 설치하는 것이 매우 곤란하거나 작업의 필요상 임시로 난간등을 해체하여야 하는 경우 제42조제2항 각 호의 기준에 맞는 추락방호망을 설치하여야 한다. 다만, 추락방호망을 설치하기 곤란한 경우에는 근로자에게 안전대를 착용하도록 하는 등 추락할 위험을 방지하기 위하여 필요한 조치를 하여야 한다. 〈개정 2017. 12. 28.〉

08 다음은 타워크레인 작업장면을 보여주고 있다. 방호조치 2가지를 작성하시오.

답 안 연 습

모 범 답 안

산업안전보건기준에 관한 규칙 (약칭 : 안전보건규칙)

제134조(방호장치의 조정)

① 사업주는 다음 각 호의 양중기에 과부하방지장치, 권과방지장치(捲過防止裝置), 비상정지장치 및 제동장치, 그 밖의 방호장치[(승강기의 파이널 리미트 스위치(final limit switch), 속도조절기, 출입문 인터 록(inter lock) 등을 말한다]가 정상적으로 작동될 수 있도록 미리 조정해 두어야 한다. 〈개정 2017. 3. 3., 2019. 4. 19.〉

　1. 크레인

　2. 이동식 크레인

　3. 삭제 〈2019. 4. 19.〉

　4. 리프트

　5. 곤돌라

　6. 승강기

② 제1항제1호 및 제2호의 양중기에 대한 권과방지장치는 훅·버킷 등 달기구의 윗면(그 달기구에 권상용 도르래가 설치된 경우에는 권상용 도르래의 윗면)이 드럼, 상부 도르래, 트롤리프레임 등 권상장치의 아랫면과 접촉할 우려가 있는 경우에 그 간격이 0.25미터 이상[(직동식(直動式) 권과방지장치는 0.05미터 이상으로 한다)]이 되도록 조정하여야 한다.

③ 제2항의 권과방지장치를 설치하지 않은 크레인에 대해서는 권상용 와이어로프에 위험표시를 하고 경보장치를 설치하는 등 권상용 와이어로프가 지나치게 감겨서 근로자가 위험해질 상황을 방지하기 위한 조치를 하여야 한다.

2023년 작업형 1회 / [B형]

01 영상에서 보는 옹벽의 명칭과 설치해야 하는 안전시설물 1가지를 작성하시오.

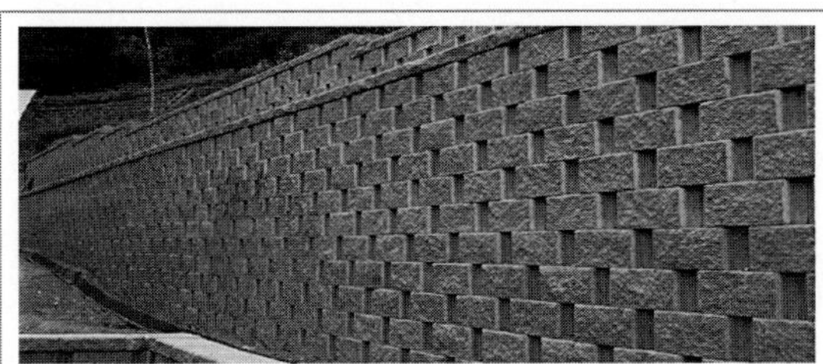

답 안 연 습

모 범 답 안
① 보강토 옹벽 ② 옹벽 상측부에 안전대 부착설비(추락위험이 있으므로 근로자는 안전대를 착용해야 함) 또는 안전난간 설치

02 다음은 콘크리트 타설 영상이다. 콘크리트 타설 전 점검사항 2가지 작성하시오.

답 안 연 습

모 범 답 안
산업안전보건기준에 관한 규칙 (약칭 : 안전보건규칙) **제334조(콘크리트의 타설작업)** 사업주는 콘크리트 타설작업을 하는 경우에는 다음 각 호의 사항을 준수해야 한다. 〈개정 2023. 11. 14.〉 1. 당일의 작업을 시작하기 전에 해당 작업에 관한 거푸집 및 동바리의 변형 · 변위 및 지반의 침하 유무 등을 점검하고 이상이 있으면 보수할 것 2. 작업 중에는 감시자를 배치하는 등의 방법으로 거푸집 및 동바리의 변형 · 변위 및 침하 유무 등을 확인해야 하며, 이상이 있으면 작업을 중지하고 근로자를 대피시킬 것 3. 콘크리트 타설작업 시 거푸집 붕괴의 위험이 발생할 우려가 있으면 충분한 보강조치를 할 것 4. 설계도서상의 콘크리트 양생기간을 준수하여 거푸집 및 동바리를 해체할 것 5. 콘크리트를 타설하는 경우에는 편심이 발생하지 않도록 골고루 분산하여 타설할 것

03 중량물의 구름 위험방지를 위한 조치사항 2가지를 작성하시오.

답 안 연 습

모 범 답 안

산업안전보건기준에 관한 규칙 (약칭 : 안전보건규칙)

제386조(중량물의 구름 위험방지)

사업주는 드럼통 등 구를 위험이 있는 중량물을 보관하거나 작업 중 구를 위험이 있는 중량물을 취급하는 경우에는 다음 각 호의 사항을 준수해야 한다. 〈개정 2023. 11. 14.〉

1. 구름멈춤대, 쐐기 등을 이용하여 중량물의 동요나 이동을 조절할 것

2. 중량물이 구를 위험이 있는 방향 앞의 일정거리 이내로는 근로자의 출입을 제한할 것. 다만, 중량물을 보관하거나 작업 중인 장소가 경사면인 경우에는 경사면 아래로는 근로자의 출입을 제한해야 한다.

[제목개정 2023. 11. 14.]

04 영상에 보여지는 차량계 건설기계의 장비명과 기능을 작성하시오.

답 안 연 습

모 범 답 안

① 진동롤러

② 다짐작업

05 다음 영상은 터널 내 숏크리트 작업현장을 보여주고 있다. 지반 및 암반의 상태에 따라 뿜어붙이기 콘크리트 최소두께를 아래 빈칸에 알맞게 채워 넣으시오.

답 안 연 습

- 약간 취약한 암반 : (   )cm
- 약간 파괴되기 쉬운 암반 : (   )cm
- 파괴되기 쉬운 암반 : (   )cm
- 매우 파괴되기 쉬운 암반 : 7cm(철망병용)
- 팽창성의 암반 : (   )cm(강재지보공과 철망병용)

모 범 답 안

터널공사 표준안전 작업지침−NATM공법

12. 지반 및 암반의 상태에 따라 뿜어붙이기 콘크리트의 최소 두께는 다음 각목의 기준 이상이어야 한다.

    가. 약간 취약한 암반 : 2cm

    나. 약간 파괴되기 쉬운 암반 : 3cm

    다. 파괴되기 쉬운 암반 : 5cm

    라. 매우 파괴되기 쉬운 암반 : 7cm(철망병용)

    마. 팽창성의 암반 : 15cm(강재 지보공과 철망병용)

06 다음 영상은 지게차로 하물을 들어올리는 작업을 하고 있다. 준수사항 2가지를 작성하시오.

답 안 연 습

모 범 답 안

운반하역 표준안전 작업지침

제55조(들어올리기) 하물을 들어올리는 작업을 할 때에는 다음 각 호의 사항을 준수하여야 한다.

1. 지상에서 5센티미터 이상 10센티미터 이하의 지점까지 들어올린 후 일단 정지하여야 한다.

2. 하물의 안전상태, 포크에 대한 편심하중 및 그 밖에 이상이 없는가를 확인하여야 한다.

3. 마스크는 뒷쪽으로 경사를 주어야 한다.

4. 지상에서 10센티미터 이상 30센티미터 이하의 높이까지 들어 올려야 한다.

5. 들어올린 상태로 출발, 주행하여야 한다.

07 다음 영상에 보여지는 안전시설물의 명칭과 작업시 설치기준을 작성하시오.

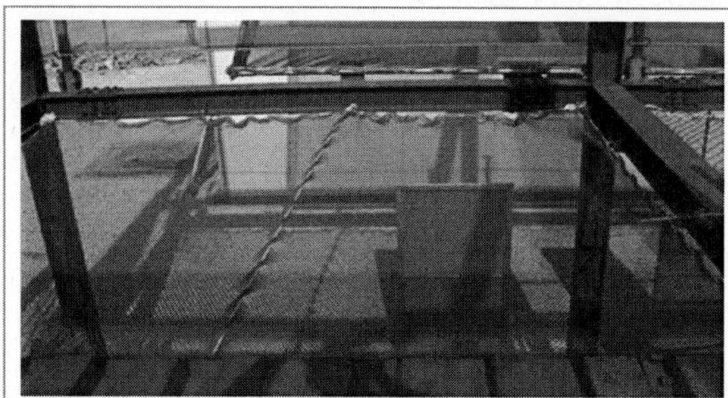

<table>
<tr><td></td><td>답 안 연 습</td></tr>
</table>

모 범 답 안

① 추락방호망   ② 설치기준
산업안전보건기준에 관한 규칙 (약칭 : 안전보건규칙)
제42조(추락의 방지) ① 사업주는 근로자가 추락하거나 넘어질 위험이 있는 장소[작업발판의 끝·개구부(開口部) 등을 제외한다]또는 기계·설비·선박블록 등에서 작업을 할 때에 근로자가 위험해질 우려가 있는 경우 비계(飛階)를 조립하는 등의 방법으로 작업발판을 설치하여야 한다.

② 사업주는 제1항에 따른 작업발판을 설치하기 곤란한 경우 다음 각 호의 기준에 맞는 추락방호망을 설치해야 한다. 다만, 추락방호망을 설치하기 곤란한 경우에는 근로자에게 안전대를 착용하도록 하는 등 추락위험을 방지하기 위해 필요한 조치를 해야 한다. 〈개정 2017. 12. 28., 2021. 5. 28.〉
  1. 추락방호망의 설치위치는 가능하면 작업면으로부터 가까운 지점에 설치하여야 하며, 작업면으로부터 망의 설치지점까지의 수직거리는 10미터를 초과하지 아니할 것
  2. 추락방호망은 수평으로 설치하고, 망의 처짐은 짧은 변 길이의 12퍼센트 이상이 되도록 할 것
  3. 건축물 등의 바깥쪽으로 설치하는 경우 추락방호망의 내민 길이는 벽면으로부터 3미터 이상 되도록 할 것. 다만, 그물코가 20밀리미터 이하인 추락방호망을 사용한 경우에는 제14조제3항에 따른 낙하물 방지망을 설치한 것으로 본다.

③ 사업주는 추락방호망을 설치하는 경우에는 한국산업표준에서 정하는 성능기준에 적합한 추락방호망을 사용하여야 한다. 〈신설 2017. 12. 28., 2022. 10. 18.〉

④ 사업주는 제1항 및 제2항에도 불구하고 작업발판 및 추락방호망을 설치하기 곤란한 경우에는 근로자로 하여금 3개 이상의 버팀대를 가지고 지면으로부터 안정적으로 세울 수 있는 구조를 갖춘 이동식 사다리를 사용하여 작업을 하게 할 수 있다. 이 경우 사업주는 근로자가 다음 각 호의 사항을 준수하도록 조치해야 한다. 〈신설 2024. 6. 28.〉
  1. 평탄하고 견고하며 미끄럽지 않은 바닥에 이동식 사다리를 설치할 것
  2. 이동식 사다리의 넘어짐을 방지하기 위해 다음 각 목의 어느 하나 이상에 해당하는 조치를 할 것
  가. 이동식 사다리를 견고한 시설물에 연결하여 고정할 것
  나. 아웃트리거(outrigger, 전도방지용 지지대)를 설치하거나 아웃트리거가 붙어있는 이동식 사다리를 설치할 것
  다. 이동식 사다리를 다른 근로자가 지지하여 넘어지지 않도록 할 것
  3. 이동식 사다리의 제조사가 정하여 표시한 이동식 사다리의 최대사용하중을 초과하지 않는 범위 내에서만 사용할 것
  4. 이동식 사다리를 설치한 바닥면에서 높이 3.5미터 이하의 장소에서만 작업할 것
  5. 이동식 사다리의 최상부 발판 및 그 하단 디딤대에 올라서서 작업하지 않을 것. 다만, 높이 1미터 이하의 사다리는 제외한다.
  6. 안전모를 착용하되, 작업 높이가 2미터 이상인 경우에는 안전모와 안전대를 함께 착용할 것
  7. 이동식 사다리 사용 전 변형 및 이상 유무 등을 점검하여 이상이 발견되면 즉시 수리하거나 그 밖에 필요한 조치를 할 것

08 다음 영상은 백호가 지반을 굴착하고 있는 모습을 보여주고 있다. 점검사항 3가지를 작성하시오.

답 안 연 습

모 범 답 안

굴착공사 표준안전 작업지침

제10조(준비)

기계에 의한 굴착작업시에는 제1절의 사항 외에 다음 각 호의 사항을 준수하여야 한다.

1. 공사의 규모, 주변환경, 토질, 공사기간 등의 조건을 고려한 적절한 기계를 선정하여야 한다.
2. 작업전에 기계의 정비상태를 정비기록표 등에 의해 확인하고 다음 각 목의 사항을 점검하여야 한다.
   가. 낙석, 낙하물 등의 위험이 예상되는 작업시 견고한 헤드가아드 설치상태
   나. 브레이크 및 클러치의 작동상태
   다. 타이어 및 궤도차륜 상태
   라. 경보장치 작동상태
   마. 부속장치의 상태
3. 정비상태가 불량한 기계는 투입해서는 안된다.
4. 장비의 진입로와 작업장에서의 주행로를 확보하고, 다짐도, 노폭, 경사도 등의 상태를 점검하여야 한다.
5. 굴착된 토사의 운반통로, 노면의 상태, 노폭, 기울기, 회전반경 및 교차점, 장비의 운행시 근로자의 비상대피처 등에 대해서 조사하여 대책을 강구하여야 한다.
6. 인력굴착과 기계굴착을 병행할 경우 각각의 작업 범위와 작업추진 방향을 명확히 하고 기계의 작업반경내에 근로자가 출입하지 않도록 방호설비를 하거나 감시인을 배치한다.
7. 발파, 붕괴시 대피장소가 확보되어야 한다.
8. 장비 연료 및 정비용 기구 공구 등의 보관장소가 적절한지를 확인하여야 한다.
9. 운전자가 자격을 갖추었는지를 확인하여야 한다.
10. 굴착된 토사를 덤프트럭 등을 이용하여 운반할 경우는 유도자와 교통정리원을 배치하여야 한다.

 **2023년 작업형 1회 / [C형]**

01 다음은 강관틀비계를 설치하는 장면을 보여주고 있다. 조립기준을 2가지 이상 작성하시오.

답 안 연 습

모 범 답 안

산업안전보건기준에 관한 규칙(약칭 : 안전보건규칙)

제62조(강관틀비계)

사업주는 강관틀 비계를 조립하여 사용하는 경우 다음 각 호의 사항을 준수하여야 한다.

1. 비계기둥의 밑둥에는 밑받침 철물을 사용하여야 하며 밑받침에 고저차(高低差)가 있는 경우에는 조절형 밑받침철물을 사용하여 각각의 강관틀비계가 항상 수평 및 수직을 유지하도록 할 것
2. 높이가 20미터를 초과하거나 중량물의 적재를 수반하는 작업을 할 경우에는 주틀 간의 간격을 1.8미터 이하로 할 것
3. 주틀 간에 교차 가새를 설치하고 최상층 및 5층 이내마다 수평재를 설치할 것
4. 수직방향으로 6미터, 수평방향으로 8미터 이내마다 벽이음을 할 것
5. 길이가 띠장 방향으로 4미터 이하이고 높이가 10미터를 초과하는 경우에는 10미터 이내마다 띠장 방향으로 버팀기둥을 설치할 것

02 다음은 거푸집동바리를 조립하는 장면을 보여주고 있다. 사업주의 준수사항 2가지를 작성하시오.

답 안 연 습

모 범 답 안

산업안전보건기준에 관한 규칙 (약칭 : 안전보건규칙)

제332조(동바리 조립 시의 안전조치)

사업주는 동바리를 조립하는 경우에는 하중의 지지상태를 유지할 수 있도록 다음 각 호의 사항을 준수해야 한다.

1. 받침목이나 깔판의 사용, 콘크리트 타설, 말뚝박기 등 동바리의 침하를 방지하기 위한 조치를 할 것
2. 동바리의 상하 고정 및 미끄러짐 방지 조치를 할 것
3. 상부 · 하부의 동바리가 동일 수직선상에 위치하도록 하여 깔판 · 받침목에 고정시킬 것
4. 개구부 상부에 동바리를 설치하는 경우에는 상부하중을 견딜 수 있는 견고한 받침대를 설치할 것
5. U헤드 등의 단판이 없는 동바리의 상단에 멍에 등을 올릴 경우에는 해당 상단에 U헤드 등의 단판을 설치하고, 멍에 등이 전도되거나 이탈되지 않도록 고정시킬 것
6. 동바리의 이음은 같은 품질의 재료를 사용할 것
7. 강재의 접속부 및 교차부는 볼트 · 클램프 등 전용철물을 사용하여 단단히 연결할 것
8. 거푸집의 형상에 따른 부득이한 경우를 제외하고는 깔판이나 받침목은 2단 이상 끼우지 않도록 할 것
9. 깔판이나 받침목을 이어서 사용하는 경우에는 그 깔판 · 받침목을 단단히 연결할 것

[전문개정 2023. 11. 14.]

03 다음 영상은 작업자가 둥근 톱을 이용해 목재를 절단하는 작업을 보여주고 있다. 이 작업에서 둥근톱 기계 사용 시 불안전한 요소 2가지와 누전차단기를 반드시 설치해야 하는 장소 1개소를 작성하시오.

답 안 연 습

모 범 답 안

① 불안전한 요소
　　− 둥근톱의 방호장치가 개방되어 있어 절단사고 우려
　　− 개인보호구(방진마스크, 보안경) 미착용
② 누전차단기 설치장소

산업안전보건기준에 관한 규칙 (약칭 : 안전보건규칙)

제304조(누전차단기에 의한 감전방지)

① 사업주는 다음 각 호의 전기 기계 · 기구에 대하여 누전에 의한 감전위험을 방지하기 위하여 해당 전로의 정격에 적합하고 감도(전류 등에 반응하는 정도)가 양호하며 확실하게 작동하는 감전방지용 누전차단기를 설치해야 한다. 〈개정 2021. 11. 19.〉

1. 대지전압이 150볼트를 초과하는 이동형 또는 휴대형 전기기계 · 기구
2. 물 등 도전성이 높은 액체가 있는 습윤장소에서 사용하는 저압(1.5천볼트 이하 직류전압이나 1천볼트 이하의 교류전압을 말한다)용 전기기계 · 기구
3. 철판 · 철골 위 등 도전성이 높은 장소에서 사용하는 이동형 또는 휴대형 전기기계 · 기구
4. 임시배선의 전로가 설치되는 장소에서 사용하는 이동형 또는 휴대형 전기기계 · 기구

04 다음 영상은 타워크레인으로 하물을 양중하는 장면을 보여주고 있다. 불안전한 요소 2가지 및 제시된 와이어로프 폐기여부를 판단하여 작성하시오.(단, 와이어로프 공칭지름 25mm, 사용 후 22mm)

답 안 연 습

모 범 답 안
① 불안전한 요소 　－ 인양하물 1줄걸이로 낙하위험 　－ 작업반경 내 근로자 출입으로 인한 재해 위험 ② 와이어로프 폐기기준(공칭지름의 7% 초과하는 경우) 　25mm×7%=1.75mm, 25mm−1.75mm=23.25mm 이상이어야 사용 가능하나, 현재 22mm이므로 폐기해야 함.

05 다음 영상은 리프트를 보여주고 있다. 감전사고 방지를 위한 개인보호구(1개)와 리프트 운반구 이탈 등 위험 방지를 위해 설치하는 장치 2가지를 작성하시오.

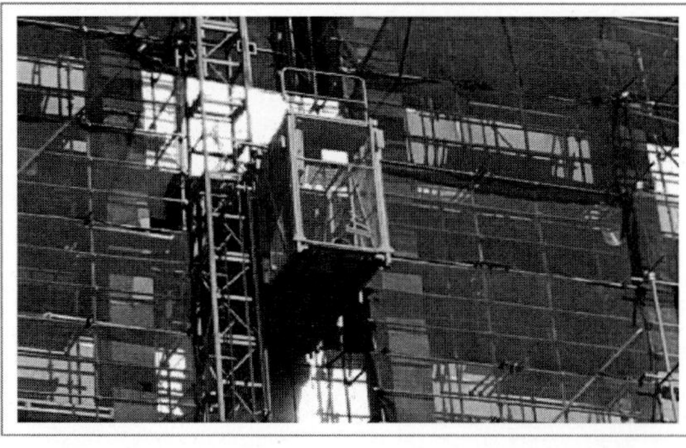

답 안 연 습

모 범 답 안
① 개인보호구 : 내전압용 절연장갑 ② 방호장지 : 권과방지장치, 과부하방지장치, 제동장치, 비상정지장치

06 다음은 크레인 작업 장면을 보여주고 있다. 근로자가 준수하도록 사업주가 조치해야 하는 사항 2가지를 작성하시오.

답 안 연 습

모 범 답 안

산업안전보건기준에 관한 규칙 (약칭 : 안전보건규칙)

제146조(크레인 작업 시의 조치)

① 사업주는 크레인을 사용하여 작업을 하는 경우 다음 각 호의 조치를 준수하고, 그 작업에 종사하는 관계 근로자가 그 조치를 준수하도록 하여야 한다.

1. 인양할 하물(荷物)을 바닥에서 끌어당기거나 밀어내는 작업을 하지 아니할 것
2. 유류드럼이나 가스통 등 운반 도중에 떨어져 폭발하거나 누출될 가능성이 있는 위험물 용기는 보관함(또는 보관고)에 담아 안전하게 매달아 운반할 것
3. 고정된 물체를 직접 분리 · 제거하는 작업을 하지 아니할 것
4. 미리 근로자의 출입을 통제하여 인양 중인 하물이 작업자의 머리 위로 통과하지 않도록 할 것
5. 인양할 하물이 보이지 아니하는 경우에는 어떠한 동작도 하지 아니할 것(신호하는 사람에 의하여 작업을 하는 경우는 제외한다)

② 사업주는 조종석이 설치되지 아니한 크레인에 대하여 다음 각 호의 조치를 하여야 한다.

1. 고용노동부장관이 고시하는 크레인의 제작기준과 안전기준에 맞는 무선원격제어기 또는 펜던트 스위치를 설치 · 사용할 것
2. 무선원격제어기 또는 펜던트 스위치를 취급하는 근로자에게는 작동요령 등 안전조작에 관한 사항을 충분히 주지시킬 것

③ 사업주는 타워크레인을 사용하여 작업을 하는 경우 타워크레인마다 근로자와 조종 작업을 하는 사람 간에 신호업무를 담당하는 사람을 각각 두어야 한다. 〈신설 2018. 3. 30.〉

07 다음은 이동식 금속재 사다리를 보여주고 있다. 제작 시 필요사항 2가지를 작성하시오.

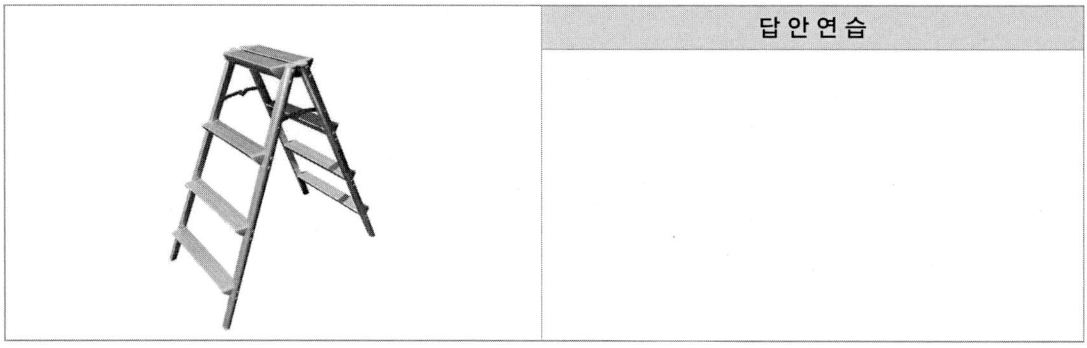

	답 안 연 습

모 범 답 안

이동식 사다리의 제작과 사용에 관한 기술지침(KOSHA GUIDE(G-130-2020, 2020.12.)

5. 이동식 금속재 사다리의 제작 시 필요사항

금속 특성 및 디자인의 광범위한 다양성으로 인해 본 지침의 요구사항은 최소한에 한정될 뿐이고 새로운 디자인의 사다리도 구조적 결함이 있어서는 안 된다.

(1) 금속 자재는 시험 요구사항에 따라 충분한 강도를 가져야 하고 부식방지 처리가 되어야 한다.

(2) 사다리 디딤대의 수직 간격은 25~35cm 사이, 사다리 폭은 30cm 이상이어야 한다.

(3) 사다리 디딤대는 전도방지를 위해 표면을 주름지게 하거나, 오톨도톨하게 하고, 필요할 경우에는 미끄럼방지물질로 도장되어야 한다.

(4) 사다리의 길이는 6m 이하가 되어야 한다.

(5) 디딤대는 편평하고 수평을 이루어야 한다.

(6) 사다리의 버팀대 아래쪽에 마찰력이 큰 재질의 미끄럼방지장치를 설치하여야 한다.

08 다음 영상은 항타기 작업 모습을 보여주고 있다. 무너짐 방지을 위한 방안 2가지를 작성하시오.

	답 안 연 습

모 범 답 안

산업안전보건기준에 관한 규칙 (약칭 : 안전보건규칙)

제209조(무너짐의 방지)

사업주는 동력을 사용하는 항타기 또는 항발기에 대하여 무너짐을 방지하기 위하여 다음 각 호의 사항을 준수해야 한다. 〈개정 2019. 1. 31., 2022. 10. 18., 2023. 11. 14.〉

1. 연약한 지반에 설치하는 경우에는 아웃트리거 · 받침 등 지지구조물의 침하를 방지하기 위하여 깔판 · 받침목 등을 사용할 것

2. 시설 또는 가설물 등에 설치하는 경우에는 그 내력을 확인하고 내력이 부족하면 그 내력을 보강할 것

3. 아웃트리거 · 받침 등 지지구조물이 미끄러질 우려가 있는 경우에는 말뚝 또는 쐐기 등을 사용하여 해당 지지구조물을 고정시킬 것

4. 궤도 또는 차로 이동하는 항타기 또는 항발기에 대해서는 불시에 이동하는 것을 방지하기 위하여 레일 클램프 (rail clamp) 및 쐐기 등으로 고정시킬 것

5. 상단 부분은 버팀대 · 버팀줄로 고정하여 안정시키고, 그 하단 부분은 견고한 버팀 · 말뚝 또는 철골 등으로 고정시킬 것

6. 삭제 〈2022. 10. 18.〉

7. 삭제 〈2022. 10. 18.〉

[제목개정 2019. 1. 31.]

 2023년 작업형 2회 / [A형]

01 다음 영상은 터널공사를 보여주고 있다. 콘크리트 라이닝공법 선정 시 검토사항을 3가지 작성하시오.

답 안 연 습

모 범 답 안
터널공사 표준안전 작업지침-NATM공법 　　　[시행 2023. 7. 1.] [고용노동부고시 제2023-36호, 2023. 7. 1., 일부개정] **제22조(콘크리트 라이닝)** 콘크리트 라이닝을 시공함에 있어서는 시공전, 시공중 다음 각 호의 사항을 사전 검토하여야 한다. 1. 콘크리트 라이닝 공법 선정시 다음 각 목의 사항을 검토하여 시공방식을 선정하여야 한다. 　가. 지질, 암질상태 　나. 단면형상 　다. 라이닝의 작업능률 　라. 굴착공법

02 다음 영상은 건축물 해체공사 현장을 보여주고있다. 낙하물로 인한 재해를 예방하기 위한 안전시설물 1가지와 투하설비 기준 높이를 작성하시오.

답 안 연 습

모 범 답 안

산업안전보건기준에 관한 규칙 (약칭 : 안전보건규칙)

제14조(낙하물에 의한 위험의 방지)

① 사업주는 작업장의 바닥, 도로 및 통로 등에서 낙하물이 근로자에게 위험을 미칠 우려가 있는 경우 보호망을 설치하는 등 필요한 조치를 하여야 한다.

② 사업주는 작업으로 인하여 물체가 떨어지거나 날아올 위험이 있는 경우 낙하물 방지망, 수직보호망 또는 방호선반의 설치, 출입금지구역의 설정, 보호구의 착용 등 위험을 방지하기 위하여 필요한 조치를 하여야 한다. 이 경우 낙하물 방지망 및 수직보호망은 「산업표준화법」 제12조에 따른 한국산업표준(이하 "한국산업표준"이라 한다)에서 정하는 성능기준에 적합한 것을 사용하여야 한다. 〈개정 2017. 12. 28., 2022. 10. 18.〉

③ 제2항에 따라 낙하물 방지망 또는 방호선반을 설치하는 경우에는 다음 각 호의 사항을 준수하여야 한다.

    1. 높이 10미터 이내마다 설치하고, 내민 길이는 벽면으로부터 2미터 이상으로 할 것

    2. 수평면과의 각도는 20도 이상 30도 이하를 유지할 것

제15조(투하설비 등) 사업주는 높이가 3미터 이상인 장소로부터 물체를 투하하는 경우 적당한 투하설비를 설치하거나 감시인을 배치하는 등 위험을 방지하기 위하여 필요한 조치를 하여야 한다.

03 다음 영상은 지반굴착작업을 보여주고 있다. 사전조사 내용 3가지를 작성하시오.

답 안 연 습

모 범 답 안

■ 산업안전보건기준에 관한 규칙 [별표 4] 〈개정 2023. 11. 14.〉

사전조사 및 작업계획서 내용(제38조제1항관련)

〈사전조사〉

6. 굴착작업

    가. 형상 · 지질 및 지층의 상태

    나. 균열 · 함수(含水) · 용수 및 동결의 유무 또는 상태

    다. 매설물 등의 유무 또는 상태

    라. 지반의 지하수위 상태

〈작업계획서 내용〉

가. 굴착방법 및 순서, 토사등 반출 방법

나. 필요한 인원 및 장비 사용계획

다. 매설물 등에 대한 이설 · 보호대책

라. 사업장 내 연락방법 및 신호방법

마. 흙막이 지보공 설치방법 및 계측계획

바. 작업지휘자의 배치계획

사. 그 밖에 안전 · 보건에 관련된 사항

04 다음 영상은 거푸집 동바리를 조립하는 장면을 보여주고 있다. 준수사항을 3가지 작성하시오.

답 안 연 습

모 범 답 안

산업안전보건기준에 관한 규칙 (약칭 : 안전보건규칙)

제333조(조립 · 해체 등 작업 시의 준수사항)

① 사업주는 기둥 · 보 · 벽체 · 슬래브 등의 거푸집 및 동바리를 조립하거나 해체하는 작업을 하는 경우에는 다음 각 호의 사항을 준수해야 한다. 〈개정 2021. 5. 28., 2023. 11. 14.〉

1. 해당 작업을 하는 구역에는 관계 근로자가 아닌 사람의 출입을 금지할 것

2. 비, 눈, 그 밖의 기상상태의 불안정으로 날씨가 몹시 나쁜 경우에는 그 작업을 중지할 것

3. 재료, 기구 또는 공구 등을 올리거나 내리는 경우에는 근로자로 하여금 달줄 · 달포대 등을 사용하도록 할 것

4. 낙하 · 충격에 의한 돌발적 재해를 방지하기 위하여 버팀목을 설치하고 거푸집 및 동바리를 인양장비에 매단 후에 작업을 하도록 하는 등 필요한 조치를 할 것

② 사업주는 철근조립 등의 작업을 하는 경우에는 다음 각 호의 사항을 준수하여야 한다.

   1. 양중기로 철근을 운반할 경우에는 두 군데 이상 묶어서 수평으로 운반할 것

   2. 작업위치의 높이가 2미터 이상일 경우에는 작업발판을 설치하거나 안전대를 착용하게 하는 등 위험 방지를 위하여 필요한 조치를 할 것[제목개정 2023. 11. 14.]

[제336조에서 이동, 종전 제333조는 삭제 〈2023. 11. 14.〉]

05 다음 영상은 흄관을 매설하는 모습을 보여주고 있다. 위험요소 및 재해 유형을 작성하시오.

답 안 연 습

모 범 답 안

① 위험요소: 흄관을 1줄 인양, 백호 운전자 시야 불량, 버킷 밑에서 작업, 신호수 미배치

② 끼임사고

06 다음 영상은 시스템 동바리를 조립하는 모습을 보여주고 있다. 준수사항 2가지를 작성하시오.

답 안 연 습

모 범 답 안

산업안전보건기준에 관한 규칙 (약칭 : 안전보건규칙)

제332조의2(동바리 유형에 따른 동바리 조립 시의 안전조치)

사업주는 동바리를 조립할 때 동바리의 유형별로 다음 각 호의 구분에 따른 각 목의 사항을 준수해야 한다.

4. 시스템 동바리(규격화 · 부품화된 수직재, 수평재 및 가새재 등의 부재를 현장에서 조립하여 거푸집을 지지하는 지주 형식의 동바리를 말한다)의 경우

  가. 수평재는 수직재와 직각으로 설치해야 하며, 흔들리지 않도록 견고하게 설치할 것

  나. 연결철물을 사용하여 수직재를 견고하게 연결하고, 연결부위가 탈락 또는 꺾어지지 않도록 할 것

  다. 수직 및 수평하중에 대해 동바리의 구조적 안정성이 확보되도록 조립도에 따라 수직재 및 수평재에는 가새재를 견고하게 설치할 것

  라. 동바리 최상단과 최하단의 수직재와 받침철물은 서로 밀착되도록 설치하고 수직재와 받침철물의 연결부의 겹침길이는 받침철물 전체길이의 3분의 1 이상 되도록 할 것

07 다음 영상은 철골기둥 세우는 장면을 보여주고 있다. 앵커 볼트에 접속시킬 때 준수사항 2가지를 작성하시오.

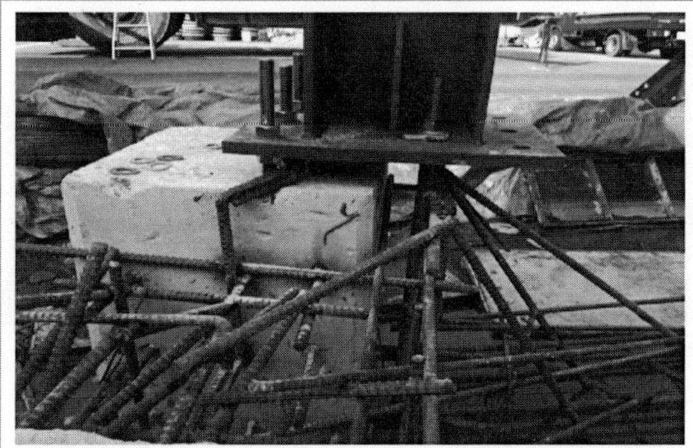

답 안 연 습

모 범 답 안

철골공사표준안전작업지침

제10조(기둥의 고정)

사업주는 철골기둥을 앵커 볼트 또는 다른 철골기둥에 접속시킬 때 다음 각호의 사항을 준수하여야 한다.

1. 앵커 볼트에 고정시키는 작업은 다음 각 목의 순서에 따라야 한다.

　가. 기둥의 인양은 고정시킬 바로 위에서 일단 멈춘 다음 손이 닿을 위치까지 내리도록 한다.

　나. 앵커 볼트의 바로 위까지 흔들림이 없도록 유도하면서 방향을 확인하고 천천히 내려야 한다.

　다. 기둥 베이스 구멍을 통해 앵커 볼트를 보면서 정확히 유도하고, 볼트가 손상되지 않도록 조심스럽게 제자리에 위치시켜야 한다. 이때 손, 발이 끼지 않도록 주의한다.

　라. 바른 위치에 잘 들어갔는지 확인하고 앵커 볼트 전체의 균형을 유지하면서 확실히 조여야 한다.

　마. 인양 와이어 로우프를 제거하기 위하여 기둥위로 올라갈 때 또는 기둥에서 내려올 때는 기둥의 트랩을 이용하여야 한다.

　바. 인양 와이어 로우프를 풀어 제거할 때에는 안전대를 사용해야 하며 샤클핀이 빠져 떨어지는 일등이 발생하지 않도록 주의해야 한다.

08 다음 영상은 차량계 건설기계를 보여주고 있다. 장비의 명칭을 각각 작성하시오.

답 안 연 습

모 범 답 안

① 타이어 롤러
② 아스팔트 피니셔

2023년 작업형 2회 / [B형]

01 다음 영상은 타워크레인을 보여주고 있다. 타워크레인 설치·해체업의 등록인력 기준과 자격조건을 작성하시오.

답 안 연 습

모 범 답 안

■ 산업안전보건법 시행령 [별표 22]

타워크레인 설치·해체업의 인력·시설 및 장비 기준(제72조제1항 관련)

1. 인력기준: 다음 각 목의 어느 하나에 해당하는 사람 4명 이상을 보유할 것
   - 가. 「국가기술자격법」에 따른 판금제관기능사 또는 비계기능사의 자격을 가진 사람
   - 나. 법 제140조제2항에 따라 지정된 타워크레인 설치·해체작업 교육기관에서 지정된 교육을 이수하고 수료시험에 합격한 사람으로서 합격 후 5년이 지나지 않은 사람
   - 다. 법 제140조제2항에 따라 지정된 타워크레인 설치·해체작업 교육기관에서 보수교육을 이수한 후 5년이 지나지 않은 사람
2. 시설기준: 사무실
3. 장비기준
   - 가. 렌치류(토크렌치, 함마렌치 및 전동임팩트렌치 등 볼트, 너트, 나사 등을 죄거나 푸는 공구)
   - 나. 드릴링머신(회전축에 드릴을 달아 구멍을 뚫는 기계)
   - 다. 버니어캘리퍼스(자로 재기 힘든 물체의 두께, 지름 따위를 재는 기구)
   - 라. 트랜싯(각도를 측정하는 측량기기로 같은 수준의 기능 및 성능의 측량기기를 갖춘 경우도 인정한다)
   - 마. 체인블록 및 레버블록(체인 또는 레버를 이용하여 중량물을 달아 올리거나 수직·수평·경사로 이동시키는데 사용하는 기구)
   - 바. 전기테스터기
   - 사. 송수신기

02 다음 영상은 터널공사 모습을 보여주고 있다. 이 공법의 명칭을 작성하시오.

답 안 연 습

모 범 답 안
TBM(Tunnel Boring Machine) 공법

03 다음 영상은 철근의 인력 운반 작업을 보여주고 있다. 준수사항 2가지를 작성하시오.

답 안 연 습

모 범 답 안
콘크리트공사표준안전작업지침 [시행 2020. 1. 16.] [고용노동부고시 제2020-9호, 2020. 1. 7., 일부개정] 제12조(운반) 사업주는 철근을 인력 및 기계로 운반할 때 다음 각 호의 사항을 준수하여야 한다. 1. 인력으로 철근을 운반할 때에는 다음 각목의 사항을 준수하여야 한다. 　가. 1인당 무게는 25킬로그램 정도가 적절하며, 무리한 운반을 삼가하여야 한다. 　나. 2인 이상이 1조가 되어 어깨메기로 하여 운반하는 등 안전을 도모하여야 한다. 　다. 긴 철근을 부득이 한 사람이 운반할 때에는 한쪽을 어깨에 메고 한쪽끝을 끌면서 운반하여야 한다. 　라. 운반할 때에는 양끝을 묶어 운반하여야 한다. 　마. 내려 놓을 때는 천천히 내려놓고 던지지 않아야 한다. 　바. 공동 작업을 할 때에는 신호에 따라 작업을 하여야 한다.

04 다음 영상은 가설공사 통로발판의 모습을 보여주고 있다. 준수사항 2가지를 작성하시오.

<table>
<tr><td>답 안 연 습</td></tr>
</table>

모 범 답 안

가설공사 표준안전 작업지침

[시행 2020. 1. 16.] [고용노동부고시 제2020-3호, 2020. 1. 7., 일부개정]

제15조(통로발판) 사업주는 통로발판을 설치하여 사용함에 있어서 다음 각 호의 사항을 준수하여야 한다.
1. 근로자가 작업 및 이동하기에 충분한 넓이가 확보되어야 한다.
2. 추락의 위험이 있는 곳에는 안전난간이나 철책을 설치하여야 한다.
3. 발판을 겹쳐 이음하는 경우 장선 위에서 이음을 하고 겹침길이는 20센티미터 이상으로 하여야 한다.
4. 발판 1개에 대한 지지물은 2개 이상이어야 한다.
5. 작업발판의 최대폭은 1.6미터 이내이어야 한다.
6. 작업발판 위에는 돌출된 못, 옹이, 철선 등이 없어야 한다.
7. 비계발판의 구조에 따라 최대 적재하중을 정하고 이를 초과하지 않도록 하여야 한다.

05 다음 영상은 거푸집 동바리 조립현장을 보여주고 있다. 거푸집 동바리의 침하방지 조치사항 3가지를 작성하시오.

<table>
<tr><td>답 안 연 습</td></tr>
</table>

모 범 답 안

산업안전보건기준에 관한 규칙 (약칭 : 안전보건규칙)

제332조(동바리 조립 시의 안전조치)
사업주는 동바리를 조립하는 경우에는 하중의 지지상태를 유지할 수 있도록 다음 각 호의 사항을 준수해야 한다.
1. 받침목이나 깔판의 사용, 콘크리트 타설, 말뚝박기 등 동바리의 침하를 방지하기 위한 조치를 할 것
2. 동바리의 상하 고정 및 미끄러짐 방지 조치를 할 것
3. 상부ㆍ하부의 동바리가 동일 수직선상에 위치하도록 하여 깔판ㆍ받침목에 고정시킬 것
4. 개구부 상부에 동바리를 설치하는 경우에는 상부하중을 견딜 수 있는 견고한 받침대를 설치할 것
5. U헤드 등의 단판이 없는 동바리의 상단에 멍에 등을 올릴 경우에는 해당 상단에 U헤드 등의 단판을 설치하고, 멍에 등이 전도되거나 이탈되지 않도록 고정시킬 것
6. 동바리의 이음은 같은 품질의 재료를 사용할 것
7. 강재의 접속부 및 교차부는 볼트ㆍ클램프 등 전용철물을 사용하여 단단히 연결할 것
8. 거푸집의 형상에 따른 부득이한 경우를 제외하고는 깔판이나 받침목은 2단 이상 끼우지 않도록 할 것
9. 깔판이나 받침목을 이어서 사용하는 경우에는 그 깔판ㆍ받침목을 단단히 연결할 것
[전문개정 2023. 11. 14.]

06 다음 영상은 말비계를 보여주고 있다. 준수사항 2가지를 작성하시오.

답 안 연 습

모 범 답 안

업안전보건기준에 관한 규칙 (약칭 : 안전보건규칙)

제67조(말비계)
사업주는 말비계를 조립하여 사용하는 경우에 다음 각 호의 사항을 준수하여야 한다.
1. 지주부재(支柱部材)의 하단에는 미끄럼 방지장치를 하고, 근로자가 양측 끝부분에 올라서서 작업하지 않도록 할 것
2. 지주부재와 수평면의 기울기를 75도 이하로 하고, 지주부재와 지주부재 사이를 고정시키는 보조부재를 설치할 것
3. 말비계의 높이가 2미터를 초과하는 경우에는 작업발판의 폭을 40센티미터 이상으로 할 것

07 다음 영상은 강관틀비계를 보여주고 있다. 준수사항을 2가지 작성하시오.

답 안 연 습

모 범 답 안

산업안전보건기준에 관한 규칙 (약칭 : 안전보건규칙)

제62조(강관틀비계)

사업주는 강관틀 비계를 조립하여 사용하는 경우 다음 각 호의 사항을 준수하여야 한다.

1. 비계기둥의 밑둥에는 밑받침 철물을 사용하여야 하며 밑받침에 고저차(高低差)가 있는 경우에는 조절형 밑받침철물을 사용하여 각각의 강관틀비계가 항상 수평 및 수직을 유지하도록 할 것

2. 높이가 20미터를 초과하거나 중량물의 적재를 수반하는 작업을 할 경우에는 주틀 간의 간격을 1.8미터 이하로 할 것

3. 주틀 간에 교차 가새를 설치하고 최상층 및 5층 이내마다 수평재를 설치할 것

4. 수직방향으로 6미터, 수평방향으로 8미터 이내마다 벽이음을 할 것

5. 길이가 띠장 방향으로 4미터 이하이고 높이가 10미터를 초과하는 경우에는 10미터 이내마다 띠장 방향으로 버팀기둥을 설치할 것

08 다음 영상은 추락방호망을 보여주고 있다. 준수사항을 2가지 작성하시오.

<table>
<tr><td></td><td>답 안 연 습</td></tr>
</table>

모 범 답 안

산업안전보건기준에 관한 규칙 (약칭 : 안전보건규칙)

제42조(추락의 방지)

① 사업주는 근로자가 추락하거나 넘어질 위험이 있는 장소[작업발판의 끝·개구부(開口部) 등을 제외한다]또는 기계·설비·선박블록 등에서 작업을 할 때에 근로자가 위험해질 우려가 있는 경우 비계(飛階)를 조립하는 등의 방법으로 작업발판을 설치하여야 한다.

② 사업주는 제1항에 따른 작업발판을 설치하기 곤란한 경우 다음 각 호의 기준에 맞는 추락방호망을 설치해야 한다. 다만, 추락방호망을 설치하기 곤란한 경우에는 근로자에게 안전대를 착용하도록 하는 등 추락위험을 방지하기 위해 필요한 조치를 해야 한다. 〈개정 2017. 12. 28., 2021. 5. 28.〉

  1. 추락방호망의 설치위치는 가능하면 작업면으로부터 가까운 지점에 설치하여야 하며, 작업면으로부터 망의 설치지점까지의 수직거리는 10미터를 초과하지 아니할 것

  2. 추락방호망은 수평으로 설치하고, 망의 처짐은 짧은 변 길이의 12퍼센트 이상이 되도록 할 것

  3. 건축물 등의 바깥쪽으로 설치하는 경우 추락방호망의 내민 길이는 벽면으로부터 3미터 이상 되도록 할 것. 다만, 그물코가 20밀리미터 이하인 추락방호망을 사용한 경우에는 제14조제3항에 따른 낙하물 방지망을 설치한 것으로 본다.

③ 사업주는 추락방호망을 설치하는 경우에는 한국산업표준에서 정하는 성능기준에 적합한 추락방호망을 사용하여야 한다. 〈신설 2017. 12. 28., 2022. 10. 18.〉

2023년 작업형 2회 / [C형]

01 다음 영상은 이동식비계를 보여주고 있다. 불안전한 요소 2가지와 준수사항 3가지를 작성하시오.

<table>
<tr><td>답 안 연 습</td></tr>
</table>

모 범 답 안

① 불안전한 요소
- 근로자가 승강사다리를 이용하지 않고 이동식비계에 올라감
- 이동식비계 고정불량(아웃트리거 미설치 등)
- 이동식비계 안전난간 미설치
- 근로자 안전모 미착용

산업안전보건기준에 관한 규칙 (약칭 : 안전보건규칙)

제68조(이동식비계)

사업주는 이동식비계를 조립하여 작업을 하는 경우에는 다음 각 호의 사항을 준수하여야 한다.
〈개정 2024. 6. 28.〉

1. 이동식비계의 바퀴에는 뜻밖의 갑작스러운 이동 또는 전도를 방지하기 위하여 브레이크 · 쐐기 등으로 바퀴를 고정시킨 다음 비계의 일부를 견고한 시설물에 고정하거나 아웃트리거를 설치하는 등 필요한 조치를 할 것
2. 승강용사다리는 견고하게 설치할 것
3. 비계의 최상부에서 작업을 하는 경우에는 안전난간을 설치할 것
4. 작업발판은 항상 수평을 유지하고 작업발판 위에서 안전난간을 딛고 작업을 하거나 받침대 또는 사다리를 사용하여 작업하지 않도록 할 것
5. 작업발판의 최대적재하중은 250킬로그램을 초과하지 않도록 할 것

02 다음 영상은 콘크리트 해체 작업하는 모습을 보여주고 있다. 감전 위험 및 분진에 대비하여 착용해야 할 개인보호구 각각 1가지를 작성하시오.

답 안 연 습

모 범 답 안

산업안전보건기준에 관한 규칙 (약칭 : 안전보건규칙)

제32조(보호구의 지급 등)

① 사업주는 다음 각 호의 어느 하나에 해당하는 작업을 하는 근로자에 대해서는 다음 각 호의 구분에 따라 그 작업조건에 맞는 보호구를 작업하는 근로자 수 이상으로 지급하고 착용하도록 하여야 한다. 〈개정 2017. 3. 3.〉

1. 물체가 떨어지거나 날아올 위험 또는 근로자가 추락할 위험이 있는 작업: 안전모
2. 높이 또는 깊이 2미터 이상의 추락할 위험이 있는 장소에서 하는 작업: 안전대(安全帶)
3. 물체의 낙하·충격, 물체에의 끼임, 감전 또는 정전기의 대전(帶電)에 의한 위험이 있는 작업: 안전화
4. 물체가 흩날릴 위험이 있는 작업 : 보안경
5. 용접 시 불꽃이나 물체가 흩날릴 위험이 있는 작업 : 보안면
6. 감전의 위험이 있는 작업 : 절연용 보호구
7. 고열에 의한 화상 등의 위험이 있는 작업 : 방열복
8. 선창 등에서 분진(粉塵)이 심하게 발생하는 하역작업: 방진마스크
9. 섭씨 영하 18도 이하인 급냉동어창에서 하는 하역작업: 방한모·방한복·방한화·방한장갑
10. 물건을 운반하거나 수거·배달하기 위하여 「자동차관리법」 제3조제1항제5호에 따른 이륜자동차(이하 "이륜자동차"라 한다)를 운행하는 작업 : 「도로교통법 시행규칙」 제32조제1항 각 호의 기준에 적합한 승차용 안전모
② 사업주로부터 제1항에 따른 보호구를 받거나 착용지시를 받은 근로자는 그 보호구를 착용하여야 한다.

03 다음 영상은 터널공사 모습을 보여주고 있다. 이 공법의 명칭과 작업계획서 포함사항 2가지를 작성하시오.

답 안 연 습

모 범 답 안

TBM(Tunnel Boring Machine)공법

■ **산업안전보건기준에 관한 규칙 [별표 4] 〈개정 2023. 11. 14.〉**
사전조사 및 작업계획서 내용(제38조제1항관련)

7. 터널굴착작업

  가. 굴착의 방법

  나. 터널지보공 및 복공(覆工)의 시공방법과 용수(湧水)의 처리방법

  다. 환기 또는 조명시설을 설치할 때에는 그 방법

---

04 다음 영상은 시스템 비계를 보여주고 있다. 조립 시 준수사항 3가지를 작성하시오.

답 안 연 습

모 범 답 안

산업안전보건기준에 관한 규칙 (약칭 : 안전보건규칙)

제70조(시스템비계의 조립 작업 시 준수사항)
사업주는 시스템 비계를 조립 작업하는 경우 다음 각 호의 사항을 준수하여야 한다.

1. 비계 기둥의 밑둥에는 밑받침 철물을 사용하여야 하며, 밑받침에 고저차가 있는 경우에는 조절형 밑받침 철물을 사용하여 시스템 비계가 항상 수평 및 수직을 유지하도록 할 것

2. 경사진 바닥에 설치하는 경우에는 피벗형 받침 철물 또는 쐐기 등을 사용하여 밑받침 철물의 바닥면이 수평을 유지하도록 할 것

3. 가공전로에 근접하여 비계를 설치하는 경우에는 가공전로를 이설하거나 가공전로에 절연용 방호구를 설치하는 등 가공전로와의 접촉을 방지하기 위하여 필요한 조치를 할 것

4. 비계 내에서 근로자가 상하 또는 좌우로 이동하는 경우에는 반드시 지정된 통로를 이용하도록 주지시킬 것

5. 비계 작업 근로자는 같은 수직면상의 위와 아래 동시 작업을 금지할 것

6. 작업발판에는 제조사가 정한 최대적재하중을 초과하여 적재해서는 아니 되며, 최대적재하중이 표기된 표지판을 부착하고 근로자에게 주지시키도록 할 것

05 다음 영상은 가스용기를 운반하는 모습을 보여주고 있다. 가스용기 취급 시 준수사항 3가지를 작성하시오.

<table>
<tr><td></td><td>답 안 연 습</td></tr>
</table>

모 범 답 안

산업안전보건기준에 관한 규칙 (약칭 : 안전보건규칙)

제234조(가스등의 용기)

사업주는 금속의 용접 · 용단 또는 가열에 사용되는 가스등의 용기를 취급하는 경우에 다음 각 호의 사항을 준수하여야 한다.

1. 다음 각 목의 어느 하나에 해당하는 장소에서 사용하거나 해당 장소에 설치 · 저장 또는 방치하지 않도록 할 것
   가. 통풍이나 환기가 불충분한 장소
   나. 화기를 사용하는 장소 및 그 부근
   다. 위험물 또는 제236조에 따른 인화성 액체를 취급하는 장소 및 그 부근
2. 용기의 온도를 섭씨 40도 이하로 유지할 것
3. 전도의 위험이 없도록 할 것
4. 충격을 가하지 않도록 할 것
5. 운반하는 경우에는 캡을 씌울 것
6. 사용하는 경우에는 용기의 마개에 부착되어 있는 유류 및 먼지를 제거할 것
7. 밸브의 개폐는 서서히 할 것
8. 사용 전 또는 사용 중인 용기와 그 밖의 용기를 명확히 구별하여 보관할 것
9. 용해아세틸렌의 용기는 세워 둘 것
10. 용기의 부식 · 마모 또는 변형상태를 점검한 후 사용할 것

06 다음 영상은 철골공사 작업현장을 보여주고 있다. 빈칸에 추락예방을 위한 설비를 알맞게 채워 넣으시오.

	답 안 연 습

	기 능	용도, 사용장소, 조건	설 비
추락방지	안전한 작업이 가능한 작업대	높이 2m 이상의 장소로서 추락의 우려가 있는 작업	(　　　　　)
	추락자를 보호할 수 있는 것	작업대 설치가 어렵거나 개구부 주위로 난간 설치가 어려운 곳	(　　　　　)

모 범 답 안

철골공사표준안전작업지침

[시행 2020. 1. 16.] [고용노동부고시 제2020-7호, 2020. 1. 7., 일부개정]

제16조(재해방지 설비) 철골공사 중 재해방지를 위하여 다음 각 호의 사항을 준수하여야 한다.

1. 철골공사에 있어서는 용도, 사용장소 및 조건에 따라〈표 1〉의 재해방지 설비를 갖추어야 한다.

〈표1〉 재해방지설비

	기 능	용도, 사용장소, 조건	설 비
추락방지	안전한 작업이 가능한 작업대	높이 2m 이상의 장소로서 추락의 우려가 있는 작업	비계, 달비계, 수평통로, 안전난간대
	추락자를 보호할 수 있는 것	작업대 설치가 어렵거나 개구부 주위로 난간 설치가 어려운 곳	추락방지용 방망
	추락의 우려가 있는 위험장소에서 작업자의 행동을 제한하는 것	개구부 및 작업대의 끝	난간, 울타리
	작업자의 신체를 유지시키는 것	안전한 작업대나 난간설비를 할 수 없는 곳	안전대 부착설비, 안전대 구명줄
비래낙하 비산방지	위에서 낙하된 것을 막는 것	철골 건립, 볼트 체결 및 기타 상하작업	방호철망, 방호울타리 가설앵커설비
	제 3자의 위해방지	볼트, 콘크리트 덩어리, 형틀재, 일반자재, 먼지 등이 낙하비산할 우려가 있는 작업	방호철망, 방호시트 방호울타리, 방호선반 안전망
	불꽃의 비산장비	용접, 용단을 수반하는 작업	석면포

07 다음 영상은 낙하물 방지망을 보여주고 있다. 낙하물방지망 또는 방호선반을 설치하는 경우 준수사항 2가지를 작성하시오.

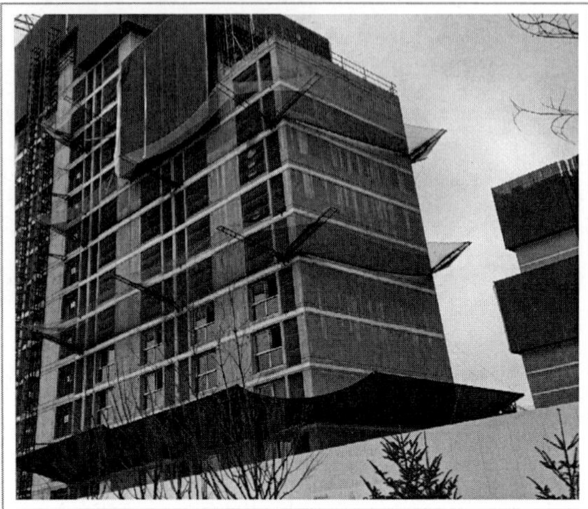

답 안 연 습

모 범 답 안

산업안전보건기준에 관한 규칙 (약칭 : 안전보건규칙)

제14조(낙하물에 의한 위험의 방지)

① 사업주는 작업장의 바닥, 도로 및 통로 등에서 낙하물이 근로자에게 위험을 미칠 우려가 있는 경우 보호망을 설치하는 등 필요한 조치를 하여야 한다.

② 사업주는 작업으로 인하여 물체가 떨어지거나 날아올 위험이 있는 경우 낙하물 방지망, 수직보호망 또는 방호선반의 설치, 출입금지구역의 설정, 보호구의 착용 등 위험을 방지하기 위하여 필요한 조치를 하여야 한다. 이 경우 낙하물 방지망 및 수직보호망은 「산업표준화법」 제12조에 따른 한국산업표준(이하 "한국산업표준"이라 한다)에서 정하는 성능기준에 적합한 것을 사용하여야 한다. 〈개정 2017. 12. 28., 2022. 10. 18.〉

③ 제2항에 따라 낙하물 방지망 또는 방호선반을 설치하는 경우에는 다음 각 호의 사항을 준수하여야 한다.

  1. 높이 10미터 이내마다 설치하고, 내민 길이는 벽면으로부터 2미터 이상으로 할 것

  2. 수평면과의 각도는 20도 이상 30도 이하를 유지할 것

08 다음은 달기와이어로프를 보여주고 있다. 빈칸을 알맞게 채우시오.

답 안 연 습
1. 근로자가 탑승하는 운반구를 지지하는 달기와이어로프 또는 달기체인의 경우: (　　) 이상
2. 화물의 하중을 직접 지지하는 달기와이어로프 또는 달기체인의 경우: (　　) 이상
3. 훅, 샤클, 클램프, 리프팅 빔의 경우: (　　) 이상
4. 그 밖의 경우: (　　) 이상

모 범 답 안
산업안전보건기준에 관한 규칙 (약칭 : 안전보건규칙)
제163조(와이어로프 등 달기구의 안전계수)
① 사업주는 양중기의 와이어로프 등 달기구의 안전계수(달기구 절단하중의 값을 그 달기구에 걸리는 하중의 최대값으로 나눈 값을 말한다)가 다음 각 호의 구분에 따른 기준에 맞지 아니한 경우에는 이를 사용해서는 아니 된다.
1. 근로자가 탑승하는 운반구를 지지하는 달기와이어로프 또는 달기체인의 경우 : 10 이상
2. 화물의 하중을 직접 지지하는 달기와이어로프 또는 달기체인의 경우 : 5 이상
3. 훅, 샤클, 클램프, 리프팅 빔의 경우 : 3 이상
4. 그 밖의 경우 : 4 이상
② 사업주는 달기구의 경우 최대허용하중 등의 표식이 견고하게 붙어 있는 것을 사용하여야 한다.

 2022년 작업형 1회 / [A형]

01 다음은 시스템 비계를 보여주고 있다. 시스템 비계를 작업하는 경우 사업주의 준수사항과 관련하여 (   )를 채우시오.

답 안 연 습
● 경사진 바닥에 설치하는 경우에는 (①) 또는 (②) 등을 사용하여 밑받침 철물의 바닥면이 수평을 유지하도록 할 것
● 가공전로에 근접하여 비계를 설치하는 경우에는 가공전로를 이설하거나 가공전로에 (③)을/를 설치하는 등 가공전로와의 접촉을 방지하기 위하여 필요한 조치를 할 것

모 범 답 안

산업안전보건기준에 관한 규칙

제70조(시스템비계의 조립 작업 시 준수사항)

사업주는 시스템 비계를 조립 작업하는 경우 다음 각 호의 사항을 준수하여야 한다.

1. 비계 기둥의 밑둥에는 밑받침 철물을 사용하여야 하며, 밑받침에 고저차가 있는 경우에는 조절형 밑받침 철물을 사용하여 시스템 비계가 항상 수평 및 수직을 유지하도록 할 것
2. 경사진 바닥에 설치하는 경우에는 피벗형 받침 철물 또는 쐐기 등을 사용하여 밑받침 철물의 바닥면이 수평을 유지하도록 할 것
3. 가공전로에 근접하여 비계를 설치하는 경우에는 가공전로를 이설하거나 가공전로에 절연용 방호구를 설치하는 등 가공전로와의 접촉을 방지하기 위하여 필요한 조치를 할 것
4. 비계 내에서 근로자가 상하 또는 좌우로 이동하는 경우에는 반드시 지정된 통로를 이용하도록 주지시킬 것
5. 비계 작업 근로자는 같은 수직면상의 위와 아래 동시 작업을 금지할 것
6. 작업발판에는 제조사가 정한 최대적재하중을 초과하여 적재해서는 아니 되며, 최대적재하중이 표기된 표지판을 부착하고 근로자에게 주지시키도록 할 것

02 다음은 안전난간의 모습을 보여주고 있다. 주요부재 4가지를 작성하시오.

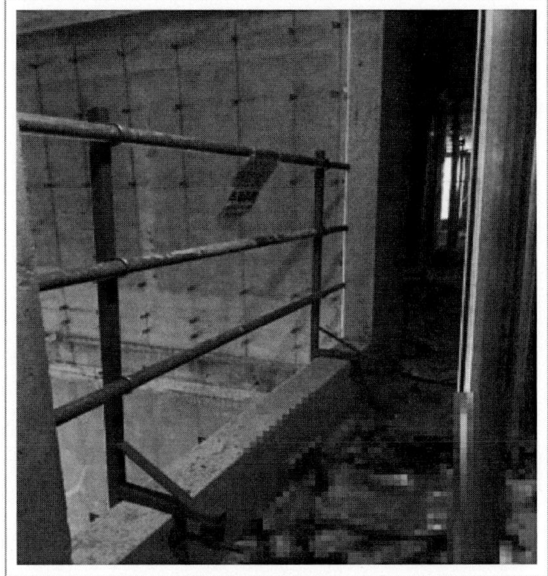

답 안 연 습

모 범 답 안

〈산업안전보건기준에 관한 규칙〉

제13조(안전난간의 구조 및 설치요건)

1. 상부 난간대, 중간 난간대, 발끝막이판 및 난간기둥으로 구성할 것. 다만, 중간 난간대, 발끝막이판 및 난간기둥은 이와 비슷한 구조와 성능을 가진 것으로 대체할 수 있다.
2. 상부 난간대는 바닥면ㆍ발판 또는 경사로의 표면(이하 "바닥면 등"이라 한다)으로부터 90센티미터 이상 지점에 설치하고, 상부 난간대를 120센티미터 이하에 설치하는 경우에는 중간 난간대는 상부 난간대와 바닥면 등의 중간에 설치하여야 하며, 120센티미터 이상 지점에 설치하는 경우에는 중간 난간대를 2단 이상으로 균등하게 설치하고 난간의 상하 간격은 60센티미터 이하가 되도록 할 것. 다만, 계단의 개방된 측면에 설치된 난간기둥 간의 간격이 25센티미터 이하인 경우에는 중간 난간대를 설치하지 아니할 수 있다.
3. 발끝막이판은 바닥면 등으로부터 10센티미터 이상의 높이를 유지할 것. 다만, 물체가 떨어지거나 날아올 위험이 없거나 그 위험을 방지할 수 있는 망을 설치하는 등 필요한 예방 조치를 한 장소는 제외한다.
4. 난간기둥은 상부 난간대와 중간 난간대를 견고하게 떠받칠 수 있도록 적정한 간격을 유지할 것
5. 상부 난간대와 중간 난간대는 난간 길이 전체에 걸쳐 바닥면 등과 평행을 유지할 것
6. 난간대는 지름 2.7센티미터 이상의 금속제 파이프나 그 이상의 강도가 있는 재료일 것
7. 안전난간은 구조적으로 가장 취약한 지점에서 가장 취약한 방향으로 작용하는 100킬로그램 이상의 하중에 견딜 수 있는 튼튼한 구조일 것

03 맨홀 등 밀폐공간에서 작업 시 안전조치사항을 3가지 작성하시오.

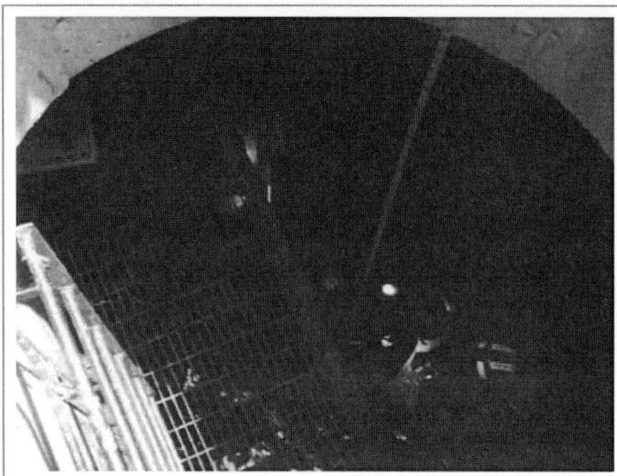

<table>
<tr><td colspan="2">답 안 연 습</td></tr>
</table>

모 범 답 안

산업안전보건기준에 관한 규칙

제619조(밀폐공간 작업 프로그램의 수립ㆍ시행)

① 사업주는 밀폐공간에서 근로자에게 작업을 하도록 하는 경우 다음 각 호의 내용이 포함된 밀폐공간 작업 프로그램을 수립하여 시행하여야 한다.
  1. 사업장 내 밀폐공간의 위치 파악 및 관리 방안
  2. 밀폐공간 내 질식ㆍ중독 등을 일으킬 수 있는 유해ㆍ위험 요인의 파악 및 관리 방안
  3. 제2항에 따라 밀폐공간 작업 시 사전 확인이 필요한 사항에 대한 확인 절차
  4. 안전보건교육 및 훈련
  5. 그 밖에 밀폐공간 작업 근로자의 건강장해 예방에 관한 사항
② 사업주는 근로자가 밀폐공간에서 작업을 시작하기 전에 다음 각 호의 사항을 확인하여 근로자가 안전한 상태에서 작업하도록 하여야 한다.
  1. 작업 일시, 기간, 장소 및 내용 등 작업 정보
  2. 관리감독자, 근로자, 감시인 등 작업자 정보
  3. 산소 및 유해가스 농도의 측정결과 및 후속조치 사항
  4. 작업 중 불활성가스 또는 유해가스의 누출ㆍ유입ㆍ발생 가능성 검토 및 후속조치 사항
  5. 작업 시 착용하여야 할 보호구의 종류
  6. 비상연락체계
③ 사업주는 밀폐공간에서의 작업이 종료될 때까지 제2항 각 호의 내용을 해당 작업장 출입구에 게시하여야 한다. [전문개정 2017. 3. 3.]

04 전기 용접 현장을 보여주고 있다. 용접 작업 중 작업자가 착용한 개인보호구 3가지와 교류 아크용접 작업 중에 사용해야 하는 방호장치 1가지를 쓰시오.

답 안 연 습

모 범 답 안

① **개인보호구**
 – 용접용 보안면
 – 용접용 앞치마
 – 용접용 장갑

② **방호장치**
 – 누전차단기
 – 자동전격방지기

05 다음 건설기계의 명칭과 용도 2가지를 쓰시오.

답 안 연 습

모 범 답 안

1. **명칭** : 로더

2. **용도**
 ① 싣기 작업
 ② 운반 작업

06 다음 영상에서 제시하는 흙막이 공법의 명칭을 작성하시오.

답 안 연 습

모 범 답 안
어스앵커(Earth Anchor)공법

07 다음 영상은 인양화물에 로프를 거는 등의 안전조치를 하지 않아 낙하 위험 우려가 있으며 인양 상태에서 운전자가 이탈하여 갑작스런 운행으로 인한 낙하 위험 및 작업 반경 내에 근로자가 출입하고 있어 충돌 우려가 있는 상태이다. 위험요소 3가지를 작성하시오.

답 안 연 습

모 범 답 안
① 인양화물에 유도로프를 설치하지 않았다. ② 인양 중 차량계 건설기계 운전자가 운전석을 이탈하였다. ③ 인양화물 하부에 근로자 출입금지 조치를 하지 않았다.

08 다음 영상은 석축의 무너짐 현상을 보여주고 있다. 붕괴원인 3가지를 작성하시오.

답 안 연 습

모 범 답 안
① 동결융해로 인한 토사붕괴 ② 석재 쌓기 또는 물성 불량 ③ 석축 줄눈시공 불량

 **2022년 작업형 1회 / [B형]**

01 다음은 콘크리트 타설 장면을 보여주고 있다. 콘크리트 펌프카 타설 전 주의사항 3가지를 작성하시오.

답 안 연 습

모 범 답 안

산업안전보건기준에 관한 규칙

제335조(콘크리트 타설장비 사용 시의 준수사항)
사업주는 콘크리트 타설작업을 하는 경우에는 다음 각 호의 사항을 준수해야 한다. 〈개정 2023. 11. 14.〉
  1. 당일의 작업을 시작하기 전에 해당 작업에 관한 거푸집 및 동바리의 변형·변위 및 지반의 침하 유무 등을 점검하고 이상이 있으면 보수할 것
  2. 작업 중에는 감시자를 배치하는 등의 방법으로 거푸집 및 동바리의 변형·변위 및 침하 유무 등을 확인해야 하며, 이상이 있으면 작업을 중지하고 근로자를 대피시킬 것
  3. 콘크리트 타설작업 시 거푸집 붕괴의 위험이 발생할 우려가 있으면 충분한 보강조치를 할 것
  4. 설계도서상의 콘크리트 양생기간을 준수하여 거푸집 및 동바리를 해체할 것
  5. 콘크리트를 타설하는 경우에는 편심이 발생하지 않도록 골고루 분산하여 타설할 것

02 섬유로프의 사용불가조건 2가지를 작성하시오.

답 안 연 습

<table>
<tr><td colspan="1" align="center">모 범 답 안</td></tr>
</table>

산업안전보건기준에 관한 규칙

제169조(꼬임이 끊어진 섬유로프 등의 사용금지)
섬유로프 사용에 관하여는 제63조 제2항 제9호를 준용한다.
이 경우 "달비계"는 "양중기"로 본다. 〈개정 2022. 10. 18.〉
9. 달비계에 다음 각 목의 작업용 섬유로프 또는 안전대의 섬유벨트를 사용하지 않을 것
    가. 꼬임이 끊어진 것
    나. 심하게 손상되거나 부식된 것
    다. 2개 이상의 작업용 섬유로프 또는 섬유벨트를 연결한 것
    라. 작업높이보다 길이가 짧은 것

03 다음 영상에 제시된 구조물의 명칭을 작성하시오.

답 안 연 습

모 범 답 안
① 멍에　② 장선　③ 거푸집 동바리

04 다음 영상은 흙막이 가시설을 보여주고 있다. 이와 같은 흙막이 공법의 명칭을 작성하시오.

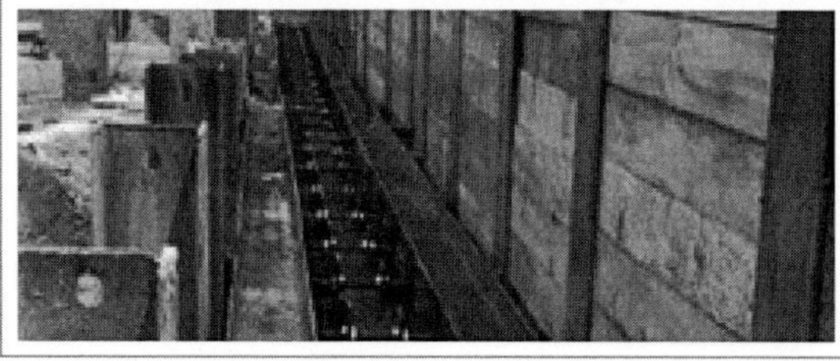

답 안 연 습

<table><tr><td align="center">모 범 답 안</td></tr></table>

2열 자립식 흙막이공법

(토류판, 띠장, 엄지말뚝 앞열과 뒷열을 연결하여 성립되는 가시설로 버팀대가 별도로 필요하지 않음)

05 다음 영상은 작업발판을 보여주고 있다. 설치기준에 대해 3가지 작성하시오.

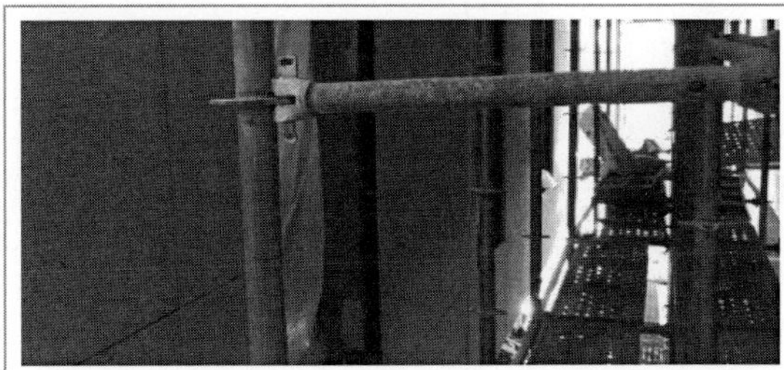

<table><tr><td align="center">답 안 연 습</td></tr></table>

<table><tr><td align="center">모 범 답 안</td></tr></table>

산업안전보건기준에 관한 규칙

제56조(작업발판의 구조)

사업주는 비계(달비계, 달대비계 및 말비계는 제외한다)의 높이가 2미터 이상인 작업장소에 다음 각 호의 기준에 맞는 작업발판을 설치하여야 한다. 〈개정 2012. 5. 31., 2017. 12. 28.〉

1. 발판재료는 작업할 때의 하중을 견딜 수 있도록 견고한 것으로 할 것
2. 작업발판의 폭은 40센티미터 이상으로 하고, 발판재료 간의 틈은 3센티미터 이하로 할 것. 다만, 외줄비계의 경우에는 고용노동부장관이 별도로 정하는 기준에 따른다.
3. 제2호에도 불구하고 선박 및 보트 건조작업의 경우 선박블록 또는 엔진실 등의 좁은 작업공간에 작업발판을 설치하기 위하여 필요하면 작업발판의 폭을 30센티미터 이상으로 할 수 있고, 걸침비계의 경우 강관기둥 때문에 발판재료 간의 틈을 3센티미터 이하로 유지하기 곤란하면 5센티미터 이하로 할 수 있다. 이 경우 그 틈 사이로 물체 등이 떨어질 우려가 있는 곳에는 출입금지 등의 조치를 하여야 한다.
4. 추락의 위험이 있는 장소에는 안전난간을 설치할 것. 다만, 작업의 성질상 안전난간을 설치하는 것이 곤란한 경우, 작업의 필요상 임시로 안전난간을 해체할 때에 추락방호망을 설치하거나 근로자로 하여금 안전대를 사용하도록 하는 등 추락위험 방지 조치를 한 경우에는 그러하지 아니하다.
5. 작업발판의 지지물은 하중에 의하여 파괴될 우려가 없는 것을 사용할 것
6. 작업발판재료는 뒤집히거나 떨어지지 않도록 둘 이상의 지지물에 연결하거나 고정시킬 것
7. 작업발판을 작업에 따라 이동시킬 경우에는 위험 방지에 필요한 조치를 할 것

06 굴착작업 시 사전조사 내용 3가지를 작성하시오.

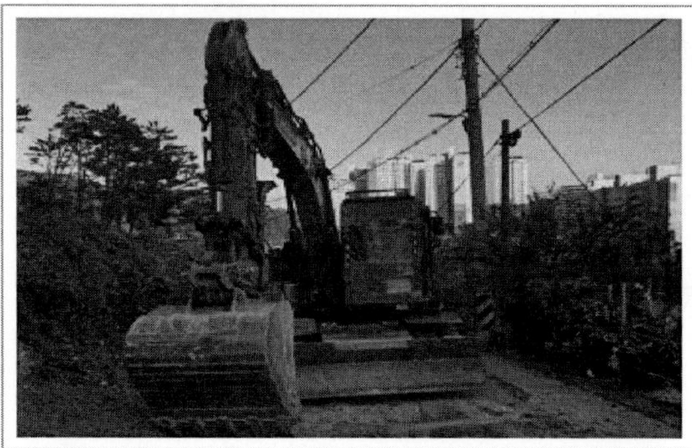

답 안 연 습

모 범 답 안

산업안전보건기준에 관한 규칙 [별표 4]

사전조사 및 작업계획서 내용(제38조 제1항 관련)

가. 형상 · 지질 및 지층의 상태
나. 균열 · 함수(含水) · 용수 및 동결의 유무 또는 상태
다. 매설물 등의 유무 또는 상태
라. 지반의 지하수위 상태

07 다음은 낙하물 방지망을 보여주고 있다. 낙하물방지망 설치기준을 아래 (   )에 작성하시오.

답 안 연 습
● 설치간격 : 높이 (①)   ● 내민 길이 : 벽면으로부터 (②)   ● 수평면과의 각도는 (③)이상 (④) 이하를 유지할 것

모 범 답 안

산업안전보건기준에 관한 규칙

제14조(낙하물에 의한 위험의 방지)

① 사업주는 작업장의 바닥, 도로 및 통로 등에서 낙하물이 근로자에게 위험을 미칠 우려가 있는 경우 보호망을 설치하는 등 필요한 조치를 하여야 한다.

② 사업주는 작업으로 인하여 물체가 떨어지거나 날아올 위험이 있는 경우 낙하물 방지망, 수직보호망 또는 방호선반의 설치, 출입금지구역의 설정, 보호구의 착용 등 위험을 방지하기 위하여 필요한 조치를 하여야 한다. 이 경우 낙하물 방지망 및 수직보호망은 「산업표준화법」 제12조에 따른 한국산업표준(이하 "한국산업표준"이라 한다)에서 정하는 성능기준에 적합한 것을 사용하여야 한다. 〈개정 2017. 12. 28., 2022. 10. 18.〉

③ 제2항에 따라 낙하물 방지망 또는 방호선반을 설치하는 경우에는 다음 각 호의 사항을 준수하여야 한다.
  1. 높이 10미터 이내마다 설치하고, 내민 길이는 벽면으로부터 2미터 이상으로 할 것
  2. 수평면과의 각도는 20도 이상 30도 이하를 유지할 것

08 다음은 크레인 인양작업을 보여주고 있다. 인양 시 주의사항 2가지를 작성하시오.

답 안 연 습

모 범 답 안

1. 2줄 걸이를 하여 화물을 인양하도록 한다.
2. 화물을 인양 시 전담 신호수를 배치하여 안전사고에 대비한다.
3. 작업반경 내 모든 작업자는 안전모 등 개인보호구를 착용하도록 한다.
4. 타워크레인으로 화물 인양 시 인양되는 화물 하부에 작업자가 없도록 한다.
4. 작업반경 내 관계자 외 출입금지하도록 한다.

 **2022년 작업형 1회 / [C형]**

01 다음은 낙하물 방지망을 보여주고 있다. 낙하물방지망 설치기준을 아래 (   )에 작성하시오.

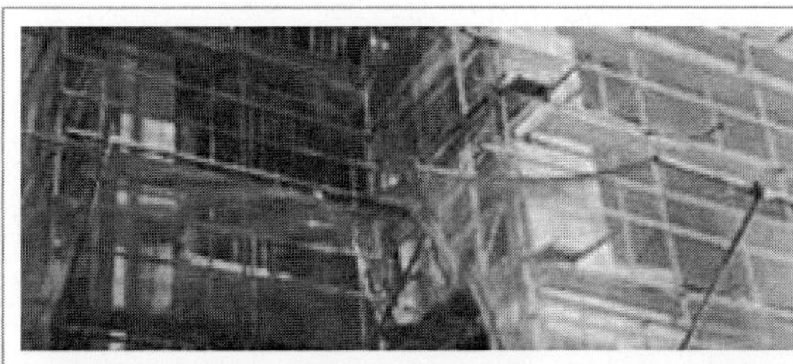

답 안 연 습

- 설치간격 : 높이 (①)
- 내민 길이 : 벽면으로부터 (②)
- 수평면과의 각도는 (③)이상 (④) 이하를 유지할 것

모 범 답 안

산업안전보건기준에 관한 규칙

제14조(낙하물에 의한 위험의 방지) ① 사업주는 작업장의 바닥, 도로 및 통로 등에서 낙하물이 근로자에게 위험을 미칠 우려가 있는 경우 보호망을 설치하는 등 필요한 조치를 하여야 한다.

② 사업주는 작업으로 인하여 물체가 떨어지거나 날아올 위험이 있는 경우 낙하물 방지망, 수직보호망 또는 방호선반의 설치, 출입금지구역의 설정, 보호구의 착용 등 위험을 방지하기 위하여 필요한 조치를 하여야 한다. 이 경우 낙하물 방지망 및 수직보호망은 「산업표준화법」 제12조에 따른 한국산업표준(이하 "한국산업표준"이라 한다)에서 정하는 성능기준에 적합한 것을 사용하여야 한다. 〈개정 2017. 12. 28., 2022. 10. 18.〉

③ 제2항에 따라 낙하물 방지망 또는 방호선반을 설치하는 경우에는 다음 각 호의 사항을 준수하여야 한다.
  1. 높이 10미터 이내마다 설치하고, 내민 길이는 벽면으로부터 2미터 이상으로 할 것
  2. 수평면과의 각도는 20도 이상 30도 이하를 유지할 것

02 다음은 콘크리트 타설 장면을 보여주고 있다. 콘크리트 펌프카 타설 전 주의사항 3가지를 작성하시오.

답 안 연 습

모 범 답 안

산업안전보건기준에 관한 규칙

제335조(콘크리트 타설장비 사용 시의 준수사항)
사업주는 콘크리트 타설작업을 하는 경우에는 다음 각 호의 사항을 준수해야 한다. 〈개정 2023. 11. 14.〉
1. 당일의 작업을 시작하기 전에 해당 작업에 관한 거푸집 및 동바리의 변형·변위 및 지반의 침하 유무 등을 점검하고 이상이 있으면 보수할 것
2. 작업 중에는 감시자를 배치하는 등의 방법으로 거푸집 및 동바리의 변형·변위 및 침하 유무 등을 확인해야 하며, 이상이 있으면 작업을 중지하고 근로자를 대피시킬 것
3. 콘크리트 타설작업 시 거푸집 붕괴의 위험이 발생할 우려가 있으면 충분한 보강조치를 할 것
4. 설계도서상의 콘크리트 양생기간을 준수하여 거푸집 및 동바리를 해체할 것
5. 콘크리트를 타설하는 경우에는 편심이 발생하지 않도록 골고루 분산하여 타설할 것

03 다음은 안전발판 없이 철근을 밟고 이동하는 작업자의 모습을 보여주고 있다. 철근작업자는 안전모를 착용하였으나 턱끈이 덜렁거리고 있으며 안전대와 각반은 착용하지 않았다. 동영상에서 해당 작업장 및 작업자의 위험요인 3가지를 쓰시오.

답 안 연 습

모 범 답 안

① 철근배근 상부에 작업발판을 설치하지 않았다.
② 안전화 미착용, 안전모의 턱끈을 하지 않았다.
③ 각반을 착용하지 않았다.

04 아래 영상은 외부비계 위에서 작업하는 장면을 보여주고 있다. 현장에서 추락재해를 유발하는 불안전한 요인 3가지와 작업자가 자재를 놓쳐 자재가 떨어지는 사고 발생 시 위험요인 2가지를 작성하시오.

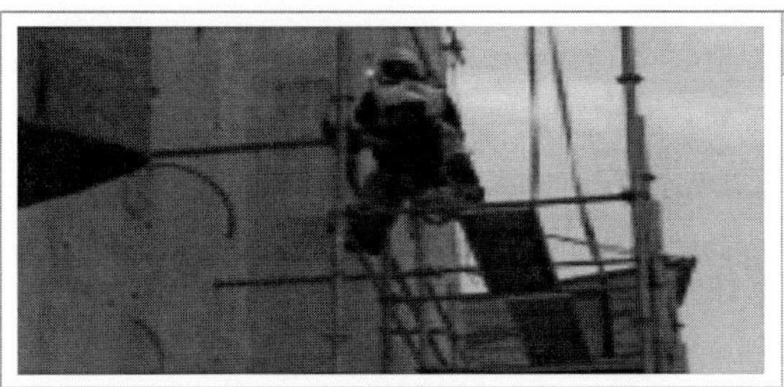

답 안 연 습

모 범 답 안

1. 추락재해를 유발하는 불안전한 요인
   ① 안전난간 미설치
   ② 외부비계 내 승강설비 및 가설계단 등 가설통로 미설치
   ③ 외부비계 상부 작업발판에 자재가 적치되어 안전통로 미확보

2. 작업자가 자재를 놓쳐 자재가 떨어지는 사고 발생 시 위험요인
   ① 작업구간 하부에 근로자 출입통제를 미실시로 인한 낙하위험
   ② 낙하하는 자재가 하층부 근로자를 때려 근로자 추락위험
   ③ 재료 및 기구 또는 공구 등을 올리거나 내리는 경우 달줄 · 달포대를 미사용으로 인한 낙하위험

05 다음은 콘크리트 구조 교량 공사이다. 교량의 설치 및 해체 또는 변경작업을 하는 경우 사업주의 준수사항 2가지를 쓰시오.

답 안 연 습

<table>
<tr><td align="center">모 범 답 안</td></tr>
</table>

산업안전보건기준에 관한 규칙

제369조(작업 시 준수사항) 사업주는 제38조 제1항 제8호에 따른 교량의 설치 · 해체 또는 변경작업을 하는 경우에는 다음 각 호의 사항을 준수하여야 한다.

1. 작업을 하는 구역에는 관계 근로자가 아닌 사람의 출입을 금지할 것
2. 재료, 기구 또는 공구 등을 올리거나 내릴 경우에는 근로자로 하여금 달줄, 달포대 등을 사용하도록 할 것
3. 중량물 부재를 크레인 등으로 인양하는 경우에는 부재에 인양용 고리를 견고하게 설치하고, 인양용 로프는 부재에 두 군데 이상 결속하여 인양하여야 하며, 중량물이 안전하게 거치되기 전까지는 걸이로프를 해제시키지 아니할 것
4. 자재나 부재의 낙하 · 전도 또는 붕괴 등에 의하여 근로자에게 위험을 미칠 우려가 있을 경우에는 출입금지구역의 설정, 자재 또는 가설시설의 좌굴(挫屈) 또는 변형 방지를 위한 보강재 부착 등의 조치를 할 것

06 다음은 굴착 사면의 모습을 보여주고 있다. 굴착 사면 기울기 기준을 작성하시오.

<table>
<tr><td align="center">답 안 연 습</td></tr>
</table>

<table>
<tr><td align="center">모 범 답 안</td></tr>
</table>

■ 산업안전보건기준에 관한 규칙 [별표 11] 〈개정 2023. 11. 14.〉

굴착면의 기울기 기준(제339조 제1항 관련)

지반의 종류	굴착면의 기울기
모래	1 : 1.8
연암 및 풍화암	1 : 1.0
경암	1 : 0.5
그 밖의 흙	1 : 1.2

비고
1. 굴착면의 기울기는 굴착면의 높이에 대한 수평거리의 비율을 말한다.
2. 굴착면의 경사가 달라서 기울기를 계산하기가 곤란한 경우에는 해당 굴착면에 대하여 지반의 종류별 굴착면의 기울기에 따라 붕괴의 위험이 증가하지 않도록 위 표의 지반의 종류별 굴착면의 기울기에 맞게 해당 각 부분의 경사를 유지해야 한다.

07 철골 구조물 위에서 작업자가 추락했을 때, 추락방지조치 2가지를 작성하시오.

답 안 연 습

모 범 답 안

산업안전보건기준에 관한 규칙

제42조(추락의 방지)

① 사업주는 근로자가 추락하거나 넘어질 위험이 있는 장소[작업발판의 끝·개구부(開口部) 등을 제외한다]또는 기계·설비·선박블록 등에서 작업을 할 때에 근로자가 위험해질 우려가 있는 경우 비계(飛階)를 조립하는 등의 방법으로 작업발판을 설치하여야 한다.

② 사업주는 제1항에 따른 작업발판을 설치하기 곤란한 경우 다음 각 호의 기준에 맞는 추락방호망을 설치해야 한다. 다만, 추락방호망을 설치하기 곤란한 경우에는 근로자에게 안전대를 착용하도록 하는 등 추락위험을 방지하기 위해 필요한 조치를 해야 한다. 〈개정 2017. 12. 28., 2021. 5. 28.〉

  1. 추락방호망의 설치위치는 가능하면 작업면으로부터 가까운 지점에 설치하여야 하며, 작업면으로부터 망의 설치지점까지의 수직거리는 10미터를 초과하지 아니할 것

  2. 추락방호망은 수평으로 설치하고, 망의 처짐은 짧은 변 길이의 12퍼센트 이상이 되도록 할 것

  3. 건축물 등의 바깥쪽으로 설치하는 경우 추락방호망의 내민 길이는 벽면으로부터 3미터 이상 되도록 할 것. 다만, 그물코가 20밀리미터 이하인 추락방호망을 사용한 경우에는 제14조 제3항에 따른 낙하물 방지망을 설치한 것으로 본다.

③ 사업주는 추락방호망을 설치하는 경우에는 한국산업표준에서 정하는 성능기준에 적합한 추락방호망을 사용하여야 한다. 〈신설 2017. 12. 28., 2022. 10. 18.〉

④ 사업주는 제1항 및 제2항에도 불구하고 작업발판 및 추락방호망을 설치하기 곤란한 경우에는 근로자로 하여금 3개 이상의 버팀대를 가지고 지면으로부터 안정적으로 세울 수 있는 구조를 갖춘 이동식 사다리를 사용하여 작업을 하게 할 수 있다. 이 경우 사업주는 근로자가 다음 각 호의 사항을 준수하도록 조치해야 한다. 〈신설 2024. 6. 28.〉

  1. 평탄하고 견고하며 미끄럽지 않은 바닥에 이동식 사다리를 설치할 것

  2. 이동식 사다리의 넘어짐을 방지하기 위해 다음 각 목의 어느 하나 이상에 해당하는 조치를 할 것

   가. 이동식 사다리를 견고한 시설물에 연결하여 고정할 것

   나. 아웃트리거(outrigger, 전도방지용 지지대)를 설치하거나 아웃트리거가 붙어있는 이동식 사다리를 설치할 것

   다. 이동식 사다리를 다른 근로자가 지지하여 넘어지지 않도록 할 것

  3. 이동식 사다리의 제조사가 정하여 표시한 이동식 사다리의 최대사용하중을 초과하지 않는 범위 내에서만 사용할 것

  4. 이동식 사다리를 설치한 바닥면에서 높이 3.5미터 이하의 장소에서만 작업할 것

  5. 이동식 사다리의 최상부 발판 및 그 하단 디딤대에 올라서서 작업하지 않을 것. 다만, 높이 1미터 이하의 사다리는 제외한다.

  6. 안전모를 착용하되, 작업 높이가 2미터 이상인 경우에는 안전모와 안전대를 함께 착용할 것

  7. 이동식 사다리 사용 전 변형 및 이상 유무 등을 점검하여 이상이 발견되면 즉시 수리하거나 그 밖에 필요한 조치를 할 것

08 파이프 서포트의 높이가 3.8m일 때 조치사항에 대해 작성하시오.

답 안 연 습

모 범 답 안

산업안전보건기준에 관한 규칙

제332조의2(동바리 유형에 따른 동바리 조립 시의 안전조치)

1. 동바리로 사용하는 파이프 서포트의 경우

가. 파이프 서포트를 3개 이상 이어서 사용하지 않도록 할 것

나. 파이프 서포트를 이어서 사용하는 경우에는 4개 이상의 볼트 또는 전용철물을 사용하여 이을 것

다. 높이가 3.5미터를 초과하는 경우에는 높이 2미터 이내마다 수평연결재를 2개 방향으로 만들고 수평연결재의 변위를 방지할 것

2. 동바리로 사용하는 강관틀의 경우

가. 강관틀과 강관틀 사이에 교차가새를 설치할 것

나. 최상단 및 5단 이내마다 동바리의 측면과 틀면의 방향 및 교차가새의 방향에서 5개 이내마다 수평연결재를 설치하고 수평연결재의 변위를 방지할 것

다. 최상단 및 5단 이내마다 동바리의 틀면의 방향에서 양단 및 5개틀 이내마다 교차가새의 방향으로 띠장틀을 설치할 것

3. 동바리로 사용하는 조립강주의 경우: 조립강주의 높이가 4미터를 초과하는 경우에는 높이 4미터 이내마다 수평연결재를 2개 방향으로 설치하고 수평연결재의 변위를 방지할 것

4. 시스템 동바리(규격화·부품화된 수직재, 수평재 및 가새재 등의 부재를 현장에서 조립하여 거푸집을 지지하는 지주 형식의 동바리를 말한다)의 경우

가. 수평재는 수직재와 직각으로 설치해야 하며, 흔들리지 않도록 견고하게 설치할 것

나. 연결철물을 사용하여 수직재를 견고하게 연결하고, 연결부위가 탈락 또는 꺾어지지 않도록 할 것

다. 수직 및 수평하중에 대해 동바리의 구조적 안정성이 확보되도록 조립도에 따라 수직재 및 수평재에는 가새재를 견고하게 설치할 것

라. 동바리 최상단과 최하단의 수직재와 받침철물은 서로 밀착되도록 설치하고 수직재와 받침철물의 연결부의 겹침길이는 받침철물 전체길이의 3분의 1 이상 되도록 할 것

5. 보 형식의 동바리[강제 갑판(steel deck), 철재트러스 조립 보 등 수평으로 설치하여 거푸집을 지지하는 동바리를 말한다]의 경우

가. 접합부는 충분한 걸침 길이를 확보하고 못, 용접 등으로 양끝을 지지물에 고정시켜 미끄러짐 및 탈락을 방지할 것

나. 양끝에 설치된 보 거푸집을 지지하는 동바리 사이에는 수평연결재를 설치하거나 동바리를 추가로 설치하는 등 보 거푸집이 옆으로 넘어지지 않도록 견고하게 할 것

다. 설계도면, 시방서 등 설계도서를 준수하여 설치할 것

[본조신설 2023. 11. 14.]

2022년 작업형 2회 / [A형]

01 다음은 시스템 비계를 보여주고 있다. 시스템 비계를 작업하는 경우 사업주의 준수사항과 관련하여 (   )를 채우시오.

답 안 연 습

- 경사진 바닥에 설치하는 경우에는 (①) 또는 (②) 등을 사용하여 밑받침 철물의 바닥면이 수평을 유지하도록 할 것
- 가공전로에 근접하여 비계를 설치하는 경우에는 가공전로를 이설하거나 가공전로에 (③)을/를 설치하는 등 가공전로와의 접촉을 방지하기 위하여 필요한 조치를 할 것

모 범 답 안

산업안전보건기준에 관한 규칙

제70조(시스템비계의 조립 작업 시 준수사항)
사업주는 시스템 비계를 조립 작업하는 경우 다음 각 호의 사항을 준수하여야 한다.
1. 비계 기둥의 밑둥에는 밑받침 철물을 사용하여야 하며, 밑받침에 고저차가 있는 경우에는 조절형 밑받침 철물을 사용하여 시스템 비계가 항상 수평 및 수직을 유지하도록 할 것
2. 경사진 바닥에 설치하는 경우에는 피벗형 받침 철물 또는 쐐기 등을 사용하여 밑받침 철물의 바닥면이 수평을 유지하도록 할 것
3. 가공전로에 근접하여 비계를 설치하는 경우에는 가공전로를 이설하거나 가공전로에 절연용 방호구를 설치하는 등 가공전로와의 접촉을 방지하기 위하여 필요한 조치를 할 것
4. 비계 내에서 근로자가 상하 또는 좌우로 이동하는 경우에는 반드시 지정된 통로를 이용하도록 주지시킬 것
5. 비계 작업 근로자는 같은 수직면상의 위와 아래 동시 작업을 금지할 것
6. 작업발판에는 제조사가 정한 최대적재하중을 초과하여 적재해서는 아니 되며, 최대적재하중이 표기된 표지판을 부착하고 근로자에게 주지시키도록 할 것

02 다음은 콘크리트 구조 교량 공사이다. 교량의 설치 및 해체 또는 변경작업을 하는 경우 사업주의 준수사항 2가지를 쓰시오.

	답안연습

모 범 답 안

산업안전보건기준에 관한 규칙

제369조(작업 시 준수사항)

사업주는 제38조 제1항 제8호에 따른 교량의 설치 · 해체 또는 변경작업을 하는 경우에는 다음 각 호의 사항을 준수하여야 한다.

1. 작업을 하는 구역에는 관계 근로자가 아닌 사람의 출입을 금지할 것
2. 재료, 기구 또는 공구 등을 올리거나 내릴 경우에는 근로자로 하여금 달줄, 달포대 등을 사용하도록 할 것
3. 중량물 부재를 크레인 등으로 인양하는 경우에는 부재에 인양용 고리를 견고하게 설치하고, 인양용 로프는 부재에 두 군데 이상 결속하여 인양하여야 하며, 중량물이 안전하게 거치되기 전까지는 걸이로프를 해제시키지 아니할 것
4. 자재나 부재의 낙하 · 전도 또는 붕괴 등에 의하여 근로자에게 위험을 미칠 우려가 있을 경우에는 출입금지구역의 설정, 자재 또는 가설시설의 좌굴(挫屈) 또는 변형 방지를 위한 보강재 부착 등의 조치를 할 것

03 다음은 둥근톱을 사용하여 작업 중이고 면장갑을 끼고 있다. 보안경 및 방진마스크는 착용하지 않았다. 작업자가 다른 곳을 보다가 사고가 발생한 장면을 보여주고 있다. 동영상에서 재해발생원인 2가지와 누전차단기를 설치해야 하는 장소 1개소를 쓰시오.

	답안연습

모 범 답 안

재해 발생 원인

① 둥근톱 사용 시 면장갑을 착용하여 손이 말려들어갈 위험 존재
② 반발예방장치 미설치로 인해 손, 손가락 등의 절단 사고 위험 존재
③ 개인보호구(방진마스크, 보안경 등) 미착용 후 작업하여 분진 발생으로 건강 유해성 존재

산업안전보건기준에 관한 규칙

제304조(누전차단기에 의한 감전방지)

① 사업주는 다음 각 호의 전기 기계 · 기구에 대하여 누전에 의한 감전위험을 방지하기 위하여 해당 전로의 정격에 적합하고 감도(전류 등에 반응하는 정도)가 양호하며 확실하게 작동하는 감전방지용 누전차단기를 설치해야 한다. 〈개정 2021. 11. 19.〉
1. 대지전압이 150볼트를 초과하는 이동형 또는 휴대형 전기기계 · 기구
2. 물 등 도전성이 높은 액체가 있는 습윤장소에서 사용하는 저압(1.5천볼트 이하 직류전압이나 1천볼트 이하의 교류전압을 말한다)용 전기기계 · 기구
3. 철판 · 철골 위 등 도전성이 높은 장소에서 사용하는 이동형 또는 휴대형 전기기계 · 기구
4. 임시배선의 전로가 설치되는 장소에서 사용하는 이동형 또는 휴대형 전기기계 · 기구

04 다음은 낙하물 방지망을 보여주고 있다. 낙하물방지망 설치기준을 아래( )에 작성하시오.

답 안 연 습

- 설치간격 : 높이 (①)
- 내민 길이 : 벽면으로부터 (②)
- 수평면과의 각도는 (③)이상 (④) 이하를 유지할 것

모 범 답 안

산업안전보건기준에 관한 규칙[시행 2023. 10. 19.]

제14조(낙하물에 의한 위험의 방지)

① 사업주는 작업장의 바닥, 도로 및 통로 등에서 낙하물이 근로자에게 위험을 미칠 우려가 있는 경우 보호망을 설치하는 등 필요한 조치를 하여야 한다.
② 사업주는 작업으로 인하여 물체가 떨어지거나 날아올 위험이 있는 경우 낙하물 방지망, 수직보호망 또는 방호선반의 설치, 출입금지구역의 설정, 보호구의 착용 등 위험을 방지하기 위하여 필요한 조치를 하여야 한다. 이 경우 낙하물 방지망 및 수직보호망은 「산업표준화법」 제12조에 따른 한국산업표준(이하 "한국산업표준"이라 한다)에서 정하는 성능기준에 적합한 것을 사용하여야 한다. 〈개정 2017. 12. 28., 2022. 10. 18.〉
③ 제2항에 따라 낙하물 방지망 또는 방호선반을 설치하는 경우에는 다음 각 호의 사항을 준수하여야 한다.
1. 높이 10미터 이내마다 설치하고, 내민 길이는 벽면으로부터 2미터 이상으로 할 것
2. 수평면과의 각도는 20도 이상 30도 이하를 유지할 것

05 다음은 작업자가 거푸집 동바리를 설치하는 중 비계강관을 밟고 작업하는 모습을 보여주고 있다. 안전모 및 안전대는 착용하지 않았다. 동영상에서 위험 요인 2가지를 쓰시오.

답안연습

모범답안
① 작업발판 미설치 ② 안전모 및 안전대 미착용

06 권상용 와이어로프의 사용을 금지하는 3가지를 쓰시오.

답안연습

모범답안

산업안전보건기준에 관한 규칙

제63조(달비계의 구조)

① 사업주는 곤돌라형 달비계를 설치하는 경우에는 다음 각 호의 사항을 준수해야 한다. 〈개정 2021. 11. 19.〉

1. 다음 각 목의 어느 하나에 해당하는 와이어로프를 달비계에 사용해서는 아니 된다.

　가. 이음매가 있는 것

　나. 와이어로프의 한 꼬임[[스트랜드(strand)를 말한다. 이하 같다]]에서 끊어진 소선(素線)[필러(pillar)선은 제외한다]]의 수가 10퍼센트 이상(비자전로프의 경우에는 끊어진 소선의 수가 와이어로프 호칭지름의 6배 길이 이내에서 4개 이상이거나 호칭지름 30배 길이 이내에서 8개 이상)인 것

　다. 지름의 감소가 공칭지름의 7퍼센트를 초과하는 것

　라. 꼬인 것

　마. 심하게 변형되거나 부식된 것

　바. 열과 전기충격에 의해 손상된 것

07 다음은 상수도 전기 용접 현장을 보여주고 있다. 용접 작업 중 작업자가 착용한 개인보호구 3가지와 교류아크용접 작업 중에 사용해야 하는 방호장치 1가지를 쓰시오.

답 안 연 습

모 범 답 안

① 개인보호구
- 용접용 보안면
- 용접용 앞치마
- 용접용 장갑

② 방호장치
- 누전차단기
- 자동전격방지기

08 다음 작업 현장에서 근로자가 사용하는 비계의 명칭을 쓰시오.

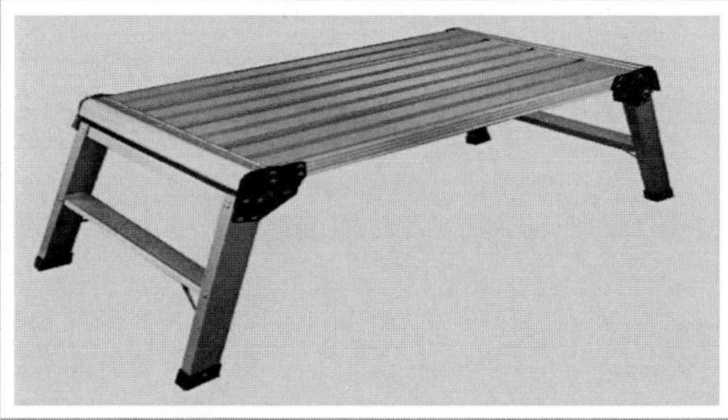

답 안 연 습

모 범 답 안

산업안전보건기준에 관한 규칙
제67조(말비계) 사업주는 말비계를 조립하여 사용하는 경우에 다음 각 호의 사항을 준수하여야 한다.
1. 지주부재(支柱部材)의 하단에는 미끄럼 방지장치를 하고, 근로자가 양측 끝부분에 올라서서 작업하지 않도록 할 것
2. 지주부재와 수평면의 기울기를 75도 이하로 하고, 지주부재와 지주부재 사이를 고정시키는 보조부재를 설치할 것
3. 말비계의 높이가 2미터를 초과하는 경우에는 작업발판의 폭을 40센티미터 이상으로 할 것

 **2022년 작업형 2회 / [B형]**

01 다음은 가설통로 작업 현장을 보여주고 있다. 가설통로 설치 시 준수사항과 관련하여 ( ) 를 채우시오.

답 안 연 습
● 경사는 (①)도 이하로 할 것. 다만, 계단을 설치하거나 높이 2미터 미만의 가설통로로서 튼튼한 손잡이를 설치한 경우에는 그러하지 아니하다. ● 경사가 (②)도를 초과한 경우에는 미끄러지지 아니하는 구조로 할 것

모 범 답 안
산업안전보건기준에 관한 규칙 **제23조(가설통로의 구조)** 사업주는 가설통로를 설치하는 경우 다음 각 호의 사항을 준수하여야 한다. 1. 견고한 구조로 할 것 2. 경사는 30도 이하로 할 것. 다만, 계단을 설치하거나 높이 2미터 미만의 가설통로로서 튼튼한 손잡이를 설치한 경우에는 그러하지 아니하다. 3. 경사가 15도를 초과하는 경우에는 미끄러지지 아니하는 구조로 할 것 4. 추락할 위험이 있는 장소에는 안전난간을 설치할 것. 다만, 작업상 부득이한 경우에는 필요한 부분만 임시로 해체할 수 있다. 5. 수직갱에 가설된 통로의 길이가 15미터 이상인 경우에는 10미터 이내마다 계단참을 설치할 것 6. 건설공사에 사용하는 높이 8미터 이상인 비계다리에는 7미터 이내마다 계단참을 설치할 것

02 산업안전보건법상 계단 작업면 조도를 쓰시오.

답 안 연 습

모 범 답 안

산업안전보건기준에 관한 규칙

제8조(조도) 사업주는 근로자가 상시 작업하는 장소의 작업면 조도(照度)를 다음 각 호의 기준에 맞도록 하여야 한다. 다만, 갱내(坑內) 작업장과 감광재료(感光材料)를 취급하는 작업장은 그러하지 아니하다.

1. 초정밀작업 : 750럭스(lux) 이상
2. 정밀작업 : 300럭스 이상
3. 보통작업 : 150럭스 이상
4. 그 밖의 작업 : 75럭스 이상

---

03 다음은 화약류취급소에 관한 영상이다. 해당 장소에 화학류 저장 시 준수해야 할 사항을 작성하시오.　(개정 내용에 맞게 문제를 수정함)

답 안 연 습

모 범 답 안

발파 표준안전 작업지침 [시행 2023. 7. 1.] [고용노동부고시 제2023-34호, 2023. 7. 1., 전부개정]

제8조(화약류취급소)

① 화약류를 사용할 때는 화약류의 사용장소 부근에 화약류의 관리 및 발파의 준비에 전용되는 건물(이하 "화약류취급소"라 한다)을 「총포화약법 시행령」 제17조에서 정하는 기준에 맞게 설치하여야 한다.

② 화약류취급소의 운용 및 화약류 보관 등에 관해서는 다음 각 호의 사항을 준수하여야 한다.

　1. 화약류취급소 이외의 장소에는 화약류를 방치 또는 보관하지 않도록 할 것
　2. 화약류취급소 및 인근에서는 약포에 뇌관류를 삽입하거나, 삽입된 약포를 취급하지 말 것
　3. 화약류취급소에는 관계 근로자가 아닌 사람의 출입을 금지할 것
　4. 화약류취급소에 보관한 화약류의 피탈, 도난 방지 등을 방지하기 위한 조치를 할 것
　5. 화약류취급소 인근에서는 흡연, 화기사용 등 화재의 위험을 초래하는 행위를 금지하고, 방화수, 방화사 및 소화기 등을 비치하여 둘 것
　6. 화약류취급소에는 화약류 취급 대장을 비치하여 발파작업책임자가 화약류의 보관, 사용 및 잔류수량 등을 기록하게 할 것
　7. 화약류취급소에는 화약류 취급상 필요한 안전수칙을 근로자가 보기 쉬운 곳에 게시할 것

③ 그 밖에 화약류취급소의 운영, 화약류 보관량 등에 관한 사항은 「총포화약법」에 따른다.

04 다음은 백호 작업 중 운전자가 내려 이탈하는 현장을 보여주고 있다. 차량계 건설기계의 운전자가 운전위치를 이탈하고자 할 때 운전자가 준수하여야 할 사항 3가지를 쓰시오.

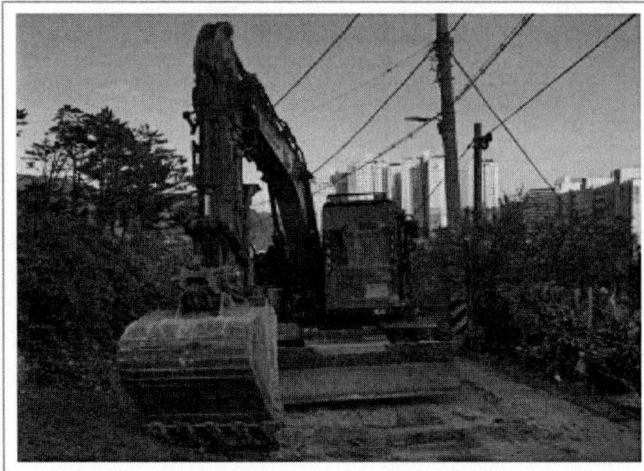

답 안 연 습

모 범 답 안

산업안전보건기준에 관한 규칙 [2024. 6. 28, 일부개정]

제99조(운전위치 이탈 시의 조치)

① 사업주는 차량계 하역운반기계등, 차량계 건설기계의 운전자가 운전위치를 이탈하는 경우 해당 운전자에게 다음 각 호의 사항을 준수하도록 하여야 한다.

 1. 포크, 버킷, 디퍼 등의 장치를 가장 낮은 위치 또는 지면에 내려 둘 것
 2. 원동기를 정지시키고 브레이크를 확실히 거는 등 차량계 하역운반기계등, 차량계 건설기계의 갑작스러운 이동을 방지하기 위한 조치를 할 것
 3. 운전석을 이탈하는 경우에는 시동키를 운전대에서 분리시킬 것. 다만, 운전석에 잠금장치를 하는 등 운전자가 아닌 사람이 운전하지 못하도록 조치한 경우에는 그러하지 아니하다.

② 차량계 하역운반기계등, 차량계 건설기계의 운전자는 운전위치에서 이탈하는 경우 제1항 각 호의 조치를 하여야 한다.

05 다음은 아직 창호가 미설치된 틀을 근로자가 붓으로 도장 작업하는 모습을 보여주고 있다. 면장갑을 끼고 안전모는 착용한 작업자(보안경, 마스크, 안전대, 안전화 미착용)가 사람 허리 정도 높이의 말비계에서 작업 중이다. 폭이 좁은 말비계 끝부분에서 작업자가 발을 헛디뎌 떨어졌다고 할 때, 위험요인 3가지를 쓰시오.

답 안 연 습

모 범 답 안

① 근로자가 말비계 양단부에 올라서서 작업
② 보호구 미착용
③ 말비계 폭이 좁음

산업안전보건기준에 관한 규칙

제67조(말비계)
사업주는 말비계를 조립하여 사용하는 경우에 다음 각 호의 사항을 준수하여야 한다.
1. 지주부재(支柱部材)의 하단에는 미끄럼 방지장치를 하고, 근로자가 양측 끝부분에 올라서서 작업하지 않도록 할 것
2. 지주부재와 수평면의 기울기를 75도 이하로 하고, 지주부재와 지주부재 사이를 고정시키는 보조부재를 설치할 것
3. 말비계의 높이가 2미터를 초과하는 경우에는 작업발판의 폭을 40센티미터 이상으로 할 것

---

06 다음은 안전발판 없이 철근을 밟고 이동하는 작업자의 모습을 보여주고 있다. 철근작업자는 안전모를 착용하였으나 턱끈이 덜렁거리고 있으며 안전대와 각반은 착용하지 않았다. 동영상에서 해당 작업장 및 작업자의 위험요인 3가지를 쓰시오.

답 안 연 습

모 범 답 안

① 철근배근 상부에 작업발판을 설치하지 않았다.
② 안전화 미착용, 안전모의 턱끈을 하지 않았다.
③ 각반을 착용하지 않았다.

07 다음이 보여주고 있는 비계의 명칭과 지주부재와 수평면의 기울기 기준을 쓰시오.

<table>
<tr><td></td><td>답 안 연 습</td></tr>
</table>

모 범 답 안

산업안전보건기준에 관한 규칙

제67조(말비계) 사업주는 말비계를 조립하여 사용하는 경우에 다음 각 호의 사항을 준수하여야 한다.
1. 지주부재(支柱部材)의 하단에는 미끄럼 방지장치를 하고, 근로자가 양측 끝부분에 올라서서 작업하지 않도록 할 것
2. 지주부재와 수평면의 기울기를 75도 이하로 하고, 지주부재와 지주부재 사이를 고정시키는 보조부재를 설치할 것
3. 말비계의 높이가 2미터를 초과하는 경우에는 작업발판의 폭을 40센티미터 이상으로 할 것

08 다음은 누전차단기를 보여주고 있다. 산업안전보건기준에 관한 규칙에 의거하여 전기기계 · 기구에 설치되어 있는 누전차단기의 설치 기준과 관련하여 (   )를 채우시오.

<table>
<tr><td rowspan="2">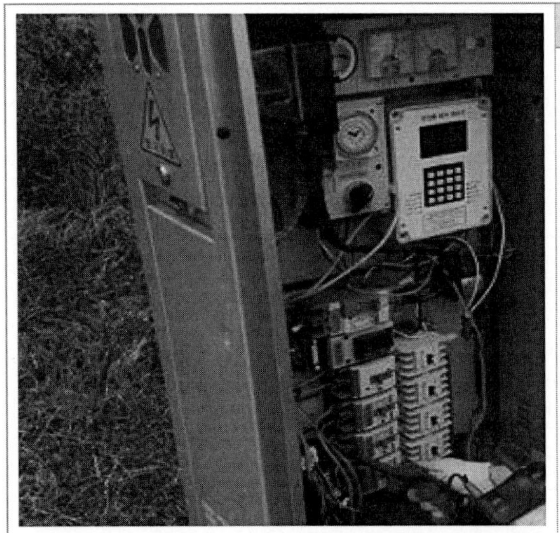</td><td>답 안 연 습</td></tr>
<tr><td>전기기계 · 기구에 설치되어 있는 누전차단기는 정격감도전류가 (   ) 이하이고 작동시간은(   ) 이내일 것.

다만, 정격전부하전류가 50암페어 이상인 전기기계 · 기구에 접속되는 누전차단기는 오작동을 방지하기 위하여 정격감도전류는 200밀리암페어 이하로, 작동시간은 0.1초 이내로 할 수 있다.</td></tr>
</table>

모 범 답 안

산업안전보건기준에 관한 규칙

제304조(누전차단기에 의한 감전방지)

① 사업주는 다음 각 호의 전기 기계·기구에 대하여 누전에 의한 감전위험을 방지하기 위하여 해당 전로의 정격에 적합하고 감도(전류 등에 반응하는 정도)가 양호하며 확실하게 작동하는 감전방지용 누전차단기를 설치해야 한다. 〈개정 2021. 11. 19.〉

 1. 대지전압이 150볼트를 초과하는 이동형 또는 휴대형 전기기계·기구

 2. 물 등 도전성이 높은 액체가 있는 습윤장소에서 사용하는 저압(1.5천 볼트 이하 직류전압이나 1천볼트 이하의 교류전압을 말한다)용 전기기계·기구

 3. 철판·철골 위 등 도전성이 높은 장소에서 사용하는 이동형 또는 휴대형 전기기계·기구

 4. 임시배선의 전로가 설치되는 장소에서 사용하는 이동형 또는 휴대형 전기기계·기구

② 사업주는 제1항에 따라 감전방지용 누전차단기를 설치하기 어려운 경우에는 작업시작 전에 접지선의 연결 및 접속부 상태 등이 적합한지 확실하게 점검하여야 한다.

③ 다음 각 호의 어느 하나에 해당하는 경우에는 제1항과 제2항을 적용하지 않는다. 〈개정 2019. 1. 31., 2021. 11. 19.〉

 1. 「전기용품 및 생활용품 안전관리법」이 적용되는 이중절연 또는 이와 같은 수준 이상으로 보호되는 구조로 된 전기기계·기구

 2. 절연대 위 등과 같이 감전위험이 없는 장소에서 사용하는 전기기계·기구

 3. 비접지방식의 전로

④ 사업주는 제1항에 따라 전기기계·기구를 사용하기 전에 해당 누전차단기의 작동상태를 점검하고 이상이 발견되면 즉시 보수하거나 교환하여야 한다.

⑤ 사업주는 제1항에 따라 설치한 누전차단기를 접속하는 경우에 다음 각 호의 사항을 준수하여야 한다.

 1. 전기기계·기구에 설치되어 있는 누전차단기는 정격감도전류가 30밀리암페어 이하이고 작동시간은 0.03초 이내일 것. 다만, 정격전부하전류가 50암페어 이상인 전기기계·기구에 접속되는 누전차단기는 오작동을 방지하기 위하여 정격감도전류는 200밀리암페어 이하로, 작동시간은 0.1초 이내로 할 수 있다.

 2. 분기회로 또는 전기기계·기구마다 누전차단기를 접속할 것. 다만, 평상시 누설전류가 매우 적은 소용량부하의 전로에는 분기회로에 일괄하여 접속할 수 있다.

 3. 누전차단기는 배전반 또는 분전반 내에 접속하거나 꽂음접속기형 누전차단기를 콘센트에 접속하는 등 파손이나 감전사고를 방지할 수 있는 장소에 접속할 것

 4. 지락보호전용 기능만 있는 누전차단기는 과전류를 차단하는 퓨즈나 차단기 등과 조합하여 접속할 것

 ## 2022년 작업형 2회 / [C형]

01 다음은 건물 외벽 낙하물방지망 위에서 수리를 위해 안전대를 착용하지 않고 낙하물방지망 파이프를 밟고 이동하다가 추락하는 모습을 보여주고 있다. 근로자의 추락을 방지할 수 있는 대책과 낙하물방지망 설치 기준과 관련하여 (   )를 채우시오.

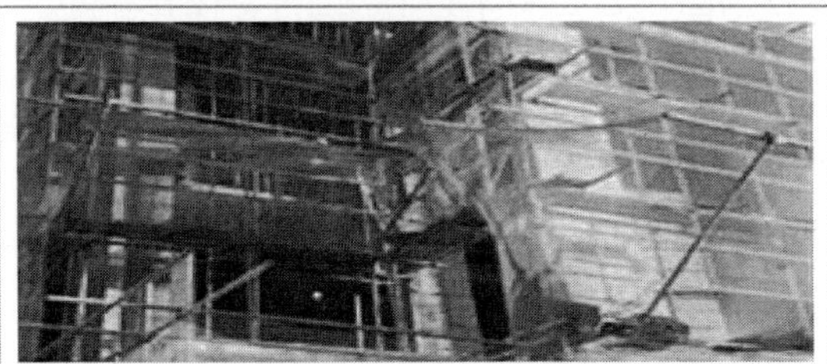

	답 안 연 습
	낙하물 방지망은 (①)m 이내마다 설치하고, 내민 길이는 벽면으로부터 (②)m 이상으로 하고, 수평면과의 각도는 (③)도 이상 (④)도 이하를 유지한다.

모 범 답 안
산업안전보건기준에 관한 규칙[시행 2023. 10. 19.]
제14조(낙하물에 의한 위험의 방지) ① 사업주는 작업장의 바닥, 도로 및 통로 등에서 낙하물이 근로자에게 위험을 미칠 우려가 있는 경우 보호망을 설치하는 등 필요한 조치를 하여야 한다.
② 사업주는 작업으로 인하여 물체가 떨어지거나 날아올 위험이 있는 경우 낙하물 방지망, 수직보호망 또는 방호선반의 설치, 출입금지구역의 설정, 보호구의 착용 등 위험을 방지하기 위하여 필요한 조치를 하여야 한다. 이 경우 낙하물 방지망 및 수직보호망은 「산업표준화법」 제12조에 따른 한국산업표준(이하 "한국산업표준"이라 한다)에서 정하는 성능기준에 적합한 것을 사용하여야 한다. 〈개정 2017. 12. 28., 2022. 10. 18.〉
③ 제2항에 따라 낙하물 방지망 또는 방호선반을 설치하는 경우에는 다음 각 호의 사항을 준수하여야 한다.
1. 높이 10미터 이내마다 설치하고, 내민 길이는 벽면으로부터 2미터 이상으로 할 것
2. 수평면과의 각도는 20도 이상 30도 이하를 유지할 것

02 작업발판 및 통로의 끝이나 개구부에 사업주가 설치해야 하는 시설물을 3가지 쓰시오.

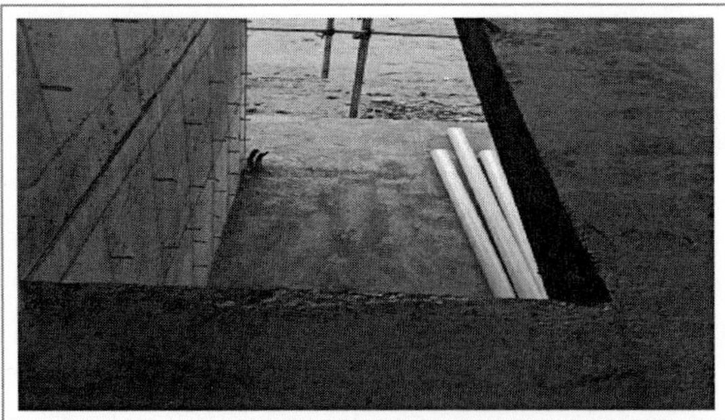

	답 안 연 습

모 범 답 안

산업안전보건기준에 관한 규칙

제43조(개구부 등의 방호 조치)

① 사업주는 작업발판 및 통로의 끝이나 개구부로서 근로자가 추락할 위험이 있는 장소에는 안전난간, 울타리, 수직형 추락방망 또는 덮개 등(이하 이 조에서 "난간등"이라 한다)의 방호 조치를 충분한 강도를 가진 구조로 튼튼하게 설치하여야 하며, 덮개를 설치하는 경우에는 뒤집히거나 떨어지지 않도록 설치하여야 한다. 이 경우 어두운 장소에서도 알아볼 수 있도록 개구부임을 표시해야 하며, 수직형 추락방망은 한국산업표준에서 정하는 성능기준에 적합한 것을 사용해야 한다. 〈개정 2019. 12. 26., 2022. 10. 18.〉

② 사업주는 난간등을 설치하는 것이 매우 곤란하거나 작업의 필요상 임시로 난간등을 해체하여야 하는 경우 제42조 제2항 각 호의 기준에 맞는 추락방호망을 설치하여야 한다. 다만, 추락방호망을 설치하기 곤란한 경우에는 근로자에게 안전대를 착용하도록 하는 등 추락할 위험을 방지하기 위하여 필요한 조치를 하여야 한다.

03 다음은 호이스트 정기점검 중 작업자가 감전된 모습을 보여주고 있다. 작업자의 감전사고를 방지하기 위해 필요한 보호구를 쓰시오.

답 안 연 습

모 범 답 안

내전압용 절연장갑

04 아파트 계단 콘크리트 벽면을 핸드그라인더로 정리하는 작업 중에 분진이 많이 발생하고 있다. 작업자가 착용해야 하는 보호구 2가지를 쓰시오.

답 안 연 습

모 범 답 안

① 보안경
② 방진마스크

05 가설통로 설치 시 준수사항 2가지를 작성하시오.

	답 안 연 습

모 범 답 안

산업안전보건기준에 관한 규칙 제23조(가설통로의 구조)

사업주는 가설통로를 설치하는 경우 다음 각 호의 사항을 준수하여야 한다.
1. 견고한 구조로 할 것
2. 경사는 30도 이하로 할 것. 다만, 계단을 설치하거나 높이 2미터 미만의 가설통로로서 튼튼한 손잡이를 설치한 경우에는 그러하지 아니하다.
3. 경사가 15도를 초과하는 경우에는 미끄러지지 아니하는 구조로 할 것
4. 추락할 위험이 있는 장소에는 안전난간을 설치할 것. 다만, 작업상 부득이한 경우에는 필요한 부분만 임시로 해체할 수 있다.
5. 수직갱에 가설된 통로의 길이가 15미터 이상인 경우에는 10미터 이내마다 계단참을 설치할 것
6. 건설공사에 사용하는 높이 8미터 이상인 비계다리에는 7미터 이내마다 계단참을 설치할 것

06 흙막이 지보공이 설치되지 않은 굴착 경사면의 안전 검토사항 3가지를 쓰시오.

	답 안 연 습

모 범 답 안

굴착공사 표준안전 작업지침 [시행 2023. 7. 1.]

제30조(경사면의 안정성 검토) 경사면의 안정성을 확인하기 위하여 다음 각 호의 사항을 검토하여야 한다.
1. 지질조사 : 층별 또는 경사면의 구성 토질구조
2. 토질시험 : 최적함수비, 삼축압축강도, 전단시험, 점착도 등의 시험
3. 사면붕괴 이론적 분석 : 원호활절법, 유한요소법 해석
4. 과거의 붕괴된 사례유무
5. 토층의 방향과 경사면의 상호관련성
6. 단층, 파쇄대의 방향 및 폭
7. 풍화의 정도
8. 용수의 상황

07 백호가 흄관을 1줄 걸이로 인양하는 데 유도로프가 없으며, 훅 해지장치도 없다. 인양된 흄관 바로 밑에 작업자 2명이 있으나, 백호 운전자 시야 확보가 잘 되지 않는 상황이다. 작업자가 인양 중인 흄관을 손으로 당기다가 흄관이 떨어져 흄관과 흄관 사이에 다리가 끼는 사고가 발생했다. 해결방안 3가지 쓰시오.

	답 안 연 습
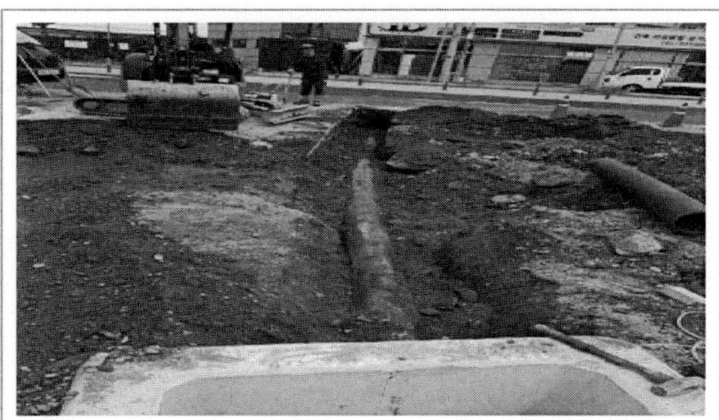	

모 범 답 안

① 흄관 인양 시 2줄 걸이로 인양작업을 실시한다.
② 인양 중인 흄관 이동 시 유도로프를 이용한다.
③ 흄관 하강 시 흄관 하부에 작업자 출입금지 조치한다.

08 다음 건설기계의 명칭과 용도 2가지를 쓰시오.

	답 안 연 습

모 범 답 안

1. **명칭** : 로더

2. **용도**
   ① 싣기 작업
   ② 운반 작업

2022년 작업형 4회 / [A형]

01 산업안전보건법령상 자재보관장소의 조도기준을 작성하시오.

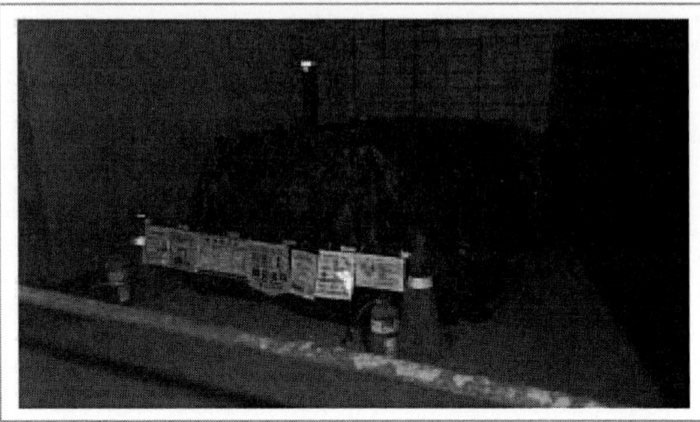

답 안 연 습

모 범 답 안
산업안전보건기준에 관한 규칙[시행 2023. 7. 1.] **제8조(조도)** 사업주는 근로자가 상시 작업하는 장소의 작업면 조도(照度)를 다음 각 호의 기준에 맞도록 하여야 한다. 다만, 갱내(坑內) 작업장과 감광재료(感光材料)를 취급하는 작업장은 그러하지 아니하다. 1. 초정밀작업 : 750럭스(lux) 이상 2. 정밀작업 : 300럭스 이상 3. 보통작업 : 150럭스 이상 4. 그 밖의 작업 : 75럭스 이상

02 산업안전보건법령상 작업발판의 끝이나 개구부로서 근로자가 추락할 위험이 있는 장소에서 작업 시 추락 방지대책 3가지를 작성하시오.

답 안 연 습

모 범 답 안

산업안전보건기준에 관한 규칙

제43조(개구부 등의 방호 조치)

① 사업주는 작업발판 및 통로의 끝이나 개구부로서 근로자가 추락할 위험이 있는 장소에는 안전난간, 울타리, 수직형 추락방망 또는 덮개 등(이하 이 조에서 "난간등"이라 한다)의 방호 조치를 충분한 강도를 가진 구조로 튼튼하게 설치하여야 하며, 덮개를 설치하는 경우에는 뒤집히거나 떨어지지 않도록 설치하여야 한다. 이 경우 어두운 장소에서도 알아볼 수 있도록 개구부임을 표시해야 하며, 수직형 추락방망은 한국산업표준에서 정하는 성능기준에 적합한 것을 사용해야 한다. 〈개정 2019. 12. 26., 2022. 10. 18.〉

② 사업주는 난간등을 설치하는 것이 매우 곤란하거나 작업의 필요상 임시로 난간등을 해체하여야 하는 경우 제42조제2항 각 호의 기준에 맞는 추락방호망을 설치하여야 한다. 다만, 추락방호망을 설치하기 곤란한 경우에는 근로자에게 안전대를 착용하도록 하는 등 추락할 위험을 방지하기 위하여 필요한 조치를 하여야 한다. 〈개정 2017. 12. 28.〉

03 노출 충전부가 있는 맨홀 밀폐공간에서 작업 시 안전조치사항을 작성하시오.

답 안 연 습

모 범 답 안

산업안전보건기준에 관한 규칙

제301조(전기 기계 · 기구 등의 충전부 방호)

② 사업주는 근로자가 노출 충전부가 있는 맨홀 또는 지하실 등의 밀폐공간에서 작업하는 경우에는 노출 충전부와의 접촉으로 인한 전기위험을 방지하기 위하여 덮개, 울타리 또는 절연 칸막이 등을 설치하여야 한다. 〈개정 2019. 10. 15.〉

③ 사업주는 근로자의 감전위험을 방지하기 위하여 개폐되는 문, 경첩이 있는 패널 등(분전반 또는 제어반 문)을 견고하게 고정시켜야 한다.

04 지게차 작업 중 운전자가 내려 이탈하는 모습을 보여주고 있다. 산업안전보건법상 차량계 하역운반기계의 운전자가 운전위치를 이탈하고자 할 때 운전자가 준수하여야 할 사항 3가지를 작성하시오.

답 안 연 습

모 범 답 안

산업안전보건기준에 관한 규칙

제99조(운전위치 이탈 시의 조치)

① 사업주는 차량계 하역운반기계등, 차량계 건설기계의 운전자가 운전위치를 이탈하는 경우 해당 운전자에게 다음 각 호의 사항을 준수하도록 하여야 한다. 〈개정 2024. 6. 28.〉

1. 포크, 버킷, 디퍼 등의 장치를 가장 낮은 위치 또는 지면에 내려 둘 것

2. 원동기를 정지시키고 브레이크를 확실히 거는 등 차량계 하역운반기계등, 차량계 건설기계의 갑작스러운 이동을 방지하기 위한 조치를 할 것

3. 운전석을 이탈하는 경우에는 시동키를 운전대에서 분리시킬 것. 다만, 운전석에 잠금장치를 하는 등 운전자가 아닌 사람이 운전하지 못하도록 조치한 경우에는 그러하지 아니하다.

② 차량계 하역운반기계등, 차량계 건설기계의 운전자는 운전위치에서 이탈하는 경우 제1항 각 호의 조치를 하여야 한다.

05 항타기 작업현장을 보여주고 있다. 항타기 권상용 와이어로프 사용금지 조건 3가지를 작성하시오.

답 안 연 습

모 범 답 안

산업안전보건기준에 관한 규칙[시행 2023. 7. 1.]

제210조(이음매가 있는 권상용 와이어로프의 사용 금지)

사업주는 항타기 또는 항발기의 권상용 와이어로프로 제63조 제1항 제1호 각 목에 해당하는 것을 사용해서는 안 된다. 〈개정 2022. 10. 18.〉

제63조(달비계의 구조)

① 사업주는 곤돌라형 달비계를 설치하는 경우에는 다음 각 호의 사항을 준수해야 한다. 〈개정 2021. 11. 19.〉

  1. 다음 각 목의 어느 하나에 해당하는 와이어로프를 달비계에 사용해서는 아니 된다.

    가. 이음매가 있는 것

    나. 와이어로프의 한 꼬임[[스트랜드(strand)를 말한다. 이하 같다]]에서 끊어진 소선(素線)[필러(pillar)선은 제외한다]]의 수가 10퍼센트 이상(비자전로프의 경우에는 끊어진 소선의 수가 와이어로프 호칭지름의 6배 길이 이내에서 4개 이상이거나 호칭지름 30배 길이 이내에서 8개 이상)인 것

    다. 지름의 감소가 공칭지름의 7퍼센트를 초과하는 것

    라. 꼬인 것

    마. 심하게 변형되거나 부식된 것

    바. 열과 전기충격에 의해 손상된 것

06 타워크레인 해체 작업 시 작업계획서의 내용 4가지를 작성하시오.

답 안 연 습

모 범 답 안

산업안전보건기준에 관한 규칙 [별표 4]

사전조사 및 작업계획서 내용(제38조 제1항관련)

1. 타워크레인을 설치 · 조립 · 해체하는 작업
   가. 타워크레인의 종류 및 형식
   나. 설치 · 조립 및 해체순서
   다. 작업도구 · 장비 · 가설설비(假設設備) 및 방호설비
   라. 작업인원의 구성 및 작업근로자의 역할 범위
   마. 제142조에 따른 지지 방법

07 다음은 굴착기의 작업 모습을 보여주고 있다. 굴착기 점검사항 3가지를 작성하시오.

답 안 연 습

모 범 답 안

① 안전장치(후진경보기 등) 설치 및 작동상태 확인
② 장비의 이상(외관, 누수, 누유)유무 확인
③ 장비 일일점검 및 예방정비 실시 여부 확인

08 산업안전보건법상 추락위험이 있는 장소에서 착용해야 하는 개인용 보호구 2가지를 작성하시오.

답 안 연 습

모 범 답 안

산업안전보건기준에 관한 규칙

제32조(보호구의 지급 등)

① 사업주는 다음 각 호의 어느 하나에 해당하는 작업을 하는 근로자에 대해서는 다음 각 호의 구분에 따라 그 작업조건에 맞는 보호구를 작업하는 근로자 수 이상으로 지급하고 착용하도록 하여야 한다. 〈개정 2024. 6. 28.〉

1. 물체가 떨어지거나 날아올 위험 또는 근로자가 추락할 위험이 있는 작업 : 안전모

2. 높이 또는 깊이 2미터 이상의 추락할 위험이 있는 장소에서 하는 작업 : 안전대(安全帶)

3. 물체의 낙하·충격, 물체에의 끼임, 감전 또는 정전기의 대전(帶電)에 의한 위험이 있는 작업 : 안전화

4. 물체가 흩날릴 위험이 있는 작업 : 보안경

5. 용접 시 불꽃이나 물체가 흩날릴 위험이 있는 작업 : 보안면

6. 감전의 위험이 있는 작업 : 절연용 보호구

7. 고열에 의한 화상 등의 위험이 있는 작업 : 방열복

8. 선창 등에서 분진(粉塵)이 심하게 발생하는 하역작업 : 방진마스크

9. 섭씨 영하 18도 이하인 급냉동어창에서 하는 하역작업: 방한모·방한복·방한화·방한장갑

10. 물건을 운반하거나 수거·배달하기 위하여 「도로교통법」 제2조 제18호 가목5)에 따른 이륜자동차 또는 같은 법 제2조 제19호에 따른 원동기장치자전거를 운행하는 작업:「도로교통법 시행규칙」 제32조 제1항 각 호의 기준에 적합한 승차용 안전모

11. 물건을 운반하거나 수거·배달하기 위해 「도로교통법」 제2조 제21호의2에 따른 자전거등을 운행하는 작업: 「도로교통법 시행규칙」 제32조 제2항의 기준에 적합한 안전모

② 사업주로부터 제1항에 따른 보호구를 받거나 착용지시를 받은 근로자는 그 보호구를 착용하여야 한다.

 2022년 작업형 4회 / [B형]

01 흙막이 지보공 설치 작업현장이다. 산업안전보건법상 흙막이 지보공을 설치 시 사업주가 정기적으로 점검하고 이상을 발견 시 즉시 보수하여야 할 사항 2가지를 작성하시오.

답 안 연 습

모 범 답 안

산업안전보건기준에 관한 규칙

제347조(붕괴 등의 위험 방지)

① 사업주는 흙막이 지보공을 설치하였을 때에는 정기적으로 다음 각 호의 사항을 점검하고 이상을 발견하면 즉시 보수하여야 한다.

1. 부재의 손상 · 변형 · 부식 · 변위 및 탈락의 유무와 상태
2. 버팀대의 긴압(緊壓)의 정도
3. 부재의 접속부 · 부착부 및 교차부의 상태
4. 침하의 정도

② 사업주는 제1항의 점검 외에 설계도서에 따른 계측을 하고 계측 분석 결과 토압의 증가 등 이상한 점을 발견한 경우에는 즉시 보강조치를 하여야 한다.

02 인양 중인 하물이 걸린 샤클의 상태를 보고 잘못 체결된 이유를 작성하시오.

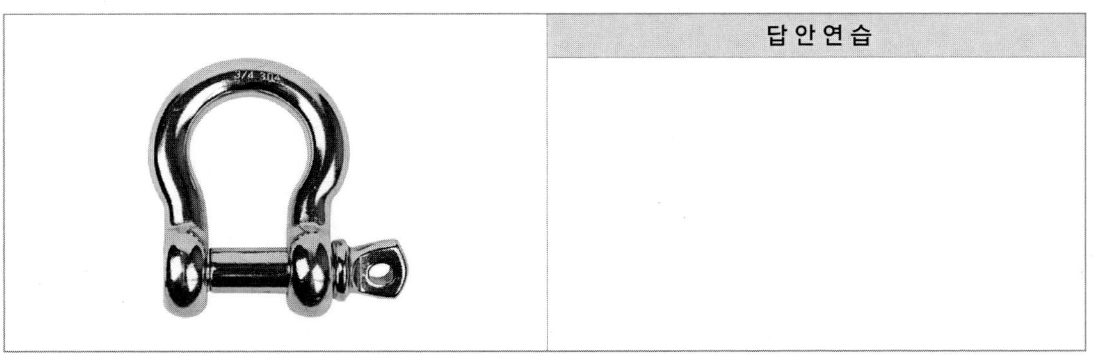

	답 안 연 습

모 범 답 안

〈건설기계 · 장비 사망사고 예방을 위한 안전작업가이드〉

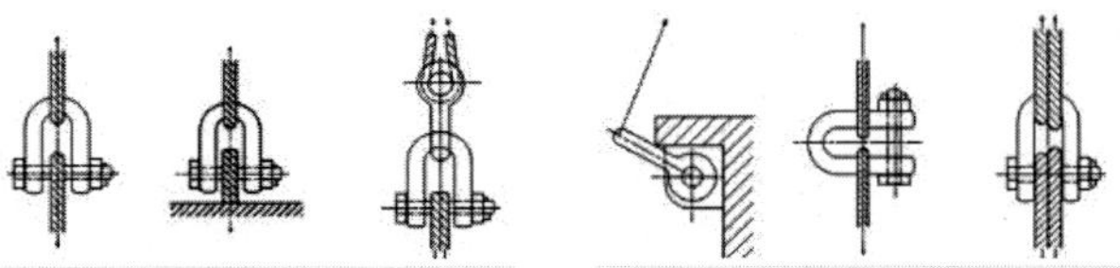

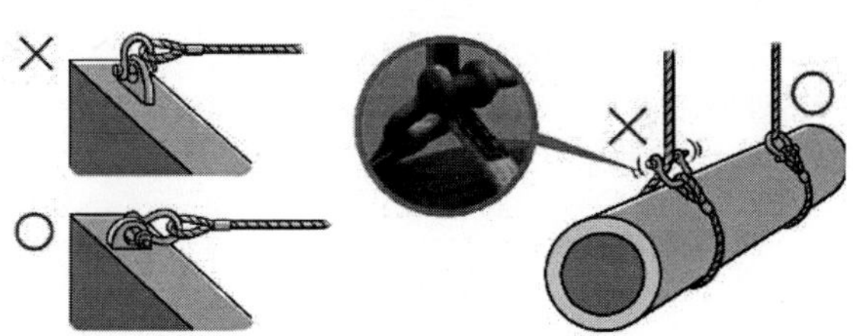

- 샤클(Shackle) 사용 시 주의사항
  ① 샤클의 부착 및 하중은 아래와 같이 세로 방향으로 하중이 걸리도록 사용 하여야 한다.
  ② 볼트 · 너트 및 둥근 플러그를 사용하는 형식의 샤클은 반드시 분할 핀을 사용하여야 한다.
  ③ 샤클의 볼트 또는 핀에 세로 방향 하중을 초과하는 하중이 작용하지 않도록 사용하여야 한다.
  ④ 샤클핀이 회전하는 상태로 인양을 금지한다

03 최대 지간이 30m인 콘크리트구조 교량공사를 하고 있다. 산업안전보건법상 사업주가 근로자의 위험을 방지하기 위하여 교량 작업 시 작성하고 그에 따라 작업을 하도록 하여야 하는 작업계획서의 내용 3가지를 작성하시오.

답 안 연 습

모 범 답 안

산업안전보건기준에 관한 규칙 [별표 4]

사전조사 및 작업계획서 내용(제38조제1항관련)

가. 작업 방법 및 순서
나. 부재(部材)의 낙하 · 전도 또는 붕괴를 방지하기 위한 방법
다. 작업에 종사하는 근로자의 추락 위험을 방지하기 위한 안전조치 방법
라. 공사에 사용되는 가설 철구조물 등의 설치 · 사용 · 해체 시 안전성 검토 방법
마. 사용하는 기계 등의 종류 및 성능, 작업방법
바. 작업지휘자 배치계획
사. 그 밖에 안전 · 보건에 관련된 사항

04 다음은 석축의 모습을 보여주고 있다. 석축 붕괴 원인 2가지를 작성하시오.

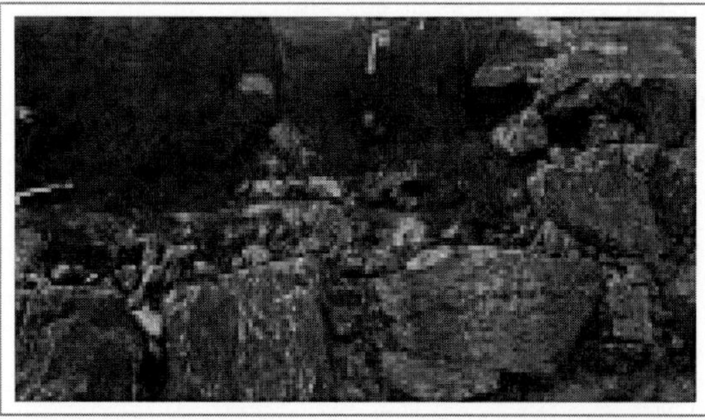

답 안 연 습

모 범 답 안

1. 동결융해로 인한 붕괴
2. 배수불량으로 인한 붕괴
3. 석재쌓기 불량으로 인한 붕괴

05 산업안전보건법상 보통작업장의 조도 기준을 작성하시오.

답 안 연 습

모 범 답 안

산업안전보건기준에 관한 규칙

제8조(조도) 사업주는 근로자가 상시 작업하는 장소의 작업면 조도(照度)를 다음 각 호의 기준에 맞도록 하여야 한다. 다만, 갱내(坑內) 작업장과 감광재료(感光材料)를 취급하는 작업장은 그러하지 아니하다.

1. 초정밀작업: 750럭스(lux) 이상
2. 정밀작업: 300럭스 이상
3. 보통작업: 150럭스 이상
4. 그 밖의 작업: 75럭스 이상

06 모든 현장 작업자가 안전모를 미착용한 상태이며, 각 층에서 리프트 탑승 대기 중인 작업자가 안전난간이나 문 밖으로 머리를 내밀어 리프트 위치를 확인하고 있다. 리프트보다 큰 자재를 운반하려고 하니 리프트 문이 닫히지 않고, 탑승자가 리프트 한쪽으로 탑승하며 안전 난간 및 추락방호망이 설치되지 않았다. 제시된 영상에서 불안전한 상태, 불안전한 행동 각각 2가지씩 작성하시오.

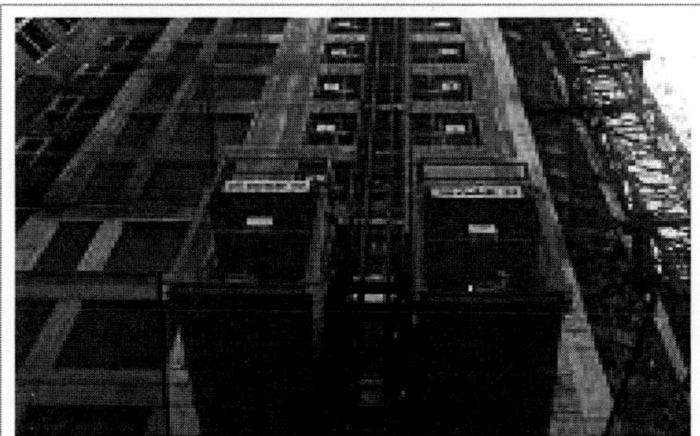

답 안 연 습

모 범 답 안

1. 불안전한 상태
　① 리프트 문을 닫지 않고 운행하여 불안전한 상태임
　② 안전난간 및 추락방호망 설치하지 않아 추락사고 등의 위험 노출

2. 불안전한 행동
　① 모든 근로자가 안전모 및 안전대 미착용한 상태임
　② 리프트 문 밖으로 작업자가 머리를 내밀어 리프트 위치 확인하는 위험한 행동 취함

07 다음 영상은 콘크리트 타설 작업하는 모습을 보여주고 있다. 콘크리트 타설작업을 하는 경우 사업주의 준수사항 3가지를 작성하시오.

답 안 연 습

모 범 답 안

산업안전보건기준에 관한 규칙

제334조(콘크리트의 타설작업)
사업주는 콘크리트 타설작업을 하는 경우에는 다음 각 호의 사항을 준수하여야 한다.
1. 당일의 작업을 시작하기 전에 해당 작업에 관한 거푸집동바리등의 변형·변위 및 지반의 침하 유무 등을 점검하고 이상이 있으면 보수할 것
2. 작업 중에는 거푸집동바리등의 변형·변위 및 침하 유무 등을 감시할 수 있는 감시자를 배치하여 이상이 있으면 작업을 중지하고 근로자를 대피시킬 것
3. 콘크리트 타설작업 시 거푸집 붕괴의 위험이 발생할 우려가 있으면 충분한 보강조치를 할 것
4. 설계도서상의 콘크리트 양생기간을 준수하여 거푸집동바리등을 해체할 것
5. 콘크리트를 타설하는 경우에는 편심이 발생하지 않도록 골고루 분산하여 타설할 것

08 백호가 유도로프 및 훅 해지장치 없이 흄관을 1줄 걸이로 인양하며 회전하고 있는 모습을 보여준다. 건설기계에 접촉되어 근로자가 위험해질 우려가 있는 장소에서 위험을 방지하기 위한 조치 2가지를 작성하시오.

답 안 연 습

모 범 답 안

산업안전보건기준에 관한 규칙

제172조(접촉의 방지) ① 사업주는 차량계 하역운반기계등을 사용하여 작업을 하는 경우에 하역 또는 운반 중인 화물이나 그 차량계 하역운반기계등에 접촉되어 근로자가 위험해질 우려가 있는 장소에는 근로자를 출입시켜서는 아니 된다. 다만, 제39조에 따른 작업지휘자 또는 유도자를 배치하고 그 차량계 하역운반기계등을 유도하는 경우에는 그러하지 아니하다.
② 차량계 하역운반기계등의 운전자는 제1항 단서의 작업지휘자 또는 유도자가 유도하는 대로 따라야 한다.

 2022년 작업형 4회 / [C형]

01 이동식비계의 갑작스러운 이동 또는 전도를 방지하기 위하여 바퀴에 고정하거나 설치하는 것을 2가지 작성하시오.

답 안 연 습

모 범 답 안

산업안전보건기준에 관한 규칙

제68조(이동식비계)
사업주는 이동식비계를 조립하여 작업을 하는 경우에는 다음 각 호의 사항을 준수하여야 한다. 〈개정 2019. 10. 15., 2024. 6. 28.〉
1. 이동식비계의 바퀴에는 뜻밖의 갑작스러운 이동 또는 전도를 방지하기 위하여 브레이크·쐐기 등으로 바퀴를 고정시킨 다음 비계의 일부를 견고한 시설물에 고정하거나 아웃트리거를 설치하는 등 필요한 조치를 할 것
2. 승강용사다리는 견고하게 설치할 것
3. 비계의 최상부에서 작업을 하는 경우에는 안전난간을 설치할 것
4. 작업발판은 항상 수평을 유지하고 작업발판 위에서 안전난간을 딛고 작업을 하거나 받침대 또는 사다리를 사용하여 작업하지 않도록 할 것
5. 작업발판의 최대적재하중은 250킬로그램을 초과하지 않도록 할 것

02 추락방호망의 설치기준 3가지를 작성하시오.

답 안 연 습

모 범 답 안

산업안전보건기준에 관한 규칙

제42조(추락의 방지)

② 사업주는 제1항에 따른 작업발판을 설치하기 곤란한 경우 다음 각 호의 기준에 맞는 추락방호망을 설치해야 한다. 다만, 추락방호망을 설치하기 곤란한 경우에는 근로자에게 안전대를 착용하도록 하는 등 추락위험을 방지하기 위해 필요한 조치를 해야 한다. 〈개정 2017. 12. 28., 2021. 5. 28.〉

  1. 추락방호망의 설치위치는 가능하면 작업면으로부터 가까운 지점에 설치하여야 하며, 작업면으로부터 망의 설치지점까지의 수직거리는 10미터를 초과하지 아니할 것

  2. 추락방호망은 수평으로 설치하고, 망의 처짐은 짧은 변 길이의 12퍼센트 이상이 되도록 할 것

  3. 건축물 등의 바깥쪽으로 설치하는 경우 추락방호망의 내민 길이는 벽면으로부터 3미터 이상 되도록 할 것. 다만, 그물코가 20밀리미터 이하인 추락방호망을 사용한 경우에는 제14조제3항에 따른 낙하물 방지망을 설치한 것으로 본다.

③ 사업주는 추락방호망을 설치하는 경우에는 한국산업표준에서 정하는 성능기준에 적합한 추락방호망을 사용하여야 한다. 〈신설 2017. 12. 28., 2022. 10. 18.〉

④ 사업주는 제1항 및 제2항에도 불구하고 작업발판 및 추락방호망을 설치하기 곤란한 경우에는 근로자로 하여금 3개 이상의 버팀대를 가지고 지면으로부터 안정적으로 세울 수 있는 구조를 갖춘 이동식 사다리를 사용하여 작업을 하게 할 수 있다. 이 경우 사업주는 근로자가 다음 각 호의 사항을 준수하도록 조치해야 한다. 〈신설 2024. 6. 28.〉

1. 평탄하고 견고하며 미끄럽지 않은 바닥에 이동식 사다리를 설치할 것
2. 이동식 사다리의 넘어짐을 방지하기 위해 다음 각 목의 어느 하나 이상에 해당하는 조치를 할 것
  가. 이동식 사다리를 견고한 시설물에 연결하여 고정할 것
  나. 아웃트리거(outrigger, 전도방지용 지지대)를 설치하거나 아웃트리거가 붙어있는 이동식 사다리를 설치할 것
  다. 이동식 사다리를 다른 근로자가 지지하여 넘어지지 않도록 할 것
3. 이동식 사다리의 제조사가 정하여 표시한 이동식 사다리의 최대사용하중을 초과하지 않는 범위 내에서만 사용할 것
4. 이동식 사다리를 설치한 바닥면에서 높이 3.5미터 이하의 장소에서만 작업할 것
5. 이동식 사다리의 최상부 발판 및 그 하단 디딤대에 올라서서 작업하지 않을 것. 다만, 높이 1미터 이하의 사다리는 제외한다.
6. 안전모를 착용하되, 작업 높이가 2미터 이상인 경우에는 안전모와 안전대를 함께 착용할 것
7. 이동식 사다리 사용 전 변형 및 이상 유무 등을 점검하여 이상이 발견되면 즉시 수리하거나 그 밖에 필요한 조치를 할 것

03 가스를 사용해 용접 및 용단, 가열작업을 하는 경우 가스 누출로 인한 폭발 및 화재, 화상을 예방하기 위해 준수해야 할 사항을 3가지 작성하시오.

답 안 연 습

모 범 답 안

산업안전보건기준에 관한 규칙

제233조(가스용접 등의 작업)

사업주는 인화성 가스, 불활성 가스 및 산소(이하 "가스등"이라 한다)를 사용하여 금속의 용접·용단 또는 가열작업을 하는 경우에는 가스등의 누출 또는 방출로 인한 폭발·화재 또는 화상을 예방하기 위해 다음 각 호의 사항을 준수해야 한다. 〈개정 2021. 5. 28.〉

1. 가스등의 호스와 취관(吹管)은 손상·마모 등에 의하여 가스등이 누출할 우려가 없는 것을 사용할 것
2. 가스등의 취관 및 호스의 상호 접촉부분은 호스밴드, 호스클립 등 조임기구를 사용하여 가스등이 누출되지 않도록 할 것
3. 가스등의 호스에 가스등을 공급하는 경우에는 미리 그 호스에서 가스등이 방출되지 않도록 필요한 조치를 할 것
4. 사용 중인 가스등을 공급하는 공급구의 밸브나 콕에는 그 밸브나 콕에 접속된 가스등의 호스를 사용하는 사람의 이름표를 붙이는 등 가스등의 공급에 대한 오조작을 방지하기 위한 표시를 할 것
5. 용단작업을 하는 경우에는 취관으로부터 산소의 과잉방출로 인한 화상을 예방하기 위하여 근로자가 조절밸브를 서서히 조작하도록 주지시킬 것
6. 작업을 중단하거나 마치고 작업장소를 떠날 경우에는 가스등의 공급구의 밸브나 콕을 잠글 것
7. 가스등의 분기관은 전용 접속기구를 사용하여 불량체결을 방지하여야 하며, 서로 이어지지 않는 구조의 접속기구 사용, 서로 다른 색상의 배관·호스의 사용 및 꼬리표 부착 등을 통하여 서로 다른 가스배관과의 불량체결을 방지할 것

04 둥근톱기계 방호장치 2가지를 작성하시오.

답 안 연 습

모 범 답 안

산업안전보건기준에 관한 규칙

제105조(둥근톱기계의 반발예방장치)

사업주는 목재가공용 둥근톱기계[(가로 절단용 둥근톱기계 및 반발(反撥)에 의하여 근로자에게 위험을 미칠 우려가 없는 것은 제외한다)]에 분할날 등 반발예방장치를 설치하여야 한다.
제106조(둥근톱기계의 톱날접촉예방장치)
사업주는 목재가공용 둥근톱기계(휴대용 둥근톱을 포함하되, 원목제재용 둥근톱기계 및 자동이송장치를 부착한 둥근톱기계를 제외한다)에는 톱날접촉예방장치를 설치하여야 한다.

05 화물자동차 작업 전 점검사항 3가지를 작성하시오.

답 안 연 습

모 범 답 안

산업안전보건기준에 관한 규칙 [별표 3]
작업시작 전 점검사항(제35조 제2항 관련)
12.화물자동차를 사용하는 작업을 하게 할 때(제2편제1장제10절제5관)
　　가. 제동장치 및 조종장치의 기능
　　나. 하역장치 및 유압장치의 기능
　　다. 바퀴의 이상 유무

06 다음은 건물 외벽 석재 마감공사를 보여주고 있다. 안전난간이 없으며, 작업발판이 불안해 보이고 근로자 모두가 개인보호구를 착용하지 않은 상태이다. 불안전한 상태 및 행동 3가지 작성하시오.

답 안 연 습

모 범 답 안
1. 안전난간이 미설치된 상태임
2. 작업발판 결속이 미비한 상태임
3. 근로자 개인보호구(안전대, 안전모) 미착용 상태임

07 다음은 철골공사 현장을 보여주고 있다. 철골기둥 승강용 트랩에 관해 아래 괄호에 알맞게 채우시오.

> 1) 간격 : (　)cm 이내　　2) 폭 : (　)cm 이상

답 안 연 습

모 범 답 안
철골공사표준안전작업지침
[시행 2020. 1. 16.] [고용노동부고시 제2020-7호, 2020. 1. 7., 일부개정]
8. 철골건립중 건립위치까지 작업자가 안전하게 승강할 수 있는 사다리, 계단, 외부비계, 승강용 엘리베이터 등을 설치해야 하며 건립이 실시되는 층에서는 주로 기둥을 이용하여 올라가는 경우가 많으므로 기둥승강 설비로서 기둥제작 시 16밀리미터 철근 등을 이용하여 30센티미터 이내의 간격, 30센티미터 이상의 폭으로 트랩을 설치하여야 하며 안전대 부착설비구조를 겸용하여야 한다.

08 다음은 콘크리트 펌프카로 콘크리트를 타설하는 모습을 보여주고 있다. 산업안전보건법상 콘크리트 타설장비 사용 시 사업주의 준수사항을 쓰시오.

답 안 연 습

모 범 답 안

산업안전보건기준에 관한 규칙

제335조(콘크리트 타설장비 사용 시의 준수사항)

사업주는 콘크리트 타설작업을 하기 위하여 콘크리트 플레이싱 붐(placing boom), 콘크리트 분배기, 콘크리트 펌프카 등(이하 이 조에서 "콘크리트타설장비"라 한다)을 사용하는 경우에는 다음 각 호의 사항을 준수해야 한다. 〈개정 2023. 11. 14.〉

1. 작업을 시작하기 전에 콘크리트타설장비를 점검하고 이상을 발견하였으면 즉시 보수할 것
2. 건축물의 난간 등에서 작업하는 근로자가 호스의 요동·선회로 인하여 추락하는 위험을 방지하기 위하여 안전난간 설치 등 필요한 조치를 할 것
3. 콘크리트타설장비의 붐을 조정하는 경우에는 주변의 전선 등에 의한 위험을 예방하기 위한 적절한 조치를 할 것
4. 작업 중에 지반의 침하나 아웃트리거 등 콘크리트타설장비 지지구조물의 손상 등에 의하여 콘크리트타설장비가 넘어질 우려가 있는 경우에는 이를 방지하기 위한 적절한 조치를 할 것

[제목개정 2023. 11. 14.]

Part 1

필답형 문제

핵심문제 + 기출문제

Chapter 01 필답형 핵심문제

THEME 1 철골공사 시 용접결함 종류 3가지를 작성하시오.

답 안 연 습

모 범 답 안

용접결함의 종류		내용
표면결함	크랙(crack)	용접부 응고 후 수축응력을 심하게 받는 경우 발생
	크레이터(crater)	용접부 중심부에 불순물 등이 함유되는 경우 발생
	루트(root)	모재의 예열이 부족한 경우 발생
	피트(pit)	용접부 표면에 발생한 미세한 구멍
	피시아이(fish eye)	블로홀과 혼입된 슬래그가 모여 생기는 은색의 반점
내부결함	블로홀(blow hole)	용착부의 잔존 가스의 영향으로 생성되는 기공
	슬래그 감싸들기	슬래그가 용착한 금속 내에서 혼입하여 발생
	용입 불량	용접부가 너무 좁거나 넓은 경우 발생
형상결함	오버랩(over lap)	모재가 용융되지 않고 겹치는 현상
	언더컷(under cut)	용접 전류가 과다하거나 불안정한 경우 발생
	오버헝(over hung)	용착금속이 모재에 정착되지 않고 모재 밑으로 흘러내리는 현상

THEME 2 포크리프트 화물 운반 시 안전운행방법 3가지를 작성하시오.

답 안 연 습

모 범 답 안

① 화물을 싣고 경사지를 내려갈 경우 후진으로 운행
② 포크리프트 조작 시 시동을 건 후 5분 경과 후 운행
③ 화물을 싣고 운행 시 저속주행
④ 운행 정차 시 지면에 마스트 놓음
⑤ 운행 시 지면으로부터 30cm 정도 마스트를 이격하여 운행

THEME 3 — 안전관리조직 중 스태프(STAFF)형의 장 · 단점을 작성하시오.

답안연습

모범답안

1. 장점
   ① 안전에 관한 정보 수집이 신속함
   ② 사업자에게 조언 및 자문 역할 가능
   ③ 전문적인 안전기술 연구 가능함
2. 단점
   ① 작업자에게 안전 지시사항이 빠르게 전달되지 못함
   ② 생산부문은 안전에 대해 책임 및 권한이 전혀 없음
   ③ 업무에 소요되는 시간이 많음

THEME 4 — 비탈면의 기울기 기준을 작성하시오.

답안연습

모범답안

〈산업안전보건기준에 관한 규칙〉
[별표 11] 굴착면의 기울기 기준

지반의 종류	굴착면의 기울기
모래	1 : 1.8
연암 및 풍화암	1 : 1.0
경암	1 : 0.5
그 밖의 흙	1 : 1.2

THEME 5   터널 지보공 설치 시 수시점검 사항 3가지를 작성하시오.

답안 연습	

모범답안

〈산업안전보건기준에 관한 규칙〉

제366조(붕괴 등의 방지) 사업주는 터널 지보공을 설치한 경우에 다음 각 호의 사항을 수시로 점검하여야 하며, 이상을 발견한 경우에는 즉시 보강하거나 보수하여야 한다.

1. 부재의 손상·변형·부식·변위 탈락의 유무 및 상태
2. 부재의 긴압 정도
3. 부재의 접속부 및 교차부의 상태
4. 기둥침하의 유무 및 상태

THEME 6   달비계의 조립 및 해체, 변경 작업 시 준수사항을 작성하시오.

답안 연습	

모범답안

〈산업안전보건기준에 관한 규칙〉

제57조(비계 등의 조립·해체 및 변경) ① 사업주는 달비계 또는 높이 5미터 이상의 비계를 조립·해체하거나 변경하는 작업을 하는 경우 다음 각 호의 사항을 준수하여야 한다.

1. 근로자가 관리감독자의 지휘에 따라 작업하도록 할 것
2. 조립·해체 또는 변경의 시기·범위 및 절차를 그 작업에 종사하는 근로자에게 주지시킬 것
3. 조립·해체 또는 변경 작업구역에는 해당 작업에 종사하는 근로자가 아닌 사람의 출입을 금지하고 그 내용을 보기 쉬운 장소에 게시할 것
4. 비, 눈, 그 밖의 기상상태의 불안정으로 날씨가 몹시 나쁜 경우에는 그 작업을 중지시킬 것
5. 비계재료의 연결·해체작업을 하는 경우에는 폭 20센티미터 이상의 발판을 설치하고 근로자로 하여금 안전대를 사용하도록 하는 등 추락을 방지하기 위한 조치를 할 것
6. 재료·기구 또는 공구 등을 올리거나 내리는 경우에는 근로자가 달줄 또는 달포대 등을 사용하게 할 것

THEME 7 — 안전관리자의 직무 5가지를 작성하시오.

답안연습

모범답안

〈산업안전보건법 시행령〉

제18조(안전관리자의 업무 등) ① 안전관리자의 업무는 다음 각 호와 같다.

1. 법 제24조 제1항에 따른 산업안전보건위원회(이하 "산업안전보건위원회"라 한다) 또는 법 제75조 제1항에 따른 안전 및 보건에 관한 노사협의체(이하 "노사협의체"라 한다)에서 심의 · 의결한 업무와 해당 사업장의 법 제25조 제1항에 따른 안전보건관리규정(이하 "안전보건관리규정"이라 한다) 및 취업규칙에서 정한 업무
2. 법 제36조에 따른 위험성평가에 관한 보좌 및 지도 · 조언
3. 법 제84조 제1항에 따른 안전인증대상기계 등(이하 "안전인증대상기계 등"이라 한다)과 법 제89조 제1항 각 호 외의 부분 본문에 따른 자율안전확인대상기계 등(이하 "자율안전확인대상기계 등"이라 한다) 구입 시 적격품의 선정에 관한 보좌 및 지도 · 조언
4. 해당 사업장 안전교육계획의 수립 및 안전교육 실시에 관한 보좌 및 지도 · 조언
5. 사업장 순회점검, 지도 및 조치 건의
6. 산업재해 발생의 원인 조사 · 분석 및 재발 방지를 위한 기술적 보좌 및 지도 · 조언
7. 산업재해에 관한 통계의 유지 · 관리 · 분석을 위한 보좌 및 지도 · 조언
8. 법 또는 법에 따른 명령으로 정한 안전에 관한 사항의 이행에 관한 보좌 및 지도 · 조언
9. 업무 수행 내용의 기록 · 유지
10. 그 밖에 안전에 관한 사항으로서 고용노동부장관이 정하는 사항

THEME 8 — 잠함 또는 우물통의 내부에서 굴착작업 시 위험조치사항 3가지를 작성하시오.

답안연습

모범답안

〈산업안전보건기준에 관한 규칙〉

제377조(잠함 등 내부에서의 작업)

1. 산소 결핍 우려가 있는 경우에는 산소의 농도를 측정하는 사람을 지명하여 측정하도록 할 것
2. 근로자가 안전하게 오르내리기 위한 설비를 설치할 것
3. 굴착 깊이가 20미터를 초과하는 경우에는 해당 작업장소와 외부와의 연락을 위한 통신설비 등을 설치할 것

THEME 9 — 사질토 지반개량공법의 종류 4가지를 작성하시오.

답 안 연 습

모 범 답 안

사질토지반 개량공법

(1) 진동다짐(Vibro Floatation) 공법

수평방향으로 진동을 하는 Vibro Float를 이용해 느슨해진 사질토를 개량하는 공법으로, 진동과 물다짐을 병행하여 지반을 밀실하게 다져 지지력을 증대시킨다.

(2) 폭파다짐 공법

지중에서 폭약 등의 화약을 폭발시켜 발생한 가스로 지반을 파괴하여 다지는 공법이다. N≥40 다짐이 가능하고, 완전 건조 지반, 100% 포화상태 지반도 적용이 가능한 공법이며, 공사비가 저렴한 편이다.

(3) 전기충격 공법

사질지반에서 Water Jet으로 굴진과 동시에 물을 주입해 지반을 포화상태로 형성한 다음, 방전 전극을 삽입해 대전류를 흘려 보내어 고압 방전을 일으키는 충격으로 지반을 다지는 공법이다. 지중에 보내는 방전에너지 조정이 가능하고 방전횟수가 많을수록, 시공 간격이 조밀할수록 다짐 효과가 증대되며, 사질지반에 적용성이 우수하다.

(4) 약액주입 공법

지반의 지수 및 차수, 지반강도를 증대할 목적으로 지중에 주입관을 삽입하여 약 액을 주입하고, 흙 입자간의 공극을 충진함으로써 지반을 고결시키는 공법이다. 소음·진동이 적고 공기가 짧으며, 흙막이 저면의 Heaving 현상 및 기초 지지력을 보강하고, 인접건물의 underpinning 효과가 있으나, 약액에 따른 지하수 오염 발생 우려가 크다.

(5) 동압밀(다짐) 공법

지반에 100~200t 가량의 추를 크레인 등에 매달아 10~40m 높이에서 낙하시켜 지표에 충격을 가해 지반의 심층까지 다짐효과를 기대할 수 있는 공법이다. 쇄석 성토 지반, 사질토, 점성토 등의 지반에 적용이 가능한 공법으로. 타격에너지를 크게 증가시켜 깊은 심도까지 개량할 수 있으며, 지반 내에 장애물이 있어도 시공이 가능하다. 지표면의 충격에 의한 소음·진동, 인접 건물 부동침하 및 균일 발생 등으로 민원발생 우려가 있어, 이에 대한 대비책을 강구하여 작업을 진행해야 한다.

THEME 10   항타기 · 항발기 사용 시 안전조치사항 3가지를 작성하시오.

답안연습

모범답안

〈산업안전보건기준에 관한 규칙〉

제209조(무너짐의 방지) 사업주는 동력을 사용하는 항타기 또는 항발기에 대하여 무너짐을 방지하기 위하여 다음 각 호의 사항을 준수하여야 한다. 〈개정 2023. 11. 14.〉

1. 연약한 지반에 설치하는 경우에는 아웃트리거 · 받침 등 지지구조물의 침하를 방지하기 위하여 깔판 · 깔목 등을 사용할 것
2. 시설 또는 가설물 등에 설치하는 경우에는 그 내력을 확인하고 내력이 부족하면 그 내력을 보강할 것
3. 아웃트리거 · 받침 등 지지구조물이 미끄러질 우려가 있는 경우에는 말뚝 또는 쐐기 등을 사용하여 각부나 가대를 고정시킬 것
4. 궤도 또는 차로 이동하는 항타기 또는 항발기에 대해서는 불시에 이동하는 것을 방지하기 위하여 레일 클램프(rail clamp) 및 쐐기 등으로 고정시킬 것
5. 버팀대만으로 상단 부분을 안정시키는 경우에는 버팀대는 3개 이상으로 하고 그 하단 부분은 견고한 버팀 · 말뚝 또는 철골 등으로 고정시킬 것

THEME 11   해체작업 시 해체계획에 포함되는 사항 4가지를 작성하시오.

답안연습

모범답안

〈산업안전보건기준에 관한 규칙〉

[별표 4] 사전조사 및 작업계획서 내용(제38조 제1항 관련)

작업명	사전조사 내용	작업계획서 내용
10. 건물 등의 해체작업	해체건물 등의 구조, 주변 상황 등	가. 해체의 방법 및 해체 순서도면 나. 가설설비 · 방호설비 · 환기설비 및 살수 · 방화설비 등의 방법 다. 사업장 내 연락방법 라. 해체물의 처분계획 마. 해체작업용 기계 · 기구 등의 작업계획서 바. 해체작업용 화약류 등의 사용계획서 사. 그 밖에 안전 · 보건에 관련된 사항

THEME 12 　히빙현상과 보일링현상에 대해 작성하시오.

<table>
<tr><td>답 안
연 습</td><td></td></tr>
</table>

<table>
<tr><td rowspan="2">모 범
답 안</td><td>

1. 보일링(Boiling)현상

　1) 정의

　　사질지반에서 투수성이 클 경우, 흙막이 배면과 굴착 저면의 지하수위 차로 인해 굴착 저면을 통해 모래와 물이 부풀어 올라 마치 끓어오르는 것처럼 나타나는 현상을 말한다.

　2) 방지대책

　　① 흙막이벽 근입 깊이 증가

　　② 흙막이벽 차수성 증대

　　③ 배면지반 그라우팅

　　④ 배면지반 지하수위 저하

2. 히빙(Heaving)현상

　1) 정의

　　연약 점토지반을 굴착 시 흙막이벽 내외 흙의 중량 차이에 의해서 굴착 저면의 흙지지력을 상실하여 붕괴되고, 배면에 있는 흙이 내부로 밀려 들어와 굴착 저면이 부풀어 오르는 현상을 말한다.

　2) 방지대책

　　① 흙막이벽 근입 깊이 증가

　　② 흙막이 배면 지표 상재하중 제거

　　③ 지반개량을 통한 하부지반 전단강도 개선

　　④ 강성이 큰 흙막이 공법 선정

</td></tr>
</table>

THEME 13 　비계 조립 시 벽이음 설치간격에 대해 작성하시오.

답 안 연 습	강관비계의 종류	조립간격(단위 : m)	
		수직방향	수평방향

모 범 답 안	강관비계의 종류	조립간격(단위 : m)	
		수직방향	수평방향
	단관비계	5	5
	틀비계(높이가 5m 미만인 것은 제외한다)	6	8

THEME 14 구조물의 안전성을 위해 기초가 갖추어야 할 조건 3가지를 작성하시오.

답안연습

모범답안
① 경제적인 시공이 되도록 할 것
② 기초의 침하량이 허용치를 넘지 않도록 할 것
③ 상부 하중을 안전하게 지지할 수 있도록 할 것
④ 최소의 근입 깊이를 가지도록 할 것

THEME 15 사다리식 통로의 구조기준을 작성하시오.

답안연습

모범답안

〈산업안전보건기준에 관한 규칙〉

제24조(사다리식 통로 등의 구조) ① 사업주는 사다리식 통로 등을 설치하는 경우 다음 각 호의 사항을 준수하여야 한다.

1. 견고한 구조로 할 것
2. 심한 손상·부식 등이 없는 재료를 사용할 것
3. 발판의 간격은 일정하게 할 것
4. 발판과 벽과의 사이는 15센티미터 이상의 간격을 유지할 것
5. 폭은 30센티미터 이상으로 할 것
6. 사다리가 넘어지거나 미끄러지는 것을 방지하기 위한 조치를 할 것
7. 사다리의 상단은 걸쳐놓은 지점으로부터 60센티미터 이상 올라가도록 할 것
8. 사다리식 통로의 길이가 10미터 이상인 경우에는 5미터 이내마다 계단참을 설치할 것
9. 사다리식 통로의 기울기는 75도 이하로 할 것. 다만, 고정식 사다리식 통로의 기울기는 90도 이하로 하고, 그 높이가 7미터 이상인 경우에는 바닥으로부터 높이가 2.5미터 되는 지점부터 등받이울을 설치할 것
10. 접이식 사다리 기둥은 사용 시 접혀지거나 펼쳐지지 않도록 철물 등을 사용하여 견고하게 조치할 것

② 잠함(潛函) 내 사다리식 통로와 건조·수리 중인 선박의 구명줄이 설치된 사다리식 통로(건조·수리작업을 위하여 임시로 설치한 사다리식 통로는 제외한다)에 대해서는 제1항 제5호부터 제10호까지의 규정을 적용하지 아니한다.

THEME 16 · 흙막이 개착식 굴착(오픈컷, open cut)공법 3가지를 작성하시오.

답안연습

모범답안

자립공법	흙막이가 배면의 측압을 자립에 의해 지지하면서 흙파기하는 공법
버팀대(Strut)공법	붕괴하려는 흙의 이동을 버팀대로 지지하는 공법으로 버팀대의 시공으로 인해 작업이 곤란하고, 가설재가 과다하게 투입되는 경향이 있다.
어스앵커(Earth Anchor)공법	흙막이 벽체 배면에 로드(rod)를 앵커(anchor)시켜 시멘트 페이스트를 주입해 인발 저항 확보한 후 토압에 견디게 하는 공법
당김줄(tie rod anchor)공법	흙막이 외부의 지표면을 이용해 고정지지말뚝을 박고 어미말뚝을 당김으로써 흙의 붕괴를 방지하는 공법

THEME 17 · 달비계의 구조 기준에 관해 작성하시오.

답안연습

구분		안전계수
달기 와이어로프 및 달기 강선의 안전계수		
달기 체인 및 달기 훅의 안전계수		
달기 강대와 달비계의 하부 및 상부 지점의 안전계수	강재	
	목재	

모범답안

〈산업안전보건기준에 관한 규칙〉

제55조(작업발판의 최대적재하중) ① 사업주는 비계의 구조 및 재료에 따라 작업발판의 최대적재하중을 정하고, 이를 초과하여 실어서는 아니 된다.

② 달비계(곤돌라의 달비계는 제외한다)의 최대 적재하중을 정하는 경우 그 안전계수는 다음 각 호와 같다.

1. 달기 와이어로프 및 달기 강선의 안전계수 : 10 이상
2. 달기 체인 및 달기 훅의 안전계수 : 5 이상
3. 달기 강대와 달비계의 하부 및 상부 지점의 안전계수 : 강재(鋼材)의 경우 2.5 이상, 목재의 경우 5 이상

③ 제2항의 안전계수는 와이어로프 등의 절단하중 값을 그 와이어로프 등에 걸리는 하중의 최대값으로 나눈 값을 말한다.

THEME 18 　양중기의 종류 5가지를 작성하시오.

답 안 연 습	

**모 범
답 안**

〈산업안전보건기준에 관한 규칙〉

제132조(양중기) ① 양중기란 다음 각 호의 기계를 말한다. 〈개정 2019. 4. 19.〉
　1. 크레인[호이스트(hoist)를 포함한다]
　2. 이동식 크레인
　3. 리프트(이삿짐운반용 리프트의 경우에는 적재하중이 0.1톤 이상인 것으로 한정한다)
　4. 곤돌라
　5. 승강기

THEME 19 　재해예방 기술지도 제외 조건을 작성하시오.

답 안 연 습	

**모 범
답 안**

〈산업안전보건법 시행령〉

제59조(건설재해예방 지도 대상 건설공사도급인) ① 법 제73조 제1항에서 "대통령령으로 정하는 건설공사도급인"이란 공사금액 1억 원 이상 120억 원(「건설산업기본법 시행령」 별표 1의 종합공사를 시공하는 업종의 건설업종란 제1호에 따른 토목공사업에 속하는 공사는 150억 원) 미만인 공사를 하는 자와 「건축법」 제11조에 따른 건축허가의 대상이 되는 공사를 하는 자를 말한다. 다만, 다음 각 호의 어느 하나에 해당하는 공사를 하는 자는 제외한다.
　1. 공사기간이 1개월 미만인 공사
　2. 육지와 연결되지 않은 섬 지역(제주특별자치도는 제외한다)에서 이루어지는 공사
　3. 사업주가 별표 4에 따른 안전관리자의 자격을 가진 사람을 선임(같은 광역지방자치단체의 구역 내에서 같은 사업주가 시공하는 셋 이하의 공사에 대하여 공동으로 안전관리자의 자격을 가진 사람 1명을 선임한 경우를 포함한다)하여 제18조 제1항 각 호에 따른 안전관리자의 업무만을 전담하도록 하는 공사
　4. 법 제42조 제1항에 따라 유해위험방지계획서를 제출해야 하는 공사
② 제1항에 따른 건설공사의 건설공사발주자 또는 건설공사도급인(건설공사도급인은 건설공사발주자로부터 건설공사를 최초로 도급받은 수급인은 제외한다)은 법 제73조제1항의 건설 산업재해 예방을 위한 지도계약(이하 "기술지도계약"이라 한다)을 해당 건설공사 착공일의 전날까지 체결해야 한다.
〈신설 2022. 8. 16.〉

THEME 20 구조물 설계 시(거푸집 및 동바리 시공 시) 고려해야 할 하중 4가지를 작성하시오.

답안 연습

모범 답안

① 연직방향하중 : 콘크리트 타설 시(고정하중, 충격하중, 작업하중)
② 횡방향하중 : 작업 시(진동, 충격, 풍압, 지진, 유수압)
③ 특수하중 : 콘크리트 편심하중 등 시공 시 예상되는 특수한 하중
④ 콘크리트 측압 : 거푸집을 밀어내려는 콘크리트 압력

THEME 21 동력개폐기 취급 시 주의사항 3가지를 작성하시오.

답안 연습

모범 답안

〈산업안전보건기준에 관한 규칙〉

제301조(전기 기계·기구 등의 충전부 방호)
1. 충전부가 노출되지 않도록 폐쇄형 외함(外函)이 있는 구조로 할 것
2. 충전부에 충분한 절연효과가 있는 방호망이나 절연덮개를 설치할 것
3. 충전부는 내구성이 있는 절연물로 완전히 덮어 감쌀 것
4. 발전소·변전소 및 개폐소 등 구획되어 있는 장소로서 관계 근로자가 아닌 사람의 출입이 금지되는 장소에 충전부를 설치하고, 위험표시 등의 방법으로 방호를 강화할 것
5. 전주 위 및 철탑 위 등 격리되어 있는 장소로서 관계 근로자가 아닌 사람이 접근할 우려가 없는 장소에 충전부를 설치할 것

THEME 22 차량계 건설기계를 사용할 경우 작업계획에 포함되어야 할 사항 3가지를 작성하시오.

답 안 연 습

모 범 답 안

① 사용하는 차량계 건설기계의 종류 및 성능
② 차량계 건설기계의 운행경로
③ 차량계 건설기계에 의한 작업방법

〈산업안전보건기준에 관한 규칙〉

[별표 4] 사전조사 및 작업계획서 내용(제38조 제1항 관련)

작업명	사전조사 내용	작업계획서 내용
3. 차량계 건설기계를 사용하는 작업	해당 기계의 굴러 떨어짐, 지반의 붕괴 등으로 인한 근로자의 위험을 방지하기 위한 해당 작업장소의 지형 및 지반 상태	가. 사용하는 차량계 건설기계의 종류 및 성능 나. 차량계 건설기계의 운행경로 다. 차량계 건설기계에 의한 작업방법

THEME 23 강관틀비계의 조립 시 준수사항 3가지를 작성하시오.

답 안 연 습

모 범 답 안

〈산업안전보건기준에 관한 규칙〉

제62조(강관틀비계) 사업주는 강관틀 비계를 조립하여 사용하는 경우 다음 각 호의 사항을 준수하여야 한다.

1. 비계기둥의 밑둥에는 밑받침 철물을 사용하여야 하며 밑받침에 고저차(高低差)가 있는 경우에는 조절형 밑받침철물을 사용하여 각각의 강관틀비계가 항상 수평 및 수직을 유지하도록 할 것
2. 높이가 20미터를 초과하거나 중량물의 적재를 수반하는 작업을 할 경우에는 주틀 간의 간격을 1.8미터 이하로 할 것
3. 주틀 간에 교차 가새를 설치하고 최상층 및 5층 이내마다 수평재를 설치할 것
4. 수직방향으로 6미터, 수평방향으로 8미터 이내마다 벽이음을 할 것
5. 길이가 띠장 방향으로 4미터 이하이고 높이가 10미터를 초과하는 경우에는 10미터 이내마다 띠장 방향으로 버팀기둥을 설치할 것

THEME 24 — 건설업 산업안전보건관리비 계상 및 사용기준에 의해 수급인 등이 안전관리비를 사용해야 하는 항목을 작성하시오.

답 안 연 습	

모 범 답 안	① 안전관리자 등의 인건비 및 각종 업무수당 등 ② 안전시설비 등 ③ 개인보호구 및 안전장구 구입비 등 ④ 사업장의 안전진단비 등 ⑤ 안전보건교육비 및 행사비 등 ⑥ 근로자의 건강관리비 등 ⑦ 건설재해예방 기술지도비 ⑧ 본사 사용비

THEME 25 — 거푸집 해체 시 안전상 유의사항 3가지를 작성하시오.

답 안 연 습	

모 범 답 안	〈산업안전보건기준에 관한 규칙〉 제336조(조립 등 작업 시의 준수사항) ① 사업주는 기둥·보·벽체·슬래브 등의 거푸집동바리 등을 조립하거나 해체하는 작업을 하는 경우에는 다음 각 호의 사항을 준수해야 한다. 　1. 해당 작업을 하는 구역에는 관계 근로자가 아닌 사람의 출입을 금지할 것 　2. 비, 눈, 그 밖의 기상상태의 불안정으로 날씨가 몹시 나쁜 경우에는 그 작업을 중지할 것 　3. 재료, 기구 또는 공구 등을 올리거나 내리는 경우에는 근로자로 하여금 달줄·달포대 등을 사용하도록 할 것 　4. 낙하·충격에 의한 돌발적 재해를 방지하기 위하여 버팀목을 설치하고 거푸집동바리 등을 인양장비에 매단 후에 작업을 하도록 하는 등 필요한 조치를 할 것 ② 사업주는 철근조립 등의 작업을 하는 경우에는 다음 각 호의 사항을 준수하여야 한다. 　1. 양중기로 철근을 운반할 경우에는 두 군데 이상 묶어서 수평으로 운반할 것 　2. 작업위치의 높이가 2미터 이상일 경우에는 작업발판을 설치하거나 안전대를 착용하게 하는 등 위험 방지를 위하여 필요한 조치를 할 것

THEME 26 　구조물 해체계획서에 포함되어야 할 사항 3가지를 작성하시오.

<table>
<tr><td rowspan="2">답 안
연 습</td><td></td></tr>
<tr><td></td></tr>
</table>

모 범 답 안	〈산업안전보건기준에 관한 규칙〉 [별표 4] 사전조사 및 작업계획서 내용(제38조 제1항 관련)

작업명	사전조사 내용	작업계획서 내용
10. 건물 등의 해체작업	해체건물 등의 구조, 주변 상황 등	가. 해체의 방법 및 해체 순서도면 나. 가설설비 · 방호설비 · 환기설비 및 살수 · 방화 　설비 등의 방법 다. 사업장 내 연락방법 라. 해체물의 처분계획 마. 해체작업용 기계 · 기구 등의 작업계획서 바. 해체작업용 화약류 등의 사용계획서 사. 그 밖에 안전 · 보건에 관련된 사항

THEME 27 　달기체인과 와이어로프의 안전기준을 작성하시오.

<table>
<tr><td rowspan="2">답 안
연 습</td><td></td></tr>
<tr><td></td></tr>
</table>

모 범 답 안

〈산업안전보건기준에 관한 규칙〉

제63조(달비계의 구조) ① 사업주는 곤돌라형 달비계를 설치하는 경우에는 다음 각 호의 사항을 준수해야 한다. 〈개정 2021. 11. 19.〉

1. 다음 각 목의 어느 하나에 해당하는 와이어로프를 달비계에 사용해서는 아니 된다.
　가. 이음매가 있는 것
　나. 와이어로프의 한 꼬임[[스트랜드(strand)를 말한다. 이하 같다)]에서 끊어진 소선(素線)[[필러 (pillar)선은 제외한다)]의 수가 10퍼센트 이상(비자전로프의 경우에는 끊어진 소선의 수가 와이어로프 호칭지름의 6배 길이 이내에서 4개 이상이거나 호칭지름 30배 길이 이내에서 8개 이상)인 것
　다. 지름의 감소가 공칭지름의 7퍼센트를 초과하는 것
　라. 꼬인 것
　마. 심하게 변형되거나 부식된 것
　바. 열과 전기충격에 의해 손상된 것
2. 다음 각 목의 어느 하나에 해당하는 달기 체인을 달비계에 사용해서는 아니 된다.
　가. 달기 체인의 길이가 달기 체인이 제조된 때의 길이의 5퍼센트를 초과한 것
　나. 링의 단면지름이 달기 체인이 제조된 때의 해당 링의 지름의 10퍼센트를 초과하여 감소한 것
　다. 균열이 있거나 심하게 변형된 것

THEME 28   굴착작업 시 사전에 조사해야 할 사항을 작성하시오.

답 안 연 습	

모 범 답 안	〈산업안전보건기준에 관한 규칙〉 제338조(굴착작업 사전조사 등) 사업주는 굴착작업을 할 때에 토사등의 붕괴 또는 낙하에 의한 위험을 미리 방지하기 위하여 다음 각 호의 사항을 점검해야 한다. 1. 작업장소 및 그 주변의 부석ㆍ균열의 유무 2. 함수(含水)ㆍ용수(湧水) 및 동결의 유무 또는 상태의 변화

THEME 29   강관비계 조립 시 준수사항 5가지를 작성하시오.

답 안 연 습	

모 범
답 안
	〈산업안전보건기준에 관한 규칙〉
	제60조(강관비계의 구조) 사업주는 강관을 사용하여 비계를 구성하는 경우 다음 각 호의 사항을 준수해야 한다. 〈개정 2023. 11. 14.〉
	  1. 비계기둥의 간격은 띠장 방향에서는 1.85미터 이하, 장선(長線) 방향에서는 1.5미터 이하로 할 것. 다만, 다음 각 목의 어느 하나에 해당하는 작업의 경우에는 안전성에 대한 구조검토를 실시하고 조립도를 작성하면 띠장 방향 및 장선 방향으로 각각 2.7미터 이하로 할 수 있다.
	    가. 선박 및 보트 건조작업
	    나. 그 밖에 장비 반입ㆍ반출을 위하여 공간 등을 확보할 필요가 있는 등 작업의 성질상 비계기둥 간격에 관한 기준을 준수하기 곤란한 작업
	  2. 띠장 간격은 2.0미터 이하로 할 것. 다만, 작업의 성질상 이를 준수하기가 곤란하여 쌍기둥틀 등에 의하여 해당 부분을 보강한 경우에는 그러하지 아니하다.
	  3. 비계기둥의 제일 윗부분으로부터 31미터되는 지점 밑부분의 비계기둥은 2개의 강관으로 묶어 세울 것. 다만, 브라켓(bracket, 까치발) 등으로 보강하여 2개의 강관으로 묶을 경우 이상의 강도가 유지되는 경우에는 그러하지 아니하다.
	  4. 비계기둥 간의 적재하중은 400킬로그램을 초과하지 않도록 할 것

THEME 30 　안전보건교육의 종류와 시간을 작성하시오.

답안연습

교육과정	교육대상		교육시간

모범답안

안전보건교육 교육과정별 교육시간

교육과정	교육대상		교육시간
가. 정기교육	1) 사무직 종사 근로자		매반기 6시간 이상
	2) 그 밖의 근로자	가) 판매업무에 직접 종사하는 근로자	매반기 6시간 이상
		나) 판매업무에 직접 종사하는 근로자 외의 근로자	매반기 12시간 이상
나. 채용 시 교육	1) 일용근로자 및 근로계약기간이 1주일 이하인 기간제근로자		1시간 이상
	2) 근로계약기간이 1주일 초과 1개월 이하인 기간제근로자		4시간 이상
	3) 그 밖의 근로자		8시간 이상
다. 작업내용 변경 시 교육	1) 일용근로자 및 근로계약기간이 1주일 이하인 기간제근로자		1시간 이상
	2) 그 밖의 근로자		2시간 이상
라. 특별교육	1) 일용근로자 및 근로계약기간이 1주일 이하인 기간제근로자 : 별표 5 제1호라목(제39호는 제외한다)에 해당하는 작업에 종사하는 근로자에 한정한다.		2시간 이상
	2) 일용근로자 및 근로계약기간이 1주일 이하인 기간제근로자 : 별표 5 제1호라목제39호에 해당하는 작업에 종사하는 근로자에 한정한다.		8시간 이상
	3) 일용근로자 및 근로계약기간이 1주일 이하인 기간제근로자를 제외한 근로자: 별표 5 제1호라목에 해당하는 작업에 종사하는 근로자에 한정한다.		가) 16시간 이상(최초 작업에 종사하기 전 4시간 이상 실시하고 12시간은 3개월 이내에서 분할하여 실시 가능) 나) 단기간 작업 또는 간헐적 작업인 경우에는 2시간 이상
마. 건설업 기초 안전 · 보건교육	건설 일용근로자		4시간 이상

THEME 31 　건설업 중 유해위험방지계획서 제출대상사업 5가지를 작성하시오.

답 안 연 습	

모 범 답 안	〈산업안전보건법 시행령〉 **제42조(유해위험방지계획서 제출 대상)** ① 법 제42조 제1항 제1호에서 "대통령령으로 정하는 사업의 종류 및 규모에 해당하는 사업"이란 다음 각 호의 어느 하나에 해당하는 사업으로서 전기 계약용량이 300킬로와트 이상인 경우를 말한다. 　1. 금속가공제품 제조업 : 기계 및 가구 제외 　2. 비금속 광물제품 제조업 　3. 기타 기계 및 장비 제조업 　4. 자동차 및 트레일러 제조업 　5. 식료품 제조업 　6. 고무제품 및 플라스틱제품 제조업 　7. 목재 및 나무제품 제조업 　8. 기타 제품 제조업 　9. 1차 금속 제조업 　10. 가구 제조업 　11. 화학물질 및 화학제품 제조업 　12. 반도체 제조업 　13. 전자부품 제조업 ② 법 제42조 제1항 제2호에서 "대통령령으로 정하는 기계 · 기구 및 설비"란 다음 각 호의 어느 하나에 해당하는 기계 · 기구 및 설비를 말한다. 이 경우 다음 각 호에 해당하는 기계 · 기구 및 설비의 구체적인 범위는 고용노동부장관이 정하여 고시한다. 　1. 금속이나 그 밖의 광물의 용해로. 2. 화학설비. 3. 건조설비. 4. 가스집합 용접장치 　5. 법 제117조 제1항에 따른 제조 등 금지물질 또는 법 제118조 제1항에 따른 허가대상물질 관련 설비 　6. 분진작업 관련 설비 ③ 법 제42조 제1항 제3호에서 "대통령령으로 정하는 크기 높이 등에 해당하는 건설공사"란 다음 각 호의 어느 하나에 해당하는 공사를 말한다. 　1. 다음 각 목의 어느 하나에 해당하는 건축물 또는 시설 등의 건설 · 개조 또는 해체(이하 "건설 등"이라 한다) 공사 　　가. 지상높이가 31미터 이상인 건축물 또는 인공구조물 　　나. 연면적 3만제곱미터 이상인 건축물 　　다. 연면적 5천제곱미터 이상인 시설로서 다음의 어느 하나에 해당하는 시설 　　　　1) 문화 및 집회시설(전시장 및 동물원 · 식물원은 제외한다) 　　　　2) 판매시설, 운수시설(고속철도의 역사 및 집배송시설은 제외한다) 　　　　3) 종교시설 　　　　4) 의료시설 중 종합병원 　　　　5) 숙박시설 중 관광숙박시설 　　　　6) 지하도상가 　　　　7) 냉동 · 냉장 창고시설 　2. 연면적 5천제곱미터 이상인 냉동 · 냉장 창고시설의 설비공사 및 단열공사 　3. 최대 지간(支間)길이(다리의 기둥과 기둥의 중심사이의 거리)가 50미터 이상인 다리의 건설 등 공사 　4. 터널의 건설 등 공사 　5. 다목적댐, 발전용댐, 저수용량 2천만 톤 이상의 용수 전용 댐 및 지방상수도 전용 댐의 건설 등 공사 　6. 깊이 10미터 이상인 굴착공사

THEME 32 발파작업 시 관리감독자의 직무 3가지를 작성하시오.

답안연습	

모범답안

〈산업안전보건기준에 관한 규칙〉

[별표 2] 관리감독자의 유해 · 위험 방지(제35조 제1항 관련)

작업명	직무수행 내용
11. 발파작업	가. 점화 전에 점화작업에 종사하는 근로자가 아닌 사람에게 대피를 지시하는 일 나. 점화작업에 종사하는 근로자에게 대피장소 및 경로를 지시하는 일 다. 점화 전에 위험구역 내에서 근로자가 대피한 것을 확인하는 일 라. 점화순서 및 방법에 대하여 지시하는 일 마. 점화신호를 하는 일 바. 점화작업에 종사하는 근로자에게 대피신호를 하는 일 사. 발파 후 터지지 않은 장약이나 남은 장약의 유무, 용수(湧水)의 유무 및 암석 · 토사의 낙하 여부 등을 점검하는 일 아. 점화하는 사람을 정하는 일 자. 공기압축기의 안전밸브 작동 유무를 점검하는 일 차. 안전모 등 보호구 착용 상황을 감시하는 일

제35조(관리감독자의 유해 · 위험 방지 업무 등) ① 사업주는 법 제16조 제1항에 따른 관리감독자(건설업의 경우 직장 · 조장 및 반장의 지위에서 그 작업을 직접 지휘 · 감독하는 관리감독자를 말하며, 이하 "관리감독자"라 한다)로 하여금 별표 2에서 정하는 바에 따라 유해 · 위험을 방지하기 위한 업무를 수행하도록 하여야 한다. 〈개정 2019. 12. 26.〉

THEME 33 차량계 건설기계를 사용하는 경우, 기계가 굴러 떨어짐으로써 근로자에게 위험을 미칠 우려가 있을 때의 조치사항 3가지를 작성하시오.

답안연습	

모범답안

〈산업안전보건기준에 관한 규칙〉

제199조(전도 등의 방지) 사업주는 차량계 건설기계를 사용하는 작업할 때에 그 기계가 넘어지거나 굴러떨어짐으로써 근로자가 위험해질 우려가 있는 경우에는 유도하는 사람을 배치하고 지반의 부동침하 방지, 갓길의 붕괴 방지 및 도로 폭의 유지 등 필요한 조치를 하여야 한다.

THEME 34 산업안전보건표지의 종류를 5가지 작성하시오.

| 답 안
연 습 | |

모 범 답 안

	101 출입금지	102 보행금지	103 차량통행금지	104 사용금지	105 탑승금지	106 금연
1. 금지표지						
	107 화기금지	108 물체이동금지	2. 경고표지	201 인화성물질 경고	202 산화성물질 경고	203 폭발성물질 경고	204 급성독성물질 경고
	205 부식성물질 경고	206 방사성물질 경고	207 고압전기 경고	208 매달린 물체 경고	209 낙하물 경고	210 고온 경고	211 저온 경고
	212 몸균형 상실 경고	213 레이저광선 경고	214 발암성 · 변이원성 · 생식독성 · 전신 독성 · 호흡기 · 과민성 물질 경고	215 위험장소 경고	3. 지시표지	301 보안경 착용	302 방독마스크 착용
	303 방진마스크 착용	304 보안면 착용	305 안전모 착용	306 귀마개 착용	307 안전화 착용	308 안전장갑 착용	309 안전복 착용
4. 안내표지	401 녹십자 표지	402 응급구호표지	403 들것	404 세안장치	405 비상용기구	406 비상구

407 좌측비상구	408 우측비상구	5. 관계자 외 출입금지	501 허가대상물질 작업장	502 석면취급/해체 작업장	503 금지대상물질의 취급 실험실 등
			관계자 외 출입금지 (허가물질 명칭) 제조/사용/보관 중 보호구/보호복 착용 흡연 및 음식물 섭취 금지	관계자 외 출입금지 석면 취급/해체 중 보호구/보호복 착용 흡연 및 음식물 섭취 금지	관계자 외 출입금지 발암물질 취급 중 보호구/보호복 착용 흡연 및 음식물 섭취 금지

6. 문자추가 시 예시문	휘발유 화기엄금	▶ 내 자신의 건강과 복지를 위하여 안전을 늘 생각한다. ▶ 내 가정의 행복과 화목을 위하여 안전을 늘 생각한다. ▶ 내 자신의 실수로써 동료를 해치지 않도록 안전을 늘 생각한다. ▶ 내 자신이 일으킨 사고로 인한 회사의 재산과 손실을 방지하기 위하여 안전을 늘 생각한다. ▶ 내 자신의 방심과 불안전한 행동이 조국의 번영에 장애가 되지 않도록 하기 위하여 안전을 늘 생각한다.

THEME 35 — 비계의 높이가 2m 이상인 작업장소에서 설치하는 작업발판의 기준을 4가지 작성하시오.

**답안
연습**

**모범
답안**

〈산업안전보건기준에 관한 규칙〉

제56조(작업발판의 구조) 사업주는 비계(달비계, 달대비계 및 말비계는 제외한다)의 높이가 2미터 이상인 작업장소에 다음 각 호의 기준에 맞는 작업발판을 설치하여야 한다. 〈개정 2012. 5. 31., 2017. 12. 28.〉

1. 발판재료는 작업할 때의 하중을 견딜 수 있도록 견고한 것으로 할 것
2. 작업발판의 폭은 40센티미터 이상으로 하고, 발판재료 간의 틈은 3센티미터 이하로 할 것. 다만, 외줄비계의 경우에는 고용노동부장관이 별도로 정하는 기준에 따른다.
3. 제2호에도 불구하고 선박 및 보트 건조작업의 경우 선박블록 또는 엔진실 등의 좁은 작업공간에 작업발판을 설치하기 위하여 필요하면 작업발판의 폭을 30센티미터 이상으로 할 수 있고, 걸침비계의 경우 강관기둥 때문에 발판재료 간의 틈을 3센티미터 이하로 유지하기 곤란하면 5센티미터 이하로 할 수 있다. 이 경우 그 틈 사이로 물체 등이 떨어질 우려가 있는 곳에는 출입금지 등의 조치를 하여야 한다.
4. 추락의 위험이 있는 장소에는 안전난간을 설치할 것. 다만, 작업의 성질상 안전난간을 설치하는 것이 곤란한 경우, 작업의 필요상 임시로 안전난간을 해체할 때에 추락방호망을 설치하거나 근로자로 하여금 안전대를 사용하도록 하는 등 추락위험 방지 조치를 한 경우에는 그러하지 아니하다.
5. 작업발판의 지지물은 하중에 의하여 파괴될 우려가 없는 것을 사용할 것
6. 작업발판재료는 뒤집히거나 떨어지지 않도록 둘 이상의 지지물에 연결하거나 고정시킬 것
7. 작업발판을 작업에 따라 이동시킬 경우에는 위험 방지에 필요한 조치를 할 것

THEME 36 작업장 내 운반을 주목적으로 하는 구내운반차 사용 시 준수사항을 3가지 작성하시오.

답 안 연 습	

| 모 범 답 안 | 〈산업안전보건기준에 관한 규칙〉

제184조(제동장치 등) 사업주는 구내운반차(작업장내 운반을 주목적으로 하는 차량으로 한정한다)를 사용하는 경우에 다음 각 호의 사항을 준수해야 한다. 〈개정 2021. 11. 19.〉
 1. 주행을 제동하거나 정지상태를 유지하기 위하여 유효한 제동장치를 갖출 것
 2. 경음기를 갖출 것
 3. 운전석이 차 실내에 있는 것은 좌우에 한 개씩 방향지시기를 갖출 것
 4. 전조등과 후미등을 갖출 것. 다만, 작업을 안전하게 하기 위하여 필요한 조명이 있는 장소에서 사용하는 구내운반차에 대해서는 그러하지 아니하다. |

THEME 37 안전관리자 등은 신규교육과 보수교육을 받아야 한다. 이에 따른 교육시간을 작성하시오.

답 안 연 습

교육대상	교육시간	
	신규교육	보수교육

모 범 답 안

〈산업안전보건법 시행규칙〉
[별표 4] 안전보건교육 교육과정별 교육시간
2. 안전보건관리책임자 등에 대한 교육(제29조 제2항 관련)

교육대상	교육시간	
	신규교육	보수교육
가. 안전보건관리책임자	6시간 이상	6시간 이상
나. 안전관리자, 안전관리전문기관의 종사자	34시간 이상	24시간 이상
다. 보건관리자, 보건관리전문기관의 종사자	34시간 이상	24시간 이상
라. 건설재해예방전문지도기관의 종사자	34시간 이상	24시간 이상
마. 석면조사기관의 종사자	34시간 이상	24시간 이상
바. 안전보건관리담당자	–	8시간 이상
사. 안전검사기관, 자율안전검사기관의 종사자	34시간 이상	24시간 이상

THEME 38 — 다음 작업조건에 적합한 보호구를 작성하시오.

답안 연습

작업조건	보호구
물체가 떨어지거나 날아올 위험 또는 근로자가 추락할 위험이 있는 작업	①
높이 또는 깊이 2미터 이상의 추락할 위험이 있는 장소에서 하는 작업	②
물체의 낙하·충격, 물체에의 끼임, 감전 또는 정전기의 대전(帶電)에 의한 위험이 있는 작업	③
물체가 흩날릴 위험이 있는 작업	④
용접 시 불꽃이나 물체가 흩날릴 위험이 있는 작업	⑤
감전의 위험이 있는 작업	⑥
고열에 의한 화상 등의 위험이 있는 작업	⑦
선창 등에서 분진(粉塵)이 심하게 발생하는 하역작업	⑧
섭씨 영하 18도 이하인 급냉동어창에서 하는 하역작업	⑨

모범 답안

① 안전모 ② 안전대(安全帶) ③ 안전화 ④ 보안경 ⑤ 보안면 ⑥ 절연용 보호구 ⑦ 방열복
⑧ 방진마스크 ⑨ 방한모·방한복·방한화·방한장갑

THEME 39 — 높이 2m 이상인 작업발판 끝 또는 개구부에서 작업 시 추락재해 방지대책 5가지를 작성하시오.

답안 연습

모범 답안

〈산업안전보건기준에 관한 규칙〉

제43조(개구부 등의 방호 조치) ① 사업주는 작업발판 및 통로의 끝이나 개구부로서 근로자가 추락할 위험이 있는 장소에는 안전난간, 울타리, 수직형 추락방망 또는 덮개 등(이하 이 조에서 "난간 등"이라 한다)의 방호 조치를 충분한 강도를 가진 구조로 튼튼하게 설치하여야 하며, 덮개를 설치하는 경우에는 뒤집히거나 떨어지지 않도록 설치하여야 한다. 이 경우 어두운 장소에서도 알아볼 수 있도록 개구부임을 표시해야 하며, 수직형 추락방망은 한국산업표준에서 정하는 성능기준에 적합한 것을 사용해야 한다. 〈개정 2019. 12. 26.〉

② 사업주는 난간 등을 설치하는 것이 매우 곤란하거나 작업의 필요상 임시로 난간 등을 해체하여야 하는 경우 제42조 제2항 각 호의 기준에 맞는 추락방호망을 설치하여야 한다. 다만, 추락방호망을 설치하기 곤란한 경우에는 근로자에게 안전대를 착용하도록 하는 등 추락할 위험을 방지하기 위하여 필요한 조치를 하여야 한다. 〈개정 2017. 12. 28.〉

THEME 40 — 터널공사(N.A.T.M 공법) 중 안전성 확보를 위한 계측항목을 4가지 작성하시오.

답 안 연 습

모 범 답 안
① 내공변위 측정 ② 천단침하 측정 ③ 숏크리트 응력측정 ④ 터널 내 육안조사
⑤ 록볼트 축력측정 ⑥ 지중변위 측정 ⑦ 지중수평변위 측정 ⑧ 지하수위 측정

THEME 41 — 발파작업에 종사하는 근로자 준수사항을 3가지 작성하시오.

답 안 연 습

모 범 답 안

〈산업안전보건기준에 관한 규칙〉

제348조(발파의 작업기준) 사업주는 발파작업에 종사하는 근로자에게 다음 각 호의 사항을 준수하도록 하여야 한다.

1. 얼어붙은 다이나마이트는 화기에 접근시키거나 그 밖의 고열물에 직접 접촉시키는 등 위험한 방법으로 융해되지 않도록 할 것
2. 화약이나 폭약을 장전하는 경우에는 그 부근에서 화기를 사용하거나 흡연을 하지 않도록 할 것
3. 장전구(裝塡具)는 마찰·충격·정전기 등에 의한 폭발의 위험이 없는 안전한 것을 사용할 것
4. 발파공의 충진재료는 점토·모래 등 발화성 또는 인화성의 위험이 없는 재료를 사용할 것
5. 점화 후 장전된 화약류가 폭발하지 아니한 경우 또는 장전된 화약류의 폭발 여부를 확인하기 곤란한 경우에는 다음 각 목의 사항을 따를 것
   가. 전기뇌관에 의한 경우에는 발파모선을 점화기에서 떼어 그 끝을 단락시켜 놓는 등 재점화되지 않도록 조치하고 그 때부터 5분 이상 경과한 후가 아니면 화약류의 장전장소에 접근시키지 않도록 할 것
   나. 전기뇌관 외의 것에 의한 경우에는 점화한 때부터 15분 이상 경과한 후가 아니면 화약류의 장전장소에 접근시키지 않도록 할 것
6. 전기뇌관에 의한 발파의 경우 점화하기 전에 화약류를 장전한 장소로부터 30미터 이상 떨어진 안전한 장소에서 전선에 대하여 저항측정 및 도통(導通)시험을 할 것

THEME 42 — 중대재해 발생 시 지방노동관서장에게 전화 또는 팩스 등으로 보고하는 기간과 보고사항을 작성하시오.

답 안 연 습

필 답 형 핵 심 문 제

모범 답안	〈산업안전보건법 시행규칙〉 **제67조(중대재해 발생 시 보고)** 사업주는 중대재해가 발생한 사실을 알게 된 경우에는 법 제54조 제2항에 따라 지체 없이 다음 각 호의 사항을 사업장 소재지를 관할하는 지방고용노동관서의 장에게 전화·팩스 또는 그 밖의 적절한 방법으로 보고해야 한다. 1. 발생 개요 및 피해 상황 2. 조치 및 전망 3. 그 밖의 중요한 사항

THEME 43 — 고용노동부장관에게 보고해야 하는 중대재해 3가지를 작성하시오.

답안 연습	

모범 답안	〈산업안전보건법 시행규칙〉 **제3조(중대재해의 범위)** 법 제2조 제2호에서 "고용노동부령으로 정하는 재해"란 다음 각 호의 어느 하나에 해당하는 재해를 말한다. 1. 사망자가 1명 이상 발생한 재해 2. 3개월 이상의 요양이 필요한 부상자가 동시에 2명 이상 발생한 재해 3. 부상자 또는 직업성 질병자가 동시에 10명 이상 발생한 재해

THEME 44 — 와이어로프 클립고정법의 클립간격을 작성하시오.

답안 연습

와이어로프 지름(mm)	클립개수	클립간격
16 이하		
16 초과 28 이하		
28 초과		

모범 답안

와이어로프 지름(mm)	클립개수	클립간격
16 이하	4	
16 초과 28 이하	5	지름의 6배 이상
28 초과	6	

THEME 45 공사진척에 따른 안전관리비 사용기준을 작성하시오.

답 안 연 습	공정률	50% 이상 70% 미만	70% 이상 90% 미만	90% 이상 100%
	사용기준			

모 범 답 안	공정률	50% 이상 70% 미만	70% 이상 90% 미만	90% 이상 100%
	사용기준	50% 이상	70% 이상	90% 이상

THEME 49 암질 변화구간 및 이상 암질의 출현 시 일축압축강도와 함께 사용되는 암질판별법을 3가지 작성하시오.

답 안 연 습	

모 범 답 안	① 탄성파속도(m/sec) ② 진동치속도(cm/sec) ③ R.Q.D(%) ④ R.M.R

THEME 47 인체 감전 시 위험정도를 좌우하는 요소를 3가지 작성하시오.

답 안 연 습	

모 범 답 안	① 통전경로 ② 통전시간 ③ 통전전류의 크기 ④ 전원의 종류

THEME 48 — 감전위험을 방지하기 위해 누전차단기 설치를 주의해야 하는 장소 3가지를 작성하시오.

답 안 연 습

모 범 답 안

〈산업안전보건기준에 관한 규칙〉

제304조(누전차단기에 의한 감전방지) ① 사업주는 다음 각 호의 전기 기계·기구에 대하여 누전에 의한 감전위험을 방지하기 위하여 해당 전로의 정격에 적합하고 감도(전류 등에 반응하는 정도)가 양호하며 확실하게 작동하는 감전방지용 누전차단기를 설치해야 한다.

1. 대지전압이 150볼트를 초과하는 이동형 또는 휴대형 전기기계·기구
2. 물 등 도전성이 높은 액체가 있는 습윤장소에서 사용하는 저압(1.5천 볼트 이하 직류전압이나 1천 볼트 이하의 교류전압을 말한다)용 전기기계·기구
3. 철판·철골 위 등 도전성이 높은 장소에서 사용하는 이동형 또는 휴대형 전기기계·기구
4. 임시배선의 전로가 설치되는 장소에서 사용하는 이동형 또는 휴대형 전기기계·기구

THEME 49 — 산업안전보건법상 명예산업안전감독관 해촉 사유 3가지를 작성하시오.

답 안 연 습

모 범 답 안

〈산업안전보건법 시행령〉

제33조(명예산업안전감독관의 해촉) 고용노동부장관은 다음 각 호의 어느 하나에 해당하는 경우에는 명예산업안전감독관을 해촉(解囑)할 수 있다.

1. 근로자대표가 사업주의 의견을 들어 제32조 제1항 제1호에 따라 위촉된 명예산업안전감독관의 해촉을 요청한 경우
2. 제32조 제1항 제2호부터 제4호까지의 규정에 따라 위촉된 명예산업안전감독관이 해당 단체 또는 그 산하조직으로부터 퇴직하거나 해임된 경우
3. 명예산업안전감독관의 업무와 관련하여 부정한 행위를 한 경우
4. 질병이나 부상 등의 사유로 명예산업안전감독관의 업무 수행이 곤란하게 된 경우

THEME 50 — 환산재해율 산정 시 사업자 무과실 간주사항 3가지를 작성하시오.

답안 연습

모범 답안

〈산업안전보건법 시행규칙〉

[별표 1] 건설업체 산업재해발생률 및 산업재해 발생 보고의무 위반건수의 산정 기준과 방법

라. 사고사망자 중 다음의 어느 하나에 해당하는 경우로서 사업주의 법 위반으로 인한 것이 아니라고 인정되는 재해에 의한 사고사망자는 사고사망자 수 산정에서 제외한다.

1) 방화, 근로자 간 또는 타인 간의 폭행에 의한 경우

2) 「도로교통법」에 따라 도로에서 발생한 교통사고에 의한 경우(해당 공사의 공사용 차량 · 장비에 의한 사고는 제외한다)

3) 태풍 · 홍수 · 지진 · 눈사태 등 천재지변에 의한 불가항력적인 재해의 경우

4) 작업과 관련이 없는 제3자의 과실에 의한 경우(해당 목적물 완성을 위한 작업자간의 과실은 제외한다)

5) 그 밖에 야유회, 체육행사, 취침 · 휴식 중의 사고 등 건설작업과 직접 관련이 없는 경우

THEME 51 — 안전대 훅 · 버클의 폐기기준 3가지를 작성하시오.

답안 연습

모범 답안

① 이탈방지장치의 작동이 나쁜 것

② 훅 외측에 1mm 이상의 손상이 있는 것

③ 전체적으로 녹이 슨 것

THEME 52　산업재해 발생 시 산업재해 기록 등 3년간 기록 보존해야 하는 항목을 3가지 작성하시오.

답안연습

모범답안

〈산업안전보건법 시행규칙〉

제72조(산업재해 기록 등) 사업주는 산업재해가 발생한 때에는 법 제57조 제2항에 따라 다음 각 호의 사항을 기록·보존해야 한다. 다만, 제73조 제1항에 따른 산업재해조사표의 사본을 보존하거나 제73조 제5항에 따른 요양신청서의 사본에 재해 재발방지 계획을 첨부하여 보존한 경우에는 그렇지 않다.
1. 사업장의 개요 및 근로자의 인적사항
2. 재해 발생의 일시 및 장소
3. 재해 발생의 원인 및 과정
4. 재해 재발방지 계획

THEME 53　안전보건표지의 색도기준 및 용도에 관해 작성하시오.

답안연습

색채	색도기준	용도	사용 례
			정지신호, 소화설비 및 그 장소, 유해행위의 금지
			화학물질 취급장소에서의 유해·위험 경고
			화학물질 취급장소에서의 유해·위험경고 이외의 위험경고, 주의표지 또는 기계방호물
			특정 행위의 지시 및 사실의 고지
			비상구 및 피난소, 사람 또는 차량의 통행표지
			파란색 또는 녹색에 대한 보조색
			문자 및 빨간색 또는 노란색에 대한 보조색

모범답안

색채	색도기준	용도	사용 례
빨간색	7.5R 4/14	금지	정지신호, 소화설비 및 그 장소, 유해행위의 금지
빨간색	7.5R 4/14	경고	화학물질 취급장소에서의 유해·위험 경고
노란색	5Y 8.5/12	경고	화학물질 취급장소에서의 유해·위험경고 이외의 위험경고, 주의표지 또는 기계방호물
파란색	2.5PB 4/10	지시	특정 행위의 지시 및 사실의 고지
녹색	2.5G 4/10	안내	비상구 및 피난소, 사람 또는 차량의 통행표지
흰색	N9.5		파란색 또는 녹색에 대한 보조색
검은색	N0.5		문자 및 빨간색 또는 노란색에 대한 보조색

THEME 54 — 콘크리트 비파괴시험 종류 5가지를 작성하시오.

답안연습	

모범답안	① 방사선법 ② 반발경도법 ③ 복합법 ④ 자기법 ⑤ 음파법

THEME 55 — 거푸집 및 동바리에 사용할 재료 선정 시 고려사항을 4가지 작성하시오.

답안연습	

모범답안	① 강도 및 강성 ② 경제성 ③ 작업성 ④ 타설 콘크리트 영향 ⑤ 내구성

THEME 56 — 채석작업계획 포함사항을 3가지 작성하시오.

답안연습	

모범답안	〈산업안전보건기준에 관한 규칙〉 [별표 4] 사전조사 및 작업계획서 내용(제38조 제1항 관련)

작업명	직무수행 내용	작업계획서 내용
9. 채석 작업	지반의 붕괴·굴착기계의 굴러 떨어짐 등에 의한 근로자에게 발생할 위험을 방지하기 위한 해당 작업장의 지형·지질 및 지층의 상태	가. 노천굴착과 갱내굴착의 구별 및 채석방법 나. 굴착면의 높이와 기울기 다. 굴착면 소단(小段 : 비탈면의 경사를 완화시키기 위해 중간에 좁은 폭으로 설치하는 평탄한 부분)의 위치와 넓이 라. 갱내에서의 낙반 및 붕괴방지 방법 마. 발파방법 바. 암석의 분할방법 사. 암석의 가공장소 아. 사용하는 굴착기계·분할기계·적재기계 또는 운반기계(이하 "굴착기계 등"이라 한다)의 종류 및 성능 자. 토석 또는 암석의 적재 및 운반방법과 운반경로 차. 표토 또는 용수(湧水)의 처리방법

THEME 57 — 흙의 동결방지대책을 3가지 작성하시오.

답안 연습	

모범 답안	① 동결깊이에 있는 상부의 흙을 동결이 잘 되지 않는 것으로 치환시킴 ② 배수구 등을 설치하여 지하수위를 저하시킴 ③ 동결심도 아래에 배수층을 설치함 ④ 모관수 상승 차단층을 형성함

THEME 58 — 컨베이어 작업 시작 전 점검사항을 3가지 작성하시오.

답안 연습	

모범 답안	〈산업안전보건기준에 관한 규칙〉 [별표 3] 작업시작 전 점검사항

	13. 컨베이어 등을 사용하여 작업을 할 때 (제2편 제1장 제11절)	가. 원동기 및 풀리(pulley) 기능의 이상 유무 나. 이탈 등의 방지장치 기능의 이상 유무 다. 비상정지장치 기능의 이상 유무 라. 원동기 · 회전축 · 기어 및 풀리 등의 덮개 또는 울 등의 이상 유무

THEME 59 — 그물코의 크기에 따른 추락방지용 방망사의 신품의 인장강도를 작성하시오.

답안연습

그물코의 크기(cm)	방망의 종류	
	매듭 없는 방망(kg)	매듭 방망(kg)

모범답안

그물코의 크기(cm)	방망의 종류	
	매듭 없는 방망(kg)	매듭 방망(kg)
5	–	110(60)
10	240(150)	200(135)

* ( ) : 폐기 시 인장강도

THEME 60 거푸집 존치기간에 관해 작성하시오.

답안연습

1. 압축강도를 시험할 경우

부재	콘크리트 압축강도(f_{cu})
확대기초, 보 옆, 기둥, 벽 등의 측면	
슬래브, 보 밑면, 아치 내면	

2. 압축강도를 시험하지 않을 경우(기초, 보 옆, 기둥, 벽)

시멘트 종류 / 평균기온	조강포틀랜드 시멘트	보통포틀랜드 시멘트 고로슬래그 시멘트(1종) 포틀랜드포졸란 시멘트(1종) 플라이애시 시멘트(1종)	고로슬래그 시멘트(2종) 포틀랜드포졸란 시멘트(2종) 플라이애시 시멘트(2종)
20℃ 이상			
10℃ 이상 20℃ 미만			

모범답안

1. 압축강도를 시험할 경우

부재	콘크리트 압축강도(f_{cu})
확대기초, 보 옆, 기둥, 벽 등의 측면	5Mpa(50kgf/cm^2) 이상
슬래브, 보 밑면, 아치 내면	설계기준강도×2/3($f_{cu} \geq 2/3 f_{ck}$) 다만, 14Mpa(140kgf/cm^2) 이상

2. 압축강도를 시험하지 않을 경우(기초, 보 옆, 기둥, 벽)

시멘트 종류 / 평균기온	조강포틀랜드 시멘트	보통포틀랜드 시멘트 고로슬래그 시멘트(1종) 포틀랜드포졸란 시멘트(1종) 플라이애시 시멘트(1종)	고로슬래그 시멘트(2종) 포틀랜드포졸란 시멘트(2종) 플라이애시 시멘트(2종)
20℃ 이상	2일	4일	5일
10℃ 이상 20℃ 미만	3일	6일	8일

THEME 61 항타기·항발기 조립 시 점검사항을 4가지 작성하시오.

답안연습

| 모 범
답 안 | 제207조(조립 · 해체 시 점검사항) ① 사업주는 항타기 또는 항발기를 조립하거나 해체하는 경우 다음 각 호의 사항을 준수해야 한다. 〈신설 2022. 10. 18.〉
  1. 항타기 또는 항발기에 사용하는 권상기에 쐐기장치 또는 역회전방지용 브레이크를 부착할 것
  2. 항타기 또는 항발기의 권상기가 들리거나 미끄러지거나 흔들리지 않도록 설치할 것
  3. 그 밖에 조립 · 해체에 필요한 사항은 제조사에서 정한 설치 · 해체 작업 설명서에 따를 것
② 사업주는 항타기 또는 항발기를 조립하거나 해체하는 경우 다음 각 호의 사항을 점검해야 한다. 〈개정 2022. 10. 18.〉
  1. 본체 연결부의 풀림 또는 손상의 유무
  2. 권상용 와이어로프 · 드럼 및 도르래의 부착상태의 이상 유무
  3. 권상장치의 브레이크 및 쐐기장치 기능의 이상 유무
  4. 권상기의 설치상태의 이상 유무
  5. 리더(leader)의 버팀 방법 및 고정상태의 이상 유무
  6. 본체 · 부속장치 및 부속품의 강도가 적합한지 여부
  7. 본체 · 부속장치 및 부속품에 심한 손상 · 마모 · 변형 또는 부식이 있는지 여부 |

THEME 62   흙막이 공사현장 주변지반의 침하원인을 4가지 작성하시오.

| 답 안
연 습 | |

| 모 범
답 안 | ① 보일링(Boiling)현상, 히빙(Heaving)현상 발생으로 인한 침하
② 우수 또는 지표수 등의 유입으로 인한 침하
③ 흙막이 배면의 토압으로 인한 흙막이 변형으로 인한 침하
④ 흙막이 배면 지표 과하중 적재로 인한 침하
⑤ 지반의 지하수 배출로 지하수위 저하로 인한 압밀침하 현상으로 인한 침하 |

THEME 63   콘크리트 타설작업 시 준수사항을 3가지 작성하시오.

| 답 안
연 습 | |

| 모 범
답 안 | 〈산업안전보건기준에 관한 규칙〉
제334조(콘크리트의 타설작업) 사업주는 콘크리트 타설작업을 하는 경우에는 다음 각 호의 사항을 준수하여야 한다.
  1. 당일의 작업을 시작하기 전에 해당 작업에 관한 거푸집동바리 등의 변형 · 변위 및 지반의 침하 유무 등을 점검하고 이상이 있으면 보수할 것
  2. 작업 중에는 거푸집동바리 등의 변형 · 변위 및 침하 유무 등을 감시할 수 있는 감시자를 배치하여 이상이 있으면 작업을 중지하고 근로자를 대피시킬 것
  3. 콘크리트 타설작업 시 거푸집 붕괴의 위험이 발생할 우려가 있으면 충분한 보강조치를 할 것
  4. 설계도서상의 콘크리트 양생기간을 준수하여 거푸집동바리 등을 해체할 것
  5. 콘크리트를 타설하는 경우에는 편심이 발생하지 않도록 골고루 분산하여 타설할 것 |

THEME 64　다음 중 시스템 동바리의 조립 시 안전조치 사항을 3가지 작성하시오.

답안 연습	

모범 답안	〈산업안전보건기준에 관한 규칙〉 제332조의2(동바리 유형에 따른 동바리 조립 시의 안전조치) 사업주는 동바리를 조립할 때 동바리의 유형별로 다음 각 호의 구분에 따른 각 목의 사항을 준수해야 한다. 　1. 동바리로 사용하는 파이프 서포트의 경우 　　가. 파이프 서포트를 3개 이상 이어서 사용하지 않도록 할 것 　　나. 파이프 서포트를 이어서 사용하는 경우에는 4개 이상의 볼트 또는 전용철물을 사용하여 이을 것 　　다. 높이가 3.5미터를 초과하는 경우에는 높이 2미터 이내마다 수평연결재를 2개 방향으로 만들고 수평연결재의 변위를 방지할 것 　2. 동바리로 사용하는 강관틀의 경우 　　가. 강관틀과 강관틀 사이에 교차가새를 설치할 것 　　나. 최상단 및 5단 이내마다 동바리의 측면과 틀면의 방향 및 교차가새의 방향에서 5개 이내마다 수평연결재를 설치하고 수평연결재의 변위를 방지할 것 　　다. 최상단 및 5단 이내마다 동바리의 틀면의 방향에서 양단 및 5개틀 이내마다 교차가새의 방향으로 띠장틀을 설치할 것 　3. 동바리로 사용하는 조립강주의 경우: 조립강주의 높이가 4미터를 초과하는 경우에는 높이 4미터 이내마다 수평연결재를 2개 방향으로 설치하고 수평연결재의 변위를 방지할 것 　4. 시스템 동바리(규격화·부품화된 수직재, 수평재 및 가새재 등의 부재를 현장에서 조립하여 거푸집을 지지하는 지주 형식의 동바리를 말한다)의 경우 　　가. 수평재는 수직재와 직각으로 설치해야 하며, 흔들리지 않도록 견고하게 설치할 것 　　나. 연결철물을 사용하여 수직재를 견고하게 연결하고, 연결부위가 탈락 또는 꺾어지지 않도록 할 것 　　다. 수직 및 수평하중에 대해 동바리의 구조적 안정성이 확보되도록 조립도에 따라 수직재 및 수평재에는 가새재를 견고하게 설치할 것 　　라. 동바리 최상단과 최하단의 수직재와 받침철물은 서로 밀착되도록 설치하고 수직재와 받침철물의 연결부의 겹침길이는 받침철물 전체길이의 3분의 1 이상 되도록 할 것 　5. 보 형식의 동바리[강제 갑판(steel deck), 철재트러스 조립 보 등 수평으로 설치하여 거푸집을 지지하는 동바리를 말한다]의 경우 　　가. 접합부는 충분한 걸침 길이를 확보하고 못, 용접 등으로 양끝을 지지물에 고정시켜 미끄러짐 및 탈락을 방지할 것 　　나. 양끝에 설치된 보 거푸집을 지지하는 동바리 사이에는 수평연결재를 설치하거나 동바리를 추가로 설치하는 등 보 거푸집이 옆으로 넘어지지 않도록 견고하게 할 것 　　다. 설계도면, 시방서 등 설계도서를 준수하여 설치할 것 [본조신설 2023. 11. 14.]

THEME 65 — 크레인 등 안전검사 실시 후 합격표시 사항을 4가지 작성하시오.

답안연습

모범답안

〈산업안전보건법 시행규칙〉

[별표 16] 안전검사 합격표시 및 표시방법

1. 합격표시

안전검사합격증명서	
① 안전검사대상기계명	
② 신청인	
③ 형식번(기)호(설치장소)	
④ 합격번호	
⑤ 검사유효기간	
⑥ 검사기관(실시기관)	○ ○ ○ ○ ○ ○　　　　　(직인) 검 사 원 : ○ ○ ○

고 용 노 동 부 장 관　ㅣ 직인 생략 ㅣ

THEME 66 — 흙막이 지보공의 정기점검사항 4가지를 작성하시오.

답안연습

모범답안

〈산업안전보건기준에 관한 규칙〉

제347조(붕괴 등의 위험 방지) ① 사업주는 흙막이 지보공을 설치하였을 때에는 정기적으로 다음 각 호의 사항을 점검하고 이상을 발견하면 즉시 보수하여야 한다.

　1. 부재의 손상 · 변형 · 부식 · 변위 및 탈락의 유무와 상태

　2. 버팀대의 긴압(緊壓)의 정도

　3. 부재의 접속부 · 부착부 및 교차부의 상태

　4. 침하의 정도

② 사업주는 제1항의 점검 외에 설계도서에 따른 계측을 하고 계측 분석 결과 토압의 증가 등 이상한 점을 발견한 경우에는 즉시 보강조치를 하여야 한다.

THEME 67 — 콘크리트 비빔시험 종류 4가지를 작성하시오.

답안연습

모범답안

① 슬럼프(slump)시험 ② 공기량시험 ③ 블리딩시험 ④ 염화물량시험

THEME 68 — 낙하물 방지망의 설치기준에 관해 작성하시오.

답안연습

모범답안

〈산업안전보건기준에 관한 규칙〉

제14조(낙하물에 의한 위험의 방지) ① 사업주는 작업장의 바닥, 도로 및 통로 등에서 낙하물이 근로자에게 위험을 미칠 우려가 있는 경우 보호망을 설치하는 등 필요한 조치를 하여야 한다.

② 사업주는 작업으로 인하여 물체가 떨어지거나 날아올 위험이 있는 경우 낙하물 방지망, 수직보호망 또는 방호선반의 설치, 출입금지구역의 설정, 보호구의 착용 등 위험을 방지하기 위하여 필요한 조치를 하여야 한다. 이 경우 낙하물 방지망 및 수직보호망은 「산업표준화법」 12조에서 정하는 성능기준에 적합한 것을 사용하여야 한다. 〈개정 2022. 10. 18.〉

③ 제2항에 따라 낙하물 방지망 또는 방호선반을 설치하는 경우에는 다음 각 호의 사항을 준수하여야 한다.

　1. 높이 10미터 이내마다 설치하고, 내민 길이는 벽면으로부터 2미터 이상으로 할 것
　2. 수평면과의 각도는 20도 이상 30도 이하를 유지할 것

THEME 69 — 환산재해율에서 상시근로자 산출식을 작성하시오.

답안연습

모범답안

$$\text{상시근로자수} = \frac{\text{연간 국내공사 실적액} \times \text{노무비율}}{\text{건설업 월평균임금} \times 12}$$

필 답 형 핵 심 문 제

THEME 70 | 승강기 종류를 4가지 작성하시오.

답안연습

모범답안

〈산업안전보건기준에 관한 규칙〉

제132조(양중기)

5. "승강기"란 건축물이나 고정된 시설물에 설치되어 일정한 경로에 따라 사람이나 화물을 승강장으로 옮기는 데에 사용되는 설비로서 다음 각 목의 것을 말한다.

　가. 승객용 엘리베이터 : 사람의 운송에 적합하게 제조·설치된 엘리베이터

　나. 승객화물용 엘리베이터 : 사람의 운송과 화물 운반을 겸용하는 데 적합하게 제조·설치된 엘리베이터

　다. 화물용 엘리베이터 : 화물 운반에 적합하게 제조·설치된 엘리베이터로서 조작자 또는 화물취급자 1명은 탑승할 수 있는 것(적재용량이 300킬로그램 미만인 것은 제외한다)

　라. 소형화물용 엘리베이터 : 음식물이나 서적 등 소형 화물의 운반에 적합하게 제조·설치된 엘리베이터로서 사람의 탑승이 금지된 것

　마. 에스컬레이터 : 일정한 경사로 또는 수평로를 따라 위·아래 또는 옆으로 움직이는 디딤판을 통해 사람이나 화물을 승강장으로 운송시키는 설비

THEME 71 | 가스용기 취급 시 주의사항을 5가지 작성하시오.

답안연습

모범답안

〈산업안전보건기준에 관한 규칙〉

제234조(가스 등의 용기) 사업주는 금속의 용접·용단 또는 가열에 사용되는 가스 등의 용기를 취급하는 경우에 다음 각 호의 사항을 준수하여야 한다.

1. 다음 각 목의 어느 하나에 해당하는 장소에서 사용하거나 해당 장소에 설치·저장 또는 방치하지 않도록 할 것

　가. 통풍이나 환기가 불충분한 장소

　나. 화기를 사용하는 장소 및 그 부근

　다. 위험물 또는 제236조에 따른 인화성 액체를 취급하는 장소 및 그 부근

2. 용기의 온도를 섭씨 40도 이하로 유지할 것

3. 전도의 위험이 없도록 할 것

4. 충격을 가하지 않도록 할 것

5. 운반하는 경우에는 캡을 씌울 것

6. 사용하는 경우에는 용기의 마개에 부착되어 있는 유류 및 먼지를 제거할 것

7. 밸브의 개폐는 서서히 할 것

8. 사용 전 또는 사용 중인 용기와 그 밖의 용기를 명확히 구별하여 보관할 것

9. 용해아세틸렌의 용기는 세워 둘 것

10. 용기의 부식·마모 또는 변형상태를 점검한 후 사용할 것

THEME 72 산업안전보건법상 조도기준을 작성하시오.

	작업종류	조도기준
답안 연습	①	
	②	
	③	
	④	

**모범
답안**

〈산업안전보건기준에 관한 규칙〉

제8조(조도) 사업주는 근로자가 상시 작업하는 장소의 작업면 조도(照度)를 다음 각 호의 기준에 맞도록 하여야 한다. 다만, 갱내(坑內) 작업장과 감광재료(感光材料)를 취급하는 작업장은 그러하지 아니하다.

1. 초정밀작업 : 750럭스(lux) 이상
2. 정밀작업 : 300럭스 이상
3. 보통작업 : 150럭스 이상
4. 그 밖의 작업 : 75럭스 이상

THEME 73 사업주가 근로자의 작업 시 발생할 수 있는 산업재해를 예방하기 위해 필요한 조치를 해야 하는 작업장소를 4가지 작성하시오.

**답안
연습**

**모범
답안**

〈산업안전보건법〉

제38조(안전조치) ① 사업주는 다음 각 호의 어느 하나에 해당하는 위험으로 인한 산업재해를 예방하기 위하여 필요한 조치를 하여야 한다.

1. 기계·기구, 그 밖의 설비에 의한 위험
2. 폭발성, 발화성 및 인화성 물질 등에 의한 위험
3. 전기, 열, 그 밖의 에너지에 의한 위험

② 사업주는 굴착, 채석, 하역, 벌목, 운송, 조작, 운반, 해체, 중량물 취급, 그 밖의 작업을 할 때 불량한 작업방법 등에 의한 위험으로 인한 산업재해를 예방하기 위하여 필요한 조치를 하여야 한다.

③ 사업주는 근로자가 다음 각 호의 어느 하나에 해당하는 장소에서 작업을 할 때 발생할 수 있는 산업재해를 예방하기 위하여 필요한 조치를 하여야 한다.

1. 근로자가 추락할 위험이 있는 장소
2. 토사·구축물 등이 붕괴할 우려가 있는 장소
3. 물체가 떨어지거나 날아올 위험이 있는 장소
4. 천재지변으로 인한 위험이 발생할 우려가 있는 장소

④ 사업주가 제1항부터 제3항까지의 규정에 따라 하여야 하는 조치(이하 "안전조치"라 한다)에 관한 구체적인 사항은 고용노동부령으로 정한다.

THEME 74 · 양중기의 와이어로프 안전계수를 작성하시오.

답 안 연 습	근로자가 탑승하는 운반구를 지지하는 달기와이어로프 또는 달기체인의 경우	①
	화물의 하중을 직접 지지하는 달기와이어로프 또는 달기체인의 경우	②
	훅, 샤클, 클램프, 리프팅 빔의 경우	③
	그 밖의 경우	④

모 범 답 안

〈산업안전보건기준에 관한 규칙〉

제163조(와이어로프 등 달기구의 안전계수) ① 사업주는 양중기의 와이어로프 등 달기구의 안전계수(달기구 절단하중의 값을 그 달기구에 걸리는 하중의 최대값으로 나눈 값을 말한다)가 다음 각 호의 구분에 따른 기준에 맞지 아니한 경우에는 이를 사용해서는 아니 된다.

1. 근로자가 탑승하는 운반구를 지지하는 달기와이어로프 또는 달기체인의 경우 : 10 이상
2. 화물의 하중을 직접 지지하는 달기와이어로프 또는 달기체인의 경우 : 5 이상
3. 훅, 샤클, 클램프, 리프팅 빔의 경우 : 3 이상
4. 그 밖의 경우 : 4 이상

② 사업주는 달기구의 경우 최대허용하중 등의 표식이 견고하게 붙어 있는 것을 사용하여야 한다.

THEME 75 · 리프트 종류 3가지를 작성하시오.

답 안 연 습	

모 범 답 안

〈산업안전보건기준에 관한 규칙〉

제132조(양중기)

3. "리프트"란 동력을 사용하여 사람이나 화물을 운반하는 것을 목적으로 하는 기계설비로서 다음 각 목의 것을 말한다.

  가. 건설용 리프트 : 동력을 사용하여 가이드레일(운반구를 지지하여 상승 및 하강 동작을 안내하는 레일)을 따라 상하로 움직이는 운반구를 매달아 사람이나 화물을 운반할 수 있는 설비 또는 이와 유사한 구조 및 성능을 가진 것으로 건설현장에서 사용하는 것

  나. 산업용 리프트 : 동력을 사용하여 가이드레일을 따라 상하로 움직이는 운반구를 매달아 화물을 운반할 수 있는 설비 또는 이와 유사한 구조 및 성능을 가진 것으로 건설현장 외의 장소에서 사용하는 것

  다. 자동차정비용 리프트 : 동력을 사용하여 가이드레일을 따라 움직이는 지지대로 자동차 등을 일정한 높이로 올리거나 내리는 구조의 리프트로서 자동차 정비에 사용하는 것

  라. 이삿짐운반용 리프트 : 연장 및 축소가 가능하고 끝단을 건축물 등에 지지하는 구조의 사다리형 붐에 따라 동력을 사용하여 움직이는 운반구를 매달아 화물을 운반하는 설비로서 화물자동차 등 차량 위에 탑재하여 이삿짐 운반 등에 사용하는 것

THEME 76 계측기기의 종류를 4가지 작성하시오.

<table>
<tr><td rowspan="3">답 안
연 습</td><td></td></tr>
</table>

모 범 답 안		
	지중경사계(Inclinometer)	흙막이벽 배면지반에 굴착심도보다 깊게 천공하여 설치하여 굴착 작업 시 흙막이가 배면 측압에 의해 기울어지는 정도를 파악
	지하수위계(Water level meter)	흙막이벽 배면지반에 대수층까지 천공하여 설치하고, 지하수위의 변화를 측정하여 지하수위 변화의 원인을 분석
	간극수압계(Piezometer)	연약지반의 배면에 연약층의 깊이별로 설치하고 굴착 작업에 따른 과잉간극수압의 변화를 측정하여 안전성을 판단
	변형률계(Strain Gauge)	지보공(strut) 및 띠장(wale), 각종 강재에 용접 등으로 부착을 하고 굴착 작업에 따른 지보공(strut) 및 띠장(wale), 각종 강재 등의 변형 정도를 측정
	지표침하계(Surface Settlement)	흙막이벽 배면 및 인접도로변에 설치하여 굴착작업으로 인한 인접지반의 침하를 측정
	하중계(Load Cell)	지보공(strut), 어스앵커(Earth Anchor) 부위에 각 단계별로 하향 굴착하면서 설치하여, 축하중 변화상태를 측정해 부재의 안전성을 파악
	지중침하계(Extensometer)	흙막이벽 배면과 인접 건물 주변에 천공하여 설치하는 것으로, 각 층별 침하량의 변동 상태를 확인
	균열측정기(Crack guage)	인접구조물에 설치하여 굴착 등의 작업으로 인한 균열의 크기와 변화를 측정
	건물경사계(Tilt meter)	인접구조물의 골조 등에 설치하여 굴착 등의 작업으로 인한 건물의 기울기를 측정해 안전진단에 활용
	진동 · 소음 측정기(Vibration monitor)	인접구조물 또는 현장에 굴착 작업 등으로 인해 발생하는 소음과 진동의 정도를 측정

THEME 77 공업용으로 사용되는 가스용기 색상을 작성하시오.

답 안 연 습	가스용기	수소	산소	질소	아세틸렌
	색상	①	②	③	④

모 범 답 안	① 주황색 ② 녹색 ③ 회색 ④ 황색

THEME 78 — 공기압축기 작업시작 전 점검사항을 4가지 작성하시오.

답안연습

모범답안

〈산업안전보건기준에 관한 규칙〉

[별표 3] 작업시작 전 점검사항

작업명	직무수행 내용
3. 공기압축기를 가동할 때 (제2편 제1장 제7절)	가. 공기저장 압력용기의 외관 상태 나. 드레인밸브(drain valve)의 조작 및 배수 다. 압력방출장치의 기능 라. 언로드밸브(unloading valve)의 기능 마. 윤활유의 상태 바. 회전부의 덮개 또는 울 사. 그 밖의 연결 부위의 이상 유무

THEME 79 — 토석붕괴의 외적요인을 4가지 작성하시오.

답안연습

모범답안

① 절토 및 성토의 높이 증가
② 사면 및 법면의 경사 및 기울기 증가
③ 지표수 · 지하수의 침투에 의한 토사 중량의 증가
④ 지진 또는 차량의 구조물 하중작용
⑤ 공사에 의한 진동 및 반복하중 증가
⑥ 토사 및 암석의 혼합층 두께

THEME 80 · 안전인증 기계 · 기구를 5가지 작성하시오.

답 안 연 습	

**모 범
답 안**

〈산업안전보건법 시행령〉

제74조(안전인증대상기계 등) ① 법 제84조 제1항에서 "대통령령으로 정하는 것"이란 다음 각 호의 어느 하나에 해당하는 것을 말한다.

1. 다음 각 목의 어느 하나에 해당하는 기계 또는 설비
   - 가. 프레스
   - 나. 전단기 및 절곡기(折曲機)
   - 다. 크레인
   - 라. 리프트
   - 마. 압력용기
   - 바. 롤러기
   - 사. 사출성형기(射出成形機)
   - 아. 고소(高所)작업대
   - 자. 곤돌라
2. 다음 각 목의 어느 하나에 해당하는 방호장치
   - 가. 프레스 및 전단기 방호장치
   - 나. 양중기용(揚重機用) 과부하 방지장치
   - 다. 보일러 압력방출용 안전밸브
   - 라. 압력용기 압력방출용 안전밸브
   - 마. 압력용기 압력방출용 파열판
   - 바. 절연용 방호구 및 활선작업용(活線作業用) 기구
   - 사. 방폭구조(防爆構造) 전기기계 · 기구 및 부품
   - 아. 추락 · 낙하 및 붕괴 등의 위험 방지 및 보호에 필요한 가설기자재로서 고용노동부장관이 정하여 고시하는 것
   - 자. 충돌 · 협착 등의 위험 방지에 필요한 산업용 로봇 방호장치로서 고용노동부장관이 정하여 고시하는 것
3. 다음 각 목의 어느 하나에 해당하는 보호구
   - 가. 추락 및 감전 위험방지용 안전모
   - 나. 안전화
   - 다. 안전장갑
   - 라. 방진마스크
   - 마. 방독마스크
   - 바. 송기(送氣)마스크
   - 사. 전동식 호흡보호구
   - 아. 보호복
   - 자. 안전대

차. 차광(遮光) 및 비산물(飛散物) 위험방지용 보안경
카. 용접용 보안면
타. 방음용 귀마개 또는 귀덮개
② 안전인증대상기계 등의 세부적인 종류, 규격 및 형식은 고용노동부장관이 정하여 고시한다.

THEME 81   안전난간대의 구성요소를 4가지 작성하시오.

답안연습

모범답안

〈산업안전보건기준에 관한 규칙〉

제13조(안전난간의 구조 및 설치요건) 사업주는 근로자의 추락 등의 위험을 방지하기 위하여 안전난간을 설치하는 경우 다음 각 호의 기준에 맞는 구조로 설치하여야 한다. 〈개정 2015. 12. 31.〉

1. 상부 난간대, 중간 난간대, 발끝막이판 및 난간기둥으로 구성할 것. 다만, 중간 난간대, 발끝막이판 및 난간기둥은 이와 비슷한 구조와 성능을 가진 것으로 대체할 수 있다.
2. 상부 난간대는 바닥면 · 발판 또는 경사로의 표면(이하 "바닥면 등"이라 한다)으로부터 90센티미터 이상 지점에 설치하고, 상부 난간대를 120센티미터 이하에 설치하는 경우에는 중간 난간대는 상부 난간대와 바닥면 등의 중간에 설치하여야 하며, 120센티미터 이상 지점에 설치하는 경우에는 중간 난간대를 2단 이상으로 균등하게 설치하고 난간의 상하 간격은 60센티미터 이하가 되도록 할 것. 다만, 계단의 개방된 측면에 설치된 난간기둥 간의 간격이 25센티미터 이하인 경우에는 중간 난간대를 설치하지 아니할 수 있다.
3. 발끝막이판은 바닥면 등으로부터 10센티미터 이상의 높이를 유지할 것. 다만, 물체가 떨어지거나 날아올 위험이 없거나 그 위험을 방지할 수 있는 망을 설치하는 등 필요한 예방 조치를 한 장소는 제외한다.
4. 난간기둥은 상부 난간대와 중간 난간대를 견고하게 떠받칠 수 있도록 적정한 간격을 유지할 것
5. 상부 난간대와 중간 난간대는 난간 길이 전체에 걸쳐 바닥면 등과 평행을 유지할 것
6. 난간대는 지름 2.7센티미터 이상의 금속제 파이프나 그 이상의 강도가 있는 재료일 것
7. 안전난간은 구조적으로 가장 취약한 지점에서 가장 취약한 방향으로 작용하는 100킬로그램 이상의 하중에 견딜 수 있는 튼튼한 구조일 것

THEME 82   말뚝항타 시 부마찰력의 원인 3가지를 작성하시오.

답안연습

모범답안

① 지반이 압밀 진행 중인 연약지반일 경우
② 사질토가 점성토 위에 놓일 경우
③ 지표면 침하에 따른 지하수가 저하되는 지반일 경우

THEME 83 자율안전확인대상 기계·기구 및 설비를 3가지 작성하시오.

답안연습

모범답안

〈산업안전보건법 시행령〉

제77조(자율안전확인대상기계 등) ① 법 제89조 제1항 각 호 외의 부분 본문에서 "대통령령으로 정하는 것"이란 다음 각 호의 어느 하나에 해당하는 것을 말한다.

1. 다음 각 목의 어느 하나에 해당하는 기계 또는 설비
    가. 연삭기(研削機) 또는 연마기(이 경우 휴대형은 제외한다.)
    나. 산업용 로봇
    다. 혼합기
    라. 파쇄기 또는 분쇄기
    마. 식품가공용 기계(파쇄·절단·혼합·제면기만 해당한다)
    바. 컨베이어
    사. 자동차정비용 리프트
    아. 공작기계(선반, 드릴기, 평삭·형삭기, 밀링만 해당한다)
    자. 고정형 목재가공용 기계(둥근톱, 대패, 루타기, 띠톱, 모떼기 기계만 해당한다)
    차. 인쇄기
2. 다음 각 목의 어느 하나에 해당하는 방호장치
    가. 아세틸렌 용접장치용 또는 가스집합 용접장치용 안전기
    나. 교류 아크용접기용 자동전격방지기
    다. 롤러기 급정지장치
    라. 연삭기 덮개
    마. 목재 가공용 둥근톱 반발 예방장치와 날 접촉 예방장치
    바. 동력식 수동대패용 칼날 접촉 방지장치
    사. 추락·낙하 및 붕괴 등의 위험 방지 및 보호에 필요한 가설기자재(제74조 제1항 제2호 아목의 가설기자재는 제외한다)로서 고용노동부장관이 정하여 고시하는 것
3. 다음 각 목의 어느 하나에 해당하는 보호구
    가. 안전모(제74조 제1항 제3호 가목의 안전모는 제외한다)
    나. 보안경(제74조 제1항 제3호 차목의 보안경은 제외한다)
    다. 보안면(제74조 제1항 제3호 카목의 보안면은 제외한다)
② 자율안전확인대상기계 등의 세부적인 종류, 규격 및 형식은 고용노동부장관이 정하여 고시한다.

THEME 84 — 이동식 크레인 탑승설비에서 추락에 의한 근로자 위험방지 조치 사항 3가지를 작성하시오.

답 안 연 습

모 범 답 안

〈산업안전보건기준에 관한 규칙〉

제86조(탑승의 제한) ① 사업주는 크레인을 사용하여 근로자를 운반하거나 근로자를 달아 올린 상태에서 작업에 종사시켜서는 아니 된다. 다만, 크레인에 전용 탑승설비를 설치하고 추락 위험을 방지하기 위하여 다음 각 호의 조치를 한 경우에는 그러하지 아니하다.

1. 탑승설비가 뒤집히거나 떨어지지 않도록 필요한 조치를 할 것
2. 안전대나 구명줄을 설치하고, 안전난간을 설치할 수 있는 구조인 경우에는 안전난간을 설치할 것
3. 탑승설비를 하강시킬 때에는 동력하강방법으로 할 것

THEME 85 — 비, 눈, 그 밖의 기상상태 불안정으로 작업중지 후 비계 작업 재시작 전 해야 하는 점검사항을 3가지 작성하시오.

답 안 연 습

모 범 답 안

〈산업안전보건기준에 관한 규칙〉

제58조(비계의 점검 및 보수) 사업주는 비, 눈, 그 밖의 기상상태의 악화로 작업을 중지시킨 후 또는 비계를 조립·해체하거나 변경한 후에 그 비계에서 작업을 하는 경우에는 해당 작업을 시작하기 전에 다음 각 호의 사항을 점검하고, 이상을 발견하면 즉시 보수하여야 한다.

1. 발판 재료의 손상 여부 및 부착 또는 걸림 상태
2. 해당 비계의 연결부 또는 접속부의 풀림 상태
3. 연결 재료 및 연결 철물의 손상 또는 부식 상태
4. 손잡이의 탈락 여부
5. 기둥의 침하, 변형, 변위(變位) 또는 흔들림 상태
6. 로프의 부착 상태 및 매단 장치의 흔들림 상태

THEME 86 ▶ 철골구조물 내력 검토사항을 4가지 작성하시오.

답 안 연 습	

모 범 답 안	① 구조물의 높이가 20m 이상인 것 ② 구조물의 폭과 높이의 비가 1 : 4 이상인 것 ③ 구조물의 이음부가 현장용접인 것 ④ 구조물의 단면구조에 현저한 차이가 없는 것 ⑤ 구조물의 연면적당 철골량이 50kg/m² 이하인 것 ⑥ 구조물의 기둥이 타이플레이트형인 것

THEME 87 ▶ 안전관리자를 정수 이상 증원하거나 교체 임명할 수 있는 사유를 3가지 작성하시오.

답 안 연 습	

모 범 답 안	〈산업안전보건법 시행규칙〉 제12조(안전관리자 등의 증원·교체임명 명령) ① 지방고용노동관서의 장은 다음 각 호의 어느 하나에 해당하는 사유가 발생한 경우에는 법 제17조 제3항·제18조 제3항 또는 제19조 제3항에 따라 사업주에게 안전관리자·보건관리자 또는 안전보건관리담당자(이하 이 조에서 "관리자"라 한다)를 정수 이상으로 증원하게 하거나 교체하여 임명할 것을 명할 수 있다. 다만, 제4호에 해당하는 경우로서 직업성 질병자 발생 당시 사업장에서 해당 화학적 인자(因子)를 사용하지 않은 경우에는 그렇지 않다. 　1. 해당 사업장의 연간재해율이 같은 업종의 평균재해율의 2배 이상인 경우 　2. 중대재해가 연간 2건 이상 발생한 경우. 다만, 해당 사업장의 전년도 사망만인율이 같은 업종의 평균 사망만인율 이하인 경우는 제외한다. 　3. 관리자가 질병이나 그 밖의 사유로 3개월 이상 직무를 수행할 수 없게 된 경우 　4. 별표 22 제1호에 따른 화학적 인자로 인한 직업성 질병자가 연간 3명 이상 발생한 경우. 이 경우 직업성 질병자의 발생일은 「산업재해보상보험법 시행규칙」 제21조 제1항에 따른 요양급여의 결정일로 한다. ② 제1항에 따라 관리자를 정수 이상으로 증원하게 하거나 교체하여 임명할 것을 명하는 경우에는 미리 사업주 및 해당 관리자의 의견을 듣거나 소명자료를 제출받아야 한다. 다만, 정당한 사유 없이 의견 진술 또는 소명자료의 제출을 게을리한 경우에는 그렇지 않다. ③ 제1항에 따른 관리자의 정수 이상 증원 및 교체임명 명령은 별지 제4호 서식에 따른다.

THEME 88 — 말비계의 조립 및 사용 시 준수사항 3가지를 작성하시오.

답안 연습

모범 답안

〈산업안전보건기준에 관한 규칙〉

제67조(말비계) 사업주는 말비계를 조립하여 사용하는 경우에 다음 각 호의 사항을 준수하여야 한다.
1. 지주부재(支柱部材)의 하단에는 미끄럼 방지장치를 하고, 근로자가 양측 끝부분에 올라서서 작업하지 않도록 할 것
2. 지주부재와 수평면의 기울기를 75도 이하로 하고, 지주부재와 지주부재 사이를 고정시키는 보조부재를 설치할 것
3. 말비계의 높이가 2미터를 초과하는 경우에는 작업발판의 폭을 40센티미터 이상으로 할 것

THEME 89 — 차량계 하역기계에 화물 적재 시 준수사항 3가지를 작성하시오.

답안 연습

모범 답안

〈산업안전보건기준에 관한 규칙〉

제173조(화물적재 시의 조치) ① 사업주는 차량계 하역운반기계 등에 화물을 적재하는 경우에 다음 각 호의 사항을 준수하여야 한다.
1. 하중이 한쪽으로 치우치지 않도록 적재할 것
2. 구내운반차 또는 화물자동차의 경우 화물의 붕괴 또는 낙하에 의한 위험을 방지하기 위하여 화물에 로프를 거는 등 필요한 조치를 할 것
3. 운전자의 시야를 가리지 않도록 화물을 적재할 것
② 제1항의 화물을 적재하는 경우에는 최대적재량을 초과해서는 아니 된다.

THEME 90

구축물 또는 이와 유사한 시설물에 대해 안전진단 등 안전성평가를 실시하여 근로자에게 미칠 위험성을 미리 제거해야 하는 경우를 3가지 작성하시오.

답안 연습	

모범 답안	〈산업안전보건기준에 관한 규칙〉 제52조(구축물 또는 이와 유사한 시설물의 안전성 평가) 사업주는 구축물 또는 이와 유사한 시설물이 다음 각 호의 어느 하나에 해당하는 경우 안전진단 등 안전성 평가를 하여 근로자에게 미칠 위험성을 미리 제거하여야 한다. 　1. 구축물 또는 이와 유사한 시설물의 인근에서 굴착·항타작업 등으로 침하·균열 등이 발생하여 붕괴의 위험이 예상될 경우 　2. 구축물 또는 이와 유사한 시설물에 지진, 동해(凍害), 부동침하(不同沈下) 등으로 균열·비틀림 등이 발생하였을 경우 　3. 구조물, 건축물, 그 밖의 시설물이 그 자체의 무게·적설·풍압 또는 그 밖에 부가되는 하중 등으로 붕괴 등의 위험이 있을 경우 　4. 화재 등으로 구축물 또는 이와 유사한 시설물의 내력(耐力)이 심하게 저하되었을 경우 　5. 오랜 기간 사용하지 아니하던 구축물 또는 이와 유사한 시설물을 재사용하게 되어 안전성을 검토하여야 하는 경우 　6. 그 밖의 잠재위험이 예상될 경우

THEME 91

작업발판과 거푸집이 일체화된 거푸집을 3가지 작성하시오.

답안 연습	

모범 답안	〈산업안전보건기준에 관한 규칙〉 제337조(작업발판 일체형 거푸집의 안전조치) ① "작업발판 일체형 거푸집"이란 거푸집의 설치·해체, 철근 조립, 콘크리트 타설, 콘크리트 면처리 작업 등을 위하여 거푸집을 작업발판과 일체로 제작하여 사용하는 거푸집으로서 다음 각 호의 거푸집을 말한다. 　1. 갱 폼(gang form) 　2. 슬립 폼(slip form) 　3. 클라이밍 폼(climbing form) 　4. 터널 라이닝 폼(tunnel lining form) 　5. 그 밖에 거푸집과 작업발판이 일체로 제작된 거푸집 등

THEME 92 | 안전보건총괄책임자의 직무를 3가지 작성하시오.

답안 연습	

모범 답안	〈산업안전보건법 시행령〉 제53조(안전보건총괄책임자의 직무 등) ① 안전보건총괄책임자의 직무는 다음 각 호와 같다. 　1. 법 제36조에 따른 위험성평가의 실시에 관한 사항 　2. 법 제51조 및 제54조에 따른 작업의 중지 　3. 법 제64조에 따른 도급 시 산업재해 예방조치 　4. 법 제72조 제1항에 따른 산업안전보건관리비의 관계수급인 간의 사용에 관한 협의ㆍ조정 및 그 집행의 감독 　5. 안전인증대상기계 등과 자율안전확인대상기계 등의 사용 여부 확인 ② 안전보건총괄책임자에 대한 지원에 관하여는 제14조 제2항을 준용한다. 이 경우 "안전보건관리책임자"는 "안전보건총괄책임자"로, "법 제15조 제1항"은 "제1항"으로 본다. ③ 사업주는 안전보건총괄책임자를 선임했을 때에는 그 선임 사실 및 제1항 각 호의 직무의 수행내용을 증명할 수 있는 서류를 갖추어 두어야 한다.

THEME 93 | 고소작업대 작업 시 준수사항을 4가지 작성하시오.

답안 연습	

모범 답안	〈산업안전보건기준에 관한 규칙〉 제186조(고소작업대 설치 등의 조치) ④ 사업주는 고소작업대를 사용하는 경우에는 다음 각 호의 사항을 준수하여야 한다. 　1. 작업자가 안전모ㆍ안전대 등의 보호구를 착용하도록 할 것 　2. 관계자가 아닌 사람이 작업구역에 들어오는 것을 방지하기 위하여 필요한 조치를 할 것 　3. 안전한 작업을 위하여 적정수준의 조도를 유지할 것 　4. 전로(電路)에 근접하여 작업을 하는 경우에는 작업감시자를 배치하는 등 감전사고를 방지하기 위하여 필요한 조치를 할 것 　5. 작업대를 정기적으로 점검하고 붐ㆍ작업대 등 각 부위의 이상 유무를 확인할 것 　6. 전환스위치는 다른 물체를 이용하여 고정하지 말 것 　7. 작업대는 정격하중을 초과하여 물건을 싣거나 탑승하지 말 것 　8. 작업대의 붐대를 상승시킨 상태에서 탑승자는 작업대를 벗어나지 말 것. 다만, 작업대에 안전대 부착설비를 설치하고 안전대를 연결하였을 때에는 그러하지 아니하다.

THEME 94   명예산업안전감독관의 위촉 대상자를 3가지 작성하시오.

답 안 연 습	

모 범 답 안

〈산업안전보건법 시행령〉

제32조(명예산업안전감독관 위촉 등) ① 고용노동부장관은 다음 각 호의 어느 하나에 해당하는 사람 중에서 법 제23조 제1항에 따른 명예산업안전감독관(이하 "명예산업안전감독관"이라 한다)을 위촉할 수 있다.

1. 산업안전보건위원회 구성 대상 사업의 근로자 또는 노사협의체 구성ㆍ운영 대상 건설공사의 근로자 중에서 근로자대표(해당 사업장에 단위 노동조합의 산하 노동단체가 그 사업장 근로자의 과반수로 조직되어 있는 경우에는 지부ㆍ분회 등 명칭이 무엇이든 관계없이 해당 노동단체의 대표자를 말한다. 이하 같다)가 사업주의 의견을 들어 추천하는 사람
2. 「노동조합 및 노동관계조정법」 제10조에 따른 연합단체인 노동조합 또는 그 지역 대표기구에 소속된 임직원 중에서 해당 연합단체인 노동조합 또는 그 지역 대표기구가 추천하는 사람
3. 전국 규모의 사업주단체 또는 그 산하조직에 소속된 임직원 중에서 해당 단체 또는 그 산하조직이 추천하는 사람
4. 산업재해 예방 관련 업무를 하는 단체 또는 그 산하조직에 소속된 임직원 중에서 해당 단체 또는 그 산하조직이 추천하는 사람

② 명예산업안전감독관의 업무는 다음 각 호와 같다. 이 경우 제1항 제1호에 따라 위촉된 명예산업안전감독관의 업무 범위는 해당 사업장에서의 업무(제8호는 제외한다)로 한정하며, 제1항 제2호부터 제4호까지의 규정에 따라 위촉된 명예산업안전감독관의 업무 범위는 제8호부터 제10호까지의 규정에 따른 업무로 한정한다.

1. 사업장에서 하는 자체점검 참여 및 「근로기준법」 제101조에 따른 근로감독관(이하 "근로감독관"이라 한다)이 하는 사업장 감독 참여
2. 사업장 산업재해 예방계획 수립 참여 및 사업장에서 하는 기계ㆍ기구 자체검사 참석
3. 법령을 위반한 사실이 있는 경우 사업주에 대한 개선 요청 및 감독기관에의 신고
4. 산업재해 발생의 급박한 위험이 있는 경우 사업주에 대한 작업중지 요청
5. 작업환경측정, 근로자 건강진단 시의 참석 및 그 결과에 대한 설명회 참여
6. 직업성 질환의 증상이 있거나 질병에 걸린 근로자가 여러 명 발생한 경우 사업주에 대한 임시건강진단 실시 요청
7. 근로자에 대한 안전수칙 준수 지도
8. 법령 및 산업재해 예방정책 개선 건의
9. 안전ㆍ보건 의식을 북돋우기 위한 활동 등에 대한 참여와 지원
10. 그 밖에 산업재해 예방에 대한 홍보 등 산업재해 예방업무와 관련하여 고용노동부장관이 정하는 업무

③ 명예산업안전감독관의 임기는 2년으로 하되, 연임할 수 있다.

④ 고용노동부장관은 명예산업안전감독관의 활동을 지원하기 위하여 수당 등을 지급할 수 있다.

⑤ 제1항부터 제4항까지에서 규정한 사항 외에 명예산업안전감독관의 위촉 및 운영 등에 필요한 사항은 고용노동부장관이 정한다.

THEME 95 콘크리트 펌프카 사용 시 준수사항을 3가지 작성하시오.

답안 연습	

모범 답안	〈산업안전보건기준에 관한 규칙〉 제335조(콘크리트 펌프 등 사용 시 준수사항) 사업주는 콘크리트 타설작업을 하기 위하여 콘크리트 펌프 또는 콘크리트 펌프카를 사용하는 경우에는 다음 각 호의 사항을 준수하여야 한다. 1. 작업을 시작하기 전에 콘크리트 펌프용 비계를 점검하고 이상을 발견하였으면 즉시 보수할 것 2. 건축물의 난간 등에서 작업하는 근로자가 호스의 요동·선회로 인하여 추락하는 위험을 방지하기 위하여 안전난간 설치 등 필요한 조치를 할 것 3. 콘크리트 펌프카의 붐을 조정하는 경우에는 주변의 전선 등에 의한 위험을 예방하기 위한 적절한 조치를 할 것 4. 작업 중에 지반의 침하, 아웃트리거의 손상 등에 의하여 콘크리트 펌프카가 넘어질 우려가 있는 경우에는 이를 방지하기 위한 적절한 조치를 할 것

THEME 96 타워크레인 설치·조립·해체 시 작업계획서 내용을 3가지 작성하시오.

답안 연습	

모범 답안	〈산업안전보건기준에 관한 규칙〉 [별표 4] 사전조사 및 작업계획서 내용(제38조 제1항 관련) | 작업명	사전조사 내용	작업계획서 내용
1. 타워크레인을 설치·조립·해체하는 작업	해체건물 등의 구조, 주변 상황 등	가. 타워크레인의 종류 및 형식 나. 설치·조립 및 해체순서 다. 작업도구·장비·가설설비(假設設備) 및 방호설비 라. 작업인원의 구성 및 작업근로자의 역할 범위 마. 제142조에 따른 지지 방법	
---	---

THEME 97   **지게차 작업 시 작업시작 전 점검사항을 3가지 작성하시오.**

답 안 연 습	

모 범
답 안

<산업안전보건기준에 관한 규칙>

[별표 3] 작업시작 전 점검사항

작업의 종류	점검내용
9. 지게차를 사용하여 작업을 하는 때 (제2편 제1장 제10절 제2관)	가. 제동장치 및 조종장치 기능의 이상 유무 나. 하역장치 및 유압장치 기능의 이상 유무 다. 바퀴의 이상 유무 라. 전조등 · 후미등 · 방향지시기 및 경보장치 기능의 이상 유무

THEME 98   **안전보건개선계획 제출을 명할 수 있는 사업장을 2가지 작성하시오.**

답 안 연 습	

모 범
답 안

<산업안전보건법 시행령>

제49조(안전보건진단을 받아 안전보건개선계획을 수립할 대상) 법 제49조 제1항 각 호 외의 부분 후단에서 "대통령령으로 정하는 사업장"이란 다음 각 호의 사업장을 말한다.

1. 산업재해율이 같은 업종 평균 산업재해율의 2배 이상인 사업장
2. 법 제49조 제1항 제2호에 해당하는 사업장
3. 직업성 질병자가 연간 2명 이상(상시근로자 1천명 이상 사업장의 경우 3명 이상) 발생한 사업장
4. 그 밖에 작업환경 불량, 화재 · 폭발 또는 누출 사고 등으로 사업장 주변까지 피해가 확산된 사업장으로서 고용노동부령으로 정하는 사업장

THEME 99 — 타워크레인을 자립고 이상의 높이로 설치할 경우 벽체에 지지하는 작업 시 준수사항을 3가지 작성하시오.

답안연습

모범답안

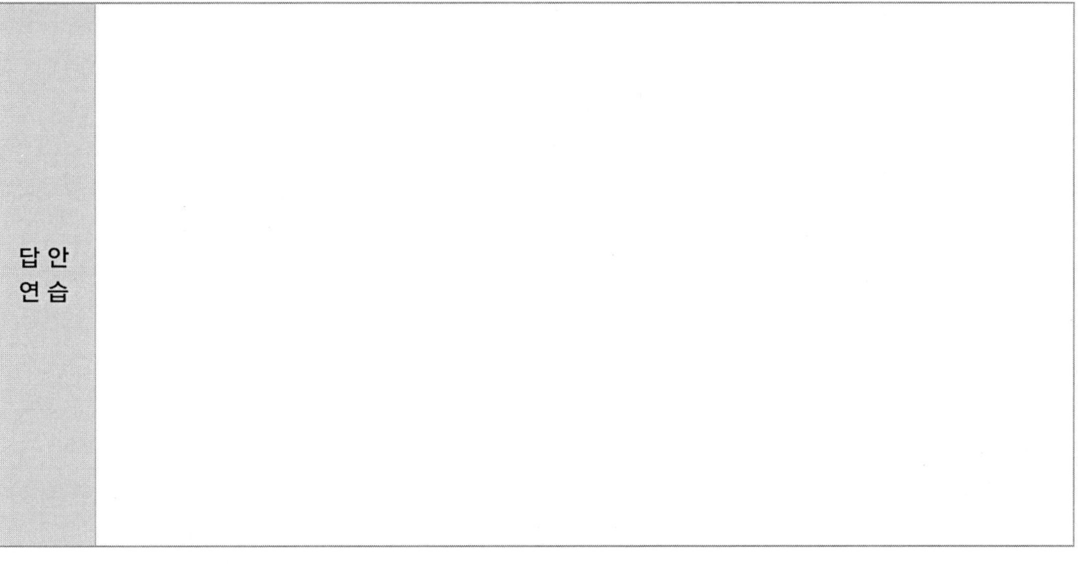

〈산업안전보건기준에 관한 규칙〉

제142조(타워크레인의 지지) ① 사업주는 타워크레인을 자립고(自立高) 이상의 높이로 설치하는 경우 건축물 등의 벽체에 지지하도록 하여야 한다. 다만, 지지할 벽체가 없는 등 부득이한 경우에는 와이어로프에 의하여 지지할 수 있다. 〈개정 2013. 3. 21.〉

② 사업주는 타워크레인을 벽체에 지지하는 경우 다음 각 호의 사항을 준수하여야 한다. 〈개정 2019. 1. 31., 2019. 12. 26.〉

　1. 「산업안전보건법 시행규칙」 제110조 제1항 제2호에 따른 서면심사에 관한 서류(「건설기계관리법」 제18조에 따른 형식승인서류를 포함한다) 또는 제조사의 설치작업설명서 등에 따라 설치할 것

　2. 제1호의 서면심사 서류 등이 없거나 명확하지 아니한 경우에는 「국가기술자격법」에 따른 건축구조 · 건설기계 · 기계안전 · 건설안전기술사 또는 건설안전분야 산업안전지도사의 확인을 받아 설치하거나 기종별 · 모델별 공인된 표준방법으로 설치할 것

　3. 콘크리트구조물에 고정시키는 경우에는 매립이나 관통 또는 이와 같은 수준 이상의 방법으로 충분히 지지되도록 할 것

　4. 건축 중인 시설물에 지지하는 경우에는 그 시설물의 구조적 안정성에 영향이 없도록 할 것

③ 사업주는 타워크레인을 와이어로프로 지지하는 경우 다음 각 호의 사항을 준수해야 한다. 〈개정 2013. 3. 21., 2022. 10. 18.〉

　1. 제2항 제1호 또는 제2호의 조치를 취할 것

　2. 와이어로프를 고정하기 위한 전용 지지프레임을 사용할 것

　3. 와이어로프 설치각도는 수평면에서 60도 이내로 하되, 지지점은 4개소 이상으로 하고, 같은 각도로 설치할 것

　4. 와이어로프와 그 고정부위는 충분한 강도와 장력을 갖도록 설치하고, 와이어로프를 클립 · 샤클(shackle, 연결고리) 등의 고정기구를 사용하여 견고하게 고정시켜 풀리지 아니하도록 하며, 사용 중에는 충분한 강도와 장력을 유지하도록 할 것 이 경우 클립 · 샤클 등의 고정기구는 한국산업표준 제품이거나 한국산업표준이 없는 제품의 경우에는 이에 준하는 규격을 갖춘 제품이어야 한다.

　5. 와이어로프가 가공전선(架空電線)에 근접하지 않도록 할 것

THEME 100 공사용 가설도로 설치 시 준수사항 4가지를 작성하시오.

답안 연습	

모범 답안	〈산업안전보건기준에 관한 규칙〉 제379조(가설도로) 사업주는 공사용 가설도로를 설치하는 경우에 다음 각 호의 사항을 준수하여야 한다. 〈개정 2019. 10. 15.〉 1. 도로는 장비와 차량이 안전하게 운행할 수 있도록 견고하게 설치할 것 2. 도로와 작업장이 접하여 있을 경우에는 울타리 등을 설치할 것 3. 도로는 배수를 위하여 경사지게 설치하거나 배수시설을 설치할 것 4. 차량의 속도제한 표지를 부착할 것

THEME 101 터널공사 중 낙반 등에 의해 근로자에게 위험을 미칠 우려가 있을 경우 조치할 수 있는 사항 4가지를 작성하시오.

답안 연습	

모범 답안	① 터널지보공 설치 ② 부석의 제거 ③ 록볼트 설치 ④ 방호망 설치

THEME 102 터널공사 시 터널 내 공기 오염원인을 4가지 작성하시오.

답안 연습	

모범 답안	① 가스 ② 분진 ③ 소음 ④ 지하수 ⑤ 진동

THEME 103 작업공정관리 중 네트워크 기법의 종류 2가지를 작성하시오.

답안 연습	

모범 답안	① PERT ② CPM

THEME 104 위생시설의 종류를 4가지 작성하시오.

답안연습

모범답안

① 식당 ② 화장실 ③ 세면장 ④ 탈의실 ⑤ 작업복 갱의실 ⑥ 샤워실

THEME 105 갱폼의 조립·해체 및 이동작업 시 준수사항을 4가지 작성하시오.

답안연습

모범답안

〈산업안전보건기준에 관한 규칙〉

제331조의3(작업발판 일체형 거푸집의 안전조치) ① "작업발판 일체형 거푸집"이란 거푸집의 설치·해체, 철근 조립, 콘크리트 타설, 콘크리트 면처리 작업 등을 위하여 거푸집을 작업발판과 일체로 제작하여 사용하는 거푸집으로서 다음 각 호의 거푸집을 말한다.

1. 갱 폼(gang form)
2. 슬립 폼(slip form)
3. 클라이밍 폼(climbing form)
4. 터널 라이닝 폼(tunnel lining form)
5. 그 밖에 거푸집과 작업발판이 일체로 제작된 거푸집 등

② 제1항 제1호의 갱 폼의 조립·이동·양중·해체(이하 이 조에서 "조립 등"이라 한다) 작업을 하는 경우에는 다음 각 호의 사항을 준수하여야 한다.

1. 조립 등의 범위 및 작업절차를 미리 그 작업에 종사하는 근로자에게 주지시킬 것
2. 근로자가 안전하게 구조물 내부에서 갱 폼의 작업발판으로 출입할 수 있는 이동통로를 설치할 것
3. 갱 폼의 지지 또는 고정철물의 이상 유무를 수시점검하고 이상이 발견된 경우에는 교체하도록 할 것
4. 갱 폼을 조립하거나 해체하는 경우에는 갱 폼을 인양장비에 매단 후에 작업을 실시하도록 하고, 인양장비에 매달기 전에 지지 또는 고정철물을 미리 해체하지 않도록 할 것
5. 갱 폼 인양 시 작업발판용 케이지에 근로자가 탑승한 상태에서 갱 폼의 인양작업을 하지 아니할 것

③ 사업주는 제1항 제2호부터 제5호까지의 조립 등의 작업을 하는 경우에는 다음 각 호의 사항을 준수하여야 한다.

1. 조립 등 작업 시 거푸집 부재의 변형 여부와 연결 및 지지재의 이상 유무를 확인할 것
2. 조립 등 작업과 관련한 이동·양중·운반 장비의 고장·오조작 등으로 인해 근로자에게 위험을 미칠 우려가 있는 장소에는 근로자의 출입을 금지하는 등 위험 방지 조치를 할 것
3. 거푸집이 콘크리트면에 지지될 때에 콘크리트의 굳기정도와 거푸집의 무게, 풍압 등의 영향으로 거푸집의 갑작스런 이탈 또는 낙하로 인해 근로자가 위험해질 우려가 있는 경우에는 설계도서에서 정한 콘크리트의 양생기간을 준수하거나 콘크리트면에 견고하게 지지하는 등 필요한 조치를 할 것
4. 연결 또는 지지 형식으로 조립된 부재의 조립 등 작업을 하는 경우에는 거푸집을 인양장비에 매단 후에 작업을 하도록 하는 등 낙하·붕괴·전도의 위험 방지를 위하여 필요한 조치를 할 것

THEME 106 　적응기제 중 방어기제와 도피기제에 대해 작성하시오.

답안 연습

모범 답안
① 방어기제 : 합리화, 보상, 승화, 치환, 동일시
② 도피기제 : 억압, 퇴행, 고립, 고착, 거부, 백일몽

THEME 107 　지반의 연화현상(Frost Boil) 방지대책을 2가지 작성하시오.

답안 연습

모범 답안
① 배수구를 통한 지하수 처리　② 배수층을 동결깊이 하부에 설치　③ 지반개량공법

THEME 108 　강말뚝의 부식방지 대책을 3가지 작성하시오.

답안 연습

모범 답안
① 도장처리　② 콘크리트 피복처리　③ 전기방식 처리　④ 말뚝두께 증가

THEME 109 　인간오류 분류 중 원인에 의한 분류를 3가지 작성하시오.

답안 연습

모범 답안
① 실수(slip)　② 착오(mistake)　③ 위반(violation)　④ 건망증(lapse)

THEME 110 — 꽂음접속기 설치 및 사용 시 준수사항을 3가지 작성하시오.

답안연습

모범답안

〈산업안전보건기준에 관한 규칙〉

제316조(꽂음접속기의 설치 · 사용 시 준수사항) 사업주는 꽂음접속기를 설치하거나 사용하는 경우에는 다음 각 호의 사항을 준수하여야 한다.

1. 서로 다른 전압의 꽂음 접속기는 서로 접속되지 아니한 구조의 것을 사용할 것
2. 습윤한 장소에 사용되는 꽂음 접속기는 방수형 등 그 장소에 적합한 것을 사용할 것
3. 근로자가 해당 꽂음 접속기를 접속시킬 경우에는 땀 등으로 젖은 손으로 취급하지 않도록 할 것
4. 해당 꽂음 접속기에 잠금장치가 있는 경우에는 접속 후 잠그고 사용할 것

THEME 111 — 거푸집의 조립순서를 순서대로 나열하여 작성하시오.

답안연습

모범답안

① 기둥 ② 벽 ③ 보 ④ 슬래브

THEME 112 — 점착성이 있는 흙은 액체상태에서 함수량을 점차 감소하면 고체상태로 변화한다. 이때 얻어진 고체상태와 흙을 침수시키면 다시 액체로 되지 않고 흙 입자 간의 결합력이 감소되어 붕괴된다. 이러한 현상을 무엇이라 하는지 작성하시오.

답안연습

모범답안

비화작용(slaking)

THEME 113 　무재해운동 추진 조직(기둥) 3가지를 작성하시오.

답안 연습	

모범 답안	① 근로자(직장의 자율활동 활성화) ② 관리감독자(라인화의 철저) ③ 사업주(최고경영자의 안전경영철학)

THEME 114 　근로자가 고압 충전전로를 취급하거나 그 인근에서 작업을 하는 경우 조치해야 하는 사항 3가지를 작성하시오.

답안 연습	

모범 답안	〈산업안전보건기준에 관한 규칙〉 제321조(충전전로에서의 전기작업) ① 사업주는 근로자가 충전전로를 취급하거나 그 인근에서 작업하는 경우에는 다음 각 호의 조치를 하여야 한다. 　1. 충전전로를 정전시키는 경우에는 제319조에 따른 조치를 할 것 　2. 충전전로를 방호, 차폐하거나 절연 등의 조치를 하는 경우에는 근로자의 신체가 전로와 직접 접촉하거나 도전재료, 공구 또는 기기를 통하여 간접 접촉되지 않도록 할 것 　3. 충전전로를 취급하는 근로자에게 그 작업에 적합한 절연용 보호구를 착용시킬 것 　4. 충전전로에 근접한 장소에서 전기작업을 하는 경우에는 해당 전압에 적합한 절연용 방호구를 설치할 것. 다만, 저압인 경우에는 해당 전기작업자가 절연용 보호구를 착용하되, 충전전로에 접촉할 우려가 없는 경우에는 절연용 방호구를 설치하지 아니할 수 있다. 　5. 고압 및 특별고압의 전로에서 전기작업을 하는 근로자에게 활선작업용 기구 및 장치를 사용하도록 할 것 　6. 근로자가 절연용 방호구의 설치·해체작업을 하는 경우에는 절연용 보호구를 착용하거나 활선작업용 기구 및 장치를 사용하도록 할 것 　7. 유자격자가 아닌 근로자가 충전전로 인근의 높은 곳에서 작업할 때에 근로자의 몸 또는 긴 도전성 물체가 방호되지 않은 충전전로에서 대지전압이 50킬로볼트 이하인 경우에는 300센티미터 이내로, 대지전압이 50킬로볼트를 넘는 경우에는 10킬로볼트당 10센티미터씩 더한 거리 이내로 각각 접근할 수 없도록 할 것 　8. 유자격자가 충전전로 인근에서 작업하는 경우에는 다음 각 목의 경우를 제외하고는 노출 충전부에 다음 표에 제시된 접근한계거리 이내로 접근하거나 절연 손잡이가 없는 도전체에 접근할 수 없도록 할 것 　　가. 근로자가 노출 충전부로부터 절연된 경우 또는 해당 전압에 적합한 절연장갑을 착용한 경우 　　나. 노출 충전부가 다른 전위를 갖는 도전체 또는 근로자와 절연된 경우 　　다. 근로자가 다른 전위를 갖는 모든 도전체로부터 절연된 경우

THEME 115 크레인 작업 개시 전 자체 점검해야 할 사항 3가지를 작성하시오.

답안 연습

모범 답안

〈산업안전보건기준에 관한 규칙〉

[별표 3] 작업시작 전 점검사항

작업의 종류	점검내용
4. 크레인을 사용하여 작업을 하는 때 (제2편 제1장 제9절 제2관)	가. 권과방지장치·브레이크·클러치 및 운전장치의 기능 나. 주행로의 상측 및 트롤리(trolley)가 횡행하는 레일의 상태 다. 와이어로프가 통하고 있는 곳의 상태

THEME 116 굴착면의 높이가 2m 이상 되는 암석 굴착작업 시 특별교육 내용을 3가지 작성하시오.

답안 연습

모범 답안

〈산업안전보건법 시행규칙〉

[별표 5] 안전보건교육 교육대상별 교육내용

라. 특별교육 대상 작업별 교육

작업명	교육내용
22. 굴착면의 높이가 2미터 이상이 되는 암석의 굴착작업	○ 폭발물 취급 요령과 대피 요령에 관한 사항 ○ 안전거리 및 안전기준에 관한 사항 ○ 방호물의 설치 및 기준에 관한 사항 ○ 보호구 및 신호방법 등에 관한 사항 ○ 그 밖에 안전·보건관리에 필요한 사항

THEME 117 · 1톤 이상 크레인을 사용하는 작업 시 특별안전보건교육 항목을 3가지 작성하시오.

답안연습

모범답안

<산업안전보건법 시행규칙>
[별표 5] 안전보건교육 교육대상별 교육내용

라. 특별교육 대상 작업별 교육

작업명	교육내용
14. 1톤 이상의 크레인을 사용하는 작업 또는 1톤 미만의 크레인 또는 호이스트를 5대 이상 보유한 사업장에서 해당 기계로 하는 작업 (제40호의 작업은 제외한다)	○ 방호장치의 종류, 기능 및 취급에 관한 사항 ○ 걸고리 · 와이어로프 및 비상정지장치 등의 기계 · 기구 점검에 관한 사항 ○ 화물의 취급 및 안전작업방법에 관한 사항 ○ 신호방법 및 공동작업에 관한 사항 ○ 인양 물건의 위험성 및 낙하 · 비래(飛來) · 충돌재해 예방에 관한 사항 ○ 인양물이 적재될 지반의 조건, 인양하중, 풍압 등이 인양물과 타워크레인에 미치는 영향 ○ 그 밖에 안전 · 보건관리에 필요한 사항

THEME 118 · 하인리히가 제시한 재해예방 4원칙 및 재해예방 5단계를 작성하시오.

답안연습

모범답안

1. 재해예방 4원칙
   ① 원인계기의 원칙 ② 손실우연의 원칙 ③ 예방가능의 원칙 ④ 대책선정의 원칙

2. 재해예방 5단계
   ① 안전조직 ② 사실의 발견 ③ 분석 및 평가 ④시정책의 선정 ⑤ 시정책의 적용

THEME 119 　섬유로프의 사용금지 기준 2가지를 작성하시오.

답안 연습	

모범 답안	① 꼬임이 끊어진 것 ② 심하게 손상되거나 부식된 것

THEME 120 　터널 조도기준을 작성하시오.

답안 연습	

모범 답안	① 막장구간(60 lux)　② 터널중간구간(50 lux)　③ 터널 입 · 출입구 및 수직구(30 lux)

THEME 121 　'3E'를 작성하시오.

답안 연습	

모범 답안	① 기술적(Engineering)대책　② 교육적(Education)대책　③ 관리적(Enforcement)대책

THEME 122 　굴착작업 시 지반붕괴 또는 토석낙하에 의한 근로자 위험방지를 위해 사업주가 조치해야 할 사항을 작성하시오.

답안 연습	

모범 답안	〈산업안전보건기준에 관한 규칙〉 제338조(굴착작업 사전조사 등) 사업주는 굴착작업을 할 때에 토사 등의 붕괴 또는 낙하에 의한 위험을 미리 방지하기 위하여 다음 각 호의 사항을 점검해야 한다. 1. 작업장소 및 그 주변의 부석 · 균열의 유무 2. 함수(含水) · 용수(湧水) 및 동결의 유무 또는 상태의 변화 [전문개정 2023. 11. 14.]

THEME 123   'T.B.M(Tool Box Meeting)'에 관해 작성하시오.

답안 연습	

모범 답안	① 소요시간은 10분 정도가 바람직하다. ② 인원은 10명 이하로 구성한다. ③ 1단계(도입) − 2단계(정비점검) − 3단계(작업지시) − 4단계(위험예측) − 5단계(확인)

THEME 124   근로자 500명, 하루평균작업 8시간, 연간근무일수 280일, 재해건수 10건, 휴업일수 159일인 경우 종합재해지수를 구하시오.

답안 연습	

모범 답안	

$$① \ 도수율 = \frac{재해발생건수}{연근로시간수} \times 1,000,000 = \frac{10}{500 \times 8 \times 280} \times 1,000,000 = 8.93$$

$$② \ 강도율 = \frac{근로손실일수}{연근로시간수} \times 1,000 = \frac{159 \times \frac{280}{365}}{500 \times 8 \times 280} \times 1,000 = 0.11$$

$$③ \ 종합재해지수(FSI) = \sqrt{도수율 \times 강도율} = \sqrt{8.93 \times 0.11} = 0.99$$

THEME 125   콘크리트 구조물 해체공법 선정 시 고려사항을 4가지 작성하시오.

답안 연습	

모범 답안	① 해체 대상 구조물의 구조 ② 해체 대상 구조물의 부재단면 및 높이 ③ 해체 대상 구조물의 부지 내 작업 공지 ④ 해체 대상 구조물의 부지 주변 도로상황 및 환경 ⑤ 해체 대상 구조물의 적용 해체공법 안정성 · 경제성 · 작업성

THEME 126 · 고소작업 중 작업대에서 떨어져 지면에 부딪혀 상해를 입었다. 재해발생형태, 기인물, 가해물을 작성하시오.

답안 연습	

모범 답안	① 발생형태 : 추락 ② 기인물 : 작업대 ③ 가해물 : 지면

THEME 127 · 직계(Line)형 조직의 장 · 단점을 작성하시오.

답안 연습	

모범 답안	장점	단점
	① 안전에 관한 지식 및 명령계통의 일원화 ② 안전대책 실시가 신속함 ③ 상하관계가 명료함(명료 및 보고)	① 안전에 관한 정보수집 및 신기술 개발 부족 ② 안전에 관한 지식 및 기술 축적 부족 ③ 직계형이므로 과중한 책임 발생

THEME 128 · 안전모의 사용구분에 따른 용도를 작성하시오.

답안 연습	종류	용도

모범 답안	종류	용도
	AB형	물체의 낙하 또는 비래 및 추락에 의한 위험을 방지 또는 경감
	AE형	물체의 낙하, 비래에 의한 위험 방지 또는 경감, 머리부위 감전위험 방지
	ABE형	물체의 낙하, 비래, 추락에 의한 위험 방지 또는 경감, 머리부위 감전위험 방지

THEME 129 와이어로프 안전계수에 대해 작성하시오.

답 안 연 습	

모 범 답 안	$$안전계수 = \frac{절단하중}{최대사용하중}$$

THEME 130 화재 및 폭발 등 사고발생 위험이 높은 장소로서 고용노동부령으로 정하는 장소를 5가지 작성하시오.

답 안 연 습	

모 범 답 안

〈산업안전보건법 시행규칙〉

제6조(도급인의 안전·보건 조치 장소) 「산업안전보건법 시행령」(이하 "영"이라 한다) 제11조 제15호에서 "고용노동부령으로 정하는 장소"란 다음 각 호의 어느 하나에 해당하는 장소를 말한다.

1. 화재·폭발 우려가 있는 다음 각 목의 어느 하나에 해당하는 작업을 하는 장소
   가. 선박 내부에서의 용접·용단작업
   나. 안전보건규칙 제225조 제4호에 따른 인화성 액체를 취급·저장하는 설비 및 용기에서의 용접·용단작업
   다. 안전보건규칙 제273조에 따른 특수화학설비에서의 용접·용단작업
   라. 가연물(可燃物)이 있는 곳에서의 용접·용단 및 금속의 가열 등 화기를 사용하는 작업이나 연삭숫돌에 의한 건식연마작업 등 불꽃이 발생할 우려가 있는 작업
2. 안전보건규칙 제132조에 따른 양중기(揚重機)에 의한 충돌 또는 협착(狹窄)의 위험이 있는 작업을 하는 장소
3. 안전보건규칙 제420조 제7호에 따른 유기화합물 취급 특별장소
4. 안전보건규칙 제574조 제1항 각 호에 따른 방사선 업무를 하는 장소
5. 안전보건규칙 제618조 제1호에 따른 밀폐공간
6. 안전보건규칙 별표 1에 따른 위험물질을 제조하거나 취급하는 장소
7. 안전보건규칙 별표 7에 따른 화학설비 및 그 부속설비에 대한 정비·보수 작업이 이루어지는 장소

THEME 131

평균 근로자 수가 400명인 사업장에서 신체장해로 인한 근로 손실일수가 12,300일, 의사진단에 의한 휴업일수가 500일이 었다. 강도율을 구하시오. (단, 1인 연간근로시간은 2,400시간이다.)

답안 연습

모범 답안

$$강도율 = \frac{근로손실일수}{연근로시간수} \times 1,000 = \frac{12,300 + \frac{500 \times 300}{365}}{400 \times 2,400} \times 1,000 = 13.24$$

THEME 132

중력식 옹벽 붕괴방지를 위한 외력에 대한 안정조건 3가지를 작성하시오.

답안 연습

모범 답안

$$활동에 대한 안정 \; Fs = \frac{활동에 저항하려는 힘}{활동하려는 힘} \geq 1.5$$

$$전도에 대한 안정 \; Fs = \frac{저항모멘트}{전도모멘트} \geq 2.0$$

$$기초 지반의 지지력에 대한 안정 \; Fs = \frac{지반의 극한 지지력}{지반의 최대반력} \geq 3.0$$

THEME 133

평균근로자수 500명, 연간재해자 6명일 때, 연천인율과 도수율을 계산하여 작성하시오.

답안 연습

모범 답안

$$연천인율 = \frac{재해자수}{연평균 \; 근로자수} \times 1,000 = \frac{6}{500} \times 1,000 = 12$$

$$도수율 = \frac{연천인율}{2.4} = \frac{12}{2.4} = 5$$

THEME 134 — 건축공사 재료비가 500,000,000원이고, 직접노무비가 300,000,000원일 때 안전관리비를 계산하여 작성하시오.

답 안 연 습

모 범 답 안

풀이 (개정 내용에 맞게 문제와 답안을 수정함)
(500,000,000 + 300,000,000) x 0.0228 + 4,325,000 = 22,565,000원

건설업 산업안전보건관리비 계상 및 사용기준
[시행 2025. 1. 1.] [고용노동부고시 제2024-53호, 2024. 9. 19., 일부개정]
[별표1] 공사종류 및 규모별 산업안전보건관리비 계상기준표

구분 / 공사종류	대상액 5억원 미만인 경우 적용비율(%)	대상액 5억원 이상 50억원 미만인 경우		대상액 50억원 이상인 경우 적용비율(%)	영 별표5에 따른 보건관리자 선임 대상 건설공사의 적용비율(%)
		적용 비율(%)	기초액		
건축공사	3.11%	2.28%	4,325,000원	2.37%	2.64%
토목공사	3.15%	2.53%	3,300,000원	2.60%	2.73%
중건설공사	3.64%	3.05%	2,975,000원	3.11%	3.39%
특수건설공사	2.07%	1.59%	2,450,000원	1.64%	1.78%

THEME 135 — 다음 조건에 따른 건설업 산업안전보건관리비를 산출하시오.

| 보기 |

건축공사, 낙찰률 50%, 예정가격 내역서상(재료비 210억, 직접노무비 190억)
발주자가 제공한 재료비 90억에서 산업안전보건관리비 산출

답 안 연 습

모 범 답 안

풀이 (개정 내용에 맞게 문제와 답안을 수정함 – 상단 문제 모범답안 계상기준표 참고)
1) 안전관리비 대상액 = 21,000,000,000 + 19,000,000,000 + 9,000,000,000 = 49,000,000,000원
2) 건축공사
  ① 지급자재비 포함 : 49,000,000,000 × 0.0237 = 1,161,300,000원
  ② 지급자재비 미포함 : 40,000,000,000 × 0.0237 × 1.2 = 1,137,600,000원
3) ① > ② 이므로 산업안전보건관리비는 1,137,600,000원이다.
4) 낙찰률이 50%이므로 법적 산업안전보건관리비는 1,137,600,000 × 50% = 568,800,000원

THEME 136 안전활동률 계산공식을 작성하시오.

답안연습

모범답안

$$\text{안전활동률} = \frac{\text{안전활동건수}}{\text{평균근로자수} \times \text{근로시간수}} \times 1{,}000{,}000$$

THEME 137 P.D.C.A 4단계를 작성하시오.

답안연습

모범답안

① 1단계(Plan) : 목표를 설정하고, 목표달성방법을 정함
② 2단계(Do) : 환경과 설비를 개선 · 점검하고 교육훈련을 실시함
③ 3단계(Check) : 결과를 검토함
④ 4단계(Action) : 검토결과에 의해 문제점을 발견한 경우 개선함

THEME 138 다음 사업장의 도수율, 강도율, 종합재해지수를 계산하여 작성하시오.

| 조건 |

연평균 근로자수 200명, 연간작업일수 300일, 연간 재해발생건수 9건, 휴업일수 125일
시간 외 작업시간 20,000시간, 지각 및 조퇴시간 2,000시간, 평균 출근율 90%, 1일 작업 8시간

답안연습

모범답안

$$\text{도수율} = \frac{\text{재해발생건수}}{\text{연근로시간수}} \times 1{,}000{,}000 = \frac{9}{(200 \times 8 \times 300 \times 0.9 - 2{,}000) + 20{,}000} \times 1{,}000{,}000 = 20$$

$$\text{강도율} = \frac{\text{근로손실일수}}{\text{연근로시간수}} = \frac{125 \times \dfrac{300}{365}}{(200 \times 8 \times 300 \times 0.9 - 2{,}000) + 20{,}000} \times 1{,}000 = 0.228$$

$$\text{종합재해지수}(\text{FSI}) = \sqrt{\text{도수율} \times \text{강도율}} = \sqrt{20 \times 0.228} = 2.14$$

THEME 139 — 세이프티 스코어(Safe T. Score)를 계산하고 평가하여 작성하시오.

| 조건 |

전년도 도수율 125, 올해연도 도수율 100, 근로자수 400명, 올해연도 근로시간수 2,390시간

**답안
연습**

**모범
답안**

$$Safe\,T.Score = \cfrac{\text{현재빈도율} - \text{과거빈도율}}{\sqrt{\cfrac{\text{과거빈도율}}{\text{총근로시간수}} \times 1,000,000}} = \cfrac{100 - 125}{\sqrt{\cfrac{125}{400 \times 2,390} \times 1,000,000}} = -\,2.186$$

-2.186이므로 안전관리 수행도 평가가 과거보다 좋다.

① $+2$ 이상인 경우 : 과거보다 심각하게 나쁘다.
② $+2 \sim -2$ 인 경우 : 심각한 차이가 없다.
③ -2 이하인 경우 : 과거보다 좋다.

THEME 140 — 근로자 500명, 연 280일 근무, 결근율 5%, 재해건수 20건, 사망 1명, 장애3급 1명, 근로손실일수 250일인 경우 강도율을 구하여 작성하시오.

**답안
연습**

**모범
답안**

$$강도율 = \cfrac{\text{근로손실일수}}{\text{연근로시간수}} \times 1,000 = \cfrac{7,500 + 7,500 + 250}{500 \times 8 \times 280 \times 0.95} \times 1,000 = 14.33$$

THEME 141 연평균 근로자수 600명, 6개월간 안전전담활동 시 다음 조건에 따른 안전활동률을 구하시오.

| 조건 |

1일 9시간, 월 22일 근무, 사고 2건
불안전한 행동 20건 발견 및 조치, 불안전한 상태 34건 발견 및 조치, 권고 12건
안전홍보 3건, 안전회의 6건

답안연습

모범답안

$$\text{안전활동률} = \frac{\text{안전활동건수}}{\text{평균근로자수} \times \text{근로시간수}} \times 1{,}000{,}000$$

$$= \frac{20 + 34 + 12 + 3 + 6}{600 \times 9 \times 22 \times 6} \times 1{,}000{,}000 = 105.22$$

THEME 142 산업안전관리비 중 안전관리비로 사용할 수 있는 항목을 작성하시오.

답안연습

모범답안

① 교류아크 용접기의 자동전격방지장치
② 방호선반 시설비
③ 산소농도 측정기 구입비
④ 작업환경 측정장비
⑤ 사업장의 안전 진단비
⑥ 착공식 안전기원제 비용
⑦ 근로자 건강진단비
⑧ 구급기재 등에 소요되는 비용
⑨ 현장 내 안전보건교육장 설치 비용
⑩ 터널 작업의 장화 구입 비용
⑪ 협력업체 안전관리 진단비용
⑫ 안전보조원의 인건비
⑬ 경사법면의 보호망
⑭ 개인보호구 및 개인장구 보관시설
⑮ 작업장 방역 및 소독비, 방충비
⑯ 안전보건 정보교류를 위한 모임 사용비
⑰ 맨홀에 설치된 안전펜스
⑱ 야간작업 시 전자신호봉
⑲ 전선로 활선확인경보기
⑳ 방화사 등 화재예방시설
㉑ 리프트 무선호출기

Chapter 02 필답형 기출문제

※ 제시된 문제는 실제 출제 문제와 상이할 수 있습니다.

 ## 2020년 필답형 1회

01 가설통로 설치 시 구조와 관련하여 아래 빈칸을 알맞게 작성하시오.

답안 연습	• 경사가 (①)도를 초과하는 경우에는 미끄러지지 아니하는 구조로 할 것 • 수직갱에 가설된 통로의 길이가 15m 이상인 경우에는 (②)m 이내마다 (③)을 설치할 것 • 건설공사에 사용하는 높이 (④)m 이상인 비계다리에는 (⑤)m 이내마다 계단참을 설치할 것

모범 답안	〈산업안전보건기준에 관한 규칙〉 제23조(가설통로의 구조) 사업주는 가설통로를 설치하는 경우 다음 각 호의 사항을 준수하여야 한다. 1. 견고한 구조로 할 것 2. 경사는 30도 이하로 할 것. 다만, 계단을 설치하거나 높이 2미터 미만의 가설통로로서 튼튼한 손잡이를 설치한 경우에는 그러하지 아니하다. 3. 경사가 15도를 초과하는 경우에는 미끄러지지 아니하는 구조로 할 것 4. 추락할 위험이 있는 장소에는 안전난간을 설치할 것. 다만, 작업상 부득이한 경우에는 필요한 부분만 임시로 해체할 수 있다. 5. 수직갱에 가설된 통로의 길이가 15미터 이상인 경우에는 10미터 이내마다 계단참을 설치할 것 6. 건설공사에 사용하는 높이 8미터 이상인 비계다리에는 7미터 이내마다 계단참을 설치할 것

02 타워크레인 설치 및 조립 시 작업계획서 포함내용을 4가지 작성하시오.

답안 연습	

| 모범 답안 | ① 타워크레인의 종류 및 형식
② 설치 · 조립 및 해체순서
③ 작업도구 · 장비 · 가설설비 및 방호설비
④ 작업인원의 구성 및 작업근로자의 역할 범위 |

〈산업안전보건기준에 관한 규칙〉

[별표 4] 사전조사 및 작업계획서 내용(제38조 제1항 관련)

작업명	사전조사 내용	작업계획서 내용
1. 타워크레인을 설치 · 조립 · 해체하는 작업	–	가. 타워크레인의 종류 및 형식 나. 설치 · 조립 및 해체순서 다. 작업도구 · 장비 · 가설설비(假設設備) 및 방호설비 라. 작업인원의 구성 및 작업근로자의 역할 범위 마. 제142조에 따른 지지 방법

03 다음 빈칸을 알맞게 작성하시오.

| 답안 연습 | 적정공기란 산소농도의 범위가 (①)% 이상 23.5% 미만, 탄산가스의 농도가 1.5% 미만, (②)의 농도가 30 ppm 미만, (③)의 농도가 10 ppm 미만인 수준의 공기를 말한다. |

| 모범 답안 | 〈산업안전보건기준에 관한 규칙〉

제618조(정의)
3. "적정공기"란 산소농도의 범위가 18퍼센트 이상 23.5퍼센트 미만, 탄산가스의 농도가 1.5퍼센트 미만, 일산화탄소의 농도가 30피피엠 미만, 황화수소의 농도가 10피피엠 미만인 수준의 공기를 말한다. |

04 O.J.T 교육에 대해 간략하게 작성하시오.

답안 연습	

| 모범 답안 | O.J.T(On-the Job Training) 교육은 직장 내 훈련으로, 실습을 통해 그 과정에서 필요한 사항을 몸에 익히는 현장교육을 말한다. |

05 사업주가 상시 분진작업 업무를 하는 근로자에게 주지시켜야 할 사항 3가지를 작성하시오.

답안 연습	

모범 답안	〈산업안전보건기준에 관한 규칙〉 제614조(분진의 유해성 등의 주지) 사업주는 근로자가 상시 분진작업에 관련된 업무를 하는 경우에 다음 각 호의 사항을 근로자에게 알려야 한다. 　1. 분진의 유해성과 노출경로 　2. 분진의 발산 방지와 작업장의 환기 방법 　3. 작업장 및 개인위생 관리 　4. 호흡용 보호구의 사용 방법 　5. 분진에 관련된 질병 예방 방법

06 차량계 건설기계로 작업 시 넘어지거나, 굴러 떨어짐에 의해 근로자에게 위험을 끼칠 우려가 있을 경우 조치사항을 3가지 작성하시오.

답안 연습	

모범 답안	〈산업안전보건기준에 관한 규칙〉 제199조(전도 등의 방지) 사업주는 차량계 건설기계를 사용하는 작업할 때에 그 기계가 넘어지거나 굴러떨어짐으로써 근로자가 위험해질 우려가 있는 경우에는 유도하는 사람을 배치하고 지반의 부동침하 방지, 갓길의 붕괴 방지 및 도로 폭의 유지 등 필요한 조치를 하여야 한다.

07 근로자가 작업발판 위에서 용접작업을 하다 지면으로 떨어져 부상을 당하였다. 발생형태, 기인물, 가해물을 작성하시오.

답안 연습	

모범 답안	① 발생형태 : 추락 ② 기인물 : 작업발판 ③ 가해물 : 지면

08 NATM 터널공사에서 록볼트의 효과를 작성하시오.

답 안 연 습	

모 범 답 안	① 봉합 작용 ② 아치 형성 작용 ③ 내압 작용 ④ 보 형성 작용

09 양중기에 사용하는 권상용 와이어로프의 사용금지사항 3가지 작성하시오.

답 안 연 습	

모 범 답 안	〈산업안전보건기준에 관한 규칙〉 제63조(달비계의 구조) 　1. 다음 각 목의 어느 하나에 해당하는 와이어로프를 달비계에 사용해서는 아니 된다. 　　가. 이음매가 있는 것 　　나. 와이어로프의 한 꼬임[[스트랜드(strand)를 말한다. 이하 같다)]에서 끊어진 소선(素線)[필러(pillar)선은 제외한다)]의 수가 10퍼센트 이상(비자전로프의 경우에는 끊어진 소선의 수가 와이어로프 호칭지름의 6배 길이 이내에서 4개 이상이거나 호칭지름 30배 길이 이내에서 8개 이상)인 것 　　다. 지름의 감소가 공칭지름의 7퍼센트를 초과하는 것 　　라. 꼬인 것 　　마. 심하게 변형되거나 부식된 것 　　바. 열과 전기충격에 의해 손상된 것

10 전기기계 · 기구 또는 전로 등의 충전부에 접촉 시 감전 방지대책을 3가지 작성하시오.

답 안 연 습	

모 범 답 안	〈산업안전보건기준에 관한 규칙〉 제301조(전기 기계 · 기구 등의 충전부 방호) 　1. 충전부가 노출되지 않도록 폐쇄형 외함(外函)이 있는 구조로 할 것 　2. 충전부에 충분한 절연효과가 있는 방호망이나 절연덮개를 설치할 것 　3. 충전부는 내구성이 있는 절연물로 완전히 덮어 감쌀 것 　4. 발전소 · 변전소 및 개폐소 등 구획되어 있는 장소로서 관계 근로자가 아닌 사람의 출입이 금지되는 장소에 충전부를 설치하고, 위험표시 등의 방법으로 방호를 강화할 것 　5. 전주 위 및 철탑 위 등 격리되어 있는 장소로서 관계 근로자가 아닌 사람이 접근할 우려가 없는 장소에 충전부를 설치할 것

11 지반의 연화현상(Frost Boil) 정의와 방지대책을 2가지 작성하시오.

답 안 연 습	

모 범 답 안	1. 정의 : 겨울철 지반이 얼었다 녹을 때 흙속으로 수분이 들어가 지반이 연약화되는 현상 2. 방지대책 : ① 드레인공법 ② 구조물 강성확보 ③ 지반개량공법 ④ 고결안정공법

12 다음 표지의 명칭을 작성하시오.

답 안 연 습		①		②

모 범 답 안	① 인화성물질경고 ② 급성독성물질경고

13 꽂음접속기 사용 시 준수사항을 3가지 작성하시오.

답 안 연 습	

모 범 답 안	〈산업안전보건기준에 관한 규칙〉 제316조(꽂음접속기의 설치 · 사용 시 준수사항) 사업주는 꽂음접속기를 설치하거나 사용하는 경우에는 다음 각 호의 사항을 준수하여야 한다. 1. 서로 다른 전압의 꽂음 접속기는 서로 접속되지 아니한 구조의 것을 사용할 것 2. 습윤한 장소에 사용되는 꽂음 접속기는 방수형 등 그 장소에 적합한 것을 사용할 것 3. 근로자가 해당 꽂음 접속기를 접속시킬 경우에는 땀 등으로 젖은 손으로 취급하지 않도록 할 것 4. 해당 꽂음 접속기에 잠금장치가 있는 경우에는 접속 후 잠그고 사용할 것

14 연간작업자 4,000명, 사망사고 1건인 경우 사고사망만인율을 계산하시오.

답 안 연 습	

모 범 답 안	$$\text{사고사망만인율}(\%) = \frac{\text{사고사망자수}}{\text{상시근로자수}} \times 10,000 = \frac{1}{4,000} \times 10,000 = 25$$

2020년 필답형 2회

01 물체 투하 시 적당한 투하설비를 갖춰야 하는 최소 높이를 작성하시오.

답 안 연 습	

| 모 범
답 안 | 〈산업안전보건기준에 관한 규칙〉
제15조(투하설비 등) 사업주는 높이가 3미터 이상인 장소로부터 물체를 투하하는 경우 적당한 투하설비를 설치하거나 감시인을 배치하는 등 위험을 방지하기 위하여 필요한 조치를 하여야 한다. |

02 콘크리트 타설 시 거푸집 측압이 미치는 요인을 3가지 작성하시오.

답 안 연 습	

| 모 범
답 안 | **콘크리트 측압** : 콘크리트를 타설 시 거푸집 수직부재가 수평방향으로 받는 압력을 측압(t/m^2)이라 하며, 콘크리트 타설 윗면에서 최대측압이 발생하는 지점까지의 거리를 콘크리트 헤드(con'c head)라 한다.
측압에 주는 요인으로는 거푸집이 평활할수록, 슬럼프가 클수록, 시공 연도가 좋을수록, 철근·철골량이 적을수록, 외기의 온도가 낮을수록, 습도가 높을수록, 부배합일수록, 타설속도가 빠를수록, 다짐이 충분할수록, 타설높이가 높을수록 측압은 커진다. |

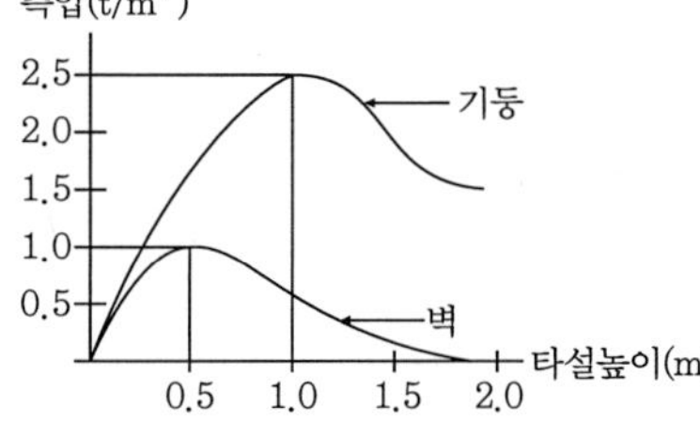

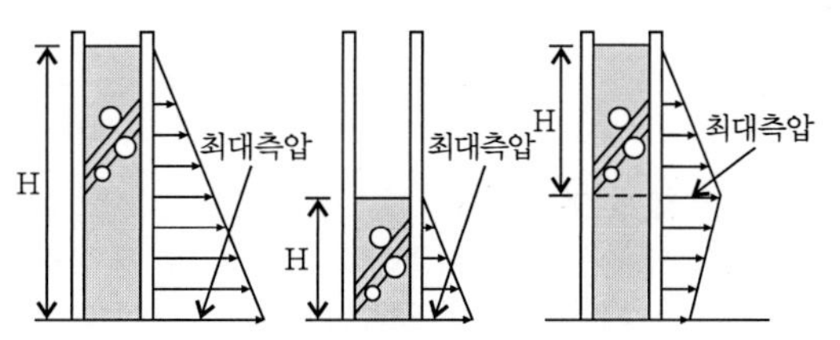

03 가공전로에 근접해 비계 설치 시 가공전로 접촉 방지를 위한 조치 2가지를 작성하시오.

답안 연습	

모범 답안	〈산업안전보건기준에 관한 규칙〉 제59조(강관비계 조립 시의 준수사항) 　5. 가공전로(架空電路)에 근접하여 비계를 설치하는 경우에는 가공전로를 이설(移設)하거나 가공전로에 절연용 방호구를 장착하는 등 가공전로와의 접촉을 방지하기 위한 조치를 할 것

04 타워크레인 작업중지에 관한 내용으로 다음 빈칸을 알맞게 작성하시오.

답안 연습	① 설치·수리·점검 또는 해체 작업을 중지하여야 하는 순간풍속은 (　　　　) ② 운전 작업을 중지하여야 하는 순간풍속은 (　　　　)

모범 답안	〈산업안전보건기준에 관한 규칙〉 제37조(악천후 및 강풍 시 작업 중지) ① 사업주는 비·눈·바람 또는 그 밖의 기상상태의 불안정으로 인하여 근로자가 위험해질 우려가 있는 경우 작업을 중지하여야 한다. 다만, 태풍 등으로 위험이 예상되거나 발생되어 긴급 복구작업을 필요로 하는 경우에는 그러하지 아니하다. ② 사업주는 순간풍속이 초당 10미터를 초과하는 경우 타워크레인의 설치·수리·점검 또는 해체 작업을 중지하여야 하며, 순간풍속이 초당 15미터를 초과하는 경우에는 타워크레인의 운전작업을 중지하여야 한다. 〈개정 2017. 3. 3.〉

05 산업재해 발생 시 사업주가 산업재해 관련 기록 및 보존해야 하는 사항 4가지를 작성하시오.

답안 연습	

모범 답안	〈산업안전보건법 시행규칙〉 제72조(산업재해 기록 등) 사업주는 산업재해가 발생한 때에는 법 제57조 제2항에 따라 다음 각 호의 사항을 기록·보존해야 한다. 다만, 제73조 제1항에 따른 산업재해조사표의 사본을 보존하거나 제73조 제5항에 따른 요양신청서의 사본에 재해 재발방지 계획을 첨부하여 보존한 경우에는 그렇지 않다. 　1. 사업장의 개요 및 근로자의 인적사항 　2. 재해 발생의 일시 및 장소 　3. 재해 발생의 원인 및 과정 　4. 재해 재발방지 계획

06 근로감독관이 질문 · 검사 · 점검하거나 관계서류 제출을 요구할 수 있는 상황을 3가지 작성하시오.

답 안 연 습	

모 범 답 안	〈산업안전보건법 시행규칙〉 제235조(감독기준) 근로감독관은 다음 각 호의 어느 하나에 해당하는 경우 법 제155조 제1항에 따라 질문 · 검사 · 점검하거나 관계 서류의 제출을 요구할 수 있다. 　1. 산업재해가 발생하거나 산업재해 발생의 급박한 위험이 있는 경우 　2. 근로자의 신고 또는 고소 · 고발 등에 대한 조사가 필요한 경우 　3. 법 또는 법에 따른 명령을 위반한 범죄의 수사 등 사법경찰관리의 직무를 수행하기 위하여 필요한 경우 　4. 그 밖에 고용노동부장관 또는 지방고용노동관서의 장이 법 또는 법에 따른 명령의 위반 여부를 조사하기 위하여 필요하다고 인정하는 경우

07 작업발판의 끝이나 개구부로 근로자가 추락할 위험이 있는 장소에서 작업 시 추락 방지 대책을 3가지 작성하시오.

답 안 연 습	

모 범 답 안	〈산업안전보건기준에 관한 규칙〉 제43조(개구부 등의 방호 조치) ① 사업주는 작업발판 및 통로의 끝이나 개구부로서 근로자가 추락할 위험이 있는 장소에는 안전난간, 울타리, 수직형 추락방망 또는 덮개 등(이하 이 조에서 "난간 등"이라 한다)의 방호 조치를 충분한 강도를 가진 구조로 튼튼하게 설치하여야 하며, 덮개를 설치하는 경우에는 뒤집히거나 떨어지지 않도록 설치하여야 한다. 이 경우 어두운 장소에서도 알아볼 수 있도록 개구부임을 표시해야 하며, 수직형 추락방망은 한국산업표준에서 정하는 성능기준에 적합한 것을 사용해야 한다. 〈개정 2022. 10. 18.〉 ② 사업주는 난간 등을 설치하는 것이 매우 곤란하거나 작업의 필요상 임시로 난간 등을 해체하여야 하는 경우 제42조 제2항 각 호의 기준에 맞는 추락방호망을 설치하여야 한다. 다만, 추락방호망을 설치하기 곤란한 경우에는 근로자에게 안전대를 착용하도록 하는 등 추락할 위험을 방지하기 위하여 필요한 조치를 하여야 한다. 〈개정 2017. 12. 28.〉

필 답 형 기 출 문 제

08 다음은 안전보건관리책임자 등에 관한 교육내용이다. 빈칸을 알맞게 채우시오.

<table>
<tr><td rowspan="3">답 안
연 습</td><td rowspan="2">교육대상</td><td colspan="2">교육시간</td></tr>
<tr><td>신규교육</td><td>보수교육</td></tr>
<tr><td></td><td></td><td></td></tr>
<tr><td></td><td></td><td></td></tr>
<tr><td></td><td></td><td></td></tr>
<tr><td></td><td></td><td></td></tr>
<tr><td></td><td></td><td></td></tr>
</table>

<table>
<tr><td rowspan="11">모 범
답 안</td><td colspan="3">〈산업안전보건법 시행규칙〉
[별표 4] 안전보건교육 교육과정별 교육시간
2. 안전보건관리책임자 등에 대한 교육(제29조 제2항 관련)</td></tr>
<tr><td rowspan="2">교육대상</td><td colspan="2">교육시간</td></tr>
<tr><td>신규교육</td><td>보수교육</td></tr>
<tr><td>가. 안전보건관리책임자</td><td>6시간 이상</td><td>6시간 이상</td></tr>
<tr><td>나. 안전관리자, 안전관리전문기관의 종사자</td><td>34시간 이상</td><td>24시간 이상</td></tr>
<tr><td>다. 보건관리자, 보건관리전문기관의 종사자</td><td>34시간 이상</td><td>24시간 이상</td></tr>
<tr><td>라. 건설재해예방전문지도기관의 종사자</td><td>34시간 이상</td><td>24시간 이상</td></tr>
<tr><td>마. 석면조사기관의 종사자</td><td>34시간 이상</td><td>24시간 이상</td></tr>
<tr><td>바. 안전보건관리담당자</td><td>–</td><td>8시간 이상</td></tr>
<tr><td>사. 안전검사기관, 자율안전검사기관의 종사자</td><td>34시간 이상</td><td>24시간 이상</td></tr>
</table>

09 터널작업 시 터널작업면 조도기준에 대해 작성하시오.

<table>
<tr><td rowspan="4">답 안
연 습</td><td>터널작업 구간</td><td>조도기준</td></tr>
<tr><td>막장</td><td>①</td></tr>
<tr><td>터널중간</td><td>②</td></tr>
<tr><td>터널 입 · 출입구 및 수직구</td><td>③</td></tr>
</table>

<table>
<tr><td>모 범
답 안</td><td>① 60 lux ② 50 lux ③ 30 lux</td></tr>
</table>

10 근로자의 위험방지를 위해 해당 작업 및 작업장의 지형, 지반, 지층상태 등에 대한 사전조사를 하고 그 결과를 기록 · 보존하며, 조사결과를 고려해 작업계획서를 작성하고 계획에 따라 작업을 하도록 하여야 하는 사업을 3가지 작성하시오.

<table>
<tr><td>답 안
연 습</td><td></td></tr>
</table>

<table>
<tr><td rowspan="2">모 범
답 안</td><td>

〈산업안전보건기준에 관한 규칙〉

제38조(사전조사 및 작업계획서의 작성 등) ① 사업주는 다음 각 호의 작업을 하는 경우 근로자의 위험을 방지하기 위하여 별표 4에 따라 해당 작업, 작업장의 지형 · 지반 및 지층 상태 등에 대한 사전조사를 하고 그 결과를 기록 · 보존해야 하며, 조사결과를 고려하여 별표 4의 구분에 따른 사항을 포함한 작업계획서를 작성하고 그 계획에 따라 작업을 하도록 해야 한다.

  1. 타워크레인을 설치 · 조립 · 해체하는 작업

  2. 차량계 하역운반기계 등을 사용하는 작업(화물자동차를 사용하는 도로상의 주행작업은 제외한다. 이하 같다)

  3. 차량계 건설기계를 사용하는 작업

  4. 화학설비와 그 부속설비를 사용하는 작업

  5. 제318조에 따른 전기작업(해당 전압이 50볼트를 넘거나 전기에너지가 250볼트암페어를 넘는 경우로 한정한다)

  6. 굴착면의 높이가 2미터 이상이 되는 지반의 굴착작업(이하 "굴착작업"이라 한다)

  7. 터널굴착작업

  8. 교량(상부구조가 금속 또는 콘크리트로 구성되는 교량으로서 그 높이가 5미터 이상이거나 교량의 최대 지간 길이가 30미터 이상인 교량으로 한정한다)의 설치 · 해체 또는 변경 작업

  9. 채석작업

  10. 건물 등의 해체작업

  11. 중량물의 취급작업

  12. 궤도나 그 밖의 관련 설비의 보수 · 점검작업

  13. 열차의 교환 · 연결 또는 분리 작업(이하 "입환작업"이라 한다)

</td></tr>
</table>

11 산업안전보건법상 보호구의 안전인증 제품에 표시해야 하는 사항을 4가지 작성하시오.

<table>
<tr><td>답 안
연 습</td><td></td></tr>
<tr><td>모 범
답 안</td><td>① 형식 또는 모델명 ② 규격 또는 등급 등 ③ 제조자명 ④ 제조번호 및 제조연월 ⑤ 안전인증 번호</td></tr>
</table>

12 차량계 하역운반기계 등의 운전자가 운전위치를 이탈하고자 할 때 운전자가 준수해야 할 사항을 2가지 작성하시오.

답 안 연 습	

〈산업안전보건기준에 관한 규칙〉

제99조(운전위치 이탈 시의 조치) ① 사업주는 차량계 하역운반기계 등, 차량계 건설기계의 운전자가 운전위치를 이탈하는 경우 해당 운전자에게 다음 각 호의 사항을 준수하도록 하여야 한다.
1. 포크, 버킷, 디퍼 등의 장치를 가장 낮은 위치 또는 지면에 내려 둘 것
2. 원동기를 정지시키고 브레이크를 확실히 거는 등 갑작스러운 주행이나 이탈을 방지하기 위한 조치를 할 것
3. 운전석을 이탈하는 경우에는 시동키를 운전대에서 분리시킬 것. 다만, 운전석에 잠금장치를 하는 등 운전자가 아닌 사람이 운전하지 못하도록 조치한 경우에는 그러하지 아니하다.
② 차량계 하역운반기계 등, 차량계 건설기계의 운전자는 운전위치에서 이탈하는 경우 제1항 각 호의 조치를 하여야 한다.

13 사고예방대책 기본원리 5단계 중 "시정책의 적용"에 적용할 '3E'를 작성하시오.

답 안 연 습	

모 범 답 안	① 기술적(Engineering)대책 ② 교육적(Education)대책 ③ 관리적(Enforcement)대책

14 공사금액이 1,800억 원 건설업의 경우 안전관리자 수를 작성하시오.

답 안 연 습	

모 범 답 안	건설업의 공사금액 1,500억 원 이상 2,200억 원 미만 : 3명 이상 (다만, 전체 공사기간 중 전·후 15에 해당하는 기간은 2명 이상으로 한다.)

2021년 필답형 1회

01 안전관리자를 정수 이상으로 증원·교체 임명할 수 있는 사유 3가지를 작성하시오.

답안 연습	
모범 답안	〈산업안전보건법 시행규칙〉 **제12조(안전관리자 등의 증원·교체임명 명령)** ① 지방고용노동관서의 장은 다음 각 호의 어느 하나에 해당하는 사유가 발생한 경우에는 법 제17조 제4항·제18조 제4항 또는 제19조 제3항에 따라 사업주에게 안전관리자·보건관리자 또는 안전보건관리담당자(이하 이 조에서 "관리자"라 한다)를 정수 이상으로 증원하게 하거나 교체하여 임명할 것을 명할 수 있다. 다만, 제4호에 해당하는 경우로서 직업성 질병자 발생 당시 사업장에서 해당 화학적 인자(因子)를 사용하지 않은 경우에는 그렇지 않다. 　1. 해당 사업장의 연간재해율이 같은 업종의 평균재해율의 2배 이상인 경우 　2. 중대재해가 연간 2건 이상 발생한 경우. 다만, 해당 사업장의 전년도 사망만인율이 같은 업종의 평균 사망만인율 이하인 경우는 제외한다. 　3. 관리자가 질병이나 그 밖의 사유로 3개월 이상 직무를 수행할 수 없게 된 경우 　4. 별표 22 제1호에 따른 화학적 인자로 인한 직업성 질병자가 연간 3명 이상 발생한 경우. 이 경우 직업성 질병자의 발생일은 「산업재해보상보험법 시행규칙」 제21조 제1항에 따른 요양급여의 결정일로 한다. ② 제1항에 따라 관리자를 정수 이상으로 증원하게 하거나 교체하여 임명할 것을 명하는 경우에는 미리 사업주 및 해당 관리자의 의견을 듣거나 소명자료를 제출받아야 한다. 다만, 정당한 사유 없이 의견진술 또는 소명자료의 제출을 게을리한 경우에는 그렇지 않다. ③ 제1항에 따른 관리자의 정수 이상 증원 및 교체임명 명령은 별지 제4호 서식에 따른다.

02 산업안전보건법상 안전관리자의 업무를 4가지 작성하시오.

답 안 연 습	

모 범 답 안	〈산업안전보건법 시행령〉 **제18조(안전관리자의 업무 등)** ① 안전관리자의 업무는 다음 각 호와 같다. 　1. 법 제24조 제1항에 따른 산업안전보건위원회(이하 "산업안전보건위원회"라 한다) 또는 법 제75조 제1항에 따른 안전 및 보건에 관한 노사협의체(이하 "노사협의체"라 한다)에서 심의 · 의결한 업무와 해당 사업장의 법 제25조 제1항에 따른 안전보건관리규정(이하 "안전보건관리규정"이라 한다) 및 취업규칙에서 정한 업무 　2. 법 제36조에 따른 위험성평가에 관한 보좌 및 지도 · 조언 　3. 법 제84조 제1항에 따른 안전인증대상기계 등(이하 "안전인증대상기계 등"이라 한다)과 법 제89조 제1항 각 호 외의 부분 본문에 따른 자율안전확인대상기계 등(이하 "자율안전확인대상기계 등"이라 한다) 구입 시 적격품의 선정에 관한 보좌 및 지도 · 조언 　4. 해당 사업장 안전교육계획의 수립 및 안전교육 실시에 관한 보좌 및 지도 · 조언 　5. 사업장 순회점검, 지도 및 조치 건의 　6. 산업재해 발생의 원인 조사 · 분석 및 재발 방지를 위한 기술적 보좌 및 지도 · 조언 　7. 산업재해에 관한 통계의 유지 · 관리 · 분석을 위한 보좌 및 지도 · 조언 　8. 법 또는 법에 따른 명령으로 정한 안전에 관한 사항의 이행에 관한 보좌 및 지도 · 조언 　9. 업무 수행 내용의 기록 · 유지 　10. 그 밖에 안전에 관한 사항으로서 고용노동부장관이 정하는 사항 ② 사업주가 안전관리자를 배치할 때에는 연장근로 · 야간근로 또는 휴일근로 등 해당 사업장의 작업형태를 고려해야 한다. ③ 사업주는 안전관리 업무의 원활한 수행을 위하여 외부전문가의 평가 · 지도를 받을 수 있다. ④ 안전관리자는 제1항 각 호에 따른 업무를 수행할 때에는 보건관리자와 협력해야 한다. ⑤ 안전관리자에 대한 지원에 관하여는 제14조 제2항을 준용한다. 이 경우 "안전보건관리책임자"는 "안전관리자"로, "법 제15조 제1항"은 "제1항"으로 본다.

03 산업안전보건법상 안전보건교육 교육과정별 교육시간을 알맞게 작성하시오.

답 안 연 습	■ 산업안전보건법 시행규칙 [별표 4] 〈개정 2023. 9. 27.〉 안전보건교육 교육과정별 교육시간(제26조제1항 등 관련 1. 근로자 안전보건교육(제26조제1항, 제28조제1항 관련))		

■ 산업안전보건법 시행규칙 [별표 4] 〈개정 2023. 9. 27.〉
　안전보건교육 교육과정별 교육시간(제26조제1항 등 관련
1. 근로자 안전보건교육(제26조제1항, 제28조제1항 관련))

교육과정	교육대상		교육시간
가. 정기교육	1) 사무직 종사 근로자		매반기 6시간 이상
	2) 그 밖의 근로자	가) 판매업무에 직접 종사하는 근로자	매반기 6시간 이상
		나) 판매업무에 직접 종사하는 근로자 외의 근로자	매반기 12시간 이상
나. 채용 시 교육	1) 일용근로자 및 근로계약기간이 1주일 이하인 기간제근로자		1시간 이상
	2) 근로계약기간이 1주일 초과 1개월 이하인 기간제근로자		4시간 이상
	3) 그 밖의 근로자		8시간 이상
다. 작업내용 변경 시 교육	1) 일용근로자 및 근로계약기간이 1주일 이하인 기간제근로자		1시간 이상
	2) 그 밖의 근로자		2시간 이상
라. 특별교육	1) 일용근로자 및 근로계약기간이 1주일 이하인 기간제근로자 : 별표 5 제1호라목(제39호는 제외한다)에 해당하는 작업에 종사하는 근로자에 한정한다.		2시간 이상
	2) 일용근로자 및 근로계약기간이 1주일 이하인 기간제근로자 : 별표 5 제1호라목제39호에 해당하는 작업에 종사하는 근로자에 한정한다.		8시간 이상
	3) 일용근로자 및 근로계약기간이 1주일 이하인 기간제근로자를 제외한 근로자 : 별표 5 제1호라목에 해당하는 작업에 종사하는 근로자에 한정한다.		가) 16시간 이상 (최초 작업에 종사하기 전 4시간 이상 실시하고 12시간은 3개월 이내에서 분할하여 실시 가능) 나) 단기간 작업 또는 간헐적 작업인 경우에는 2시간 이상
마. 건설업 기초안전 · 보건교육	건설 일용근로자		4시간 이상

답 안
연 습

모 범
답 안

04 연평균 200명의 근로자가 근무하는 A 사업장에서 사망 1명, 휴업일수 50일 사고자 2명, 휴업일수 20일 사고자 1명이 발생하였다. 해당 사업장의 강도율이 얼마인지 작성하시오.
(단, 근로자의 근무일수는 305일/1년)

답안 연습	

※ **강도율** : 연근로시간 1,000시간당 재해로 인한 근로손실일수

$$강도율 = \frac{근로손실일수}{연근로시간수} \times 1,000$$

$$강도율 = \frac{7,500 + (50 \times 2 + 20) \times \frac{305}{365}}{200 \times 8 \times 305} \times 1,000 = 15.574$$

〈근로손실일수〉

① 사망 및 영구 전노동 불능(장애등급 1~3급)
② 영구 일부노동 불능(4~14급)

등급	4	5	6	7	8	9	10	11	12	13	14
일수	5,500	4,000	3,000	2,200	1,500	1,000	600	400	200	100	50

③ 일시 전노동 불능(의사진단) $= 휴직일수 \times \frac{300}{365}$

05 이동식 크레인의 종류 3가지를 작성하시오.

답 안 연 습	

모 범 답 안	① 험지형 크레인(Rough-terrain crane) : R/T 크레인 • 연약지반에서도 작업이 가능한 크레인 • 4륜 주행과 조향이 가능 • 선회 반경이 매우 작음, 도심지 또는 좁은 플랜트 현장 등 협소공간 작업 용이 ② 전지형 크레인(All-terrain crane) : A/T 크레인 • 가격이 고가이며 현재 독일 제작사 주력 • 트럭 크레인의 기동성과 험지형 크레인의 장점을 조합 ③ 크롤러 크레인(Crawler crane) • 크레인 하부의 구성이 트랙타입(무한궤도)으로 된 크레인 • 양중효율 · 인양능력은 양호하나, 기동성이 약함 ④ 트럭 탑재형 크레인(Loader crane, Cargo crane) • 카고 트럭 화물적재함에 소형 크레인을 설치한 것 • 화물의 적재 · 하역 · 운송이 1인 작업자로 가능 • 직진붐 방식(와이어 로프를 사용), 굴절붐 방식(슬링을 사용하지 않고 직접 운반물을 인양) ⑤ 트럭크레인 • 하부 주행부에 타이어를 사용한 자주식 크레인 • 기동성이 양호하나, 평탄한 지반에만 주로 이용

〈산업안전보건기준에 관한 규칙〉

제132조(양중기) ① 양중기란 다음 각 호의 기계를 말한다. 〈개정 2019. 4. 19., 2021. 11. 19.〉

1. 크레인[호이스트(hoist)를 포함한다]
2. 이동식 크레인
3. 리프트(이삿짐운반용 리프트의 경우에는 적재하중이 0.1톤 이상인 것으로 한정한다)
4. 곤돌라
5. 승강기

② 제1항 각 호의 기계의 뜻은 다음 각 호와 같다. 〈개정 2019. 4. 19.〉

2. "이동식 크레인"이란 원동기를 내장하고 있는 것으로서 불특정 장소에 스스로 이동할 수 있는 크레인으로 동력을 사용하여 중량물을 매달아 상하 및 좌우(수평 또는 선회를 말한다)로 운반하는 설비로서 「건설기계관리법」을 적용 받는 기중기 또는 「자동차관리법」 제3조에 따른 화물 · 특수자동차의 작업부에 탑재하여 화물운반 등에 사용하는 기계 또는 기계장치를 말한다.

06 명예산업안전감독관의 업무 4가지를 작성하시오.

답 안 연 습	

**모 범
답 안**

<산업안전보건법 시행령>

제32조(명예산업안전감독관 위촉 등) ① 고용노동부장관은 다음 각 호의 어느 하나에 해당하는 사람 중에서 법 제23조 제1항에 따른 명예산업안전감독관(이하 "명예산업안전감독관"이라 한다)을 위촉할 수 있다.

1. 산업안전보건위원회 구성 대상 사업의 근로자 또는 노사협의체 구성 · 운영 대상 건설공사의 근로자 중에서 근로자대표(해당 사업장에 단위 노동조합의 산하 노동단체가 그 사업장 근로자의 과반수로 조직되어 있는 경우에는 지부 · 분회 등 명칭이 무엇이든 관계없이 해당 노동단체의 대표자를 말한다. 이하 같다)가 사업주의 의견을 들어 추천하는 사람
2. 「노동조합 및 노동관계조정법」 제10조에 따른 연합단체인 노동조합 또는 그 지역 대표기구에 소속된 임직원 중에서 해당 연합단체인 노동조합 또는 그 지역 대표기구가 추천하는 사람
3. 전국 규모의 사업주단체 또는 그 산하조직에 소속된 임직원 중에서 해당 단체 또는 그 산하조직이 추천하는 사람
4. 산업재해 예방 관련 업무를 하는 단체 또는 그 산하조직에 소속된 임직원 중에서 해당 단체 또는 그 산하조직이 추천하는 사람

② 명예산업안전감독관의 업무는 다음 각 호와 같다. 이 경우 제1항 제1호에 따라 위촉된 명예산업안전감독관의 업무 범위는 해당 사업장에서의 업무(제8호는 제외한다)로 한정하며, 제1항 제2호부터 제4호까지의 규정에 따라 위촉된 명예산업안전감독관의 업무 범위는 제8호부터 제10호까지의 규정에 따른 업무로 한정한다.

1. 사업장에서 하는 자체점검 참여 및 「근로기준법」 제101조에 따른 근로감독(이하 "근로감독관"이라 한다)이 하는 사업장 감독 참여
2. 사업장 산업재해 예방계획 수립 참여 및 사업장에서 하는 기계 · 기구 자체검사 참석
3. 법령을 위반한 사실이 있는 경우 사업주에 대한 개선 요청 및 감독기관에의 신고
4. 산업재해 발생의 급박한 위험이 있는 경우 사업주에 대한 작업중지 요청
5. 작업환경측정, 근로자 건강진단 시의 참석 및 그 결과에 대한 설명회 참여
6. 직업성 질환의 증상이 있거나 질병에 걸린 근로자가 여러 명 발생한 경우 사업주에 대한 임시건강진단 실시 요청
7. 근로자에 대한 안전수칙 준수 지도
8. 법령 및 산업재해 예방정책 개선 건의

<table>
<tr><td>모 범
답 안</td><td>

9. 안전 · 보건 의식을 북돋우기 위한 활동 등에 대한 참여와 지원

10. 그 밖에 산업재해 예방에 대한 홍보 등 산업재해 예방업무와 관련하여 고용노동부장관이 정하는 업무

③ 명예산업안전감독관의 임기는 2년으로 하되, 연임할 수 있다.

④ 고용노동부장관은 명예산업안전감독관의 활동을 지원하기 위하여 수당 등을 지급할 수 있다.

⑤ 제1항부터 제4항까지에서 규정한 사항 외에 명예산업안전감독관의 위촉 및 운영 등에 필요한 사항은 고용노동부장관이 정한다.

제33조(명예산업안전감독관의 해촉) 고용노동부장관은 다음 각 호의 어느 하나에 해당하는 경우에는 명예산업안전감독관을 해촉(解囑)할 수 있다.

1. 근로자대표가 사업주의 의견을 들어 제32조 제1항 제1호에 따라 위촉된 명예산업안전감독관의 해촉을 요청한 경우

2. 제32조 제1항 제2호부터 제4호까지의 규정에 따라 위촉된 명예산업안전감독관이 해당 단체 또는 그 산하조직으로부터 퇴직하거나 해임된 경우

3. 명예산업안전감독관의 업무와 관련하여 부정한 행위를 한 경우

4. 질병이나 부상 등의 사유로 명예산업안전감독관의 업무 수행이 곤란하게 된 경우

</td></tr>
</table>

07 콘크리트 타설 시 측압에 영향을 주는 요인을 작성하시오.

<table>
<tr><td>답 안
연 습</td><td></td></tr>
</table>

<table>
<tr><td rowspan="2">모 범
답 안</td><td>

슬럼프↑　시공연도↑　습도↑　부배합↑　타설속도↑　다짐↑　타설높이↑
철근 · 철골량↓　온도↓

</td></tr>
<tr><td>

　콘크리트를 타설 시 거푸집 수직부재가 수평방향으로 받는 압력을 측압(t/m^2)이라 하며, 콘크리트 타설 윗면에서 최대측압이 발생하는 지점까지의 거리를 콘크리트 헤드(con'c head)라 한다.

　측압에 주는 요인으로는 거푸집이 평활할수록, 슬럼프가 클수록, 시공연도가 좋을수록, 철근 · 철골량이 적을수록, 외기의 온도가 낮을수록, 습도가 높을수록, 부배합일수록, 타설속도가 빠를수록, 다짐이 충분할수록, 타설높이가 높을수록 측압은 커진다.

</td></tr>
</table>

08 잠함, 우물통, 수직갱 등 건축물 또는 설비 내부에서 굴착작업을 할 경우, 사업주가 준수하여야 할 사항을 3가지 쓰시오.

답 안 연 습	

모 범 답 안	**〈산업안전보건기준에 관한 규칙〉** **제377조(잠함 등 내부에서의 작업)** ① 사업주는 잠함, 우물통, 수직갱, 그 밖에 이와 유사한 건설물 또는 설비(이하 "잠함 등"이라 한다)의 내부에서 굴착작업을 하는 경우에 다음 각 호의 사항을 준수하여야 한다. 　1. 산소 결핍 우려가 있는 경우에는 산소의 농도를 측정하는 사람을 지명하여 측정하도록 할 것 　2. 근로자가 안전하게 오르내리기 위한 설비를 설치할 것 　3. 굴착 깊이가 20미터를 초과하는 경우에는 해당 작업장소와 외부와의 연락을 위한 통신설비 등을 설치할 것 ② 사업주는 제1항 제1호에 따른 측정 결과 산소 결핍이 인정되거나 굴착 깊이가 20미터를 초과하는 경우에는 송기(送氣)를 위한 설비를 설치하여 필요한 양의 공기를 공급해야 한다.

09 교량공사 공법 중에서 PGM 공법과 PSM 공법을 설명하시오.

답 안 연 습	

모 범 답 안	① **PGM 공법 (Precast Girder Method)** 　교량 상부구조를 현장 외부 제작 장소에서 제작 후에 현장 내로 운반하여 현장에서 조립하는 공법 ② **PSM 공법 (Precast Segment Method)** 　교량 상부구조를 현장에서 제작하고 현장 조립하는 공법

10 히빙(Heaving)현상과 보일링(Boiling)현상이 발생하는 지반을 작성하시오.

답안연습	

| 모범답안 | ① 히빙(Heaving)현상
연약 점토지반 굴착 시 흙막이벽 내외 흙의 중량 차이에 의해서 굴착 저면의 지지력을 상실하여 붕괴되고, 배면에 있는 흙이 내부로 밀려 들어와 굴착 저면이 부풀어 오르는 현상을 말한다. 주로 흙막이벽의 근입장이 부족하거나 흙막이벽 내외 흙의 중량 차이에 의해서 발생한다. 흙막이 근입장을 경질지반까지 박거나, 강성이 큰 흙막이 벽을 사용하여 히빙(Heaving)현상을 방지한다.

② 보일링(Boiling)현상
사질지반에서 투수성이 클 경우, 흙막이 배면과 굴착 저면의 지하수위 차로 인해 굴착 저면을 통해 모래와 물이 부풀어 올라 마치 끓어오르는 것처럼 나타나는 현상을 말한다. 흙막이의 근입장 깊이가 부족할 때, 흙막이벽의 배면과 굴착 저면과의 지하수위 차가 클 경우, 굴착 하부지반에 투수성이 큰 사질층이 존재할 경우 발생한다. 이에 대한 대책으로 흙막이 근입장을 깊게 하여 불투수층까지 박아 넣고, Deep well, Well point 등의 배수공법을 적용한다. 수밀성이 높은 지하연속벽(diaphragm wall)공법과 Sheet Pile 공법, 약액주입공법을 채택해 지수벽 또는 지수층을 형성하는 방법도 있다. |

11 사업주가 중량물 취급작업 작업자의 위험을 방지하기 위해 작성하는 작업계획서 포함내용을 2가지만 쓰시오.

답안연습	

| 모범답안 | 〈산업안전보건기준에 관한 규칙〉
[별표 4] 사전조사 및 작업계획서 내용(제38조 제1항 관련) |

	작업명	사전조사 내용	작업계획서 내용
모범답안	11. 중량물의 취급 작업	–	가. 추락위험을 예방할 수 있는 안전대책 나. 낙하위험을 예방할 수 있는 안전대책 다. 전도위험을 예방할 수 있는 안전대책 라. 협착위험을 예방할 수 있는 안전대책 마. 붕괴위험을 예방할 수 있는 안전대책

12 지게차 등 차량계 하역운반기계 운전자가 운전위치를 이탈하고자 할 경우, 운전자가 준수하여야 할 사항을 2가지 쓰시오.

답 안 연 습	

	〈산업안전보건기준에 관한 규칙〉
모 범 답 안	**제99조(운전위치 이탈 시의 조치)** ① 사업주는 차량계 하역운반기계 등, 차량계 건설기계의 운전자가 운전위치를 이탈하는 경우 해당 운전자에게 다음 각 호의 사항을 준수하도록 하여야 한다. 1. 포크, 버킷, 디퍼 등의 장치를 가장 낮은 위치 또는 지면에 내려 둘 것 2. 원동기를 정지시키고 브레이크를 확실히 거는 등 갑작스러운 주행이나 이탈을 방지하기 위한 조치를 할 것 3. 운전석을 이탈하는 경우에는 시동키를 운전대에서 분리시킬 것. 다만, 운전석에 잠금장치를 하는 등 운전자가 아닌 사람이 운전하지 못하도록 조치한 경우에는 그러하지 아니하다. ② 차량계 하역운반기계 등, 차량계 건설기계의 운전자는 운전위치에서 이탈하는 경우 제1항 각 호의 조치를 하여야 한다.

13 사업주가 고소작업대를 이동하는 경우 준수해야 할 사항 3가지를 작성하시오.

답 안 연 습	

	〈산업안전보건기준에 관한 규칙〉
모 범 답 안	**제186조(고소작업대 설치 등의 조치)** ① 사업주는 고소작업대를 설치하는 경우에는 다음 각 호에 해당하는 것을 설치하여야 한다. 1. 작업대를 와이어로프 또는 체인으로 올리거나 내릴 경우에는 와이어로프 또는 체인이 끊어져 작업대가 떨어지지 아니하는 구조여야 하며, 와이어로프 또는 체인의 안전율은 5 이상일 것 2. 작업대를 유압에 의해 올리거나 내릴 경우에는 작업대를 일정한 위치에 유지할 수 있는 장치를 갖추고 압력의 이상저하를 방지할 수 있는 구조일 것 3. 권과방지장치를 갖추거나 압력의 이상상승을 방지할 수 있는 구조일 것 4. 붐의 최대 지면경사각을 초과 운전하여 전도되지 않도록 할 것 5. 작업대에 정격하중(안전율 5 이상)을 표시할 것 6. 작업대에 끼임 · 충돌 등 재해를 예방하기 위한 가드 또는 과상승방지장치를 설치할 것 7. 조작반의 스위치는 눈으로 확인할 수 있도록 명칭 및 방향표시를 유지할 것

② 사업주는 고소작업대를 설치하는 경우에는 다음 각 호의 사항을 준수하여야 한다.

1. 바닥과 고소작업대는 가능하면 수평을 유지하도록 할 것
2. 갑작스러운 이동을 방지하기 위하여 아웃트리거 또는 브레이크 등을 확실히 사용할 것

③ 사업주는 고소작업대를 이동하는 경우에는 다음 각 호의 사항을 준수하여야 한다.

1. 작업대를 가장 낮게 내릴 것
2. 작업대를 올린 상태에서 작업자를 태우고 이동하지 말 것. 다만, 이동 중 전도 등의 위험예방을 위하여 유도하는 사람을 배치하고 짧은 구간을 이동하는 경우에는 그러하지 아니하다.
3. 이동통로의 요철상태 또는 장애물의 유무 등을 확인할 것

④ 사업주는 고소작업대를 사용하는 경우에는 다음 각 호의 사항을 준수하여야 한다.

1. 작업자가 안전모 · 안전대 등의 보호구를 착용하도록 할 것
2. 관계자가 아닌 사람이 작업구역에 들어오는 것을 방지하기 위하여 필요한 조치를 할 것
3. 안전한 작업을 위하여 적정수준의 조도를 유지할 것
4. 전로(電路)에 근접하여 작업을 하는 경우에는 작업감시자를 배치하는 등 감전사고를 방지하기 위하여 필요한 조치를 할 것
5. 작업대를 정기적으로 점검하고 붐 · 작업대 등 각 부위의 이상 유무를 확인할 것
6. 전환스위치는 다른 물체를 이용하여 고정하지 말 것
7. 작업대는 정격하중을 초과하여 물건을 싣거나 탑승하지 말 것
8. 작업대의 붐대를 상승시킨 상태에서 탑승자는 작업대를 벗어나지 말 것. 다만, 작업대에 안전대 부착설비를 설치하고 안전대를 연결하였을 때에는 그러하지 아니하다.

14 다음의 빈칸에 알맞은 용어를 쓰시오.

**답안
연습**

① 들어 올릴 수 있는 최대의 하중 : (   )
② 크레인의 권상하중에서 훅, 크래브 또는 버킷 등 달기기구의 중량에 상당하는 하중을 뺀 하중 : (   )
③ 리프트의 구조나 재료에 따라 운반구에 적재하고 상승할 수 있는 최대하중 : (   )

**모범
답안**

〈위험기계 · 기구 안전인증 고시〉

제6조(정의) 이 장에서 사용하는 용어의 뜻은 다음과 같다.

10. "정격하중(rated load)"이란 크레인의 권상하중에서 훅, 크래브 또는 버킷 등 달기기구의 중량에 상당하는 하중을 뺀 하중을 말한다. 다만, 지브가 있는 크레인 등으로서 경사각의 위치, 지브의 길이에 따라 권상능력이 달라지는 것은 그 위치의 권상하중에서 달기기구의 중량을 뺀 하중 가운데 최대치를 말한다.
11. "권상하중(hoisting load)"이란 들어 올릴 수 있는 최대의 하중을 말한다. (달아올리기하중)

제8조(정의) 이 장에서 사용하는 용어의 뜻은 다음과 같다.

4. "적재하중(movable load)"이란 리프트의 구조나 재료에 따라 운반구에 적재하고 상승할 수 있는 최대하중을 말한다.

 **2021년 필답형 2회**

01 사업주가 시스템 비계를 사용하여 비계를 구성하는 경우 준수사항 3가지를 작성하시오.

답 안 연 습	

| 모 범
답 안 | 〈산업안전보건기준에 관한 규칙〉
제69조(시스템 비계의 구조) 사업주는 시스템 비계를 사용하여 비계를 구성하는 경우에 다음 각 호의 사항을 준수하여야 한다.
　1. 수직재·수평재·가새재를 견고하게 연결하는 구조가 되도록 할 것
　2. 비계 밑단의 수직재와 받침철물은 밀착되도록 설치하고, 수직재와 받침철물의 연결부의 겹침길이는 받침철물 전체길이의 3분의 1 이상이 되도록 할 것
　3. 수평재는 수직재와 직각으로 설치하여야 하며, 체결 후 흔들림이 없도록 견고하게 설치할 것
　4. 수직재와 수직재의 연결철물은 이탈되지 않도록 견고한 구조로 할 것
　5. 벽 연결재의 설치간격은 제조사가 정한 기준에 따라 설치할 것 |

02 건설업 중 유해위험방지계획서 제출 대상 사업을 작성하시오.

<table>
<tr><td>답 안
연 습</td><td></td></tr>
</table>

모 범 답 안	

〈산업안전보건법 시행령〉

제42조(유해위험방지계획서 제출 대상)

③ 법 제42조 제1항 제3호에서 "대통령령으로 정하는 크기 높이 등에 해당하는 건설공사"란 다음 각 호의 어느 하나에 해당하는 공사를 말한다.

1. 다음 각 목의 어느 하나에 해당하는 건축물 또는 시설 등의 건설 · 개조 또는 해체(이하 "건설 등" 이라 한다) 공사
   가. 지상높이가 31미터 이상인 건축물 또는 인공구조물
   나. 연면적 3만 제곱미터 이상인 건축물
   다. 연면적 5천 제곱미터 이상인 시설로서 다음의 어느 하나에 해당하는 시설
   　1) 문화 및 집회시설(전시장 및 동물원 · 식물원은 제외한다)
   　2) 판매시설, 운수시설(고속철도의 역사 및 집배송시설은 제외한다)
   　3) 종교시설
   　4) 의료시설 중 종합병원
   　5) 숙박시설 중 관광숙박시설
   　6) 지하도상가
   　7) 냉동 · 냉장 창고시설
2. 연면적 5천 제곱미터 이상인 냉동 · 냉장 창고시설의 설비공사 및 단열공사
3. 최대 지간(支間)길이(다리의 기둥과 기둥의 중심 사이의 거리)가 50미터 이상인 다리의 건설 등 공사
4. 터널의 건설 등 공사
5. 다목적댐, 발전용댐, 저수용량 2천만 톤 이상의 용수 전용 댐 및 지방상수도 전용 댐의 건설 등 공사
6. 깊이 10미터 이상인 굴착공사

03 아래 제시된 안전보건표지의 명칭을 작성하시오.

답 안 연 습	① ☠ ② 💥

① 급성독성물질경고   ② 폭발성물질 경고

모 범 답 안	1. 금지표지	101 출입금지	102 보행금지	103 차량통행금지	104 사용금지	105 탑승금지	106 금연
		107 화기금지	108 물체이동금지	2. 경고표지	201 인화성물질 경고	202 산화성물질 경고	203 폭발성물질 경고	204 급성독성물질 경고
		205 부식성물질 경고	206 방사성물질 경고	207 고압전기 경고	208 매달린 물체 경고	209 낙하물 경고	210 고온 경고	211 저온 경고
		212 몸균형 상실 경고	213 레이저광선 경고	214 발암성·변이원성 ·생식독성·전신 독성·호흡기 ·과민성 물질 경고	215 위험장소 경고	3. 지시표지	301 보안경 착용	302 방독마스크 착용
		303 방진마스크 착용	304 보안면 착용	305 안전모 착용	306 귀마개 착용	307 안전화 착용	308 안전장갑 착용	309 안전복 착용
	4. 안내표지	401 녹십자 표지	402 응급구호표지	403 들것	404 세안장치	405 비상용기구	406 비상구

		5. 관계자 외 출입금지	501 허가대상물질 작업장	502 석면취급/해체 작업장	503 금지대상물질의 취급 실험실 등
407 좌측비상구	408 우측비상구		관계자 외 출입금지 (허가물질 명칭) 제조/사용/보관 중 보호구/보호복 착용 흡연 및 음식물 섭취 금지	관계자 외 출입금지 석면 취급/해체 중 보호구/보호복 착용 흡연 및 음식물 섭취 금지	관계자 외 출입금지 발암물질 취급 중 보호구/보호복 착용 흡연 및 음식물 섭취 금지
6. 문자추가 시 예시문		▶ 내 자신의 건강과 복지를 위하여 안전을 늘 생각한다. ▶ 내 가정의 행복과 화목을 위하여 안전을 늘 생각한다. ▶ 내 자신의 실수로써 동료를 해치지 않도록 안전을 늘 생각한다. ▶ 내 자신이 일으킨 사고로 인한 회사의 재산과 손실을 방지하기 위하여 안전을 늘 생각한다. ▶ 내 자신의 방심과 불안전한 행동이 조국의 번영에 장애가 되지 않도록 하기 위하여 안전을 늘 생각한다.			

04 차량용 건설기계 중 앵글 도저, 틸트 도저에 대해 작성하시오.

답 안 연 습	

모 범 답 안	① **앵글 도저(angle dozer)** 　• 트랙터 빔(beam)을 기준하여 블레이드를 좌우로 20~30° 정도 각 지을 수 있음 　• 토사를 한쪽 방향으로 밀어냄 　• 불도저 또는 틸트 도저보다 블레이드가 길고 좁음 　• 매몰작업, 산허리 깎기작업 등 ② **틸트 도저(tilt dozer)** 　• 수평면 기준으로 블레이드를 좌우로 15~30cm 정도 기울임 　• V형 배수로 굴삭작업 등

05 운반하역 중 인력으로 중량물 운반 시 준수사항 3가지를 작성하시오.

답 안 연 습	

모 범 답 안	**〈운반하역 표준안전 작업지침〉** 제8조(운반) 운반할 때에는 다음 각 호의 사항을 준수하여야 한다. 　1. 하물의 운반은 수평거리 운반을 원칙으로 하며, 여러 번 들어 움직이거나 중계 운반, 반복운반을 하여서는 아니 된다. 　2. 운반 시의 시선은 진행방향을 향하고 뒷걸음 운반을 하여서는 아니 된다. 　3. 어깨높이보다 높은 위치에서 하물을 들고 운반하여서는 아니 된다. 　4. 쌓여 있는 하물을 운반할 때에는 중간 또는 하부에서 뽑아내어서는 아니 된다.

06 사업주는 크레인을 사용하여 근로자를 운반하거나, 근로자를 달아 올린 상태에서 작업을 시켜서는 안 된다. 다만, 전용 탑승설비를 설치하고 추락 위험을 방지하기 위한 조치를 한 경우에는 그렇지 않다. 이러한 조치사항 3가지를 작성하시오.

답 안 연 습	

모 범 답 안	**〈산업안전보건기준에 관한 규칙〉** 제86조(탑승의 제한) ① 사업주는 크레인을 사용하여 근로자를 운반하거나 근로자를 달아 올린 상태에서 작업에 종사시켜서는 아니 된다. 다만, 크레인에 전용 탑승설비를 설치하고 추락 위험을 방지하기 위하여 다음 각 호의 조치를 한 경우에는 그러하지 아니하다. 　1. 탑승설비가 뒤집히거나 떨어지지 않도록 필요한 조치를 할 것 　2. 안전대나 구명줄을 설치하고, 안전난간을 설치할 수 있는 구조인 경우에는 안전난간을 설치할 것 　3. 탑승설비를 하강시킬 때에는 동력하강방법으로 할 것 ② 사업주는 이동식 크레인을 사용하여 근로자를 운반하거나 근로자를 달아 올린 상태에서 작업에 종사시켜서는 아니 된다. ③ 사업주는 내부에 비상정지장치·조작스위치 등 탑승조작장치가 설치되어 있지 아니한 리프트의 운반구에 근로자를 탑승시켜서는 아니 된다. 다만, 리프트의 수리·조정 및 점검 등의 작업을 하는 경우로서 그 작업에 종사하는 근로자가 추락할 위험이 없도록 조치를 한 경우에는 그러하지 아니하다

<table>
<tr><td>모 범
답 안</td><td>

④ 사업주는 자동차정비용 리프트에 근로자를 탑승시켜서는 아니 된다. 다만, 자동차정비용 리프트의 수리·조정 및 점검 등의 작업을 할 때에 그 작업에 종사하는 근로자가 위험해질 우려가 없도록 조치한 경우에는 그러하지 아니하다. 〈개정 2019. 4. 19.〉

⑤ 사업주는 곤돌라의 운반구에 근로자를 탑승시켜서는 아니 된다. 다만, 추락 위험을 방지하기 위하여 다음 각 호의 조치를 한 경우에는 그러하지 아니하다.

  1. 운반구가 뒤집히거나 떨어지지 않도록 필요한 조치를 할 것

  2. 안전대나 구명줄을 설치하고, 안전난간을 설치할 수 있는 구조인 경우이면 안전난간을 설치할 것

⑥ 사업주는 소형화물용 엘리베이터에 근로자를 탑승시켜서는 아니 된다. 다만, 소형화물용 엘리베이터의 수리·조정 및 점검 등의 작업을 하는 경우에는 그러하지 아니하다. 〈개정 2019. 4. 19.〉

⑦ 사업주는 차량계 하역운반기계(화물자동차는 제외한다)를 사용하여 작업을 하는 경우 승차석이 아닌 위치에 근로자를 탑승시켜서는 아니 된다. 다만, 추락 등의 위험을 방지하기 위한 조치를 한 경우에는 그러하지 아니하다.

⑧ 사업주는 화물자동차 적재함에 근로자를 탑승시켜서는 아니 된다. 다만, 화물자동차에 울 등을 설치하여 추락을 방지하는 조치를 한 경우에는 그러하지 아니하다.

⑨ 사업주는 운전 중인 컨베이어 등에 근로자를 탑승시켜서는 아니 된다. 다만, 근로자를 운반할 수 있는 구조를 갖춘 컨베이어 등으로서 추락·접촉 등에 의한 위험을 방지할 수 있는 조치를 한 경우에는 그러하지 아니하다.

⑩ 사업주는 이삿짐운반용 리프트 운반구에 근로자를 탑승시켜서는 아니 된다. 다만, 이삿짐운반용 리프트의 수리·조정 및 점검 등의 작업을 할 때에 그 작업에 종사하는 근로자가 추락할 위험이 없도록 조치한 경우에는 그러하지 아니하다.

⑪ 사업주는 전조등, 제동등, 후미등, 후사경 또는 제동장치가 정상적으로 작동되지 아니하는 이륜자동차에 근로자를 탑승시켜서는 아니 된다. 〈신설 2017. 3. 3.〉

</td></tr>
</table>

07 크레인을 사용하는 작업을 시작하기 전 점검사항 2가지를 작성하시오.

<table>
<tr><td>답 안
연 습</td><td>

</td></tr>
</table>

<table>
<tr><td rowspan="3">모 범
답 안</td><td colspan="2" align="center">〈산업안전보건기준에 관한 규칙〉
[별표 3] 작업시작 전 점검사항</td></tr>
<tr><td align="center">작업의 종류</td><td align="center">점검내용</td></tr>
<tr><td>4. 크레인을 사용하여 작업을 하는 때
(제2편 제1장 제9절 제2관)</td><td>가. 권과방지장치·브레이크·클러치 및 운전장치의 기능
나. 주행로의 상측 및 트롤리(trolley)가 횡행하는 레일의 상태
다. 와이어로프가 통하고 있는 곳의 상태</td></tr>
</table>

08 제시된 조건으로 세이프티 스코어(Safe T. score)를 구하고 안전도에 대한 심각성 여부를 판단하여 작성하시오.

| 조건 |

- 근로자 수 : 400명
- 올해 근로시간 : 1일 8시간 300일 근무
- 작년 도수율 : 120
- 올해 도수율 : 100

답 안 연 습	

모 범 답 안	$$\text{세이프티 스코어} = \frac{\text{도수율(현재)} - \text{도수율(과거)}}{\sqrt{\dfrac{\text{도수율(과거)}}{\text{총근로시간수}} \times 1,000,000}} = \frac{100 - 120}{\sqrt{\dfrac{120}{400 \times 8 \times 300} \times 1,000,000}} = -1.788$$ ∴ 심각성 여부는 과거와 심각한 차이가 없다. ① 현재와 과거의 안전성적을 비교하여 (+)이면 나쁜 기록, (−)이면 과거에 비해 좋은 기록 ② 평가방법 : +2 이상(과거보다 심각), +2 ～ −2 (심각한 차이 없음), −2 이하 (과거보다 좋음)

09 굴착면의 높이가 2m 이상이 되는 지반 굴착(터널 및 수직갱 외의 갱 굴착은 제외한다) 작업 특별교육 내용을 4가지 작성하시오.

답 안 연 습	

모 범 답 안	〈산업안전보건법 시행규칙〉 [별표 5] 안전보건교육 교육대상별 교육내용 라. 특별교육 대상 작업별 교육

작업명	교육내용
19. 굴착면의 높이가 2미터 이상이 되는 지반 굴착(터널 및 수직갱 외의 갱 굴착은 제외한다)작업	○ 지반의 형태 · 구조 및 굴착 요령에 관한 사항 ○ 지반의 붕괴재해 예방에 관한 사항 ○ 붕괴 방지용 구조물 설치 및 작업방법에 관한 사항 ○ 보호구의 종류 및 사용에 관한 사항 ○ 그 밖에 안전 · 보건관리에 필요한 사항

10 굴착 깊이가 10.5m 이상인 경우, 흙막이의 안전을 예측하기 위해 설치하는 계측기기 4가지를 작성하시오.

<table>
<tr><td>답 안
연 습</td><td></td></tr>
</table>

**모범
답안**

〈굴착공사표준안전작업지침〉

제15조(착공 전 조사) 깊은 굴착작업 시에는 착공 전 다음 각 호에 정하는 적합한 조사를 하여야 한다.

1. 지질의 상태에 대해 충분히 검토하고 작업책임자와 굴착공법 및 안전조치에 대하여 정밀한 계획을 수립하여야 한다.
2. 지질조사 자료는 정밀하게 분석되어야 하며, 지하수위, 토사 및 암반의 심도 및 층두께, 성질 등이 명확하게 표시되어야 한다.
3. 착공지점의 매설물 여부를 확인하고 매설물이 있는 경우 이설 및 거치보전 등 계획 변경을 한다.
4. 지하수위가 높은 경우 차수벽 설치계획을 수립하여야 하며, 차수벽 또는 지중 연속벽 등의 설치는 토압계산에 의하여 실시되어야 한다.
5. 토사반출 목적으로 복공구조의 시설을 필요로 할 경우에는 반드시 적재하중 조건을 고려하여 구조계산에 의한 지보공 설치를 하여야 한다.
6. 깊이 10.5m 이상의 굴착의 경우 아래 각 목의 계측기기의 설치에 의하여 흙막이 구조의 안전을 예측하여야 하며, 설치가 불가능할 경우 트랜싯 및 레벨 측량기에 의해 수직·수평 변위 측정을 실시하여야 한다.
   가. 수위계
   나. 경사계
   다. 하중 및 침하계
   라. 응력계
7. 계측기기 판독 및 측량 결과 수직, 수평 변위량이 허용범위를 초과할 경우, 즉시 작업을 중단하고, 장비 및 자재의 이동, 배면토압의 경감조치, 가설 지보공구조의 보완 등 긴급조치를 취하여야 한다.
8. 히빙 및 보일링에 대한 긴급대책을 사전에 강구하여야 하며, 흙막이지보공 하단부 굴착시 이상 유무를 정밀하게 관측하여야 한다.
9. 깊은 굴착의 경우 경질암반에 대한 발파는 반드시 시험발파에 의한 발파시방을 준수하여야 하며 엄지말뚝, 중간말뚝, 흙막이지보공 벽체의 진동영향력이 최소가 되게 하여야 한다. 경우에 따라 무진동 파쇄방식의 계획을 수립하여 진동을 억제하여야 한다.
10. 배수계획을 수립하고 배수능력에 의한 배수장비와 배수경로를 설정하여야 한다.

11 강관비계 조립 시 벽이음 및 버팀을 설치하는 기준에 대해 작성하시오.

<table>
<tr><td rowspan="5">답 안
연 습</td><td colspan="4" align="center">강관비계의 조립간격</td></tr>
<tr><td rowspan="2" align="center">강관비계의 종류</td><td colspan="2" align="center">조립간격(단위 : m)</td></tr>
<tr><td align="center">수직방향</td><td align="center">수평방향</td></tr>
<tr><td align="center">단관비계</td><td></td><td></td></tr>
<tr><td align="center">틀비계(높이가 5m 미만인 것은 제외한다)</td><td></td><td></td></tr>
</table>

<table>
<tr><td rowspan="5">모 범
답 안</td><td colspan="4" align="center">〈산업안전보건기준에 관한 규칙〉
[별표 5] 강관비계의 조립간격(제59조 제4호 관련)</td></tr>
<tr><td rowspan="2" align="center">강관비계의 종류</td><td colspan="2" align="center">조립간격(단위 : m)</td></tr>
<tr><td align="center">수직방향</td><td align="center">수평방향</td></tr>
<tr><td align="center">단관비계</td><td align="center">5</td><td align="center">5</td></tr>
<tr><td align="center">틀비계(높이가 5m 미만인 것은 제외한다)</td><td align="center">6</td><td align="center">8</td></tr>
</table>

12 하인리히 재해 구성 비율과 의미하는 바를 작성하시오.

답 안 연 습	

모 범 답 안	① 1 : 29 : 300 법칙 ② 재해 구성 비율 1 : 29 : 300은 330회의 사고 중에서 중상 또는 사망 1회, 경상 29회, 무상해 사고 300회의 발생을 의미한다. ③ 재해의 배후에는 상해를 수반하지 않는 300건의 사고가 발생한다. ④ 300건의 아차사고의 인과관계를 밝히는 것이 중요하다.

13 추락방망의 구조 및 치수에 관해 작성하시오.

답안연습

모범답안

〈추락재해방지표준안전작업지침〉

제3조(구조 및 치수) 방망은 망, 테두리로프, 달기로프, 시험용사로 구성되어진 것으로서 각 부분은 다음 각 호에 정하는 바에 적합하여야 한다.

1. 소재 : 합성섬유 또는 그 이상의 물리적 성질을 갖는 것이어야 한다.
2. 그물코 : 사각 또는 마름모로서 그 크기는 10센티미터 이하이어야 한다.
3. 방망의 종류 : 매듭방망으로서 매듭은 원칙적으로 단매듭을 한다.
4. 테두리로프와 방망의 재봉 : 테두리로프는 각 그물코를 관통시키고 서로 중복됨이 없이 재봉사로 결속한다.
5. 테두리로프 상호의 접합 : 테두리로프를 중간에서 결속하는 경우는 충분한 강도를 갖도록 한다.
6. 달기로프의 결속 : 달기로프는 3회 이상 엮어 묶는 방법 또는 이와 동등이상의 강도를 갖는 방법으로 테두리로프에 결속하여야 한다.
7. 시험용사는 방망 폐기 시 방망사의 강도를 점검하기 위하여 테두리로프에 연하여 방망에 재봉한 방망사이다.

〈방망사의 신품에 대한 인장강도〉

그물코의 크기(cm)	방망의 종류(kg)	
	매듭 없는 방망	매듭 방망
10	240	200
5		110

〈방망사의 폐기 시 인장강도〉

그물코의 크기(cm)	방망의 종류(kg)	
	매듭 없는 방망	매듭 방망
10	150	135
5		60

14 산업안전보건법상 사고사망만인율, 상시근로자수에 대해 작성하시오.

답 안 연 습	

모 범 답 안	〈산업안전보건법 시행규칙〉 **[별표 1] 건설업체 산업재해발생률 및 산업재해 발생 보고의무 위반건수의 산정 기준과 방법(제4조 관련)** 1. 산업재해발생률 및 산업재해 발생 보고의무 위반에 따른 가감점 부여대상이 되는 건설업체는 매년 「건설산업기본법」 제23조에 따라 국토교통부장관이 시공능력을 고려하여 공시하는 건설업체 중 고용노동부장관이 정하는 업체로 한다. 2. 건설업체의 산업재해발생률은 다음의 계산식에 따른 업무상 사고사망만인율(이하 "사고사망만인율"이라 한다)로 산출하되, 소수점 셋째 자리에서 반올림한다.  $$\text{사고사망인율(‰)} = \frac{\text{사고사망자수}}{\text{상시근로자수}} \times 10{,}000$$ 3. 제2호의 계산식에서 사고사망자 수는 다음과 같은 기준과 방법에 따라 산출한다. 　가. 사고사망자 수는 사고사망만인율 산정 대상 연도의 1월 1일부터 12월 31일까지의 기간 동안 해당 업체가 시공하는 국내의 건설 현장(자체사업의 건설 현장은 포함한다. 이하 같다)에서 사고사망재해를 입은 근로자 수를 합산하여 산출한다. 다만, 별표 18 제2호 마목에 따른 이상기온에 기인한 질병사망자는 포함한다. 　　1) 「건설산업기본법」 제8조에 따른 종합공사를 시공하는 업체의 경우에는 해당 업체의 소속 사고사망자 수에 그 업체가 시공하는 건설현장에서 그 업체로부터 도급을 받은 업체(그 도급을 받은 업체의 하수급인을 포함한다. 이하 같다)의 사고사망자 수를 합산하여 산출한다. 　　2) 「건설산업기본법」 제29조 제3항에 따라 종합공사를 시공하는 업체(A)가 발주자의 승인을 받아 종합공사를 시공하는 업체(B)에 도급을 준 경우에는 해당 도급을 받은 종합공사를 시공하는 업체(B)의 사고사망자 수와 그 업체로부터 도급을 받은 업체(C)의 사고사망자 수를 도급을 한 종합공사를 시공하는 업체(A)와 도급을 받은 종합공사를 시공하는 업체(B)에 반으로 나누어 각각 합산한다. 다만, 그 산업재해와 관련하여 법원의 판결이 있는 경우에는 산업재해에 책임이 있는 종합공사를 시공하는 업체의 사고사망자 수에 합산한다. 　　3) 제73조 제1항에 따른 산업재해조사표를 제출하지 않아 고용노동부장관이 산업재해 발생연도 이후에 산업재해가 발생한 사실을 알게 된 경우에는 그 알게 된 연도의 사고사망자 수로 산정한다. 　나. 둘 이상의 업체가 「국가를 당사자로 하는 계약에 관한 법률」 제25조에 따라 공동계약을 체결하여 공사를 공동이행 방식으로 시행하는 경우 해당 현장에서 발생하는 사고사망자 수는 공동수급업체의 출자 비율에 따라 분배한다. 　다. 건설공사를 하는 자(도급인, 자체사업을 하는 자 및 그의 수급인을 포함한다)와 설치, 해체, 장비 임대 및 물품 납품 등에 관한 계약을 체결한 사업주의 소속 근로자가 그 건설공사와 관련된 업무를 수행하는 중 사고사망재해를 입은 경우에는 건설공사를 하는 자의 사고사망자 수로 산정한다.

라. 사고사망자 중 다음의 어느 하나에 해당하는 경우로서 사업주의 법 위반으로 인한 것이 아니라고 인정되는 재해에 의한 사고사망자는 사고사망자 수 산정에서 제외한다.
   1) 방화, 근로자 간 또는 타인 간의 폭행에 의한 경우
   2) 「도로교통법」에 따라 도로에서 발생한 교통사고에 의한 경우(해당 공사의 공사용 차량·장비에 의한 사고는 제외한다)
   3) 태풍·홍수·지진·눈사태 등 천재지변에 의한 불가항력적인 재해의 경우
   4) 작업과 관련이 없는 제3자의 과실에 의한 경우(해당 목적물 완성을 위한 작업자 간의 과실은 제외한다)
   5) 그 밖에 야유회, 체육행사, 취침·휴식 중의 사고 등 건설작업과 직접 관련이 없는 경우
마. 재해 발생 시기와 사망 시기의 연도가 다른 경우에는 재해 발생 연도의 다음연도 3월 31일 이전에 사망한 경우에만 산정 대상 연도의 사고사망자수로 산정한다.

4. 제2호의 계산식에서 상시근로자 수는 다음과 같이 산출한다.

$$\text{상시근로자수} = \frac{\text{연간국내공사실적액} \times \text{노무비율}}{\text{건설업월평균임금} \times 12}$$

가. '연간 국내공사 실적액'은 「건설산업기본법」에 따라 설립된 건설업자의 단체, 「전기공사업법」에 따라 설립된 공사업자단체, 「정보통신공사업법」에 따라 설립된 정보통신공사협회, 「소방시설공사업법」에 따라 설립된 한국소방시설협회에서 산정한 업체별 실적액을 합산하여 산정한다.
나. '노무비율'은 「고용보험 및 산업재해보상보험의 보험료징수 등에 관한 법률 시행령」 제11조 제1항에 따라 고용노동부장관이 고시하는 일반 건설공사의 노무비율(하도급 노무비율은 제외한다)을 적용한다.
다. '건설업 월평균임금'은 「고용보험 및 산업재해보상보험의 보험료징수 등에 관한 법률 시행령」 제2조 제1항 제3호 가목에 따라 고용노동부장관이 고시하는 건설업 월평균임금을 적용한다.

5. 고용노동부장관은 제3호 마목에 따른 사고사망자 수 산정 여부 등을 심사하기 위하여 다음 각 목의 어느 하나에 해당하는 사람 각 1명 이상으로 심사단을 구성·운영할 수 있다.
가. 전문대학 이상의 학교에서 건설안전 관련 분야를 전공하는 조교수 이상인 사람
나. 공단의 전문직 2급 이상 임직원
다. 건설안전기술사 또는 산업안전지도사(건설안전 분야에만 해당한다) 등 건설안전 분야에 학식과 경험이 있는 사람

6. 산업재해 발생 보고의무 위반건수는 다음 각 목에서 정하는 바에 따라 산정한다.
가. 건설업체의 산업재해 발생 보고의무 위반건수는 국내의 건설현장에서 발생한 산업재해의 경우 법 제57조 제3항에 따른 보고의무를 위반(제73조 제1항에 따른 보고기한을 넘겨 보고의무를 위반한 경우는 제외한다)하여 과태료 처분을 받은 경우만 해당한다.
나. 「건설산업기본법」 제8조에 따른 종합공사를 시공하는 업체의 산업재해 발생 보고의무 위반건수에는 해당 업체로부터 도급받은 업체(그 도급을 받은 업체의 하수급인을 포함한다)의 산업재해 발생 보고의무 위반건수를 합산한다.
다. 「건설산업기본법」 제29조 제3항에 따라 종합공사를 시공하는 업체(A)가 발주자의 승인을 받아 종합공사를 시공하는 업체(B)에 도급을 준 경우에는 해당 도급을 받은 종합공사를 시공하는 업체(B)의 산업재해 발생 보고의무 위반건수와 그 업체로부터 도급을 받은 업체(C)의 산업재해 발생 보고의무 위반건수를 도급을 준 종합공사를 시공하는 업체(A)와 도급을 받은 종합공사를 시공하는 업체(B)에 반으로 나누어 각각 합산한다.
라. 둘 이상의 건설업체가 「국가를 당사자로 하는 계약에 관한 법률」 제25조에 따라 공동계약을 체결하여 공사를 공동이행 방식으로 시행하는 경우 산업재해 발생 보고의무 위반건수는 공동수급업체의 출자비율에 따라 분배한다.

2021년 필답형 4회

01 사업주가 근로자에게 실시해야 하는 안전 · 보건교육 중 근로자 정기교육 내용 4가지를 작성하시오.

답 안 연 습	

모 범 답 안	〈산업안전보건법 시행규칙〉 [별표 5] 안전보건교육 교육대상별 교육내용 가. 근로자 정기교육 **교육내용** ○ 산업안전 및 사고 예방에 관한 사항 ○ 산업보건 및 직업병 예방에 관한 사항 ○ 건강증진 및 질병 예방에 관한 사항 ○ 유해 · 위험 작업환경 관리에 관한 사항 ○ 산업안전보건법령 및 산업재해보상보험 제도에 관한 사항 ○ 직무스트레스 예방 및 관리에 관한 사항 ○ 직장 내 괴롭힘, 고객의 폭언 등으로 인한 건강장해 예방 및 관리에 관한 사항

02 지중에서 발생하는 보일링(Boiling) 방지대책을 3가지를 작성하시오.

답 안 연 습	

<table>
<tr><td>모 범
답 안</td><td>

보일링(Boiling)현상

1. **정의**

사질지반에서 투수성이 클 경우, 흙막이 배면과 굴착 저면의 지하수위 차로 인해 굴착 저면을 통해 모래와 물이 부풀어 올라 마치 끓어오르는 것처럼 나타나는 현상을 말한다.

2. **방지대책**

① 흙막이벽 근입 깊이 증가

② 흙막이벽 차수성 증대

③ 배면지반 그라우팅

④ 배면지반 지하수위 저하

〈참고〉

히빙(Heaving)현상

1. **정의**

연약 점토지반을 굴착 시 흙막이벽 내외 흙의 중량 차이에 의해서 굴착 저면의 흙지지력을 상실하여 붕괴되고, 배면에 있는 흙이 내부로 밀려 들어와 굴착 저면이 부풀어 오르는 현상을 말한다.

2. **방지대책**

① 흙막이벽 근입 깊이 증가

② 흙막이 배면 지표 상재하중 제거

③ 지반개량을 통한 하부지반 전단강도 개선

④ 강성이 큰 흙막이 공법 선정

</td></tr>
</table>

03 지표면 내에서 발생하는 흙의 동상(Frost Heave) 방지 대책 4가지를 작성하시오.

<table>
<tr><td>답 안
연 습</td><td></td></tr>
</table>

<table>
<tr><td>모 범
답 안</td><td>

흙의 동상(Frost Heave)

1. **정의**

지표면 내에 있는 흙 내부의 공극수가 얼어 팽창하여 지표면이 부풀어 오르는 현상을 말한다.

2. **발생원인**

① 지반 내에 실트질 등이 존재하여 동상 발생 우려가 현저히 높은 경우

② 지반 내 온도가 0℃ 이하로 유지되면서 물의 공급이 상당할 경우

3. **방지대책**

① 지반 내 코크스 등의 단열재 혼입

② 동결심도 상부 흙의 치환

③ 동결심도 하부에 배수구(층) 설치

④ 배수공법 적용을 통한 지하수위 저하

⑤ 지하수위 상층에 차단막을 설치하여 모관수 상승 방지

</td></tr>
</table>

04 제시된 안전보건표지의 명칭을 작성하시오.

답 안 연 습			
	①	②	③

① 사용금지   ② 산화성물질 경고   ③ 고압전기 경고

모 범 답 안	1. 금지표지	101 출입금지	102 보행금지	103 차량통행금지	104 사용금지	105 탑승금지	106 금연
		107 화기금지	108 물체이동금지	2. 경고표지	201 인화성물질 경고	202 산화성물질 경고	203 폭발성물질 경고	204 급성독성물질 경고
		205 부식성물질 경고	206 방사성물질 경고	207 고압전기 경고	208 매달린 물체 경고	209 낙하물 경고	210 고온 경고	211 저온 경고
		212 몸균형 상실 경고	213 레이저광선 경고	214 발암성 · 변이원성 · 생식독성 · 전신 독성 · 호흡기 · 과민성 물질 경고	215 위험장소 경고	3. 지시표지	301 보안경 착용	302 방독마스크 착용
		303 방진마스크 착용	304 보안면 착용	305 안전모 착용	306 귀마개 착용	307 안전화 착용	308 안전장갑 착용	309 안전복 착용
	4. 안내표지	401 녹십자 표지	402 응급구호표지	403 들것	404 세안장치	405 비상용기구	406 비상구

407 좌측비상구	408 우측비상구	5. 관계자 외 출입금지	501 허가대상물질 작업장	502 석면취급/해체 작업장	503 금지대상물질의 취급 실험실 등
			관계자 외 출입금지 (허가물질 명칭) 제조/사용/보관 중 보호구/보호복 착용 흡연 및 음식물 섭취 금지	관계자 외 출입금지 석면 취급/해체 중 보호구/보호복 착용 흡연 및 음식물 섭취 금지	관계자 외 출입금지 발암물질 취급 중 보호구/보호복 착용 흡연 및 음식물 섭취 금지
6. 문자추가 시 예시문		▶ 내 자신의 건강과 복지를 위하여 안전을 늘 생각한다. ▶ 내 가정의 행복과 화목을 위하여 안전을 늘 생각한다. ▶ 내 자신의 실수로써 동료를 해치지 않도록 안전을 늘 생각한다. ▶ 내 자신이 일으킨 사고로 인한 회사의 재산과 손실을 방지하기 위하여 안전을 늘 생각한다. ▶ 내 자신의 방심과 불안전한 행동이 조국의 번영에 장애가 되지 않도록 하기 위하여 안전을 늘 생각한다.			

05 작업발판에 대한 설명이다. 다음 (   ) 안에 알맞은 답을 작성하시오.

답안 연습	• 비계의 높이가 2m 이상인 작업장소에 설치하는 작업발판의 폭은 (①)cm 이상으로 하고, 발판재료 간의 틈은 (②)cm 이하로 할 것 • 작업발판재료는 뒤집히거나 떨어지지 않도록 (③) 이상의 지지물에 연결하거나 고정시킬 것

모범 답안	① 40 ② 3 ③ 2(둘) 〈산업안전보건기준에 관한 규칙〉 제56조(작업발판의 구조) 사업주는 비계(달비계, 달대비계 및 말비계는 제외한다)의 높이가 2미터 이상인 작업장소에 다음 각 호의 기준에 맞는 작업발판을 설치하여야 한다. 1. 발판재료는 작업할 때의 하중을 견딜 수 있도록 견고한 것으로 할 것 2. 작업발판의 폭은 40센티미터 이상으로 하고, 발판재료 간의 틈은 3센티미터 이하로 할 것. 다만, 외줄비계의 경우에는 고용노동부장관이 별도로 정하는 기준에 따른다. 3. 제2호에도 불구하고 선박 및 보트 건조작업의 경우 선박블록 또는 엔진실 등의 좁은 작업공간에 작업발판을 설치하기 위하여 필요하면 작업발판의 폭을 30센티미터 이상으로 할 수 있고, 걸침비계의 경우 강관기둥 때문에 발판재료 간의 틈을 3센티미터 이하로 유지하기 곤란하면 5센티미터 이하로 할 수 있다. 이 경우 그 틈 사이로 물체 등이 떨어질 우려가 있는 곳에는 출입금지 등의 조치를 하여야 한다. 4. 추락의 위험이 있는 장소에는 안전난간을 설치할 것. 다만, 작업의 성질상 안전난간을 설치하는 것이 곤란한 경우, 작업의 필요상 임시로 안전난간을 해체할 때에 추락방호망을 설치하거나 근로자로 하여금 안전대를 사용하도록 하는 등 추락위험 방지 조치를 한 경우에는 그러하지 아니하다. 5. 작업발판의 지지물은 하중에 의하여 파괴될 우려가 없는 것을 사용할 것 6. 작업발판재료는 뒤집히거나 떨어지지 않도록 둘 이상의 지지물에 연결하거나 고정시킬 것 7. 작업발판을 작업에 따라 이동시킬 경우에는 위험 방지에 필요한 조치를 할 것

06 와이어로프 등 달기구의 안전계수를 다음 빈칸에 알맞게 작성하시오.

답 안 연 습	• 근로자가 탑승하는 운반구를 지지하는 달기와이어로프 또는 달기체인의 경우 : (①) 이상 • 화물의 하중을 직접 지지하는 달기와이어로프 또는 달기체인의 경우 : (②) 이상 • 훅, 샤클, 클램프, 리프팅 빔의 경우 : (③) 이상 • 그 밖의 경우 : (④) 이상

모 범 답 안	① 10 ② 5 ③ 3 ④ 4 〈산업안전보건기준에 관한 규칙〉 **제163조(와이어로프 등 달기구의 안전계수)** ① 사업주는 양중기의 와이어로프 등 달기구의 안전계수(달기구 절단하중의 값을 그 달기구에 걸리는 하중의 최대값으로 나눈 값을 말한다)가 다음 각 호의 구분에 따른 기준에 맞지 아니한 경우에는 이를 사용해서는 아니 된다. 　1. 근로자가 탑승하는 운반구를 지지하는 달기와이어로프 또는 달기체인의 경우 : 10 이상 　2. 화물의 하중을 직접 지지하는 달기와이어로프 또는 달기체인의 경우 : 5 이상 　3. 훅, 샤클, 클램프, 리프팅 빔의 경우 : 3 이상 　4. 그 밖의 경우 : 4 이상 ② 사업주는 달기구의 경우 최대허용하중 등의 표식이 견고하게 붙어 있는 것을 사용하여야 한다.

07 컨베이어 작업 시 관리 감독자가 확인해야 할 작업시작 전 점검사항 3가지를 작성하시오.

답 안 연 습	

모 범 답 안	〈산업안전보건기준에 관한 규칙〉 [별표 3] 작업시작 전 점검사항

작업의 종류	점검내용
13. 컨베이어 등을 사용하여 작업을 할 때	가. 원동기 및 풀리(pulley) 기능의 이상 유무 나. 이탈 등의 방지장치 기능의 이상 유무 다. 비상정지장치 기능의 이상 유무 라. 원동기 · 회전축 · 기어 및 풀리 등의 덮개 또는 울 등의 이상 유무

08 거푸집 동바리의 고정 · 조립 또는 해체 작업, 지반의 굴착작업, 흙막이 지보공의 고정 · 조립 또는 해체 작업, 터널의 굴착작업, 건물 등의 해체작업 시 관리감독자의 유해 · 위험을 방지를 위한 직무 3가지를 작성하시오.

답 안 연 습	

모 범 답 안	〈산업안전보건기준에 관한 규칙〉 [별표 2] 관리감독자의 유해 · 위험 방지

작업의 종류	점검내용
8. 거푸집 동바리의 고정 · 조립 또는 해체 작업/지반의 굴착작업/흙막이 지보공의 고정 · 조립 또는 해체 작업/터널의 굴착작업/건물 등의 해체작업	가. 안전한 작업방법을 결정하고 작업을 지휘하는 일 나. 재료 · 기구의 결함 유무를 점검하고 불량품을 제거하는 일 다. 작업 중 안전대 및 안전모 등 보호구 착용 상황을 감시하는 일

09 건설업 산업안전보건관리비 계상 및 사용기준에 따른 안전보건관리비의 사용기준 4가지를 작성하시오.

답 안 연 습	

모 범 답 안	〈건설업 산업안전보건관리비 계상 및 사용기준〉

제7조(사용기준) ① 도급인과 자기공사자는 안전보건관리비를 산업재해예방 목적으로 다음 각 호의 기준에 따라 사용하여야 한다.
1. 안전관리자 · 보건관리자의 임금 등
2. 안전시설비 등
3. 보호구 등
4. 안전보건진단비 등
5. 안전보건교육비 등
6. 근로자 건강장해예방비 등
7. 건설재해예방전문지도기관의 지도에 대한 대가로 지급하는 비용
8. 「중대재해 처벌 등에 관한 법률」에 해당하는 건설사업자가 아닌 자가 운영하는 사업에서 안전보건 업무를 총괄 · 관리하는 3명 이상으로 구성된 본사 전담조직에 소속된 근로자의 임금 및 업무수행 출장비 전액. 다만, 계상된 안전보건관리비 총액의 20분의 1을 초과할 수 없다.
9. 위험성평가 또는 「중대재해 처벌 등에 관한 법률 시행령」에 따라 유해 · 위험요인 개선을 위해 필요하다고 판단하여 산업안전보건위원회 또는 노사협의체에서 사용하기로 결정한 사항을 이행하기 위한 비용. 다만, 계상된 안전보건관리비 총액의 10분의 1을 초과할 수 없다.

10 터널공사 중 암질변화 구간 및 이상암질의 출현 시 암질판별법 4가지를 작성하시오.

답 안 연 습

모 범 답 안

① R.Q.D (Rock Quality Designation) : 암반의 암질지수
② R.M.R (Rock Mass Rating) : 암반의 점착력, 마찰각 등을 분석하는 정량적 암반분류 방법
③ 일축 압축 강도 : 점성토 지반의 안전율 파악하는 방법
④ 탄성파 속도

〈터널공사표준안전작업지침 − NATM공법〉

제6조(일반사항) ① 설계 및 시방에서 정한 발파기준을 준수하여야 하며 이때에는 발파방식, 천공길이, 천공직경, 천공간격, 천공각도, 화약의 종류, 장약량 등을 준수하여 과다발파에 의한 모암손실, 과다여굴, 부석에 의한 붕괴 · 붕락을 예방하여야 한다.
② 발파대상 구간의 막장암반상태를 사전에 면밀히 확인하여 발파시방에 적합한 암질 여부를 판단하여야 한다.
③ 연약암질 및 토사층인 경우에는 발파를 중지하고 다음 각 호에 대한 검토를 하여야 한다.
 1. 발파시방의 변경조치
 2. 암반의 암질판별
 3. 암반지층의 지지력 보강공법
 4. 발파 및 굴착 공법변경
 5. 시험발파실시
④ 암질판별 방식은 다음 〈표 1〉을 준용한다.

〈표 1〉 암질의 분류

시험방법 암질의 분류	R.Q.D(%)	R.M.R(%)	일축압축강도 (kg/cm²)	탄성파 속도 (km/sec)
풍화암	< 50	< 40	< 125	< 1.2
연화암	50 ~ 70	40 ~ 60	125 ~ 400	1.2 ~ 2.5
보통암	70 ~ 65	60 ~ 80	400 ~ 800	2.5 ~ 3.5
경암	> 65	> 80	> 800	> 3.5

11 터널 작업 시 사전에 포함되어야 하는 계측계획 항목 4가지를 작성하시오.

답안 연습

모범 답안

〈터널공사표준안전작업지침 – NATM공법〉

제26조(계측관리) ① 사업주는 터널작업 시 사전에 계측계획을 수립하고 그 계획에 따른 계측을 하여야 한다.

② 제1항의 계측 계획에는 다음 각 호의 사항이 포함되어야 한다.

　1. 측정위치 개소 및 측정의 기능 분류
　2. 계측시 소요장비
　3. 계측빈도
　4. 계측결과 분석방법
　5. 변위 허용치 기준
　6. 이상 변위시 조치 및 보강대책
　7. 계측 전담반 운영계획
　8. 계측관리 기록분석 계통기준 수립

③ 사업주는 계측결과를 설계 및 시공에 반영하여 공사의 안전성을 도모할 수 있도록 측정기준을 명확히 하여야 한다.

④ 계측관리의 구분은 일상계측과 대표계측으로 하며 계측빈도 기준은 측정 특성별로 별도 수립하여야 한다.

12 다음에서 설명하는 안전관리조직의 형태를 작성하시오.

안전지식과 기술축적이 용이하며 생산부문은 안전에 대한 책임과 권한이 없다. 또한 권한 다툼이나 조정으로 인해 통제 수속이 복잡해지고 시간과 노력이 소모된다.

답안 연습	

모범 답안

1. 직계(line)형 조직
  1) 정의
    안전관리에 관한 계획에서 실시까지 모든 안전업무를 생산라인에서 이루어지는 구조로 형성된 조직
  2) 규모
    소규모 기업 또는 현장(100명 이하)
  3) 특징
    ① 안전 지시 및 명령체계 유리함
    ② 지시, 명령 및 보고, 대책처리 신속 운영
    ③ 안전에 관한 조직이 없음
    ④ 안전 지식 및 기술 축적 어려움
    ⑤ 안전에 관한 정보 수집 부족함

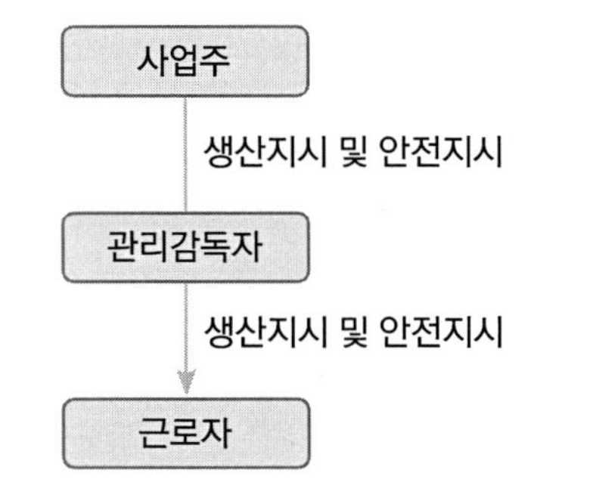

2. 참모(staff)형 조직
  1) 정의
    중소규모 기업 및 현장에 적절한 조직으로 참모(staff)를 배치하여 안전에 관한 계획, 보고 등의 업무를 하는 조직
  2) 규모
    중규모(100명 이상 ~ 1,000명 이하)
  3) 특징
    ① 안전에 관한 정보 수집이 신속함
    ② 사업자에게 조언 및 자문 역할 가능
    ③ 전문적인 안전 기술 연구 가능함
    ④ 작업자에게 안전 지시 사항이 빠르게 전달되지 못함
    ⑤ 생산부문은 안전에 대해 책임 및 권한 없음
    ⑥ 업무에 소요되는 시간이 많음

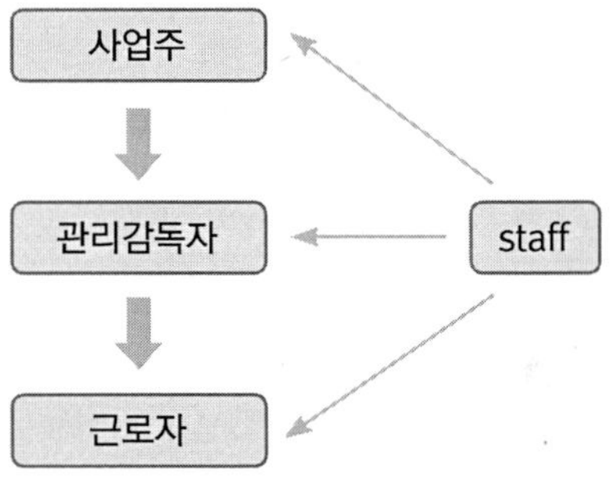

3. 직계참모형조직(line-staff)형 조직
  1) 정의
    직계형과 참모형의 혼합형, 대규모 사업장에 적합한 조직
  2) 규모
    대규모(1,000명 이상)
  3) 특징
    ① 안전 기술 및 경험에 관한 축적이 가능
    ② 독자적인 안전 대책 강구 가능
    ③ 안전 지시 신속하게 전달됨
    ④ 명령 계통과 혼선이 야기되기 쉬움

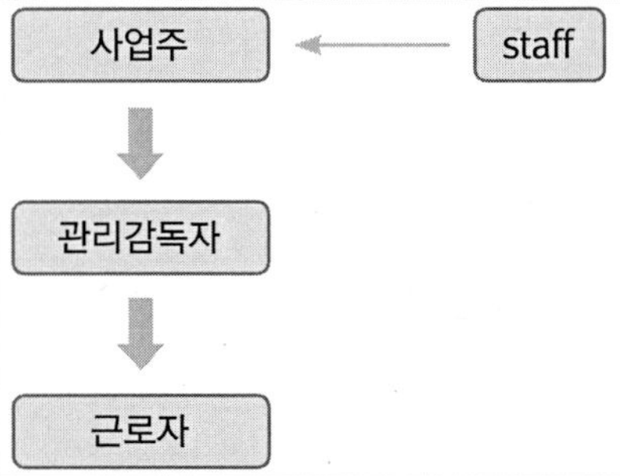

13 산업안전보건법상 리프트의 종류 3가지를 작성하시오.

답안 연습	

| 모범
답안 | 〈산업안전보건기준에 관한 규칙〉

제132조(양중기) ① 양중기란 다음 각 호의 기계를 말한다.
1. 크레인[호이스트(hoist)를 포함한다]
2. 이동식 크레인
3. 리프트(이삿짐운반용 리프트의 경우에는 적재하중이 0.1톤 이상인 것으로 한정한다)
4. 곤돌라
5. 승강기
② 제1항 각 호의 기계의 뜻은 다음 각 호와 같다. 〈개정 2022. 10. 18.〉
1. "크레인"이란 동력을 사용하여 중량물을 매달아 상하 및 좌우(수평 또는 선회를 말한다)로 운반하는 것을 목적으로 하는 기계 또는 기계장치를 말하며, "호이스트"란 훅이나 그 밖의 달기구 등을 사용하여 화물을 권상 및 횡행 또는 권상동작만을 하여 양중하는 것을 말한다.
2. "이동식 크레인"이란 원동기를 내장하고 있는 것으로서 불특정 장소에 스스로 이동할 수 있는 크레인으로 동력을 사용하여 중량물을 매달아 상하 및 좌우(수평 또는 선회를 말한다)로 운반하는 설비로서 「건설기계관리법」을 적용 받는 기중기 또는 「자동차관리법」제3조에 따른 화물·특수자동차의 작업부에 탑재하여 화물운반 등에 사용하는 기계 또는 기계장치를 말한다.
3. "리프트"란 동력을 사용하여 사람이나 화물을 운반하는 것을 목적으로 하는 기계설비로서 다음 각 목의 것을 말한다.
　가. 건설용 리프트 : 동력을 사용하여 가이드레일(운반구를 지지하여 상승 및 하강 동작을 안내하는 레일)을 따라 상하로 움직이는 운반구를 매달아 사람이나 화물을 운반할 수 있는 설비 또는 이와 유사한 구조 및 성능을 가진 것으로 건설현장에서 사용하는 것
　나. 산업용 리프트 : 동력을 사용하여 가이드레일을 따라 상하로 움직이는 운반구를 매달아 화물을 운반할 수 있는 설비 또는 이와 유사한 구조 및 성능을 가진 것으로 건설현장 외의 장소에서 사용하는 것
　다. 자동차정비용 리프트 : 동력을 사용하여 가이드레일을 따라 움직이는 지지대로 자동차 등을 일정한 높이로 올리거나 내리는 구조의 리프트로서 자동차 정비에 사용하는 것
　라. 이삿짐운반용 리프트 : 연장 및 축소가 가능하고 끝단을 건축물 등에 지지하는 구조의 사다리형 붐에 따라 동력을 사용하여 움직이는 운반구를 매달아 화물을 운반하는 설비로서 화물자동차 등 차량 위에 탑재하여 이삿짐 운반 등에 사용하는 것
4. "곤돌라"란 달기발판 또는 운반구, 승강장치, 그 밖의 장치 및 이들에 부속된 기계부품에 의하여 구성되고, 와이어로프 또는 달기강선에 의하여 달기발판 또는 운반구가 전용 승강장치에 의하여 오르내리는 설비를 말한다.
5. "승강기"란 건축물이나 고정된 시설물에 설치되어 일정한 경로에 따라 사람이나 화물을 승강장으로 옮기는 데에 사용되는 설비로서 다음 각 목의 것을 말한다.
　가. 승객용 엘리베이터 : 사람의 운송에 적합하게 제조·설치된 엘리베이터
　나. 승객화물용 엘리베이터 : 사람의 운송과 화물 운반을 겸용하는데 적합하게 제조·설치된 엘리베이터
　다. 화물용 엘리베이터 : 화물 운반에 적합하게 제조·설치된 엘리베이터로서 조작자 또는 화물취급자 1명은 탑승할 수 있는 것(적재용량이 300킬로그램 미만인 것은 제외한다)
　라. 소형화물용 엘리베이터 : 음식물이나 서적 등 소형 화물의 운반에 적합하게 제조·설치된 엘리베이터로서 사람의 탑승이 금지된 것
　마. 에스컬레이터 : 일정한 경사로 또는 수평로를 따라 위·아래 또는 옆으로 움직이는 디딤판을 통해 사람이나 화물을 승강장으로 운송시키는 설비 |

필답형 기출문제

14 강관비계와 구조체 사이 벽이음의 역할 2가지를 작성하시오.

<table>
<tr><td>답 안
연 습</td><td></td></tr>
</table>

| 모 범
답 안 | ① 강관비계와 구조체의 벽이음을 통해 풍하중에 의한 강관비계의 움직임 방지
② 강관비계와 구조체의 벽이음을 통해 수평하중에 의한 강관비계의 움직임 방지 |

〈비계공사 일반사항 (KCS 21 60 05 : 2019)〉

3.3 벽 이음재

(1) 벽 이음재는 비계가 풍하중 및 수평하중에 의해 영구 구조체의 내·외측으로 움직임을 방지하기 위해 설치하는 부재로써, 간격은 벽 이음재의 성능과 작용하중에 의해 결정하여야 한다.

〈산업안전보건기준에 관한 규칙〉

제59조(강관비계 조립 시의 준수사항) 사업주는 강관비계를 조립하는 경우에 다음 각 호의 사항을 준수하여야 한다.

1. 비계기둥에는 미끄러지거나 침하하는 것을 방지하기 위하여 밑받침철물을 사용하거나 깔판·깔목 등을 사용하여 밑둥잡이를 설치하는 등의 조치를 할 것
2. 강관의 접속부 또는 교차부(交叉部)는 적합한 부속철물을 사용하여 접속하거나 단단히 묶을 것
3. 교차 가새로 보강할 것
4. 외줄비계·쌍줄비계 또는 돌출비계에 대해서는 다음 각 목에서 정하는 바에 따라 벽이음 및 버팀을 설치할 것. 다만, 창틀의 부착 또는 벽면의 완성 등의 작업을 위하여 벽이음 또는 버팀을 제거하는 경우, 그 밖에 작업의 필요상 부득이한 경우로서 해당 벽이음 또는 버팀 대신 비계기둥 또는 띠장에 사재(斜材)를 설치하는 등 비계가 넘어지는 것을 방지하기 위한 조치를 한 경우에는 그러하지 아니하다.
   가. 강관비계의 조립 간격은 별표 5의 기준에 적합하도록 할 것
   나. 강관·통나무 등의 재료를 사용하여 견고한 것으로 할 것
   다. 인장재(引張材)와 압축재로 구성된 경우에는 인장재와 압축재의 간격을 1미터 이내로 할 것
5. 가공전로(架空電路)에 근접하여 비계를 설치하는 경우에는 가공전로를 이설(移設)하거나 가공전로에 절연용 방호구를 장착하는 등 가공전로와의 접촉을 방지하기 위한 조치를 할 것

[별표 5] 강관비계의 조립간격

그물코의 크기(cm)	조립간격(단위 : m)	
	수직방향	수평방향
단관비계	5	5
틀비계(높이가 5m 미만인 것은 제외한다)	6	8

Part 2

작업형 문제

공종별 핵심문제 + 기출문제

Chapter 01 가설공사 핵심문제

THEME 143

다음은 건설현장의 안전난간을 보여주고 있다. 안전난간의 구조 및 설치요건 3가지를 작성하시오.

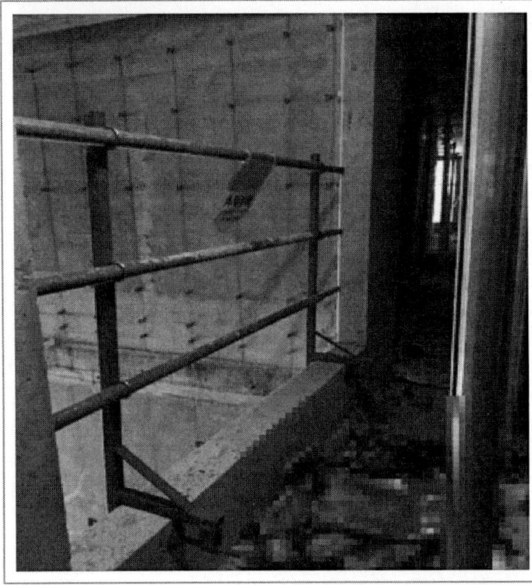

답 안 연 습

모 범 답 안

〈산업안전보건기준에 관한 규칙〉

제13조(안전난간의 구조 및 설치요건) 사업주는 근로자의 추락 등의 위험을 방지하기 위하여 안전난간을 설치하는 경우 다음 각 호의 기준에 맞는 구조로 설치해야 한다. 〈개정 2023. 11. 14.〉

1. 상부 난간대, 중간 난간대, 발끝막이판 및 난간기둥으로 구성할 것. 다만, 중간 난간대, 발끝막이판 및 난간기둥은 이와 비슷한 구조와 성능을 가진 것으로 대체할 수 있다.

2. 상부 난간대는 바닥면·발판 또는 경사로의 표면(이하 "바닥면 등"이라 한다)으로부터 90센티미터 이상 지점에 설치하고, 상부 난간대를 120센티미터 이하에 설치하는 경우에는 중간 난간대는 상부 난간대와 바닥면 등의 중간에 설치해야 하며, 120센티미터 이상 지점에 설치하는 경우에는 중간 난간대를 2단 이상으로 균등하게 설치하고 난간의 상하 간격은 60센티미터 이하가 되도록 할 것. 다만, 난간기둥 간의 간격이 25센티미터 이하인 경우에는 중간 난간대를 설치하지 않을 수 있다.

3. 발끝막이판은 바닥면 등으로부터 10센티미터 이상의 높이를 유지할 것. 다만, 물체가 떨어지거나 날아올 위험이 없거나 그 위험을 방지할 수 있는 망을 설치하는 등 필요한 예방 조치를 한 장소는 제외한다.

4. 난간기둥은 상부 난간대와 중간 난간대를 견고하게 떠받칠 수 있도록 적정한 간격을 유지할 것

5. 상부 난간대와 중간 난간대는 난간 길이 전체에 걸쳐 바닥면 등과 평행을 유지할 것

6. 난간대는 지름 2.7센티미터 이상의 금속제 파이프나 그 이상의 강도가 있는 재료일 것

7. 안전난간은 구조적으로 가장 취약한 지점에서 가장 취약한 방향으로 작용하는 100킬로그램 이상의 하중에 견딜 수 있는 튼튼한 구조일 것

THEME 144 — 다음은 강관비계를 보여주고 있다. 강관비계의 구조 3가지를 작성하시오.

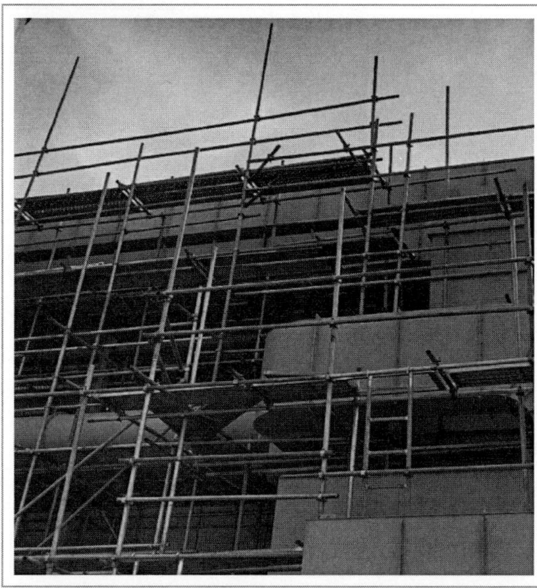

답 안 연 습

모 범 답 안

〈산업안전보건기준에 관한 규칙〉

제60조(강관비계의 구조) 사업주는 강관을 사용하여 비계를 구성하는 경우 다음 각 호의 사항을 준수해야 한다. 〈개정 2023. 11. 14.〉

1. 비계기둥의 간격은 띠장 방향에서는 1.85미터 이하, 장선(長線) 방향에서는 1.5미터 이하로 할 것. 다만, 다음 각 목의 어느 하나에 해당하는 작업의 경우에는 안전성에 대한 구조검토를 실시하고 조립도를 작성하면 띠장 방향 및 장선 방향으로 각각 2.7미터 이하로 할 수 있다.
   가. 선박 및 보트 건조작업
   나. 그 밖에 장비 반입·반출을 위하여 공간 등을 확보할 필요가 있는 등 작업의 성질상 비계기둥 간격에 관한 기준을 준수하기 곤란한 작업
2. 띠장 간격은 2.0미터 이하로 할 것. 다만, 작업의 성질상 이를 준수하기가 곤란하여 쌍기둥틀 등에 의하여 해당 부분을 보강한 경우에는 그러하지 아니하다.
3. 비계기둥의 제일 윗부분으로부터 31미터되는 지점 밑부분의 비계기둥은 2개의 강관으로 묶어 세울 것. 다만, 브라켓(bracket, 까치발) 등으로 보강하여 2개의 강관으로 묶을 경우 이상의 강도가 유지되는 경우에는 그러하지 아니하다.
4. 비계기둥 간의 적재하중은 400킬로그램을 초과하지 않도록 할 것

THEME 145 다음은 외부비계에 설치된 가설통로를 보여주고 있다. 가설통로의 구조 3가지를 작성하시오.

답 안 연 습

모 범 답 안

〈산업안전보건기준에 관한 규칙〉

제23조(가설통로의 구조) 사업주는 가설통로를 설치하는 경우 다음 각 호의 사항을 준수하여야 한다.
  1. 견고한 구조로 할 것
  2. 경사는 30도 이하로 할 것. 다만, 계단을 설치하거나 높이 2미터 미만의 가설통로로서 튼튼한 손잡이를 설치한 경우에는 그러하지 아니하다.
  3. 경사가 15도를 초과하는 경우에는 미끄러지지 아니하는 구조로 할 것
  4. 추락할 위험이 있는 장소에는 안전난간을 설치할 것. 다만, 작업상 부득이한 경우에는 필요한 부분만 임시로 해체할 수 있다.
  5. 수직갱에 가설된 통로의 길이가 15미터 이상인 경우에는 10미터 이내마다 계단참을 설치할 것
  6. 건설공사에 사용하는 높이 8미터 이상인 비계다리에는 7미터 이내마다 계단참을 설치할 것

THEME 146 다음은 이동식 사다리를 보여주고 있다. 이동식 사다리의 설치기준 3가지를 작성하시오.

답 안 연 습

모 범 답 안

〈산업안전보건기준에 관한 규칙〉

제24조(사다리식 통로 등의 구조)

① 사업주는 사다리식 통로 등을 설치하는 경우 다음 각 호의 사항을 준수하여야 한다. 〈개정 2024. 6. 28.〉

1. 견고한 구조로 할 것
2. 심한 손상·부식 등이 없는 재료를 사용할 것
3. 발판의 간격은 일정하게 할 것
4. 발판과 벽과의 사이는 15센티미터 이상의 간격을 유지할 것
5. 폭은 30센티미터 이상으로 할 것
6. 사다리가 넘어지거나 미끄러지는 것을 방지하기 위한 조치를 할 것
7. 사다리의 상단은 걸쳐놓은 지점으로부터 60센티미터 이상 올라가도록 할 것
8. 사다리식 통로의 길이가 10미터 이상인 경우에는 5미터 이내마다 계단참을 설치할 것
9. 사다리식 통로의 기울기는 75도 이하로 할 것. 다만, 고정식 사다리식 통로의 기울기는 90도 이하로 하고, 그 높이가 7미터 이상인 경우에는 다음 각 목의 구분에 따른 조치를 할 것
   가. 등받이울이 있어도 근로자 이동에 지장이 없는 경우: 바닥으로부터 높이가 2.5미터 되는 지점부터 등받이울을 설치할 것
   나. 등받이울이 있으면 근로자가 이동이 곤란한 경우: 한국산업표준에서 정하는 기준에 적합한 개인용 추락방지 시스템을 설치하고 근로자로 하여금 한국산업표준에서 정하는 기준에 적합한 전신안전대를 사용하도록 할 것
10. 접이식 사다리 기둥은 사용 시 접혀지거나 펼쳐지지 않도록 철물 등을 사용하여 견고하게 조치할 것

② 잠함(潛函) 내 사다리식 통로와 건조·수리 중인 선박의 구명줄이 설치된 사다리식 통로(건조·수리작업을 위하여 임시로 설치한 사다리식 통로는 제외한다)에 대해서는 제1항제5호부터 제10호까지의 규정을 적용하지 아니한다.

THEME 147 근로자가 개구부에서 작업하던 중 추락하는 재해가 발생하였다. 추락방지를 위한 안전대책 3가지를 작성하시오.

답 안 연 습

모 범 답 안

〈산업안전보건기준에 관한 규칙〉

제43조(개구부 등의 방호 조치)

① 사업주는 작업발판 및 통로의 끝이나 개구부로서 근로자가 추락할 위험이 있는 장소에는 안전난간, 울타리, 수직형 추락방망 또는 덮개 등의 방호 조치를 충분한 강도를 가진 구조로 튼튼하게 설치하여야 하며, 덮개를 설치하는 경우에는 뒤집히거나 떨어지지 않도록 설치하여야 한다. 이 경우 어두운 장소에서도 알아볼 수 있도록 개구부임을 표시해야 하며, 수직형 추락방망은 한국산업표준에서 정하는 성능기준에 적합한 것을 사용해야 한다. 〈개정 2019. 12. 26., 2022. 10. 18.〉

② 사업주는 난간 등을 설치하는 것이 매우 곤란하거나 작업의 필요상 임시로 난간 등을 해체하여야 하는 경우 제42조 제2항 각 호의 기준에 맞는 추락방호망을 설치하여야 한다. 다만, 추락방호망을 설치하기 곤란한 경우에는 근로자에게 안전대를 착용하도록 하는 등 추락할 위험을 방지하기 위하여 필요한 조치를 하여야 한다.

THEME 148

다음은 작업장에 설치된 계단을 보여주고 있다. 작업장에서 계단 및 계단참을 설치할 경우 준수해야 하는 사항에 대해 작성하시오.

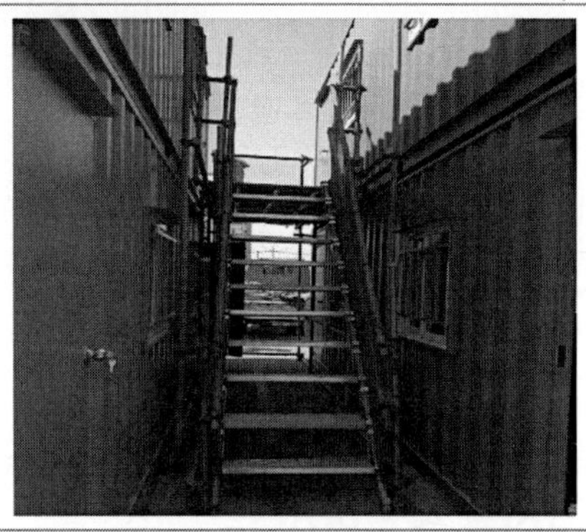

답 안 연 습

모 범 답 안

제26조(계단의 강도)

① 사업주는 계단 및 계단참을 설치하는 경우 매제곱미터당 500킬로그램 이상의 하중에 견딜 수 있는 강도를 가진 구조로 설치하여야 하며, 안전율[안전의 정도를 표시하는 것으로서 재료의 파괴응력도(破壞應力度)와 허용응력도(許容應力度)의 비율을 말한다)]은 4 이상으로 하여야 한다.

② 사업주는 계단 및 승강구 바닥을 구멍이 있는 재료로 만드는 경우 렌치나 그 밖의 공구 등이 낙하할 위험이 없는 구조로 하여야 한다.

제27조(계단의 폭)

① 사업주는 계단을 설치하는 경우 그 폭을 1미터 이상으로 하여야 한다. 다만, 급유용·보수용·비상용 계단 및 나선형 계단이거나 높이 1미터 미만의 이동식 계단인 경우에는 그러하지 아니하다. 〈개정 2014. 9. 30.〉

② 사업주는 계단에 손잡이 외의 다른 물건 등을 설치하거나 쌓아 두어서는 아니 된다.

제28조(계단참의 높이)

사업주는 높이가 3미터를 초과하는 계단에 높이 3미터 이내마다 너비 1.2미터 이상의 계단참을 설치하여야 한다.

제29조(천장의 높이)

사업주는 계단을 설치하는 경우 바닥면으로부터 높이 2미터 이내의 공간에 장애물이 없도록 하여야 한다. 다만, 급유용·보수용·비상용 계단 및 나선형 계단인 경우에는 그러하지 아니하다.

THEME 149

다음 영상은 외부비계 위에서 작업하는 장면을 보여주고 있다. 현장에서 추락재해를 유발하는 불안전한 요인 3가지와 작업자가 자재를 놓쳐 자재가 떨어지는 사고 발생 시 위험요인 2가지, 작업발판 안전조치사항 2가지를 작성하시오.

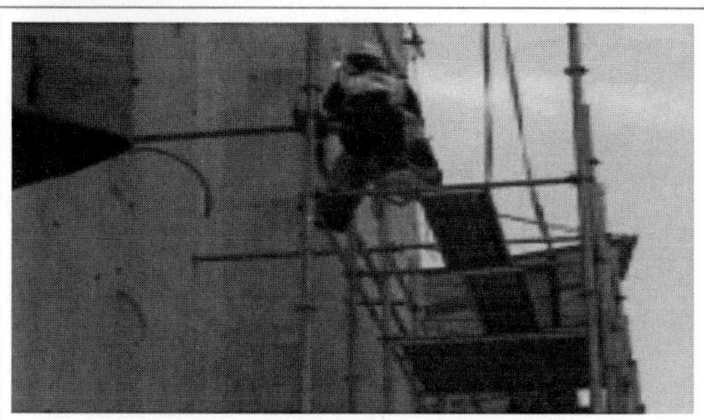

답 안 연 습

모 범 답 안

1. 추락재해를 유발하는 불안전한 요인
　① 안전난간 미설치
　② 외부비계 내 승강설비 및 가설계단 등 가설통로 미설치
　③ 외부비계 상부 작업발판에 자재가 적치되어 안전통로 미확보

2. 작업자가 자재를 놓쳐 자재가 떨어지는 사고 발생 시 위험요인
　① 작업구간 하부에 근로자 출입통제를 미실시로 인한 낙하위험
　② 낙하하는 자재가 하층부 근로자를 때려 근로자 추락위험
　③ 재료 및 기구 또는 공구 등을 올리거나 내리는 경우 달줄 · 달포대 미사용으로 인한 낙하위험

3. 작업발판 안전조치사항

〈산업안전보건기준에 관한 규칙〉

제56조(작업발판의 구조) 사업주는 비계(달비계, 달대비계 및 말비계는 제외한다)의 높이가 2미터 이상인 작업장소에 다음 각 호의 기준에 맞는 작업발판을 설치하여야 한다. 〈개정 2012. 5. 31., 2017. 12. 28.〉
　1. 발판재료는 작업할 때의 하중을 견딜 수 있도록 견고한 것으로 할 것
　2. 작업발판의 폭은 40센티미터 이상으로 하고, 발판재료 간의 틈은 3센티미터 이하로 할 것. 다만, 외줄비계의 경우에는 고용노동부장관이 별도로 정하는 기준에 따른다.
　3. 제2호에도 불구하고 선박 및 보트 건조작업의 경우 선박블록 또는 엔진실 등의 좁은 작업공간에 작업발판을 설치하기 위하여 필요하면 작업발판의 폭을 30센티미터 이상으로 할 수 있고, 걸침비계의 경우 강관기둥 때문에 발판재료 간의 틈을 3센티미터 이하로 유지하기 곤란하면 5센티미터 이하로 할 수 있다. 이 경우 그 틈 사이로 물체 등이 떨어질 우려가 있는 곳에는 출입금지 등의 조치를 하여야 한다.
　4. 추락의 위험이 있는 장소에는 안전난간을 설치할 것. 다만, 작업의 성질상 안전난간을 설치하는 것이 곤란한 경우, 작업의 필요상 임시로 안전난간을 해체할 때에 추락방호망을 설치하거나 근로자로 하여금 안전대를 사용하도록 하는 등 추락위험 방지 조치를 한 경우에는 그러하지 아니하다.
　5. 작업발판의 지지물은 하중에 의하여 파괴될 우려가 없는 것을 사용할 것
　6. 작업발판재료는 뒤집히거나 떨어지지 않도록 둘 이상의 지지물에 연결하거나 고정시킬 것
　7. 작업발판을 작업에 따라 이동시킬 경우에는 위험 방지에 필요한 조치를 할 것

THEME 150

다음 영상은 이동식 비계에서 근로자가 작업하는 장면을 보여주고 있다. 추락재해 예방대책 3가지를 작성하시오.

답 안 연 습

모 범 답 안

〈산업안전보건기준에 관한 규칙〉

제68조(이동식비계) 사업주는 이동식비계를 조립하여 작업을 하는 경우에는 다음 각 호의 사항을 준수하여야 한다. 〈개정 2019. 10. 15., 2024. 6. 28.〉

1. 이동식비계의 바퀴에는 뜻밖의 갑작스러운 이동 또는 전도를 방지하기 위하여 브레이크 · 쐐기 등으로 바퀴를 고정시킨 다음 비계의 일부를 견고한 시설물에 고정하거나 아웃트리거를 설치하는 등 필요한 조치를 할 것
2. 승강용사다리는 견고하게 설치할 것
3. 비계의 최상부에서 작업을 하는 경우에는 안전난간을 설치할 것
4. 작업발판은 항상 수평을 유지하고 작업발판 위에서 안전난간을 딛고 작업을 하거나 받침대 또는 사다리를 사용하여 작업하지 않도록 할 것
5. 작업발판의 최대적재하중은 250킬로그램을 초과하지 않도록 할 것

THEME 151

다음 영상은 아파트 건설현장을 보여주고 있다. 낙하 및 비래 위험이 있는 경우 조치사항 3가지를 작성하시오.

답 안 연 습

모 범 답 안

〈산업안전보건기준에 관한 규칙〉

제14조(낙하물에 의한 위험의 방지) ① 사업주는 작업장의 바닥, 도로 및 통로 등에서 낙하물이 근로자에게 위험을 미칠 우려가 있는 경우 보호망을 설치하는 등 필요한 조치를 하여야 한다.

② 사업주는 작업으로 인하여 물체가 떨어지거나 날아올 위험이 있는 경우 낙하물 방지망, 수직보호망 또는 방호선반의 설치, 출입금지구역의 설정, 보호구의 착용 등 위험을 방지하기 위하여 필요한 조치를 하여야 한다. 이 경우 낙하물 방지망 및 수직보호망은 「산업표준화법」에 따른 한국산업표준에서 정하는 성능기준에 적합한 것을 사용하여야 한다. 〈개정 2022. 10. 18.〉

③ 제2항에 따라 낙하물 방지망 또는 방호선반을 설치하는 경우에는 다음 각 호의 사항을 준수하여야 한다.

　　1. 높이 10미터 이내마다 설치하고, 내민 길이는 벽면으로부터 2미터 이상으로 할 것

　　2. 수평면과의 각도는 20도 이상 30도 이하를 유지할 것

※ 낙하물 방지망은 최초사용 개시 후 시험기간(1년), 정기시험기간(6개월마다)

THEME 152

다음 영상은 건물 외벽 쌍줄비계에서 작업하는 모습을 보여주고 있다. 이와 같은 비계 조립 및 해체, 변경 작업을 하는 경우 준수사항 3가지를 쓰시오.

답 안 연 습

모 범 답 안

〈산업안전보건기준에 관한 규칙〉

제57조(비계 등의 조립·해체 및 변경) ① 사업주는 달비계 또는 높이 5미터 이상의 비계를 조립·해체하거나 변경하는 작업을 하는 경우 다음 각 호의 사항을 준수하여야 한다.

　1. 근로자가 관리감독자의 지휘에 따라 작업하도록 할 것

　2. 조립·해체 또는 변경의 시기·범위 및 절차를 그 작업에 종사하는 근로자에게 주지시킬 것

　3. 조립·해체 또는 변경 작업구역에는 해당 작업에 종사하는 근로자가 아닌 사람의 출입을 금지하고 그 내용을 보기 쉬운 장소에 게시할 것

　4. 비, 눈, 그 밖의 기상상태의 불안정으로 날씨가 몹시 나쁜 경우에는 그 작업을 중지시킬 것

　5. 비계재료의 연결·해체작업을 하는 경우에는 폭 20센티미터 이상의 발판을 설치하고 근로자로 하여금 안전대를 사용하도록 하는 등 추락을 방지하기 위한 조치를 할 것

　6. 재료·기구 또는 공구 등을 올리거나 내리는 경우에는 근로자가 달줄 또는 달포대 등을 사용할 것

THEME 153 다음은 철공공사현장에 설치한 추락방지망을 보여주고 있다. 추락방호망의 설치기준 3가지 및 표시사항 3가지를 작성하시오.

답 안 연 습

모 범 답 안

1. 추락방호망의 설치기준

〈산업안전보건기준에 관한 규칙〉

제42조(추락의 방지)
1. 추락방호망의 설치위치는 가능하면 작업면으로부터 가까운 지점에 설치하여야 하며, 작업면으로부터 망의 설치지점까지의 수직거리는 10미터를 초과하지 아니할 것
2. 추락방호망은 수평으로 설치하고, 망의 처짐은 짧은 변 길이의 12퍼센트 이상이 되도록 할 것
3. 건축물 등의 바깥쪽으로 설치하는 경우 추락방호망의 내민 길이는 벽면으로부터 3미터 이상 되도록 할 것. 다만, 그물코가 20밀리미터 이하인 추락방호망을 사용한 경우에는 제14조 제3항에 따른 낙하물방지망을 설치한 것으로 본다.

2. 표시사항
① 제조자명
② 제조연월
③ 그물코의 크기
④ 인장강도

| Chapter 02 | 토공사 핵심문제 |

THEME 154

다음은 백호가 경사면을 굴착하는 모습을 보여주고 있다. 굴착 작업 시 지반붕괴 및 토석낙하 방지를 위한 작업시작 전 점검사항 2가지를 작성하시오.

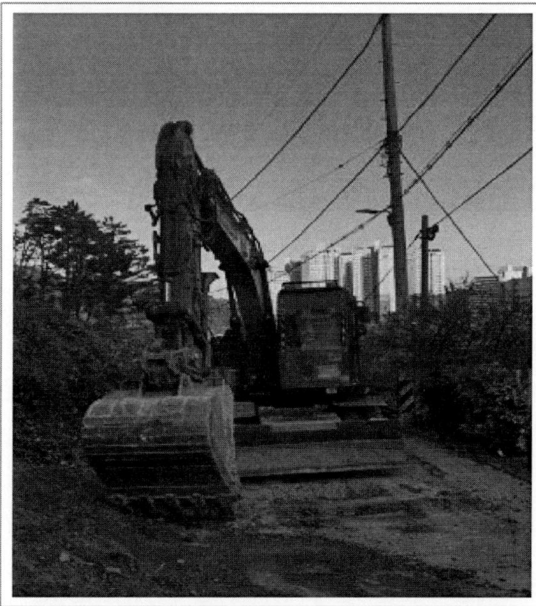

답 안 연 습

모 범 답 안

① 형상 · 지질 및 지층의 상태
② 균열 · 함수 · 용수 및 동결의 유무 또는 상태
③ 매설물 등의 유무 또는 상태
④ 지반의 지하수위 상태

〈산업안전보건기준에 관한 규칙〉

제338조(굴착작업 사전조사 등) 사업주는 굴착작업을 할 때에 토사등의 붕괴 또는 낙하에 의한 위험을 미리 방지하기 위하여 다음 각 호의 사항을 점검해야 한다.
1. 작업장소 및 그 주변의 부석 · 균열의 유무
2. 함수(涵水) · 용수(湧水) 및 동결의 유무 또는 상태의 변화
[전문개정 2023. 11. 14.]

THEME 155

다음은 사면의 모습을 보여주고 있다. 사면기울기 기준을 작성하시오.

답 안 연 습

모 범 답 안

■ 산업안전보건기준에 관한 규칙 [별표 11] 〈개정 2023. 11. 14.〉

굴착면의 기울기 기준(제339조 제1항 관련)

지반의 종류	굴착면의 기울기
모래	1 : 1.8
연암 및 풍화암	1 : 1.0
경암	1 : 0.5
그 밖의 흙	1 : 1.2

비고
1. 굴착면의 기울기는 굴착면의 높이에 대한 수평거리의 비율을 말한다.
2. 굴착면의 경사가 달라서 기울기를 계산하기가 곤란한 경우에는 해당 굴착면에 대하여 지반의 종류별 굴착면의 기울기에 따라 붕괴의 위험이 증가하지 않도록 위 표의 지반의 종류별 굴착면의 기울기에 맞게 해당 각 부분의 경사를 유지해야 한다.

THEME 156

다음 영상은 흙막이 공법을 보여주고 있다. 공법의 명칭과 구성요소를 작성하시오.

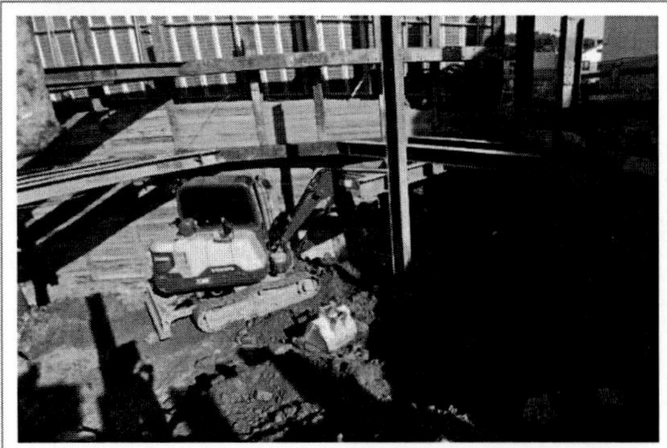

답 안 연 습

<table>
<tr><td colspan="1" align="center">모 범 답 안</td></tr>
</table>

1. **공법 명칭** : 버팀대 공법

2. **구성요소**
   ① 토류판
   ② H-beam
   ③ 복공판

THEME 157

다음 영상은 토사붕괴 모습을 보여주고 있다. 토사붕괴의 외적 요인 3가지 및 절토사면 붕괴방지를 위한 사면보호공법 3가지를 작성하시오.

답 안 연 습

모 범 답 안

1. **외적요인**
   ① 사면 및 법면의 경사와 기울기의 증가
   ② 공사에 의한 진동, 반복하중의 증가
   ③ 토사 및 암석의 혼합층 두께의 증가
   ④ 절토 및 성토의 높이 증가
   ⑤ 지표수 침투 또는 지하수로 인한 토사 중량의 증가
   ⑥ 차량 통행 또는 지진 등으로 인한 구조물의 하중 작용

2. **사면보호공법**
   ① 콘크리트 블록공
   ② 콘크리트 또는 모르타르 뿜칠붙이기공
   ③ 떼붙임공, 식수공, 식생 매트(Mat)공
   ④ 돌쌓기공
   ⑤ 돌망태공
   ⑥ 지표수 및 지하수 배제공

THEME 158

다음 영상은 사면이 굴착된 모습을 보여주고 있다. 굴착작업 시 지반붕괴 및 토석낙하로 작업자에게 위험을 미칠 우려가 있을 경우 조치사항 3가지를 작성하시오.

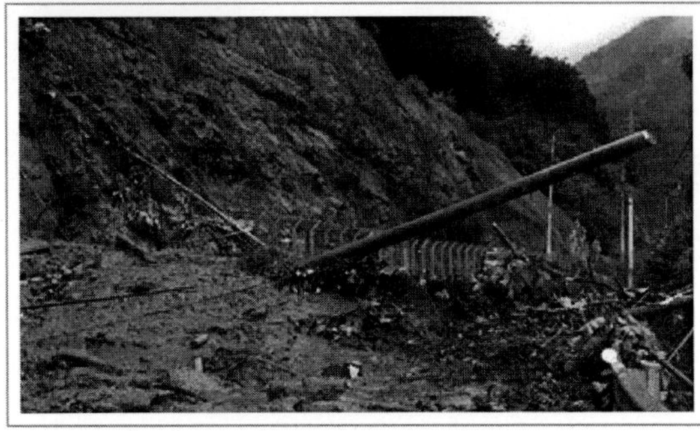

답 안 연 습

모 범 답 안

① 비닐보강 실시(굴착 사면에 비가 올 경우 대비)
② 사면 기울기 기준 준수
③ 낙하 위험이 있는 토석 제거 및 옹벽, 흙막이 지보공 설치
④ 지반의 붕괴 및 토석 낙하 원인인 빗물 또는 지하수 등을 배제 가능한 측구 설치

THEME 159

다음 영상은 흙막이 공사를 보여주고 있다. 흙막이 구조물 공사 시 필요한 계측기기 종류 3가지를 작성하시오.

답 안 연 습

모 범 답 안

지중경사계(Inclinometer)	흙막이벽, 배면지반에 굴착심도보다 깊게 천공하여 설치하여 굴착 작업 시 흙막이가 배면 측압에 의해 기울어지는 정도를 파악
지하수위계(Water level meter)	흙막이벽 배면지반에 대수층까지 천공하여 설치하고, 지하수위의 변화를 측정하여 지하수위 변화의 원인을 분석
간극수압계(Piezometer)	연약지반의 배면에 연약층의 깊이별로 설치하고 굴착 작업에 따른 과잉간극수압의 변화를 측정하여 안전성을 판단

변형률계(Strain Gauge)	지보공(strut) 및 띠장(wale), 각종 강재에 용접 등으로 부착을 하고 굴착 작업에 따른 지보공(strut) 및 띠장(wale), 각종 강재 등의 변형 정도를 측정
지표침하계(Surface Settlement)	흙막이벽 배면 및 인접도로변에 설치하여 굴착작업으로 인한 인접지반의 침하를 측정
하중계(Load Cell)	지보공(strut), 어스앵커(Earth Anchor) 부위에 각 단계별로 하향 굴착하면서 설치하여, 축하중 변화상태를 측정해 부재의 안전성을 파악
지중침하계(Extensometer)	흙막이벽 배면과 인접 건물 주변에 천공하여 설치하는 것으로, 각 층별 침하량의 변동 상태를 확인
균열측정기(Crack guage)	인접구조물에 설치하여 굴착 등의 작업으로 인한 균열의 크기와 변화를 측정
건물경사계(Tilt meter)	인접구조물의 골조 등에 설치하여 굴착 등의 작업으로 인한 건물의 기울기를 측정해 안전진단에 활용
진동 · 소음 측정기(Vibration monitor)	인접구조물 또는 현장에 굴착 작업 등으로 인해 발생하는 소음과 진동의 정도를 측정

THEME 160

다음 영상은 석축공사를 보여주고 있다. 석축 쌓기 완료 후 석축이 붕괴되었을 때, 이와 같은 현상의 원인 3가지를 작성하시오.

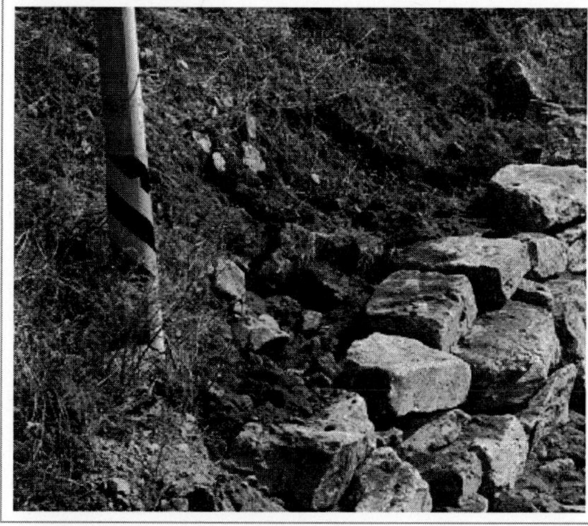

답 안 연 습

모 범 답 안

① 과도한 토압이 발생
② 기초지반의 침하 발생
③ 기초지반의 활동으로 인한 지지력 약화
④ 배수불량으로 인한 수압작용 발생
⑤ 옹벽 뒤채움 재료의 불량 또는 뒤채움 다짐 불량

THEME 161

다음 영상은 흙막이 공사를 보여주고 있다. 흙막이 지보공 설치할 때 정기 점검하여 이상 발견 시 즉시 보수해야 하는 사항을 작성하시오.

답 안 연 습

모 범 답 안

〈산업안전보건기준에 관한 규칙〉

제347조(붕괴 등의 위험 방지) ① 사업주는 흙막이 지보공을 설치하였을 때에는 정기적으로 다음 각 호의 사항을 점검하고 이상을 발견하면 즉시 보수하여야 한다.
　1. 부재의 손상ㆍ변형ㆍ부식ㆍ변위 및 탈락의 유무와 상태
　2. 버팀대의 긴압(緊壓)의 정도
　3. 부재의 접속부ㆍ부착부 및 교차부의 상태
　4. 침하의 정도

Chapter 03 기초공사 핵심문제

THEME 162 다음 영상은 말뚝공사 모습을 보여주고 있다. 말뚝 항타공법 3가지를 작성하시오.

답 안 연 습

모 범 답 안

① 타격공법

항타기로 말뚝을 직접 타격하여 박는 공법으로, Pile의 종류 및 총수량, 지반의 상태 등을 고려하여 적정 Hammer를 선정한다. 타격공법은 대체로 시공이 용이하며, 타격속도가 비교적 빠르다.

1) Drop Hammer : 공이 300~600kg 내외의 것을 사용하며, 사각틀 또는 평틀식으로 비계목을 설치하고, 비계목 중심에 심대(rod)를 세워 1~2.5m 낙하고를 설정해 말뚝을 박는다.

2) Steam Hammer : 증기압을 이용해 실린더, 피스톤, 자동증기 조작밸브 등으로 타입하는 공법이다.

3) Diesel Hammer : 타격에너지가 크며, 단동식과 복동식으로 구분되고 기계틀, 기동장치, 공이 등으로 구성되어 비교적 좁은 장소에서 타입이 가능하고, 가장 많이 쓰이는 방식이다. 타격에너지가 크고, 경비가 저렴하고 기동성이 좋다. 말뚝을 박는 속도가 빠르고, 운전이 간단하며 시공관리가 용이하다.

4) 유압 Hammer : 유압에 의해 피스톤 로드(Piston rod)를 작동시켜 공이(Ram)를 자유낙하시켜 말뚝을 타격하는 공법이다. 말뚝박기 시 소음 및 진동이 적으며, 말뚝 두부 파손이 적고, 낙하높이를 자유롭게 선정할 수 있어 Hammer의 타격력을 조절할 수 있다. 기름 및 연기 등의 비산이 발생하지 않아 환경적 이점을 가진다.

② 진동공법

연약지반 및 말뚝 인발에 사용되며, Vibro Hammer를 사용해 상·하 진동으로 말뚝을 박는 공법으로, 주변 저항 및 선단 저항을 저하시켜 말뚝의 중량과 Hammer 자중으로 말뚝을 박는다. 정확한 위치에 타입이 가능하고, 말뚝 두부 손상이 적으며, 소음이 적고, 말뚝 타입 및 인발 시 겸용으로 사용 가능하다. 이에 반해 경질지반에서는 관입이 잘 되지 않으며, 토질변화에 순응이 적고, 말뚝의 지지력 추정이 정확하지 않다.

③ 압입공법

압입장치의 반력을 이용해 말뚝을 압입하여 박는 공법으로, 보통 Pre Boring 공법, Water jet 공법, 중공굴착공법과 병용하며 계획하중의 1.5배 이상의 압입하중이 필요하다. 압입하중의 측정으로 말뚝의 지지력을 판정이 가능하고 주변지반이 교란되지 않으며, 비교적 연약지반에 적용되어 소음 및 진동이 적다. 말뚝 두부 파손이 거의 없으나, 대규모 설비가 필요하고 큰 지지력을 필요로 한다.

④ Water jet 공법(수사법)

관입이 어려운 사질지반에 유리한 공법으로, 소음 및 진동이 적으며 말뚝 두부 파손이 거의 없다. 말뚝 선단부에 고압으로 물을 분사시켜 수압에 의해 지반을 무르게 한 후 말뚝을 박는 공법이다.

⑤ Pre Boring 공법(선행굴착공법)

　Auger로 먼저 천공을 하여 기성말뚝을 삽입한 후, 압입 또는 타격하여 말뚝을 설치하는 공법으로 소음 및 진동이 적고, 두부 파손이 적으며, 타입이 어려운 전석층에도 시공이 가능하다.

⑥ 중공굴착공법

　말뚝 중공부에 스파이럴 오거를 삽입해 굴착·관입하고, 말뚝 선단부의 지지력을 크게 하기 위해 시멘트 밀크를 주입해 처리하는 공법이다. 대구경 말뚝에 적합하고, 말뚝 파손이 없으며, 소음 및 진동이 적고, 배출토사로 지질 판단이 용이한 공법이다. 중공굴착공법은 우선 소정의 위치에 기계를 설치하고, 2~3m 정도 터파기한 후 보조크레인으로 말뚝을 세운다. 말뚝의 중공부에 오거를 삽입해 굴착과 동시에 말뚝을 관입하여 지지층에 도달하면 시멘트 밀크를 주입하고, 압입장치 또는 타격에 의해 말뚝을 침설하면 완료된다.

Chapter 04 철근콘크리트 공사 핵심문제

THEME 163 다음 영상은 거푸집 동바리(pipe support)가 설치된 장면을 보여주고 있다. 위험요소(문제점) 2가지를 찾아 작성하시오.

답 안 연 습

모 범 답 안

〈산업안전보건기준에 관한 규칙〉

제332조(동바리 조립 시의 안전조치) 사업주는 동바리를 조립하는 경우에는 하중의 지지상태를 유지할 수 있도록 다음 각 호의 사항을 준수해야 한다.

1. 받침목이나 깔판의 사용, 콘크리트 타설, 말뚝박기 등 동바리의 침하를 방지하기 위한 조치를 할 것
2. 동바리의 상하 고정 및 미끄러짐 방지 조치를 할 것
3. 상부·하부의 동바리가 동일 수직선상에 위치하도록 하여 깔판·받침목에 고정시킬 것
4. 개구부 상부에 동바리를 설치하는 경우에는 상부하중을 견딜 수 있는 견고한 받침대를 설치할 것
5. U헤드 등의 단판이 없는 동바리의 상단에 멍에 등을 올릴 경우에는 해당 상단에 U헤드 등의 단판을 설치하고, 멍에 등이 전도되거나 이탈되지 않도록 고정시킬 것
6. 동바리의 이음은 같은 품질의 재료를 사용할 것
7. 강재의 접속부 및 교차부는 볼트·클램프 등 전용철물을 사용하여 단단히 연결할 것
8. 거푸집의 형상에 따른 부득이한 경우를 제외하고는 깔판이나 받침목은 2단 이상 끼우지 않도록 할 것
9. 깔판이나 받침목을 이어서 사용하는 경우에는 그 깔판·받침목을 단단히 연결할 것
[전문개정 2023. 11. 14.]

제332조의2(동바리 유형에 따른 동바리 조립 시의 안전조치) 사업주는 동바리를 조립할 때 동바리의 유형별로 다음 각 호의 구분에 따른 각 목의 사항을 준수해야 한다.

1. 동바리로 사용하는 파이프 서포트의 경우
   가. 파이프 서포트를 3개 이상 이어서 사용하지 않도록 할 것
   나. 파이프 서포트를 이어서 사용하는 경우에는 4개 이상의 볼트 또는 전용철물을 사용하여 이을 것
   다. 높이가 3.5미터를 초과하는 경우에는 높이 2미터 이내마다 수평연결재를 2개 방향으로 만들고 수평연결재의 변위를 방지할 것

2. 동바리로 사용하는 강관틀의 경우
  가. 강관틀과 강관틀 사이에 교차가새를 설치할 것
  나. 최상단 및 5단 이내마다 동바리의 측면과 틀면의 방향 및 교차가새의 방향에서 5개 이내마다 수평연결재를 설치하고 수평연결재의 변위를 방지할 것
  다. 최상단 및 5단 이내마다 동바리의 틀면의 방향에서 양단 및 5개틀 이내마다 교차가새의 방향으로 띠장틀을 설치할 것
[본조신설 2023. 11. 14.]

THEME 164

다음 영상은 콘크리트 타설 작업을 보여주고 있다. 이 차량의 명칭과 믹서가 회전하는 이유 2가지를 작성하고 아래 빈칸을 채우시오.

	답 안 연 습

답 안 연 습	콘크리트 비비기로부터 치기가 끝날 때까지의 시간은 원칙적으로 외기온도가 (　　　) 넘었을 때는(　　　)을, (　　　) 이하일 때는 (　　　)을 넘어서는 안된다.

모 범 답 안

1. 차량 명칭 : 콘크리트 믹서 트럭

2. 믹서 회전 이유
  ① 콘크리트 경화 방지
  ② 재료분리 방지

3. 25℃ / 90분(1.5시간) / 25℃ / 120분(2시간)

THEME 165

다음 영상은 아파트 건설현장의 거푸집 조립작업을 보여주고 있다. 이 거푸집의 명칭 및 장점 3가지를 작성하시오.

	답 안 연 습

모 범 답 안

1. 명칭 : 갱폼(Gang Form)

2. 장점
　① 전용성 증대
　② 공기단축
　③ 거푸집 설치 및 해체가 용이
　④ 작업발판 일체형 거푸집이므로 별도의 비계가 필요 없음

THEME 166 　다음 영상은 교각 거푸집 작업현장을 보여주고 있다. 이 거푸집의 명칭 및 장점 3가지를 작성하시오.

답 안 연 습

모 범 답 안

1. 명칭 : 슬라이딩폼(Sliding Form)

2. 장점
　① 일체성 확보 유리(돌출물이 없는 단면형상에 적용 유리)
　② 요크(York)를 통해 수직으로 거푸집을 연속 이동시킴으로서 콘크리트 타설 가능
　③ 거푸집 해체 소요인력 절감
　④ 공기단축 가능

THEME 167 다음 영상은 철근배근 작업을 보여주고 있다. 노출된 철근의 장래 이음 등을 고려한 철근 보호방법 3가지를 작성하시오.

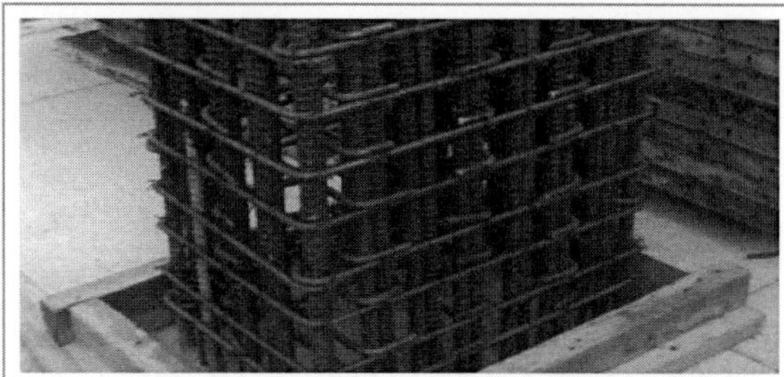

답 안 연 습

모 범 답 안

① 비닐커버 등을 씌워 습기 방지
② 철근의 변형 및 변위를 방지하기 위해 철사 또는 철망으로 견고히 고정
③ 우기 또는 습기 등으로 인한 철근 부식을 방지하기 위해 방청도료 도포

THEME 168 다음 영상은 콘크리트 펌프카로 콘크리트를 타설하는 장면을 보여주고 있다. 콘크리트 펌프카 사용 시 준수사항 3가지를 작성하시오.

답 안 연 습

모 범 답 안

〈산업안전보건기준에 관한 규칙〉

제335조(콘크리트 타설장비 사용 시의 준수사항) 사업주는 콘크리트 타설작업을 하기 위하여 콘크리트 플레이싱 붐(placing boom), 콘크리트 분배기, 콘크리트 펌프카 등(이하 이 조에서 "콘크리트타설장비"라 한다)을 사용하는 경우에는 다음 각 호의 사항을 준수해야 한다. 〈개정 2023. 11. 14.〉
1. 작업을 시작하기 전에 콘크리트타설장비를 점검하고 이상을 발견하였으면 즉시 보수할 것
2. 건축물의 난간 등에서 작업하는 근로자가 호스의 요동·선회로 인하여 추락하는 위험을 방지하기 위하여 안전 난간 설치 등 필요한 조치를 할 것
3. 콘크리트타설장비의 붐을 조정하는 경우에는 주변의 전선 등에 의한 위험을 예방하기 위한 적절한 조치를 할 것
4. 작업 중에 지반의 침하나 아웃트리거 등 콘크리트타설장비 지지구조물의 손상 등에 의하여 콘크리트타설장비가 넘어질 우려가 있는 경우에는 이를 방지하기 위한 적절한 조치를 할 것
[제목개정 2023. 11. 14.]

Chapter 05 교량공사 핵심문제

THEME 169 다음 영상은 교량공사를 보여주고 있다. 이 공법의 명칭, 시공 순서 및 특징을 작성하시오.

답 안 연 습

모 범 답 안

1. **명칭** : 외팔보공법(F.C.M, Free Cantilever Method)

2. **시공 순서**
   ① 하부공사
   ② 주두부 시공
   ③ Form Traveller 설치
   ④ Segment 시공
   ⑤ Key Segment 시공
   ⑥ 측경 간 시공
   ⑦ 시공완료

3. **특징**
   ① 교각 상부에서 교각 양 교축방향으로 Form Traveller를 설치하여 이용하는 공법
   ② 하나의 Segment(3~4m정도)씩 콘크리트 타설 후 프리스트레스(prestress) 도입. 교량 상부 가설공법

THEME 170 — 다음 영상은 교량공사를 보여주고 있다. 이 공법의 명칭, 특징 및 장점 3가지를 작성하시오.

답 안 연 습

모 범 답 안

1. **명칭** : 압출공법(I.L.M, Incremental Launching Method)

2. **특징**
   ① 압출공법(I.L.M)은 교량 상부 구조물을 교대 후방에 있는 제작장에서 일정 길이의 Segment 제작
   ② 제작된 Segment는 잭(jack)과 추진코에 의해 압출해 가며 교각 위에 거치하는 교량 상부 가설공법

3. **장점**
   ① 공기단축 가능
   ② 별도의 외부비계와 작업발판 불필요
   ③ 장대교량에 적용성이 좋음
   ④ 교량 공사 중 교량 하부 교통에 영향을 주지 않음

THEME 171

다음 영상은 두 가지 교량의 모습을 보여주고 있다. 각 교량의 명칭을 쓰시오.

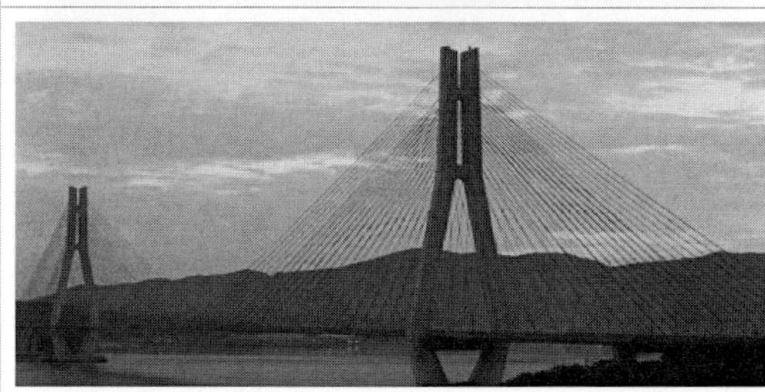

답 안 연 습

모 범 답 안

① 현수교 ② 사장교

THEME 172

다음 영상은 교량작업을 보여주고 있다. 교량 작업 시 추락 방지를 위한 재해예방대책 3가지를 작성하시오.

답 안 연 습

모 범 답 안

① 추락방지용 추락방호망 설치
② 추락방지용 안전난간 설치
③ 작업(통로)발판 설치
④ 안전대 부착설비 및 안전대 착용

〈산업안전보건기준에 관한 규칙〉

제418조(교량에서의 추락 방지) 사업주는 교량에서 궤도와 그 밖의 관련 설비의 보수·점검 등의 작업을 하는 경우에 추락 위험을 방지할 수 있도록 안전난간 또는 안전망을 설치하거나 안전대를 지급하여 착용하게 하여야 한다.

Chapter 06 · 터널공사 핵심문제

THEME 173

다음 영상은 터널공사의 모습을 보여주고 있다. 터널 공사 시 콘크리트 라이닝(Lining) 시공 목적 3가지를 작성하시오.

답안연습

모범답안

① 터널구조물의 내구성 증가(터널붕괴 방지)
② 수밀성 확보(지하수 유입 방지)
③ 지질의 불균일성 보강
④ 지보재의 품질저하로 인한 터널 강도 저하 보강
⑤ 터널 내부 시설물 설치가 용이함

THEME 174

다음은 터널 내부 지보공 작업을 하고 있는 모습을 보여주고 있다. 록볼트(Rockbolt)의 역할 3가지를 작성하시오.

답안연습

모범답안

① 봉합 작용
② 아치 형성 작용
③ 내압 작용
④ 보 형성 작용

THEME 175
다음 터널굴착공법의 명칭과 작업계획서에 포함해야 하는 사항을 작성하시오.

답 안 연 습

모 범 답 안

1. **명칭** : T.B.M(Tunnel Boring Machine)

2. **작업계획서 포함사항**
   ① 굴착방법
   ② 터널지보공 및 복공의 시공방법 및 용수 처리방법
   ③ 환기 및 조명시설 설치방법

THEME 176
다음은 터널굴착작업을 보여주고 있다. 터널굴착작업을 할 때, 당일 작업 시작 전 자동경보장치 관련 이상 발견 시 즉시 보수해야 하는 3가지를 작성하시오.

답 안 연 습

모 범 답 안

〈산업안전보건기준에 관한 규칙〉

제350조(인화성 가스의 농도측정 등)
④ 사업주는 제2항 및 제3항에 따른 자동경보장치에 대하여 당일 작업 시작 전 다음 각 호의 사항을 점검하고 이상을 발견하면 즉시 보수하여야 한다.
  1. 계기의 이상 유무
  2. 검지부의 이상 유무
  3. 경보장치의 작동상태
     제2속 낙반 등에 의한 위험의 방지

Chapter 07	건설기계 핵심문제

THEME 177 | 다음 토공기계의 명칭과 용도를 작성하시오.

답안연습

모범답안

1. **명칭** : 스크레이퍼(Scraper)
2. **용도**
   ① 굴삭, 운반, 싣기, 부설 등의 작업을 연속할 수 있는 차량
   ② 잔토 반출이 중거리인 경우에 사용되는 대량 토공작업기계

THEME 178 | 다음 토공기계의 명칭과 용도를 작성하시오.

답안연습

모범답안

1. **명칭** : 크램 셀(Clamshell)
2. **용도**
   ① 수중굴착 가능
   ② 좁은 수직구간 굴착 가능
   ③ 잠함기초 내 굴착 가능

THEME 179

다음 영상은 굴삭기를 이용해 토사를 덤프트럭에 상차하는 작업을 보여주고 있다. 상차 시 주의사항 3가지를 작성하시오.

답안연습

모범답안

① 작업반경 내 근로자 접근금지
② 작업유도자 배치
③ 상차 시 덤프트럭 바퀴에 고임목 설치(급작스러운 움직임 방지)
④ 지반을 수평 유지
⑤ 덤프트럭 상차 완료 후 덮개 덮고 운행
⑥ 차량 운행속도 제한 및 살수 실시

THEME 180

다음 토공기계의 명칭과 용도를 작성하시오.

답안연습

모범답안

1. **명칭** : 모터그레이더(Motor Grader)
2. **용도**
   ① 정지작업
   ② 도로정리
   ③ 지반 고르기

THEME 181

다음은 덤프트럭에 토사를 상차하는 모습을 보여주고 있다. 작업 시 건설기계의 전도방지를 위한 조치방안 3가지를 작성하시오.

답 안 연 습

모 범 답 안

① 유도하는 사람을 배치 ② 지반의 부동침하 방지 ③ 갓길의 붕괴 방지 ④ 도로 폭의 유지

〈산업안전보건기준에 관한 규칙〉

제199조(전도 등의 방지) 사업주는 차량계 건설기계를 사용하는 작업할 때에 그 기계가 넘어지거나 굴러 떨어짐으로써 근로자가 위험해질 우려가 있는 경우에는 유도하는 사람을 배치하고 지반의 부동침하 방지, 갓길의 붕괴 방지 및 도로 폭의 유지 등 필요한 조치를 하여야 한다.

THEME 182

다음은 지게차의 모습을 보여주고 있다. 화물 적재 시 준수사항 3가지를 작성하시오.

답 안 연 습

모 범 답 안

〈산업안전보건기준에 관한 규칙〉

제173조(화물적재 시의 조치) ① 사업주는 차량계 하역운반기계 등에 화물을 적재하는 경우에 다음 각 호의 사항을 준수하여야 한다.
  1. 하중이 한쪽으로 치우치지 않도록 적재할 것
  2. 구내운반차 또는 화물자동차의 경우 화물의 붕괴 또는 낙하에 의한 위험을 방지하기 위하여 화물에 로프를 거는 등 필요한 조치를 할 것
  3. 운전자의 시야를 가리지 않도록 화물을 적재할 것
② 제1항의 화물을 적재하는 경우에는 최대적재량을 초과해서는 아니 된다.

THEME 183 다음은 차량계 건설기계를 보여주고 있다. 차량계 건설기계 작업 계획 시 포함사항 3가지를 작성하시오.

답 안 연 습

모 범 답 안

① 사용하는 차량계 건설기계의 종류 및 성능
② 차량계 건설기계의 운행경로
③ 차량계 건설기계에 의한 작업방법

〈산업안전보건기준에 관한 규칙〉

[별표 4] 사전조사 및 작업계획서 내용(제38조 제1항 관련)

작업명	사전조사 내용	작업계획서 내용
3. 차량계 건설기계를 사용하는 작업	해당 기계의 굴러 떨어짐, 지반의 붕괴 등으로 인한 근로자의 위험을 방지하기 위한 해당 작업장소의 지형 및 지반 상태	가. 사용하는 차량계 건설기계의 종류 및 성능 나. 차량계 건설기계의 운행경로 다. 차량계 건설기계에 의한 작업방법

THEME 184 다음 토공기계의 명칭과 용도를 작성하시오.

답 안 연 습

<table>
<tr><td colspan="2" align="center">모 범 답 안</td></tr>
<tr><td colspan="2">1. 명칭 : 불도저
2. 용도
   ① 운반 작업
   ② 굴착 작업
   ③ 지반 정지 작업
   ④ 적재작업</td></tr>
</table>

THEME 185 다음 토공기계의 명칭과 용도를 작성하시오.

	답 안 연 습

<table>
<tr><td align="center">모 범 답 안</td></tr>
<tr><td>1. 명칭 : 아스팔트 피니셔(Asphalt Finisher)
2. 용도 : 아스팔트 플랜트에서 덤프트럭으로 운반된 아스콘 혼합재를 시공할 노면 위에 일정한 간격과 규격으로 깔아주는 아스콘 포장장비</td></tr>
</table>

THEME 186 다음 토공기계의 명칭과 용도를 작성하시오.

	답 안 연 습

<table>
<tr><td align="center">모 범 답 안</td></tr>
<tr><td>1. 명칭 : 타이어롤러(Tire Roller)
2. 용도
   ① 성토부 전압 작업
   ② 다짐 작업
   ③ 아스콘 전압 작업</td></tr>
</table>

THEME 187

다음은 타워크레인의 해체공정을 보여주고 있다. 유해위험요인 2가지와 타워크레인의 방호장치 2가지를 작성하시오.

답 안 연 습

모 범 답 안

1. 유해위험요인
① 신호수 미배치
② 근로자 안전모 미착용(턱끈 미체결)
③ 화물 낙하위험구간 작업자 출입금지 미조치
④ 화물 1줄 걸이로 인양(낙하 우려)
⑤ 작업장 정리정돈 불량

2. 방호장치
① 권과방지장치
② 과부하방지장치
③ 제동(브레이크)장치
④ 비상정지장치
⑤ 훅해지장치

〈산업안전보건기준에 관한 규칙〉

[별표 4] 사전조사 및 작업계획서 내용(제38조 제1항 관련)

작업명	사전조사 내용	작업계획서 내용
1. 타워크레인을 설치 · 조립 · 해체하는 작업	–	가. 타워크레인의 종류 및 형식 나. 설치 · 조립 및 해체순서 다. 작업도구 · 장비 · 가설설비(假設設備) 및 방호설비 라. 작업인원의 구성 및 작업근로자의 역할 범위 마. 제142조에 따른 지지 방법

THEME 188 · 다음은 이동식 크레인의 작업모습을 보여주고 있다. 유해위험요인 2가지와 안전대책 2가지를 작성하시오.

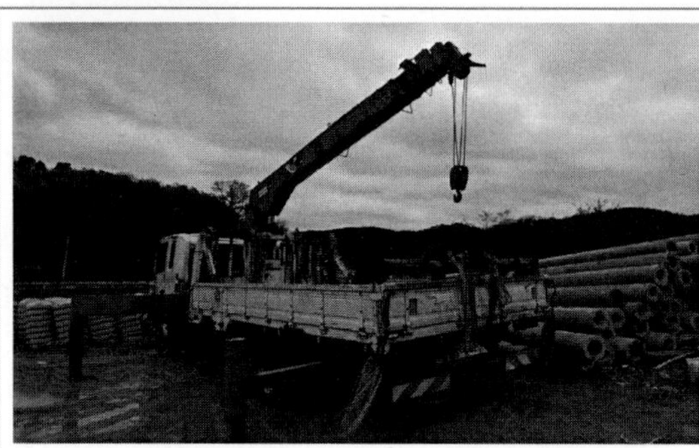

답 안 연 습

모 범 답 안

1. 유해위험요인
　① 근로자 안전모 등 개인보호구 미착용(턱끈 미체결)
　② 안전 표지판 및 위험표지판 미설치
　③ 화물 1줄 걸이로 인양(낙하 우려)
　④ 신호수 미배치로 작업자 충돌 우려
　⑤ 위험구간 근로자 출입금지 미조치
　⑥ 아웃트리거 설치 불량으로 인한 이동식 크레인 전도 위험

2. 방호장치
　① 근로자는 안전모 등 개인보호구 착용
　② 안전표지판 및 위험표지판 설치
　③ 화물을 2줄 걸이하여 안전하게 운반
　④ 신호수 배치하여 작업자 충돌 방지
　⑤ 위험구간 근로자 출입금지 조치
　⑥ 깔판, 깔목 등을 이용해 아웃트리거의 침하 및 전도 방지 조치

THEME 189

다음은 항타기·항발기의 작업 모습을 보여주고 있다. 작업 시 도괴 방지 준수사항 3가지를 작성하시오.

답 안 연 습

모 범 답 안

〈산업안전보건기준에 관한 규칙〉

제207조(조립 · 해체 시 점검사항) ① 사업주는 항타기 또는 항발기를 조립하거나 해체하는 경우 다음 각 호의 사항을 준수해야 한다. 〈신설 2022. 10. 18.〉
1. 항타기 또는 항발기에 사용하는 권상기에 쐐기장치 또는 역회전방지용 브레이크를 부착할 것
2. 항타기 또는 항발기의 권상기가 들리거나 미끄러지거나 흔들리지 않도록 설치할 것
3. 그 밖에 조립 · 해체에 필요한 사항은 제조사에서 정한 설치 · 해체 작업 설명서에 따를 것

제209조(무너짐의 방지) 사업주는 동력을 사용하는 항타기 또는 항발기에 대하여 무너짐을 방지하기 위하여 다음 각 호의 사항을 준수해야 한다. 〈개정 2023. 11. 14.〉
1. 연약한 지반에 설치하는 경우에는 아웃트리거 · 받침 등 지지구조물의 침하를 방지하기 위하여 깔판 · 받침목 등을 사용할 것
2. 시설 또는 가설물 등에 설치하는 경우에는 그 내력을 확인하고 내력이 부족하면 그 내력을 보강할 것
3. 아웃트리거 · 받침 등 지지구조물이 미끄러질 우려가 있는 경우에는 말뚝 또는 쐐기 등을 사용하여 해당 지지구조물을 고정시킬 것
4. 궤도 또는 차로 이동하는 항타기 또는 항발기에 대해서는 불시에 이동하는 것을 방지하기 위하여 레일 클램프(rail clamp) 및 쐐기 등으로 고정시킬 것
5. 상단 부분은 버팀대 · 버팀줄로 고정하여 안정시키고, 그 하단 부분은 견고한 버팀 · 말뚝 또는 철골 등으로 고정시킬 것
6. 삭제 〈2022. 10. 18.〉
7. 삭제 〈2022. 10. 18.〉

Chapter 08　기타공사 핵심문제

THEME 190

다음 영상은 작업자가 밀폐장소에서 작업하던 중 쓰러지는 모습을 보여주고 있다. 이와 같은 밀폐된 공간, 잠함, 우물통, 수직갱 등에서 작업 시 산소결핍기준 및 결핍 시 조치사항 3가지를 작성하시오.

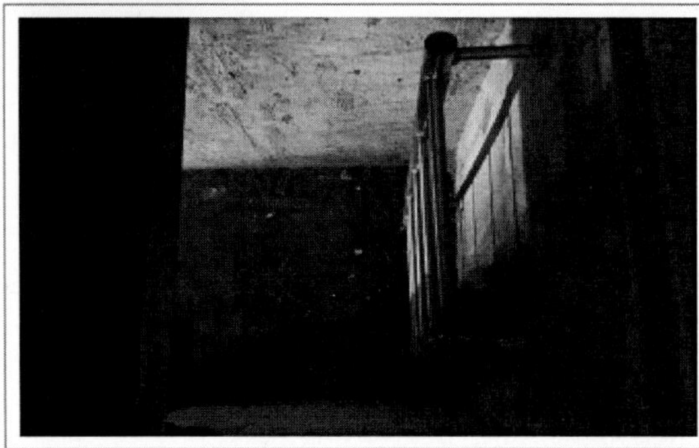

답 안 연 습

모 범 답 안

1. **결핍기준** : 공기 중의 산소농도가 18% 미만인 경우

2. **결핍 시 조치사항**

〈산업안전보건기준에 관한 규칙〉

제377조(잠함 등 내부에서의 작업) ① 사업주는 잠함, 우물통, 수직갱, 그 밖에 이와 유사한 건설물 또는 설비(이하 "잠함 등"이라 한다)의 내부에서 굴착작업을 하는 경우에 다음 각 호의 사항을 준수하여야 한다.
　1. 산소 결핍 우려가 있는 경우에는 산소의 농도를 측정하는 사람을 지명하여 측정하도록 할 것
　2. 근로자가 안전하게 오르내리기 위한 설비를 설치할 것
　3. 굴착 깊이가 20미터를 초과하는 경우에는 해당 작업장소와 외부와의 연락을 위한 통신설비 등을 설치할 것
② 사업주는 제1항 제1호에 따른 측정 결과 산소 결핍이 인정되거나 굴착 깊이가 20미터를 초과하는 경우에는 송기(送氣)를 위한 설비를 설치하여 필요한 양의 공기를 공급해야 한다.

THEME 191

다음 영상은 건축물 해체작업을 보여주고 있다. 이와 같은 건축물 해체작업 시 적용되는 공법의 종류와 해체작업계획 포함사항을 3가지 쓰시오.

답안연습

모범답안

1. **공법 종류** : 압쇄공법

2. **포함사항**
   ① 해체방법 및 해체순서 도면
   ② 사업장 내 연락방법
   ③ 해체물 처분계획
   ④ 해체작업용 기계 · 기구 등의 작업계획서
   ⑤ 해체작업용 화약류 등의 사용계획서
   ⑥ 가설설비, 방호설비, 환기설비 및 살수 · 방화설비 등의 방법

작업형 핵심문제

THEME 192 — 다음 영상은 고압가스용기를 보여주고 있다. 가스용기 취급 시 주의해야 할 사항 3가지를 작성하시오.

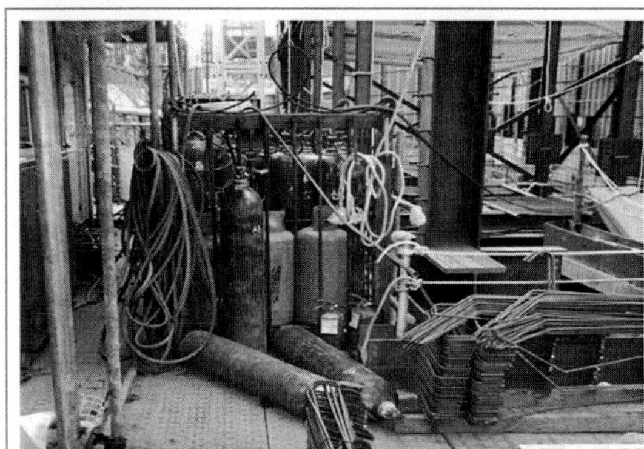

답 안 연 습

모 범 답 안

〈산업안전보건기준에 관한 규칙〉

제234조(가스 등의 용기) 사업주는 금속의 용접·용단 또는 가열에 사용되는 가스 등의 용기를 취급하는 경우에 다음 각 호의 사항을 준수하여야 한다.

1. 다음 각 목의 어느 하나에 해당하는 장소에서 사용하거나 해당 장소에 설치·저장 또는 방치하지 않도록 할 것
   가. 통풍이나 환기가 불충분한 장소
   나. 화기를 사용하는 장소 및 그 부근
   다. 위험물 또는 제236조에 따른 인화성 액체를 취급하는 장소 및 그 부근
2. 용기의 온도를 섭씨 40도 이하로 유지할 것
3. 전도의 위험이 없도록 할 것
4. 충격을 가하지 않도록 할 것
5. 운반하는 경우에는 캡을 씌울 것
6. 사용하는 경우에는 용기의 마개에 부착되어 있는 유류 및 먼지를 제거할 것
7. 밸브의 개폐는 서서히 할 것
8. 사용 전 또는 사용 중인 용기와 그 밖의 용기를 명확히 구별하여 보관할 것
9. 용해아세틸렌의 용기는 세워 둘 것
10. 용기의 부식·마모 또는 변형상태를 점검한 후 사용할 것

THEME 193

다음은 전기기계 및 기구의 감전위험이 있는 충전전로에 관한 영상을 보여주고 있다. 감전예방을 위한 조치사항 3가지를 작성하시오.

답 안 연 습

모 범 답 안

〈산업안전보건기준에 관한 규칙〉

제301조(전기 기계 · 기구 등의 충전부 방호)

1. 충전부가 노출되지 않도록 폐쇄형 외함(外函)이 있는 구조로 할 것
2. 충전부에 충분한 절연효과가 있는 방호망이나 절연덮개를 설치할 것
3. 충전부는 내구성이 있는 절연물로 완전히 덮어 감쌀 것
4. 발전소 · 변전소 및 개폐소 등 구획되어 있는 장소로서 관계 근로자가 아닌 사람의 출입이 금지되는 장소에 충전부를 설치하고, 위험표시 등의 방법으로 방호를 강화할 것
5. 전주 위 및 철탑 위 등 격리되어 있는 장소로서 관계 근로자가 아닌 사람이 접근할 우려가 없는 장소에 충전부를 설치할 것

② 사업주는 근로자가 노출 충전부가 있는 맨홀 또는 지하실 등의 밀폐공간에서 작업하는 경우에는 노출 충전부와의 접촉으로 인한 전기위험을 방지하기 위하여 덮개, 울타리 또는 절연 칸막이 등을 설치하여야 한다. 〈개정 2019. 10. 15.〉

③ 사업주는 근로자의 감전위험을 방지하기 위하여 개폐되는 문, 경첩이 있는 패널 등(분전반 또는 제어반 문)을 견고하게 고정시켜야 한다.

THEME 194 다음은 교류아크 용접기로 상수도관 연결부위를 용접하는 영상을 보여주고 있다. 이와 같은 용접작업을 할 때 근로자가 착용한 보호구의 종류 3가지와 용접기의 방호장치를 작성하시오.

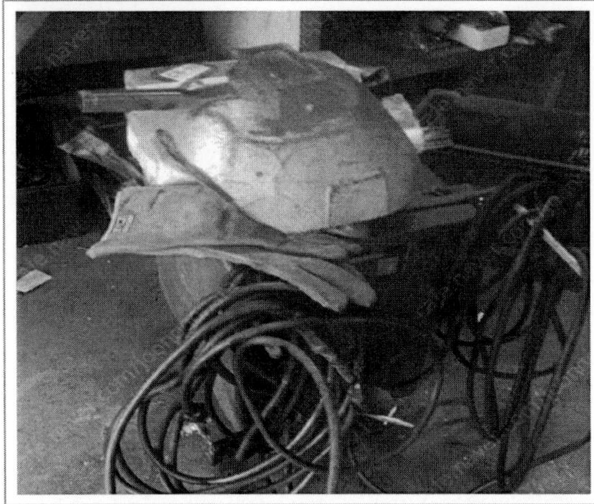

답 안 연 습

모 범 답 안

1. 착용 보호구
　① 용접용 보안면
　② 용접용 안전장갑
　③ 용접용 앞치마

2. 방호장치 : 자동전격 방지기

THEME 195

다음은 와이어로프의 체결상태를 보여주고 있다. 올바르게 체결된 것을 고르고 그 이유를 설명하시오. 또한 와이어로프의 클립 체결 시 클립 수와 사용금지 기준 3가지를 작성하시오.

	답 안 연 습
① 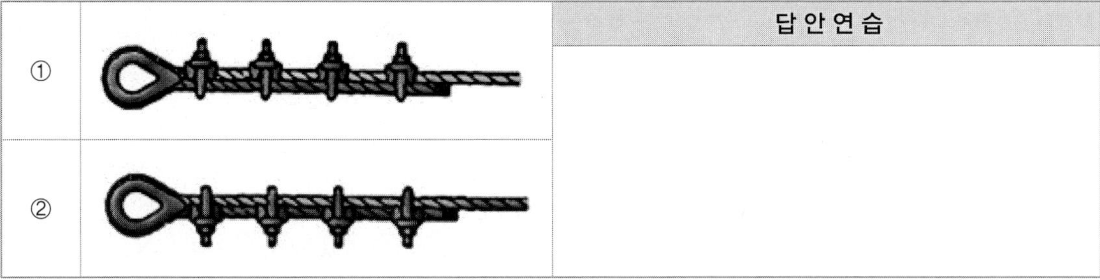	
②	

모 범 답 안

1. 올바른 것 : ①

  이유 : 클립의 새들(Saddle)은 와이어로프의 힘이 걸리는 쪽에 위치해야 한다.

2. 와이어로프 클립체결 시 클립 수

와이어로프 지름(mm)	클립 개수
16 이하	4개 이상
16 초과 28 이하	5개 이상
28 초과	6개 이상

3. 사용금지 기준

〈산업안전보건기준에 관한 규칙〉

제63조(달비계의 구조) 사업주는 곤돌라형 달비계를 설치하는 경우에는 다음 각 호의 사항을 준수해야 한다. 〈개정 2021.11.19.〉

  1. 다음 각 목의 어느 하나에 해당하는 와이어로프를 달비계에 사용해서는 아니 된다.

    가. 이음매가 있는 것

    나. 와이어로프의 한 꼬임[[스트랜드(strand)를 말한다. 이하 같다)]에서 끊어진 소선(素線)[필러(pillar)선은 제외한다)]의 수가 10퍼센트 이상(비자전로프의 경우에는 끊어진 소선의 수가 와이어로프 호칭지름의 6배 길이 이내에서 4개 이상이거나 호칭지름 30배 길이 이내에서 8개 이상)인 것

    다. 지름의 감소가 공칭지름의 7퍼센트를 초과하는 것

    라. 꼬인 것

    마. 심하게 변형되거나 부식된 것

    바. 열과 전기충격에 의해 손상된 것

Chapter 09 작업형 기출문제

※ 해당 문제에 제시된 그림은 이해를 돕기 위한 자료로 기출된 시험문제와 동일하지 않으며, 제시된 문제는 실제 출제 문제와 상이할 수 있습니다.

 **2019년 작업형 1회(A형)**

01 건설현장에서 철골작업 시 작업을 중지해야 하는 기후조건 3가지를 작성하시오.

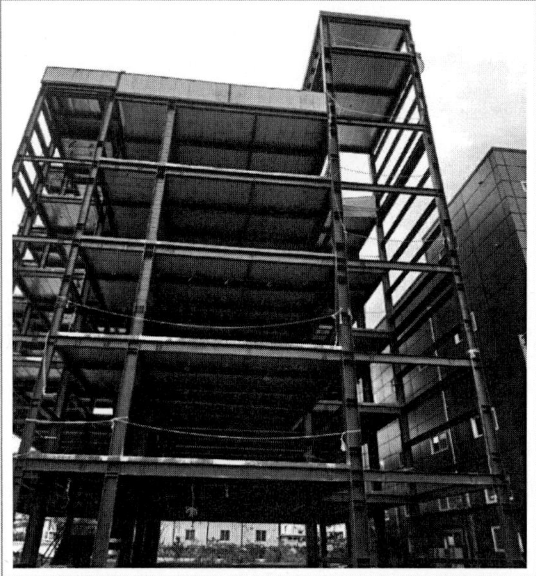

답 안 연 습

모 범 답 안

〈산업안전보건기준에 관한 규칙〉

제383조(작업의 제한) 사업주는 다음 각 호의 어느 하나에 해당하는 경우에 철골작업을 중지하여야 한다.
1. 풍속이 초당 10미터 이상인 경우
2. 강우량이 시간당 1밀리미터 이상인 경우
3. 강설량이 시간당 1센티미터 이상인 경우

02 다음 영상은 근로자가 손수레에 모래를 싣고 작업하던 중 사고가 발생하는 모습을 보여주고 있다. 리프트 방호조치 2가지와 작업 중 발생한 재해종류, 재해발생원인 2가지를 작성하시오.

답 안 연 습

모 범 답 안

1. 방호조치
　① 과부하방지장치
　② 권과방지장치
　③ 비상정지장치
　④ 제동장치

2. 사고종류 : 추락

3. 재해발생원인
　① 안전난간 미설치
　② 울타리 미설치

03 차량계 건설기계(불도저 등)를 사용하는 작업에서 안전조치사항 3가지를 작성하시오.

답 안 연 습

모 범 답 안

① 신호수 배치
② 차량계 건설기계(장비)의 전도 및 전락 등의 위험방지 조치
③ 경사면을 오르고 내릴 경우 배토판을 가능한 한 낮게 유지
④ 작업 관계자 외 작업장 내 출입금지

04 다음 작업자는 둥근톱을 사용하고 있다. 둥근톱 방호장치 2가지를 작성하시오.

<table>
<tr><td colspan="2">답 안 연 습</td></tr>
</table>

모 범 답 안

〈산업안전보건기준에 관한 규칙〉

제105조(둥근톱기계의 반발예방장치) 사업주는 목재가공용 둥근톱기계[(가로 절단용 둥근톱기계 및 반발(反撥)에 의하여 근로자에게 위험을 미칠 우려가 없는 것은 제외한다)]에 분할날 등 반발예방장치를 설치하여야 한다.

제106조(둥근톱기계의 톱날접촉예방장치) 사업주는 목재가공용 둥근톱기계(휴대용 둥근톱을 포함하되, 원목제재용 둥근톱기계 및 자동이송장치를 부착한 둥근톱기계를 제외한다)에는 톱날접촉예방장치를 설치하여야 한다.

05 다음 영상은 집게모양의 기계로 건축물을 해체하는 작업을 보여주고 있다. 해체공법 명칭과 해체계획에 포함되어야 할 사항 2가지를 작성하시오.

<table>
<tr><td colspan="2">답 안 연 습</td></tr>
</table>

모 범 답 안

해체공법 명칭 : 압쇄공법

산업안전보건기준에 관한 규칙 [별표 4] 사전조사 및 작업계획서 내용(제38조 제1항 관련)

작업명	사전조사 내용	작업계획서 내용
10. 건물 등의 해체작업	해체건물 등의 구조, 주변 상황 등	가. 해체의 방법 및 해체 순서도면 나. 가설설비 · 방호설비 · 환기설비 및 살수 · 방화설비 등의 방법 다. 사업장 내 연락방법 라. 해체물의 처분계획 마. 해체작업용 기계 · 기구 등의 작업계획서 바. 해체작업용 화약류 등의 사용계획서 사. 그 밖에 안전 · 보건에 관련된 사항

06 다음 영상은 추락방호망을 보여주고 있다. 추락방호망 설치 시 준수사항에 대해 작성하시오.

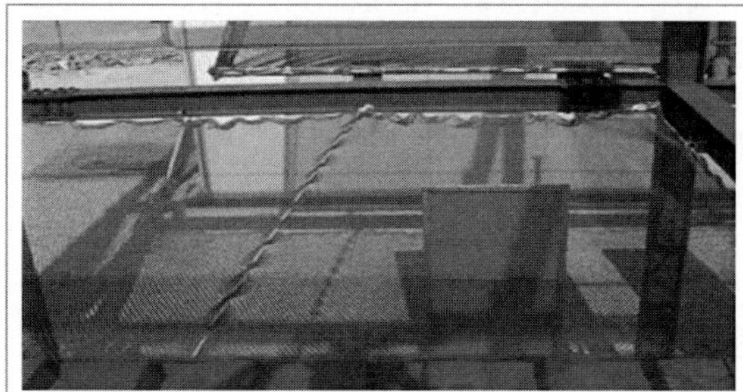

답 안 연 습

모 범 답 안

〈산업안전보건기준에 관한 규칙〉

제42조(추락의 방지)
1. 추락방호망의 설치위치는 가능하면 작업면으로부터 가까운 지점에 설치하여야 하며, 작업면으로부터 망의 설치지점까지의 수직거리는 10미터를 초과하지 아니할 것
2. 추락방호망은 수평으로 설치하고, 망의 처짐은 짧은 변 길이의 12퍼센트 이상이 되도록 할 것
3. 건축물 등의 바깥쪽으로 설치하는 경우 추락방호망의 내민 길이는 벽면으로부터 3미터 이상 되도록 할 것. 다만, 그물코가 20밀리미터 이하인 추락방호망을 사용한 경우에는 제14조 제3항에 따른 낙하물 방지망을 설치한 것으로 본다.

07 다음 영상은 백호 작업 중 운전자가 이탈하는 모습이다. 차량계 건설기계의 운전자가 운전위치를 이탈하고자 할 경우 운전자 준수사항 3가지를 작성하시오.

답 안 연 습

모 범 답 안

〈산업안전보건기준에 관한 규칙〉

제99조(운전위치 이탈 시의 조치) ① 사업주는 차량계 하역운반기계 등, 차량계 건설기계의 운전자가 운전위치를 이탈하는 경우 해당 운전자에게 다음 각 호의 사항을 준수하도록 하여야 한다.
1. 포크, 버킷, 디퍼 등의 장치를 가장 낮은 위치 또는 지면에 내려 둘 것
2. 원동기를 정지시키고 브레이크를 확실히 거는 등 갑작스러운 주행이나 이탈을 방지하기 위한 조치를 할 것
3. 운전석을 이탈하는 경우에는 시동키를 운전대에서 분리시킬 것. 다만, 운전석에 잠금장치를 하는 등 운전자가 아닌 사람이 운전하지 못하도록 조치한 경우에는 그러하지 아니하다.
② 차량계 하역운반기계 등, 차량계 건설기계의 운전자는 운전위치에서 이탈하는 경우 제1항 각 호의 조치를 하여야 한다.

08 다음 영상은 이동식 크레인을 이용하여 철제배관을 운반하는 도중, 신호수 간에 신호방법이 적절하지 않아 물체가 흔들리며 철골에 부딪쳐 작업자 위로 자재가 낙하하는 모습을 보여준다. 이동식 크레인 운전자가 준수해야 할 사항 2가지를 작성하시오.

답 안 연 습

모 범 답 안
① 운전자는 화물을 매단 채 운전석을 이탈하지 않아야 한다.
② 신호수와 정해진 일정한 신호방법으로 신호수의 신호에 따라 작업을 진행한다.
③ 작업 종료 후 이동식 크레인의 동력을 차단하고 정지조치를 확실하게 한다.

2019년 작업형 1회(B형)

01 다음 영상은 굴삭기를 이용해 굴착한 토사를 덤프트럭에 운반할 때, 작업자가 안전모를 착용하지 않은 채 작업하고 있는 모습을 보여주고 있다. 이때 위험요인 2가지를 작성하시오.

답 안 연 습

모 범 답 안
① 적재차량 상차 후 덮개를 덮고 운반하지 않았다
② 유도하는 사람 배치 및 장애물 제거 후 작업을 하지 않았다.
③ 살수 실시 및 운행속도 제한을 하지 않았다.

02 다음 영상은 터널 강아치 지보공 작업을 보여주고 있다. 터널 굴착작업 시 작업계획 포함사항 3가지를 작성하시오.

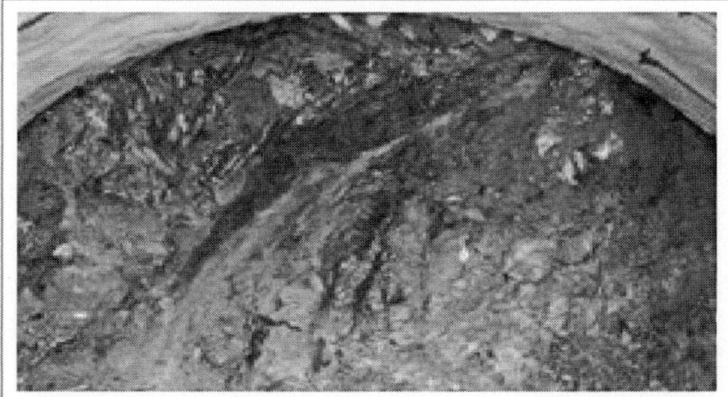

답 안 연 습

모 범 답 안
〈산업안전보건기준에 관한 규칙〉
[별표 4] 사전조사 및 작업계획서 내용(제38조 제1항 관련)

작업명	사전조사 내용	작업계획서 내용
7. 터널굴착작업	보링(boring) 등 적절한 방법으로 낙반 · 출수(出水) 및 가스폭발 등으로 인한 근로자의 위험을 방지하기 위하여 미리 지형 · 지질 및 지층상태를 조사	가. 굴착의 방법 나. 터널지보공 및 복공(覆工)의 시공방법과 용수(湧水)의 처리방법 다. 환기 또는 조명시설을 설치할 때에는 그 방법

03 다음 영상은 건축물 외벽 석재 마감공사 현장을 보여주고 있다. 불완전한 요소 2가지를 작성하시오.

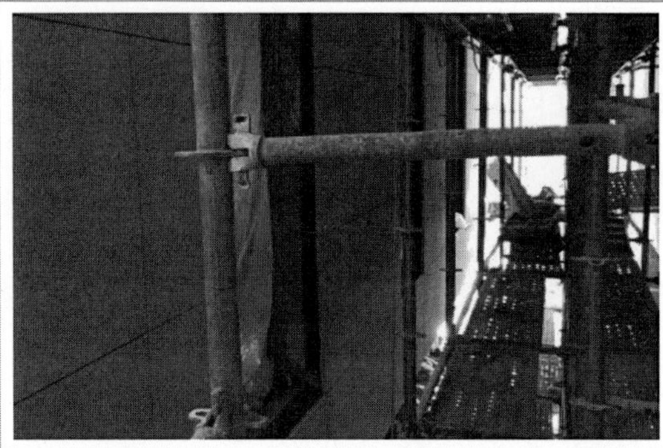

답 안 연 습

모 범 답 안

① 작업발판 끝부분에 안전난간 미설치로 인한 작업자의 추락위험이 있다.
② 고소작업(2m 이상) 시에는 작업발판 미설치로 인한 추락위험이 있다.

04 다음 영상은 강관틀비계 작업을 보여준다. 강관틀비계의 설치기준에 대해 3가지 작성하시오.

답 안 연 습

모 범 답 안

〈산업안전보건기준에 관한 규칙〉

제62조(강관틀비계) 사업주는 강관틀 비계를 조립하여 사용하는 경우 다음 각 호의 사항을 준수하여야 한다.
1. 비계기둥의 밑둥에는 밑받침 철물을 사용하여야 하며 밑받침에 고저차(高低差)가 있는 경우에는 조절형 밑받침철물을 사용하여 각각의 강관틀비계가 항상 수평 및 수직을 유지하도록 할 것
2. 높이가 20미터를 초과하거나 중량물의 적재를 수반하는 작업을 할 경우에는 주틀 간의 간격을 1.8미터 이하로 할 것
3. 주틀 간에 교차 가새를 설치하고 최상층 및 5층 이내마다 수평재를 설치할 것
4. 수직방향으로 6미터, 수평방향으로 8미터 이내마다 벽이음을 할 것
5. 길이가 띠장 방향으로 4미터 이하이고 높이가 10미터를 초과하는 경우에는 10미터 이내마다 띠장 방향으로 버팀기둥을 설치할 것

05 다음은 비계에서 작업하고 있던 근로자가 파이프를 놓쳐 밑에서 작업하고 있던 근로자에게 떨어지는 영상으로, 근로자가 주머니에 손을 넣고 다니는 모습을 보여주고 있다. 이때 위험요인 2가지를 작성하시오.

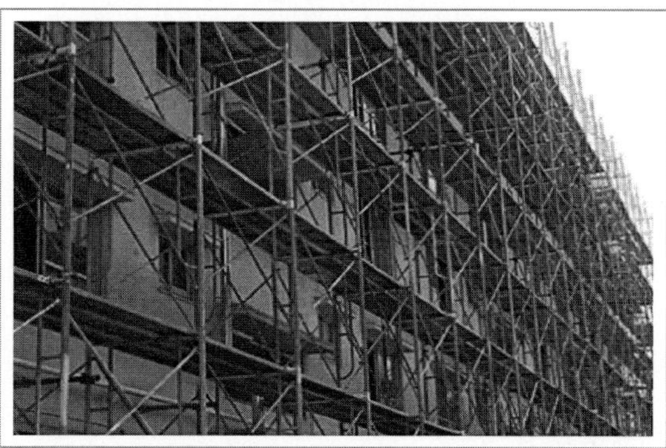

답 안 연 습

모 범 답 안

① 작업반경 내 출입금지구역을 설정하여 근로자의 출입을 통제하지 않은 것
② 작업자에게 안전모, 안전대 등 개인보호구 미지급 및 착용하지 않은 것
③ 관리감독자의 지휘에 따라 근로자가 작업을 하지 않은 것

06 다음 영상은 흙막이 지보공 설치작업을 보여주고 있다. 흙막이 지보공 정기 점검사항 2가지를 작성하시오.

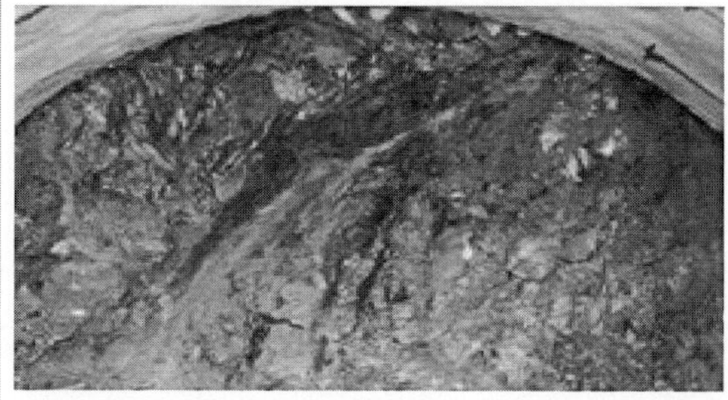

답 안 연 습

모 범 답 안

〈산업안전보건기준에 관한 규칙〉

제347조(붕괴 등의 위험 방지) ① 사업주는 흙막이 지보공을 설치하였을 때에는 정기적으로 다음 각 호의 사항을 점검하고 이상을 발견하면 즉시 보수하여야 한다.
　1. 부재의 손상·변형·부식·변위 및 탈락의 유무와 상태
　2. 버팀대의 긴압(緊壓)의 정도
　3. 부재의 접속부·부착부 및 교차부의 상태
　4. 침하의 정도
② 사업주는 제1항의 점검 외에 설계도서에 따른 계측을 하고 계측 분석 결과 토압의 증가 등 이상한 점을 발견한 경우에는 즉시 보강조치를 하여야 한다.

07 다음 영상은 밀폐된 공간(잠함, 우물통, 수직갱)을 보여주고 있다. 해당 작업 시 유의사항 3가지를 작성하시오.

	답 안 연 습

모 범 답 안

〈산업안전보건기준에 관한 규칙〉

제377조(잠함 등 내부에서의 작업) ① 사업주는 잠함, 우물통, 수직갱, 그 밖에 이와 유사한 건설물 또는 설비(이하 "잠함 등"이라 한다)의 내부에서 굴착작업을 하는 경우에 다음 각 호의 사항을 준수하여야 한다.
　1. 산소 결핍 우려가 있는 경우에는 산소의 농도를 측정하는 사람을 지명하여 측정하도록 할 것
　2. 근로자가 안전하게 오르내리기 위한 설비를 설치할 것
　3. 굴착 깊이가 20미터를 초과하는 경우에는 해당 작업장소와 외부와의 연락을 위한 통신설비 등을 설치할 것
② 사업주는 제1항 제1호에 따른 측정 결과 산소 결핍이 인정되거나 굴착 깊이가 20미터를 초과하는 경우에는 송기(送氣)를 위한 설비를 설치하여 필요한 양의 공기를 공급해야 한다

08 다음 영상은 터널공사 작업을 보여주고 있다. 이때 안정성 확보를 위한 계측방법 종류 3가지를 작성하시오.

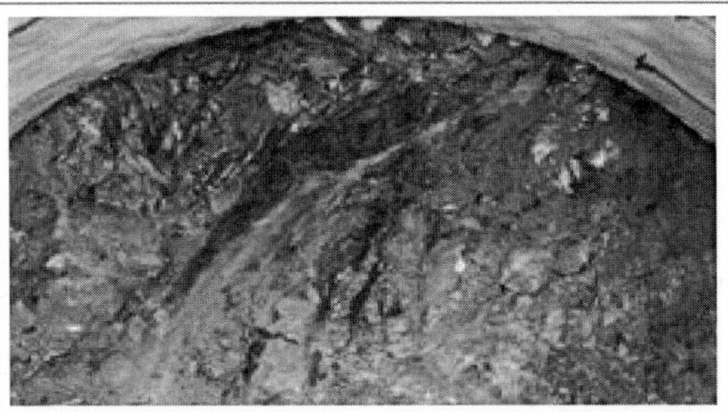

	답 안 연 습

모 범 답 안

① 록볼트(Rock bolt) 인발시험
② 록볼트(Rock bolt) 축력시험
③ 지중변위 측정
④ 지중침하 측정
⑤ 내공변위 측정

 ## 2019년 작업형 1회(C형)

01 다음 영상은 작업장에 설치된 계단을 보여주고 있다. 작업장 계단 및 계단참을 설치하는 경우 준수해야 하는 사항 3가지를 작성하시오.

답 안 연 습

모 범 답 안

〈산업안전보건기준에 관한 규칙〉

제26조(계단의 강도) ① 사업주는 계단 및 계단참을 설치하는 경우 매제곱미터당 500킬로그램 이상의 하중에 견딜 수 있는 강도를 가진 구조로 설치하여야 하며, 안전율[안전의 정도를 표시하는 것으로서 재료의 파괴응력도(破壞應力度)와 허용응력도(許容應力度)의 비율을 말한다)]은 4 이상으로 하여야 한다.

제27조(계단의 폭) ① 사업주는 계단을 설치하는 경우 그 폭을 1미터 이상으로 하여야 한다. 다만, 급유용·보수용·비상용 계단 및 나선형 계단이거나 높이 1미터 미만의 이동식 계단인 경우에는 그러하지 아니하다.

제28조(계단참의 높이) 사업주는 높이가 3미터를 초과하는 계단에 높이 3미터 이내마다 너비 1.2미터 이상의 계단참을 설치하여야 한다.

제29조(천장의 높이) 사업주는 계단을 설치하는 경우 바닥면으로부터 높이 2미터 이내의 공간에 장애물이 없도록 하여야 한다. 다만, 급유용·보수용·비상용 계단 및 나선형 계단인 경우에는 그러하지 아니하다.

제30조(계단의 난간) 사업주는 높이 1미터 이상인 계단의 개방된 측면에 안전난간을 설치하여야 한다.

02 다음 영상은 굴착작업을 보여주고 있다. 굴착작업 시 지반의 붕괴 또는 토석에 의한 위험 방지 조치사항 3가지를 작성하시오.

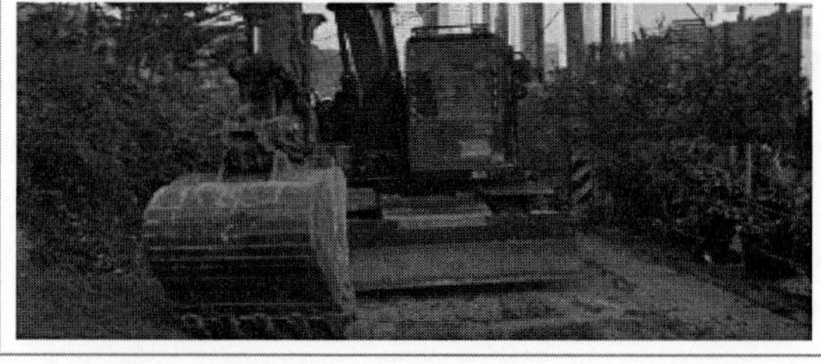

답 안 연 습

모 범 답 안

① 작업반경 내 근로자 출입금지   ② 방호망 설치   ③ 흙막이 지보공 설치

03 다음 영상은 리프트에 탑승한 A 작업자가 음료를 다 마신 후 빈 캔을 아래로 버리고 있고, B 작업자는 승강용 사다리를 이용하지 않고 외부비계를 타고 상층부로 이동하고 있는 모습을 보여주고 있다. 이때 위험요인 2가지를 작성하시오.

답 안 연 습

모 범 답 안
① A 근로자가 버린 캔으로 인해 하부 근로자가 비래에 의한 재해를 입을 위험이 있다.
② B 근로자는 승강용 사다리를 이용하지 않고 외부비계를 타고 올라가다 추락할 위험이 있다.

04 다음은 영상은 터널굴착작업을 보여주고 있다. 터널굴착작업을 할 때, 자동경보장치에 관해 당일 작업시작 전 이상 발견 시 즉시 보수해야 하는 3가지를 작성하시오.

답 안 연 습

모 범 답 안
〈산업안전보건기준에 관한 규칙〉

제350조(인화성 가스의 농도측정 등)
④ 사업주는 제2항 및 제3항에 따른 자동경보장치에 대하여 당일 작업 시작 전 다음 각 호의 사항을 점검하고 이상을 발견하면 즉시 보수하여야 한다.
　1. 계기의 이상 유무
　2. 검지부의 이상 유무
　3. 경보장치의 작동상태
　　제2속 낙반 등에 의한 위험의 방지

05 다음은 영상은 지반굴착작업을 보여주고 있다. 지반굴착 시 굴착시기와 작업순서를 정하기 위한 작업장소 등의 조치사항 3가지를 작성하시오.

답 안 연 습

모 범 답 안

〈산업안전보건기준에 관한 규칙〉

[별표 4] 사전조사 및 작업계획서 내용(제38조 제1항 관련)

작업명	사전조사 내용	작업계획서 내용
6. 굴착작업	가. 형상·지질 및 지층의 상태 나. 균열·함수(含水)·용수 및 동결의 유무 또는 상태 다. 매설물 등의 유무 또는 상태 라. 지반의 지하수위 상태	가. 굴착방법 및 순서, 토사 반출 방법 나. 필요한 인원 및 장비 사용계획 다. 매설물 등에 대한 이설·보호대책 라. 사업장 내 연락방법 및 신호방법 마. 흙막이 지보공 설치방법 및 계측계획 바. 작업지휘자의 배치계획 사. 그 밖에 안전·보건에 관련된 사항

06 다음 토공기계의 명칭과 용도 2가지를 작성하시오.

답 안 연 습

모 범 답 안

1. **명칭** : 로더

2. **용도**
　① 싣기작업
　② 운반작업

07 다음 영상은 콘크리트 펌프카를 이용한 콘크리트 타설 작업을 보여주고 있다. 콘크리트 타설 작업 시 주의사항 3가지를 작성하시오.

답 안 연 습

모 범 답 안

〈산업안전보건기준에 관한 규칙〉

제334조(콘크리트의 타설작업) 사업주는 콘크리트 타설작업을 하는 경우에는 다음 각 호의 사항을 준수하여야 한다.

1. 당일의 작업을 시작하기 전에 해당 작업에 관한 거푸집동바리 등의 변형 · 변위 및 지반의 침하 유무 등을 점검하고 이상이 있으면 보수할 것
2. 작업 중에는 거푸집동바리 등의 변형 · 변위 및 침하 유무 등을 감시할 수 있는 감시자를 배치하여 이상이 있으면 작업을 중지하고 근로자를 대피시킬 것
3. 콘크리트 타설작업 시 거푸집 붕괴의 위험이 발생할 우려가 있으면 충분한 보강조치를 할 것
4. 설계도서상의 콘크리트 양생기간을 준수하여 거푸집동바리 등을 해체할 것
5. 콘크리트를 타설하는 경우에는 편심이 발생하지 않도록 골고루 분산하여 타설할 것

08 다음은 이동식 비계를 보여주고 있다. 이동식 비계의 갑작스러운 이동 또는 전도를 방지하기 위해 사용되는 고정장치의 명칭을 작성하시오.

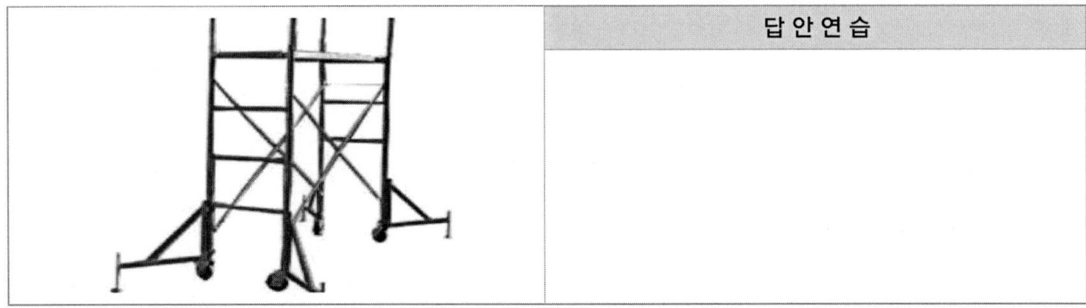

답 안 연 습

모 범 답 안
아웃트리거(Outrigger)

2019년 작업형 2회(A형)

01 다음 영상은 추락방호망을 보여주고 있다. 추락방호망 설치 시 준수사항에 대해 작성하시오.

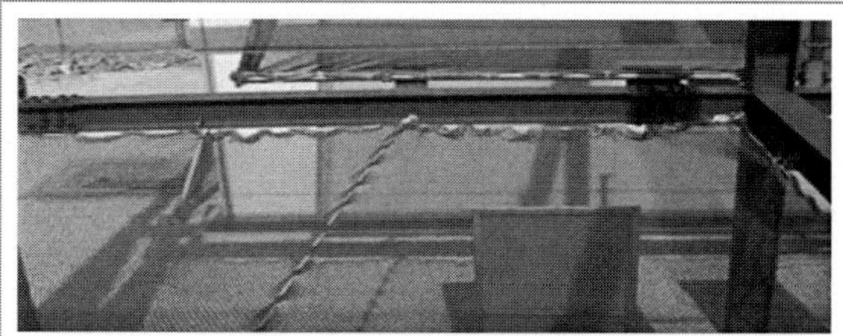

답 안 연 습

모 범 답 안

〈산업안전보건기준에 관한 규칙〉

제42조(추락의 방지)
 1. 추락방호망의 설치위치는 가능하면 작업면으로부터 가까운 지점에 설치하여야 하며, 작업면으로부터 망의 설치지점까지의 수직거리는 10미터를 초과하지 아니할 것
 2. 추락방호망은 수평으로 설치하고, 망의 처짐은 짧은 변 길이의 12퍼센트 이상이 되도록 할 것
 3. 건축물 등의 바깥쪽으로 설치하는 경우 추락방호망의 내민 길이는 벽면으로부터 3미터 이상 되도록 할 것. 다만, 그물코가 20밀리미터 이하인 추락방호망을 사용한 경우에는 제14조 제3항에 따른 낙하물 방지망을 설치한 것으로 본다.

02 다음 영상은 말비계를 보여주고 있다. 말비계 사용 시 작업발판의 설치기준 3가지를 작성하시오.

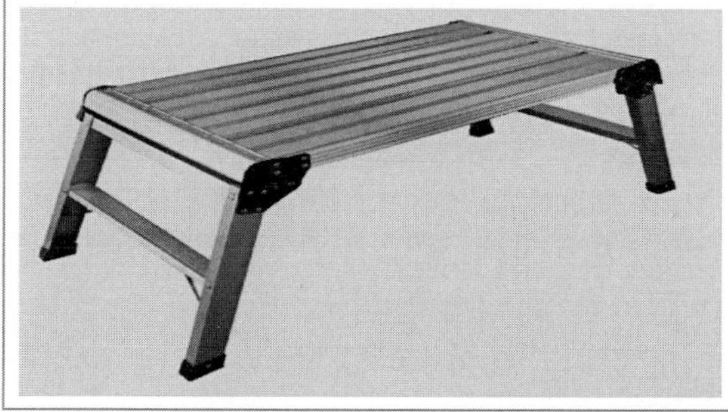

답 안 연 습

모 범 답 안

〈산업안전보건기준에 관한 규칙〉

제67조(말비계) 사업주는 말비계를 조립하여 사용하는 경우에 다음 각 호의 사항을 준수하여야 한다.
 1. 지주부재(支柱部材)의 하단에는 미끄럼 방지장치를 하고, 근로자가 양측 끝부분에 올라서서 작업하지 않도록 할 것
 2. 지주부재와 수평면의 기울기를 75도 이하로 하고, 지주부재와 지주부재 사이를 고정시키는 보조부재를 설치할 것
 3. 말비계의 높이가 2미터를 초과하는 경우에는 작업발판의 폭을 40센티미터 이상으로 할 것

03 다음은 건설기계를 이용한 사면굴착공사 현장이다. 차량계 건설기계 작업 시 전도 및 굴러떨어짐에 의해 근로자에게 위험을 미칠 우려가 있을 경우 조치사항 2가지를 작성하시오.

답 안 연 습

모 범 답 안
① 유도하는 사람을 배치   ② 지반의 부동침하 방지   ③ 갓길의 붕괴 방지   ④ 도로 폭의 유지

〈산업안전보건기준에 관한 규칙〉

제199조(전도 등의 방지) 사업주는 차량계 건설기계를 사용하는 작업할 때에 그 기계가 넘어지거나 굴러떨어짐으로써 근로자가 위험해질 우려가 있는 경우에는 유도하는 사람을 배치하고 지반의 부동침하 방지, 갓길의 붕괴방지 및 도로 폭의 유지 등 필요한 조치를 하여야 한다.

04 다음은 강관틀비계를 보여주고 있다. 강관틀비계의 벽이음 간격을 작성하시오.

답 안 연 습

모 범 답 안
〈산업안전보건기준에 관한 규칙〉

제62조(강관틀비계) 사업주는 강관틀 비계를 조립하여 사용하는 경우 다음 각 호의 사항을 준수하여야 한다.
  1. 비계기둥의 밑둥에는 밑받침 철물을 사용하여야 하며 밑받침에 고저차(高低差)가 있는 경우에는 조절형 밑받침철물을 사용하여 각각의 강관틀비계가 항상 수평 및 수직을 유지하도록 할 것
  2. 높이가 20미터를 초과하거나 중량물의 적재를 수반하는 작업을 할 경우에는 주틀 간의 간격을 1.8미터 이하로 할 것
  3. 주틀 간에 교차 가새를 설치하고 최상층 및 5층 이내마다 수평재를 설치할 것
  4. 수직방향으로 6미터, 수평방향으로 8미터 이내마다 벽이음을 할 것
  5. 길이가 띠장 방향으로 4미터 이하이고 높이가 10미터를 초과하는 경우에는 10미터 이내마다 띠장 방향으로 버팀기둥을 설치할 것

05 다음 영상에서 보여주는 공법의 명칭과 해당 공법의 역학적 원리에 대해 작성하시오.

답 안 연 습

모 범 답 안

1. **명칭** : 어스앵커(Earth Anchor)공법

2. **역학적 원리** : 흙막이 배면으로 천공을 하여 인장재를 삽입 후 모르타르 그라우팅하여 인발저항을 크게 하는 것

06 다음 영상은 낙하물방지망의 모습을 보여주고 있다. 낙하물방지망의 수평면의 각도를 작성하시오.

답 안 연 습

모 범 답 안

〈산업안전보건기준에 관한 규칙〉

제14조(낙하물에 의한 위험의 방지) ① 사업주는 작업장의 바닥, 도로 및 통로 등에서 낙하물이 근로자에게 위험을 미칠 우려가 있는 경우 보호망을 설치하는 등 필요한 조치를 하여야 한다.
② 사업주는 작업으로 인하여 물체가 떨어지거나 날아올 위험이 있는 경우 낙하물 방지망, 수직보호망 또는 방호선반의 설치, 출입금지구역의 설정, 보호구의 착용 등 위험을 방지하기 위하여 필요한 조치를 하여야 한다. 이 경우 낙하물 방지망 및 수직보호망은 한국산업표준에서 정하는 성능기준에 적합한 것을 사용하여야 한다. 〈개정 2022. 10. 18.〉
③ 제2항에 따라 낙하물 방지망 또는 방호선반을 설치하는 경우에는 다음 각 호의 사항을 준수하여야 한다.
  1. 높이 10미터 이내마다 설치하고, 내민 길이는 벽면으로부터 2미터 이상으로 할 것
  2. 수평면과의 각도는 20도 이상 30도 이하를 유지할 것

07 다음 영상은 석축붕괴의 모습을 보여주고 있다. 붕괴원인 3가지를 작성하시오.

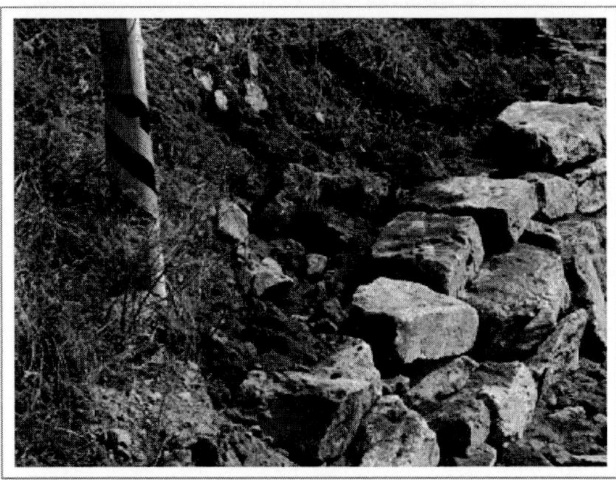

답 안 연 습

모 범 답 안

① 과도한 토압이 발생
② 기초지반의 침하 발생
③ 기초지반의 활동으로 인한 지지력 약화
④ 배수불량으로 인한 수압작용 발생
⑤ 옹벽 뒤채움 재료의 불량 또는 뒤채움 다짐 불량

08 다음 영상은 꽂음접속기를 보여주고 있다. 꽂음접속기 사용 시 준수사항 3가지 작성하시오.

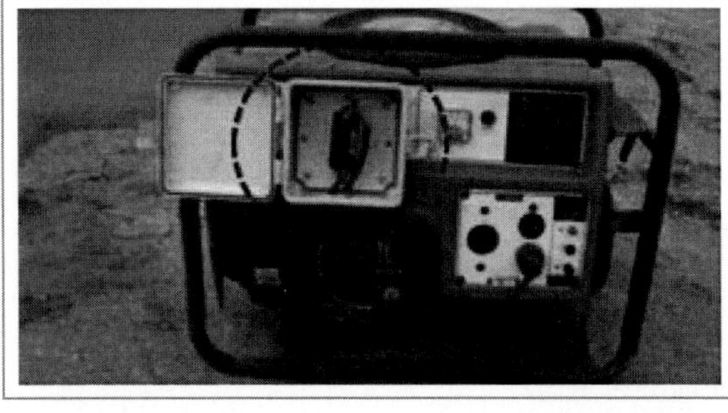

답 안 연 습

모 범 답 안

〈산업안전보건기준에 관한 규칙〉

제316조(꽂음접속기의 설치 · 사용 시 준수사항) 사업주는 꽂음접속기를 설치하거나 사용하는 경우에는 다음 각 호의 사항을 준수하여야 한다.
　1. 서로 다른 전압의 꽂음 접속기는 서로 접속되지 아니한 구조의 것을 사용할 것
　2. 습윤한 장소에 사용되는 꽂음 접속기는 방수형 등 그 장소에 적합한 것을 사용할 것
　3. 근로자가 해당 꽂음 접속기를 접속시킬 경우에는 땀 등으로 젖은 손으로 취급하지 않도록 할 것
　4. 해당 꽂음 접속기에 잠금장치가 있는 경우에는 접속 후 잠그고 사용할 것

 **2019년 작업형 2회(B형)**

01 다음 영상은 인력으로 철근을 운반하는 모습을 보여주고 있다. 운반 시 주의사항 3가지를 작성하시오.

답 안 연 습

모 범 답 안
① 2인 1조로 신호에 따라 어깨매기로 운반한다.
② 철근 양끝을 묶어 운반한다.
③ 1인당 철근 무게는 25kg 정도가 적합하고 무리한 운반을 하지 않는다.
④ 철근을 내려놓을 경우 천천히 신호에 맞추어 내리며 던지지 않도록 한다.

02 다음은 작업장에 설치된 계단을 보여주고 있다. 작업장에서 계단 및 계단참을 설치할 경우 준수해야 하는 사항에 대해 작성하시오.

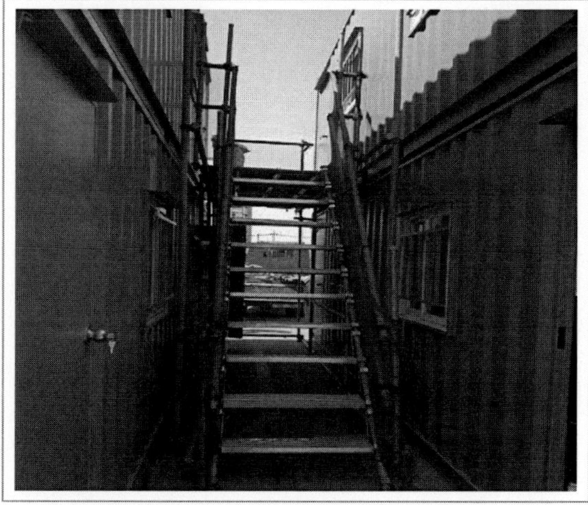

답 안 연 습

모 범 답 안

〈산업안전보건기준에 관한 규칙〉

제26조(계단의 강도) ① 사업주는 계단 및 계단참을 설치하는 경우 매제곱미터당 500킬로그램 이상의 하중에 견딜 수 있는 강도를 가진 구조로 설치하여야 하며, 안전율[안전의 정도를 표시하는 것으로서 재료의 파괴응력도(破壞應力度)와 허용응력도(許容應力度)의 비율을 말한다)]은 4 이상으로 하여야 한다.
② 사업주는 계단 및 승강구 바닥을 구멍이 있는 재료로 만드는 경우 렌치나 그 밖의 공구 등이 낙하할 위험이 없는 구조로 하여야 한다.

제27조(계단의 폭) ① 사업주는 계단을 설치하는 경우 그 폭을 1미터 이상으로 하여야 한다. 다만, 급유용ㆍ보수용ㆍ비상용 계단 및 나선형 계단이거나 높이 1미터 미만의 이동식 계단인 경우에는 그러하지 아니하다.
② 사업주는 계단에 손잡이 외의 다른 물건 등을 설치하거나 쌓아 두어서는 아니 된다.

제28조(계단참의 설치) 사업주는 높이가 3미터를 초과하는 계단에 높이 3미터 이내마다 진행방향으로 길이 1.2미터 이상의 계단참을 설치하여야 한다.

---

03 다음 영상은 건설작업용 리프트를 보여주고 있다. 방호장치 3가지를 작성하시오.

답 안 연 습

모 범 답 안

① 권과방지장치
② 과부하방지장치
③ 비상정지장치

〈산업안전보건기준에 관한 규칙〉

제151조(권과 방지 등) 사업주는 리프트(자동차정비용 리프트는 제외한다. 이하 이 관에서 같다)의 운반구 이탈 등의 위험을 방지하기 위하여 권과방지장치, 과부하방지장치, 비상정지장치 등을 설치하는 등 필요한 조치를 하여야 한다. 〈개정 2019. 4. 19.〉

04 다음은 건설현장의 안전난간을 보여주고 있다. 안전난간의 구조 및 설치요건 3가지를 작성하시오.

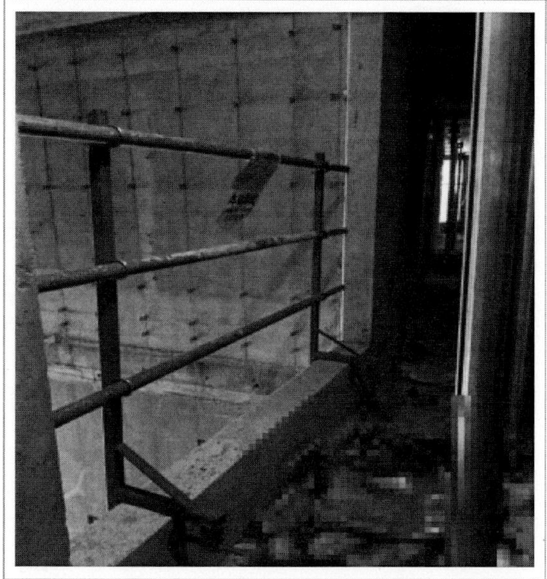

답 안 연 습

모 범 답 안

〈산업안전보건기준에 관한 규칙〉

제13조(안전난간의 구조 및 설치요건)

1. 상부 난간대, 중간 난간대, 발끝막이판 및 난간기둥으로 구성할 것. 다만, 중간 난간대, 발끝막이판 및 난간기둥은 이와 비슷한 구조와 성능을 가진 것으로 대체할 수 있다.
2. 상부 난간대는 바닥면·발판 또는 경사로의 표면(이하 "바닥면 등"이라 한다)으로부터 90센티미터 이상 지점에 설치하고, 상부 난간대를 120센티미터 이하에 설치하는 경우에는 중간 난간대는 상부 난간대와 바닥면 등의 중간에 설치해야 하며, 120센티미터 이상 지점에 설치하는 경우에는 중간 난간대를 2단 이상으로 균등하게 설치하고 난간의 상하 간격은 60센티미터 이하가 되도록 할 것. 다만, 계단의 개방된 측면에 설치된 난간기둥 간의 간격이 25센티미터 이하인 경우에는 중간 난간대를 설치하지 않을 수 있다.
3. 발끝막이판은 바닥면 등으로부터 10센티미터 이상의 높이를 유지할 것. 다만, 물체가 떨어지거나 날아올 위험이 없거나 그 위험을 방지할 수 있는 망을 설치하는 등 필요한 예방 조치를 한 장소는 제외한다.
4. 난간기둥은 상부 난간대와 중간 난간대를 견고하게 떠받칠 수 있도록 적정한 간격을 유지할 것
5. 상부 난간대와 중간 난간대는 난간 길이 전체에 걸쳐 바닥면 등과 평행을 유지할 것
6. 난간대는 지름 2.7센티미터 이상의 금속제 파이프나 그 이상의 강도가 있는 재료일 것
7. 안전난간은 구조적으로 가장 취약한 지점에서 가장 취약한 방향으로 작용하는 100킬로그램 이상의 하중에 견딜 수 있는 튼튼한 구조일 것

05 다음과 같은 장소에서 건설작업 근로자가 전로에 신체 등이 접촉 및 접근으로 인해 감전위험이 발생할 우려가 있는 위험요소 2가지를 작성하시오.

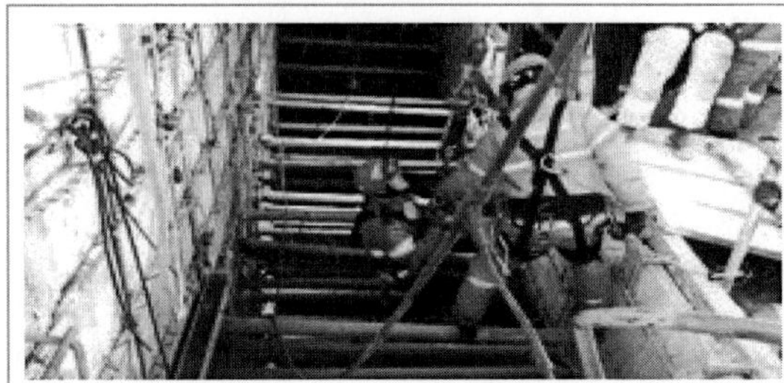

답 안 연 습

모 범 답 안
① 통전 시간 ② 통전 경로 ③ 통전 전류 크기 ④ 통전 전원 종류 ⑤ 주파수 및 파형

06 다음 터널굴착공법의 명칭과 작업계획서에 포함할 사항을 작성하시오.

답 안 연 습

모 범 답 안

1. **명칭** : T.B.M(Tunnel Boring Machine)

2. **포함사항**

〈산업안전보건기준에 관한 규칙〉

[별표 4] 사전조사 및 작업계획서 내용(제38조 제1항 관련)

작업명	사전조사 내용	작업계획서 내용
7. 터널굴착작업	보링(boring) 등 적절한 방법으로 낙반·출수(出水) 및 가스폭발 등으로 인한 근로자의 위험을 방지하기 위하여 미리 지형·지질 및 지층상태를 조사	가. 굴착의 방법 나. 터널지보공 및 복공(覆工)의 시공방법과 용수(湧水)의 처리방법 다. 환기 또는 조명시설을 설치할 때에는 그 방법

07 다음 토공기계의 명칭과 용도를 작성하시오.

답 안 연 습

모 범 답 안

1. **명칭** : 스크레이퍼(Scraper)

2. **용도**
   ① 굴삭, 운반, 싣기, 부설 등의 작업을 연속할 수 있는 차량
   ② 잔토 반출이 중거리인 경우에 사용되는 대량 토공작업기계

08 다음 교량건설 작업 시 사업주 조치사항 3가지를 작성하시오.

답 안 연 습

모 범 답 안

① 관계근로자 외 출입금지
② 작업 취지를 보기 쉬운 곳에 게시
③ 크레인으로 중량물을 인양할 경우 신호수 배치 및 2줄 걸이 사용
④ 근로자로 하여금 달줄 · 달포대 사용하여 재료 및 기구, 공구를 올리거나 내리게 함

 **2019년 작업형 2회(C형)**

01 다음 영상은 밀폐공간에서 벽면에 시너를 칠하고 있는 작업자의 모습을 보여주고 있다. 1~2시간 경과 후 작업자는 어지러움을 느끼며 쓰러졌다고 할 때, 이와 같은 작업 시 안전대책 3가지를 작성하시오.

답 안 연 습

모 범 답 안
① 시너 작업 중 산소농도 측정(산소농도가 18% 미만인 경우 환기 등 실시)
② 작업 전 산소농도 및 유해가스농도 측정
③ 작업자에게 송기마스크 또는 공기호흡기 등 호흡용 보호구 지급 및 착용

02 다음 영상은 이동식 비계로 작업하는 모습을 보여주고 있다. A 작업자는 승강용사다리를 이용하지 않고 상부로 올라가고, 하부 바퀴가 고정되지 않아 흔들거리며, 안전난간이 없으며, 안전대도 착용하지 않았다. 재해발생 원인 3가지를 작성하시오.

답 안 연 습

모 범 답 안
① A 근로자 안전대 미착용 및 승강용사다리 이용하지 않고 옆으로 기어오름
② 비계 최상부에 안전난간 미설치로 인해 추락사고 위험
③ 브레이크 또는 쐐기 등을 바퀴에 고정하지 않아 전도 등의 위험

03 다음은 터널 내부 지보공 작업을 하고 있는 모습을 보여주고 있다. 록볼트(Rockbolt)의 역할 3가지를 작성하시오.

답 안 연 습

모 범 답 안
① 봉합 작용 ② 아치 형성 작용 ③ 내압 작용 ④ 보 형성 작용

04 다음 영상은 사면에 천막을 덮어둔 모습을 보여주고 있다. 작업 사면에 설치된 천막의 역할 2가지를 작성하시오.

답 안 연 습

모 범 답 안
① 사면에 빗물 등의 유입수 침입 방지 ② 사면 붕괴방지

05 다음 영상은 건축물 해체작업을 보여주고 있다. 위와 같은 건축물 해체작업 시 적용되는 공법의 종류와 해체작업계획 포함사항을 3가지 쓰시오.

답 안 연 습

<table>
<tr><td colspan="3" align="center">모 범 답 안</td></tr>
</table>

1. **공법 종류** : 압쇄공법

2. 포함사항

<산업안전보건기준에 관한 규칙>

[별표 4] 사전조사 및 작업계획서 내용(제38조 제1항 관련)

작업명	사전조사 내용	작업계획서 내용
10. 건물 등의 해체작업	해체건물 등의 구조, 주변 상황 등	가. 해체의 방법 및 해체 순서도면 나. 가설설비 · 방호설비 · 환기설비 및 살수 · 방화설비 등의 방법 다. 사업장 내 연락방법 라. 해체물의 처분계획 마. 해체작업용 기계 · 기구 등의 작업계획서 바. 해체작업용 화약류 등의 사용계획서 사. 그 밖에 안전 · 보건에 관련된 사항

06 다음 영상은 이동식 크레인을 이용하여 철제배관을 운반하는 도중, 신호수 간에 신호방법이 적절하지 않아 물체가 흔들리며 철골에 부딪쳐 작업자 위로 자재가 낙하하는 모습을 보여준다. 이동식 크레인 운전자가 준수해야 할 사항 2가지를 작성하시오.

답 안 연 습

모 범 답 안
① 화물을 매단 채 운전자는 운전석을 이탈하지 않아야 한다. ② 신호수와 정해진 일정한 신호방법으로 신호수의 신호에 따라 작업을 진행한다. ③ 작업 종료 후 이동식 크레인의 동력을 차단하고 정지조치를 확실하게 한다.

07 다음은 건설현장의 안전난간을 보여주고 있다. 안전난간의 구조 및 설치요건 3가지를 작성하시오.

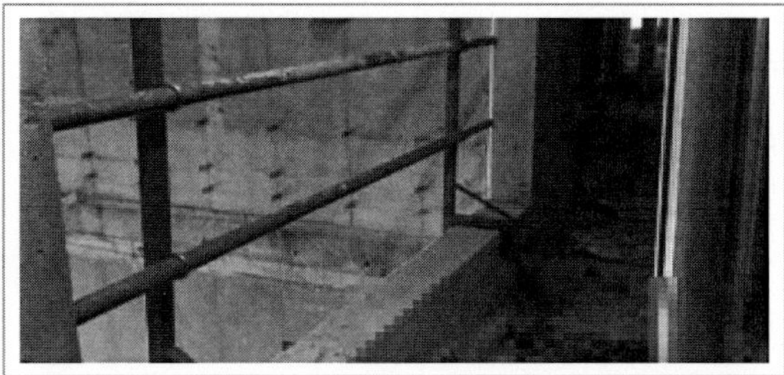

답 안 연 습

모 범 답 안

〈산업안전보건기준에 관한 규칙〉

제13조(안전난간의 구조 및 설치요건)

1. 상부 난간대, 중간 난간대, 발끝막이판 및 난간기둥으로 구성할 것. 다만, 중간 난간대, 발끝막이판 및 난간기둥은 이와 비슷한 구조와 성능을 가진 것으로 대체할 수 있다.
2. 상부 난간대는 바닥면·발판 또는 경사로의 표면(이하 "바닥면 등"이라 한다)으로부터 90센티미터 이상 지점에 설치하고, 상부 난간대를 120센티미터 이하에 설치하는 경우에는 중간 난간대는 상부 난간대와 바닥면 등의 중간에 설치해야 하며, 120센티미터 이상 지점에 설치하는 경우에는 중간 난간대를 2단 이상으로 균등하게 설치하고 난간의 상하 간격은 60센티미터 이하가 되도록 할 것. 다만, 계단의 개방된 측면에 설치된 난간기둥 간의 간격이 25센티미터 이하인 경우에는 중간 난간대를 설치하지 않을 수 있다.
3. 발끝막이판은 바닥면 등으로부터 10센티미터 이상의 높이를 유지할 것. 다만, 물체가 떨어지거나 날아올 위험이 없거나 그 위험을 방지할 수 있는 망을 설치하는 등 필요한 예방 조치를 한 장소는 제외한다.
4. 난간기둥은 상부 난간대와 중간 난간대를 견고하게 떠받칠 수 있도록 적정한 간격을 유지할 것
5. 상부 난간대와 중간 난간대는 난간 길이 전체에 걸쳐 바닥면 등과 평행을 유지할 것
6. 난간대는 지름 2.7센티미터 이상의 금속제 파이프나 그 이상의 강도가 있는 재료일 것
7. 안전난간은 구조적으로 가장 취약한 지점에서 가장 취약한 방향으로 작용하는 100킬로그램 이상의 하중에 견딜 수 있는 튼튼한 구조일 것

08 다음 영상은 개착식 굴착 현장에서 대형강관 내부의 전기용접작업을 보여주고 있다. 작업자가 착용한 보호구 3가지를 작성하시오.

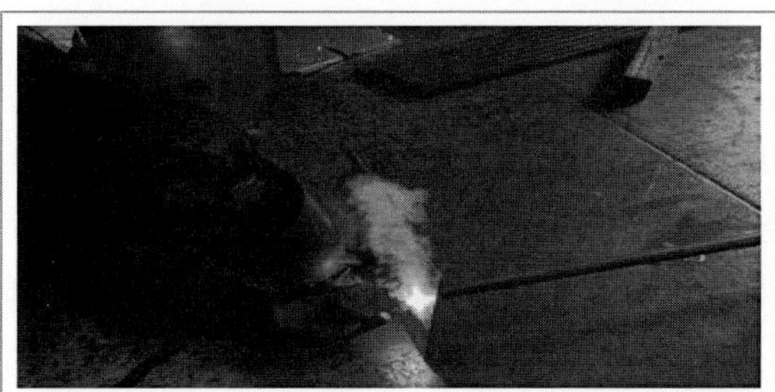

답 안 연 습

모 범 답 안

① 용접용 보안면　② 용접용 보안경　③ 용접용 보호장갑

2019년 작업형 4회(A형)

01 다음 영상은 말비계 위에서 계단실 콘크리트 벽면 정리를 위해 핸드그라인더 작업을 하는 작업자의 모습을 보여주고 있다. 개인 착용 보호구 2가지를 작성하시오.

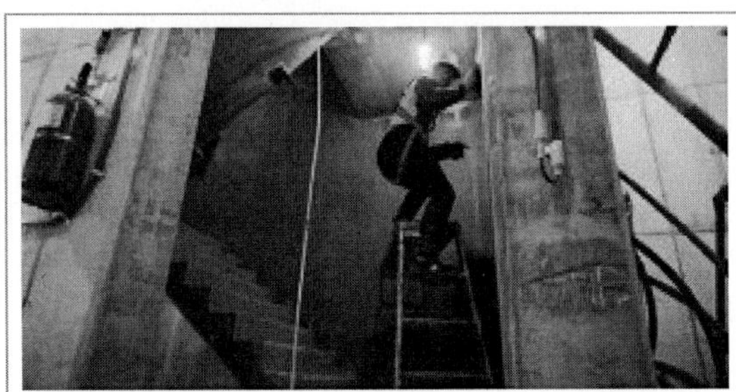

답 안 연 습

모 범 답 안
① 보안경 ② 방진마스크

02 다음 터널굴착공법의 명칭과 작업계획서에 포함할 사항을 작성하시오.

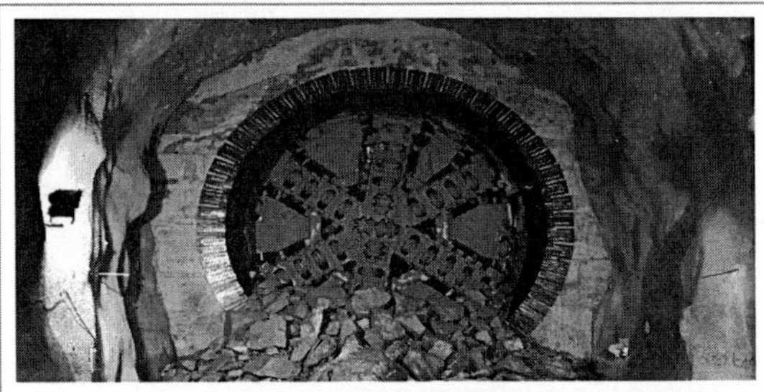

답 안 연 습

모 범 답 안

1. **명칭** : T.B.M(Tunnel Boring Machine)

2. **포함사항**

〈산업안전보건기준에 관한 규칙〉

[별표 4] 사전조사 및 작업계획서 내용(제38조 제1항 관련)

작업명	사전조사 내용	작업계획서 내용
7. 터널굴착작업	보링(boring) 등 적절한 방법으로 낙반 · 출수(出水) 및 가스폭발 등으로 인한 근로자의 위험을 방지하기 위하여 미리 지형 · 지질 및 지층상태를 조사	가. 굴착의 방법 나. 터널지보공 및 복공(覆工)의 시공방법과 용수(湧水)의 처리방법 다. 환기 또는 조명시설을 설치할 때에는 그 방법

03 다음 영상은 작업자들이 흡연 후 밀폐공간에 들어가 질식사고가 발생한 모습을 보여주고 있다. 밀폐공간 작업 시 위험요인 3가지를 작성하시오.

답 안 연 습

모 범 답 안
① 시너 작업 중 산소농도 미측정(산소농도가 18% 미만인 경우 환기 등 실시) ② 작업 전 산소농도 및 유해가스농도 미측정 ③ 작업자에게 송기마스크 또는 공기호흡기 등 호흡용 보호구 미지급 및 미착용 ④ 감시인 미배치

04 다음 영상에서 보여주는 공법의 명칭과 해당 공법의 역학적 원리에 대해 작성하시오.

답 안 연 습

모 범 답 안
1. **명칭** : 어스앵커(Earth Anchor)공법
2. **역학적 원리** : 흙막이 배면으로 천공을 하여 인장재를 삽입 후 모르타르 그라우팅하여 인발저항을 크게 하는 것

05 다음은 크레인의 모습을 보여주고 있다. 방호장치 3가지를 작성하시오.

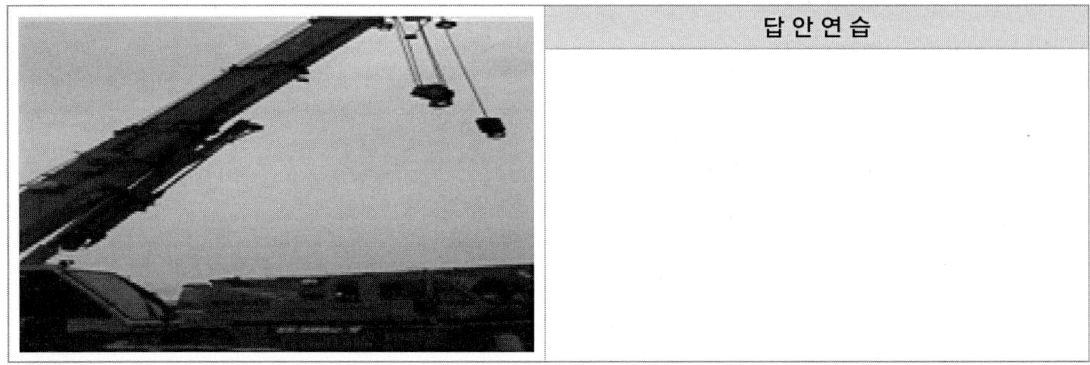

답 안 연 습

모 범 답 안
① 권과방지장치 ② 과부하방지장치 ③ 제동장치 ④ 비상정지장치

06 다음은 비계 기둥 하부에 미끄럼방지조치가 되지 않은 모습을 보여주고 있다. 위험사항과 해결방안을 작성하시오.

답 안 연 습

모 범 답 안
1. 위험사항 　① 비계기둥 기초 미보강 　② 지반 내력 부족 **2. 해결방안** 　① 충분한 바닥 다짐 　② 깔목 또는 깔판 등을 이용해 수평으로 설치

07 다음 영상은 추락방호망을 보여주고 있다. 추락방호망 설치 시 준수사항에 대해 작성하시오.

답 안 연 습

모 범 답 안

〈산업안전보건기준에 관한 규칙〉

제42조(추락의 방지)
 1. 추락방호망의 설치위치는 가능하면 작업면으로부터 가까운 지점에 설치하여야 하며, 작업면으로부터 망의 설치지점까지의 수직거리는 10미터를 초과하지 아니할 것
 2. 추락방호망은 수평으로 설치하고, 망의 처짐은 짧은 변 길이의 12퍼센트 이상이 되도록 할 것
 3. 건축물 등의 바깥쪽으로 설치하는 경우 추락방호망의 내민 길이는 벽면으로부터 3미터 이상 되도록 할 것. 다만, 그물코가 20밀리미터 이하인 추락방호망을 사용한 경우에는 제14조 제3항에 따른 낙하물 방지망을 설치한 것으로 본다.

08 다음 영상은 채석작업을 보여주고 있다. 작업 당일 점검사항 2가지를 작성하시오.

답 안 연 습

모 범 답 안

〈산업안전보건기준에 관한 규칙〉

제370조(지반붕괴 위험방지) 사업주는 채석작업을 하는 경우 지반의 붕괴 또는 토석의 낙하로 인하여 근로자에게 발생할 우려가 있는 위험을 방지하기 위하여 다음 각 호의 조치를 하여야 한다.
 1. 점검자를 지명하고 당일 작업 시작 전에 작업장소 및 그 주변 지반의 부석과 균열의 유무와 상태, 함수 · 용수 및 동결상태의 변화를 점검할 것
 2. 점검자는 발파 후 그 발파 장소와 그 주변의 부석 및 균열의 유무와 상태를 점검할 것

작업형 기출문제

2019년 작업형 4회(B형)

01 다음 영상은 작업자가 걷다가 돌출된 파이프에 부딪히는 모습을 보여주고 있다. 작업장 계단 및 계단참을 설치하는 경우 준수사항 3가지를 작성하시오.

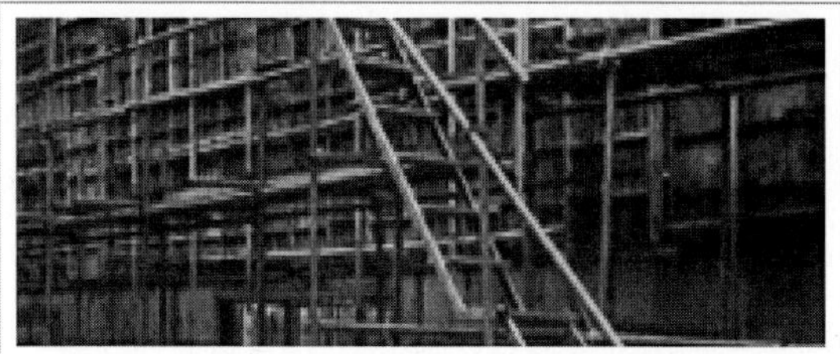

답 안 연 습

모 범 답 안

〈산업안전보건기준에 관한 규칙〉

제26조(계단의 강도) ① 사업주는 계단 및 계단참을 설치하는 경우 매제곱미터당 500킬로그램 이상의 하중에 견딜 수 있는 강도를 가진 구조로 설치하여야 하며, 안전율[안전의 정도를 표시하는 것으로서 재료의 파괴응력도(破壊應力度)와 허용응력도(許容應力度)의 비율을 말한다)]은 4 이상으로 하여야 한다.
② 사업주는 계단 및 승강구 바닥을 구멍이 있는 재료로 만드는 경우 렌치나 그 밖의 공구 등이 낙하할 위험이 없는 구조로 하여야 한다.

제27조(계단의 폭) ① 사업주는 계단을 설치하는 경우 그 폭을 1미터 이상으로 하여야 한다. 다만, 급유용 · 보수용 · 비상용 계단 및 나선형 계단이거나 높이 1미터 미만의 이동식 계단인 경우에는 그러하지 아니하다.
② 사업주는 계단에 손잡이 외의 다른 물건 등을 설치하거나 쌓아 두어서는 아니 된다.

제28조(계단참의 설치) 사업주는 높이가 3미터를 초과하는 계단에 높이 3미터 이내마다 진행방향으로 길이 1.2미터 이상의 계단참을 설치하여야 한다.

제29조(천장의 높이) 사업주는 계단을 설치하는 경우 바닥면으로부터 높이 2미터 이내의 공간에 장애물이 없도록 하여야 한다. 다만, 급유용 · 보수용 · 비상용 계단 및 나선형 계단인 경우에는 그러하지 아니하다.

02 다음 영상은 흙막이 가시설을 보여주고 있다. 이와 같은 흙막이 공법의 명칭을 작성하시오.

답 안 연 습

모 범 답 안

2열 자립식 흙막이 공법
(토류판, 띠장, 엄지말뚝 앞열과 뒷열을 연결하여 성립되는 가시설로 버팀대가 별도로 필요하지 않음)

03 다음 영상은 건축물 외벽 석재 마감공사 현장을 보여주고 있다. 불완전한 요소 2가지를 작성하시오.

답 안 연 습

모 범 답 안
① 작업발판 끝부분에 안전난간 미설치로 인한 작업자의 추락위험
② 고소작업(2m 이상) 시에는 작업발판 미설치로 인한 추락위험
③ 외부비계 통로 위에 대리석이 적치되어 안전통로 미확보로 인한 추락위험

04 다음은 트럭크레인의 작업모습이다. 위험요소 및 안전대책을 각각 3가지 작성하시오.

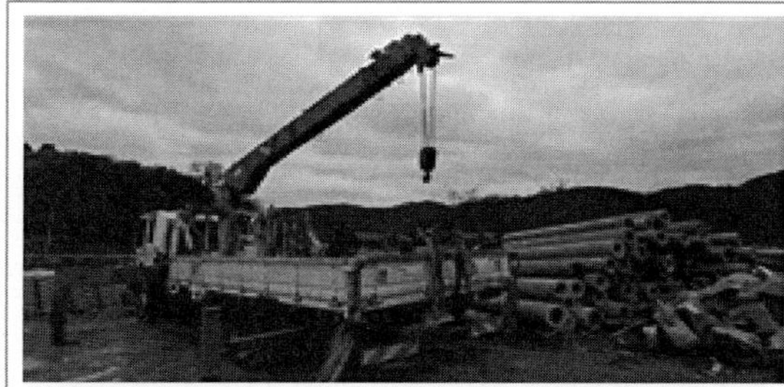

답 안 연 습

모 범 답 안
1. 유해위험요인
① 근로자 안전모 등 개인보호구 미착용(턱끈 미체결)
② 안전 표지판 및 위험표지판 미설치
③ 화물 1줄 걸이로 인양(낙하 우려)
④ 신호수 미배치로 작업자 충돌 우려
⑤ 위험구간 근로자 출입금지 미조치
⑥ 아웃트리거 설치 불량으로 인한 이동식 크레인 전도 위험
2. 안전대책
① 근로자는 안전모 등 개인보호구 착용
② 안전표지판 및 위험표지판 설치
③ 화물을 2줄 걸이하여 안전하게 운반
④ 신호수 배치하여 작업자 충돌 방지
⑤ 위험구간 근로자 출입금지 조치
⑥ 깔판, 깔목 등을 이용해 아웃트리거의 침하 및 전도 방지 조치

작업형 기출문제

05 다음 영상은 철골승강용 트랩을 보여주고 있다. 설치기준 2가지를 작성하시오.

답 안 연 습

모 범 답 안
트랩의 답단 간격은 30cm 이내, 폭은 30cm 이상

06 다음 영상은 흙막이 공사를 보여주고 있다. 흙막이 구조물 공사 시 필요한 계측기기 종류 3가지를 작성하시오.

답 안 연 습

모 범 답 안	
지중경사계(Inclinometer)	흙막이벽 배면지반에 굴착심도보다 깊게 천공하여 설치하여 굴착 작업 시 흙막이가 배면 측압에 의해 기울어지는 정도를 파악
지하수위계(Water level meter)	흙막이벽 배면지반에 대수층까지 천공하여 설치하고, 지하수위의 변화를 측정하여 지하수위 변화의 원인을 분석
간극수압계(Piezometer)	연약지반의 배면에 연약층의 깊이별로 설치하고 굴착 작업에 따른 과잉간극 수압의 변화를 측정하여 안전성을 판단
변형률계(Strain Gauge)	지보공(strut) 및 띠장(wale), 각종 강재에 용접 등으로 부착을 하고 굴착 작업에 따른 지보공(strut) 및 띠장(wale), 각종 강재 등의 변형 정도를 측정
지표침하계(Surface Settlement)	흙막이벽 배면 및 인접도로변에 설치하여 굴착작업으로 인한 인접지반의 침하를 측정
하중계(Load Cell)	지보공(strut), 어스앵커(Earth Anchor) 부위에 각 단계별로 하향 굴착하면서 설치하여, 축하중 변화상태를 측정해 부재의 안전성을 파악
지중침하계(Extensometer)	흙막이벽 배면과 인접 건물 주변에 천공하여 설치하는 것으로, 각 층별 침하량의 변동 상태를 확인
균열측정기(Crack guage)	인접구조물에 설치하여 굴착 등의 작업으로 인한 균열의 크기와 변화를 측정
건물경사계(Tilt meter)	인접구조물의 골조 등에 설치하여 굴착 등의 작업으로 인한 건물의 기울기를 측정해 안전진단에 활용
진동 · 소음 측정기 (Vibration monitor)	인접구조물 또는 현장에 굴착 작업 등으로 인해 발생하는 소음과 진동의 정도를 측정

07 다음 영상은 이동식 비계에서 근로자가 작업하는 장면을 보여주고 있다. 이동식 비계 설치 시 준수사항 3가지를 작성하시오.

답 안 연 습

모 범 답 안

〈산업안전보건기준에 관한 규칙〉

제68조(이동식비계) 사업주는 이동식비계를 조립하여 작업을 하는 경우에는 다음 각 호의 사항을 준수하여야 한다. 〈개정 2019. 10. 15.〉
1. 이동식비계의 바퀴에는 뜻밖의 갑작스러운 이동 또는 전도를 방지하기 위하여 브레이크 · 쐐기 등으로 바퀴를 고정시킨 다음 비계의 일부를 견고한 시설물에 고정하거나 아웃트리거(outrigger, 전도방지용 지지대)를 설치하는 등 필요한 조치를 할 것
2. 승강용사다리는 견고하게 설치할 것
3. 비계의 최상부에서 작업을 하는 경우에는 안전난간을 설치할 것
4. 작업발판은 항상 수평을 유지하고 작업발판 위에서 안전난간을 딛고 작업을 하거나 받침대 또는 사다리를 사용하여 작업하지 않도록 할 것
5. 작업발판의 최대적재하중은 250킬로그램을 초과하지 않도록 할 것

08 다음 영상은 거푸집 동바리(pipe support)가 설치된 장면을 보여주고 있다. 거푸집 동바리 침하 방지조치 3가지를 작성하시오.

답 안 연 습

모 범 답 안

〈산업안전보건기준에 관한 규칙〉

제332조(동바리 조립 시의 안전조치) 사업주는 동바리를 조립하는 경우에는 하중의 지지상태를 유지할 수 있도록 다음 각 호의 사항을 준수해야 한다.
1. 받침목이나 깔판의 사용, 콘크리트 타설, 말뚝박기 등 동바리의 침하를 방지하기 위한 조치를 할 것
2. 동바리의 상하 고정 및 미끄러짐 방지 조치를 할 것
3. 상부 · 하부의 동바리가 동일 수직선상에 위치하도록 하여 깔판 · 받침목에 고정시킬 것
4. 개구부 상부에 동바리를 설치하는 경우에는 상부하중을 견딜 수 있는 견고한 받침대를 설치할 것
5. U헤드 등의 단판이 없는 동바리의 상단에 멍에 등을 올릴 경우에는 해당 상단에 U헤드 등의 단판을 설치하고, 멍에 등이 전도되거나 이탈되지 않도록 고정시킬 것
6. 동바리의 이음은 같은 품질의 재료를 사용할 것
7. 강재의 접속부 및 교차부는 볼트 · 클램프 등 전용철물을 사용하여 단단히 연결할 것
8. 거푸집의 형상에 따른 부득이한 경우를 제외하고는 깔판이나 받침목은 2단 이상 끼우지 않도록 할 것
9. 깔판이나 받침목을 이어서 사용하는 경우에는 그 깔판 · 받침목을 단단히 연결할 것

 ## 2019년 작업형 4회(C형)

01 다음 영상은 말뚝공사 모습을 보여주고 있다. 말뚝 항타공법 2가지를 작성하시오.

답안연습

모 범 답 안

① **타격공법**

항타기로 말뚝을 직접 타격하여 박는 공법으로, Pile의 종류 및 총수량, 지반의 상태 등을 고려하여 적정 Hammer를 선정한다. 타격공법은 대체로 시공이 용이하며, 타격속도가 비교적 빠르다.

1) Drop Hammer : 공이 300~600kg 내외의 것을 사용하며, 사각틀 또는 평틀식으로 비계목을 설치하고, 비계목 중심에 심대(rod)를 세워 1~2.5m 낙하고를 설정해 말뚝을 박는다.

2) Steam Hammer : 증기압을 이용해 실린더, 피스톤, 자동증기 조작밸브 등으로 타입하는 공법이다.

3) Diesel Hammer : 타격에너지가 크며, 단동식과 복동식으로 구분되고 기계틀, 기동장치, 공이 등으로 구성되어 비교적 좁은 장소에서 타입이 가능하고, 가장 많이 쓰이는 방식이다. 타격에너지가 크고, 경비가 저렴하고 기동성이 좋다. 말뚝을 박는 속도가 빠르고, 운전이 간단하며 시공관리가 용이하다.

4) 유압 Hammer : 유압에 의해 피스톤 로드(Piston rod)를 작동시켜 공이(Ram)를 자유낙하시켜 말뚝을 타격하는 공법이다. 말뚝박기 시 소음 및 진동이 적으며, 말뚝 두부 파손이 적고, 낙하높이를 자유롭게 선정할 수 있어 Hammer의 타격력을 조절할 수 있다. 기름 및 연기 등의 비산이 발생하지 않아 환경적 이점을 가진다.

② **진동공법**

연약지반 및 말뚝 인발에 사용되며, Vibro Hammer를 사용해 상·하 진동으로 말뚝을 박는 공법으로, 주변 저항 및 선단 저항을 저하시켜 말뚝의 중량과 Hammer 자중으로 말뚝을 박는다. 정확한 위치에 타입이 가능하고, 말뚝 두부 손상이 적으며, 소음이 적고, 말뚝 타입 및 인발 시 겸용으로 사용 가능하다. 이에 반해 경질지반에서는 관입이 잘 되지 않으며, 토질변화에 순응이 적고, 말뚝의 지지력 추정이 정확하지 않다.

③ **압입공법**

압입장치의 반력을 이용해 말뚝을 압입하여 박는 공법으로, 보통 Pre Boring 공법, Water jet 공법, 중공굴착공법과 병용하며 계획하중의 1.5배 이상의 압입하중이 필요하다. 압입하중의 측정으로 말뚝의 지지력을 판정이 가능하고 주변지반이 교란되지 않으며, 비교적 연약지반에 적용되어 소음 및 진동이 적다. 말뚝 두부 파손이 거의 없으나, 대규모 설비가 필요하고 큰 지지력을 필요로 한다.

④ **Water jet 공법(수사법)**

관입이 어려운 사질지반에 유리한 공법으로, 소음 및 진동이 적으며 말뚝 두부 파손이 거의 없다. 말뚝 선단부에 고압으로 물을 분사시켜 수압에 의해 지반을 무르게 한 후 말뚝을 박는 공법이다.

⑤ **Pre Boring 공법(선행굴착공법)**

Auger로 먼저 천공을 하여 기성말뚝을 삽입한 후, 압입 또는 타격하여 말뚝을 설치하는 공법으로 소음 및 진동이 적고, 두부 파손이 적으며, 타입이 어려운 전석층에도 시공이 가능하다.

⑥ 중공굴착공법

말뚝 중공부에 스파이럴 오거를 삽입해 굴착·관입하고, 말뚝 선단부의 지지력을 크게 하기 위해 시멘트 밀크를 주입해 처리하는 공법이다. 대구경 말뚝에 적합하고, 말뚝 파손이 없으며, 소음 및 진동이 적고, 배출토사로 지질 판단이 용이한 공법이다. 중공굴착공법은 우선 소정의 위치에 기계를 설치하고, 2~3m 정도 터파기한 후 보조크레인으로 말뚝을 세운다. 말뚝의 중공부에 오거를 삽입해 굴착과 동시에 말뚝을 관입하여 지지층에 도달하면 시멘트 밀크를 주입하고, 압입장치 또는 타격에 의해 말뚝을 침설하면 완료된다.

02 다음은 이동식 비계를 보여주고 있다. 이동식 비계의 갑작스러운 이동 또는 전도를 방지하기 위해 사용되는 고정장치의 명칭을 작성하시오.

<table>
<tr><td>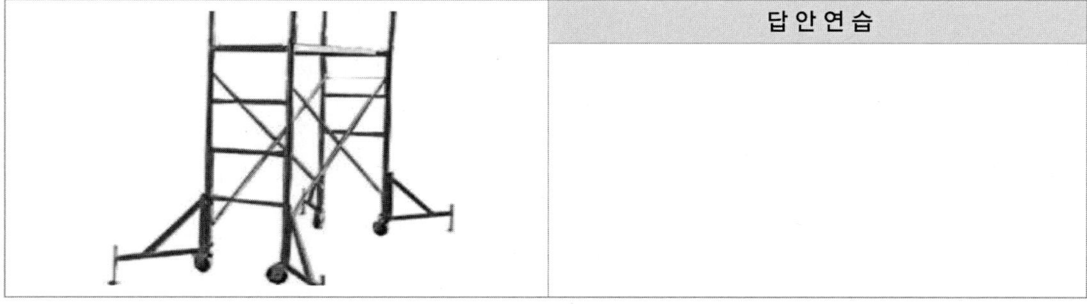</td><td>답 안 연 습</td></tr>
</table>

모 범 답 안
아웃트리거(Outrigger)

03 다음 영상은 둥근톱 작업현장을 보여주고 있다. A 작업자는 보안경과 방진마스크를 착용하지 않고 다른 곳을 보다가 사고가 발생했다. 재해요인 2가지와 누전차단기를 설치해 감전방지를 해야 하는 전기기계·기구 1개를 작성하시오.

<table>
<tr><td></td><td>답 안 연 습</td></tr>
</table>

모 범 답 안

1. 재해요인
   ① 분진작업 시 방진마스크 및 보안경 미착용
   ② 회전기계 사용 시 장갑 착용으로 인해 말릴 위험
   ③ 분할날 등 반발예방장치 미설치

2. 누전차단기에 의한 감전방지

<산업안전보건기준에 관한 규칙>

제304조(누전차단기에 의한 감전방지) ① 사업주는 다음 각 호의 전기 기계·기구에 대하여 누전에 의한 감전위험을 방지하기 위하여 해당 전로의 정격에 적합하고 감도(전류 등에 반응하는 정도)가 양호하며 확실하게 작동하는 감전방지용 누전차단기를 설치해야 한다.

1. 대지전압이 150볼트를 초과하는 이동형 또는 휴대형 전기기계·기구
2. 물 등 도전성이 높은 액체가 있는 습윤장소에서 사용하는 저압(1.5천 볼트 이하 직류전압이나 1천 볼트 이하의 교류전압을 말한다)용 전기기계·기구
3. 철판·철골 위 등 도전성이 높은 장소에서 사용하는 이동형 또는 휴대형 전기기계·기구
4. 임시배선의 전로가 설치되는 장소에서 사용하는 이동형 또는 휴대형 전기기계·기구

04 다음은 지하실 작업현장을 보여주고 있다. 보통작업을 하는 지하실 작업조도를 작성하시오.

답 안 연 습

모 범 답 안

<산업안전보건기준에 관한 규칙>

제8조(조도) 사업주는 근로자가 상시 작업하는 장소의 작업면 조도(照度)를 다음 각 호의 기준에 맞도록 하여야 한다. 다만, 갱내(坑內) 작업장과 감광재료(感光材料)를 취급하는 작업장은 그러하지 아니하다.

1. 초정밀작업 : 750럭스(lux) 이상
2. 정밀작업 : 300럭스 이상
3. 보통작업 : 150럭스 이상
4. 그 밖의 작업 : 75럭스 이상

05 다음 영상은 하수관로 매설작업을 보여주고 있다. 재해방지조치 3가지를 작성하시오.

답 안 연 습

모 범 답 안
① 작업반경 내 근로자 출입금지
② 신호수 배치
③ 하수관로 등 인양 시 2개소 묶어서 운반

06 다음은 항타기 · 항발기의 작업 모습을 보여주고 있다. 작업 시 도괴 방지 준수사항 3가지를 작성하시오.

답 안 연 습

모 범 답 안

〈산업안전보건기준에 관한 규칙〉

제207조(조립 · 해체 시 점검사항) ① 사업주는 항타기 또는 항발기를 조립하거나 해체하는 경우 다음 각 호의 사항을 준수해야 한다. 〈신설 2022. 10. 18.〉
1. 항타기 또는 항발기에 사용하는 권상기에 쐐기장치 또는 역회전방지용 브레이크를 부착할 것
2. 항타기 또는 항발기의 권상기가 들리거나 미끄러지거나 흔들리지 않도록 설치할 것
3. 그 밖에 조립 · 해체에 필요한 사항은 제조사에서 정한 설치 · 해체 작업 설명서에 따를 것

제209조(무너짐의 방지) 사업주는 동력을 사용하는 항타기 또는 항발기에 대하여 무너짐을 방지하기 위하여 다음 각 호의 사항을 준수해야 한다. 〈개정 2023. 11. 14.〉
1. 연약한 지반에 설치하는 경우에는 아웃트리거 · 받침 등 지지구조물의 침하를 방지하기 위하여 깔판 · 받침목 등을 사용할 것
2. 시설 또는 가설물 등에 설치하는 경우에는 그 내력을 확인하고 내력이 부족하면 그 내력을 보강할 것
3. 아웃트리거 · 받침 등 지지구조물이 미끄러질 우려가 있는 경우에는 말뚝 또는 쐐기 등을 사용하여 해당 지지구조물을 고정시킬 것
4. 궤도 또는 차로 이동하는 항타기 또는 항발기에 대해서는 불시에 이동하는 것을 방지하기 위하여 레일 클램프(rail clamp) 및 쐐기 등으로 고정시킬 것
5. 상단 부분은 버팀대 · 버팀줄로 고정하여 안정시키고, 그 하단 부분은 견고한 버팀 · 말뚝 또는 철골 등으로 고정시킬 것

07 다음 영상은 가스용기 운반 및 용접작업을 보여주고 있다. 각각의 문제점을 작성하시오.

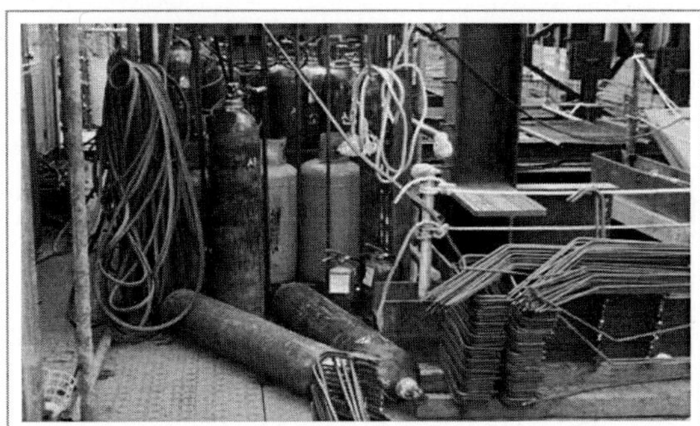

답 안 연 습

모 범 답 안

1. 가스용기 운반 시 문제점
   ① 가스용기 캡을 씌우지 않고 운반
   ② 가스용기 운반 시 진동 및 충격을 가함

2. 용접작업 시 문제점
   ① 가연성 가스 주변에서 용접 실시
   ② 용접면 등의 보호구 미착용

08 다음 영상은 강교량 인양작업을 보여주고 있다. 작업 시 준수사항을 작성하시오.

답 안 연 습

모 범 답 안

〈산업안전보건기준에 관한 규칙〉

제369조(작업 시 준수사항) 사업주는 제38조 제1항 제8호에 따른 교량의 설치 · 해체 또는 변경작업을 하는 경우에는 다음 각 호의 사항을 준수하여야 한다.
1. 작업을 하는 구역에는 관계 근로자가 아닌 사람의 출입을 금지할 것
2. 재료, 기구 또는 공구 등을 올리거나 내릴 경우에는 근로자로 하여금 달줄, 달포대 등을 사용하도록 할 것
3. 중량물 부재를 크레인 등으로 인양하는 경우에는 부재에 인양용 고리를 견고하게 설치하고, 인양용 로프는 부재에 두 군데 이상 결속하여 인양하여야 하며, 중량물이 안전하게 거치되기 전까지는 걸이로프를 해제시키지 아니할 것
4. 자재나 부재의 낙하 · 전도 또는 붕괴 등에 의하여 근로자에게 위험을 미칠 우려가 있을 경우에는 출입금지구역의 설정, 자재 또는 가설시설의 좌굴(挫屈) 또는 변형 방지를 위한 보강재 부착 등의 조치를 할 것

2020년 작업형 1회(A형)

01 다음 영상을 보고 해당 건설기계의 명칭과 용도를 작성하시오.

답 안 연 습

모 범 답 안
1. **명칭** : 세륜기
2. **용도** : 차량 바퀴의 토사 및 분진 등 제거

02 다음 영상은 추락방호망을 보여주고 있다. 추락방호망 설치 시 준수사항에 대해 작성하시오.

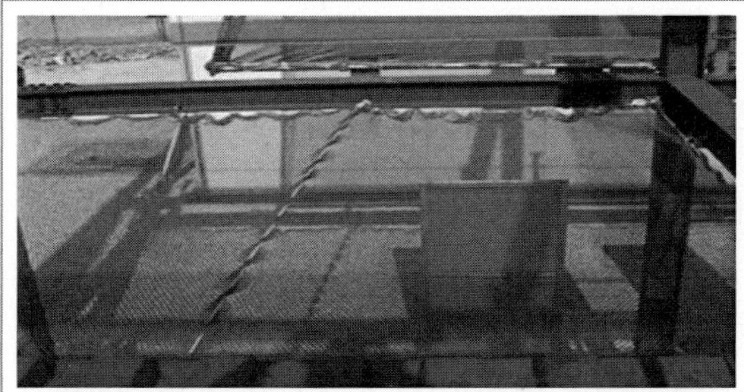

답 안 연 습

모 범 답 안
〈산업안전보건기준에 관한 규칙〉

제42조(추락의 방지)
1. 추락방호망의 설치위치는 가능하면 작업면으로부터 가까운 지점에 설치하여야 하며, 작업면으로부터 망의 설치지점까지의 수직거리는 10미터를 초과하지 아니할 것
2. 추락방호망은 수평으로 설치하고, 망의 처짐은 짧은 변 길이의 12퍼센트 이상이 되도록 할 것
3. 건축물 등의 바깥쪽으로 설치하는 경우 추락방호망의 내민 길이는 벽면으로부터 3미터 이상 되도록 할 것. 다만, 그물코가 20밀리미터 이하인 추락방호망을 사용한 경우에는 제14조 제3항에 따른 낙하물 방지망을 설치한 것으로 본다.

03 다음 영상은 이동식 비계로 작업하는 모습을 보여주고 있다. A 작업자는 승강용사다리를 이용하지 않고 상부로 올라가고, 하부 바퀴가 고정되지 않아 흔들거리며, 안전난간이 없으며, 안전대도 착용하지 않았다. 재해발생 원인 3가지 및 설치기준 3가지를 작성하시오.

답 안 연 습

모 범 답 안
① A 근로자 안전대 미착용 및 승강용사다리 이용하지 않고 옆으로 기어오름 ② 비계 최상부에 안전난간 미설치로 인해 추락사고 위험 ③ 브레이크 또는 쐐기 등을 바퀴에 고정하지 않아 전도 등의 위험 〈산업안전보건기준에 관한 규칙〉 **제68조(이동식비계)** 사업주는 이동식비계를 조립하여 작업을 하는 경우에는 다음 각 호의 사항을 준수하여야 한다. 〈개정 2019. 10. 15.〉 1. 이동식비계의 바퀴에는 뜻밖의 갑작스러운 이동 또는 전도를 방지하기 위하여 브레이크·쐐기 등으로 바퀴를 고정시킨 다음 비계의 일부를 견고한 시설물에 고정하거나 아웃트리거를 설치하는 등 필요한 조치를 할 것 2. 승강용사다리는 견고하게 설치할 것 3. 비계의 최상부에서 작업을 하는 경우에는 안전난간을 설치할 것 4. 작업발판은 항상 수평을 유지하고 작업발판 위에서 안전난간을 딛고 작업을 하거나 받침대 또는 사다리를 사용하여 작업하지 않도록 할 것 5. 작업발판의 최대적재하중은 250킬로그램을 초과하지 않도록 할 것

04 다음 영상은 작업발판 위에서 구두를 신고 도장 작업을 하며 옆으로 이동하다 추락하는 재해를 보여주고 있다. 위험요인 3가지를 작성하시오.

답 안 연 습

모 범 답 안
① 기설치된 작업발판의 불량
② 작업자 관리감독 부족
③ 작업자의 작업방법 및 자세불량

05 다음은 영상은 장약 작업하는 모습을 보여주고 있다. 준수사항 3가지를 작성하시오.

답 안 연 습

모 범 답 안
① 발파공 내 약포의 압착불량
② 천공작업 후 장약작업을 실시하고 천공 및 장약의 동시작업을 하지 않음
③ 장진물에 솜, 종이 등을 사용하지 않음

06 다음 영상이 보여주는 공법 및 작업계획서 포함사항 3가지를 작성하시오.

답 안 연 습

모 범 답 안
1. 공법 : 숏크리트 타설공법
2. 작업계획서 포함사항 　① 숏크리트의 압송거리 　② 숏크리트의 분진방지대책 　③ 숏크리트 리바운드(Rebound) 방지대책 　④ 숏크리트 작업 시 안전수칙

07 다음 영상은 콘크리트 연마기를 사용하는 작업장면을 보여주고 있다. 타설 전 안전조치 사항 3가지를 작성하시오.

<table>
<tr><td>답 안 연 습</td></tr>
</table>

모 범 답 안
① 작업 장소 및 위치 확인 후 바닥미장 장비의 운반 및 작업 장해요인 파악
② 장비 운반방법 및 이동통로 확보
③ 휘니샤 장비는 날접촉 방지장치 설치, V-벨트 방호덮개 설치 및 손상 유무 확인
④ 휘니샤를 양중기로 인양 시 적정 인양장비를 선정
⑤ 작업장 개구부, 슬래브 단부 등 추락위험이 있는 부위에 안전난간 설치 및 추락방지조치
⑥ 작업장 주변 돌출물 등은 사전에 제거를 하거나 보호캡 등을 설치
⑦ 작업장 가까운 곳에 임시분전반을 설치(금속제 외함 접지, 누전차단기 설치 등 방호조치)
⑧ 유류연료 사용하는 진동기, 휘니샤는 지정된 장소에서 연료를 주입하고 주변에 소화기 배치

08 다음은 굴착 사면의 모습을 보여주고 있다. 굴착 사면 기울기 기준을 작성하시오.

<table>
<tr><td>답 안 연 습</td></tr>
</table>

모 범 답 안
■ 산업안전보건기준에 관한 규칙 [별표 11] 〈개정 2023. 11. 14.〉

굴착면의 기울기 기준(제339조 제1항 관련)

지반의 종류	굴착면의 기울기
모래	1 : 1.8
연암 및 풍화암	1 : 1.0
경암	1 : 0.5
그 밖의 흙	1 : 1.2

2020년 작업형 1회(B형)

01 다음 영상은 차량계 건설기계를 보여주고 있다. 작업계획 시 포함사항 3가지를 작성하시오.

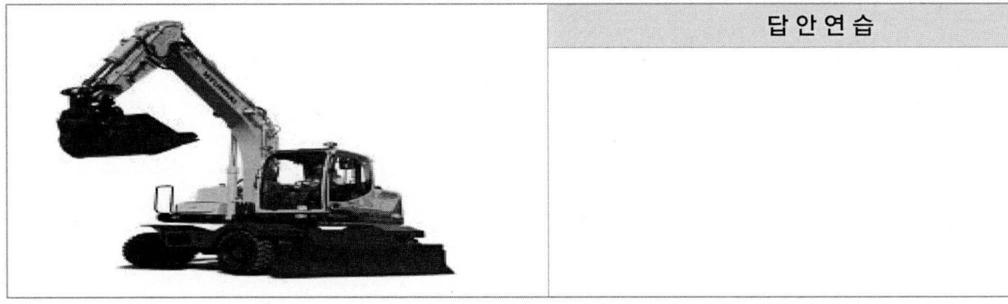

답 안 연 습

모 범 답 안

① 사용하는 차량계 건설기계의 종류 및 성능
② 차량계 건설기계의 운행경로
③ 차량계 건설기계에 의한 작업방법

〈산업안전보건기준에 관한 규칙〉

[별표 4] 사전조사 및 작업계획서 내용(제38조 제1항 관련)

작업명	사전조사 내용	작업계획서 내용
3. 차량계 건설기계를 사용하는 작업	해당 기계의 굴러 떨어짐, 지반의 붕괴 등으로 인한 근로자의 위험을 방지하기 위한 해당 작업장소의 지형 및 지반 상태	가. 사용하는 차량계 건설기계의 종류 및 성능 나. 차량계 건설기계의 운행경로 다. 차량계 건설기계에 의한 작업방법

02 다음은 이동식 비계를 보여주고 있다. 이동식 비계의 갑작스러운 이동 또는 전도를 방지하기 위해 사용되는 고정장치의 명칭을 작성하시오.

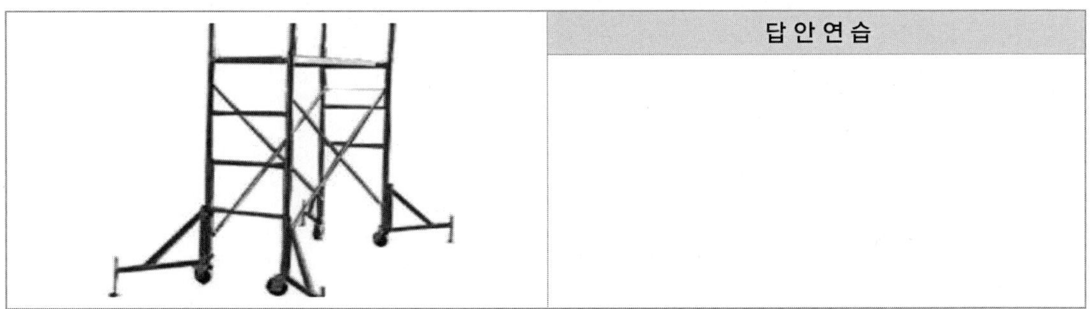

답 안 연 습

모 범 답 안

아웃트리거(Outrigger)

03 다음 영상은 이동식 비계로 작업하는 모습을 보여주고 있다. A 작업자는 승강용사다리를 이용하지 않고 상부로 올라가고, 하부 바퀴가 고정되지 않아 흔들거리며, 안전난간이 없으며, 안전대도 착용하지 않았다. 이동식 비계의 설치기준 3가지를 작성하시오.

답 안 연 습

모 범 답 안

〈산업안전보건기준에 관한 규칙〉

제68조(이동식비계) 사업주는 이동식비계를 조립하여 작업을 하는 경우에는 다음 각 호의 사항을 준수하여야 한다.

1. 이동식비계의 바퀴에는 뜻밖의 갑작스러운 이동 또는 전도를 방지하기 위하여 브레이크ㆍ쐐기 등으로 바퀴를 고정시킨 다음 비계의 일부를 견고한 시설물에 고정하거나 아웃트리거를 설치하는 등 필요한 조치를 할 것
2. 승강용사다리는 견고하게 설치할 것
3. 비계의 최상부에서 작업을 하는 경우에는 안전난간을 설치할 것
4. 작업발판은 항상 수평을 유지하고 작업발판 위에서 안전난간을 딛고 작업을 하거나 받침대 또는 사다리를 사용하여 작업하지 않도록 할 것
5. 작업발판의 최대적재하중은 250킬로그램을 초과하지 않도록 할 것

04 다음 영상에서 발생한 재해의 유형과 원인, 방지대책을 작성하시오.

답 안 연 습

모 범 답 안

1. **재해 종류** : 낙하
2. **재해 원인** : 1줄 걸이 인양
3. **방지 대책** : 2줄 걸이 인양

05 다음 영상은 전기기계 및 기구의 감전위험이 있는 충전전로를 보여주고 있다. 감전예방을 위한 조치사항 3가지를 작성하시오.

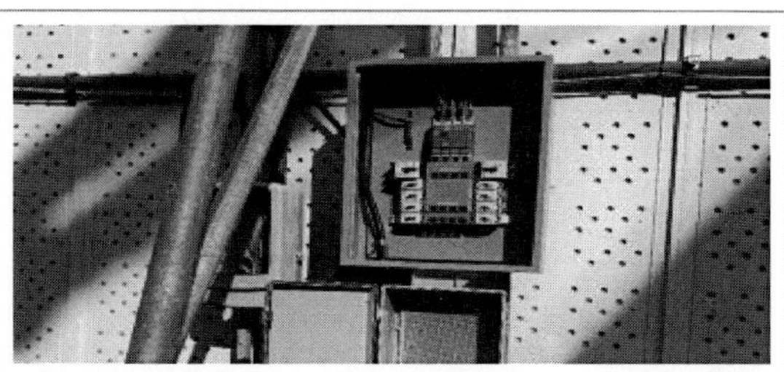

답 안 연 습

모 범 답 안

〈산업안전보건기준에 관한 규칙〉

제301조(전기 기계·기구 등의 충전부 방호)
1. 충전부가 노출되지 않도록 폐쇄형 외함(外函)이 있는 구조로 할 것
2. 충전부에 충분한 절연효과가 있는 방호망이나 절연덮개를 설치할 것
3. 충전부는 내구성이 있는 절연물로 완전히 덮어 감쌀 것
4. 발전소·변전소 및 개폐소 등 구획되어 있는 장소로서 관계 근로자가 아닌 사람의 출입이 금지되는 장소에 충전부를 설치하고, 위험표시 등의 방법으로 방호를 강화할 것
5. 전주 위 및 철탑 위 등 격리되어 있는 장소로서 관계 근로자가 아닌 사람이 접근할 우려가 없는 장소에 충전부를 설치할 것

06 다음 영상은 콘크리트 펌프카를 사용한 콘크리트 타설 작업을 보여주고 있다. 콘크리트 펌프카 사용 시 준수사항 3가지를 작성하시오.

답 안 연 습

모 범 답 안

〈산업안전보건기준에 관한 규칙〉

제335조(콘크리트 펌프 등 사용 시 준수사항) 사업주는 콘크리트 타설작업을 하기 위하여 콘크리트 펌프 또는 콘크리트 펌프카를 사용하는 경우에는 다음 각 호의 사항을 준수하여야 한다.
1. 작업을 시작하기 전에 콘크리트 펌프용 비계를 점검하고 이상을 발견하였으면 즉시 보수할 것
2. 건축물의 난간 등에서 작업하는 근로자가 호스의 요동·선회로 인하여 추락하는 위험을 방지하기 위하여 안전난간 설치 등 필요한 조치를 할 것
3. 콘크리트 펌프카의 붐을 조정하는 경우에는 주변의 전선 등에 의한 위험을 예방하기 위한 적절한 조치를 할 것
4. 작업 중에 지반의 침하, 아웃트리거의 손상 등에 의하여 콘크리트 펌프카가 넘어질 우려가 있는 경우에는 이를 방지하기 위한 적절한 조치를 할 것

07 다음은 외부비계에 설치된 가설통로를 보여주고 있다. 가설통로의 구조 설치기준 3가지를 작성하시오.

<table><tr><td>답 안 연 습</td></tr></table>

모 범 답 안

〈산업안전보건기준에 관한 규칙〉

제23조(가설통로의 구조) 사업주는 가설통로를 설치하는 경우 다음 각 호의 사항을 준수하여야 한다.
1. 견고한 구조로 할 것
2. 경사는 30도 이하로 할 것. 다만, 계단을 설치하거나 높이 2미터 미만의 가설통로로서 튼튼한 손잡이를 설치한 경우에는 그러하지 아니하다.
3. 경사가 15도를 초과하는 경우에는 미끄러지지 아니하는 구조로 할 것
4. 추락할 위험이 있는 장소에는 안전난간을 설치할 것. 다만, 작업상 부득이한 경우에는 필요한 부분만 임시로 해체할 수 있다.
5. 수직갱에 가설된 통로의 길이가 15미터 이상인 경우에는 10미터 이내마다 계단참을 설치할 것
6. 건설공사에 사용하는 높이 8미터 이상인 비계다리에는 7미터 이내마다 계단참을 설치할 것

08 다음 영상은 지게차 운전자가 이탈하는 모습을 보여주고 있다. 운전자가 운전위치를 이탈하고자 할 경우 운전자 준수사항 3가지를 작성하시오.

<table><tr><td>답 안 연 습</td></tr></table>

모 범 답 안

〈산업안전보건기준에 관한 규칙〉

제99조(운전위치 이탈 시의 조치) ① 사업주는 차량계 하역운반기계 등, 차량계 건설기계의 운전자가 운전위치를 이탈하는 경우 해당 운전자에게 다음 각 호의 사항을 준수하도록 하여야 한다.
1. 포크, 버킷, 디퍼 등의 장치를 가장 낮은 위치 또는 지면에 내려 둘 것
2. 원동기를 정지시키고 브레이크를 확실히 거는 등 갑작스러운 주행이나 이탈을 방지하기 위한 조치를 할 것
3. 운전석을 이탈하는 경우에는 시동키를 운전대에서 분리시킬 것. 다만, 운전석에 잠금장치를 하는 등 운전자가 아닌 사람이 운전하지 못하도록 조치한 경우에는 그러하지 아니하다.
② 차량계 하역운반기계 등, 차량계 건설기계의 운전자는 운전위치에서 이탈하는 경우 제1항 각 호의 조치를 하여야 한다.

2020년 작업형 1회(C형)

01 다음 영상은 사면에 콘크리트 말뚝을 시공하는 모습이다. 파일에 파란색 캡을 씌우고 주변 지반을 청색 천막으로 덮고 있다. 안전조치 2가지를 작성하시오.

답 안 연 습

모 범 답 안
① 지반의 이완 및 침하, 지하수 유출 등을 수시로 점검하고 이상 발견 시 안전성 검토 ② 계획 하중 이상 적재 금지

02 다음 영상은 비계 설치작업을 보여주고 있다. 벽 연결 철물 역할 2가지를 작성하시오.

답 안 연 습

모 범 답 안
① 풍하중에 의한 무너짐 방지 ② 편심 하중에 의한 무너짐 방지

03 다음 영상 속 공법의 명칭과 사용되는 계측기 종류 및 용도 3가지를 작성하시오.

	답 안 연 습

모 범 답 안

1. 공법 : 어스앵커(Earth Anchor)

2. 계측기 종류 및 용도

변형률계(Strain Gauge)	지보공(strut) 및 띠장(wale), 각종 강재에 용접 등으로 부착을 하고 굴착 작업에 따른 지보공(strut) 및 띠장(wale), 각종 강재 등의 변형 정도를 측정
지표침하계(Surface Settlement)	흙막이벽 배면 및 인접도로변에 설치하여 굴착작업으로 인한 인접지반의 침하를 측정
하중계(Load Cell)	지보공(strut), 어스앵커(Earth Anchor) 부위에 각 단계별로 하향 굴착하면서 설치하여, 축하중 변화상태를 측정해 부재의 안전성을 파악
지중침하계(Extensometer)	흙막이벽 배면과 인접 건물 주변에 천공하여 설치하는 것으로, 각 층별 침하량의 변동 상태를 확인

04 다음 영상은 와이어로프를 보여주고 있다. 사용금지 기준 3가지를 작성하시오.

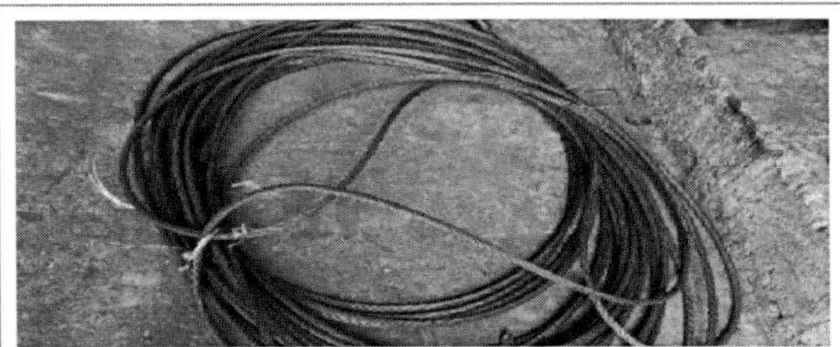

	답 안 연 습

모 범 답 안

〈산업안전보건기준에 관한 규칙〉

제63조(달비계의 구조) ① 사업주는 곤돌라형 달비계를 설치하는 경우에는 다음 각 호의 사항을 준수해야 한다. 〈개정 2021.11.19.〉

1. 다음 각 목의 어느 하나에 해당하는 와이어로프를 달비계에 사용해서는 아니 된다.

　가. 이음매가 있는 것

　나. 와이어로프의 한 꼬임[[스트랜드(strand)를 말한다. 이하 같다]에서 끊어진 소선(素線)[필러(pillar)선은 제외한다)]의 수가 10퍼센트 이상(비자전로프의 경우에는 끊어진 소선의 수가 와이어로프 호칭지름의 6배 길이 이내에서 4개 이상이거나 호칭지름 30배 길이 이내에서 8개 이상)인 것

　다. 지름의 감소가 공칭지름의 7퍼센트를 초과하는 것

　라. 꼬인 것

　마. 심하게 변형되거나 부식된 것

　바. 열과 전기충격에 의해 손상된 것

05 다음 영상은 시스템비계 설치 장면을 보여주고 있다. 조립 시 준수사항 3가지를 작성하시오.

답 안 연 습

모 범 답 안

〈산업안전보건기준에 관한 규칙〉

제70조(시스템비계의 조립 작업 시 준수사항) 사업주는 시스템 비계를 조립 작업하는 경우 다음 각 호의 사항을 준수하여야 한다.

1. 비계 기둥의 밑둥에는 밑받침 철물을 사용하여야 하며, 밑받침에 고저차가 있는 경우에는 조절형 밑받침 철물을 사용하여 시스템 비계가 항상 수평 및 수직을 유지하도록 할 것
2. 경사진 바닥에 설치하는 경우에는 피벗형 받침 철물 또는 쐐기 등을 사용하여 밑받침 철물의 바닥면이 수평을 유지하도록 할 것
3. 가공전로에 근접하여 비계를 설치하는 경우에는 가공전로를 이설하거나 가공전로에 절연용 방호구를 설치하는 등 가공전로와의 접촉을 방지하기 위하여 필요한 조치를 할 것
4. 비계 내에서 근로자가 상하 또는 좌우로 이동하는 경우에는 반드시 지정된 통로를 이용하도록 주지시킬 것
5. 비계 작업 근로자는 같은 수직면상의 위와 아래 동시 작업을 금지할 것
6. 작업발판에는 제조사가 정한 최대적재하중을 초과하여 적재해서는 아니 되며, 최대적재하중이 표기된 표지판을 부착하고 근로자에게 주지시키도록 할 것

06 다음 영상은 인력으로 철근을 운반하는 모습을 보여주고 있다. 운반 시 주의사항 3가지를 작성하시오.

답 안 연 습

모 범 답 안

① 2인 1조로 신호에 따라 어깨매기로 운반한다.
② 철근 양끝을 묶어 운반한다.
③ 1인당 철근 무게는 25kg 정도가 적합하고 무리한 운반을 하지 않는다.
④ 철근을 내려놓을 경우 천천히 신호에 맞추어 내리며 던지지 않도록 한다.

07 다음 영상은 사면을 굴착하고 있는 모습을 보여주고 있다. 굴착작업 시 지반의 붕괴 또는 토석으로 인한 근로자 위험방지조치 3가지를 작성하시오.

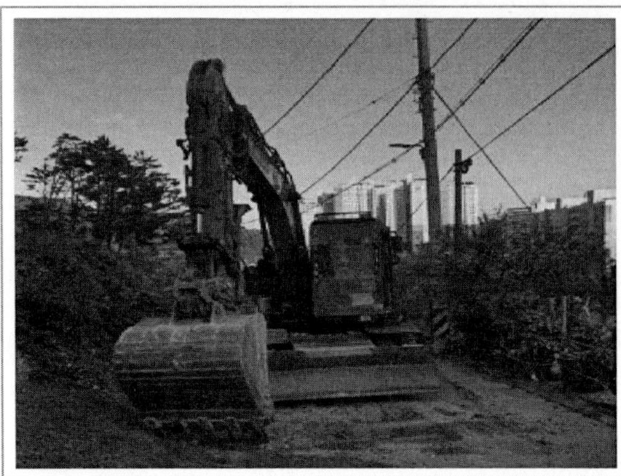

답 안 연 습

모 범 답 안
〈산업안전보건기준에 관한 규칙〉

제340조(지반의 붕괴 등에 의한 위험방지) 사업주는 굴착작업 시 토사등의 붕괴 또는 낙하에 의하여 근로자에게 위험을 미칠 우려가 있는 경우에는 미리 흙막이 지보공의 설치, 방호망의 설치 및 근로자의 출입 금지 등 그 위험을 방지하기 위하여 필요한 조치를 해야 한다.
[전문개정 2023. 11. 14.]

08 다음 영상은 크레인이 철근을 인양하는 모습을 보여주고 있다. 훅에 매다는 와이어로프 각도를 작성하시오.

답 안 연 습

모 범 답 안
60° 이하

2020년 작업형 2회(A형)

01 다음 영상은 말비계를 보여주고 있다. 말비계의 지주부재와 수평면의 기울기를 작성하시오.

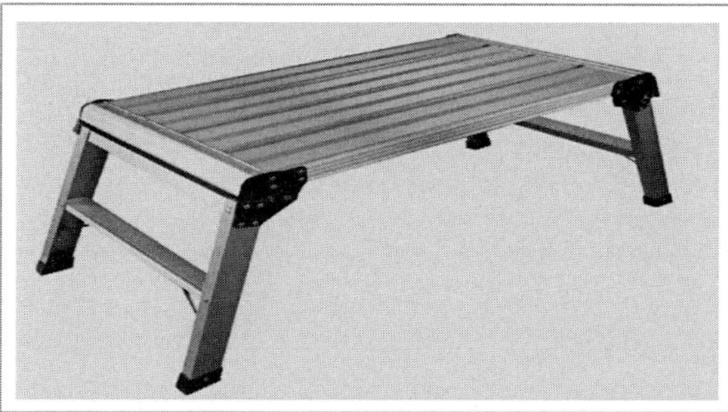

답 안 연 습

모 범 답 안

〈산업안전보건기준에 관한 규칙〉

제67조(말비계) 사업주는 말비계를 조립하여 사용하는 경우에 다음 각 호의 사항을 준수하여야 한다.
  1. 지주부재(支柱部材)의 하단에는 미끄럼 방지장치를 하고, 근로자가 양측 끝부분에 올라서서 작업하지 않도록 할 것
  2. 지주부재와 수평면의 기울기를 75도 이하로 하고, 지주부재와 지주부재 사이를 고정시키는 보조부재를 설치할 것
  3. 말비계의 높이가 2미터를 초과하는 경우에는 작업발판의 폭을 40센티미터 이상으로 할 것

02 다음 영상은 콘크리트 펌프카를 사용한 콘크리트 타설 작업을 보여주고 있다. 콘크리트 펌프카 사용 시 준수사항 3가지를 작성하시오.

답 안 연 습

모 범 답 안

〈산업안전보건기준에 관한 규칙〉

제335조(콘크리트 펌프 등 사용 시 준수사항) 사업주는 콘크리트 타설작업을 하기 위하여 콘크리트 펌프 또는 콘크리트 펌프카를 사용하는 경우에는 다음 각 호의 사항을 준수하여야 한다.
  1. 작업을 시작하기 전에 콘크리트 펌프용 비계를 점검하고 이상을 발견하였으면 즉시 보수할 것
  2. 건축물의 난간 등에서 작업하는 근로자가 호스의 요동ㆍ선회로 인하여 추락하는 위험을 방지하기 위하여 안전난간 설치 등 필요한 조치를 할 것
  3. 콘크리트 펌프카의 붐을 조정하는 경우에는 주변의 전선 등에 의한 위험을 예방하기 위한 적절한 조치를 할 것
  4. 작업 중에 지반의 침하, 아웃트리거의 손상 등에 의하여 콘크리트 펌프카가 넘어질 우려가 있는 경우에는 이를 방지하기 위한 적절한 조치를 할 것

03 다음은 건설현장의 안전난간을 보여주고 있다. 안전난간의 구조 및 설치요건에 관해 3가지를 작성하시오.

<table>
<tr><td></td><td>답 안 연 습</td></tr>
</table>

모 범 답 안

〈산업안전보건기준에 관한 규칙〉

제13조(안전난간의 구조 및 설치요건) 사업주는 근로자의 추락 등의 위험을 방지하기 위하여 안전난간을 설치하는 경우 다음 각 호의 기준에 맞는 구조로 설치하여야 한다. 〈개정 2023. 11. 14.〉

1. 상부 난간대, 중간 난간대, 발끝막이판 및 난간기둥으로 구성할 것. 다만, 중간 난간대, 발끝막이판 및 난간기둥은 이와 비슷한 구조와 성능을 가진 것으로 대체할 수 있다.
2. 상부 난간대는 바닥면·발판 또는 경사로의 표면(이하 "바닥면 등"이라 한다)으로부터 90센티미터 이상 지점에 설치하고, 상부 난간대를 120센티미터 이하에 설치하는 경우에는 중간 난간대는 상부 난간대와 바닥면 등의 중간에 설치하여야 하며, 120센티미터 이상 지점에 설치하는 경우에는 중간 난간대를 2단 이상으로 균등하게 설치하고 난간의 상하 간격은 60센티미터 이하가 되도록 할 것. 다만, 계단의 개방된 측면에 설치된 난간기둥 간의 간격이 25센티미터 이하인 경우에는 중간 난간대를 설치하지 아니할 수 있다.
3. 발끝막이판은 바닥면 등으로부터 10센티미터 이상의 높이를 유지할 것. 다만, 물체가 떨어지거나 날아올 위험이 없거나 그 위험을 방지할 수 있는 망을 설치하는 등 필요한 예방 조치를 한 장소는 제외한다.
4. 난간기둥은 상부 난간대와 중간 난간대를 견고하게 떠받칠 수 있도록 적정한 간격을 유지할 것
5. 상부 난간대와 중간 난간대는 난간 길이 전체에 걸쳐 바닥면 등과 평행을 유지할 것
6. 난간대는 지름 2.7센티미터 이상의 금속제 파이프나 그 이상의 강도가 있는 재료일 것
7. 안전난간은 구조적으로 가장 취약한 지점에서 가장 취약한 방향으로 작용하는 100킬로그램 이상의 하중에 견딜 수 있는 튼튼한 구조일 것

04 다음은 강관틀비계를 보여주고 있다. 강관틀비계의 설치기준 3가지를 작성하시오.

<table>
<tr><td></td><td>답 안 연 습</td></tr>
</table>

모 범 답 안

〈산업안전보건기준에 관한 규칙〉

제62조(강관틀비계) 사업주는 강관틀 비계를 조립하여 사용하는 경우 다음 각 호의 사항을 준수하여야 한다.

1. 비계기둥의 밑둥에는 밑받침 철물을 사용하여야 하며 밑받침에 고저차(高低差)가 있는 경우에는 조절형 밑받침철물을 사용하여 각각의 강관틀비계가 항상 수평 및 수직을 유지하도록 할 것
2. 높이가 20미터를 초과하거나 중량물의 적재를 수반하는 작업을 할 경우에는 주틀 간의 간격을 1.8미터 이하로 할 것
3. 주틀 간에 교차 가새를 설치하고 최상층 및 5층 이내마다 수평재를 설치할 것
4. 수직방향으로 6미터, 수평방향으로 8미터 이내마다 벽이음을 할 것
5. 길이가 띠장 방향으로 4미터 이하이고 높이가 10미터를 초과하는 경우에는 10미터 이내마다 띠장 방향으로 버팀기둥을 설치할 것

---

05 다음 영상은 이동식 비계로 작업하는 모습을 보여주고 있다. 이동식 비계의 이동 또는 전도를 방지하기 위한 조치 3가지를 작성하시오.

답 안 연 습

모 범 답 안

〈산업안전보건기준에 관한 규칙〉

제68조(이동식비계) 사업주는 이동식비계를 조립하여 작업을 하는 경우에는 다음 각 호의 사항을 준수하여야 한다.

1. 이동식비계의 바퀴에는 뜻밖의 갑작스러운 이동 또는 전도를 방지하기 위하여 브레이크·쐐기 등으로 바퀴를 고정시킨 다음 비계의 일부를 견고한 시설물에 고정하거나 아웃트리거를 설치하는 등 필요한 조치를 할 것
2. 승강용사다리는 견고하게 설치할 것
3. 비계의 최상부에서 작업을 하는 경우에는 안전난간을 설치할 것
4. 작업발판은 항상 수평을 유지하고 작업발판 위에서 안전난간을 딛고 작업을 하거나 받침대 또는 사다리를 사용하여 작업하지 않도록 할 것
5. 작업발판의 최대적재하중은 250킬로그램을 초과하지 않도록 할 것

06 다음 영상은 건축물 해체작업을 보여주고 있다. 이와 같은 건축물 해체작업 시 적용되는 공법의 종류와 해체작업계획 포함사항을 3가지 쓰시오.

답 안 연 습

모 범 답 안

1. **공법 종류** : 압쇄공법

2. 포함사항

〈산업안전보건기준에 관한 규칙〉
[별표 4] 사전조사 및 작업계획서 내용(제38조 제1항 관련)

작업명	사전조사 내용	작업계획서 내용
10. 건물 등의 해체작업	해체건물 등의 구조, 주변 상황 등	가. 해체의 방법 및 해체 순서도면 나. 가설설비 · 방호설비 · 환기설비 및 살수 · 방화설비 등의 방법 다. 사업장 내 연락방법 라. 해체물의 처분계획 마. 해체작업용 기계 · 기구 등의 작업계획서 바. 해체작업용 화약류 등의 사용계획서 사. 그 밖에 안전 · 보건에 관련된 사항

07 다음은 영상이 보여주는 공법 및 작업계획서 포함사항 3가지를 작성하시오.

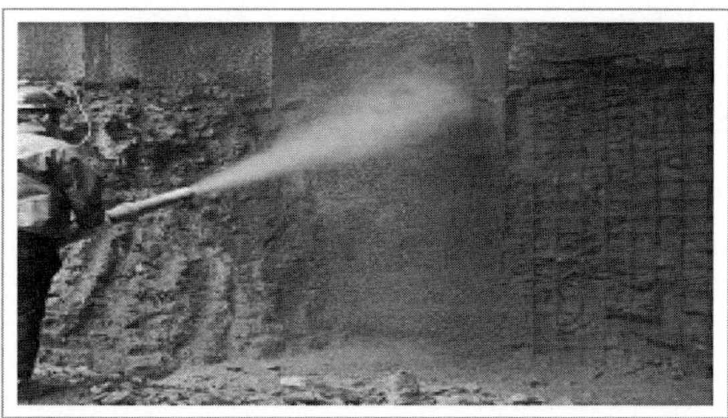

답 안 연 습

모 범 답 안

1. **공법** : 숏크리트 타설공법

2. **포함사항**
   ① 숏크리트의 압송거리
   ② 숏크리트의 분진방지대책
   ③ 숏크리트 리바운드(Rebound) 방지대책
   ④ 숏크리트 작업 시 안전수칙

08 다음은 영상은 밀폐된 공간(잠함, 우물통, 수직갱)을 보여주고 있다. 해당 작업 시 유의사항 3가지를 작성하시오.

답 안 연 습

모 범 답 안

〈산업안전보건기준에 관한 규칙〉

제377조(잠함 등 내부에서의 작업) ① 사업주는 잠함, 우물통, 수직갱, 그 밖에 이와 유사한 건설물 또는 설비(이하 "잠함 등"이라 한다)의 내부에서 굴착작업을 하는 경우에 다음 각 호의 사항을 준수하여야 한다.
  1. 산소 결핍 우려가 있는 경우에는 산소의 농도를 측정하는 사람을 지명하여 측정하도록 할 것
  2. 근로자가 안전하게 오르내리기 위한 설비를 설치할 것
  3. 굴착 깊이가 20미터를 초과하는 경우에는 해당 작업장소와 외부와의 연락을 위한 통신설비 등을 설치할 것
② 사업주는 제1항 제1호에 따른 측정 결과 산소 결핍이 인정되거나 굴착 깊이가 20미터를 초과하는 경우에는 송기(送氣)를 위한 설비를 설치하여 필요한 양의 공기를 공급해야 한다

 ## 2020년 작업형 2회(B형)

01 다음 영상의 터널굴착공법 명칭과 작업계획서에 포함할 사항 3가지를 작성하시오.

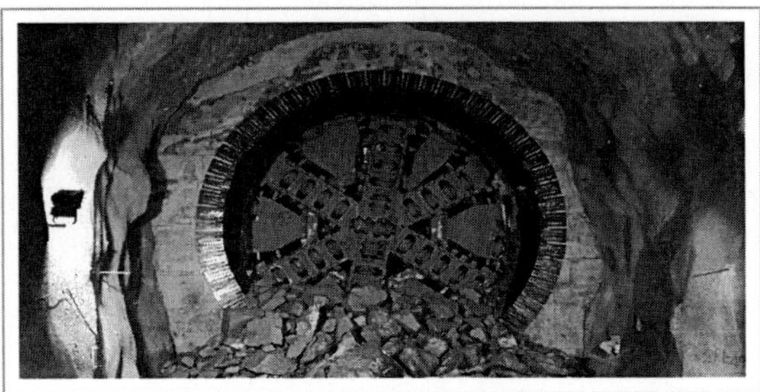

답 안 연 습

모 범 답 안

1. 명칭 : T.B.M(Tunnel Boring Machine)

2. 포함사항

〈산업안전보건기준에 관한 규칙〉
[별표 4] 사전조사 및 작업계획서 내용(제38조 제1항 관련)

작업명	사전조사 내용	작업계획서 내용
7. 터널굴착작업	보링(boring) 등 적절한 방법으로 낙반·출수(出水) 및 가스폭발 등으로 인한 근로자의 위험을 방지하기 위하여 미리 지형·지질 및 지층상태를 조사	가. 굴착의 방법 나. 터널지보공 및 복공(覆工)의 시공방법과 용수(湧水)의 처리방법 다. 환기 또는 조명시설을 설치할 때에는 그 방법

02 다음은 굴착 사면의 모습을 보여주고 있다. 굴착 사면 기울기 기준을 작성하시오.

답 안 연 습

모 범 답 안	
■ 산업안전보건기준에 관한 규칙 [별표 11] 〈개정 2023. 11. 14.〉	

굴착면의 기울기 기준(제339조 제1항 관련)

지반의 종류	굴착면의 기울기
모래	1 : 1.8
연암 및 풍화암	1 : 1.0
경암	1 : 0.5
그 밖의 흙	1 : 1.2

03 다음은 강관틀비계를 보여주고 있다. 강관틀비계의 설치기준 3가지를 작성하시오.

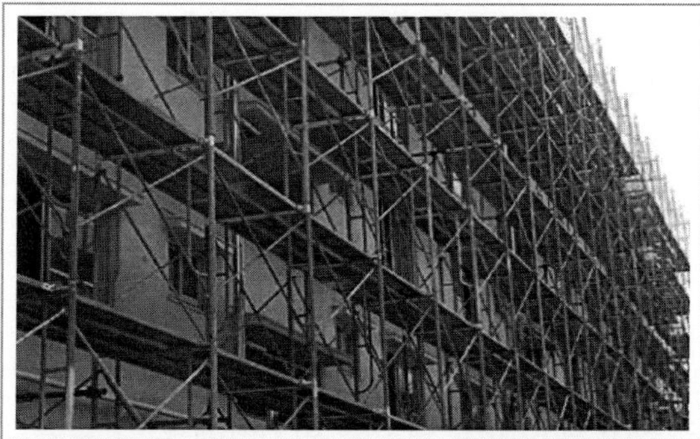

답 안 연 습

모 범 답 안

〈산업안전보건기준에 관한 규칙〉

제62조(강관틀비계) 사업주는 강관틀 비계를 조립하여 사용하는 경우 다음 각 호의 사항을 준수하여야 한다.
1. 비계기둥의 밑둥에는 밑받침 철물을 사용하여야 하며 밑받침에 고저차(高低差)가 있는 경우에는 조절형 밑받침철물을 사용하여 각각의 강관틀비계가 항상 수평 및 수직을 유지하도록 할 것
2. 높이가 20미터를 초과하거나 중량물의 적재를 수반하는 작업을 할 경우에는 주틀 간의 간격을 1.8미터 이하로 할 것
3. 주틀 간에 교차 가새를 설치하고 최상층 및 5층 이내마다 수평재를 설치할 것
4. 수직방향으로 6미터, 수평방향으로 8미터 이내마다 벽이음을 할 것
5. 길이가 띠장 방향으로 4미터 이하이고 높이가 10미터를 초과하는 경우에는 10미터 이내마다 띠장 방향으로 버팀기둥을 설치할 것

04 다음 영상은 철골 인양작업을 보여주고 있다. 재해방지조치 3가지를 작성하시오.

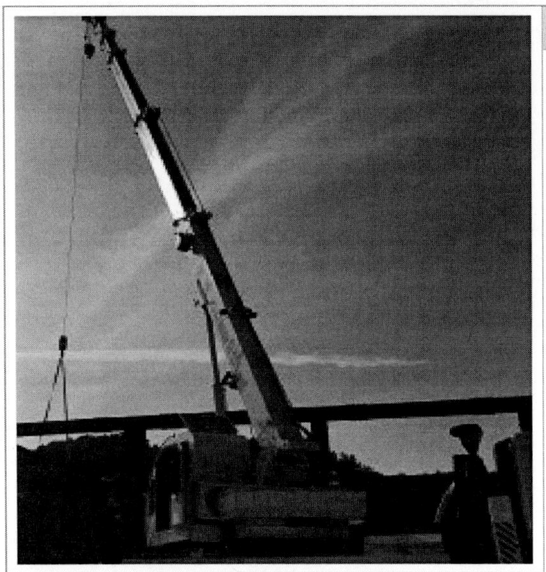

답 안 연 습

모 범 답 안

① 작업반경 내 근로자 출입금지
② 신호수 배치
③ 하수관로 등 인양 시 2개소 묶어서 운반

05 다음 영상은 안전대를 미착용한 A 작업자와 B 작업자가 작업발판과 안전난간이 미설치된 비계 상부에서 거푸집을 옮기는 도중에 거푸집이 낙하하여 낙하물 방지망에 걸린 모습을 보여주고 있다. 추락위험요인과 낙하위험요인을 각각 3가지 작성하시오.

답 안 연 습

모 범 답 안

1. **추락위험요인**
　　① 안전대 미착용　　② 작업발판 미설치　　③ 안전난간 미설치

2. **낙하위험요인**
　　① 낙하물 방지망 미설치　　② 수직보호망 미설치　　③ 방호선반 미설치

06 다음 영상은 말비계를 보여주고 있다. 말비계 설치기준 3가지를 작성하시오.

답 안 연 습

모 범 답 안

〈산업안전보건기준에 관한 규칙〉

제67조(말비계) 사업주는 말비계를 조립하여 사용하는 경우에 다음 각 호의 사항을 준수하여야 한다.
1. 지주부재(支柱部材)의 하단에는 미끄럼 방지장치를 하고, 근로자가 양측 끝부분에 올라서서 작업하지 않도록 할 것
2. 지주부재와 수평면의 기울기를 75도 이하로 하고, 지주부재와 지주부재 사이를 고정시키는 보조부재를 설치할 것
3. 말비계의 높이가 2미터를 초과하는 경우에는 작업발판의 폭을 40센티미터 이상으로 할 것

07 다음은 건설현장의 안전난간을 보여주고 있다. 안전난간의 구조 및 설치요건에 관해 3가지를 작성하시오.

답 안 연 습

모 범 답 안

〈산업안전보건기준에 관한 규칙〉

제13조(안전난간의 구조 및 설치요건) 사업주는 근로자의 추락 등의 위험을 방지하기 위하여 안전난간을 설치하는 경우 다음 각 호의 기준에 맞는 구조로 설치하여야 한다. 〈개정 2023. 11. 14.〉
1. 상부 난간대, 중간 난간대, 발끝막이판 및 난간기둥으로 구성할 것. 다만, 중간 난간대, 발끝막이판 및 난간기둥은 이와 비슷한 구조와 성능을 가진 것으로 대체할 수 있다.

2. 상부 난간대는 바닥면·발판 또는 경사로의 표면(이하 "바닥면 등"이라 한다)으로부터 90센티미터 이상 지점에 설치하고, 상부 난간대를 120센티미터 이하에 설치하는 경우에는 중간 난간대는 상부 난간대와 바닥면 등의 중간에 설치하여야 하며, 120센티미터 이상 지점에 설치하는 경우에는 중간 난간대를 2단 이상으로 균등하게 설치하고 난간의 상하 간격은 60센티미터 이하가 되도록 할 것. 다만, 계단의 개방된 측면에 설치된 난간기둥 간의 간격이 25센티미터 이하인 경우에는 중간 난간대를 설치하지 아니할 수 있다.

3. 발끝막이판은 바닥면 등으로부터 10센티미터 이상의 높이를 유지할 것. 다만, 물체가 떨어지거나 날아올 위험이 없거나 그 위험을 방지할 수 있는 망을 설치하는 등 필요한 예방 조치를 한 장소는 제외한다.

4. 난간기둥은 상부 난간대와 중간 난간대를 견고하게 떠받칠 수 있도록 적정한 간격을 유지할 것

5. 상부 난간대와 중간 난간대는 난간 길이 전체에 걸쳐 바닥면 등과 평행을 유지할 것

6. 난간대는 지름 2.7센티미터 이상의 금속제 파이프나 그 이상의 강도가 있는 재료일 것

7. 안전난간은 구조적으로 가장 취약한 지점에서 가장 취약한 방향으로 작용하는 100킬로그램 이상의 하중에 견딜 수 있는 튼튼한 구조일 것

08 다음은 영상은 장약 작업하는 모습을 보여주고 있다. 준수사항 3가지를 작성하시오.

답 안 연 습

모 범 답 안
① 발파공 내 약포의 압착불량
② 천공작업 후 장약작업을 실시하고 천공 및 장약의 동시작업을 하지 않음
③ 장진물에 솜, 종이 등을 사용하지 않음

2020년 작업형 2회(C형)

01 다음 영상에서 발생한 재해의 종류와 재해 원인, 방지 대책을 작성하시오.

<table>
<tr><td>답 안 연 습</td></tr>
</table>

모 범 답 안

1. **재해 종류** : 낙하
2. **재해 원인** : 1줄 걸이 인양
3. **방지 대책** : 2줄 걸이 인양

02 다음 영상은 건축물 외벽 석재 마감공사 현장을 보여주고 있다. 불완전한 요소 3가지를 작성하시오.

<table>
<tr><td>답 안 연 습</td></tr>
</table>

모 범 답 안

① 작업발판 끝부분에 안전난간 미설치로 인한 작업자의 추락위험
② 고소작업(2m 이상) 시에는 작업발판 미설치로 인한 추락위험
③ 외부비계 통로 위에 대리석이 적치되어 안전통로 미확보로 인한 추락위험

03 다음 영상의 차량계 건설기계의 명칭과 용도를 각각 작성하시오.

답 안 연 습

모 범 답 안

1. **명칭** : 불도저
2. **용도** : 적재 및 운반, 굴착, 지반고르기

04 다음 영상은 비계해체작업을 보여주고 있다. 작업자가 해체된 비계를 아래로 던지고 있다. 비계해체 작업 시 안전기준 3가지를 작성하시오.

답 안 연 습

모 범 답 안

〈산업안전보건기준에 관한 규칙〉

제57조(비계 등의 조립·해체 및 변경) ① 사업주는 달비계 또는 높이 5미터 이상의 비계를 조립·해체하거나 변경하는 작업을 하는 경우 다음 각 호의 사항을 준수하여야 한다.
  1. 근로자가 관리감독자의 지휘에 따라 작업하도록 할 것
  2. 조립·해체 또는 변경의 시기·범위 및 절차를 그 작업에 종사하는 근로자에게 주지시킬 것
  3. 조립·해체 또는 변경 작업구역에는 해당 작업에 종사하는 근로자가 아닌 사람의 출입을 금지하고 그 내용을 보기 쉬운 장소에 게시할 것
  4. 비, 눈, 그 밖의 기상상태의 불안정으로 날씨가 몹시 나쁜 경우에는 그 작업을 중지시킬 것
  5. 비계재료의 연결·해체작업을 하는 경우에는 폭 20센티미터 이상의 발판을 설치하고 근로자로 하여금 안전대를 사용하도록 하는 등 추락을 방지하기 위한 조치를 할 것
  6. 재료·기구 또는 공구 등을 올리거나 내리는 경우에는 근로자가 달줄 또는 달포대 등을 사용하게 할 것

05 다음 영상은 호이스트 정기점검 중 작업자의 감전사고가 발생한 모습을 보여주고 있다. 이와 같은 재해를 방지하고자 할 때 착용해야 하는 보호구를 작성하시오.

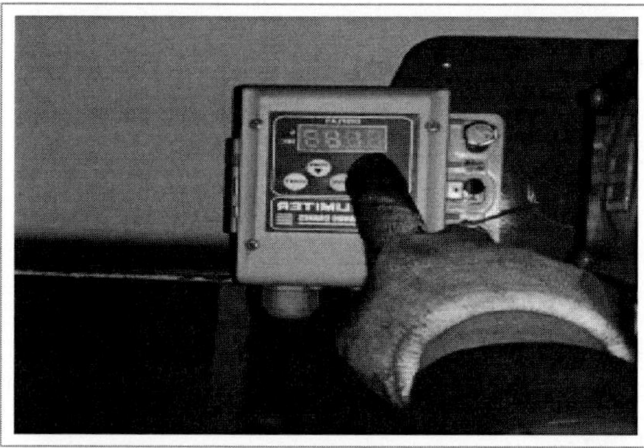

답 안 연 습

모 범 답 안
내전압용 절연장갑

06 다음 영상은 거푸집 동바리(pipe support)가 설치된 장면을 보여주고 있다. 거푸집 동바리 침하 방지조치 3가지를 작성하시오.

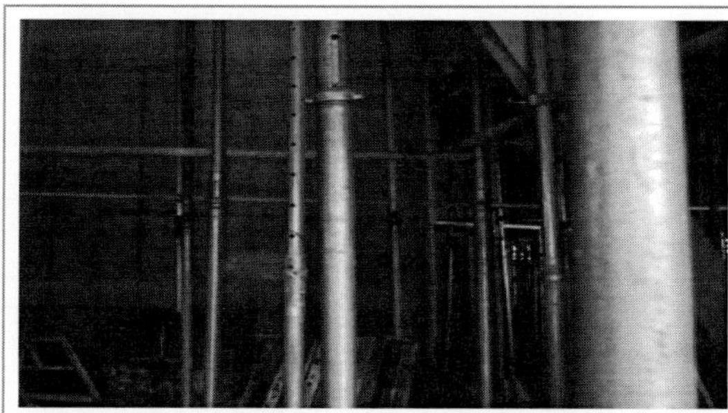

답 안 연 습

모 범 답 안
제332조(동바리 조립 시의 안전조치) 사업주는 동바리를 조립하는 경우에는 하중의 지지상태를 유지할 수 있도록 다음 각 호의 사항을 준수해야 한다. 1. 받침목이나 깔판의 사용, 콘크리트 타설, 말뚝박기 등 동바리의 침하를 방지하기 위한 조치를 할 것 2. 동바리의 상하 고정 및 미끄러짐 방지 조치를 할 것 3. 상부·하부의 동바리가 동일 수직선상에 위치하도록 하여 깔판·받침목에 고정시킬 것 4. 개구부 상부에 동바리를 설치하는 경우에는 상부하중을 견딜 수 있는 견고한 받침대를 설치할 것 5. U헤드 등의 단판이 없는 동바리의 상단에 멍에 등을 올릴 경우에는 해당 상단에 U헤드 등의 단판을 설치하고, 멍에 등이 전도되거나 이탈되지 않도록 고정시킬 것 6. 동바리의 이음은 같은 품질의 재료를 사용할 것 7. 강재의 접속부 및 교차부는 볼트·클램프 등 전용철물을 사용하여 단단히 연결할 것 8. 거푸집의 형상에 따른 부득이한 경우를 제외하고는 깔판이나 받침목은 2단 이상 끼우지 않도록 할 것 9. 깔판이나 받침목을 이어서 사용하는 경우에는 그 깔판·받침목을 단단히 연결할 것

07 다음은 영상은 터널굴착작업을 보여주고 있다. 터널굴착작업을 할 때, 자동경보장치에 관해 당일 작업시작 전 이상 발견 시 즉시 보수해야 하는 3가지를 작성하시오.

답 안 연 습

모 범 답 안

〈산업안전보건기준에 관한 규칙〉

제350조(인화성 가스의 농도측정 등)

④ 사업주는 제2항 및 제3항에 따른 자동경보장치에 대하여 당일 작업 시작 전 다음 각 호의 사항을 점검하고 이상을 발견하면 즉시 보수하여야 한다.

　1. 계기의 이상 유무
　2. 검지부의 이상 유무
　3. 경보장치의 작동상태
　　 제2속 낙반 등에 의한 위험의 방지

08 다음 영상은 지반굴착작업을 보여주고 있다. 굴착시기와 작업순서를 정하기 위한 사전조사 사항 3가지를 작성하시오.

답 안 연 습

모 범 답 안

① 형상 · 지질 및 지층의 상태
② 균열 · 함수 · 용수 및 동결의 유무 또는 상태
③ 매설물 등의 유무 또는 상태
④ 지반의 지하수위 상태

 **2020년 작업형 2회(D형)**

01 다음은 항타기 · 항발기의 작업 모습을 보여주고 있다. 작업 시 도괴 방지 준수사항 3가지를 작성하시오.

답 안 연 습

모 범 답 안

〈산업안전보건기준에 관한 규칙〉

제207조(조립 · 해체 시 점검사항) ① 사업주는 항타기 또는 항발기를 조립하거나 해체하는 경우 다음 각 호의 사항을 준수해야 한다. 〈신설 2022. 10. 18.〉
1. 항타기 또는 항발기에 사용하는 권상기에 쐐기장치 또는 역회전방지용 브레이크를 부착할 것
2. 항타기 또는 항발기의 권상기가 들리거나 미끄러지거나 흔들리지 않도록 설치할 것
3. 그 밖에 조립 · 해체에 필요한 사항은 제조사에서 정한 설치 · 해체 작업 설명서에 따를 것

제209조(무너짐의 방지) 사업주는 동력을 사용하는 항타기 또는 항발기에 대하여 무너짐을 방지하기 위하여 다음 각 호의 사항을 준수해야 한다. 〈개정 2023. 11. 14.〉
1. 연약한 지반에 설치하는 경우에는 아웃트리거 · 받침 등 지지구조물의 침하를 방지하기 위하여 깔판 · 받침목 등을 사용할 것
2. 시설 또는 가설물 등에 설치하는 경우에는 그 내력을 확인하고 내력이 부족하면 그 내력을 보강할 것
3. 아웃트리거 · 받침 등 지지구조물이 미끄러질 우려가 있는 경우에는 말뚝 또는 쐐기 등을 사용하여 해당 지지구조물을 고정시킬 것
4. 궤도 또는 차로 이동하는 항타기 또는 항발기에 대해서는 불시에 이동하는 것을 방지하기 위하여 레일 클램프(rail clamp) 및 쐐기 등으로 고정시킬 것
5. 상단 부분은 버팀대 · 버팀줄로 고정하여 안정시키고, 그 하단 부분은 견고한 버팀 · 말뚝 또는 철골 등으로 고정시킬 것

02 다음 영상은 철골작업을 보여주고 있다. 작업중지를 해야 하는 기후조건 3가지를 작성하시오.

<table>
<tr><td>답 안 연 습</td></tr>
</table>

모 범 답 안

〈산업안전보건기준에 관한 규칙〉

제383조(작업의 제한) 사업주는 다음 각 호의 어느 하나에 해당하는 경우에 철골작업을 중지하여야 한다.
  1. 풍속이 초당 10미터 이상인 경우
  2. 강우량이 시간당 1밀리미터 이상인 경우
  3. 강설량이 시간당 1센티미터 이상인 경우

03 다음 영상은 건설작업용 리프트 설치장소에서 작업자가 손수레에 모래를 싣고 있는 모습을 보여주고 있다. 안전모 턱끈을 제대로 착용하지 않은 작업자는 개구부 안전난간이 해체된 곳으로 추락한다. 이때의 재해유형, 재해발생 원인, 리프트 안전장치 3가지를 작성하시오.

<table>
<tr><td>답 안 연 습</td></tr>
</table>

모 범 답 안

1. **재해 유형 : 추락**

2. **발생 원인**
  ① 개구부 안전난간 미설치
  ② 울타리 미설치

3. **안전장치**
  ① 과부하방지장치
  ② 권과방지장치
  ③ 비상정지장치
  ④ 제동장치

04 다음 영상은 거푸집을 인양하는 모습을 보여주고 있다. 낙하위험 방지 대책을 작성하시오.

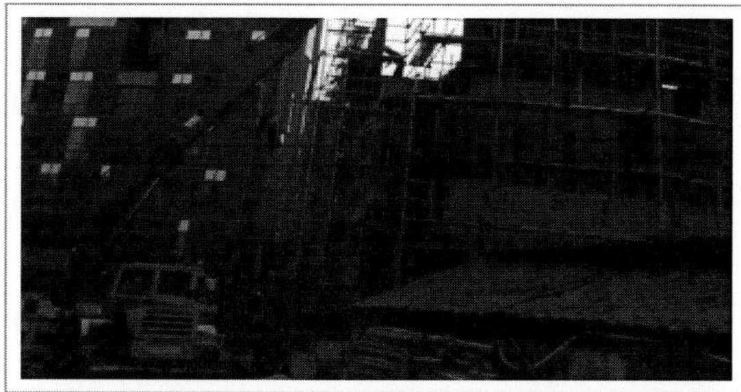

답 안 연 습

모 범 답 안
거푸집을 2줄 걸이로 인양

05 다음 영상은 옥상부에 지브크레인을 설치한 모습을 보여주고 있다. 크레인 설치 시 구조적 안전성 확보를 위한 사전 검토사항 3가지를 작성하시오.

답 안 연 습

모 범 답 안
① 전도 – 모멘트 ② 활동 ③ 지반 – 지지력

06 다음 영상은 작업장 주변 도로에 적색 고깔로만 표시하여 도로포장 작업을 하고 있는 모습을 보여준다. 도로 경계면에 설치해야 할 시설 2가지를 작성하시오.

답 안 연 습

모 범 답 안
① 바리게이트 ② 연석

07 다음 영상은 철골구조물을 보여주고 있다. 강풍에 의한 풍압 등 외압에 대한 내력을 고려해야 하는 구조물 3가지를 작성하시오.

답 안 연 습

모 범 답 안
① 구조물의 폭과 높이의 비가 1 : 4 이상인 구조물
② 단면구조가 현저한 차이가 있는 구조물
③ 기둥이 타이플레이트형인 구조물
④ 이음부가 현장용접인 구조물

08 다음 건설기계의 명칭을 작성하시오.

답 안 연 습

모 범 답 안
콘크리트 펌프카

2021년 작업형 1회(A형)

01 다음은 엘리베이트 PIT Hall의 모습을 보여주고 있다. 작업발판 및 통로의 끝이나 개구부로서 근로자가 추락할 위험이 있는 장소에 설치해야 하는 안전시설물 3가지를 작성하시오.

답 안 연 습

모 범 답 안

〈산업안전보건기준에 관한 규칙〉

제43조(개구부 등의 방호 조치) ① 사업주는 작업발판 및 통로의 끝이나 개구부로서 근로자가 추락할 위험이 있는 장소에는 안전난간, 울타리, 수직형 추락방망 또는 덮개 등(이하 이 조에서 "난간 등"이라 한다)의 방호 조치를 충분한 강도를 가진 구조로 튼튼하게 설치하여야 하며, 덮개를 설치하는 경우에는 뒤집히거나 떨어지지 않도록 설치하여야 한다. 이 경우 어두운 장소에서도 알아볼 수 있도록 개구부임을 표시해야 하며, 수직형 추락방망은 제12조에 따른 한국산업표준에서 정하는 성능기준에 적합한 것을 사용해야 한다. 〈개정 2022. 10. 18.〉
② 사업주는 난간 등을 설치하는 것이 매우 곤란하거나 작업의 필요상 임시로 난간 등을 해체하여야 하는 경우 제42조 제2항 각 호의 기준에 맞는 추락방호망을 설치하여야 한다. 다만, 추락방호망을 설치하기 곤란한 경우에는 근로자에게 안전대를 착용하도록 하는 등 추락할 위험을 방지하기 위하여 필요한 조치를 하여야 한다. 〈개정 2017. 12. 28.〉

02 다음은 아파트 건설현장에 적설이 된 모습을 보여주고 있다. 폭설이나 작업장에 한파가 온 경우 현장 조치사항 3가지를 작성하시오.

답 안 연 습

모 범 답 안

① 적설하중에 취약한 가설구조물 및 가시설 상부에 적재된 눈을 제거한다.
② 현장 통로, 즉 작업발판 및 가설계단의 눈을 제거하여 결빙으로 인한 전도사고를 미연에 방지한다.
③ 전도로 인해 추락의 위험이 있을 경우 기 설치된 안전시설물, 안전난간대 등을 확실히 점검한다.
④ 결빙의 우려가 있는 부위에는 신속히 눈을 제거하고 염화칼슘을 살포하여 결빙되지 않도록 유의한다.
⑤ 염화칼슘으로 인해 콘크리트 등 품질에 영향을 미칠 우려가 있는 경우 모래를 살포하거나 부직포를 까는 등 적절한 조치를 한다.
⑥ 적설된 현장에 미처 제설 및 결빙 예방조치가 완료되지 않은 경우 작업자의 출입을 통제하도록 한다.
⑦ 혹한으로 인해 작업자의 건강상 악영향을 미칠 우려가 있는 경우 방한복 등을 준비하여 착용하도록 하며, 동상, 수지백지 증후군 등을 예방하도록 한다.
⑧ 근로자에게 혹한을 피할 수 있는 적합한 난방시설 및 난방용품을 제공한다.
⑨ 작업을 진행하는 경우 작업자에게 적절한 휴식시간을 제공하거나, 작업진행이 어려울 경우 작업을 중지한다.

03 다음은 작업자가 이동식 비계에 올라가서 작업하고 내려오다 추락하는 모습을 보여주고 있다. 이동식 비계 조립 시 작업 준수사항을 작성하시오.

답 안 연 습

모 범 답 안

〈산업안전보건기준에 관한 규칙〉

제68조(이동식비계) 사업주는 이동식비계를 조립하여 작업을 하는 경우에는 다음 각 호의 사항을 준수하여야 한다.

1. 이동식비계의 바퀴에는 뜻밖의 갑작스러운 이동 또는 전도를 방지하기 위하여 브레이크·쐐기 등으로 바퀴를 고정시킨 다음 비계의 일부를 견고한 시설물에 고정하거나 아웃트리거를 설치하는 등 필요한 조치를 할 것
2. 승강용사다리는 견고하게 설치할 것
3. 비계의 최상부에서 작업을 하는 경우에는 안전난간을 설치할 것
4. 작업발판은 항상 수평을 유지하고 작업발판 위에서 안전난간을 딛고 작업을 하거나 받침대 또는 사다리를 사용하여 작업하지 않도록 할 것
5. 작업발판의 최대적재하중은 250킬로그램을 초과하지 않도록 할 것

04 다음은 작업자가 손수레에 모래를 가득 싣고 리프트를 타고 올라가고, 리프트에서 내린 후 장난치며 뒤로 가면서 모래를 뿌리고 있는 모습을 보여주고 있다. 리프트 개구부 안전난간이 해체된 상태이며, 작업자가 안전모의 턱끈을 푼 상태에서 손수레를 내려놓고 뒷걸음질 치다 뒤로 추락하게 되었다. 이러한 안전사고를 미연에 방지하기 위한 위험방지대책 2가지를 작성하시오.

답 안 연 습

모 범 답 안
① 작업자에게 안전대를 착용하도록 지시하여 추락에 대비한다.
② 안전난간을 설치하여 추락사고에 대비한다.

05 거푸집을 조립하는 경우 콘크리트 하중 등 외력에 의한 거푸집의 터짐을 방지하기 위한 조치 2가지를 작성하시오.

답 안 연 습

모 범 답 안
〈산업안전보건기준에 관한 규칙〉
제331조의2(거푸집 조립 시의 안전조치) 사업주는 거푸집을 조립하는 경우에는 다음 각 호의 사항을 준수해야 한다.
1. 거푸집을 조립하는 경우에는 거푸집이 콘크리트 하중이나 그 밖의 외력에 견딜 수 있거나, 넘어지지 않도록 견고한 구조의 긴결재(콘크리트를 타설할 때 거푸집이 변형되지 않게 연결하여 고정하는 재료를 말한다), 버팀대 또는 지지대를 설치하는 등 필요한 조치를 할 것

06 다음은 굴착작업 모습을 보여주고 있다. 풍화암의 굴착 기울기 구배를 작성하시오.

<table>
<tr><td colspan="2" align="center">답 안 연 습</td></tr>
<tr><td colspan="2" align="center">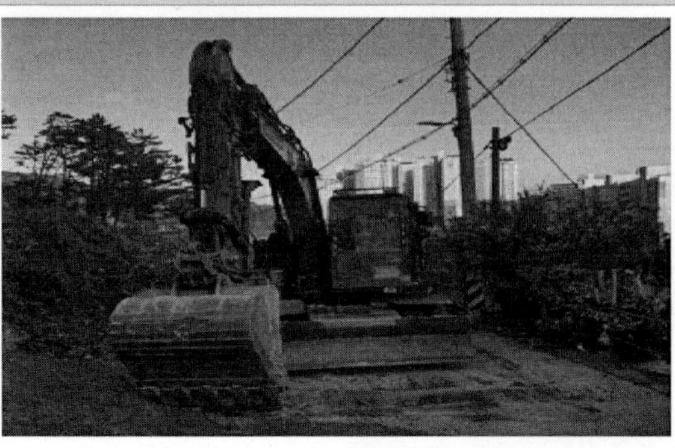</td></tr>
</table>

굴착면의 기울기 기준(제339조 제1항 관련)

지반의 종류	굴착면의 기울기
모래	1 : 1.8
연암 및 풍화암	1 : (①)
경암	1 : (②)
그 밖의 흙	1 : (③)

모 범 답 안

■ 산업안전보건기준에 관한 규칙 [별표 11] 〈개정 2023. 11. 14.〉

굴착면의 기울기 기준(제339조 제1항 관련)

지반의 종류	굴착면의 기울기
모래	1 : 1.8
연암 및 풍화암	1 : 1.0
경암	1 : 0.5
그 밖의 흙	1 : 1.2

비고
1. 굴착면의 기울기는 굴착면의 높이에 대한 수평거리의 비율을 말한다.
2. 굴착면의 경사가 달라서 기울기를 계산하기가 곤란한 경우에는 해당 굴착면에 대하여 지반의 종류별 굴착면의 기울기에 따라 붕괴의 위험이 증가하지 않도록 위 표의 지반의 종류별 굴착면의 기울기에 맞게 해당 각 부분의 경사를 유지해야 한다.

07 다음은 하수관로 매설작업 모습을 보여주고 있다. 위험요인과 해결방안을 각각 3가지 작성하시오.

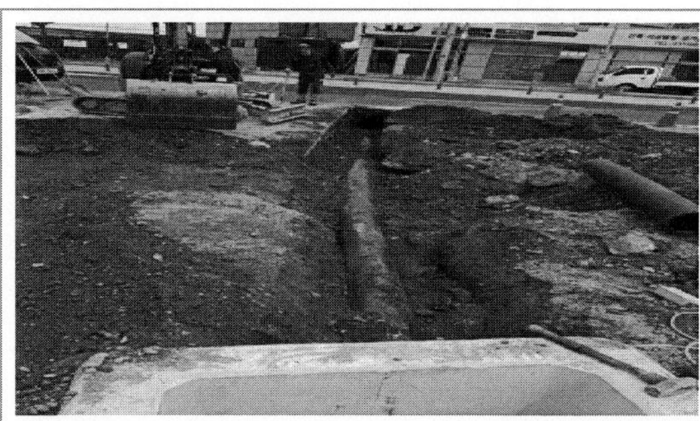

<table>
<tr><td>답 안 연 습</td></tr>
</table>

모 범 답 안

1. 위험요인

① 현장주변 정리가 되어있지 않다.

② 신호수가 배치되지 않았다.

③ 흄관을 1줄 걸이하여 사용하고 있다.

④ 작업자가 별다른 도구 없이 맨손으로 흄관을 이동시키고 있어 끼임사고의 우려가 있다.

⑤ 작업현장에 다른 작업자가 출입하였다.

⑥ 인양하는 와이어로프가 매우 엉켜있다.

2. 해결방안

① 현장 주변 정리를 철저하게 한다.

② 신호수를 배치하여 안전사고를 미연에 대비한다.

③ 흄관을 2줄 걸이로 하여 흄관의 낙하 등으로 인한 사고에 대비한다.

④ 흄관으로 인한 작업자의 끼임 사고에 대비한다.

⑤ 작업장에 출입금지구역을 설정하여 다른 작업자의 출입을 통제한다.

⑥ 꼬인 와이어로프는 즉시 확인하여 교체한다.

08 다음은 가스용기를 운반하는 모습을 보여 주고 있다. 가스 용기 운반 시와 용접 작업 시 준수사항을 각각 2가지 작성하시오.

<table>
<tr><td>답 안 연 습</td></tr>
</table>

모 범 답 안

〈산업안전보건기준에 관한 규칙〉

제234조(가스 등의 용기) 사업주는 금속의 용접·용단 또는 가열에 사용되는 가스 등의 용기를 취급하는 경우에 다음 각 호의 사항을 준수하여야 한다.

1. 다음 각 목의 어느 하나에 해당하는 장소에서 사용하거나 해당 장소에 설치·저장 또는 방치하지 않도록 할 것
   가. 통풍이나 환기가 불충분한 장소
   나. 화기를 사용하는 장소 및 그 부근
   다. 위험물 또는 제236조에 따른 인화성 액체를 취급하는 장소 및 그 부근
2. 용기의 온도를 섭씨 40도 이하로 유지할 것
3. 전도의 위험이 없도록 할 것
4. 충격을 가하지 않도록 할 것
5. 운반하는 경우에는 캡을 씌울 것
6. 사용하는 경우에는 용기의 마개에 부착되어 있는 유류 및 먼지를 제거할 것
7. 밸브의 개폐는 서서히 할 것
8. 사용 전 또는 사용 중인 용기와 그 밖의 용기를 명확히 구별하여 보관할 것
9. 용해아세틸렌의 용기는 세워 둘 것
10. 용기의 부식·마모 또는 변형상태를 점검한 후 사용할 것

제233조(가스용접 등의 작업) 사업주는 인화성 가스, 불활성 가스 및 산소(이하 "가스 등"이라 한다)를 사용하여 금속의 용접·용단 또는 가열작업을 하는 경우에는 가스 등의 누출 또는 방출로 인한 폭발·화재 또는 화상을 예방하기 위해 다음 각 호의 사항을 준수해야 한다. 〈개정 2021. 5. 28.〉

1. 가스 등의 호스와 취관(吹管)은 손상·마모 등에 의하여 가스 등이 누출할 우려가 없는 것을 사용할 것
2. 가스 등의 취관 및 호스의 상호 접촉부분은 호스밴드, 호스클립 등 조임기구를 사용하여 가스 등이 누출되지 않도록 할 것
3. 가스 등의 호스에 가스 등을 공급하는 경우에는 미리 그 호스에서 가스 등이 방출되지 않도록 필요한 조치를 할 것
4. 사용 중인 가스 등을 공급하는 공급구의 밸브나 콕에는 그 밸브나 콕에 접속된 가스 등의 호스를 사용하는 사람의 이름표를 붙이는 등 가스 등의 공급에 대한 오조작을 방지하기 위한 표시를 할 것
5. 용단작업을 하는 경우에는 취관으로부터 산소의 과잉방출로 인한 화상을 예방하기 위하여 근로자가 조절밸브를 서서히 조작하도록 주지시킬 것
6. 작업을 중단하거나 마치고 작업장소를 떠날 경우에는 가스 등의 공급구의 밸브나 콕을 잠글 것
7. 가스 등의 분기관은 전용 접속기구를 사용하여 불량체결을 방지하여야 하며, 서로 이어지지 않는 구조의 접속기구 사용, 서로 다른 색상의 배관·호스의 사용 및 꼬리표 부착 등을 통하여 서로 다른 가스배관과의 불량체결을 방지할 것

2021년 작업형 1회(B형)

01 다음은 호이스트의 모습을 보여주고 있다. 방호장치 3가지를 작성하시오.

답 안 연 습

모 범 답 안

〈산업안전보건기준에 관한 규칙〉

제134조(방호장치의 조정) ① 사업주는 다음 각 호의 양중기에 과부하방지장치, 권과방지장치(捲過防止裝置), 비상정지장치 및 제동장치, 그 밖의 방호장치[승강기의 파이널 리미트 스위치(final limit switch), 속도조절기, 출입문 인터 록(inter lock) 등을 말한다]가 정상적으로 작동될 수 있도록 미리 조정해 두어야 한다. 〈개정 2017. 3. 3., 2019. 4. 19.〉

  1. 크레인

  2. 이동식 크레인

  3. 삭제 〈2019. 4. 19.〉

  4. 리프트

  5. 곤돌라

  6. 승강기

② 제1항 제1호 및 제2호의 양중기에 대한 권과방지장치는 훅 · 버킷 등 달기구의 윗면(그 달기구에 권상용 도르래가 설치된 경우에는 권상용 도르래의 윗면)이 드럼, 상부 도르래, 트롤리프레임 등 권상장치의 아랫면과 접촉할 우려가 있는 경우에 그 간격이 0.25미터 이상[직동식(直動式) 권과방지장치는 0.05미터 이상으로 한다]이 되도록 조정하여야 한다.

③ 제2항의 권과방지장치를 설치하지 않은 크레인에 대해서는 권상용 와이어로프에 위험표시를 하고 경보장치를 설치하는 등 권상용 와이어로프가 지나치게 감겨서 근로자가 위험해질 상황을 방지하기 위한 조치를 하여야 한다.

작업형 기출문제

02 다음은 작업자가 작업하는 공간을 보여주고 있다. 작업장소의 조도 기준을 작성하시오.

답 안 연 습

모 범 답 안

〈산업안전보건기준에 관한 규칙〉

제8조(조도) 사업주는 근로자가 상시 작업하는 장소의 작업면 조도(照度)를 다음 각 호의 기준에 맞도록 하여야 한다. 다만, 갱내(坑內) 작업장과 감광재료(感光材料)를 취급하는 작업장은 그러하지 아니하다.
  1. 초정밀작업 : 750럭스(lux) 이상
  2. 정밀작업 : 300럭스 이상
  3. 보통작업 : 150럭스 이상
  4. 그 밖의 작업 : 75럭스 이상

03 다음은 항타기·항발기의 작업모습을 보여주고 있다. 도괴방지를 위한 조치사항 3가지를 작성하시오.

답 안 연 습

모 범 답 안

제209조(무너짐의 방지) 사업주는 동력을 사용하는 항타기 또는 항발기에 대하여 무너짐을 방지하기 위하여 다음 각 호의 사항을 준수해야 한다. 〈개정 2023. 11. 14.〉
1. 연약한 지반에 설치하는 경우에는 아웃트리거·받침 등 지지구조물의 침하를 방지하기 위하여 깔판·받침목 등을 사용할 것
2. 시설 또는 가설물 등에 설치하는 경우에는 그 내력을 확인하고 내력이 부족하면 그 내력을 보강할 것
3. 아웃트리거·받침 등 지지구조물이 미끄러질 우려가 있는 경우에는 말뚝 또는 쐐기 등을 사용하여 해당 지지구조물을 고정시킬 것
4. 궤도 또는 차로 이동하는 항타기 또는 항발기에 대해서는 불시에 이동하는 것을 방지하기 위하여 레일 클램프(rail clamp) 및 쐐기 등으로 고정시킬 것
5. 상단 부분은 버팀대·버팀줄로 고정하여 안정시키고, 그 하단 부분은 견고한 버팀·말뚝 또는 철골 등으로 고정시킬 것

04 다음은 안전모의 턱끈을 조이지 않은 작업자가 작업발판 없는 곳에서 비계를 밟고 앉아 그 물을 보수하다가 추락하는 모습이다. 추락방지 대책 및 낙하물방지망 기준에 관해 작성하시오.

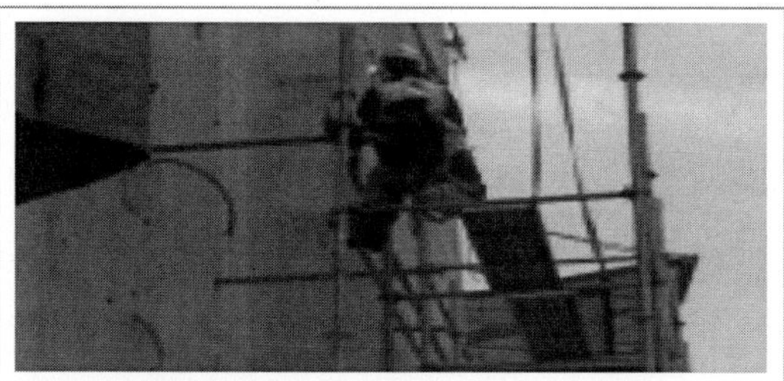

답 안 연 습

모 범 답 안

〈산업안전보건기준에 관한 규칙〉

제42조(추락의 방지) ① 사업주는 근로자가 추락하거나 넘어질 위험이 있는 장소[작업발판의 끝·개구부(開口部) 등을 제외한다]또는 기계·설비·선박블록 등에서 작업을 할 때에 근로자가 위험해질 우려가 있는 경우 비계(飛階)를 조립하는 등의 방법으로 작업발판을 설치하여야 한다.

② 사업주는 제1항에 따른 작업발판을 설치하기 곤란한 경우 다음 각 호의 기준에 맞는 추락방호망을 설치해야 한다. 다만, 추락방호망을 설치하기 곤란한 경우에는 근로자에게 안전대를 착용하도록 하는 등 추락위험을 방지하기 위해 필요한 조치를 해야 한다. 〈개정 2017. 12. 28., 2021. 5. 28.〉

 1. 추락방호망의 설치위치는 가능하면 작업면으로부터 가까운 지점에 설치하여야 하며, 작업면으로부터 망의 설치지점까지의 수직거리는 10미터를 초과하지 아니할 것
 2. 추락방호망은 수평으로 설치하고, 망의 처짐은 짧은 변 길이의 12퍼센트 이상이 되도록 할 것
 3. 건축물 등의 바깥쪽으로 설치하는 경우 추락방호망의 내민 길이는 벽면으로부터 3미터 이상 되도록 할 것. 다만, 그물코가 20밀리미터 이하인 추락방호망을 사용한 경우에는 제14조 제3항에 따른 낙하물 방지망을 설치한 것으로 본다.

③ 사업주는 추락방호망을 설치하는 경우에는 따른 한국산업표준에서 정하는 성능기준에 적합한 추락방호망을 사용하여야 한다. 〈신설 2017. 12. 28., 2023. 10. 18.〉

제14조(낙하물에 의한 위험의 방지) ① 사업주는 작업장의 바닥, 도로 및 통로 등에서 낙하물이 근로자에게 위험을 미칠 우려가 있는 경우 보호망을 설치하는 등 필요한 조치를 하여야 한다.

② 사업주는 작업으로 인하여 물체가 떨어지거나 날아올 위험이 있는 경우 낙하물 방지망, 수직보호망 또는 방호선반의 설치, 출입금지구역의 설정, 보호구의 착용 등 위험을 방지하기 위하여 필요한 조치를 하여야 한다. 이 경우 낙하물 방지망 및 수직보호망은 「산업표준화법」12조에 따른 한국산업표준에서 정하는 성능기준에 적합한 것을 사용하여야 한다. 〈개정 2022. 10. 18.〉

③ 제2항에 따라 낙하물 방지망 또는 방호선반을 설치하는 경우에는 다음 각 호의 사항을 준수하여야 한다.

 1. 높이 10미터 이내마다 설치하고, 내민 길이는 벽면으로부터 2미터 이상으로 할 것
 2. 수평면과의 각도는 20도 이상 30도 이하를 유지할 것

05 다음은 휴식시간에 작업자 3명이 흡연을 한 후, 2명은 밀폐공간에 들어가 작업을 하고 있다가 잠시 후 작업자가 쓰러진 모습을 보여주고 있다. 산소결핍이 우려되는 상황에서 작업 시 준수사항 3가지를 작성하시오.

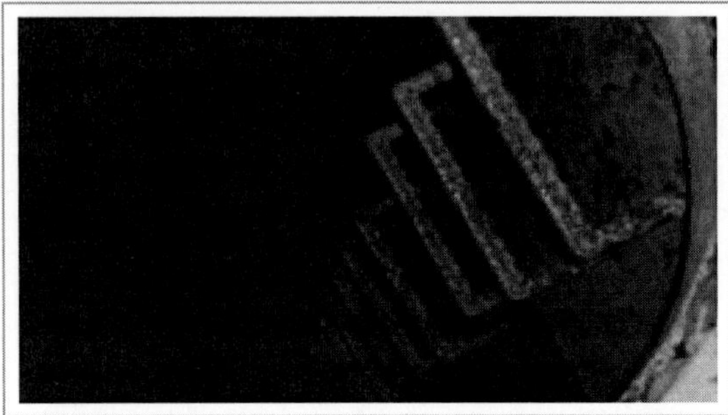

	답 안 연 습

모 범 답 안

〈산업안전보건기준에 관한 규칙〉

제618조(정의) 이 장에서 사용하는 용어의 뜻은 다음과 같다. 〈개정 2023. 11. 14.〉
 1. "밀폐공간"이란 산소결핍, 유해가스로 인한 질식 · 화재 · 폭발 등의 위험이 있는 장소로서 별표 18에서 정한 장소를 말한다.
 2. "유해가스"란 이산화탄소 · 일산화탄소 · 황화수소 등의 기체로서 인체에 유해한 영향을 미치는 물질을 말한다.
 3. "적정공기"란 산소농도의 범위가 18퍼센트 이상 23.5퍼센트 미만, 탄산가스의 농도가 1.5퍼센트 미만, 일산화탄소의 농도가 30피피엠 미만, 황화수소의 농도가 10피피엠 미만인 수준의 공기를 말한다.
 4. "산소결핍"이란 공기 중의 산소농도가 18퍼센트 미만인 상태를 말한다.
 5. "산소결핍증"이란 산소가 결핍된 공기를 들이마심으로써 생기는 증상을 말한다.

제619조(밀폐공간 작업 프로그램의 수립 · 시행)
② 사업주는 근로자가 밀폐공간에서 작업을 시작하기 전에 다음 각 호의 사항을 확인하여 근로자가 안전한 상태에서 작업하도록 하여야 한다.
 1. 작업 일시, 기간, 장소 및 내용 등 작업 정보
 2. 관리감독자, 근로자, 감시인 등 작업자 정보
 3. 산소 및 유해가스 농도의 측정결과 및 후속조치 사항
 4. 작업 중 불활성가스 또는 유해가스의 누출 · 유입 · 발생 가능성 검토 및 후속조치 사항
 5. 작업 시 착용하여야 할 보호구의 종류
 6. 비상연락체계

제619조의2(산소 및 유해가스 농도의 측정)
제620조(환기 등)
제621조(인원의 점검) 사업주는 근로자가 밀폐공간에서 작업을 하는 경우에 그 장소에 근로자를 입장시킬 때와 퇴장시킬 때마다 인원을 점검하여야 한다.
제622조(출입의 금지)
제623조(감시인의 배치 등)
제624조(안전대 등)
제625조(대피용 기구의 비치) 사업주는 근로자가 밀폐공간에서 작업을 하는 경우에 공기호흡기 또는 송기마스크, 사다리 및 섬유로프 등 비상시에 근로자를 피난시키거나 구출하기 위하여 필요한 기구를 갖추어 두어야 한다.

06 다음은 화물자동차의 모습을 보여주고 있다. 화물자동차의 짐걸이로 사용할 수 없는 섬유 로프 기준 2가지를 작성하시오.

답 안 연 습

모 범 답 안

〈산업안전보건기준에 관한 규칙〉

제387조(꼬임이 끊어진 섬유로프 등의 사용 금지) 사업주는 다음 각 호의 어느 하나에 해당하는 섬유로프 등을 화물운반용 또는 고정용으로 사용해서는 아니 된다.
  1. 꼬임이 끊어진 것
  2. 심하게 손상되거나 부식된 것

07 다음은 흙막이 가시설을 보여주고 있다. H 파일과 토류판으로 이루어진 가시설 흙막이로 띠장, 엄지말뚝 등이 사용된다. 이러한 흙막이 공법은 무엇인가?

답 안 연 습

모 범 답 안

자립식 흙막이 공법

자립공법	흙막이가 배면의 측압을 자립에 의해 지지하면서 흙파기하는 공법
버팀대(Strut)공법	붕괴하려는 흙의 이동을 버팀대로 지지하는 공법으로 버팀대의 시공으로 인해 작업이 곤란하고, 가설재가 과다하게 투입되는 경향이 있다.
어스앵커(Earth Anchor)공법	흙막이 벽체 배면에 로드(rod)를 앵커(anchor)시켜 시멘트 페이스트를 주입해 인발 저항 확보한 후 토압에 견디게 하는 공법
당김줄(Tie Rod Anchor)공법	흙막이 외부의 지표면을 이용해 고정지지말뚝을 박고 어미말뚝을 당김으로써 흙의 붕괴를 방지하는 공법

08 다음은 시스템동바리의 모습을 보여주고 있다. 안전조치사항 3가지를 작성하시오.

답 안 연 습

모 범 답 안

제332조의2(동바리 유형에 따른 동바리 조립 시의 안전조치) 사업주는 동바리를 조립할 때 동바리의 유형별로 다음 각 호의 구분에 따른 각 목의 사항을 준수해야 한다.

4. 시스템 동바리(규격화·부품화된 수직재, 수평재 및 가새재 등의 부재를 현장에서 조립하여 거푸집을 지지하는 지주 형식의 동바리를 말한다)의 경우

   가. 수평재는 수직재와 직각으로 설치해야 하며, 흔들리지 않도록 견고하게 설치할 것

   나. 연결철물을 사용하여 수직재를 견고하게 연결하고, 연결부위가 탈락 또는 꺾어지지 않도록 할 것

   다. 수직 및 수평하중에 대해 동바리의 구조적 안정성이 확보되도록 조립도에 따라 수직재 및 수평재에는 가새재를 견고하게 설치할 것

   라. 동바리 최상단과 최하단의 수직재와 받침철물은 서로 밀착되도록 설치하고 수직재와 받침철물의 연결부의 겹침길이는 받침철물 전체길이의 3분의 1 이상 되도록 할 것

[본조신설 2023. 11. 14.] (종전 제332조에서 개정되면서 제332조의2로 신설됨)

 **2021년 작업형 1회(C형)**

01 다음은 둥근톱을 사용하는 작업자를 보여주고 있다. 재해요인 2가지와 누전차단기를 설치해 감전방지를 해야 하는 전기기계·기구 1개를 작성하시오.

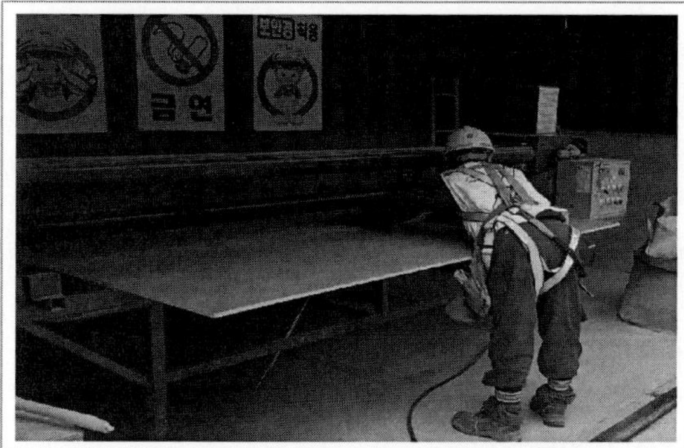

답 안 연 습

모 범 답 안

1. 재해요인
　① 반발 예방장치(분할날 등)를 설치하지 않음 – 손가락 절단사고 위험
　② 장갑을 착용하고 회전기계에서 작업 – 기계에 장갑이 말릴 위험
　③ 보안경 및 방진마스크 미착용 – 작업자 건강 위험

2. 누전차단기에 의한 감전방지

〈산업안전보건기준에 관한 규칙〉

제304조(누전차단기에 의한 감전방지) ① 사업주는 다음 각 호의 전기 기계·기구에 대하여 누전에 의한 감전위험을 방지하기 위하여 해당 전로의 정격에 적합하고 감도(전류 등에 반응하는 정도)가 양호하며 확실하게 작동하는 감전방지용 누전차단기를 설치해야 한다. 〈개정 2021. 11. 19.〉
　1. 대지전압이 150볼트를 초과하는 이동형 또는 휴대형 전기기계·기구
　2. 물 등 도전성이 높은 액체가 있는 습윤장소에서 사용하는 저압(1.5천 볼트 이하 직류전압이나 1천 볼트 이하의 교류전압을 말한다)용 전기기계·기구
　3. 철판·철골 위 등 도전성이 높은 장소에서 사용하는 이동형 또는 휴대형 전기기계·기구
　4. 임시배선의 전로가 설치되는 장소에서 사용하는 이동형 또는 휴대형 전기기계·기구
② 사업주는 제1항에 따라 감전방지용 누전차단기를 설치하기 어려운 경우에는 작업시작 전에 접지선의 연결 및 접속부 상태 등이 적합한지 확실하게 점검하여야 한다.
③ 다음 각 호의 어느 하나에 해당하는 경우에는 제1항과 제2항을 적용하지 않는다. 〈개정 2019. 1. 31., 2021. 11. 19.〉

02 타워크레인으로 화물을 1줄 걸이하여 인양하는 모습을 보여주고 있다. 조치해야 하는 사항 3가지를 작성하시오.

답 안 연 습

모 범 답 안

① 2줄 걸이를 하여 화물을 인양하도록 한다.
② 화물을 인양 시 전담 신호수를 배치하여 안전사고에 대비한다.
③ 작업반경 내 모든 작업자는 안전모 등 개인보호구를 착용하도록 한다.
④ 타워크레인으로 화물 인양 시 인양되는 화물 하부에 작업자가 없도록 한다.
⑤ 작업반경 내 관계자 외 출입금지하도록 한다.

03 다음은 콘크리트 타설 모습을 보여주고 있다. 콘크리트 타설정비 사용 시 준수사항 2가지를 작성하시오.

답 안 연 습

모 범 답 안

〈산업안전보건기준에 관한 규칙〉

제335조(콘크리트 타설장비 사용 시의 준수사항) 사업주는 콘크리트 타설작업을 하기 위하여 콘크리트 플레이싱 붐(placing boom), 콘크리트 분배기, 콘크리트 펌프카 등(이하 이 조에서 "콘크리트타설장비"라 한다)을 사용하는 경우에는 다음 각 호의 사항을 준수해야 한다. 〈개정 2023. 11. 14.〉
1. 작업을 시작하기 전에 콘크리트타설장비를 점검하고 이상을 발견하였으면 즉시 보수할 것
2. 건축물의 난간 등에서 작업하는 근로자가 호스의 요동·선회로 인하여 추락하는 위험을 방지하기 위하여 안전 난간 설치 등 필요한 조치를 할 것
3. 콘크리트타설장비의 붐을 조정하는 경우에는 주변의 전선 등에 의한 위험을 예방하기 위한 적절한 조치를 할 것
4. 작업 중에 지반의 침하나 아웃트리거 등 콘크리트타설장비 지지구조물의 손상 등에 의하여 콘크리트타설장비 가 넘어질 우려가있는 경우에는 이를 방지하기 위한 적절한 조치를 할 것
[제목개정 2023. 11. 14.]

04 다음은 파이프 서포트가 설치된 모습을 보여주고 있다. 파이프 서포트가 지반침하되는 것을 방지할 수 있는 방안 2가지를 작성하시오.

답 안 연 습

모 범 답 안

〈산업안전보건기준에 관한 규칙〉

제59조(강관비계 조립 시의 준수사항) 사업주는 강관비계를 조립하는 경우에 다음 각 호의 사항을 준수하여야 한다.

  1. 비계기둥에는 미끄러지거나 침하하는 것을 방지하기 위하여 밑받침철물을 사용하거나 깔판·받침목 등을 사용하여 밑둥잡이를 설치하는 등의 조치를 할 것

제332조의2(동바리 유형에 따른 동바리 조립 시의 안전조치) 사업주는 동바리를 조립할 때 동바리의 유형별로 다음 각 호의 구분에 따른 각 목의 사항을 준수해야 한다.

1. 동바리로 사용하는 파이프 서포트의 경우

  가. 파이프 서포트를 3개 이상 이어서 사용하지 않도록 할 것

  나. 파이프 서포트를 이어서 사용하는 경우에는 4개 이상의 볼트 또는 전용철물을 사용하여 이을 것

  다. 높이가 3.5미터를 초과하는 경우에는 높이 2미터 이내마다 수평연결재를 2개 방향으로 만들고 수평연결재의 변위를 방지할 것

[본조신설 2023. 11. 14.] (종전 제332조에서 개정되면서 제332조의2로 신설됨)

05 다음은 거푸집 공사의 모습을 보여주고 있다. 각 부재의 명칭을 작성하시오.

답 안 연 습

모 범 답 안

① 장선
② 멍에
③ 거푸집동바리

제332조(동바리 조립 시의 안전조치) 사업주는 동바리를 조립하는 경우에는 하중의 지지상태를 유지할 수 있도록 다음 각 호의 사항을 준수해야 한다

1. 받침목이나 깔판의 사용, 콘크리트 타설, 말뚝박기 등 동바리의 침하를 방지하기 위한 조치를 할 것

2. 동바리의 상하 고정 및 미끄러짐 방지 조치를 할 것

3. 상부·하부의 동바리가 동일 수직선상에 위치하도록 하여 깔판·받침목에 고정시킬 것

4. 개구부 상부에 동바리를 설치하는 경우에는 상부하중을 견딜 수 있는 견고한 받침대를 설치할 것

5. U헤드 등의 단판이 없는 동바리의 상단에 멍에 등을 올릴 경우에는 해당 상단에 U헤드 등의 단판을 설치하고, 멍에 등이 전도되거나 이탈되지 않도록 고정시킬 것

6. 동바리의 이음은 같은 품질의 재료를 사용할 것

7. 강재의 접속부 및 교차부는 볼트·클램프 등 전용철물을 사용하여 단단히 연결할 것

8. 거푸집의 형상에 따른 부득이한 경우를 제외하고는 깔판이나 받침목은 2단 이상 끼우지 않도록 할 것

9. 깔판이나 받침목을 이어서 사용하는 경우에는 그 깔판·받침목을 단단히 연결할 것

[전문개정 2023. 11. 14.]

06 다음은 지반 굴착작업을 보여주고 있다. 경암의 굴착면 기울기 기준을 작성하시오.

답 안 연 습

굴착면의 기울기 기준(제339조 제1항 관련)

지반의 종류	굴착면의 기울기
모래	1 : 1.8
연암 및 풍화암	1 : (①)
경암	1 : (②)
그 밖의 흙	1 : (③)

모 범 답 안

■ 산업안전보건기준에 관한 규칙 [별표 11] 〈개정 2023. 11. 14.〉
굴착면의 기울기 기준(제339조 제1항 관련)

지반의 종류	굴착면의 기울기
모래	1 : 1.8
연암 및 풍화암	1 : 1.0
경암	1 : 0.5
그 밖의 흙	1 : 1.2

비고
1. 굴착면의 기울기는 굴착면의 높이에 대한 수평거리의 비율을 말한다.
2. 굴착면의 경사가 달라서 기울기를 계산하기가 곤란한 경우에는 해당 굴착면에 대하여 지반의 종류별 굴착면의 기울기에 따라 붕괴의 위험이 증가하지 않도록 위 표의 지반의 종류별 굴착면의 기울기에 맞게 해당 각 부분의 경사를 유지해야 한다.

07 다음은 철골공사 현장을 보여주고 있다. 철골기둥 승강용 트랩의 기준을 작성하시오.

답 안 연 습
① 트랩의 철근 직경 : (　　　)mm ② 트랩의 간격 : (　　　)cm 이내 ③ 트랩의 폭 : (　　　)cm 이상

모 범 답 안

〈철골공사표준안전작업지침〉

제16조(재해방지 설비) 철골공사 중 재해방지를 위하여 다음 각 호의 사항을 준수하여야 한다.

1. 철골공사에 있어서는 용도, 사용장소 및 조건에 따라 〈표 1〉의 재해방지 설비를 갖추어야 한다.
2. 고속작업에 따른 추락방지를 위하여 추락방지용 방망을 설치하도록 하고 작업자는 안전대를 사용하도록 하며 안전대 사용을 위해 미리 철골에 안전대 부착설비를 설치해 두어야 한다.
3. 구명줄을 설치할 경우에는 1가닥의 구명줄을 여러 명이 동시에 사용하지 않도록 하여야 하며 구명줄을 마닐라 로프 직경 16밀리미터를 기준하여 설치하고 작업방법을 충분히 검토하여야 한다.
4. 낙하 비래 및 비산방지설비는 지상층의 철골건립 개시 전에 설치하고 철골건물의 높이가 지상 20미터 이하일 때는 방호선반을 1단 이상, 20미터 이상인 경우에는 2단 이상 설치토록 하며 설치방법은 (그림 7)과 같이 건물외부비계 방호시트에서 수평거리로 2미터 이상 돌출하고 20도 이상의 각도를 유지시켜야 한다.
5. 외부비계를 필요로 하지 않는 공법을 채택한 경우에도 낙하비래 및 비산방지 설비를 하여야 하며 철골보 등을 이용하여 설치하여야 한다.
6. 화기를 사용할 경우에는 그곳에 불연재료로 울타리를 설치하거나 석면포로 주위를 덮은 등의 조치를 취해야 한다.
7. 철골건물 내부에 낙하비래장지시설을 설치할 경우에는 일반적으로 3층 간격마다 수평으로 철망을 설치하여 작업자의 추락방지시설을 겸하도록 하되 기둥주위에 공간이 생기지 않도록 하여야 한다.
8. 철골건립 중 건립위치까지 작업자가 안전하게 승강할 수 있는 사다리, 계단, 외부비계, 승강용 엘리베이터 등을 설치해야 하며 건립이 실시되는 층에서는 주로 기둥을 이용하여 올라가는 경우가 많으므로 기둥승강 설비로서 (그림 8)과 같이 기둥제작 시 16밀리미터 철근 등을 이용하여 30센티미터 이내의 간격, 30센티미터 이상의 폭으로 트랩을 설치하여야 하며 안전대 부착설비구조를 겸용하여야 한다.

08 다음은 지하실 작업현장을 보여주고 있다. 보통작업의 경우 조도기준을 작성하시오.

답 안 연 습

모 범 답 안

〈산업안전보건기준에 관한 규칙〉

제8조(조도) 사업주는 근로자가 상시 작업하는 장소의 작업면 조도(照度)를 다음 각 호의 기준에 맞도록 하여야 한다. 다만, 갱내(坑內) 작업장과 감광재료(感光材料)를 취급하는 작업장은 그러하지 아니하다.
  1. 초정밀작업 : 750럭스(lux) 이상
  2. 정밀작업 : 300럭스 이상
  3. 보통작업 : 150럭스 이상
  4. 그 밖의 작업 : 75럭스 이상

 **2021년 작업형 2회(A형)**

01 다음은 낙하물 방지망의 모습을 보여주고 있다. 낙하물 방지망의 설치기준에 관해 2가지를 작성하시오.

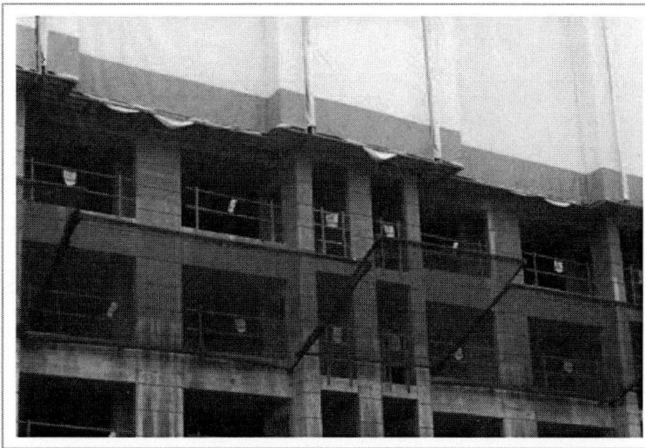

<table><tr><td>답 안 연 습</td></tr></table>

모 범 답 안

〈산업안전보건기준에 관한 규칙〉

제14조(낙하물에 의한 위험의 방지) ① 사업주는 작업장의 바닥, 도로 및 통로 등에서 낙하물이 근로자에게 위험을 미칠 우려가 있는 경우 보호망을 설치하는 등 필요한 조치를 하여야 한다.

② 사업주는 작업으로 인하여 물체가 떨어지거나 날아올 위험이 있는 경우 낙하물 방지망, 수직보호망 또는 방호선반의 설치, 출입금지구역의 설정, 보호구의 착용 등 위험을 방지하기 위하여 필요한 조치를 하여야 한다. 이 경우 낙하물 방지망 및 수직보호망은 산업표준화법 제12조에 따른 한국산업표준에서 정하는 성능기준에 적합한 것을 사용하여야 한다. 〈개정 2022. 10. 18.〉

③ 제2항에 따라 낙하물 방지망 또는 방호선반을 설치하는 경우에는 다음 각 호의 사항을 준수하여야 한다.

  1. 높이 10미터 이내마다 설치하고, 내민 길이는 벽면으로부터 2미터 이상으로 할 것

  2. 수평면과의 각도는 20도 이상 30도 이하를 유지할 것

02 다음 영상에서 보여주는 비계의 명칭을 작성하시오.

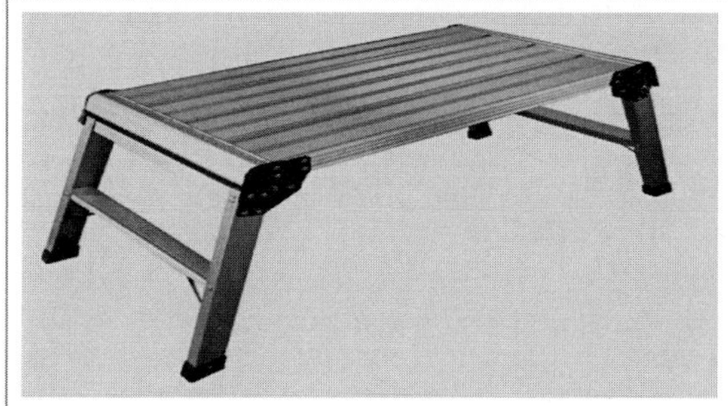

<table><tr><td>답 안 연 습</td></tr></table>

모 범 답 안

〈산업안전보건기준에 관한 규칙〉

제67조(말비계) 사업주는 말비계를 조립하여 사용하는 경우에 다음 각 호의 사항을 준수하여야 한다.
1. 지주부재(支柱部材)의 하단에는 미끄럼 방지장치를 하고, 근로자가 양측 끝부분에 올라서서 작업하지 않도록 할 것
2. 지주부재와 수평면의 기울기를 75도 이하로 하고, 지주부재와 지주부재 사이를 고정시키는 보조부재를 설치할 것
3. 말비계의 높이가 2미터를 초과하는 경우에는 작업발판의 폭을 40센티미터 이상으로 할 것

03 다음은 영상은 리프트의 모습을 보여주고 있다. 안전위험요소 3가지를 작성하시오.

답 안 연 습

모 범 답 안

① 작업자의 안전모 등 개인보호구 미착용
② 리프트 탑승 대기자의 불안전한 행동(안전난간 밖으로 머리를 내밀어 리프트 위치 확인)
③ 리프트의 적재하중 미준수(적재하중을 초과한 화물을 리프트 내부로 운반)

〈산업안전보건기준에 관한 규칙〉

제156조(조립 등의 작업) ① 사업주는 리프트의 설치 · 조립 · 수리 · 점검 또는 해체 작업을 하는 경우 다음 각 호의 조치를 하여야 한다.
1. 작업을 지휘하는 사람을 선임하여 그 사람의 지휘 하에 작업을 실시할 것
2. 작업을 할 구역에 관계 근로자가 아닌 사람의 출입을 금지하고 그 취지를 보기 쉬운 장소에 표시할 것
3. 비, 눈, 그 밖에 기상상태의 불안정으로 날씨가 몹시 나쁜 경우에는 그 작업을 중지시킬 것
② 사업주는 제1항 제1호의 작업을 지휘하는 사람에게 다음 각 호의 사항을 이행하도록 하여야 한다.
1. 작업방법과 근로자의 배치를 결정하고 해당 작업을 지휘하는 일
2. 재료의 결함 유무 또는 기구 및 공구의 기능을 점검하고 불량품을 제거하는 일
3. 작업 중 안전대 등 보호구의 착용 상황을 감시하는 일

제159조(화물의 낙하 방지) 사업주는 이삿짐 운반용 리프트 운반구로부터 화물이 빠지거나 떨어지지 않도록 다음 각 호의 낙하방지 조치를 하여야 한다.
1. 화물을 적재 시 하중이 한쪽으로 치우치지 않도록 할 것
2. 적재화물이 떨어질 우려가 있는 경우에는 화물에 로프를 거는 등 낙하 방지 조치를 할 것

04 다음은 거푸집 동바리의 모습을 보여주고 있다. 거푸집 동바리의 조립 · 해체 작업 시 준수 사항 3가지를 작성하시오.

답 안 연 습

모 범 답 안

〈산업안전보건기준에 관한 규칙〉

제333조(조립 · 해체 등 작업 시의 준수사항) ① 사업주는 기둥 · 보 · 벽체 · 슬래브 등의 거푸집 및 동바리를 조립하거나 해체하는 작업을 하는 경우에는 다음 각 호의 사항을 준수해야 한다. 〈개정 2021. 5. 28., 2023. 11. 14.〉

1. 해당 작업을 하는 구역에는 관계 근로자가 아닌 사람의 출입을 금지할 것
2. 비, 눈, 그 밖의 기상상태의 불안정으로 날씨가 몹시 나쁜 경우에는 그 작업을 중지할 것
3. 재료, 기구 또는 공구 등을 올리거나 내리는 경우에는 근로자로 하여금 달줄 · 달포대 등을 사용하도록 할 것
4. 낙하 · 충격에 의한 돌발적 재해를 방지하기 위하여 버팀목을 설치하고 거푸집 및 동바리를 인양장비에 매단 후에 작업을 하도록 하는 등 필요한 조치를 할 것

② 사업주는 철근조립 등의 작업을 하는 경우에는 다음 각 호의 사항을 준수하여야 한다.

　　1. 양중기로 철근을 운반할 경우에는 두 군데 이상 묶어서 수평으로 운반할 것
　　2. 작업위치의 높이가 2미터 이상일 경우에는 작업발판을 설치하거나 안전대를 착용하게 하는 등 위험 방지를 위하여 필요한 조치를 할 것

[제목개정 2023. 11. 14.]
[제336조에서 이동, 종전 제333조는 삭제 〈2023. 11. 14.〉]

05 다음은 차량용 건설기계 불도저가 작업하는 장면을 보여주고 있다. 이 차량용 건설기계 불도저의 용도를 작성하시오.

답 안 연 습

모 범 답 안

① 운반 작업
② 굴착 작업
③ 지반 정지 작업
④ 적재 작업

06 다음은 작업현장의 모습을 보여주고 있다. 개구부가 있을 시 안전조치사항 3가지를 작성하시오.

<table>
<tr><th>답 안 연 습</th></tr>
<tr><td></td></tr>
</table>

모 범 답 안

⟨산업안전보건기준에 관한 규칙⟩

제43조(개구부 등의 방호 조치) ① 사업주는 작업발판 및 통로의 끝이나 개구부로서 근로자가 추락할 위험이 있는 장소에는 안전난간, 울타리, 수직형 추락방망 또는 덮개 등(이하 이 조에서 "난간 등"이라 한다)의 방호 조치를 충분한 강도를 가진 구조로 튼튼하게 설치하여야 하며, 덮개를 설치하는 경우에는 뒤집히거나 떨어지지 않도록 설치하여야 한다. 이 경우 어두운 장소에서도 알아볼 수 있도록 개구부임을 표시해야 하며, 수직형 추락방망은 한국산업표준에서 정하는 성능기준에 적합한 것을 사용해야 한다. 〈개정 2022. 10. 18.〉

② 사업주는 난간 등을 설치하는 것이 매우 곤란하거나 작업의 필요상 임시로 난간 등을 해체하여야 하는 경우 제42조 제2항 각 호의 기준에 맞는 추락방호망을 설치하여야 한다. 다만, 추락방호망을 설치하기 곤란한 경우에는 근로자에게 안전대를 착용하도록 하는 등 추락할 위험을 방지하기 위하여 필요한 조치를 하여야 한다. 〈개정 2017. 12. 28.〉

07 다음은 시스템 비계의 모습을 보여주고 있다. 시스템 비계 조립 시 준수사항 3가지를 작성하시오.

<table>
<tr><th>답 안 연 습</th></tr>
<tr><td></td></tr>
</table>

<table>
<tr><td colspan="1" align="center">모 범 답 안</td></tr>
</table>

제332조의2(동바리 유형에 따른 동바리 조립 시의 안전조치) 사업주는 동바리를 조립할 때 동바리의 유형별로 다음 각 호의 구분에 따른 각 목의 사항을 준수해야 한다.

4. 시스템 동바리(규격화·부품화된 수직재, 수평재 및 가새재 등의 부재를 현장에서 조립하여 거푸집을 지지하는 지주 형식의 동바리를 말한다)의 경우

　가. 수평재는 수직재와 직각으로 설치해야 하며, 흔들리지 않도록 견고하게 설치할 것

　나. 연결철물을 사용하여 수직재를 견고하게 연결하고, 연결부위가 탈락 또는 꺾어지지 않도록 할 것

　다. 수직 및 수평하중에 대해 동바리의 구조적 안정성이 확보되도록 조립도에 따라 수직재 및 수평재에는 가새재를 견고하게 설치할 것

　라. 동바리 최상단과 최하단의 수직재와 받침철물은 서로 밀착되도록 설치하고 수직재와 받침철물의 연결부의 겹침길이는 받침철물 전체길이의 3분의 1 이상 되도록 할 것

[본조신설 2023. 11. 14.] (종전 제332조에서 개정되면서 제332조의2로 신설됨)

08 다음은 터널공사의 모습을 보여주고 있다. 콘크리트 라이닝을 하는 이유 2가지를 작성하시오.

<table>
<tr><td align="center">답 안 연 습</td></tr>
</table>

<table>
<tr><td align="center">모 범 답 안</td></tr>
</table>

콘크리트 라이닝은 터널 굴착면을 콘크리트로 코팅 또는 피복하는 것을 의미한다.

① 굴착면의 안정을 유지하기 위함이다.
② 굴착면의 조도계수를 향상시키기 위함이다.
③ 수압 또는 토압에 저항성을 증대시키기 위함이다.
④ 굴착면의 내구성을 증대시키기 위함이다.
⑤ 굴착면의 풍화를 방지하기 위함이다.

2021년 작업형 2회(B형)

01 다음은 거푸집 지보공의 모습을 보여주고 있다. 각 부재의 명칭을 작성하시오.

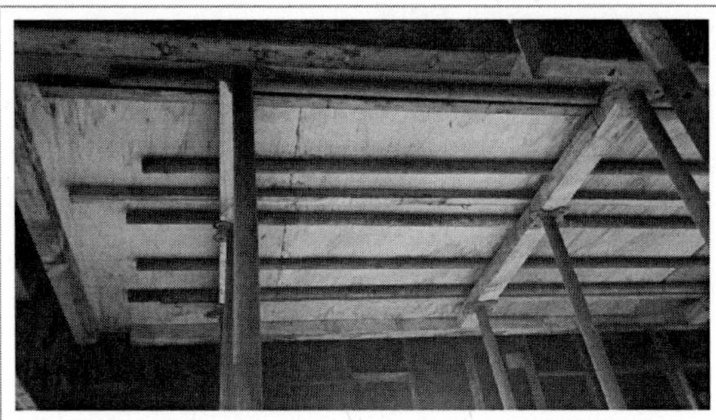

답 안 연 습

모 범 답 안

① 장선
② 멍에
③ 거푸집동바리

〈산업안전보건기준에 관한 규칙〉

제332조의2(동바리 유형에 따른 동바리 조립 시의 안전조치) 사업주는 동바리를 조립할 때 동바리의 유형별로 다음 각 호의 구분에 따른 각 목의 사항을 준수해야 한다.

1. 동바리로 사용하는 파이프 서포트의 경우

가. 파이프 서포트를 3개 이상 이어서 사용하지 않도록 할 것

나. 파이프 서포트를 이어서 사용하는 경우에는 4개 이상의 볼트 또는 전용철물을 사용하여 이을 것

다. 높이가 3.5미터를 초과하는 경우에는 높이 2미터 이내마다 수평연결재를 2개 방향으로 만들고 수평연결재의 변위를 방지할 것

[본조신설 2023. 11. 14.] (종전 제332조에서 개정되면서 제332조의2로 신설됨)

02 다음은 콘크리트 타설장면을 보여주고 있다. 콘크리트 타설장비 사용 시 준수사항 3가지를 쓰시오.

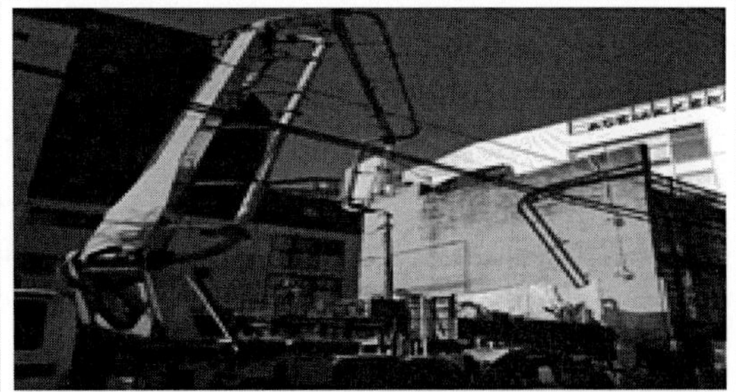

답 안 연 습

모 범 답 안

〈산업안전보건기준에 관한 규칙〉

제335조(콘크리트 타설장비 사용 시의 준수사항) 사업주는 콘크리트 타설작업을 하기 위하여 콘크리트 플레이싱 붐(placing boom), 콘크리트 분배기, 콘크리트 펌프카 등(이하 이 조에서 "콘크리트타설장비"라 한다)을 사용하는 경우에는 다음 각 호의 사항을 준수해야 한다. 〈개정 2023. 11. 14.〉

1. 작업을 시작하기 전에 콘크리트타설장비를 점검하고 이상을 발견하였으면 즉시 보수할 것
2. 건축물의 난간 등에서 작업하는 근로자가 호스의 요동 · 선회로 인하여 추락하는 위험을 방지하기 위하여 안전 난간 설치 등 필요한 조치를 할 것
3. 콘크리트타설장비의 붐을 조정하는 경우에는 주변의 전선 등에 의한 위험을 예방하기 위한 적절한 조치를 할 것
4. 작업 중에 지반의 침하나 아웃트리거 등 콘크리트타설장비 지지구조물의 손상 등에 의하여 콘크리트타설장비 가 넘어질 우려가있는 경우에는 이를 방지하기 위한 적절한 조치를 할 것

[제목개정 2023. 11. 14.]

---

03 다음은 굴착공사 장면을 보여주고 있다. 절토 시 상부와 하부 동시작업은 금지하고 있으나, 부득이한 경우 작업해야 할 때 준수사항 3가지를 작성하시오.

답 안 연 습

모 범 답 안

〈굴착공사표준안전작업지침〉

제7조(절토) 절토 시에는 다음 각 호의 사항을 준수하여야 한다.
  1. 상부에서 붕락 위험이 있는 장소에서의 작업은 금하여야 한다.
  2. 상 · 하부 동시작업은 금지하여야 하나 부득이한 경우 다음 각 목의 조치를 실시한 후 작업하여야 한다.
      가. 견고한 낙하물 방호시설 설치
      나. 부석제거
      다. 작업장소에 불필요한 기계 등의 방치 금지
      라. 신호수 및 담당자 배치
  3. 굴착면이 높은 경우는 계단식으로 굴착하고 소단의 폭은 수평거리 2미터 정도로 하여야 한다.
  4. 사면경사 1:1 이하이며 굴착면이 2미터 이상일 경우는 안전대 등을 착용하고 작업해야 하며 부석이나 붕괴 하기 쉬운 지반은 적절한 보강을 하여야 한다.
  5. 급경사에는 사다리 등을 설치하여 통로로 사용하여야 하며 도괴하지 않도록 상 · 하부를 지지물로 고정시키 며 장기간 공사 시에는 비계 등을 설치하여야 한다.
  6. 용수가 발생하면 즉시 작업 책임자에게 보고하고 배수 및 작업방법에 대해서 지시를 받아야 한다.
  7. 우천 또는 해빙으로 토사붕괴가 우려되는 경우에는 작업 전 점검을 실시하여야 하며, 특히 굴착면 천단부 주 변에는 중량물의 방치를 금하며 대형 건설기계 통과 시에는 적절한 조치를 확인하여야 한다.

8. 절토면을 장기간 방치할 경우는 경사면을 가마니 쌓기, 비닐덮기 등 적절한 보호 조치를 하여야 한다.

9. 발파암반을 장기간 방치할 경우는 낙석방지용 방호망을 부착, 몰타르를 주입, 그라우팅, 록볼트 설치 등의 방호시설을 하여야 한다.

10. 암반이 아닌 경우는 경사면에 도수로, 산마루측구 등 배수시설을 설치하여야 하며, 제3자가 근처를 통행할 가능성이 있는 경우는 안전시설과 안전표지판을 설치하여야 한다.

11. 벨트콘베이어를 사용할 경우는 경사를 완만하게 하여 안정된 상태를 유지하도록 하여야 하며, 콘베이어 양단면에 스크린 등의 설치로 토사의 전락을 방지하여야 한다.

04 다음은 사다리식 통로를 보여주고 있다. 해당 사다리식 통로의 설치기준을 2가지 작성하시오.

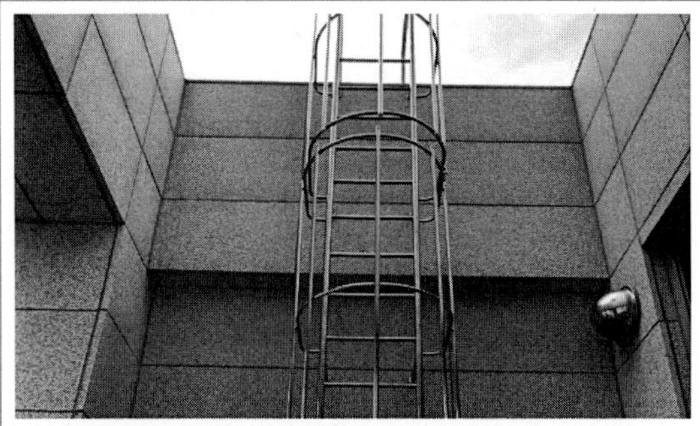

<table>
<tr><td>답 안 연 습</td></tr>
</table>

모 범 답 안

〈산업안전보건기준에 관한 규칙〉

제24조(사다리식 통로 등의 구조) ① 사업주는 사다리식 통로 등을 설치하는 경우 다음 각 호의 사항을 준수하여야 한다.

1. 견고한 구조로 할 것
2. 심한 손상·부식 등이 없는 재료를 사용할 것
3. 발판의 간격은 일정하게 할 것
4. 발판과 벽과의 사이는 15센티미터 이상의 간격을 유지할 것
5. 폭은 30센티미터 이상으로 할 것
6. 사다리가 넘어지거나 미끄러지는 것을 방지하기 위한 조치를 할 것
7. 사다리의 상단은 걸쳐놓은 지점으로부터 60센티미터 이상 올라가도록 할 것
8. 사다리식 통로의 길이가 10미터 이상인 경우에는 5미터 이내마다 계단참을 설치할 것
9. 사다리식 통로의 기울기는 75도 이하로 할 것. 다만, 고정식 사다리식 통로의 기울기는 90도 이하로 하고, 그 높이가 7미터 이상인 경우에는 바닥으로부터 높이가 2.5미터 되는 지점부터 등받이울을 설치할 것
10. 접이식 사다리 기둥은 사용 시 접혀지거나 펼쳐지지 않도록 철물 등을 사용하여 견고하게 조치할 것

② 잠함(潛函) 내 사다리식 통로와 건조·수리 중인 선박의 구명줄이 설치된 사다리식 통로(건조·수리작업을 위하여 임시로 설치한 사다리식 통로는 제외한다)에 대해서는 제1항 제5호부터 제10호까지의 규정을 적용하지 아니한다.

05 다음은 지하실 작업현장을 보여주고 있다. 보통작업의 경우 조도기준을 작성하시오.

답 안 연 습

모 범 답 안

〈산업안전보건기준에 관한 규칙〉

제8조(조도) 사업주는 근로자가 상시 작업하는 장소의 작업면 조도(照度)를 다음 각 호의 기준에 맞도록 하여야 한다. 다만, 갱내(坑內) 작업장과 감광재료(感光材料)를 취급하는 작업장은 그러하지 아니하다.
1. 초정밀작업 : 750럭스(lux) 이상
2. 정밀작업 : 300럭스 이상
3. 보통작업 : 150럭스 이상
4. 그 밖의 작업 : 75럭스 이상

06 다음은 철골공사 현장을 보여주고 있다. 철골기둥 승강용 트랩의 기준을 작성하시오.

답 안 연 습
① 트랩의 철근 직경 : (　　　)mm ② 트랩의 간격 : (　　　)cm 이내 ③ 트랩의 폭 : (　　　)cm 이상

모 범 답 안

〈철골공사표준안전작업지침〉

제16조(재해방지 설비) 철골공사 중 재해방지를 위하여 다음 각 호의 사항을 준수하여야 한다.
1. 철골공사에 있어서는 용도, 사용장소 및 조건에 따라 〈표 1〉의 재해방지 설비를 갖추어야 한다.
2. 고속작업에 따른 추락방지를 위하여 추락방지용 방망을 설치하도록 하고 작업자는 안전대를 사용하도록 하며 안전대 사용을 위해 미리 철골에 안전대 부착설비를 설치해 두어야 한다.
3. 구명줄을 설치할 경우에는 1가닥의 구명줄을 여러 명이 동시에 사용하지 않도록 하여야 하며 구명줄을 마닐라 로프 직경 16밀리미터를 기준하여 설치하고 작업방법을 충분히 검토하여야 한다.
4. 낙하 비래 및 비산방지설비는 지상층의 철골건립 개시 전에 설치하고 철골건물의 높이가 지상 20미터 이하일 때는 방호선반을 1단 이상, 20미터 이상인 경우에는 2단 이상 설치토록 하며 설치방법은 (그림 7)과 같이 건물외부비계 방호시트에서 수평거리로 2미터 이상 돌출하고 20도 이상의 각도를 유지시켜야 한다.

5. 외부비계를 필요로 하지 않는 공법을 채택한 경우에도 낙하비래 및 비산방지 설비를 하여야 하며 철골보 등을 이용하여 설치하여야 한다.

6. 화기를 사용할 경우에는 그곳에 불연재료로 울타리를 설치하거나 석면포로 주위를 덮은 등의 조치를 취해야 한다.

7. 철골건물 내부에 낙하비래장지시설을 설치할 경우에는 일반적으로 3층 간격마다 수평으로 철망을 설치하여 작업자의 추락방지시설을 겸하도록 하되 기둥주위에 공간이 생기지 않도록 하여야 한다.

8. 철골건립 중 건립위치까지 작업자가 안전하게 승강할 수 있는 사다리, 계단, 외부비계, 승강용 엘리베이터 등을 설치해야 하며 건립이 실시되는 층에서는 주로 기둥을 이용하여 올라가는 경우가 많으므로 기둥승강 설비로서 (그림 8)과 같이 기둥제작 시 16밀리미터 철근 등을 이용하여 30센티미터 이내의 간격, 30센티미터 이상의 폭으로 트랩을 설치하여야 하며 안전대 부착설비구조를 겸용하여야 한다.

07 다음은 타워크레인으로 화물을 1줄 걸이하여 인양하는 모습을 보여주고 있다. 이때 조치해야 하는 사항 3가지를 작성하시오.

답 안 연 습

모 범 답 안
① 2줄 걸이를 하여 화물을 인양하도록 한다.
② 화물을 인양 시 전담 신호수를 배치하여 안전사고에 대비한다.
③ 작업반경 내 모든 작업자는 안전모 등 개인보호구를 착용하도록 한다.
④ 타워크레인으로 화물 인양 시 인양되는 화물 하부에 작업자가 없도록 한다.
⑤ 작업반경 내 관계자 외 출입금지하도록 한다.

08 다음 영상의 터널굴착공법의 명칭과 작업계획서에 포함할 사항 3가지를 작성하시오.

답 안 연 습

모 범 답 안

1. 명칭 : T.B.M(Tunnel Boring Machine)

2. 포함사항

〈산업안전보건기준에 관한 규칙〉

[별표 4] 사전조사 및 작업계획서 내용(제38조 제1항 관련)

작업명	사전조사 내용	작업계획서 내용
7. 터널굴착작업	보링(boring) 등 적절한 방법으로 낙반 · 출수(出水) 및 가스폭발 등으로 인한 근로자의 위험을 방지하기 위하여 미리 지형 · 지질 및 지층상태를 조사	가. 굴착의 방법 나. 터널지보공 및 복공(覆工)의 시공방법과 용수(湧水)의 처리방법 다. 환기 또는 조명시설을 설치할 때에는 그 방법

작업형 기출문제

 **2021년 작업형 2회(C형)**

01 다음은 보강토옹벽을 작업하고 있는 장면을 보여주고 있다. 작업자가 추락할 우려가 있을 시 작업자에게 착용시켜야 할 보호구를 작성하시오.

답 안 연 습

모 범 답 안
사업주는 안전대를 지급하여 근로자로 하여금 착용하도록 한다.

〈산업안전보건기준에 관한 규칙〉

제44조(안전대의 부착설비 등) ① 사업주는 추락할 위험이 있는 높이 2미터 이상의 장소에서 근로자에게 안전대를 착용시킨 경우 안전대를 안전하게 걸어 사용할 수 있는 설비 등을 설치하여야 한다. 이러한 안전대 부착설비로 지지로프 등을 설치하는 경우에는 처지거나 풀리는 것을 방지하기 위하여 필요한 조치를 하여야 한다.
② 사업주는 제1항에 따른 안전대 및 부속설비의 이상 유무를 작업을 시작하기 전에 점검하여야 한다.

02 다음은 거푸집 동바리 조립 장면을 보여주고 있다. 거푸집 동바리 조립 시 동바리의 침하를 방지하기 위한 조치 2가지를 작성하시오.

답 안 연 습

모 범 답 안

〈산업안전보건기준에 관한 규칙〉

제332조(동바리 조립 시의 안전조치) 사업주는 동바리를 조립하는 경우에는 하중의 지지상태를 유지할 수 있도록 다음 각 호의 사항을 준수해야 한다.

1. 받침목이나 깔판의 사용, 콘크리트 타설, 말뚝박기 등 동바리의 침하를 방지하기 위한 조치를 할 것
2. 동바리의 상하 고정 및 미끄러짐 방지 조치를 할 것
3. 상부·하부의 동바리가 동일 수직선상에 위치하도록 하여 깔판·받침목에 고정시킬 것
4. 개구부 상부에 동바리를 설치하는 경우에는 상부하중을 견딜 수 있는 견고한 받침대를 설치할 것
5. U헤드 등의 단판이 없는 동바리의 상단에 멍에 등을 올릴 경우에는 해당 상단에 U헤드 등의 단판을 설치하고, 멍에 등이 전도되거나 이탈되지 않도록 고정시킬 것
6. 동바리의 이음은 같은 품질의 재료를 사용할 것
7. 강재의 접속부 및 교차부는 볼트·클램프 등 전용철물을 사용하여 단단히 연결할 것
8. 거푸집의 형상에 따른 부득이한 경우를 제외하고는 깔판이나 받침목은 2단 이상 끼우지 않도록 할 것
9. 깔판이나 받침목을 이어서 사용하는 경우에는 그 깔판·받침목을 단단히 연결할 것

[전문개정 2023. 11. 14.]

03 다음은 건설현장의 가설계단의 장면을 보여주고 있다. 계단 설치기준에 관해 2가지를 작성하시오.

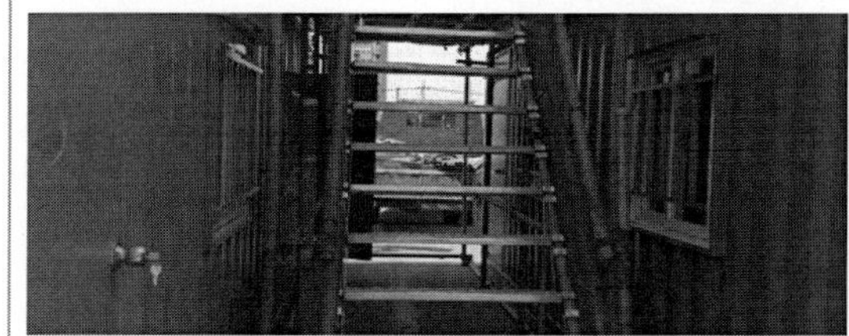

답 안 연 습

모 범 답 안

〈산업안전보건기준에 관한 규칙〉

제26조(계단의 강도) ① 사업주는 계단 및 계단참을 설치하는 경우 매제곱미터당 500킬로그램 이상의 하중에 견딜 수 있는 강도를 가진 구조로 설치하여야 하며, 안전율[안전의 정도를 표시하는 것으로서 재료의 파괴응력도(破壞應力度)와 허용응력도(許容應力度)의 비율을 말한다]은 4 이상으로 하여야 한다.
② 사업주는 계단 및 승강구 바닥을 구멍이 있는 재료로 만드는 경우 렌치나 그 밖의 공구 등이 낙하할 위험이 없는 구조로 하여야 한다.

제27조(계단의 폭) ① 사업주는 계단을 설치하는 경우 그 폭을 1미터 이상으로 하여야 한다. 다만, 급유용·보수용·비상용 계단 및 나선형 계단이거나 높이 1미터 미만의 이동식 계단인 경우에는 그러하지 아니하다. 〈개정 2014. 9. 30.〉
② 사업주는 계단에 손잡이 외의 다른 물건 등을 설치하거나 쌓아 두어서는 아니 된다.

제28조(계단참의 설치) 사업주는 높이가 3미터를 초과하는 계단에 높이 3미터 이내마다 진행방향으로 길이 1.2미터 이상의 계단참을 설치하여야 한다.

제29조(천장의 높이) 사업주는 계단을 설치하는 경우 바닥면으로부터 높이 2미터 이내의 공간에 장애물이 없도록 하여야 한다. 다만, 급유용·보수용·비상용 계단 및 나선형 계단인 경우에는 그러하지 아니하다.

제30조(계단의 난간) 사업주는 높이 1미터 이상인 계단의 개방된 측면에 안전난간을 설치하여야 한다.

04 다음은 시스템비계의 모습을 보여주고 있다. 설치 시 준수사항 2가지를 작성하시오.

답 안 연 습

모 범 답 안

〈산업안전보건기준에 관한 규칙〉

제332조의2(동바리 유형에 따른 동바리 조립 시의 안전조치) 사업주는 동바리를 조립할 때 동바리의 유형별로 다음 각 호의 구분에 따른 각 목의 사항을 준수해야 한다.

4. 시스템 동바리(규격화·부품화된 수직재, 수평재 및 가새재 등의 부재를 현장에서 조립하여 거푸집을 지지하는 지주 형식의 동바리를 말한다)의 경우

   가. 수평재는 수직재와 직각으로 설치해야 하며, 흔들리지 않도록 견고하게 설치할 것

   나. 연결철물을 사용하여 수직재를 견고하게 연결하고, 연결부위가 탈락 또는 꺾어지지 않도록 할 것

   다. 수직 및 수평하중에 대해 동바리의 구조적 안정성이 확보되도록 조립도에 따라 수직재 및 수평재에는 가새재를 견고하게 설치할 것

   라. 동바리 최상단과 최하단의 수직재와 받침철물은 서로 밀착되도록 설치하고 수직재와 받침철물의 연결부의 겹침길이는 받침철물 전체길이의 3분의 1 이상 되도록 할 것

[본조신설 2023. 11. 14.] (종전 제332조에서 개정되면서 제332조의2로 신설됨)

---

05 다음은 굴착작업 장면을 보여주고 있다. 굴착작업 시 지반붕괴 또는 토석의 낙하로 인해 작업자에게 미칠 위험을 방지하기 위한 위험 예방조치 3가지를 작성하시오.

답 안 연 습

모 범 답 안

제340조(굴착작업 시 위험방지) 사업주는 굴착작업 시 토사등의 붕괴 또는 낙하에 의하여 근로자에게 위험을 미칠 우려가 있는 경우에는 미리 흙막이 지보공의 설치, 방호망의 설치 및 근로자의 출입 금지 등 그 위험을 방지하기 위하여 필요한 조치를 해야 한다.

[전문개정 2023. 11. 14.]

06 다음은 교량공사 장면을 보여주고 있다. 5m 이상의 교량 설치·해체·변경작업 시 작업계획서 작성내용 3가지를 작성하시오.

답 안 연 습

작업형 기출문제

모 범 답 안

〈산업안전보건기준에 관한 규칙〉

[별표 4] 사전조사 및 작업계획서 내용(제38조 제1항 관련)

작업명	작업계획서 내용
8. 교량작업	가. 작업 방법 및 순서 나. 부재(部材)의 낙하·전도 또는 붕괴를 방지하기 위한 방법 다. 작업에 종사하는 근로자의 추락 위험을 방지하기 위한 안전조치 방법 라. 공사에 사용되는 가설 철구조물 등의 설치·사용·해체 시 안전성 검토 방법 마. 사용하는 기계 등의 종류 및 성능, 작업방법 바. 작업지휘자 배치계획 사. 그 밖에 안전·보건에 관련된 사항

07 다음은 근로자가 탑승하는 운반구를 보여주고 있다. 근로자가 탑승하는 운반구를 지지하는 달기와이어로프의 안전계수를 작성하시오.

<table>
<tr><td></td><td>답 안 연 습</td></tr>
</table>

모 범 답 안

〈산업안전보건기준에 관한 규칙〉

제163조(와이어로프 등 달기구의 안전계수) ① 사업주는 양중기의 와이어로프 등 달기구의 안전계수(달기구 절단하중의 값을 그 달기구에 걸리는 하중의 최대값으로 나눈 값을 말한다)가 다음 각 호의 구분에 따른 기준에 맞지 아니한 경우에는 이를 사용해서는 아니 된다.

  1. 근로자가 탑승하는 운반구를 지지하는 달기와이어로프 또는 달기체인의 경우 : 10 이상

  2. 화물의 하중을 직접 지지하는 달기와이어로프 또는 달기체인의 경우 : 5 이상

  3. 훅, 샤클, 클램프, 리프팅 빔의 경우 : 3 이상

  4. 그 밖의 경우: 4 이상

② 사업주는 달기구의 경우 최대허용하중 등의 표식이 견고하게 붙어 있는 것을 사용하여야 한다.

08 다음은 흙막이 지보공의 모습을 보여주고 있다. 흙막이 지보공이 설치되지 않은 경우 굴착 경사면 안전 검토사항에 대해 2가지 작성하시오.

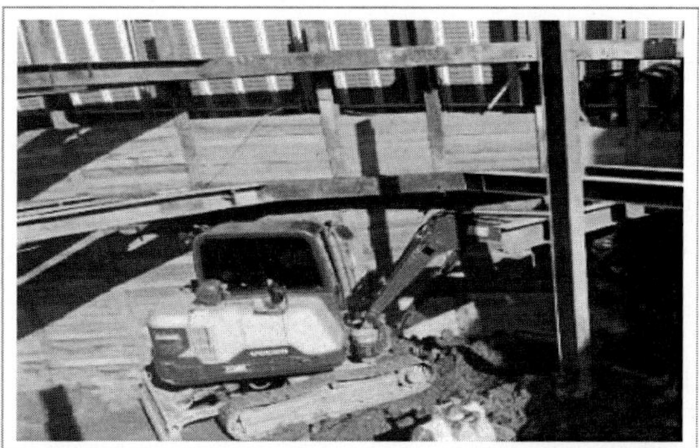

답 안 연 습

모 범 답 안

〈굴착공사표준안전작업지침〉

제30조(경사면의 안정성 검토) 경사면의 안정성을 확인하기 위하여 다음 각 호의 사항을 검토하여야 한다.
  1. 지질조사 : 층별 또는 경사면의 구성 토질구조
  2. 토질시험 : 최적함수비, 삼축압축강도, 전단시험, 점착도 등의 시험
  3. 사면붕괴 이론적 분석 : 원호활절법, 유한요소법 해석
  4. 과거의 붕괴된 사례유무
  5. 토층의 방향과 경사면의 상호관련성
  6. 단층, 파쇄대의 방향 및 폭
  7. 풍화의 정도
  8. 용수의 상황

2021년 작업형 4회(A형)

01 근로자의 위험을 방지하기 위해 조치해야 하는 사항에 관련하여 다음 빈칸을 알맞게 작성하시오.

답안 연습	해당 작업, 작업장의 지형·지반 및 지층 상태 등에 대한 (　　　　　)를 하고 그 결과를 기록·보존하여야 하며, 조사결과를 고려하여 (　　　　　)를 작성하고 그 계획에 따라 작업을 하도록 하여야 한다.

모 범 답 안

〈산업안전보건기준에 관한 규칙〉

제38조(사전조사 및 작업계획서의 작성 등) ① 사업주는 다음 각 호의 작업을 하는 경우 근로자의 위험을 방지하기 위하여 별표 4에 따라 해당 작업, 작업장의 지형·지반 및 지층 상태 등에 대한 사전조사를 하고 그 결과를 기록·보존하여야 하며, 조사결과를 고려하여 별표 4의 구분에 따른 사항을 포함한 작업계획서를 작성하고 그 계획에 따라 작업을 하도록 하여야 한다.

1. 타워크레인을 설치·조립·해체하는 작업
2. 차량계 하역운반기계 등을 사용하는 작업(화물자동차를 사용하는 도로상의 주행작업은 제외한다. 이하 같다)
3. 차량계 건설기계를 사용하는 작업
4. 화학설비와 그 부속설비를 사용하는 작업
5. 제318조에 따른 전기작업(해당 전압이 50볼트를 넘거나 전기에너지가 250볼트암페어를 넘는 경우로 한정한다)
6. 굴착면의 높이가 2미터 이상이 되는 지반의 굴착작업
7. 터널굴착작업
8. 교량(상부구조가 금속 또는 콘크리트로 구성되는 교량으로서 그 높이가 5미터 이상이거나 교량의 최대 지간 길이가 30미터 이상인 교량으로 한정한다)의 설치·해체 또는 변경 작업
9. 채석작업
10. 구축물, 건축물, 그 밖의 시설물 등(이하 "구축물등"이라 한다)의 해체작업
11. 중량물의 취급작업
12. 궤도나 그 밖의 관련 설비의 보수·점검작업
13. 열차의 교환·연결 또는 분리 작업(이하 "입환작업"이라 한다)

② 사업주는 제1항에 따라 작성한 작업계획서의 내용을 해당 근로자에게 알려야 한다.

③ 사업주는 항타기나 항발기를 조립·해체·변경 또는 이동하는 작업을 하는 경우 그 작업방법과 절차를 정하여 근로자에게 주지시켜야 한다.

④ 사업주는 제1항 제12호의 작업에 모터카(motor car), 멀티플타이탬퍼(multiple tie tamper), 밸러스트 콤팩터(ballast compactor, 철도자갈다짐기), 궤도안정기 등의 작업차량(이하 "궤도작업차량"이라 한다)을 사용하는 경우 미리 그 구간을 운행하는 열차의 운행관계자와 협의하여야 한다. 〈개정 2023. 11. 14.〉

02 근로자의 추락 등의 위험을 방지하기 위해 다음과 같이 안전난간을 설치하는 경우, 빈칸을 알맞게 작성하시오.

답 안 연 습

• 상부 난간대, 중간 난간대, (①) 및 난간기둥으로 구성할 것. 다만, 중간 난간대, 발끝막이판 및 난간기둥은 이와 비슷한 구조와 성능을 가진 것으로 대체할 수 있다.

• 상부 난간대는 바닥면·발판 또는 경사로의 표면(이하 "바닥면 등"이라 한다)으로부터 (②) cm 이상 지점에 설치하고, 상부 난간대를 (③) cm 이하에 설치하는 경우에는 중간 난간대는 상부 난간대와 바닥면 등의 중간에 설치하여야 하며, (④)cm 이상 지점에 설치하는 경우에는 중간 난간대를 (⑤)단 이상으로 균등하게 설치하고 난간의 상하 간격은 (⑥)cm 이하가 되도록 할 것

모 범 답 안

① 발끝막이판
② 90 　③ 120 　④ 120 　⑤ 2 　⑥ 60

〈산업안전보건기준에 관한 규칙〉

제13조(안전난간의 구조 및 설치요건) 사업주는 근로자의 추락 등의 위험을 방지하기 위하여 안전난간을 설치하는 경우 다음 각 호의 기준에 맞는 구조로 설치해야 한다.

1. 상부 난간대, 중간 난간대, 발끝막이판 및 난간기둥으로 구성할 것. 다만, 중간 난간대, 발끝막이판 및 난간기둥은 이와 비슷한 구조와 성능을 가진 것으로 대체할 수 있다.
2. 상부 난간대는 바닥면·발판 또는 경사로의 표면(이하 "바닥면 등"이라 한다)으로부터 90센티미터 이상 지점에 설치하고, 상부 난간대를 120센티미터 이하에 설치하는 경우에는 중간 난간대는 상부 난간대와 바닥면 등의 중간에 설치하여야 하며, 120센티미터 이상 지점에 설치하는 경우에는 중간 난간대를 2단 이상으로 균등하게 설치하고 난간의 상하 간격은 60센티미터 이하가 되도록 할 것. 다만, 난간기둥 간의 간격이 25센티미터 이하인 경우에는 중간 난간대를 설치하지 않을 수 있다.
3. 발끝막이판은 바닥면 등으로부터 10센티미터 이상의 높이를 유지할 것. 다만, 물체가 떨어지거나 날아올 위험이 없거나 그 위험을 방지할 수 있는 망을 설치하는 등 필요한 예방 조치를 한 장소는 제외한다.
4. 난간기둥은 상부 난간대와 중간 난간대를 견고하게 떠받칠 수 있도록 적정한 간격을 유지할 것
5. 상부 난간대와 중간 난간대는 난간 길이 전체에 걸쳐 바닥면 등과 평행을 유지할 것
6. 난간대는 지름 2.7센티미터 이상의 금속제 파이프나 그 이상의 강도가 있는 재료일 것
7. 안전난간은 구조적으로 가장 취약한 지점에서 가장 취약한 방향으로 작용하는 100킬로그램 이상의 하중에 견딜 수 있는 튼튼한 구조일 것

03 다음 영상은 크레인 양중작업을 보여주고 있다. 인양물 하부에 작업자가 있고 유도로프 없이 1줄 걸이로 인양 중이며, 활선에 닿을 듯 위태로운 상태이다. 작업 시 준수사항을 3가지 작성하시오.

	답 안 연 습

모 범 답 안

〈운반하역 표준안전 작업지침〉

제22조(걸이) 걸이 작업은 다음 각 호의 사항을 준수하여야 한다.
1. 와이어로프 등은 크레인의 후크 중심에 걸어야 한다.
2. 인양 물체의 안정을 위하여 2줄 걸이 이상을 사용하여야 한다.
3. 밑에 있는 물체를 걸고자 할 때에는 위의 물체를 제거한 후에 행하여야 한다.
4. 매다는 각도는 60도 이내로 하여야 한다.
5. 근로자를 매달린 물체 위에 탑승시키지 않아야 한다.

04 보통작업인 경우의 조도는 얼마인지 작성하시오.

	답 안 연 습

모 범 답 안

〈산업안전보건기준에 관한 규칙〉

제8조(조도) 사업주는 근로자가 상시 작업하는 장소의 작업면 조도(照度)를 다음 각 호의 기준에 맞도록 하여야 한다. 다만, 갱내(坑內) 작업장과 감광재료(感光材料)를 취급하는 작업장은 그러하지 아니하다.
1. 초정밀작업 : 750럭스(lux) 이상
2. 정밀작업 : 300럭스 이상
3. 보통작업 : 150럭스 이상
4. 그 밖의 작업 : 75럭스 이상

05 다음 영상에서 보여주는 흙막이 공법의 명칭을 작성하시오.

답 안 연 습

모 범 답 안

어스앵커(Earth Anchor)

06 다음과 같이 충전전로 인근에서 차량계 건설기계로 작업 시 충전부 주변에 설치해야 하는 절연용 방호구를 작성하시오.

답 안 연 습

모 범 답 안

〈산업안전보건기준에 관한 규칙〉

제322조(충전전로 인근에서의 차량·기계장치 작업)
③ 사업주는 다음 각 호의 경우를 제외하고는 근로자가 차량 등의 그 어느 부분과도 접촉하지 않도록 울타리를 설치하거나 감시인 배치 등의 조치를 하여야 한다. 〈개정 2019. 10. 15.〉
1. 근로자가 해당 전압에 적합한 제323조 제1항의 절연용 보호구 등을 착용하거나 사용하는 경우
2. 차량 등의 절연되지 않은 부분이 제321조 제1항의 표에 따른 접근 한계거리 이내로 접근하지 않도록 하는 경우

07 다음 영상을 보고 재해발생원인 2가지와 누전차단기를 설치해 감전방지를 해야 하는 전기 기계·기구 2개를 작성하시오.

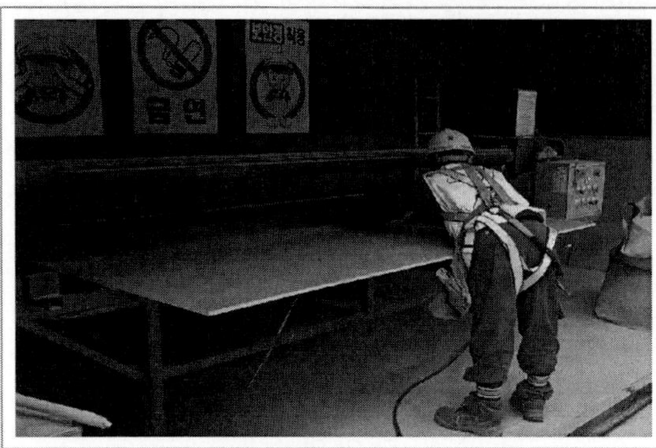

	답 안 연 습

모 범 답 안

1. 재해요인
    ① 반발 예방장치(분할날 등)를 설치하지 않음 – 손가락 절단사고 위험
    ② 장갑을 착용하고 회전기계에서 작업 – 기계에 장갑이 말릴 위험
    ③ 보안경 및 방진마스크 미착용 – 작업자 건강 위험

2. 누전차단기에 의한 감전방지

            〈산업안전보건기준에 관한 규칙〉

제304조(누전차단기에 의한 감전방지) ① 사업주는 다음 각 호의 전기 기계·기구에 대하여 누전에 의한 감전위험을 방지하기 위하여 해당 전로의 정격에 적합하고 감도(전류 등에 반응하는 정도)가 양호하며 확실하게 작동하는 감전방지용 누전차단기를 설치해야 한다. 〈개정 2021. 11. 19.〉
  1. 대지전압이 150볼트를 초과하는 이동형 또는 휴대형 전기기계·기구
  2. 물 등 도전성이 높은 액체가 있는 습윤장소에서 사용하는 저압(1.5천 볼트 이하 직류전압이나 1천 볼트 이하의 교류전압을 말한다)용 전기기계·기구
  3. 철판·철골 위 등 도전성이 높은 장소에서 사용하는 이동형 또는 휴대형 전기기계·기구
  4. 임시배선의 전로가 설치되는 장소에서 사용하는 이동형 또는 휴대형 전기기계·기구

08 거푸집동바리 등을 조립 시 동바리의 침하를 방지하기 위한 조치사항 3가지를 작성하시오.

답 안 연 습

모 범 답 안

제332조(동바리 조립 시의 안전조치) 사업주는 동바리를 조립하는 경우에는 하중의 지지상태를 유지할 수 있도록 다음 각 호의 사항을 준수해야 한다.

1. 받침목이나 깔판의 사용, 콘크리트 타설, 말뚝박기 등 동바리의 침하를 방지하기 위한 조치를 할 것
2. 동바리의 상하 고정 및 미끄러짐 방지 조치를 할 것
3. 상부·하부의 동바리가 동일 수직선상에 위치하도록 하여 깔판·받침목에 고정시킬 것
4. 개구부 상부에 동바리를 설치하는 경우에는 상부하중을 견딜 수 있는 견고한 받침대를 설치할 것
5. U헤드 등의 단판이 없는 동바리의 상단에 멍에 등을 올릴 경우에는 해당 상단에 U헤드 등의 단판을 설치하고, 멍에 등이 전도되거나 이탈되지 않도록 고정시킬 것
6. 동바리의 이음은 같은 품질의 재료를 사용할 것
7. 강재의 접속부 및 교차부는 볼트·클램프 등 전용철물을 사용하여 단단히 연결할 것
8. 거푸집의 형상에 따른 부득이한 경우를 제외하고는 깔판이나 받침목은 2단 이상 끼우지 않도록 할 것
9. 깔판이나 받침목을 이어서 사용하는 경우에는 그 깔판·받침목을 단단히 연결할 것

[전문개정 2023. 11. 14.]

작업형 기출문제

2021년 작업형 4회(B형)

01 사업주가 시스템 비계를 설치하는 경우, 다음 빈칸을 알맞게 작성하시오.

답 안 연 습

① 수직재 · 수평재 · (　　　)를 견고하게 연결하는 구조가 되도록 할 것

② 비계 밑단의 수직재와 (　　　)은 밀착되도록 설치하고, 수직재와 받침철물의 연결부의 겹침길이는 받침철물 전체길이의 (　　　) 이상이 되도록 할 것

모 범 답 안

〈산업안전보건기준에 관한 규칙〉

제69조(시스템 비계의 구조) 사업주는 시스템 비계를 사용하여 비계를 구성하는 경우에 다음 각 호의 사항을 준수하여야 한다.
  1. 수직재 · 수평재 · 가새재를 견고하게 연결하는 구조가 되도록 할 것
  2. 비계 밑단의 수직재와 받침철물은 밀착되도록 설치하고, 수직재와 받침철물의 연결부의 겹침길이는 받침철물 전체길이의 3분의 1 이상이 되도록 할 것
  3. 수평재는 수직재와 직각으로 설치하여야 하며, 체결 후 흔들림이 없도록 견고하게 설치할 것
  4. 수직재와 수직재의 연결철물은 이탈되지 않도록 견고한 구조로 할 것
  5. 벽 연결재의 설치간격은 제조사가 정한 기준에 따라 설치할 것

02 지반 등을 굴착하는 경우, 연암의 굴착면의 기울기 기준을 작성하시오.

답 안 연 습

모 범 답 안
〈산업안전보건기준에 관한 규칙〉
굴착면의 기울기 기준(제339조 제1항 관련)

지반의 종류	굴착면의 기울기
모래	1 : 1.8
연암 및 풍화암	1 : 1.0
경암	1 : 0.5
그 밖의 흙	1 : 1.2

03 교량의 설치 · 해체 · 변경 작업 시 작업계획서의 내용 3가지를 작성하시오.

답 안 연 습

모 범 답 안
〈산업안전보건기준에 관한 규칙〉
[별표 4] 사전조사 및 작업계획서 내용(제38조 제1항 관련)

작업명	작업계획서 내용
8. 교량작업	가. 작업 방법 및 순서 나. 부재(部材)의 낙하 · 전도 또는 붕괴를 방지하기 위한 방법 다. 작업에 종사하는 근로자의 추락 위험을 방지하기 위한 안전조치 방법 라. 공사에 사용되는 가설 철구조물 등의 설치 · 사용 · 해체 시 안전성 검토 방법 마. 사용하는 기계 등의 종류 및 성능, 작업방법 바. 작업지휘자 배치계획 사. 그 밖에 안전 · 보건에 관련된 사항

04 다음 영상은 작업자가 흡연 직후 고정식 사다리를 통해 맨홀 하부로 내려가는 모습을 보여주고 있다. 이때, 위험요인을 3가지 작성하시오.

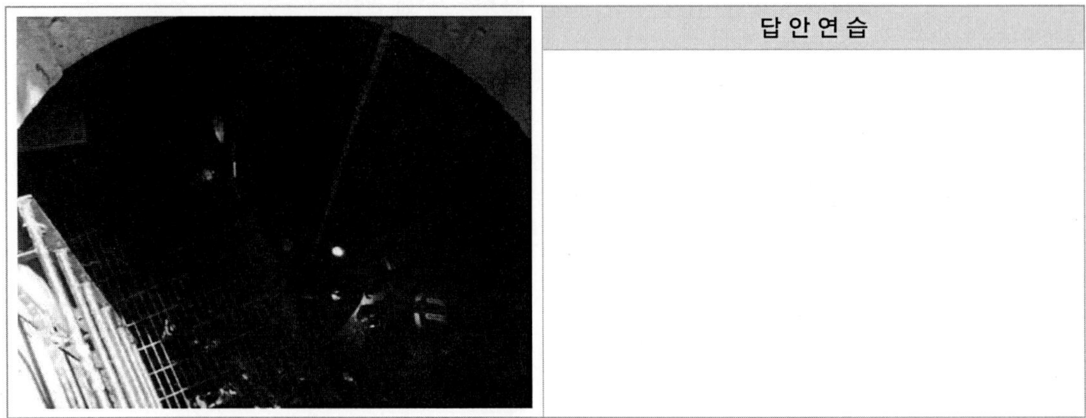

	답 안 연 습

모 범 답 안
① 작업 시작 전 적정공기 상태 확인 및 유지 부재(산소 및 유해가스 농도 측정 부재)
② 작업자 출입 시 인원 점검 부재
③ 작업자 개인보호구 미착용(송기마스크, 공기호흡기 등)
④ 관계 작업자 외 출입금지 위반
⑤ 작업장 내 · 외부 감시인 미지정 및 미배치

05 다음 영상은 벽체 샌딩(면갈이) 작업을 보여주고 있다. 이때, 작업자가 착용해야 할 개인보호구 2가지를 작성하시오.

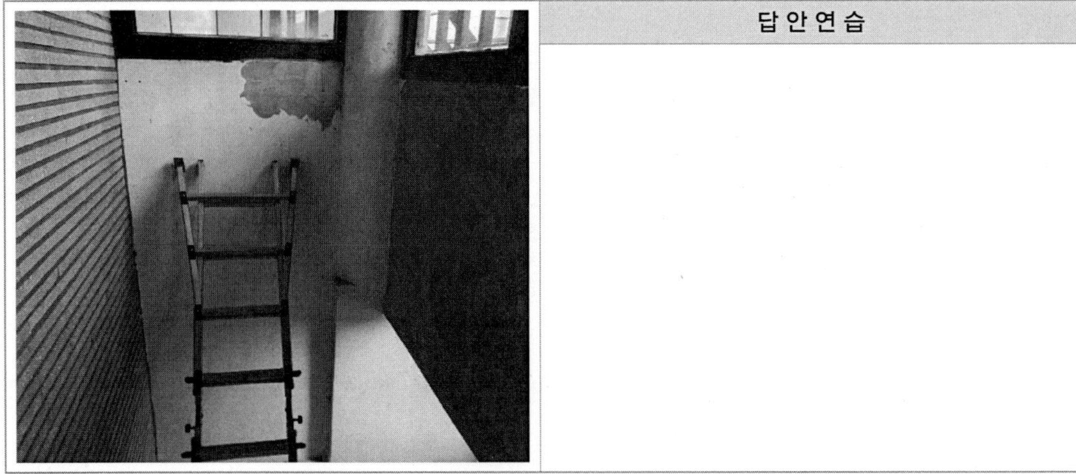

	답 안 연 습

모 범 답 안

① 보안경 ② 방진마스크

〈산업안전보건기준에 관한 규칙〉

제32조(보호구의 지급 등) ① 사업주는 다음 각 호의 어느 하나에 해당하는 작업을 하는 근로자에 대해서는 다음 각 호의 구분에 따라 그 작업조건에 맞는 보호구를 작업하는 근로자 수 이상으로 지급하고 착용하도록 하여야 한다. 〈개정 2017. 3. 3.〉

1. 물체가 떨어지거나 날아올 위험 또는 근로자가 추락할 위험이 있는 작업 : 안전모
2. 높이 또는 깊이 2미터 이상의 추락할 위험이 있는 장소에서 하는 작업 : 안전대(安全帶)
3. 물체의 낙하 · 충격, 물체에의 끼임, 감전 또는 정전기의 대전(帶電)에 의한 위험이 있는 작업 : 안전화
4. 물체가 흩날릴 위험이 있는 작업 : 보안경
5. 용접 시 불꽃이나 물체가 흩날릴 위험이 있는 작업 : 보안면
6. 감전의 위험이 있는 작업 : 절연용 보호구
7. 고열에 의한 화상 등의 위험이 있는 작업 : 방열복
8. 선창 등에서 분진(粉塵)이 심하게 발생하는 하역작업 : 방진마스크
9. 섭씨 영하 18도 이하인 급냉동어창에서 하는 하역작업 : 방한모 · 방한복 · 방한화 · 방한장갑

06 터널공사 장약작업 시 준수사항 3가지를 작성하시오.

답 안 연 습

모 범 답 안

〈터널공사표준안전작업지침 – NATM공법〉

제11조(장약작업) 사업주는 장약작업 시 다음 각 호의 사항을 준수하여야 한다.

1. 폭약을 장진할 때는 발파구멍을 잘 청소하며 이때 공저까지 완전히 청소하여 작은 돌 등을 남기지 않아야 한다.
2. 천공작업이 완료된 후 장약작업을 실시하여야 하며 천공 – 장약의 동시작업을 하지 않아야 한다.
3. 장약봉은 똑바르고 옹이가 없는 목재 등 부도체로 하고 장진구는 마찰, 정전기 등에 의한 폭발의 위험성이 없는 절연성의 것을 사용하여야 한다.
4. 약포는 1개씩 신중히 장약봉으로 집어넣고 사전에 측정한 폭약의 길이와 천공 깊이의 차를 점검하면서 약포 간의 빈틈이 없도록 하여야 한다.
5. 포장이 없는 화약이나 폭약을 장진할 때에는 화기의 사용을 금하고 근접한 곳에서 흡연하는 일이 없도록 하여야 한다.
6. 약포를 발파공 내에서 강하게 압착하지 않아야 한다.
7. 장진물에는 종이, 솜 등을 사용하지 않아야 한다.
8. 충진제 점토, 모래 등을 비벼 사용하고 작은 돌을 사용치 않아야 하며 처음에는 느슨하게 하고 점차 단단하게 하여 구멍 입구부위까지 채워야 한다.
9. 전기뇌관을 사용할 때에는 전선, 모터 등에 접근하지 않도록 하여야 한다.

07 다음 영상은 현장에서 작업자가 가설계단의 돌출 파이프에 걸리는 모습을 보여주고 있다. 다음과 같이 계단을 설치하는 경우, 빈칸을 알맞게 작성하시오.

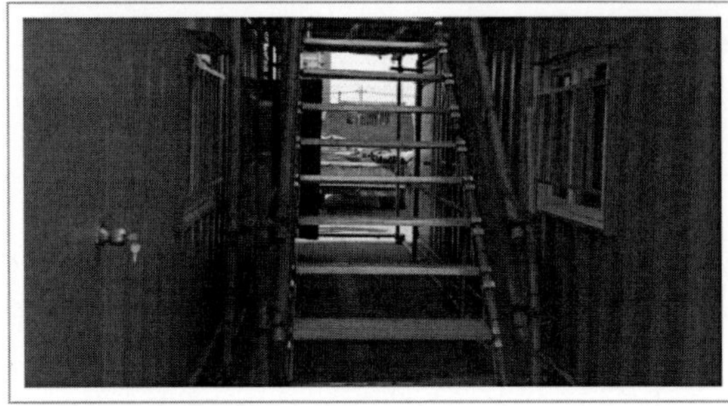

<table>
<tr><td colspan="2">답 안 연 습</td></tr>
<tr><td>사업주는 통로면으로부터 높이 (　　　) 이내에는 장애물이 없도록 하여야 한다. 다만, 부득이하게 통로면으로부터 높이 (　　　) 이내에 장애물을 설치할 수밖에 없거나 통로 면으로부터 높이 (　　　) 이내의 장애물을 제거하는 것이 곤란하다고 고용노동부장관이 인정하는 경우에는 근로자에게 발생할 수 있는 부상 등의 위험을 방지하기 위한 안전 조치를 하여야 한다.</td></tr>
</table>

모 범 답 안

〈산업안전보건기준에 관한 규칙〉

제22조(통로의 설치) ① 사업주는 작업장으로 통하는 장소 또는 작업장 내에 근로자가 사용할 안전한 통로를 설치하고 항상 사용할 수 있는 상태로 유지하여야 한다.

② 사업주는 통로의 주요 부분에 통로표시를 하고, 근로자가 안전하게 통행할 수 있도록 하여야 한다.

③ 사업주는 통로면으로부터 높이 2미터 이내에는 장애물이 없도록 하여야 한다. 다만, 부득이하게 통로면으로부터 높이 2미터 이내에 장애물을 설치할 수밖에 없거나 통로면으로부터 높이 2미터 이내의 장애물을 제거하는 것이 곤란하다고 고용노동부장관이 인정하는 경우에는 근로자에게 발생할 수 있는 부상 등의 위험을 방지하기 위한 안전 조치를 하여야 한다.

08 차량계 하역운반기계의 운전자가 운전위치를 이탈하고자 할 때, 운전자가 준수하여야 할 사항 3가지를 작성하시오.

답 안 연 습

모 범 답 안

〈산업안전보건기준에 관한 규칙〉

제99조(운전위치 이탈 시의 조치) ① 사업주는 차량계 하역운반기계 등, 차량계 건설기계의 운전자가 운전위치를 이탈하는 경우 해당 운전자에게 다음 각 호의 사항을 준수하도록 하여야 한다.

1. 포크, 버킷, 디퍼 등의 장치를 가장 낮은 위치 또는 지면에 내려 둘 것
2. 원동기를 정지시키고 브레이크를 확실히 거는 등 갑작스러운 주행이나 이탈을 방지하기 위한 조치를 할 것
3. 운전석을 이탈하는 경우에는 시동키를 운전대에서 분리시킬 것. 다만, 운전석에 잠금장치를 하는 등 운전자가 아닌 사람이 운전하지 못하도록 조치한 경우에는 그러하지 아니하다.

② 차량계 하역운반기계 등, 차량계 건설기계의 운전자는 운전위치에서 이탈하는 경우 제1항 각 호의 조치를 하여야 한다.

 ## 2021년 작업형 4회(C형)

01 작업발판 및 통로의 끝이나 개구부에 설치해야 하는 안전시설물 3가지를 작성하시오.

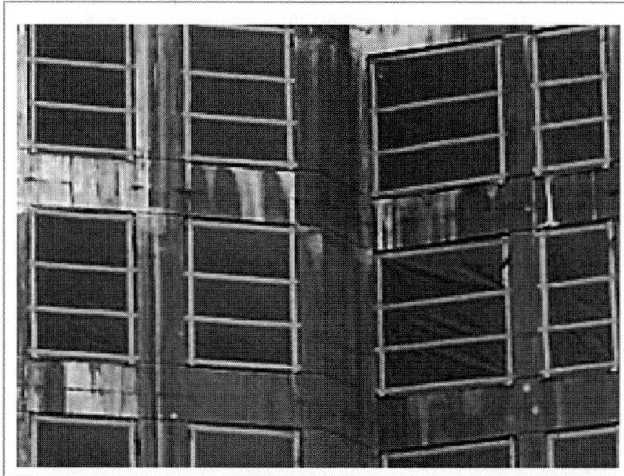

	답 안 연 습

모 범 답 안

〈산업안전보건기준에 관한 규칙〉

제43조(개구부 등의 방호 조치) ① 사업주는 작업발판 및 통로의 끝이나 개구부로서 근로자가 추락할 위험이 있는 장소에는 안전난간, 울타리, 수직형 추락방망 또는 덮개 등(이하 이 조에서 "난간 등"이라 한다)의 방호 조치를 충분한 강도를 가진 구조로 튼튼하게 설치하여야 하며, 덮개를 설치하는 경우에는 뒤집히거나 떨어지지 않도록 설치하여야 한다. 이 경우 어두운 장소에서도 알아볼 수 있도록 개구부임을 표시해야 하며, 수직형 추락방망은 「산업표준화법」 제12조에 따른 한국산업표준에서 정하는 성능기준에 적합한 것을 사용해야 한다. 〈개정 2019. 12. 26.〉

② 사업주는 난간 등을 설치하는 것이 매우 곤란하거나 작업의 필요상 임시로 난간 등을 해체하여야 하는 경우 제42조 제2항 각 호의 기준에 맞는 추락방호망을 설치하여야 한다. 다만, 추락방호망을 설치하기 곤란한 경우에는 근로자에게 안전대를 착용하도록 하는 등 추락할 위험을 방지하기 위하여 필요한 조치를 하여야 한다. 〈개정 2017. 12. 28.〉

작업형 기출문제

02 전기기계 · 기구에 설치되어 있는 누전차단기의 설치 기준 관련하여 다음 빈칸을 알맞게 채우시오.

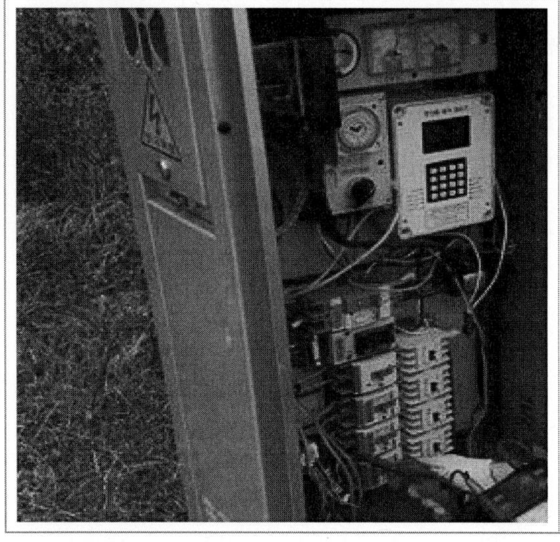

답 안 연 습
전기기계 · 기구에 설치되어 있는 누전차단기는 정격감도전류가 (　　　) 이하이고 작동시간은(　　　) 이내일 것. 　다만, 정격전부하전류가 50암페어 이상인 전기기계 · 기구에 접속되는 누전차단기는 오작동을 방지하기 위하여 정격감도전류는 200밀리암페어 이하로, 작동시간은 0.1초 이내로 할 수 있다.

모 범 답 안

〈산업안전보건기준에 관한 규칙〉

제304조(누전차단기에 의한 감전방지)

⑤ 사업주는 제1항에 따라 설치한 누전차단기를 접속하는 경우에 다음 각 호의 사항을 준수하여야 한다.

　1. 전기기계 · 기구에 설치되어 있는 누전차단기는 정격감도전류가 30밀리암페어 이하이고 작동시간은 0.03초 이내일 것. 다만, 정격전부하전류가 50암페어 이상인 전기기계 · 기구에 접속되는 누전차단기는 오작동을 방지하기 위하여 정격감도전류는 200밀리암페어 이하로, 작동시간은 0.1초 이내로 할 수 있다.

03 다음 영상은 외벽 석재 마감을 하고 있는 모습을 보여주고 있다. 불안전한 요소 3가지를 작성하시오.

답 안 연 습

모 범 답 안
① 승강설비 미설치
② 안전난간 미설치
③ 작업발판 불량 등
④ 작업자의 개인보호구 착용 불량
⑤ 비계 위 다량의 석재 적치하여 작업(비계 붕괴 위험요소)

04 추락방호망의 설치기준 3가지를 작성하시오.

답 안 연 습

모 범 답 안

〈산업안전보건기준에 관한 규칙〉

제42조(추락의 방지) ① 사업주는 근로자가 추락하거나 넘어질 위험이 있는 장소[작업발판의 끝·개구부(開口部) 등을 제외한다] 또는 기계·설비·선박블록 등에서 작업을 할 때에 근로자가 위험해질 우려가 있는 경우 비계(飛階)를 조립하는 등의 방법으로 작업발판을 설치하여야 한다.

② 사업주는 제1항에 따른 작업발판을 설치하기 곤란한 경우 다음 각 호의 기준에 맞는 추락방호망을 설치해야 한다. 다만, 추락방호망을 설치하기 곤란한 경우에는 근로자에게 안전대를 착용하도록 하는 등 추락위험을 방지하기 위해 필요한 조치를 해야 한다. 〈개정 2017. 12. 28., 2021. 5. 28.〉

  1. 추락방호망의 설치위치는 가능하면 작업면으로부터 가까운 지점에 설치하여야 하며, 작업면으로부터 망의 설치지점까지의 수직거리는 10미터를 초과하지 아니할 것
  2. 추락방호망은 수평으로 설치하고, 망의 처짐은 짧은 변 길이의 12퍼센트 이상이 되도록 할 것
  3. 건축물 등의 바깥쪽으로 설치하는 경우 추락방호망의 내민 길이는 벽면으로부터 3미터 이상 되도록 할 것. 다만, 그물코가 20밀리미터 이하인 추락방호망을 사용한 경우에는 제14조 제3항에 따른 낙하물 방지망을 설치한 것으로 본다.

③ 사업주는 추락방호망을 설치하는 경우에는 한국산업표준에서 정하는 성능기준에 적합한 추락방호망을 사용하여야 한다.

05 자재창고의 작업면 조도를 작성하시오.

답 안 연 습

모 범 답 안

〈산업안전보건기준에 관한 규칙〉

제8조(조도) 사업주는 근로자가 상시 작업하는 장소의 작업면 조도(照度)를 다음 각 호의 기준에 맞도록 하여야 한다. 다만, 갱내(坑內) 작업장과 감광재료(感光材料)를 취급하는 작업장은 그러하지 아니하다.
   1. 초정밀작업 : 750럭스(lux) 이상
   2. 정밀작업 : 300럭스 이상
   3. 보통작업 : 150럭스 이상
   4. 그 밖의 작업 : 75럭스 이상

06 다음 영상을 시청한 후 동바리용 파이프 서포트에 대한 안전조치사항 2가지를 작성하시오.

답 안 연 습

모 범 답 안

〈산업안전보건기준에 관한 규칙〉

제332조의2(동바리 유형에 따른 동바리 조립 시의 안전조치) 사업주는 동바리를 조립할 때 동바리의 유형별로 다음 각 호의 구분에 따른 각 목의 사항을 준수해야 한다.
1. 동바리로 사용하는 파이프 서포트의 경우
   가. 파이프 서포트를 3개 이상 이어서 사용하지 않도록 할 것
   나. 파이프 서포트를 이어서 사용하는 경우에는 4개 이상의 볼트 또는 전용철물을 사용하여 이을 것
   다. 높이가 3.5미터를 초과하는 경우에는 높이 2미터 이내마다 수평연결재를 2개 방향으로 만들고 수평연결재의 변위를 방지할 것
[본조신설 2023. 11. 14.] (종전 제332조에서 개정되면서 제332조의2로 신설됨)

07 철골을 wire rope로 인양하여 앵커볼트로 고정한 후 인양 wire rope를 제거할 시 준수사항 2가지를 작성하시오.

답 안 연 습

모 범 답 안

〈철골공사 표준안전 작업지침〉

제10조(기둥의 고정) 사업주는 철골기둥을 앵커 볼트 또는 다른 철골기둥에 접속시킬 때 다음 각 호의 사항을 준수하여야 한다.

1. 앵커 볼트에 고정시키는 작업은 다음 각 목의 순서에 따라야 한다.

    가. 기둥의 인양은 고정시킬 바로 위에서 일단 멈춘 다음 손이 닿을 위치까지 내리도록 한다.

    나. 앵커 볼트의 바로 위까지 흔들림이 없도록 유도하면서 방향을 확인하고 천천히 내려야 한다.

    다. 기둥 베이스 구멍을 통해 앵커 볼트를 보면서 정확히 유도하고, 볼트가 손상되지 않도록 조심스럽게 제자리에 위치시켜야 한다. 이때 손, 발이 끼지 않도록 주의한다.

    라. 바른 위치에 잘 들어갔는지 확인하고 앵커 볼트 전체의 균형을 유지하면서 확실히 조여야 한다.

    마. 인양 와이어로프를 제거하기 위하여 기둥 위로 올라갈 때 또는 기둥에서 내려올 때는 기둥의 트랩을 이용하여야 한다.

    바. 인양 와이어로프를 풀어 제거할 때에는 안전대를 사용해야 하며 샤클핀이 빠져 떨어지는 일 등이 발생하지 않도록 주의해야 한다.

08 다음 영상은 하수관로 매설작업을 보여주고 있다. 위험요인과 방지대책을 각각 3가지 작성하시오.

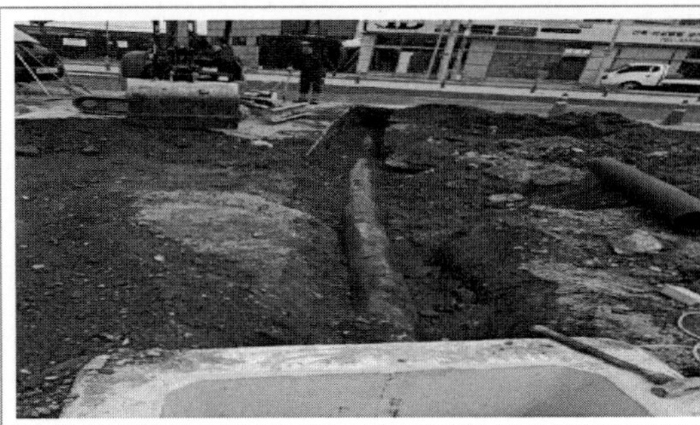

<table>
<tr><td>답 안 연 습</td></tr>
</table>

모 범 답 안

1. 위험요인
   ① 현장 정리정돈 불량(꼬인 와이어로프 등)
   ② 흄관을 1줄 걸이로 인양(유도로프 및 훅해지장치 부재)
   ③ 인양된 흄관 밑에 작업자 존재
   ④ 백호 운전자와 신호수 간의 신호 불량 및 백호 운전자 시야 미확보
   ⑤ 인양되는 흄관을 직접 손으로 당김 등으로 인해 끼임 사고 우려

2. 방지대책
   ① 현장 정리정돈(꼬인 와이어로프 등)
   ② 흄관을 2줄 걸이로 인양(유도로프 및 훅해지장치 설치)
   ③ 인양 중인 흄관 하부 작업자 출입금지
   ④ 백호 운전자와 신호수 신호 소통 확보
   ⑤ 백호 운전자의 양호한 시야 확보
   ⑥ 인양되는 흄관을 직접 손으로 당기는 것을 금지

Part 3

건설안전기사 관련 법령

Chapter 01 산업안전보건기준에 관한 규칙 (주요 조문) 

[시행 2024. 12. 29.] [고용노동부령 제417호, 2024. 6. 28., 일부개정]

제8조(조도) 사업주는 근로자가 상시 작업하는 장소의 작업면 조도(照度)를 다음 각 호의 기준에 맞도록 하여야 한다. 다만, 갱내(坑內) 작업장과 감광재료(感光材料)를 취급하는 작업장은 그러하지 아니하다.

1. **초정밀작업** : 750럭스(lux) 이상

2. **정밀작업** : 300럭스 이상

3. **보통작업** : 150럭스 이상

4. **그 밖의 작업** : 75럭스 이상

제13조(안전난간의 구조 및 설치요건) 사업주는 근로자의 추락 등의 위험을 방지하기 위하여 안전난간을 설치하는 경우 다음 각 호의 기준에 맞는 구조로 설치해야 한다. 〈개정 2015. 12. 31., 2023. 11. 14.〉

1. 상부 난간대, 중간 난간대, 발끝막이판 및 난간기둥으로 구성할 것. 다만, 중간 난간대, 발끝막이판 및 난간기둥은 이와 비슷한 구조와 성능을 가진 것으로 대체할 수 있다.

2. 상부 난간대는 바닥면·발판 또는 경사로의 표면(이하 "바닥면등"이라 한다)으로부터 90센티미터 이상 지점에 설치하고, 상부 난간대를 120센티미터 이하에 설치하는 경우에는 중간 난간대는 상부 난간대와 바닥면등의 중간에 설치해야 하며, 120센티미터 이상 지점에 설치하는 경우에는 중간 난간대를 2단 이상으로 균등하게 설치하고 난간의 상하 간격은 60센티미터 이하가 되도록 할 것. 다만, 난간기둥 간의 간격이 25센티미터 이하인 경우에는 중간 난간대를 설치하지 않을 수 있다.

3. 발끝막이판은 바닥면등으로부터 10센티미터 이상의 높이를 유지할 것. 다만, 물체가 떨어지거나 날아올 위험이 없거나 그 위험을 방지할 수 있는 망을 설치하는 등 필요한 예방 조치를 한 장소는 제외한다.

4. 난간기둥은 상부 난간대와 중간 난간대를 견고하게 떠받칠 수 있도록 적정한 간격을 유지할 것

5. 상부 난간대와 중간 난간대는 난간 길이 전체에 걸쳐 바닥면등과 평행을 유지할 것

6. 난간대는 지름 2.7센티미터 이상의 금속제 파이프나 그 이상의 강도가 있는 재료일 것

7. 안전난간은 구조적으로 가장 취약한 지점에서 가장 취약한 방향으로 작용하는 100킬로그램 이상의 하중에 견딜 수 있는 튼튼한 구조일 것

제14조(낙하물에 의한 위험의 방지) ① 사업주는 작업장의 바닥, 도로 및 통로 등에서 낙하물이 근로자에게 위험을 미칠 우려가 있는 경우 보호망을 설치하는 등 필요한 조치를 하여야 한다.

② 사업주는 작업으로 인하여 물체가 떨어지거나 날아올 위험이 있는 경우 낙하물 방지망, 수직보호망 또는 방호선반의 설치, 출입금지구역의 설정, 보호구의 착용 등 위험을 방지하기 위하여 필요한 조치를 하여야 한다. 이 경우 낙하물 방지망 및 수직보호망은 「산업표준화법」 제12조에 따른 한국산업표준(이하 "한국산업표준"이라 한다)에서 정하는 성능기준에 적합한 것을 사용하여야 한다. 〈개정 2017. 12. 28., 2022. 10. 18.〉

③ 제2항에 따라 낙하물 방지망 또는 방호선반을 설치하는 경우에는 다음 각 호의 사항을 준수하여야 한다.

1. 높이 10미터 이내마다 설치하고, 내민 길이는 벽면으로부터 2미터 이상으로 할 것
2. 수평면과의 각도는 20도 이상 30도 이하를 유지할 것

제17조(비상구의 설치) ① 사업주는 별표 1에 규정된 위험물질을 제조·취급하는 작업장(이하 이 항에서 "작업장"이라 한다)과 그 작업장이 있는 건축물에 제11조에 따른 출입구 외에 안전한 장소로 대피할 수 있는 비상구 1개 이상을 다음 각 호의 기준을 모두 충족하는 구조로 설치해야 한다. 다만, 작업장 바닥면의 가로 및 세로가 각 3미터 미만인 경우에는 그렇지 않다. 〈개정 2019. 12. 26., 2023. 11. 14.〉

1. 출입구와 같은 방향에 있지 아니하고, 출입구로부터 3미터 이상 떨어져 있을 것
2. 작업장의 각 부분으로부터 하나의 비상구 또는 출입구까지의 수평거리가 50미터 이하가 되도록 할 것. 다만, 작업장이 있는 층에 「건축법 시행령」 제34조제1항에 따라 피난층(직접 지상으로 통하는 출입구가 있는 층과 「건축법 시행령」 제34조제3항 및 제4항에 따른 피난안전구역을 말한다) 또는 지상으로 통하는 직통계단(경사로를 포함한다)을 설치한 경우에는 그 부분에 한정하여 본문에 따른 기준을 충족한 것으로 본다.
3. 비상구의 너비는 0.75미터 이상으로 하고, 높이는 1.5미터 이상으로 할 것
4. 비상구의 문은 피난 방향으로 열리도록 하고, 실내에서 항상 열 수 있는 구조로 할 것

② 사업주는 제1항에 따른 비상구에 문을 설치하는 경우 항상 사용할 수 있는 상태로 유지하여야 한다.

제23조(가설통로의 구조) 사업주는 가설통로를 설치하는 경우 다음 각 호의 사항을 준수하여야 한다.

1. 견고한 구조로 할 것
2. 경사는 30도 이하로 할 것. 다만, 계단을 설치하거나 높이 2미터 미만의 가설통로로서 튼튼한 손잡이를 설치한 경우에는 그러하지 아니하다.

3. 경사가 15도를 초과하는 경우에는 미끄러지지 아니하는 구조로 할 것

4. 추락할 위험이 있는 장소에는 안전난간을 설치할 것. 다만, 작업상 부득이한 경우에는 필요한 부분만 임시로 해체할 수 있다.

5. 수직갱에 가설된 통로의 길이가 15미터 이상인 경우에는 10미터 이내마다 계단참을 설치할 것

6. 건설공사에 사용하는 높이 8미터 이상인 비계다리에는 7미터 이내마다 계단참을 설치할 것

제24조(사다리식 통로 등의 구조) ① 사업주는 사다리식 통로 등을 설치하는 경우 다음 각 호의 사항을 준수하여야 한다. 〈개정 2024. 6. 28.〉

1. 견고한 구조로 할 것

2. 심한 손상·부식 등이 없는 재료를 사용할 것

3. 발판의 간격은 일정하게 할 것

4. 발판과 벽과의 사이는 15센티미터 이상의 간격을 유지할 것

5. 폭은 30센티미터 이상으로 할 것

6. 사다리가 넘어지거나 미끄러지는 것을 방지하기 위한 조치를 할 것

7. 사다리의 상단은 걸쳐놓은 지점으로부터 60센티미터 이상 올라가도록 할 것

8. 사다리식 통로의 길이가 10미터 이상인 경우에는 5미터 이내마다 계단참을 설치할 것

9. 사다리식 통로의 기울기는 75도 이하로 할 것. 다만, 고정식 사다리식 통로의 기울기는 90도 이하로 하고, 그 높이가 7미터 이상인 경우에는 다음 각 목의 구분에 따른 조치를 할 것

　가. 등받이울이 있어도 근로자 이동에 지장이 없는 경우: 바닥으로부터 높이가 2.5미터 되는 지점부터 등받이울을 설치할 것

　나. 등받이울이 있으면 근로자가 이동이 곤란한 경우: 한국산업표준에서 정하는 기준에 적합한 개인용 추락 방지 시스템을 설치하고 근로자로 하여금 한국산업표준에서 정하는 기준에 적합한 전신안전대를 사용하도록 할 것

10. 접이식 사다리 기둥은 사용 시 접혀지거나 펼쳐지지 않도록 철물 등을 사용하여 견고하게 조치할 것

② 잠함(潛函) 내 사다리식 통로와 건조·수리 중인 선박의 구명줄이 설치된 사다리식 통로(건조·수리작업을 위하여 임시로 설치한 사다리식 통로는 제외한다)에 대해서는 제1항제5호부터 제10호까지의 규정을 적용하지 아니한다.

제25조(갱내통로 등의 위험 방지) 사업주는 갱내에 설치한 통로 또는 사다리식 통로에 권상장치(卷上裝置)가 설치된 경우 권상장치와 근로자의 접촉에 의한 위험이 있는 장소에 판자벽이나 그 밖에 위험 방지를 위한 격벽(隔壁)을 설치하여야 한다.

제26조(계단의 강도) ① 사업주는 계단 및 계단참을 설치하는 경우 매제곱미터당 500킬로그램 이상의 하중에 견딜 수 있는 강도를 가진 구조로 설치하여야 하며, 안전율[안전의 정도를

표시하는 것으로서 재료의 파괴응력도(破壞應力度)와 허용응력도(許容應力度)의 비율을 말한다)]은 4 이상으로 하여야 한다.

② 사업주는 계단 및 승강구 바닥을 구멍이 있는 재료로 만드는 경우 렌치나 그 밖의 공구 등이 낙하할 위험이 없는 구조로 하여야 한다.

제27조(계단의 폭) ① 사업주는 계단을 설치하는 경우 그 폭을 1미터 이상으로 하여야 한다. 다만, 급유용 · 보수용 · 비상용 계단 및 나선형 계단이거나 높이 1미터 미만의 이동식 계단인 경우에는 그러하지 아니하다. 〈개정 2014. 9. 30.〉

② 사업주는 계단에 손잡이 외의 다른 물건 등을 설치하거나 쌓아 두어서는 아니 된다.

제28조(계단참의 설치) 사업주는 높이가 3미터를 초과하는 계단에 높이 3미터 이내마다 진행방향으로 길이 1.2미터 이상의 계단참을 설치해야 한다. 〈개정 2023. 11. 14.〉 [제목개정 2023. 11. 14.]

제29조(천장의 높이) 사업주는 계단을 설치하는 경우 바닥면으로부터 높이 2미터 이내의 공간에 장애물이 없도록 하여야 한다. 다만, 급유용 · 보수용 · 비상용 계단 및 나선형 계단인 경우에는 그러하지 아니하다.

제30조(계단의 난간) 사업주는 높이 1미터 이상인 계단의 개방된 측면에 안전난간을 설치하여야 한다.

제32조(보호구의 지급 등) ① 사업주는 다음 각 호의 어느 하나에 해당하는 작업을 하는 근로자에 대해서는 다음 각 호의 구분에 따라 그 작업조건에 맞는 보호구를 작업하는 근로자 수 이상으로 지급하고 착용하도록 하여야 한다. 〈개정 2017. 3. 3., 2024. 6. 28〉

1. 물체가 떨어지거나 날아올 위험 또는 근로자가 추락할 위험이 있는 작업: 안전모
2. 높이 또는 깊이 2미터 이상의 추락할 위험이 있는 장소에서 하는 작업: 안전대(安全帶)
3. 물체의 낙하 · 충격, 물체에의 끼임, 감전 또는 정전기의 대전(帶電)에 의한 위험이 있는 작업: 안전화
4. 물체가 흩날릴 위험이 있는 작업: 보안경
5. 용접 시 불꽃이나 물체가 흩날릴 위험이 있는 작업: 보안면
6. 감전의 위험이 있는 작업: 절연용 보호구
7. 고열에 의한 화상 등의 위험이 있는 작업: 방열복
8. 선창 등에서 분진(粉塵)이 심하게 발생하는 하역작업: 방진마스크
9. 섭씨 영하 18도 이하인 급냉동어창에서 하는 하역작업: 방한모 · 방한복 · 방한화 · 방한장갑
10. 물건을 운반하거나 수거 · 배달하기 위하여 「도로교통법」 제2조 제18호 가목5)에 따른 이륜자동차 또는 같은 법 제2조 제19호에 따른 원동기장치자전거를제32조 제1항 각 호의 기준에 적합한 승차용 안전모

11. 물건을 운반하거나 수거·배달하기 위해「도로교통법」제2조 제21호의2에 따른 자전거등을
    운행하는 작업:「도로교통법 시행규칙」제32조 제2항의 기준에 적합한 안전모

② 사업주로부터 제1항에 따른 보호구를 받거나 착용지시를 받은 근로자는 그 보호구를
    착용하여야 한다.

제35조(관리감독자의 유해·위험 방지 업무 등) ① 사업주는 법 제16조제1항에 따른

관리감독자(건설업의 경우 직장·조장 및 반장의 지위에서 그 작업을 직접 지휘·감독하는
관리감독자를 말하며, 이하 "관리감독자"라 한다)로 하여금 별표 2에서 정하는 바에 따라
유해·위험을 방지하기 위한 업무를 수행하도록 하여야 한다. 〈개정 2019. 12. 26.〉
② 사업주는 별표 3에서 정하는 바에 따라 작업을 시작하기 전에 관리감독자로 하여금 필요한
    사항을 점검하도록 하여야 한다.
③ 사업주는 제2항에 따른 점검 결과 이상이 발견되면 즉시 수리하거나 그 밖에 필요한 조치를
    하여야 한다.

■ 산업안전보건기준에 관한 규칙 [별표 2] 관리감독자의 유해·위험 방지(제35조제1항 관련)

작업의 종류	직무수행 내용
3. 크레인을 사용하는 작업(제2편제1장제9절제2관·제3관)	가. 작업방법과 근로자 배치를 결정하고 그 작업을 지휘하는 일 나. 재료의 결함 유무 또는 기구 및 공구의 기능을 점검하고 불량품을 제거하는 일 다. 작업 중 안전대 또는 안전모의 착용 상황을 감시하는 일
8. 거푸집 및 동바리의 고정·조립 또는 해체 작업/노천굴착작업/흙막이 지보공의 고정·조립 또는 해체 작업/터널의 굴착작업/구축물등의 해체작업(제2편제4장제1절제2관·제4장제2절제1관·제4장제2절제3관제1속·제4장제4절)	가. 안전한 작업방법을 결정하고 작업을 지휘하는 일 나. 재료·기구의 결함 유무를 점검하고 불량품을 제거하는 일 다. 작업 중 안전대 및 안전모 등 보호구 착용 상황을 감시하는 일
9. 높이 5미터 이상의 비계(飛階)를 조립·해체하거나 변경하는 작업(해체작업의 경우 가목은 적용 제외)(제1편제7장제2절)	가. 재료의 결함 유무를 점검하고 불량품을 제거하는 일 나. 기구·공구·안전대 및 안전모 등의 기능을 점검하고 불량품을 제거하는 일 다. 작업방법 및 근로자 배치를 결정하고 작업 진행 상태를 감시하는 일 라. 안전대와 안전모 등의 착용 상황을 감시하는 일

10. 달비계 작업(제1편제7장제4절)	가. 작업용 섬유로프, 작업용 섬유로프의 고정점, 구명줄의 조정점, 작업대, 고리걸이용 철구 및 안전대 등의 결손 여부를 확인하는 일 나. 작업용 섬유로프 및 안전대 부착설비용 로프가 고정점에 풀리지 않는 매듭방법으로 결속되었는지 확인하는 일 다. 근로자가 작업대에 탑승하기 전 안전모 및 안전대를 착용하고 안전대를 구명줄에 체결했는지 확인하는 일 라. 작업방법 및 근로자 배치를 결정하고 작업 진행 상태를 감시하는 일
11. 발파작업(제2편제4장제2절제2관)	가. 점화 전에 점화작업에 종사하는 근로자가 아닌 사람에게 대피를 지시하는 일 나. 점화작업에 종사하는 근로자에게 대피장소 및 경로를 지시하는 일 다. 점화 전에 위험구역 내에서 근로자가 대피한 것을 확인하는 일 라. 점화순서 및 방법에 대하여 지시하는 일 마. 점화신호를 하는 일 바. 점화작업에 종사하는 근로자에게 대피신호를 하는 일 사. 발파 후 터지지 않은 장약이나 남은 장약의 유무, 용수(湧水)의 유무 및 토사등의 낙하 여부 등을 점검하는 일 아. 점화하는 사람을 정하는 일 자. 공기압축기의 안전밸브 작동 유무를 점검하는 일 차. 안전모 등 보호구 착용 상황을 감시하는 일
12. 채석을 위한 굴착작업(제2편제4장제2절제5관)	가. 대피방법을 미리 교육하는 일 나. 작업을 시작하기 전 또는 폭우가 내린 후에는 토사등의 낙하·균열의 유무 또는 함수(含水)·용수(湧水) 및 동결의 상태를 점검하는 일 다. 발파한 후에는 발파장소 및 그 주변의 토사등의 낙하·균열의 유무를 점검하는 일
13. 화물취급작업(제2편제6장제1절)	가. 작업방법 및 순서를 결정하고 작업을 지휘하는 일 나. 기구 및 공구를 점검하고 불량품을 제거하는 일 다. 그 작업장소에는 관계 근로자가 아닌 사람의 출입을 금지하는 일 라. 로프 등의 해체작업을 할 때에는 하대(荷臺) 위의 화물의 낙하위험 유무를 확인하고 작업의 착수를 지시하는 일
20. 밀폐공간 작업(제3편제10장)	가. 산소가 결핍된 공기나 유해가스에 노출되지 않도록 작업 시작 전에 해당 근로자의 작업을 지휘하는 업무 나. 작업을 하는 장소의 공기가 적절한지를 작업 시작 전에 측정하는 업무 다. 측정장비·환기장치 또는 공기호흡기 또는 송기마스크를 작업 시작 전에 점검하는 업무 라. 근로자에게 공기호흡기 또는 송기마스크의 착용을 지도하고 착용 상황을 점검하는 업무

■ **산업안전보건기준에 관한 규칙 [별표 3] 〈개정 2019. 12. 26.〉 작업시작 전 점검사항(제35조제2항 관련)**

작업의 종류	점검내용
4. 크레인을 사용하여 작업을 하는 때(제2편제1장제9절제2관)	가. 권과방지장치·브레이크·클러치 및 운전장치의 기능 나. 주행로의 상측 및 트롤리(trolley)가 횡행하는 레일의 상태 다. 와이어로프가 통하고 있는 곳의 상태
5. 이동식 크레인을 사용하여 작업을 할 때(제2편제1장제9절제3관)	가. 권과방지장치나 그 밖의 경보장치의 기능 나. 브레이크·클러치 및 조정장치의 기능 다. 와이어로프가 통하고 있는 곳 및 작업장소의 지반상태
7. 곤돌라를 사용하여 작업을 할 때(제2편제1장제9절제5관)	가. 방호장치·브레이크의 기능 나. 와이어로프·슬링와이어(sling wire) 등의 상태
9. 지게차를 사용하여 작업을 하는 때(제2편제1장제10절제2관)	가. 제동장치 및 조종장치 기능의 이상 유무 나. 하역장치 및 유압장치 기능의 이상 유무 다. 바퀴의 이상 유무 라. 전조등·후미등·방향지시기 및 경보장치 기능의 이상 유무
10. 구내운반차를 사용하여 작업을 할 때(제2편제1장제10절제3관)	가. 제동장치 및 조종장치 기능의 이상 유무 나. 하역장치 및 유압장치 기능의 이상 유무 다. 바퀴의 이상 유무 라. 전조등·후미등·방향지시기 및 경음기 기능의 이상 유무 마. 충전장치를 포함한 홀더 등의 결합상태의 이상 유무
11. 고소작업대를 사용하여 작업을 할 때(제2편제1장제10절제4관)	가. 비상정지장치 및 비상하강 방지장치 기능의 이상 유무 나. 과부하 방지장치의 작동 유무(와이어로프 또는 체인구동방식의 경우) 다. 아웃트리거 또는 바퀴의 이상 유무 라. 작업면의 기울기 또는 요철 유무 마. 활선작업용 장치의 경우 홈·균열·파손 등 그 밖의 손상 유무
12. 화물자동차를 사용하는 작업을 하게 할 때(제2편제1장제10절제5관)	가. 제동장치 및 조종장치의 기능 나. 하역장치 및 유압장치의 기능 다. 바퀴의 이상 유무
14의2. 용접·용단 작업 등의 화재위험작업을 할 때(제2편제2장제2절)	가. 작업 준비 및 작업 절차 수립 여부 나. 화기작업에 따른 인근 가연성물질에 대한 방호조치 및 소화기구 비치 여부 다. 용접불티 비산방지덮개 또는 용접방화포 등 불꽃·불티 등의 비산을 방지하기 위한 조치 여부 라. 인화성 액체의 증기 또는 인화성 가스가 남아 있지 않도록 하는 환기 조치 여부 마. 작업근로자에 대한 화재예방 및 피난교육 등 비상조치 여부
16. 근로자가 반복하여 계속적으로 중량물을 취급하는 작업을 할 때(제2편제5장)	가. 중량물 취급의 올바른 자세 및 복장 나. 위험물이 날아 흩어짐에 따른 보호구의 착용 다. 카바이드·생석회(산화칼슘) 등과 같이 온도상승이나 습기에 의하여 위험성이 존재하는 중량물의 취급방법 라. 그 밖에 하역운반기계등의 적절한 사용방법

제37조(악천후 및 강풍 시 작업 중지) ① 사업주는 비·눈·바람 또는 그 밖의 기상상태의 불안정으로 인하여 근로자가 위험해질 우려가 있는 경우 작업을 중지하여야 한다. 다만, 태풍 등으로 위험이 예상되거나 발생되어 긴급 복구작업을 필요로 하는 경우에는 그러하지 아니하다.

② 사업주는 순간풍속이 초당 10미터를 초과하는 경우 타워크레인의 설치·수리·점검 또는 해체 작업을 중지하여야 하며, 순간풍속이 초당 15미터를 초과하는 경우에는 타워크레인의 운전작업을 중지하여야 한다. 〈개정 2017. 3. 3.〉

제38조(사전조사 및 작업계획서의 작성 등) ① 사업주는 다음 각 호의 작업을 하는 경우 근로자의 위험을 방지하기 위하여 별표 4에 따라 해당 작업, 작업장의 지형·지반 및 지층 상태 등에 대한 사전조사를 하고 그 결과를 기록·보존해야 하며, 조사결과를 고려하여 별표 4의 구분에 따른 사항을 포함한 작업계획서를 작성하고 그 계획에 따라 작업을 하도록 해야 한다. 〈개정 2023. 11. 14.〉

1. 타워크레인을 설치·조립·해체하는 작업
2. 차량계 하역운반기계등을 사용하는 작업(화물자동차를 사용하는 도로상의 주행작업은 제외한다. 이하 같다)
3. 차량계 건설기계를 사용하는 작업
4. 화학설비와 그 부속설비를 사용하는 작업
5. 제318조에 따른 전기작업(해당 전압이 50볼트를 넘거나 전기에너지가 250볼트암페어를 넘는 경우로 한정한다)
6. 굴착면의 높이가 2미터 이상이 되는 지반의 굴착작업
7. 터널굴착작업
8. 교량(상부구조가 금속 또는 콘크리트로 구성되는 교량으로서 그 높이가 5미터 이상이거나 교량의 최대 지간 길이가 30미터 이상인 교량으로 한정한다)의 설치·해체 또는 변경 작업
9. 채석작업
10. 구축물, 건축물, 그 밖의 시설물 등(이하 "구축물등"이라 한다)의 해체작업
11. 중량물의 취급작업
12. 궤도나 그 밖의 관련 설비의 보수·점검작업
13. 열차의 교환·연결 또는 분리 작업(이하 "입환작업"이라 한다)

② 사업주는 제1항에 따라 작성한 작업계획서의 내용을 해당 근로자에게 알려야 한다.

③ 사업주는 항타기나 항발기를 조립·해체·변경 또는 이동하는 작업을 하는 경우 그 작업방법과 절차를 정하여 근로자에게 주지시켜야 한다.

④ 사업주는 제1항제12호의 작업에 모터카(motor car), 멀티플타이탬퍼(multiple tie tamper),

밸러스트 콤팩터(ballast compactor, 철도자갈다짐기), 궤도안정기 등의 작업차량(이하 "궤도작업차량"이라 한다)을 사용하는 경우 미리 그 구간을 운행하는 열차의 운행관계자와 협의하여야 한다. 〈개정 2019. 10. 15.〉

■ **산업안전보건기준에 관한 규칙 [별표 4] 〈개정 2023. 11. 14.〉**

사전조사 및 작업계획서 내용(제38조제1항관련)

작업명	사전조사 내용	작업계획서 내용
1. 타워크레인을 설치·조립·해체하는 작업	—	가. 타워크레인의 종류 및 형식 나. 설치·조립 및 해체순서 다. 작업도구·장비·가설설비(假設設備) 및 방호설비 라. 작업인원의 구성 및 작업근로자의 역할 범위 마. 제142조에 따른 지지 방법
2. 차량계 하역운반기계등을 사용하는 작업	—	가. 해당 작업에 따른 추락·낙하·전도·협착 및 붕괴 등의 위험 예방대책 나. 차량계 하역운반기계등의 운행경로 및 작업방법
3. 차량계 건설기계를 사용하는 작업	해당 기계의 굴러 떨어짐, 지반의 붕괴 등으로 인한 근로자의 위험을 방지하기 위한 해당 작업장소의 지형 및 지반상태	가. 사용하는 차량계 건설기계의 종류 및 성능 나. 차량계 건설기계의 운행경로 다. 차량계 건설기계에 의한 작업방법
6. 굴착작업	가. 형상·지질 및 지층의 상태 나. 균열·함수(含水)·용수 및 동결의 유무 또는 상태 다. 매설물 등의 유무 또는 상태 라. 지반의 지하수위 상태	가. 굴착방법 및 순서, 토사등 반출 방법 나. 필요한 인원 및 장비 사용계획 다. 매설물 등에 대한 이설·보호대책 라. 사업장 내 연락방법 및 신호방법 마. 흙막이 지보공 설치방법 및 계측계획 바. 작업지휘자의 배치계획 사. 그 밖에 안전·보건에 관련된 사항
7. 터널굴착작업	보링(boring) 등 적절한 방법으로 낙반·출수(出水) 및 가스폭발 등으로 인한 근로자의 위험을 방지하기 위하여 미리 지형·지질 및 지층상태를 조사	가. 굴착의 방법 나. 터널지보공 및 복공(覆工)의 시공방법과 용수(湧水)의 처리방법 다. 환기 또는 조명시설을 설치할 때에는 그 방법
8. 교량작업	—	가. 작업 방법 및 순서 나. 부재(部材)의 낙하·전도 또는 붕괴를 방지하기 위한 방법

		다. 작업에 종사하는 근로자의 추락 위험을 방지하기 위한 안전조치 방법 라. 공사에 사용되는 가설 철구조물 등의 설치 · 사용 · 해체 시 안전성 검토 방법 마. 사용하는 기계 등의 종류 및 성능, 작업방법 바. 작업지휘자 배치계획 사. 그 밖에 안전 · 보건에 관련된 사항
9. 채석작업	지반의 붕괴 · 굴착기계의 굴러 떨어짐 등에 의한 근로자에게 발생할 위험을 방지하기 위한 해당 작업장의 지형 · 지질 및 지층의 상태	가. 노천굴착과 갱내굴착의 구별 및 채석방법 나. 굴착면의 높이와 기울기 다. 굴착면 소단(小段: 비탈면의 경사를 완화시키기 위해 중간에 좁은 폭으로 설치하는 평탄한 부분)의 위치와 넓이 라. 갱내에서의 낙반 및 붕괴방지 방법 마. 발파방법 바. 암석의 분할방법 사. 암석의 가공장소 아. 사용하는 굴착기계 · 분할기계 · 적재기계 또는 운반기계(이하 "굴착기계등"이라 한다)의 종류 및 성능 자. 토석 또는 암석의 적재 및 운반방법과 운반경로 차. 표토 또는 용수(湧水)의 처리방법
10. 건물 등의 해체작업	해체건물 등의 구조, 주변 상황 등	가. 해체의 방법 및 해체 순서도면 나. 가설설비 · 방호설비 · 환기설비 및 살수 · 방화설비 등의 방법 다. 사업장 내 연락방법 라. 해체물의 처분계획 마. 해체작업용 기계 · 기구 등의 작업계획서 바. 해체작업용 화약류 등의 사용계획서 사. 그 밖에 안전 · 보건에 관련된 사항
11. 중량물의 취급 작업	–	추락 · 낙하 · 전도 · 협착 · 붕괴위험을 예방할 수 있는 안전대책

제40조(신호) ① 사업주는 다음 각 호의 작업을 하는 경우 일정한 신호방법을 정하여 신호하도록 하여야 하며, 운전자는 그 신호에 따라야 한다.

1. 양중기(揚重機)를 사용하는 작업
2. 제171조 및 제172조제1항 단서에 따라 유도자를 배치하는 작업
3. 제200조제1항 단서에 따라 유도자를 배치하는 작업
4. 항타기 또는 항발기의 운전작업
5. 중량물을 2명 이상의 근로자가 취급하거나 운반하는 작업
6. 양화장치를 사용하는 작업
7. 제412조에 따라 유도자를 배치하는 작업
8. 입환작업(入換作業)

② 운전자나 근로자는 제1항에 따른 신호방법이 정해진 경우 이를 준수하여야 한다.

제41조(운전위치의 이탈금지) ① 사업주는 다음 각 호의 기계를 운전하는 경우 운전자가 운전위치를 이탈하게 해서는 아니 된다.

1. 양중기
2. 항타기 또는 항발기(권상장치에 하중을 건 상태)
3. 양화장치(화물을 적재한 상태)

② 제1항에 따른 운전자는 운전 중에 운전위치를 이탈해서는 아니 된다.

제42조(추락의 방지) ① 사업주는 근로자가 추락하거나 넘어질 위험이 있는 장소[작업발판의 끝·개구부(開口部) 등을 제외한다]또는 기계·설비·선박블록 등에서 작업을 할 때에 근로자가 위험해질 우려가 있는 경우 비계(飛階)를 조립하는 등의 방법으로 작업발판을 설치하여야 한다.

② 사업주는 제1항에 따른 작업발판을 설치하기 곤란한 경우 다음 각 호의 기준에 맞는 추락방호망을 설치해야 한다. 다만, 추락방호망을 설치하기 곤란한 경우에는 근로자에게 안전대를 착용하도록 하는 등 추락위험을 방지하기 위해 필요한 조치를 해야 한다. 〈개정 2017. 12. 28., 2021. 5. 28.〉

   1. 추락방호망의 설치위치는 가능하면 작업면으로부터 가까운 지점에 설치하여야 하며, 작업면으로부터 망의 설치지점까지의 수직거리는 10미터를 초과하지 아니할 것
   2. 추락방호망은 수평으로 설치하고, 망의 처짐은 짧은 변 길이의 12퍼센트 이상이 되도록 할 것
   3. 건축물 등의 바깥쪽으로 설치하는 경우 추락방호망의 내민 길이는 벽면으로부터 3미터 이상 되도록 할 것. 다만, 그물코가 20밀리미터 이하인 추락방호망을 사용한 경우에는 제14조제3항에 따른 낙하물 방지망을 설치한 것으로 본다.

③ 사업주는 추락방호망을 설치하는 경우에는 한국산업표준에서 정하는 성능기준에 적합한 추락방호망을 사용하여야 한다. 〈신설 2017. 12. 28., 2022. 10. 18.〉

④ 사업주는 제1항 및 제2항에도 불구하고 작업발판 및 추락방호망을 설치하기 곤란한 경우에는 근로자로 하여금 3개 이상의 버팀대를 가지고 지면으로부터 안정적으로 세울 수 있는 구조를 갖춘 이동식 사다리를 사용하여 작업을 하게 할 수 있다. 이 경우 사업주는 근로자가 다음 각 호의 사항을 준수하도록 조치해야 한다. 〈신설 2024. 6. 28.〉

1. 평탄하고 견고하며 미끄럽지 않은 바닥에 이동식 사다리를 설치할 것
2. 이동식 사다리의 넘어짐을 방지하기 위해 다음 각 목의 어느 하나 이상에 해당하는 조치를 할 것
  가. 이동식 사다리를 견고한 시설물에 연결하여 고정할 것
  나. 아웃트리거(outrigger, 전도방지용 지지대)를 설치하거나 아웃트리거가 붙어있는 이동식 사다리를 설치할 것
  다. 이동식 사다리를 다른 근로자가 지지하여 넘어지지 않도록 할 것
3. 이동식 사다리의 제조사가 정하여 표시한 이동식 사다리의 최대사용하중을 초과하지 않는 범위 내에서만 사용할 것
4. 이동식 사다리를 설치한 바닥면에서 높이 3.5미터 이하의 장소에서만 작업할 것
5. 이동식 사다리의 최상부 발판 및 그 하단 디딤대에 올라서서 작업하지 않을 것. 다만, 높이 1미터 이하의 사다리는 제외한다.
6. 안전모를 착용하되, 작업 높이가 2미터 이상인 경우에는 안전모와 안전대를 함께 착용할 것
7. 이동식 사다리 사용 전 변형 및 이상 유무 등을 점검하여 이상이 발견되면 즉시 수리하거나 그 밖에 필요한 조치를 할 것

제43조(개구부 등의 방호 조치) ① 사업주는 작업발판 및 통로의 끝이나 개구부로서 근로자가 추락할 위험이 있는 장소에는 안전난간, 울타리, 수직형 추락방망 또는 덮개 등(이하 이 조에서 "난간등"이라 한다)의 방호 조치를 충분한 강도를 가진 구조로 튼튼하게 설치하여야 하며, 덮개를 설치하는 경우에는 뒤집히거나 떨어지지 않도록 설치하여야 한다. 이 경우 어두운 장소에서도 알아볼 수 있도록 개구부임을 표시해야 하며, 수직형 추락방망은 한국산업표준에서 정하는 성능기준에 적합한 것을 사용해야 한다. 〈개정 2019. 12. 26., 2022. 10. 18.〉

② 사업주는 난간등을 설치하는 것이 매우 곤란하거나 작업의 필요상 임시로 난간등을 해체하여야 하는 경우 제42조제2항 각 호의 기준에 맞는 추락방호망을 설치하여야 한다. 다만, 추락방호망을 설치하기 곤란한 경우에는 근로자에게 안전대를 착용하도록 하는 등 추락할 위험을 방지하기 위하여 필요한 조치를 하여야 한다. 〈개정 2017. 12. 28.〉

제44조(안전대의 부착설비 등) ① 사업주는 추락할 위험이 있는 높이 2미터 이상의 장소에서 근로자에게 안전대를 착용시킨 경우 안전대를 안전하게 걸어 사용할 수 있는 설비 등을 설치하여야 한다. 이러한 안전대 부착설비로 지지로프 등을 설치하는 경우에는 처지거나 풀리는 것을 방지하기 위하여 필요한 조치를 하여야 한다.

② 사업주는 제1항에 따른 안전대 및 부속설비의 이상 유무를 작업을 시작하기 전에 점검하여야 한다.

제45조(지붕 위에서의 위험 방지) ① 사업주는 근로자가 지붕 위에서 작업을 할 때에 추락하거나 넘어질 위험이 있는 경우에는 다음의 조치를 해야 한다. [전문개정 2021. 11. 19.]

1. 지붕의 가장자리에 제13조에 따른 안전난간을 설치할 것
2. 채광창(skylight)에는 견고한 구조의 덮개를 설치할 것
3. 슬레이트 등 강도가 약한 재료로 덮은 지붕에는 폭 30센티미터 이상의 발판을 설치할 것

② 사업주는 작업 환경 등을 고려할 때 제1항제1호에 따른 조치를 하기 곤란한 경우에는 제42조제2항 각 호의 기준을 갖춘 추락방호망을 설치해야 한다. 다만, 사업주는 작업 환경 등을 고려할 때 추락방호망을 설치하기 곤란한 경우에는 근로자에게 안전대를 착용하도록 하는 등 추락 위험을 방지하기 위하여 필요한 조치를 해야 한다.

제50조(토사등에 의한 위험 방지) 사업주는 토사등 또는 구축물의 붕괴 또는 낙하 등에 의하여 근로자가 위험해질 우려가 있는 경우 그 위험을 방지하기 위하여 다음 각 호의 조치를 해야 한다. 〈개정 2023. 11. 14.〉 [제목개정 2023. 11. 14.]

1. 지반은 안전한 경사로 하고 낙하의 위험이 있는 토석을 제거하거나 옹벽, 흙막이 지보공 등을 설치할 것
2. 토사등의 붕괴 또는 낙하 원인이 되는 빗물이나 지하수 등을 배제할 것
3. 갱내의 낙반 · 측벽(側壁) 붕괴의 위험이 있는 경우에는 지보공을 설치하고 부석을 제거하는 등 필요한 조치를 할 것

제52조(구축물등의 안전성 평가) 사업주는 구축물등이 다음 각 호의 어느 하나에 해당하는 경우에는 구축물등에 대한 구조검토, 안전진단 등의 안전성 평가를 하여 근로자에게 미칠 위험성을 미리 제거해야 한다. 〈개정 2023. 11. 14.〉

1. 구축물등의 인근에서 굴착 · 항타작업 등으로 침하 · 균열 등이 발생하여 붕괴의 위험이 예상될 경우
2. 구축물등에 지진, 동해(凍害), 부동침하(不同沈下) 등으로 균열 · 비틀림 등이 발생했을 경우
3. 구축물등이 그 자체의 무게 · 적설 · 풍압 또는 그 밖에 부가되는 하중 등으로 붕괴 등의 위험이 있을 경우
4. 화재 등으로 구축물등의 내력(耐力)이 심하게 저하됐을 경우
5. 오랜 기간 사용하지 않던 구축물등을 재사용하게 되어 안전성을 검토해야 하는 경우
6. 구축물등의 주요구조부(「건축법」 제2조제1항제7호에 따른 주요구조부를 말한다. 이하 같다)에 대한 설계 및 시공 방법의 전부 또는 일부를 변경하는 경우
7. 그 밖의 잠재위험이 예상될 경우 [제목개정 2023. 11. 14.]

제53조(계측장치의 설치 등) 사업주는 다음 각 호의 어느 하나에 해당하는 경우에는 그에 필요한 계측장치를 설치하여 계측결과를 확인하고 그 결과를 통하여 안전성을 검토하는 등 위험을 방지하기 위한 조치를 해야 한다.

1. 영 제42조 제3항 제1호 또는 제2호에 따른 건설공사에 대한 유해위험방지계획서 심사 시 계측시공을 지시받은 경우
2. 영 제42조 제3항 제3호부터 제6호까지의 규정에 따른 건설공사에서 토사나 구축물등의 붕괴로 근로자가 위험해질 우려가 있는 경우
3. 설계도서에서 계측장치를 설치하도록 하고 있는 경우 [전문개정 2023. 11. 14.]

제55조(작업발판의 최대적재하중) 사업주는 비계의 구조 및 재료에 따라 작업발판의 최대적재하중을 정하고, 이를 초과하여 실어서는 안 된다. [전문개정 2024. 6. 28.]

제56조(작업발판의 구조) 사업주는 비계(달비계, 달대비계 및 말비계는 제외한다)의 높이가 2미터 이상인 작업장소에 다음 각 호의 기준에 맞는 작업발판을 설치하여야 한다. 〈개정 2012. 5. 31., 2017. 12. 28.〉
1. 발판재료는 작업할 때의 하중을 견딜 수 있도록 견고한 것으로 할 것
2. 작업발판의 폭은 40센티미터 이상으로 하고, 발판재료 간의 틈은 3센티미터 이하로 할 것. 다만, 외줄비계의 경우에는 고용노동부장관이 별도로 정하는 기준에 따른다.
3. 제2호에도 불구하고 선박 및 보트 건조작업의 경우 선박블록 또는 엔진실 등의 좁은 작업공간에 작업발판을 설치하기 위하여 필요하면 작업발판의 폭을 30센티미터 이상으로 할 수 있고, 걸침비계의 경우 강관기둥 때문에 발판재료 간의 틈을 3센티미터 이하로 유지하기 곤란하면 5센티미터 이하로 할 수 있다. 이 경우 그 틈 사이로 물체 등이 떨어질 우려가 있는 곳에는 출입금지 등의 조치를 하여야 한다.
4. 추락의 위험이 있는 장소에는 안전난간을 설치할 것. 다만, 작업의 성질상 안전난간을 설치하는 것이 곤란한 경우, 작업의 필요상 임시로 안전난간을 해체할 때에 추락방호망을 설치하거나 근로자로 하여금 안전대를 사용하도록 하는 등 추락위험 방지 조치를 한 경우에는 그러하지 아니하다.
5. 작업발판의 지지물은 하중에 의하여 파괴될 우려가 없는 것을 사용할 것
6. 작업발판재료는 뒤집히거나 떨어지지 않도록 둘 이상의 지지물에 연결하거나 고정시킬 것
7. 작업발판을 작업에 따라 이동시킬 경우에는 위험 방지에 필요한 조치를 할 것

제57조(비계 등의 조립·해체 및 변경) ① 사업주는 달비계 또는 높이 5미터 이상의 비계를 조립·해체하거나 변경하는 작업을 하는 경우 다음 각 호의 사항을 준수하여야 한다.
1. 근로자가 관리감독자의 지휘에 따라 작업하도록 할 것
2. 조립·해체 또는 변경의 시기·범위 및 절차를 그 작업에 종사하는 근로자에게 주지시킬 것
3. 조립·해체 또는 변경 작업구역에는 해당 작업에 종사하는 근로자가 아닌 사람의 출입을 금지하고 그 내용을 보기 쉬운 장소에 게시할 것

4. 비, 눈, 그 밖의 기상상태의 불안정으로 날씨가 몹시 나쁜 경우에는 그 작업을 중지시킬 것

5. 비계재료의 연결·해체작업을 하는 경우에는 폭 20센티미터 이상의 발판을 설치하고 근로자로 하여금 안전대를 사용하도록 하는 등 추락을 방지하기 위한 조치를 할 것

6. 재료·기구 또는 공구 등을 올리거나 내리는 경우에는 근로자가 달줄 또는 달포대 등을 사용하게 할 것

② 사업주는 강관비계 또는 통나무비계를 조립하는 경우 쌍줄로 하여야 한다. 다만, 별도의 작업발판을 설치할 수 있는 시설을 갖춘 경우에는 외줄로 할 수 있다.

제58조(비계의 점검 및 보수) 사업주는 비, 눈, 그 밖의 기상상태의 악화로 작업을 중지시킨 후 또는 비계를 조립·해체하거나 변경한 후에 그 비계에서 작업을 하는 경우에는 해당 작업을 시작하기 전에 다음 각 호의 사항을 점검하고, 이상을 발견하면 즉시 보수하여야 한다.

1. 발판 재료의 손상 여부 및 부착 또는 걸림 상태
2. 해당 비계의 연결부 또는 접속부의 풀림 상태
3. 연결 재료 및 연결 철물의 손상 또는 부식 상태
4. 손잡이의 탈락 여부
5. 기둥의 침하, 변형, 변위(變位) 또는 흔들림 상태
6. 로프의 부착 상태 및 매단 장치의 흔들림 상태

제59조(강관비계 조립 시의 준수사항) 사업주는 강관비계를 조립하는 경우에 다음 각 호의 사항을 준수해야 한다. 〈개정 2023. 11. 14.〉

1. 비계기둥에는 미끄러지거나 침하하는 것을 방지하기 위하여 밑받침철물을 사용하거나 깔판·받침목 등을 사용하여 밑둥잡이를 설치하는 등의 조치를 할 것
2. 강관의 접속부 또는 교차부(交叉部)는 적합한 부속철물을 사용하여 접속하거나 단단히 묶을 것
3. 교차 가새로 보강할 것
4. 외줄비계·쌍줄비계 또는 돌출비계에 대해서는 다음 각 목에서 정하는 바에 따라 벽이음 및 버팀을 설치할 것. 다만, 창틀의 부착 또는 벽면의 완성 등의 작업을 위하여 벽이음 또는 버팀을 제거하는 경우, 그 밖에 작업의 필요상 부득이한 경우로서 해당 벽이음 또는 버팀 대신 비계기둥 또는 띠장에 사재(斜材)를 설치하는 등 비계가 넘어지는 것을 방지하기 위한 조치를 한 경우에는 그러하지 아니하다.

　가. 강관비계의 조립 간격은 별표 5의 기준에 적합하도록 할 것

　나. 강관·통나무 등의 재료를 사용하여 견고한 것으로 할 것

　다. 인장재(引張材)와 압축재로 구성된 경우에는 인장재와 압축재의 간격을 1미터 이내로 할 것

5. 가공전로(架空電路)에 근접하여 비계를 설치하는 경우에는 가공전로를 이설(移設)하거나 가공전로에 절연용 방호구를 장착하는 등 가공전로와의 접촉을 방지하기 위한 조치를 할 것

■ 산업안전보건기준에 관한 규칙 [별표 5] 강관비계의 조립간격(제59조제4호 관련)

강관비계의 종류	조립간격(단위: m)	
	수직방향	수평방향
단관비계	5	5
틀비계(높이가 5m 미만인 것은 제외한다)	6	8

제60조(강관비계의 구조) 사업주는 강관을 사용하여 비계를 구성하는 경우 다음 각 호의 사항을 준수해야 한다. 〈개정 2012. 5. 31., 2019. 10. 15., 2019. 12. 26., 2023. 11. 14.〉

1. 비계기둥의 간격은 띠장 방향에서는 1.85미터 이하, 장선(長線) 방향에서는 1.5미터 이하로 할 것. 다만, 다음 각 목의 어느 하나에 해당하는 작업의 경우에는 안전성에 대한 구조검토를 실시하고 조립도를 작성하면 띠장 방향 및 장선 방향으로 각각 2.7미터 이하로 할 수 있다.
   가. 선박 및 보트 건조작업
   나. 그 밖에 장비 반입·반출을 위하여 공간 등을 확보할 필요가 있는 등 작업의 성질상 비계기둥 간격에 관한 기준을 준수하기 곤란한 작업
2. 띠장 간격은 2.0미터 이하로 할 것. 다만, 작업의 성질상 이를 준수하기가 곤란하여 쌍기둥틀 등에 의하여 해당 부분을 보강한 경우에는 그러하지 아니하다.
3. 비계기둥의 제일 윗부분으로부터 31미터되는 지점 밑부분의 비계기둥은 2개의 강관으로 묶어 세울 것. 다만, 브라켓(bracket, 까치발) 등으로 보강하여 2개의 강관으로 묶을 경우 이상의 강도가 유지되는 경우에는 그러하지 아니하다.
4. 비계기둥 간의 적재하중은 400킬로그램을 초과하지 않도록 할 것

제62조(강관틀비계) 사업주는 강관틀 비계를 조립하여 사용하는 경우 다음 각 호의 사항을 준수하여야 한다.

1. 비계기둥의 밑둥에는 밑받침 철물을 사용하여야 하며 밑받침에 고저차(高低差)가 있는 경우에는 조절형 밑받침철물을 사용하여 각각의 강관틀비계가 항상 수평 및 수직을 유지하도록 할 것
2. 높이가 20미터를 초과하거나 중량물의 적재를 수반하는 작업을 할 경우에는 주틀 간의 간격을 1.8미터 이하로 할 것
3. 주틀 간에 교차 가새를 설치하고 최상층 및 5층 이내마다 수평재를 설치할 것
4. 수직방향으로 6미터, 수평방향으로 8미터 이내마다 벽이음을 할 것
5. 길이가 띠장 방향으로 4미터 이하이고 높이가 10미터를 초과하는 경우에는 10미터 이내마다 띠장 방향으로 버팀기둥을 설치할 것

제63조(달비계의 구조) ① 사업주는 곤돌라형 달비계를 설치하는 경우에는 다음 각 호의 사항을 준수해야 한다. 〈개정 2021. 11. 19.〉

1. 다음 각 목의 어느 하나에 해당하는 와이어로프를 달비계에 사용해서는 아니 된다.

   가. 이음매가 있는 것

   나. 와이어로프의 한 꼬임[(스트랜드(strand)를 말한다. 이하 같다)]에서 끊어진 소선(素線)[필러(pillar)선은 제외한다)]의 수가 10퍼센트 이상(비자전로프의 경우에는 끊어진 소선의 수가 와이어로프 호칭지름의 6배 길이 이내에서 4개 이상이거나 호칭지름 30배 길이 이내에서 8개 이상)인 것

   다. 지름의 감소가 공칭지름의 7퍼센트를 초과하는 것

   라. 꼬인 것

   마. 심하게 변형되거나 부식된 것

   바. 열과 전기충격에 의해 손상된 것

2. 다음 각 목의 어느 하나에 해당하는 달기 체인을 달비계에 사용해서는 아니 된다.

   가. 달기 체인의 길이가 달기 체인이 제조된 때의 길이의 5퍼센트를 초과한 것

   나. 링의 단면지름이 달기 체인이 제조된 때의 해당 링의 지름의 10퍼센트를 초과하여 감소한 것

   다. 균열이 있거나 심하게 변형된 것

3. 삭제 〈2021. 11. 19.〉

4. 달기 강선 및 달기 강대는 심하게 손상·변형 또는 부식된 것을 사용하지 않도록 할 것

5. 달기 와이어로프, 달기 체인, 달기 강선, 달기 강대는 한쪽 끝을 비계의 보 등에, 다른 쪽 끝을 내민 보, 앵커볼트 또는 건축물의 보 등에 각각 풀리지 않도록 설치할 것

6. 작업발판은 폭을 40센티미터 이상으로 하고 틈새가 없도록 할 것

7. 작업발판의 재료는 뒤집히거나 떨어지지 않도록 비계의 보 등에 연결하거나 고정시킬 것

8. 비계가 흔들리거나 뒤집히는 것을 방지하기 위하여 비계의 보·작업발판 등에 버팀을 설치하는 등 필요한 조치를 할 것

9. 선반 비계에서는 보의 접속부 및 교차부를 철선·이음철물 등을 사용하여 확실하게 접속시키거나 단단하게 연결시킬 것

10. 근로자의 추락 위험을 방지하기 위하여 다음 각 목의 조치를 할 것

    가. 달비계에 구명줄을 설치할 것

    나. 근로자에게 안전대를 착용하도록 하고 근로자가 착용한 안전줄을 달비계의 구명줄에 체결(締結)하도록 할 것

    다. 달비계에 안전난간을 설치할 수 있는 구조인 경우에는 달비계에 안전난간을 설치할 것

② 사업주는 작업의자형 달비계를 설치하는 경우에는 다음 각 호의 사항을 준수해야 한다. 〈신설 2021. 11. 19.〉

1. 달비계의 작업대는 나무 등 근로자의 하중을 견딜 수 있는 강도의 재료를 사용하여 견고한 구조로 제작할 것

2. 작업대의 4개 모서리에 로프를 매달아 작업대가 뒤집히거나 떨어지지 않도록 연결할 것

3. 작업용 섬유로프는 콘크리트에 매립된 고리, 건축물의 콘크리트 또는 철재 구조물 등 2개 이상의 견고한 고정점에 풀리지 않도록 결속(結束)할 것

4. 작업용 섬유로프와 구명줄은 다른 고정점에 결속되도록 할 것

5. 작업하는 근로자의 하중을 견딜 수 있을 정도의 강도를 가진 작업용 섬유로프, 구명줄 및 고정점을 사용할 것

6. 근로자가 작업용 섬유로프에 작업대를 연결하여 하강하는 방법으로 작업을 하는 경우 근로자의 조종 없이는 작업대가 하강하지 않도록 할 것

7. 작업용 섬유로프 또는 구명줄이 결속된 고정점의 로프는 다른 사람이 풀지 못하게 하고 작업 중임을 알리는 경고표지를 부착할 것

8. 작업용 섬유로프와 구명줄이 건물이나 구조물의 끝부분, 날카로운 물체 등에 의하여 절단되거나 마모(磨耗)될 우려가 있는 경우에는 로프에 이를 방지할 수 있는 보호 덮개를 씌우는 등의 조치를 할 것

9. 달비계에 다음 각 목의 작업용 섬유로프 또는 안전대의 섬유벨트를 사용하지 않을 것

   가. 꼬임이 끊어진 것

   나. 심하게 손상되거나 부식된 것

   다. 2개 이상의 작업용 섬유로프 또는 섬유벨트를 연결한 것

   라. 작업높이보다 길이가 짧은 것

10. 근로자의 추락 위험을 방지하기 위하여 다음 각 목의 조치를 할 것

    가. 달비계에 구명줄을 설치할 것

    나. 근로자에게 안전대를 착용하도록 하고 근로자가 착용한 안전줄을 달비계의 구명줄에 체결(締結)하도록 할 것

제66조의2(걸침비계의 구조) 사업주는 선박 및 보트 건조작업에서 걸침비계를 설치하는 경우에는 다음 각 호의 사항을 준수하여야 한다.

1. 지지점이 되는 매달림부재의 고정부는 구조물로부터 이탈되지 않도록 견고히 고정할 것

2. 비계재료 간에는 서로 움직임, 뒤집힘 등이 없어야 하고, 재료가 분리되지 않도록 철물 또는 철선으로 충분히 결속할 것. 다만, 작업발판 밑 부분에 띠장 및 장선으로 사용되는 수평부재 간의 결속은 철선을 사용하지 않을 것

3. 매달림부재의 안전율은 4 이상일 것

4. 작업발판에는 구조검토에 따라 설계한 최대적재하중을 초과하여 적재하여서는 아니 되며, 그 작업에 종사하는 근로자에게 최대적재하중을 충분히 알릴 것 [본조신설 2012. 5. 31.]

제67조(말비계) 사업주는 말비계를 조립하여 사용하는 경우에 다음 각 호의 사항을 준수하여야 한다.

1. 지주부재(支柱部材)의 하단에는 미끄럼 방지장치를 하고, 근로자가 양측 끝부분에 올라서서 작업하지 않도록 할 것
2. 지주부재와 수평면의 기울기를 75도 이하로 하고, 지주부재와 지주부재 사이를 고정시키는 보조부재를 설치할 것
3. 말비계의 높이가 2미터를 초과하는 경우에는 작업발판의 폭을 40센티미터 이상으로 할 것

제68조(이동식비계) 사업주는 이동식비계를 조립하여 작업을 하는 경우에는 다음 각 호의 사항을 준수하여야 한다. 〈개정 2019. 10. 15., 2024. 6. 28.〉

1. 이동식비계의 바퀴에는 뜻밖의 갑작스러운 이동 또는 전도를 방지하기 위하여 브레이크·쐐기 등으로 바퀴를 고정시킨 다음 비계의 일부를 견고한 시설물에 고정하거나 아웃트리거를 설치하는 등 필요한 조치를 할 것
2. 승강용사다리는 견고하게 설치할 것
3. 비계의 최상부에서 작업을 하는 경우에는 안전난간을 설치할 것
4. 작업발판은 항상 수평을 유지하고 작업발판 위에서 안전난간을 딛고 작업을 하거나 받침대 또는 사다리를 사용하여 작업하지 않도록 할 것
5. 작업발판의 최대적재하중은 250킬로그램을 초과하지 않도록 할 것

제69조(시스템 비계의 구조) 사업주는 시스템 비계를 사용하여 비계를 구성하는 경우에 다음 각 호의 사항을 준수하여야 한다.

1. 수직재·수평재·가새재를 견고하게 연결하는 구조가 되도록 할 것
2. 비계 밑단의 수직재와 받침철물은 밀착되도록 설치하고, 수직재와 받침철물의 연결부의 겹침길이는 받침철물 전체길이의 3분의 1 이상이 되도록 할 것
3. 수평재는 수직재와 직각으로 설치하여야 하며, 체결 후 흔들림이 없도록 견고하게 설치할 것
4. 수직재와 수직재의 연결철물은 이탈되지 않도록 견고한 구조로 할 것
5. 벽 연결재의 설치간격은 제조사가 정한 기준에 따라 설치할 것

제70조(시스템비계의 조립 작업 시 준수사항) 사업주는 시스템 비계를 조립 작업하는 경우 다음 각 호의 사항을 준수하여야 한다.

1. 비계 기둥의 밑둥에는 밑받침 철물을 사용하여야 하며, 밑받침에 고저차가 있는 경우에는 조절형 밑받침 철물을 사용하여 시스템 비계가 항상 수평 및 수직을 유지하도록 할 것
2. 경사진 바닥에 설치하는 경우에는 피벗형 받침 철물 또는 쐐기 등을 사용하여 밑받침 철물의 바닥면이 수평을 유지하도록 할 것

3. 가공전로에 근접하여 비계를 설치하는 경우에는 가공전로를 이설하거나 가공전로에 절연용 방호구를 설치하는 등 가공전로와의 접촉을 방지하기 위하여 필요한 조치를 할 것

4. 비계 내에서 근로자가 상하 또는 좌우로 이동하는 경우에는 반드시 지정된 통로를 이용하도록 주지시킬 것

5. 비계 작업 근로자는 같은 수직면상의 위와 아래 동시 작업을 금지할 것

6. 작업발판에는 제조사가 정한 최대적재하중을 초과하여 적재해서는 아니 되며, 최대적재하중이 표기된 표지판을 부착하고 근로자에게 주지시키도록 할 것

제99조(운전위치 이탈 시의 조치) ① 사업주는 차량계 하역운반기계등, 차량계 건설기계의 운전자가 운전위치를 이탈하는 경우 해당 운전자에게 다음 각 호의 사항을 준수하도록 하여야 한다.

1. 포크, 버킷, 디퍼 등의 장치를 가장 낮은 위치 또는 지면에 내려 둘 것

2. 원동기를 정지시키고 브레이크를 확실히 거는 등 갑작스러운 주행이나 이탈을 방지하기 위한 조치를 할 것

3. 운전석을 이탈하는 경우에는 시동키를 운전대에서 분리시킬 것. 다만, 운전석에 잠금장치를 하는 등 운전자가 아닌 사람이 운전하지 못하도록 조치한 경우에는 그러하지 아니하다.

② 차량계 하역운반기계등, 차량계 건설기계의 운전자는 운전위치에서 이탈하는 경우 제1항 각 호의 조치를 하여야 한다.

제132조(양중기) ① 양중기란 다음 각 호의 기계를 말한다. 〈개정 2019. 4. 19.〉

1. 크레인[호이스트(hoist)를 포함한다]

2. 이동식 크레인

3. 리프트(이삿짐운반용 리프트의 경우에는 적재하중이 0.1톤 이상인 것으로 한정한다)

4. 곤돌라

5. 승강기

② 제1항 각 호의 기계의 뜻은 다음 각 호와 같다. 〈개정 2019. 4. 19., 2021. 11. 19., 2022. 10. 18.〉

1. "크레인"이란 동력을 사용하여 중량물을 매달아 상하 및 좌우(수평 또는 선회를 말한다)로 운반하는 것을 목적으로 하는 기계 또는 기계장치를 말하며, "호이스트"란 혹이나 그 밖의 달기구 등을 사용하여 화물을 권상 및 횡행 또는 권상동작만을 하여 양중하는 것을 말한다.

2. "이동식 크레인"이란 원동기를 내장하고 있는 것으로서 불특정 장소에 스스로 이동할 수 있는 크레인으로 동력을 사용하여 중량물을 매달아 상하 및 좌우(수평 또는 선회를 말한다)로 운반하는 설비로서 「건설기계관리법」을 적용 받는 기중기 또는

「자동차관리법」제3조에 따른 화물·특수자동차의 작업부에 탑재하여 화물운반 등에 사용하는 기계 또는 기계장치를 말한다.

3. "리프트"란 동력을 사용하여 사람이나 화물을 운반하는 것을 목적으로 하는 기계설비로서 다음 각 목의 것을 말한다.

　　가. 건설용 리프트: 동력을 사용하여 가이드레일(운반구를 지지하여 상승 및 하강 동작을 안내하는 레일)을 따라 상하로 움직이는 운반구를 매달아 사람이나 화물을 운반할 수 있는 설비 또는 이와 유사한 구조 및 성능을 가진 것으로 건설현장에서 사용하는 것

　　나. 산업용 리프트: 동력을 사용하여 가이드레일을 따라 상하로 움직이는 운반구를 매달아 화물을 운반할 수 있는 설비 또는 이와 유사한 구조 및 성능을 가진 것으로 건설현장 외의 장소에서 사용하는 것

　　다. 자동차정비용 리프트: 동력을 사용하여 가이드레일을 따라 움직이는 지지대로 자동차 등을 일정한 높이로 올리거나 내리는 구조의 리프트로서 자동차 정비에 사용하는 것

　　라. 이삿짐운반용 리프트: 연장 및 축소가 가능하고 끝단을 건축물 등에 지지하는 구조의 사다리형 붐에 따라 동력을 사용하여 움직이는 운반구를 매달아 화물을 운반하는 설비로서 화물자동차 등 차량 위에 탑재하여 이삿짐 운반 등에 사용하는 것

4. "곤돌라"란 달기발판 또는 운반구, 승강장치, 그 밖의 장치 및 이들에 부속된 기계부품에 의하여 구성되고, 와이어로프 또는 달기강선에 의하여 달기발판 또는 운반구가 전용 승강장치에 의하여 오르내리는 설비를 말한다.

　5. "승강기"란 건축물이나 고정된 시설물에 설치되어 일정한 경로에 따라 사람이나 화물을 승강장으로 옮기는 데에 사용되는 설비로서 다음 각 목의 것을 말한다.

가. 승객용 엘리베이터: 사람의 운송에 적합하게 제조·설치된 엘리베이터

나. 승객화물용 엘리베이터: 사람의 운송과 화물 운반을 겸용하는데 적합하게 제조·설치된 엘리베이터

다. 화물용 엘리베이터: 화물 운반에 적합하게 제조·설치된 엘리베이터로서 조작자 또는 화물취급자 1명은 탑승할 수 있는 것(적재용량이 300킬로그램 미만인 것은 제외한다)

라. 소형화물용 엘리베이터: 음식물이나 서적 등 소형 화물의 운반에 적합하게 제조·설치된 엘리베이터로서 사람의 탑승이 금지된 것

마. 에스컬레이터: 일정한 경사로 또는 수평로를 따라 위·아래 또는 옆으로 움직이는 디딤판을 통해 사람이나 화물을 승강장으로 운송시키는 설비

제134조(방호장치의 조정) ① 사업주는 다음 각 호의 양중기에 과부하방지장치, 권과방지장치(捲過防止裝置), 비상정지장치 및 제동장치, 그 밖의 방호장치[(승강기의 파이널 리미트 스위치(final limit switch), 속도조절기, 출입문 인터 록(inter lock) 등을 말한다]가 정상적으로

작동될 수 있도록 미리 조정해 두어야 한다. 〈개정 2017. 3. 3., 2019. 4. 19.〉

1. 크레인　2. 이동식 크레인　3. 삭제 〈2019. 4. 19.〉　4. 리프트　5. 곤돌라　6. 승강기

② 제1항제1호 및 제2호의 양중기에 대한 권과방지장치는 훅·버킷 등 달기구의 윗면(그 달기구에 권상용 도르래가 설치된 경우에는 권상용 도르래의 윗면)이 드럼, 상부 도르래, 트롤리프레임 등 권상장치의 아랫면과 접촉할 우려가 있는 경우에 그 간격이 0.25미터 이상[직동식(直動式) 권과방지장치는 0.05미터 이상으로 한다)]이 되도록 조정하여야 한다.

③ 제2항의 권과방지장치를 설치하지 않은 크레인에 대해서는 권상용 와이어로프에 위험표시를 하고 경보장치를 설치하는 등 권상용 와이어로프가 지나치게 감겨서 근로자가 위험해질 상황을 방지하기 위한 조치를 하여야 한다.

제141조(조립 등의 작업 시 조치사항) 사업주는 크레인의 설치·조립·수리·점검 또는 해체 작업을 하는 경우 다음 각 호의 조치를 하여야 한다.

1. 작업순서를 정하고 그 순서에 따라 작업을 할 것

2. 작업을 할 구역에 관계 근로자가 아닌 사람의 출입을 금지하고 그 취지를 보기 쉬운 곳에 표시할 것

3. 비, 눈, 그 밖에 기상상태의 불안정으로 날씨가 몹시 나쁜 경우에는 그 작업을 중지시킬 것

4. 작업장소는 안전한 작업이 이루어질 수 있도록 충분한 공간을 확보하고 장애물이 없도록 할 것

5. 들어올리거나 내리는 기자재는 균형을 유지하면서 작업을 하도록 할 것

6. 크레인의 성능, 사용조건 등에 따라 충분한 응력(應力)을 갖는 구조로 기초를 설치하고 침하 등이 일어나지 않도록 할 것

7. 규격품인 조립용 볼트를 사용하고 대칭되는 곳을 차례로 결합하고 분해할 것

제142조(타워크레인의 지지) ① 사업주는 타워크레인을 자립고(自立高) 이상의 높이로 설치하는 경우 건축물 등의 벽체에 지지하도록 하여야 한다. 다만, 지지할 벽체가 없는 등 부득이한 경우에는 와이어로프에 의하여 지지할 수 있다. 〈개정 2013. 3. 21.〉

② 사업주는 타워크레인을 벽체에 지지하는 경우 다음 각 호의 사항을 준수하여야 한다. 〈개정 2019. 1. 31., 2019. 12. 26.〉

1. 「산업안전보건법 시행규칙」 제110조제1항제2호에 따른 서면심사에 관한 서류(「건설기계관리법」 제18조에 따른 형식승인서류를 포함한다) 또는 제조사의 설치작업설명서 등에 따라 설치할 것

2. 제1호의 서면심사 서류 등이 없거나 명확하지 아니한 경우에는 「국가기술자격법」에 따른 건축구조·건설기계·기계안전·건설안전기술사 또는 건설안전분야 산업안전지도사의 확인을 받아 설치하거나 기종별·모델별 공인된 표준방법으로 설치할 것

3. 콘크리트구조물에 고정시키는 경우에는 매립이나 관통 또는 이와 같은 수준 이상의 방법으로 충분히 지지되도록 할 것

4. 건축 중인 시설물에 지지하는 경우에는 그 시설물의 구조적 안정성에 영향이 없도록 할 것

③ 사업주는 타워크레인을 와이어로프로 지지하는 경우 다음 각 호의 사항을 준수해야 한다. 〈개정 2013. 3. 21., 2019. 10. 15., 2022. 10. 18.〉

1. 제2항제1호 또는 제2호의 조치를 취할 것

2. 와이어로프를 고정하기 위한 전용 지지프레임을 사용할 것

3. 와이어로프 설치각도는 수평면에서 60도 이내로 하되, 지지점은 4개소 이상으로 하고, 같은 각도로 설치할 것

4. 와이어로프와 그 고정부위는 충분한 강도와 장력을 갖도록 설치하고, 와이어로프를 클립·샤클(shackle, 연결고리) 등의 고정기구를 사용하여 견고하게 고정시켜 풀리지 않도록 하며, 사용 중에는 충분한 강도와 장력을 유지하도록 할 것. 이 경우 클립·샤클 등의 고정기구는 한국산업표준 제품이거나 한국산업표준이 없는 제품의 경우에는 이에 준하는 규격을 갖춘 제품이어야 한다.

5. 와이어로프가 가공전선(架空電線)에 근접하지 않도록 할 것

제143조(폭풍 등으로 인한 이상 유무 점검) 사업주는 순간풍속이 초당 30미터를 초과하는 바람이 불거나 중진(中震) 이상 진도의 지진이 있은 후에 옥외에 설치되어 있는 양중기를 사용하여 작업을 하는 경우에는 미리 기계 각 부위에 이상이 있는지를 점검하여야 한다.

제144조(건설물 등과의 사이 통로) ① 사업주는 주행 크레인 또는 선회 크레인과 건설물 또는 설비와의 사이에 통로를 설치하는 경우 그 폭을 0.6미터 이상으로 하여야 한다. 다만, 그 통로 중 건설물의 기둥에 접촉하는 부분에 대해서는 0.4미터 이상으로 할 수 있다.

② 사업주는 제1항에 따른 통로 또는 주행궤도 상에서 정비·보수·점검 등의 작업을 하는 경우 그 작업에 종사하는 근로자가 주행하는 크레인에 접촉될 우려가 없도록 크레인의 운전을 정지시키는 등 필요한 안전 조치한다.

제145조(건설물 등의 벽체와 통로의 간격 등) 사업주는 다음 각 호의 간격을 0.3미터 이하로 하여야 한다. 다만, 근로자가 추락할 위험이 없는 경우에는 그 간격을 0.3미터 이하로 유지하지 아니할 수 있다.

1. 크레인의 운전실 또는 운전대를 통하는 통로의 끝과 건설물 등의 벽체의 간격

2. 크레인 거더(girder)의 통로 끝과 크레인 거더의 간격

3. 크레인 거더의 통로로 통하는 통로의 끝과 건설물 등의 벽체의 간격

제146조(크레인 작업 시의 조치) ① 사업주는 크레인을 사용하여 작업을 하는 경우 다음 각 호의 조치를 준수하고, 그 작업에 종사하는 관계 근로자가 그 조치를 준수하도록 하여야 한다.

1. 인양할 하물(荷物)을 바닥에서 끌어당기거나 밀어내는 작업을 하지 아니할 것

2. 유류드럼이나 가스통 등 운반 도중에 떨어져 폭발하거나 누출될 가능성이 있는 위험물 용기는 보관함(또는 보관고)에 담아 안전하게 매달아 운반할 것

3. 고정된 물체를 직접 분리·제거하는 작업을 하지 아니할 것

4. 미리 근로자의 출입을 통제하여 인양 중인 하물이 작업자의 머리 위로 통과하지 않도록 할 것

5. 인양할 하물이 보이지 아니하는 경우에는 어떠한 동작도 하지 아니할 것(신호하는 사람에 의하여 작업을 하는 경우는 제외한다)

② 사업주는 조종석이 설치되지 아니한 크레인에 대하여 다음 각 호의 조치를 하여야 한다.

　1. 고용노동부장관이 고시하는 크레인의 제작기준과 안전기준에 맞는 무선원격제어기 또는 펜던트 스위치를 설치·사용할 것

　2. 무선원격제어기 또는 펜던트 스위치를 취급하는 근로자에게는 작동요령 등 안전조작에 관한 사항을 충분히 주지시킬 것

③ 사업주는 타워크레인을 사용하여 작업을 하는 경우 타워크레인마다 근로자와 조종 작업을 하는 사람 간에 신호업무를 담당하는 사람을 각각 두어야 한다. 〈신설 2018. 3. 30.〉

제156조(조립 등의 작업) ① 사업주는 리프트의 설치·조립·수리·점검 또는 해체 작업을 하는 경우 다음 각 호의 조치를 하여야 한다.

1. 작업을 지휘하는 사람을 선임하여 그 사람의 지휘하에 작업을 실시할 것

2. 작업을 할 구역에 관계 근로자가 아닌 사람의 출입을 금지하고 그 취지를 보기 쉬운 장소에 표시할 것

3. 비, 눈, 그 밖에 기상상태의 불안정으로 날씨가 몹시 나쁜 경우에는 그 작업을 중지시킬 것

② 사업주는 제1항제1호의 작업을 지휘하는 사람에게 다음 각 호의 사항을 이행하도록 하여야 한다.

　1. 작업방법과 근로자의 배치를 결정하고 해당 작업을 지휘하는 일

　2. 재료의 결함 유무 또는 기구 및 공구의 기능을 점검하고 불량품을 제거하는 일

　3. 작업 중 안전대 등 보호구의 착용 상황을 감시하는 일

제159조(화물의 낙하 방지) 사업주는 이삿짐 운반용 리프트 운반구로부터 화물이 빠지거나 떨어지지 않도록 다음 각 호의 낙하방지 조치를 하여야 한다.

1. 화물을 적재시 하중이 한쪽으로 치우치지 않도록 할 것

2. 적재화물이 떨어질 우려가 있는 경우에는 화물에 로프를 거는 등 낙하 방지 조치를 할 것

제163조(와이어로프 등 달기구의 안전계수) ① 사업주는 양중기의 와이어로프 등 달기구의 안전계수(달기구 절단하중의 값을 그 달기구에 걸리는 하중의 최대값으로 나눈 값을 말한다)가 다음 각 호의 구분에 따른 기준에 맞지 아니한 경우에는 이를 사용해서는 아니 된다.

1. 근로자가 탑승하는 운반구를 지지하는 달기와이어로프 또는 달기체인의 경우: 10 이상

2. 화물의 하중을 직접 지지하는 달기와이어로프 또는 달기체인의 경우: 5 이상

3. 훅, 샤클, 클램프, 리프팅 빔의 경우: 3 이상

4. 그 밖의 경우: 4 이상

② 사업주는 달기구의 경우 최대허용하중 등의 표식이 견고하게 붙어 있는 것을 사용하여야 한다.

제165조(와이어로프의 절단방법 등) ① 사업주는 와이어로프를 절단하여 양중(揚重) 작업용구를 제작하는 경우 반드시 기계적인 방법으로 절단하여야 하며, 가스용단(溶斷) 등 열에 의한 방법으로 절단해서는 아니 된다.

② 사업주는 아크(arc), 화염, 고온부 접촉 등으로 인하여 열영향을 받은 와이어로프를 사용해서는 아니 된다.

제171조(전도 등의 방지) 사업주는 차량계 하역운반기계등을 사용하는 작업을 할 때에 그 기계가 넘어지거나 굴러떨어짐으로써 근로자에게 위험을 미칠 우려가 있는 경우에는 그 기계를 유도하는 사람(이하 "유도자"라 한다)을 배치하고 지반의 부동침하 및 갓길 붕괴를 방지하기 위한 조치를 해야 한다. 〈개정 2023. 11. 14.〉

제172조(접촉의 방지) ① 사업주는 차량계 하역운반기계등을 사용하여 작업을 하는 경우에 하역 또는 운반 중인 화물이나 그 차량계 하역운반기계등에 접촉되어 근로자가 위험해질 우려가 있는 장소에는 근로자를 출입시켜서는 아니 된다. 다만, 제39조에 따른 작업지휘자 또는 유도자를 배치하고 그 차량계 하역운반기계등을 유도하는 경우에는 그러하지 아니하다.

② 차량계 하역운반기계등의 운전자는 제1항 단서의 작업지휘자 또는 유도자가 유도하는 대로 따라야 한다.

제173조(화물적재 시의 조치) ① 사업주는 차량계 하역운반기계등에 화물을 적재하는 경우에 다음 각 호의 사항을 준수하여야 한다.

1. 하중이 한쪽으로 치우치지 않도록 적재할 것

2. 구내운반차 또는 화물자동차의 경우 화물의 붕괴 또는 낙하에 의한 위험을 방지하기 위하여 화물에 로프를 거는 등 필요한 조치를 할 것

3. 운전자의 시야를 가리지 않도록 화물을 적재할 것

② 제1항의 화물을 적재하는 경우에는 최대적재량을 초과해서는 아니 된다.

제174조(차량계 하역운반기계등의 이송) 사업주는 차량계 하역운반기계등을 이송하기 위하여 자주(自走) 또는 견인에 의하여 화물자동차에 싣거나 내리는 작업을 할 때에 발판·성토 등을 사용하는 경우에는 해당 차량계 하역운반기계등의 전도 또는 굴러 떨어짐에 의한 위험을 방지하기 위하여 다음 각 호의 사항을 준수하여야 한다. 〈개정 2019. 10. 15.〉

1. 싣거나 내리는 작업은 평탄하고 견고한 장소에서 할 것

2. 발판을 사용하는 경우에는 충분한 길이·폭 및 강도를 가진 것을 사용하고 적당한 경사를 유지하기 위하여 견고하게 설치할 것

3. 가설대 등을 사용하는 경우에는 충분한 폭 및 강도와 적당한 경사를 확보할 것

4. 지정운전자의 성명·연락처 등을 보기 쉬운 곳에 표시하고 지정운전자 외에는 운전하지 않도록 할 것

제179조(전조등 등의 설치) ① 사업주는 전조등과 후미등을 갖추지 아니한 지게차를 사용해서는 아니 된다. 다만, 작업을 안전하게 수행하기 위하여 필요한 조명이 확보되어 있는 장소에서 사용하는 경우에는 그러하지 아니하다. 〈개정 2019. 1. 31., 2019. 12. 26.〉

② 사업주는 지게차 작업 중 근로자와 충돌할 위험이 있는 경우에는 지게차에 후진경보기와 경광등을 설치하거나 후방감지기를 설치하는 등 후방을 확인할 수 있는 조치를 해야 한다. 〈신설 2019. 12. 26.〉 [제목개정 2019. 12. 26.]

제180조(헤드가드) 사업주는 다음 각 호에 따른 적합한 헤드가드(head guard)를 갖추지 아니한 지게차를 사용해서는 안 된다. 다만, 화물의 낙하에 의하여 지게차의 운전자에게 위험을 미칠 우려가 없는 경우에는 그렇지 않다. 〈개정 2019. 1. 31., 2022. 10. 18.〉

1. 강도는 지게차의 최대하중의 2배 값(4톤을 넘는 값에 대해서는 4톤으로 한다)의 등분포정하중(等分布靜荷重)에 견딜 수 있을 것

2. 상부틀의 각 개구의 폭 또는 길이가 16센티미터 미만일 것

3. 운전자가 앉아서 조작하거나 서서 조작하는 지게차의 헤드가드는 한국산업표준에서 정하는 높이 기준 이상일 것

4. 삭제 〈2019. 1. 31.〉

제181조(백레스트) 사업주는 백레스트(backrest)를 갖추지 아니한 지게차를 사용해서는 아니 된다. 다만, 마스트의 후방에서 화물이 낙하함으로써 근로자가 위험해질 우려가 없는 경우에는 그러하지 아니하다.

제182조(팔레트 등) 사업주는 지게차에 의한 하역운반작업에 사용하는 팔레트(pallet) 또는 스키드(skid)는 다음 각 호에 해당하는 것을 사용하여야 한다.

1. 적재하는 화물의 중량에 따른 충분한 강도를 가질 것

2. 심한 손상·변형 또는 부식이 없을 것

제183조(좌석 안전띠의 착용 등) ① 사업주는 앉아서 조작하는 방식의 지게차를 운전하는 근로자에게 좌석 안전띠를 착용하도록 하여야 한다.

② 제1항에 따른 지게차를 운전하는 근로자는 좌석 안전띠를 착용하여야 한다.

제184조(제동장치 등) 사업주는 구내운반차를 사용하는 경우에 다음 각 호의 사항을 준수해야 한다. 〈개정 2021. 11. 19., 2024. 6. 28.〉

1. 주행을 제동하거나 정지상태를 유지하기 위하여 유효한 제동장치를 갖출 것

2. 경음기를 갖출 것

3. 운전석이 차 실내에 있는 것은 좌우에 한개씩 방향지시기를 갖출 것

4. 전조등과 후미등을 갖출 것. 다만, 작업을 안전하게 하기 위하여 필요한 조명이 있는 장소에서 사용하는 구내운반차에 대해서는 그러하지 아니하다.

5. 구내운반차가 후진 중에 주변의 근로자 또는 차량계하역운반기계등과 충돌할 위험이 있는 경우에는 구내운반차에 후진경보기와 경광등을 설치할 것

 [시행일: 2025. 6. 29.] 제184조 제5호

제186조(고소작업대 설치 등의 조치) ① 사업주는 고소작업대를 설치하는 경우에는 다음 각 호에 해당하는 것을 설치하여야 한다.

1. 작업대를 와이어로프 또는 체인으로 올리거나 내릴 경우에는 와이어로프 또는 체인이 끊어져 작업대가 떨어지지 아니하는 구조여야 하며, 와이어로프 또는 체인의 안전율은 5 이상일 것

2. 작업대를 유압에 의해 올리거나 내릴 경우에는 작업대를 일정한 위치에 유지할 수 있는 장치를 갖추고 압력의 이상저하를 방지할 수 있는 구조일 것

3. 권과방지장치를 갖추거나 압력의 이상상승을 방지할 수 있는 구조일 것

4. 붐의 최대 지면경사각을 초과 운전하여 전도되지 않도록 할 것

5. 작업대에 정격하중(안전율 5 이상)을 표시할 것

6. 작업대에 끼임·충돌 등 재해를 예방하기 위한 가드 또는 과상승방지장치를 설치할 것

7. 조작반의 스위치는 눈으로 확인할 수 있도록 명칭 및 방향표시를 유지할 것

② 사업주는 고소작업대를 설치하는 경우에는 다음 각 호의 사항을 준수하여야 한다.

　　1. 바닥과 고소작업대는 가능하면 수평을 유지하도록 할 것

2. 갑작스러운 이동을 방지하기 위하여 아웃트리거 또는 브레이크 등을 확실히 사용할 것

③ 사업주는 고소작업대를 이동하는 경우에는 다음 각 호의 사항을 준수해야 한다. 〈개정 2023. 11. 14.〉

1. 작업대를 가장 낮게 내릴 것

2. 작업자를 태우고 이동하지 말 것. 다만, 이동 중 전도 등의 위험예방을 위하여 유도하는 사람을 배치하고 짧은 구간을 이동하는 경우에는 제1호에 따라 작업대를 가장 낮게 내린 상태에서 작업자를 태우고 이동할 수 있다.

3. 이동통로의 요철상태 또는 장애물의 유무 등을 확인할 것

④ 사업주는 고소작업대를 사용하는 경우에는 다음 각 호의 사항을 준수하여야 한다.

1. 작업자가 안전모·안전대 등의 보호구를 착용하도록 할 것

2. 관계자가 아닌 사람이 작업구역에 들어오는 것을 방지하기 위하여 필요한 조치를 할 것

3. 안전한 작업을 위하여 적정수준의 조도를 유지할 것

4. 전로(電路)에 근접하여 작업을 하는 경우에는 작업감시자를 배치하는 등 감전사고를 방지하기 위하여 필요한 조치를 할 것

5. 작업대를 정기적으로 점검하고 붐·작업대 등 각 부위의 이상 유무를 확인할 것

6. 전환스위치는 다른 물체를 이용하여 고정하지 말 것

7. 작업대는 정격하중을 초과하여 물건을 싣거나 탑승하지 말 것

8. 작업대의 붐대를 상승시킨 상태에서 탑승자는 작업대를 벗어나지 말 것. 다만, 작업대에 안전대 부착설비를 설치하고 안전대를 연결하였을 때에는 그러하지 아니하다.

제189조(섬유로프 등의 점검 등) ① 사업주는 섬유로프 등을 화물자동차의 짐걸이에 사용하는 경우에는 해당 작업을 시작하기 전에 다음 각 호의 조치를 하여야 한다.

1. 작업순서와 순서별 작업방법을 결정하고 작업을 직접 지휘하는 일

2. 기구와 공구를 점검하고 불량품을 제거하는 일

3. 해당 작업을 하는 장소에 관계 근로자가 아닌 사람의 출입을 금지하는 일

4. 로프 풀기 작업 및 덮개 벗기기 작업을 하는 경우에는 적재함의 화물에 낙하 위험이 없음을 확인한 후에 해당 작업의 착수를 지시하는 일

② 사업주는 제1항에 따른 섬유로프 등에 대하여 이상 유무를 점검하고 이상이 발견된 섬유로프 등을 교체하여야 한다.

제196조(차량계 건설기계의 정의) "차량계 건설기계"란 동력원을 사용하여 특정되지 아니한 장소로 스스로 이동할 수 있는 건설기계로서 별표 6에서 정한 기계를 말한다

■ 산업안전보건기준에 관한 규칙 [별표 6] 〈개정 2022. 10. 18.〉

차량계 건설기계(제196조 관련)

1. 도저형 건설기계(불도저, 스트레이트도저, 틸트도저, 앵글도저, 버킷도저 등)
2. 모터그레이더(motor grader, 땅 고르는 기계)
3. 로더(포크 등 부착물 종류에 따른 용도 변경 형식을 포함한다)
4. 스크레이퍼(scraper, 흙을 절삭·운반하거나 펴 고르는 등의 작업을 하는 토공기계)
5. 크레인형 굴착기계(크램쉘, 드래그라인 등)
6. 굴착기(브레이커, 크러셔, 드릴 등 부착물 종류에 따른 용도 변경 형식을 포함한다)
7. 항타기 및 항발기
8. 천공용 건설기계(어스드릴, 어스오거, 크롤러드릴, 점보드릴 등)
9. 지반 압밀침하용 건설기계(샌드드레인머신, 페이퍼드레인머신, 팩드레인머신 등)
10. 지반 다짐용 건설기계(타이어롤러, 매커덤롤러, 탠덤롤러 등)
11. 준설용 건설기계(버킷준설선, 그래브준설선, 펌프준설선 등)
12. 콘크리트 펌프카
13. 덤프트럭
14. 콘크리트 믹서 트럭
15. 도로포장용 건설기계(아스팔트 살포기, 콘크리트 살포기, 아스팔트 피니셔, 콘크리트 피니셔 등)
16. 골재 채취 및 살포용 건설기계(쇄석기, 자갈채취기, 골재살포기 등)
17. 제1호부터 제16호까지와 유사한 구조 또는 기능을 갖는 건설기계로서 건설작업에 사용하는 것

제199조(전도 등의 방지) 사업주는 차량계 건설기계를 사용하는 작업할 때에 그 기계가 넘어지거나 굴러떨어짐으로써 근로자가 위험해질 우려가 있는 경우에는 유도하는 사람을 배치하고 지반의 부동침하 방지, 갓길의 붕괴 방지 및 도로 폭의 유지 등 필요한 조치를 하여야 한다.

제207조(조립·해체 시 점검사항) ① 사업주는 항타기 또는 항발기를 조립하거나 해체하는 경우 다음 각 호의 사항을 준수해야 한다. 〈신설 2022. 10. 18.〉

1. 항타기 또는 항발기에 사용하는 권상기에 쐐기장치 또는 역회전방지용 브레이크를 부착할 것
2. 항타기 또는 항발기의 권상기가 들리거나 미끄러지거나 흔들리지 않도록 설치할 것
3. 그 밖에 조립·해체에 필요한 사항은 제조사에서 정한 설치·해체 작업 설명서에 따를 것

② 사업주는 항타기 또는 항발기를 조립하거나 해체하는 경우 다음 각 호의 사항을 점검해야 한다. 〈개정 2022. 10. 18.〉

1. 본체 연결부의 풀림 또는 손상의 유무
2. 권상용 와이어로프·드럼 및 도르래의 부착상태의 이상 유무
3. 권상장치의 브레이크 및 쐐기장치 기능의 이상 유무
4. 권상기의 설치상태의 이상 유무

   5. 리더(leader)의 버팀 방법 및 고정상태의 이상 유무

   6. 본체ㆍ부속장치 및 부속품의 강도가 적합한지 여부

   7. 본체ㆍ부속장치 및 부속품에 심한 손상ㆍ마모ㆍ변형 또는 부식이 있는지 여부 [제목개정 2022. 10. 18.]

제209조(무너짐의 방지) 사업주는 동력을 사용하는 항타기 또는 항발기에 대하여 무너짐을 방지하기 위하여 다음 각 호의 사항을 준수해야 한다. 〈개정 2019. 1. 31., 2022. 10. 18., 2023. 11. 14.〉

1. 연약한 지반에 설치하는 경우에는 아웃트리거ㆍ받침 등 지지구조물의 침하를 방지하기 위하여 깔판ㆍ받침목 등을 사용할 것

2. 시설 또는 가설물 등에 설치하는 경우에는 그 내력을 확인하고 내력이 부족하면 그 내력을 보강할 것

3. 아웃트리거ㆍ받침 등 지지구조물이 미끄러질 우려가 있는 경우에는 말뚝 또는 쐐기 등을 사용하여 해당 지지구조물을 고정시킬 것

4. 궤도 또는 차로 이동하는 항타기 또는 항발기에 대해서는 불시에 이동하는 것을 방지하기 위하여 레일 클램프(rail clamp) 및 쐐기 등으로 고정시킬 것

5. 상단 부분은 버팀대ㆍ버팀줄로 고정하여 안정시키고, 그 하단 부분은 견고한 버팀ㆍ말뚝 또는 철골 등으로 고정시킬 것

6. 삭제 〈2022. 10. 18.〉

7. 삭제 〈2022. 10. 18.〉 [제목개정 2019. 1. 31.]

제234조(가스등의 용기) 사업주는 금속의 용접ㆍ용단 또는 가열에 사용되는 가스등의 용기를 취급하는 경우에 다음 각 호의 사항을 준수하여야 한다.

1. 다음 각 목의 어느 하나에 해당하는 장소에서 사용하거나 해당 장소에 설치ㆍ저장 또는 방치하지 않도록 할 것

   가. 통풍이나 환기가 불충분한 장소

   나. 화기를 사용하는 장소 및 그 부근

   다. 위험물 또는 제236조에 따른 인화성 액체를 취급하는 장소 및 그 부근

2. 용기의 온도를 섭씨 40도 이하로 유지할 것

3. 전도의 위험이 없도록 할 것

4. 충격을 가하지 않도록 할 것

5. 운반하는 경우에는 캡을 씌울 것

6. 사용하는 경우에는 용기의 마개에 부착되어 있는 유류 및 먼지를 제거할 것

7. 밸브의 개폐는 서서히 할 것

8. 사용 전 또는 사용 중인 용기와 그 밖의 용기를 명확히 구별하여 보관할 것

9. 용해아세틸렌의 용기는 세워 둘 것

10. 용기의 부식·마모 또는 변형상태를 점검한 후 사용할 것

제241조(화재위험작업 시의 준수사항) ① 사업주는 통풍이나 환기가 충분하지 않은 장소에서 화재위험작업을 하는 경우에는 통풍 또는 환기를 위하여 산소를 사용해서는 아니 된다. 〈개정 2017. 3. 3.〉〈신설 2019. 12. 26.〉[제목개정 2019. 12. 26.]

② 사업주는 가연성물질이 있는 장소에서 화재위험작업을 하는 경우에는 화재예방에 필요한 다음 각 호의 사항을 준수하여야 한다. 〈개정 2017. 3. 3., 2019. 12. 26.〉

1. 작업 준비 및 작업 절차 수립

2. 작업장 내 위험물의 사용·보관 현황 파악

3. 화기작업에 따른 인근 가연성물질에 대한 방호조치 및 소화기구 비치

4. 용접불티 비산방지덮개, 용접방화포 등 불꽃, 불티 등 비산방지조치

5. 인화성 액체의 증기 및 인화성 가스가 남아 있지 않도록 환기 등의 조치

6. 작업근로자에 대한 화재예방 및 피난교육 등 비상조치

③ 사업주는 작업시작 전에 제2항 각 호의 사항을 확인하고 불꽃·불티 등의 비산을 방지하기 위한 조치 등 안전조치를 이행한 후 근로자에게 화재위험작업을 하도록 해야 한다. 〈신설 2019. 12. 26.〉

④ 사업주는 화재위험작업이 시작되는 시점부터 종료 될 때까지 작업내용, 작업일시,안전점검 및 조치에 관한 사항 등을 해당 작업장소에 서면으로 게시해야 한다. 다만, 같은 장소에서 상시·반복적으로 화재위험작업을 하는 경우에는 생략할 수 있다.

제241조의2(화재감시자) ① 사업주는 근로자에게 다음 각 호의 어느 하나에 해당하는 장소에서 용접·용단 작업을 하도록 하는 경우에는 화재감시자를 지정하여 용접·용단 작업 장소에 배치해야 한다. 다만, 같은 장소에서 상시·반복적으로 용접·용단작업을 할 때 경보용 설비·기구, 소화설비 또는 소화기가 갖추어진 경우에는 화재감시자를 지정·배치하지 않을 수 있다. 〈개정 2019. 12. 26., 2021. 5. 28.〉

1. 작업반경 11미터 이내에 건물구조 자체나 내부(개구부 등으로 개방된 부분을 포함한다)에 가연성물질이 있는 장소

2. 작업반경 11미터 이내의 바닥 하부에 가연성물질이 11미터 이상 떨어져 있지만 불꽃에 의해 쉽게 발화될 우려가 있는 장소

3. 가연성물질이 금속으로 된 칸막이·벽·천장 또는 지붕의 반대쪽 면에 인접해 있어 열전도나 열복사에 의해 발화될 우려가 있는 장소

② 제1항 본문에 따른 화재감시자는 다음 각 호의 업무를 수행한다. 〈신설 2021. 5. 28.〉

  1. 제1항 각 호에 해당하는 장소에 가연성물질이 있는지 여부의 확인

  2. 제232조제2항에 따른 가스 검지, 경보 성능을 갖춘 가스 검지 및 경보 장치의 작동 여부의 확인

  3. 화재 발생 시 사업장 내 근로자의 대피 유도

③ 사업주는 제1항 본문에 따라 배치된 화재감시자에게 업무 수행에 필요한 확성기, 휴대용 조명기구 및 화재 대피용 마스크(한국산업표준 제품이거나 「소방산업의 진흥에 관한 법률」 에 따른 한국소방산업기술원이 정하는 기준을 충족하는 것이어야 한다) 등 대피용 방연장비를 지급해야 한다. 〈개정 2021.5.28.,2022.10.18.〉[본조신설 2017. 3. 3.]

제302조(전기 기계·기구의 접지) ① 사업주는 누전에 의한 감전의 위험을 방지하기 위하여 다음 각 호의 부분에 대하여 접지를 해야 한다. 〈개정 2021. 11. 19.〉

1. 전기 기계·기구의 금속제 외함, 금속제 외피 및 철대

2. 고정 설치되거나 고정배선에 접속된 전기기계·기구의 노출된 비충전 금속체 중 충전될 우려가 있는 다음 각 목의 어느 하나에 해당하는 비충전 금속체

   가. 지면이나 접지된 금속체로부터 수직거리 2.4미터, 수평거리 1.5미터 이내인 것

   나. 물기 또는 습기가 있는 장소에 설치되어 있는 것

   다. 금속으로 되어 있는 기기접지용 전선의 피복·외장 또는 배선관 등

   라. 사용전압이 대지전압 150볼트를 넘는 것

3. 전기를 사용하지 아니하는 설비 중 다음 각 목의 어느 하나에 해당하는 금속체

   가. 전동식 양중기의 프레임과 궤도

   나. 전선이 붙어 있는 비전동식 양중기의 프레임

   다. 고압(1.5천볼트 초과 7천볼트 이하의 직류전압 또는 1천볼트 초과 7천볼트 이하의 교류전압을 말한다. 이하 같다) 이상의 전기를 사용하는 전기 기계·기구 주변의 금속제 칸막이·망 및 이와 유사한 장치

4. 코드와 플러그를 접속하여 사용하는 전기 기계·기구 중 다음 각 목의 어느 하나에 해당하는 노출된 비충전 금속체

   가. 사용전압이 대지전압 150볼트를 넘는 것

   나. 냉장고·세탁기·컴퓨터 및 주변기기 등과 같은 고정형 전기기계·기구

   다. 고정형·이동형 또는 휴대형 전동기계·기구

   라. 물 또는 도전성(導電性)이 높은 곳에서 사용하는 전기기계·기구, 비접지형 콘센트

   마. 휴대형 손전등

5. 수중펌프를 금속제 물탱크 등의 내부에 설치하여 사용하는 경우 그 탱크(이 경우 탱크를 수중펌프의 접지선과 접속하여야 한다)

② 사업주는 다음 각 호의 어느 하나에 해당하는 경우에는 제1항을 적용하지 않을 수 있다. 〈개정 2019. 1. 31., 2021. 11. 19.〉

1.「전기용품 및 생활용품 안전관리법」이 적용되는 이중절연 또는 이와 같은 수준 이상으로 보호되는 구조로 된 전기기계·기구

2. 절연대 위 등과 같이 감전 위험이 없는 장소에서 사용하는 전기기계·기구

3. 비접지방식의 전로(그 전기기계·기구의 전원측의 전로에 설치한 절연변압기의 2차 전압이 300볼트 이하, 정격용량이 3킬로볼트암페어 이하이고 그 절연전압기의 부하측의 전로가 접지되어 있지 아니한 것으로 한정한다)에 접속하여 사용되는 전기기계·기구

③ 사업주는 특별고압(7천볼트를 초과하는 직교류전압을 말한다. 이하 같다)의 전기를 취급하는 변전소·개폐소, 그 밖에 이와 유사한 장소에서 지락(地絡) 사고가 발생하는 경우에는 접지극의 전위상승에 의한 감전위험을 줄이기 위한 조치를 하여야 한다.

④ 사업주는 제1항에 따라 설치된 접지설비에 대하여 항상 적정상태가 유지되는지를 점검하고 이상이 발견되면 즉시 보수하거나 재설치하여야 한다.

제304조(누전차단기에 의한 감전방지) ① 사업주는 다음 각 호의 전기 기계·기구에 대하여 누전에 의한 감전위험을 방지하기 위하여 해당 전로의 정격에 적합하고 감도(전류 등에 반응하는 정도)가 양호하며 확실하게 작동하는 감전방지용 누전차단기를 설치해야 한다. 〈개정 2021. 11. 19.〉

1. 대지전압이 150볼트를 초과하는 이동형 또는 휴대형 전기기계·기구

2. 물 등 도전성이 높은 액체가 있는 습윤장소에서 사용하는 저압(1.5천볼트 이하 직류전압이나 1천볼트 이하의 교류전압을 말한다)용 전기기계·기구

3. 철판·철골 위 등 도전성이 높은 장소에서 사용하는 이동형 또는 휴대형 전기기계·기구

4. 임시배선의 전로가 설치되는 장소에서 사용하는 이동형 또는 휴대형 전기기계·기구

② 사업주는 제1항에 따라 감전방지용 누전차단기를 설치하기 어려운 경우에는 작업시작 전에 접지선의 연결 및 접속부 상태 등이 적합한지 확실하게 점검하여야 한다.

③ 다음 각 호의 어느 하나에 해당하는 경우에는 제1항과 제2항을 적용하지 않는다. 〈개정 2019. 1. 31., 2021. 11. 19.〉

1.「전기용품 및 생활용품 안전관리법」이 적용되는 이중절연 또는 이와 같은 수준 이상으로 보호되는 구조로 된 전기기계·기구

2. 절연대 위 등과 같이 감전위험이 없는 장소에서 사용하는 전기기계·기구

3. 비접지방식의 전로

④ 사업주는 제1항에 따라 전기기계·기구를 사용하기 전에 해당 누전차단기의 작동상태를 점검하고 이상이 발견되면 즉시 보수하거나 교환하여야 한다.

⑤ 사업주는 제1항에 따라 설치한 누전차단기를 접속하는 경우에 다음 각 호의 사항을 준수하여야 한다.

　1. 전기기계·기구에 설치되어 있는 누전차단기는 정격감도전류가 30밀리암페어 이하이고 작동시간은 0.03초 이내일 것. 다만, 정격전부하전류가 50암페어 이상인 전기기계·기구에 접속되는 누전차단기는 오작동을 방지하기 위하여 정격감도전류는 200밀리암페어 이하로, 작동시간은 0.1초 이내로 할 수 있다.

　2. 분기회로 또는 전기기계·기구마다 누전차단기를 접속할 것. 다만, 평상시 누설전류가 매우 적은 소용량부하의 전로에는 분기회로에 일괄하여 접속할 수 있다.

　3. 누전차단기는 배전반 또는 분전반 내에 접속하거나 꽂음접속기형 누전차단기를 콘센트에 접속하는 등 파손이나 감전사고를 방지할 수 있는 장소에 접속할 것

　4. 지락보호전용 기능만 있는 누전차단기는 과전류를 차단하는 퓨즈나 차단기 등과 조합하여 접속할 것

제316조(꽂음접속기의 설치·사용 시 준수사항) 사업주는 꽂음접속기를 설치하거나 사용하는 경우에는 다음 각 호의 사항을 준수하여야 한다.

1. 서로 다른 전압의 꽂음 접속기는 서로 접속되지 아니한 구조의 것을 사용할 것

2. 습윤한 장소에 사용되는 꽂음 접속기는 방수형 등 그 장소에 적합한 것을 사용할 것

3. 근로자가 해당 꽂음 접속기를 접속시킬 경우에는 땀 등으로 젖은 손으로 취급하지 않도록 할 것

4. 해당 꽂음 접속기에 잠금장치가 있는 경우에는 접속 후 잠그고 사용할 것

제331조의3(작업발판 일체형 거푸집의 안전조치) ① "작업발판 일체형 거푸집"이란 거푸집의 설치·해체, 철근 조립, 콘크리트 타설, 콘크리트 면처리 작업 등을 위하여 거푸집을 작업발판과 일체로 제작하여 사용하는 거푸집으로서 다음 각 호의 거푸집을 말한다.

1. 갱 폼(gang form)

2. 슬립 폼(slip form)

3. 클라이밍 폼(climbing form)

4. 터널 라이닝 폼(tunnel lining form)

5. 그 밖에 거푸집과 작업발판이 일체로 제작된 거푸집 등

② 제1항제1호의 갱 폼의 조립·이동·양중·해체(이하 이 조에서 "조립등"이라 한다) 작업을 하는 경우에는 다음 각 호의 사항을 준수해야 한다. 〈개정 2023. 11. 14.〉

　1. 조립등의 범위 및 작업절차를 미리 그 작업에 종사하는 근로자에게 주지시킬 것

2. 근로자가 안전하게 구조물 내부에서 갱 폼의 작업발판으로 출입할 수 있는 이동통로를 설치할 것

3. 갱 폼의 지지 또는 고정철물의 이상 유무를 수시점검하고 이상이 발견된 경우에는 교체하도록 할 것

4. 갱 폼을 조립하거나 해체하는 경우에는 갱 폼을 인양장비에 매단 후에 작업을 실시하도록 하고, 인양장비에 매달기 전에 지지 또는 고정철물을 미리 해체하지 않도록 할 것

5. 갱 폼 인양 시 작업발판용 케이지에 근로자가 탑승한 상태에서 갱 폼의 인양작업을 하지 않을 것

③ 사업주는 제1항제2호부터 제5호까지의 조립등의 작업을 하는 경우에는 다음 각 호의 사항을 준수하여야 한다.

1. 조립등 작업 시 거푸집 부재의 변형 여부와 연결 및 지지재의 이상 유무를 확인할 것

2. 조립등 작업과 관련한 이동 · 양중 · 운반 장비의 고장 · 오조작 등으로 인해 근로자에게 위험을 미칠 우려가 있는 장소에는 근로자의 출입을 금지하는 등 위험 방지 조치를 할 것

3. 거푸집이 콘크리트면에 지지될 때에 콘크리트의 굳기정도와 거푸집의 무게, 풍압 등의 영향으로 거푸집의 갑작스런 이탈 또는 낙하로 인해 근로자가 위험해질 우려가 있는 경우에는 설계도서에서 정한 콘크리트의 양생기간을 준수하거나 콘크리트면에 견고하게 지지하는 등 필요한 조치를 할 것

4. 연결 또는 지지 형식으로 조립된 부재의 조립등 작업을 하는 경우에는 거푸집을 인양장비에 매단 후에 작업을 하도록 하는 등 낙하 · 붕괴 · 전도의 위험 방지를 위하여 필요한 조치를 할 것 [제337조에서 이동 〈2023. 11. 14.〉]

제332조(동바리 조립 시의 안전조치) 사업주는 동바리를 조립하는 경우에는 하중의 지지상태를 유지할 수 있도록 다음 각 호의 사항을 준수해야 한다.

1. 받침목이나 깔판의 사용, 콘크리트 타설, 말뚝박기 등 동바리의 침하를 방지하기 위한 조치를 할 것

2. 동바리의 상하 고정 및 미끄러짐 방지 조치를 할 것

3. 상부 · 하부의 동바리가 동일 수직선상에 위치하도록 하여 깔판 · 받침목에 고정시킬 것

4. 개구부 상부에 동바리를 설치하는 경우에는 상부하중을 견딜 수 있는 견고한 받침대를 설치할 것

5. U헤드 등의 단판이 없는 동바리의 상단에 멍에 등을 올릴 경우에는 해당 상단에 U헤드 등의 단판을 설치하고, 멍에 등이 전도되거나 이탈되지 않도록 고정시킬 것

6. 동바리의 이음은 같은 품질의 재료를 사용할 것

7. 강재의 접속부 및 교차부는 볼트·클램프 등 전용철물을 사용하여 단단히 연결할 것

8. 거푸집의 형상에 따른 부득이한 경우를 제외하고는 깔판이나 받침목은 2단 이상 끼우지 않도록 할 것

9. 깔판이나 받침목을 이어서 사용하는 경우에는 그 깔판·받침목을 단단히 연결할 것[전문개정 2023. 11. 14.]

제332조의2(동바리 유형에 따른 동바리 조립 시의 안전조치) 사업주는 동바리를 조립할 때 동바리의 유형별로 다음 각 호의 구분에 따른 각 목의 사항을 준수해야 한다.

1. 동바리로 사용하는 파이프 서포트의 경우

   가. 파이프 서포트를 3개 이상 이어서 사용하지 않도록 할 것

   나. 파이프 서포트를 이어서 사용하는 경우에는 4개 이상의 볼트 또는 전용철물을 사용하여 이을 것

   다. 높이가 3.5미터를 초과하는 경우에는 높이 2미터 이내마다 수평연결재를 2개 방향으로 만들고 수평연결재의 변위를 방지할 것

2. 동바리로 사용하는 강관틀의 경우

   가. 강관틀과 강관틀 사이에 교차가새를 설치할 것

   나. 최상단 및 5단 이내마다 동바리의 측면과 틀면의 방향 및 교차가새의 방향에서 5개 이내마다 수평연결재를 설치하고 수평연결재의 변위를 방지할 것

   다. 최상단 및 5단 이내마다 동바리의 틀면의 방향에서 양단 및 5개틀 이내마다 교차가새의 방향으로 띠장틀을 설치할 것

3. 동바리로 사용하는 조립강주의 경우: 조립강주의 높이가 4미터를 초과하는 경우에는 높이 4미터 이내마다 수평연결재를 2개 방향으로 설치하고 수평연결재의 변위를 방지할 것

4. 시스템 동바리(규격화·부품화된 수직재, 수평재 및 가새재 등의 부재를 현장에서 조립하여 거푸집을 지지하는 지주 형식의 동바리를 말한다)의 경우

   가. 수평재는 수직재와 직각으로 설치해야 하며, 흔들리지 않도록 견고하게 설치할 것

   나. 연결철물을 사용하여 수직재를 견고하게 연결하고, 연결부위가 탈락 또는 꺾어지지 않도록 할 것

   다. 수직 및 수평하중에 대해 동바리의 구조적 안정성이 확보되도록 조립도에 따라 수직재 및 수평재에는 가새재를 견고하게 설치할 것

   라. 동바리 최상단과 최하단의 수직재와 받침철물은 서로 밀착되도록 설치하고 수직재와 받침철물의 연결부의 겹침길이는 받침철물 전체길이의 3분의 1 이상 되도록 할 것

5. 보 형식의 동바리[강제 갑판(steel deck), 철재트러스 조립 보 등 수평으로 설치하여 거푸집을 지지하는 동바리를 말한다]의 경우

   가. 접합부는 충분한 걸침 길이를 확보하고 못, 용접 등으로 양끝을 지지물에 고정시켜 미끄러짐 및 탈락을 방지할 것

나. 양끝에 설치된 보 거푸집을 지지하는 동바리 사이에는 수평연결재를 설치하거나 동바리를 추가로 설치하는 등 보 거푸집이 옆으로 넘어지지 않도록 견고하게 할 것

다. 설계도면, 시방서 등 설계도서를 준수하여 설치할 것 [본조신설 2023. 11. 14.]

제333조(조립·해체 등 작업 시의 준수사항) ① 사업주는 기둥·보·벽체·슬래브 등의 거푸집 및 동바리를 조립하거나 해체하는 작업을 하는 경우에는 다음 각 호의 사항을 준수해야 한다. 〈개정 2021. 5. 28., 2023. 11. 14.〉

1. 해당 작업을 하는 구역에는 관계 근로자가 아닌 사람의 출입을 금지할 것

2. 비, 눈, 그 밖의 기상상태의 불안정으로 날씨가 몹시 나쁜 경우에는 그 작업을 중지할 것

3. 재료, 기구 또는 공구 등을 올리거나 내리는 경우에는 근로자로 하여금 달줄·달포대 등을 사용하도록 할 것

4. 낙하·충격에 의한 돌발적 재해를 방지하기 위하여 버팀목을 설치하고 거푸집 및 동바리를 인양장비에 매단 후에 작업을 하도록 하는 등 필요한 조치를 할 것

② 사업주는 철근조립 등의 작업을 하는 경우에는 다음 각 호의 사항을 준수하여야 한다.

  1. 양중기로 철근을 운반할 경우에는 두 군데 이상 묶어서 수평으로 운반할 것

  2. 작업위치의 높이가 2미터 이상일 경우에는 작업발판을 설치하거나 안전대를 착용하게 하는 등 위험 방지를 위하여 필요한 조치를 할 것 [제목개정 2023. 11. 14.] [제336조에서 이동, 종전 제333조는 삭제

제334조(콘크리트의 타설작업) 사업주는 콘크리트 타설작업을 하는 경우에는 다음 각 호의 사항을 준수해야 한다. 〈개정 2023. 11. 14.〉

1. 당일의 작업을 시작하기 전에 해당 작업에 관한 거푸집 및 동바리의 변형·변위 및 지반의 침하 유무 등을 점검하고 이상이 있으면 보수할 것

2. 작업 중에는 감시자를 배치하는 등의 방법으로 거푸집 및 동바리의 변형·변위 및 침하 유무 등을 확인해야 하며, 이상이 있으면 작업을 중지하고 근로자를 대피시킬 것

3. 콘크리트 타설작업 시 거푸집 붕괴의 위험이 발생할 우려가 있으면 충분한 보강조치를 할 것

4. 설계도서상의 콘크리트 양생기간을 준수하여 거푸집 및 동바리를 해체할 것

5. 콘크리트를 타설하는 경우에는 편심이 발생하지 않도록 골고루 분산하여 타설할 것

제335조(콘크리트 타설장비 사용 시의 준수사항) 사업주는 콘크리트 타설작업을 하기 위하여 콘크리트 플레이싱 붐(placing boom), 콘크리트 분배기, 콘크리트 펌프카 등(이하 이 조에서

"콘크리트타설장비"라 한다)을 사용하는 경우에는 다음 각 호의 사항을 준수해야 한다. 〈개정 2023. 11. 14.〉

1. 작업을 시작하기 전에 콘크리트타설장비를 점검하고 이상을 발견하였으면 즉시 보수할 것
2. 건축물의 난간 등에서 작업하는 근로자가 호스의 요동·선회로 인하여 추락하는 위험을 방지하기 위하여 안전난간 설치 등 필요한 조치를 할 것
3. 콘크리트타설장비의 붐을 조정하는 경우에는 주변의 전선 등에 의한 위험을 예방하기 위한 적절한 조치를 할 것
4. 작업 중에 지반의 침하나 아웃트리거 등 콘크리트타설장비 지지구조물의 손상 등에 의하여 콘크리트타설장비가 넘어질 우려가 있는 경우에는 이를 방지하기 위한 적절한 조치를 할 것 [제목개정 2023. 11. 14.]

제338조(굴착작업 사전조사 등) 사업주는 굴착작업을 할 때에 토사등의 붕괴 또는 낙하에 의한 위험을 미리 방지하기 위하여 다음 각 호의 사항을 점검해야 한다. [제339조에서 이동, 종전 제338조는 제339조로 이동 〈2023. 11. 14.〉]
1. 작업장소 및 그 주변의 부석·균열의 유무
2. 함수(含水)·용수(湧水) 및 동결의 유무 또는 상태의 변화 [전문개정 2023. 11. 14.]

제339조(굴착면의 붕괴 등에 의한 위험방지) ① 사업주는 지반 등을 굴착하는 경우 굴착면의 기울기를 별표 11의 기준에 맞도록 해야 한다. 다만, 「건설기술 진흥법」 제44조제1항에 따른 건설기준에 맞게 작성한 설계도서상의 굴착면의 기울기를 준수하거나 흙막이 등 기울기면의 붕괴 방지를 위하여 적절한 조치를 한 경우에는 그렇지 않다.
② 사업주는 비가 올 경우를 대비하여 측구(側溝)를 설치하거나 굴착경사면에 비닐을 덮는 등 빗물 등의 침투에 의한 붕괴재해를 예방하기 위하여 필요한 조치를 해야 한다.
[전문개정 2023. 11. 14.] [제338조에서 이동, 종전 제339조는 제338조로 이동 〈2023. 11. 14.〉]

■ 산업안전보건기준에 관한 규칙 [별표 11] 〈개정 2023. 11. 14.〉

굴착면의 기울기 기준(제339조제1항 관련)

지반의 종류	굴착면의 기울기
모래	1 : 1.8
연암 및 풍화암	1 : 1.0
경암	1 : 0.5
그 밖의 흙	1 : 1.2

비고
1. 굴착면의 기울기는 굴착면의 높이에 대한 수평거리의 비율을 말한다.
2. 굴착면의 경사가 달라서 기울기를 계산하기가 곤란한 경우에는 해당 굴착면에 대하여 지반의 종류별 굴착면의 기울기에 따라 붕괴의 위험이 증가하지 않도록 위 표의 지반의 종류별 굴착면의 기울기에 맞게 해당 각 부분의 경사를 유지해야 한다.

제340조(굴착작업 시 위험방지) 사업주는 굴착작업 시 토사등의 붕괴 또는 낙하에 의하여 근로자에게 위험을 미칠 우려가 있는 경우에는 미리 흙막이 지보공의 설치, 방호망의 설치 및 근로자의 출입 금지 등 그 위험을 방지하기 위하여 필요한 조치를 해야 한다. [전문개정 2023. 11. 14.]

제342조(굴착기계등에 의한 위험방지) 사업주는 굴착작업 시 굴착기계등을 사용하는 경우 다음 각 호의 조치를 해야 한다. [전문개정 2023. 11. 14.]

1. 굴착기계등의 사용으로 가스도관, 지중전선로, 그 밖에 지하에 위치한 공작물이 파손되어 그 결과 근로자가 위험해질 우려가 있는 경우에는 그 기계를 사용한 굴착작업을 중지할 것
2. 굴착기계등의 운행경로 및 토석(土石) 적재장소의 출입방법을 정하여 관계 근로자에게 주지시킬 것

제344조(굴착기계등의 유도) ① 사업주는 굴착작업을 할 때에 굴착기계등이 근로자의 작업장소로 후진하여 근로자에게 접근하거나 굴러 떨어질 우려가 있는 경우에는 유도자를 배치하여 굴착기계등을 유도하도록 해야 한다. 〈개정 2019. 10. 15., 2023. 11. 14.〉
② 운반기계등의 운전자는 유도자의 유도에 따라야 한다. [제목개정 2023. 11. 14.]

제347조(붕괴 등의 위험 방지) ① 사업주는 흙막이 지보공을 설치하였을 때에는 정기적으로 다음 각 호의 사항을 점검하고 이상을 발견하면 즉시 보수하여야 한다.
1. 부재의 손상·변형·부식·변위 및 탈락의 유무와 상태
2. 버팀대의 긴압(緊壓)의 정도
3. 부재의 접속부·부착부 및 교차부의 상태
4. 침하의 정도
② 사업주는 제1항의 점검 외에 설계도서에 따른 계측을 하고 계측 분석 결과 토압의 증가 등 이상한 점을 발견한 경우에는 즉시 보강조치를 하여야 한다.

제348조(발파의 작업기준) 사업주는 발파작업에 종사하는 근로자에게 다음 각 호의 사항을 준수하도록 하여야 한다.
1. 얼어붙은 다이나마이트는 화기에 접근시키거나 그 밖의 고열물에 직접 접촉시키는 등 위험한 방법으로 융해되지 않도록 할 것
2. 화약이나 폭약을 장전하는 경우에는 그 부근에서 화기를 사용하거나 흡연을 하지 않도록 할 것
3. 장전구(裝塡具)는 마찰·충격·정전기 등에 의한 폭발의 위험이 없는 안전한 것을 사용할 것
4. 발파공의 충진재료는 점토·모래 등 발화성 또는 인화성의 위험이 없는 재료를 사용할 것

5. 점화 후 장전된 화약류가 폭발하지 아니한 경우 또는 장전된 화약류의 폭발 여부를 확인하기
   곤란한 경우에는 다음 각 목의 사항을 따를 것
   가. 전기뇌관에 의한 경우에는 발파모선을 점화기에서 떼어 그 끝을 단락시켜 놓는 등 재점화
   되지 않도록 조치하고 그 때부터 5분 이상 경과한 후가 아니면 화약류의 장전장소에 접근
   시키지 않도록 할 것
   나. 전기뇌관 외의 것에 의한 경우에는 점화한 때부터 15분 이상 경과한 후가 아니면 화약류
   의 장전장소에 접근시키지 않도록 할 것
6. 전기뇌관에 의한 발파의 경우 점화하기 전에 화약류를 장전한 장소로부터 30미터 이상
   떨어진 안전한 장소에서 전선에 대하여 저항측정 및 도통(導通)시험을 할 것

제350조(인화성 가스의 농도측정 등) ① 사업주는 터널공사 등의 건설작업을 할 때에 인화성 가스가 발생할 위험이 있는 경우에는 폭발이나 화재를 예방하기 위하여 인화성 가스의 농도를 측정할 담당자를 지명하고, 그 작업을 시작하기 전에 가스가 발생할 위험이 있는 장소에 대하여 그 인화성 가스의 농도를 측정하여야 한다.
② 사업주는 제1항에 따라 측정한 결과 인화성 가스가 존재하여 폭발이나 화재가 발생할
   위험이 있는 경우에는 인화성 가스 농도의 이상 상승을 조기에 파악하기 위하여 그 장소에
   자동경보장치를 설치하여야 한다.
③ 지하철도공사를 시행하는 사업주는 터널굴착[개착식(開鑿式)을 포함한다)] 등으로
   인하여 도시가스관이 노출된 경우에 접속부 등 필요한 장소에 자동경보장치를 설치하고,
   「도시가스사업법」에 따른 해당 도시가스사업자와 합동으로 정기적 순회점검을 하여야 한다.
④ 사업주는 제2항 및 제3항에 따른 자동경보장치에 대하여 당일 작업 시작 전 다음 각 호의
   사항을 점검하고 이상을 발견하면 즉시 보수하여야 한다.
1. 계기의 이상 유무   2. 검지부의 이상 유무   3. 경보장치의 작동상태

제351조(낙반 등에 의한 위험의 방지) 사업주는 터널 등의 건설작업을 하는 경우에 낙반 등에 의하여 근로자가 위험해질 우려가 있는 경우에 터널 지보공 및 록볼트의 설치, 부석(浮石)의 제거 등 위험을 방지하기 위하여 필요한 조치를 하여야 한다.

제352조(출입구 부근 등의 지반 붕괴 등에 의한 위험의 방지) 사업주는 터널 등의 건설작업을 할 때에 터널 등의 출입구 부근의 지반의 붕괴나 토사등의 낙하에 의하여 근로자가 위험해질 우려가 있는 경우에는 흙막이 지보공이나 방호망을 설치하는 등 위험을 방지하기 위하여 필요한 조치를 해야 한다.〈개정 2023. 11. 14.〉 [제목개정 2023. 11. 14.]

제366조(붕괴 등의 방지) 사업주는 터널 지보공을 설치한 경우에 다음 각 호의 사항을 수시로 점검하여야 하며, 이상을 발견한 경우에는 즉시 보강하거나 보수하여야 한다.
1. 부재의 손상·변형·부식·변위 탈락의 유무 및 상태
2. 부재의 긴압 정도
3. 부재의 접속부 및 교차부의 상태
4. 기둥침하의 유무 및 상태

제369조(작업 시 준수사항) 사업주는 제38조제1항제8호에 따른 교량의 설치·해체 또는 변경작업을 하는 경우에는 다음 각 호의 사항을 준수하여야 한다.
1. 작업을 하는 구역에는 관계 근로자가 아닌 사람의 출입을 금지할 것
2. 재료, 기구 또는 공구 등을 올리거나 내릴 경우에는 근로자로 하여금 달줄, 달포대 등을 사용하도록 할 것
3. 중량물 부재를 크레인 등으로 인양하는 경우에는 부재에 인양용 고리를 견고하게 설치하고, 인양용 로프는 부재에 두 군데 이상 결속하여 인양하여야 하며, 중량물이 안전하게 거치되기 전까지는 걸이로프를 해제시키지 아니할 것
4. 자재나 부재의 낙하·전도 또는 붕괴 등에 의하여 근로자에게 위험을 미칠 우려가 있을 경우에는 출입금지구역의 설정, 자재 또는 가설시설의 좌굴(挫屈) 또는 변형 방지를 위한 보강재 부착 등의 조치를 할 것

제377조(잠함 등 내부에서의 작업) ① 사업주는 잠함, 우물통, 수직갱, 그 밖에 이와 유사한 건설물 또는 설비(이하 "잠함등"이라 한다)의 내부에서 굴착작업을 하는 경우에 다음 각 호의 사항을 준수하여야 한다.
1. 산소 결핍 우려가 있는 경우에는 산소의 농도를 측정하는 사람을 지명하여 측정하도록 할 것
2. 근로자가 안전하게 오르내리기 위한 설비를 설치할 것
3. 굴착 깊이가 20미터를 초과하는 경우에는 해당 작업장소와 외부와의 연락을 위한 통신설비 등을 설치할 것
② 사업주는 제1항제1호에 따른 측정 결과 산소 결핍이 인정되거나 굴착 깊이가 20미터를 초과하는 경우에는 송기(送氣)를 위한 설비를 설치하여 필요한 양의 공기를 공급해야 한다.

제379조(가설도로) 사업주는 공사용 가설도로를 설치하는 경우에 다음 각 호의 사항을 준수하여야 한다. 〈개정 2019. 10. 15.〉
1. 도로는 장비와 차량이 안전하게 운행할 수 있도록 견고하게 설치할 것
2. 도로와 작업장이 접하여 있을 경우에는 울타리 등을 설치할 것
3. 도로는 배수를 위하여 경사지게 설치하거나 배수시설을 설치할 것
4. 차량의 속도제한 표지를 부착할 것

제380조(철골조립 시의 위험 방지) 사업주는 철골을 조립하는 경우에 철골의 접합부가 충분히 지지되도록 볼트를 체결하거나 이와 같은 수준 이상의 견고한 구조가 되기 전에는 들어 올린 철골을 걸이로프 등으로부터 분리해서는 아니 된다. 〈개정 2019. 1. 31.〉

제381조(승강로의 설치) 사업주는 근로자가 수직방향으로 이동하는 철골부재(鐵骨部材)에는 답단(踏段) 간격이 30센티미터 이내인 고정된 승강로를 설치하여야 하며, 수평방향 철골과 수직방향 철골이 연결되는 부분에는 연결작업을 위하여 작업발판 등을 설치하여야 한다.

제383조(작업의 제한) 사업주는 다음 각 호의 어느 하나에 해당하는 경우에 철골작업을 중지하여야 한다.
1. 풍속이 초당 10미터 이상인 경우
2. 강우량이 시간당 1밀리미터 이상인 경우
3. 강설량이 시간당 1센티미터 이상인 경우

제384조(해체작업 시 준수사항) ① 사업주는 구축물등의 해체작업 시 구축물등을 무너뜨리는 작업을 하기 전에 구축물등이 넘어지는 위치, 파편의 비산거리 등을 고려하여 해당 작업 반경 내에 사람이 없는지 미리 확인한 후 작업을 실시해야 하고, 무너뜨리는 작업 중에는 해당 작업 반경 내에 관계 근로자가 아닌 사람의 출입을 금지해야 한다. 〈개정 2023. 11. 14.〉
② 사업주는 건축물 해체공법 및 해체공사 구조 안전성을 검토한 결과 「건축물관리법」 제30조제3항에 따른 해체계획서대로 해체되지 못하고 건축물이 붕괴할 우려가 있는 경우에는 「건축물관리법 시행규칙」 제12조제3항 및 국토교통부장관이 정하여 고시하는 바에 따라 구조보강계획을 작성해야 한다. 〈신설 2023. 11. 14.〉 [제목개정 2023. 11. 14.]

제512조(정의) 이 장에서 사용하는 용어의 뜻은 다음과 같다. 〈개정 2024. 6. 28.〉
1. "소음작업"이란 1일 8시간 작업을 기준으로 85데시벨 이상의 소음이 발생하는 작업을 말한다.
2. "강렬한 소음작업"이란 다음 각목의 어느 하나에 해당하는 작업을 말한다.
    가. 90데시벨 이상의 소음이 1일 8시간 이상 발생하는 작업
    나. 95데시벨 이상의 소음이 1일 4시간 이상 발생하는 작업
    다. 100데시벨 이상의 소음이 1일 2시간 이상 발생하는 작업
    라. 105데시벨 이상의 소음이 1일 1시간 이상 발생하는 작업
    마. 110데시벨 이상의 소음이 1일 30분 이상 발생하는 작업
    바. 115데시벨 이상의 소음이 1일 15분 이상 발생하는 작업
3. "충격소음작업"이란 소음이 1초 이상의 간격으로 발생하는 작업으로서 다음 각 목의 어느 하나에 해당하는 작업을 말한다.

가. 120데시벨을 초과하는 소음이 1일 1만회 이상 발생하는 작업

나. 130데시벨을 초과하는 소음이 1일 1천회 이상 발생하는 작업

다. 140데시벨을 초과하는 소음이 1일 1백회 이상 발생하는 작업

4. "진동작업"이란 다음 각 목의 어느 하나에 해당하는 기계·기구를 사용하는 작업을 말한다.

가. 착암기(鑿巖機)

나. 동력을 이용한 해머

다. 체인톱 라. 엔진 커터(engine cutter)

마. 동력을 이용한 연삭기

바. 임팩트 렌치(impact wrench)

사. 그 밖에 진동으로 인하여 건강장해를 유발할 수 있는 기계·기구

5. "청력보존 프로그램"이란 다음 각 목의 사항이 포함된 소음성 난청을 예방·관리하기 위한 종합적인 계획을 말한다.

가. 소음노출 평가

나. 소음노출에 대한 공학적 대책

다. 청력보호구의 지급과 착용

라. 소음의 유해성 및 예방 관련 교육

마. 정기적 청력검사

바. 청력보존 프로그램 수립 및 시행 관련 기록·관리체계

사. 그 밖에 소음성 난청 예방·관리에 필요한 사항

제517조(청력보존 프로그램 시행 등) 사업주는 다음 각 호의 어느 하나에 해당하는 경우에 청력보존 프로그램을 수립하여 시행해야 한다. 〈개정 2019. 12. 26., 2021. 11. 19., 2024. 6. 28.〉

1. 근로자가 소음작업, 강렬한 소음작업 또는 충격소음작업에 종사하는 사업장
2. 소음으로 인하여 근로자에게 건강장해가 발생한 사업장

제618조(정의) 이 장에서 사용하는 용어의 뜻은 다음과 같다. 〈개정 2017. 3. 3., 2023. 11. 14.〉

1. "밀폐공간"이란 산소결핍, 유해가스로 인한 질식·화재·폭발 등의 위험이 있는 장소로서 별표 18에서 정한 장소를 말한다.

2. "유해가스"란 이산화탄소·일산화탄소·황화수소 등의 기체로서 인체에 유해한 영향을 미치는 물질을 말한다.

3. "적정공기"란 산소농도의 범위가 18퍼센트 이상 23.5퍼센트 미만, 이산화탄소의 농도가 1.5퍼센트 미만, 일산화탄소의 농도가 30피피엠 미만, 황화수소의 농도가 10피피엠 미만인 수준의 공기를 말한다.

4. "산소결핍"이란 공기 중의 산소농도가 18퍼센트 미만인 상태를 말한다.

5. "산소결핍증"이란 산소가 결핍된 공기를 들이마심으로써 생기는 증상을 말한다.

■ 산업안전보건기준에 관한 규칙 [별표 18] 〈개정 2023. 11. 14.〉 밀폐공간(제618조제1호 관련)

1. 다음의 지층에 접하거나 통하는 우물 · 수직갱 · 터널 · 잠함 · 피트 또는 그밖에 이와 유사한 것의 내부

  가. 상층에 물이 통과하지 않는 지층이 있는 역암층 중 함수 또는 용수가 없거나 적은 부분

  나. 제1철 염류 또는 제1망간 염류를 함유하는 지층

  다. 메탄 · 에탄 또는 부탄을 함유하는 지층

  라. 탄산수를 용출하고 있거나 용출할 우려가 있는 지층

2. 장기간 사용하지 않은 우물 등의 내부

3. 케이블 · 가스관 또는 지하에 부설되어 있는 매설물을 수용하기 위하여 지하에 부설한 암거 · 맨홀 또는 피트의 내부

4. 빗물 · 하천의 유수 또는 용수가 있거나 있었던 통 · 암거 · 맨홀 또는 피트의 내부

5. 바닷물이 있거나 있었던 열교환기 · 관 · 암거 · 맨홀 · 둑 또는 피트의 내부

6. 장기간 밀폐된 강재(鋼材)의 보일러 · 탱크 · 반응탑이나 그 밖에 그 내벽이 산화하기 쉬운 시설(그 내벽이 스테인리스강으로 된 것 또는 그 내벽의 산화를 방지하기 위하여 필요한 조치가 되어 있는 것은 제외한다)의 내부

7. 석탄 · 아탄 · 황화광 · 강재 · 원목 · 건성유(乾性油) · 어유(魚油) 또는 그 밖의 공기 중의 산소를 흡수하는 물질이 들어 있는 탱크 또는 호퍼(hopper) 등의 저장시설이나 선창의 내부

8. 천장 · 바닥 또는 벽이 건성유를 함유하는 페인트로 도장되어 그 페인트가 건조되기 전에 밀폐된 지하실 · 창고 또는 탱크 등 통풍이 불충분한 시설의 내부

9. 곡물 또는 사료의 저장용 창고 또는 피트의 내부, 과일의 숙성용 창고 또는 피트의 내부, 종자의 발아용 창고 또는 피트의 내부, 버섯류의 재배를 위하여 사용하고 있는 사일로(silo), 그 밖에 곡물 또는 사료종자를 적재한 선창의 내부

10. 간장 · 주류 · 효모 그 밖에 발효하는 물품이 들어 있거나 들어 있었던 탱크 · 창고 또는 양조주의 내부

11. 분뇨, 오염된 흙, 썩은 물, 폐수, 오수, 그 밖에 부패하거나 분해되기 쉬운 물질이 들어있는 정화조 · 침전조 · 집수조 · 탱크 · 암거 · 맨홀 · 관 또는 피트의 내부

12. 드라이아이스를 사용하는 냉장고 · 냉동고 · 냉동화물자동차 또는 냉동컨테이너의 내부

13. 헬륨 · 아르곤 · 질소 · 프레온 · 이산화탄소 또는 그 밖의 불활성기체가 들어 있거나 있었던 보일러 · 탱크 또는 반응탑 등 시설의 내부

14. 산소농도가 18퍼센트 미만 또는 23.5퍼센트 이상, 이산화탄소농도가 1.5퍼센트 이상, 일산화탄소농도가 30피피엠 이상 또는 황화수소농도가 10피피엠 이상인 장소의 내부

15. 갈탄 · 목탄 · 연탄난로를 사용하는 콘크리트 양생장소(養生場所) 및 가설숙소 내부

16. 화학물질이 들어있던 반응기 및 탱크의 내부

17. 유해가스가 들어있던 배관이나 집진기의 내부

18. 근로자가 상주(常住)하지 않는 공간으로서 출입이 제한되어 있는 장소의 내부

제619조(밀폐공간 작업 프로그램의 수립 · 시행) ① 사업주는 밀폐공간에서 근로자에게 작업을 하도록 하는 경우 다음 각 호의 내용이 포함된 밀폐공간 작업 프로그램을 수립하여 시행하여야 한다.

1. 사업장 내 밀폐공간의 위치 파악 및 관리 방안

2. 밀폐공간 내 질식 · 중독 등을 일으킬 수 있는 유해 · 위험 요인의 파악 및 관리 방안

3. 제2항에 따라 밀폐공간 작업 시 사전 확인이 필요한 사항에 대한 확인 절차

4. 안전보건교육 및 훈련

5. 그 밖에 밀폐공간 작업 근로자의 건강장해 예방에 관한 사항

② 사업주는 근로자가 밀폐공간에서 작업을 시작하기 전에 다음 각 호의 사항을 확인하여 근로자가 안전한 상태에서 작업하도록 하여야 한다.

1. 작업 일시, 기간, 장소 및 내용 등 작업 정보

2. 관리감독자, 근로자, 감시인 등 작업자 정보

3. 산소 및 유해가스 농도의 측정결과 및 후속조치 사항

4. 작업 중 불활성가스 또는 유해가스의 누출·유입·발생 가능성 검토 및 후속조치 사항

5. 작업 시 착용하여야 할 보호구의 종류

6. 비상연락체계

③ 사업주는 밀폐공간에서의 작업이 종료될 때까지 제2항 각 호의 내용을 해당 작업장 출입구에 게시하여야 한다.

[전문개정 2017. 3. 3.]

제619조의2(산소 및 유해가스 농도의 측정) ① 사업주는 밀폐공간에서 근로자에게 작업을 하도록 하는 경우 작업을 시작(작업을 일시 중단하였다가 다시 시작하는 경우를 포함한다. 이하 이 조에서 같다)하기 전에 밀폐공간의 산소 및 유해가스 농도의 측정 및 평가에 관한 지식과 실무경험이 있는 자를 지정하여 그로 하여금 해당 밀폐공간의 산소 및 유해가스 농도를 측정하여 적정공기가 유지되고 있는지를 평가하도록 해야 한다. 〈개정 2024. 6. 28.〉

② 사업주는 제1항에 따라 밀폐공간의 산소 및 유해가스 농도를 측정 및 평가하는 자에 대하여 밀폐공간에서 작업을 시작하기 전에 다음 각 호의 사항의 숙지여부를 확인하고 필요한 교육을 실시해야 한다. 〈신설 2024. 6. 28.〉

1. 밀폐공간의 위험성

2. 측정장비의 이상 유무 확인 및 조작 방법

3. 밀폐공간 내에서의 산소 및 유해가스 농도 측정방법

4. 적정공기의 기준과 평가 방법

③ 사업주는 제1항에 따라 산소 및 유해가스 농도를 측정한 결과 적정공기가 유지되고 있지 아니하다고 평가된 경우에는 작업장을 환기시키거나, 근로자에게 공기호흡기 또는 송기마스크를 지급하여 착용하도록 하는 등 근로자의 건강장해 예방을 위하여 필요한 조치를 하여야 한다. 〈개정 2024. 6. 28.〉

[본조신설 2017. 3. 3.]

Chapter 02 산업안전보건법(주요 조문)

(法)제2조(정의) 이 법에서 사용하는 용어의 뜻은 다음과 같다. 〈개정 2020. 5. 26., 2023. 8. 8.〉

1. "산업재해"란 노무를 제공하는 사람이 업무에 관계되는 건설물·설비·원재료·가스·증기·분진 등에 의하거나 작업 또는 그 밖의 업무로 인하여 사망 또는 부상하거나 질병에 걸리는 것을 말한다.

2. "중대재해"란 산업재해 중 사망 등 재해 정도가 심하거나 다수의 재해자가 발생한 경우로서 고용노동부령으로 정하는 재해를 말한다.

3. "근로자"란「근로기준법」제2조제1항제1호에 따른 근로자를 말한다.

4. "사업주"란 근로자를 사용하여 사업을 하는 자를 말한다.

5. "근로자대표"란 근로자의 과반수로 조직된 노동조합이 있는 경우에는 그 노동조합을, 근로자의 과반수로 조직된 노동조합이 없는 경우에는 근로자의 과반수를 대표하는 자를 말한다.

6. "도급"이란 명칭에 관계없이 물건의 제조·건설·수리 또는 서비스의 제공, 그 밖의 업무를 타인에게 맡기는 계약을 말한다.

7. "도급인"이란 물건의 제조·건설·수리 또는 서비스의 제공, 그 밖의 업무를 도급하는 사업주를 말한다. 다만, 건설공사발주자는 제외한다.

8. "수급인"이란 도급인으로부터 물건의 제조·건설·수리 또는 서비스의 제공, 그 밖의 업무를 도급받은 사업주를 말한다.

9. "관계수급인"이란 도급이 여러 단계에 걸쳐 체결된 경우에 각 단계별로 도급받은 사업주 전부를 말한다.

10. "건설공사발주자"란 건설공사를 도급하는 자로서 건설공사의 시공을 주도하여 총괄·관리하지 아니하는 자를 말한다. 다만, 도급받은 건설공사를 다시 도급하는 자는 제외한다.

11. "건설공사"란 다음 각 목의 어느 하나에 해당하는 공사를 말한다.

    가.「건설산업기본법」제2조제4호에 따른 건설공사

    나.「전기공사업법」제2조제1호에 따른 전기공사

    다.「정보통신공사업법」제2조제2호에 따른 정보통신공사

    라.「소방시설공사업법」에 따른 소방시설공사

마.「국가유산수리 등에 관한 법률」에 따른 국가유산 수리공사

12. "안전보건진단"이란 산업재해를 예방하기 위하여 잠재적 위험성을 발견하고 그 개선대책을 수립할 목적으로 조사·평가하는 것을 말한다.

13. "작업환경측정"이란 작업환경 실태를 파악하기 위하여 해당 근로자 또는 작업장에 대하여 사업주가 유해인자에 대한 측정계획을 수립한 후 시료(試料)를 채취하고 분석·평가하는 것을 말한다. [시행일: 2024. 5. 17.]

(規)제3조(중대재해의 범위) 법 제2조제2호에서 "고용노동부령으로 정하는 재해"란 다음 각 호의 어느 하나에 해당하는 재해를 말한다.

1. 사망자가 1명 이상 발생한 재해

2. 3개월 이상의 요양이 필요한 부상자가 동시에 2명 이상 발생한 재해

3. 부상자 또는 직업성 질병자가 동시에 10명 이상 발생한 재해

(規)제67조(중대재해 발생 시 보고) 사업주는 중대재해가 발생한 사실을 알게 된 경우에는 법 제54조제2항에 따라 지체 없이 다음 각 호의 사항을 사업장 소재지를 관할하는 지방고용노동관서의 장에게 전화·팩스 또는 그 밖의 적절한 방법으로 보고해야 한다.

1. 발생 개요 및 피해 상황

2. 조치 및 전망

3. 그 밖의 중요한 사항

(規)제72조(산업재해 기록 등) 사업주는 산업재해가 발생한 때에는 법 제57조제2항에 따라 다음 각 호의 사항을 기록·보존해야 한다. 다만, 제73조제1항에 따른 산업재해조사표의 사본을 보존하거나 제73조제5항에 따른 요양신청서의 사본에 재해 재발방지 계획을 첨부하여 보존한 경우에는 그렇지 않다.

1. 사업장의 개요 및 근로자의 인적사항

2. 재해 발생의 일시 및 장소

3. 재해 발생의 원인 및 과정

4. 재해 재발방지 계획

(規)제73조(산업재해 발생 보고 등) ① 사업주는 산업재해로 사망자가 발생하거나 3일 이상의 휴업이 필요한 부상을 입거나 질병에 걸린 사람이 발생한 경우에는 법 제57조제3항에 따라 해당 산업재해가 발생한 날부터 1개월 이내에 별지 제30호서식의 산업재해조사표를 작성하여 관할 지방고용노동관서의 장에게 제출(전자문서로 제출하는 것을 포함한다)해야 한다.

② 제1항에도 불구하고 다음 각 호의 모두에 해당하지 않는 사업주가 법률 제11882호 산업안전보건법 일부개정법률 제10조제2항의 개정규정의 시행일인 2014년 7월 1일 이후 해당 사업장에서 처음 발생한 산업재해에 대하여 지방고용노동관서의 장으로부터 별지 제30호서식의 산업재해조사표를 작성하여 제출하도록 명령을 받은 경우 그 명령을 받은 날부터 15일 이내에 이를 이행한 때에는 제1항에 따른 보고를 한 것으로 본다. 제1항에 따른 보고기한이 지난 후에 자진하여 별지 제30호서식의 산업재해조사표를 작성·제출한 경우에도 또한 같다. 〈개정 2022. 8. 18.〉

1. 안전관리자 또는 보건관리자를 두어야 하는 사업주

2. 법 제62조제1항에 따라 안전보건총괄책임자를 지정해야 하는 도급인

3. 법 제73조제2항에 따라 건설재해예방전문지도기관의 지도를 받아야 하는 건설공사도급인 (법 제69조제1항의 건설공사도급인을 말한다. 이하 같다)

4. 산업재해 발생사실을 은폐하려고 한 사업주

③ 사업주는 제1항에 따른 산업재해조사표에 근로자대표의 확인을 받아야 하며, 그 기재 내용에 대하여 근로자대표의 이견이 있는 경우에는 그 내용을 첨부해야 한다. 다만, 근로자대표가 없는 경우에는 재해자 본인의 확인을 받아 산업재해조사표를 제출할 수 있다.

④ 제1항부터 제3항까지의 규정에서 정한 사항 외에 산업재해발생 보고에 필요한 사항은 고용노동부장관이 정한다.

⑤「산업재해보상보험법」제41조에 따라 요양급여의 신청을 받은 근로복지공단은 지방고용노동관서의 장 또는 공단으로부터 요양신청서 사본, 요양업무 관련 전산입력자료, 그 밖에 산업재해예방업무 수행을 위하여 필요한 자료의 송부를 요청받은 경우에는 이에 협조해야 한다.

(規)제69조(작업중지의 해제) ① 법 제55조제3항에 따라 사업주가 작업중지의 해제를 요청할 경우에는 별지 제29호서식에 따른 작업중지명령 해제신청서를 작성하여 사업장의 소재지를 관할하는 지방고용노동관서의 장에게 제출해야 한다.

② 제1항에 따라 사업주가 작업중지명령 해제신청서를 제출하는 경우에는 미리 유해·위험요인 개선내용에 대하여 중대재해가 발생한 해당작업 근로자의 의견을 들어야 한다.

③ 지방고용노동관서의 장은 제1항에 따라 작업중지명령 해제를 요청받은 경우에는 근로감독관으로 하여금 안전·보건을 위하여 필요한 조치를 확인하도록 하고, 천재지변 등 불가피한 경우를 제외하고는 해제요청일 다음 날부터 4일 이내(토요일과 공휴일을 포함하되, 토요일과 공휴일이 연속하는 경우에는 3일까지만 포함한다)에 법 제55조제3항에 따른 작업중지해제 심의위원회(이하 "심의위원회"라 한다)를 개최하여 심의한 후 해당조치가 완료되었다고 판단될 경우에는 즉시 작업중지명령을 해제해야 한다.

(規)제70조(작업중지해제 심의위원회) ① 심의위원회는 지방고용노동관서의 장, 공단 소속 전문가 및 해당 사업장과 이해관계가 없는 외부전문가 등을 포함하여 4명 이상으로 구성해야 한다.

② 지방고용노동관서의 장은 심의위원회가 작업중지명령 대상 유해·위험업무에 대한 안전·보건조치가 충분히 개선되었다고 심의·의결하는 경우에는 즉시 작업중지명령의 해제를 결정해야 한다.

③ 제1항 및 제2항에서 규정한 사항 외에 심의위원회의 구성 및 운영에 필요한 사항은 고용노동부장관이 정한다.

(法)제4조(정부의 책무) ① 정부는 이 법의 목적을 달성하기 위하여 다음 각 호의 사항을 성실히 이행할 책무를 진다. 〈개정 2020. 5. 26.〉

1. 산업 안전 및 보건 정책의 수립 및 집행

2. 산업재해 예방 지원 및 지도

3.「근로기준법」제76조의2에 따른 직장 내 괴롭힘 예방을 위한 조치기준 마련, 지도 및 지원

4. 사업주의 자율적인 산업 안전 및 보건 경영체제 확립을 위한 지원

5. 산업 안전 및 보건에 관한 의식을 북돋우기 위한 홍보·교육 등 안전문화 확산 추진

6. 산업 안전 및 보건에 관한 기술의 연구·개발 및 시설의 설치·운영

7. 산업재해에 관한 조사 및 통계의 유지·관리

8. 산업 안전 및 보건 관련 단체 등에 대한 지원 및 지도·감독

9. 그 밖에 노무를 제공하는 사람의 안전 및 건강의 보호·증진

② 정부는 제1항 각 호의 사항을 효율적으로 수행하기 위하여 「한국산업안전보건공단법」에 따른 한국산업안전보건공단(이하 "공단"이라 한다), 그 밖의 관련 단체 및 연구기관에 행정적·재정적 지원을 할 수 있다.

(法)제5조(사업주 등의 의무) ① 사업주(제77조에 따른 특수형태근로종사자로부터 노무를 제공받는 자와 제78조에 따른 물건의 수거·배달 등을 중개하는 자를 포함한다. 이하 이 조 및 제6조에서 같다)는 다음 각 호의 사항을 이행함으로써 근로자(제77조에 따른 특수형태근로종사자와 제78조에 따른 물건의 수거·배달 등을 하는 사람을 포함한다. 이하 이 조 및 제6조에서 같다)의 안전 및 건강을 유지·증진시키고 국가의 산업재해 예방정책을 따라야 한다. 〈개정 2020. 5. 26.〉

1. 이 법과 이 법에 따른 명령으로 정하는 산업재해 예방을 위한 기준

2. 근로자의 신체적 피로와 정신적 스트레스 등을 줄일 수 있는 쾌적한 작업환경의 조성 및 근로조건 개선

3. 해당 사업장의 안전 및 보건에 관한 정보를 근로자에게 제공

② 다음 각 호의 어느 하나에 해당하는 자는 발주·설계·제조·수입 또는 건설을 할 때 이 법과 이 법에 따른 명령으로 정하는 기준을 지켜야 하고, 발주·설계·제조·수입 또는 건설에 사용되는 물건으로 인하여 발생하는 산업재해를 방지하기 위하여 필요한 조치를 하여야 한다.

1. 기계·기구와 그 밖의 설비를 설계·제조 또는 수입하는 자

2. 원재료 등을 제조·수입하는 자

3. 건설물을 발주·설계·건설하는 자

(法)제8조(협조 요청 등) ① 고용노동부장관은 제7조제1항에 따른 기본계획을 효율적으로 시행하기 위하여 필요하다고 인정할 때에는 관계 행정기관의 장 또는 「공공기관의 운영에 관한 법률」 제4조에 따른 공공기관의 장에게 필요한 협조를 요청할 수 있다.

② 행정기관(고용노동부는 제외한다. 이하 이 조에서 같다)의 장은 사업장의 안전 및 보건에 관하여 규제를 하려면 미리 고용노동부장관과 협의하여야 한다.

③ 행정기관의 장은 고용노동부장관이 제2항에 따른 협의과정에서 해당 규제에 대한 변경을 요구하면 이에 따라야 하며, 고용노동부장관은 필요한 경우 국무총리에게 협의·조정 사항을 보고하여 확정할 수 있다.

④ 고용노동부장관은 산업재해 예방을 위하여 필요하다고 인정할 때에는 사업주, 사업주단체, 그 밖의 관계인에게 필요한 사항을 권고하거나 협조를 요청할 수 있다.

⑤ 고용노동부장관은 산업재해 예방을 위하여 중앙행정기관의 장과 지방자치단체의 장 또는 공단 등 관련 기관·단체의 장에게 다음 각 호의 정보 또는 자료의 제공 및 관계 전산망의 이용을 요청할 수 있다. 이 경우 요청을 받은 중앙행정기관의 장과 지방자치단체의 장 또는 관련 기관·단체의 장은 정당한 사유가 없으면 그 요청에 따라야 한다.

1. 「부가가치세법」 제8조 및 「법인세법」 제111조에 따른 사업자등록에 관한 정보

2. 「고용보험법」 제15조에 따른 근로자의 피보험자격의 취득 및 상실 등에 관한 정보

3. 그 밖에 산업재해 예방사업을 수행하기 위하여 필요한 정보 또는 자료로서 대통령령으로 정하는 정보 또는 자료

(規)제4조(협조 요청) ① 고용노동부장관이 법 제8조제1항에 따라 관계 행정기관의 장 또는 「공공기관의 운영에 관한 법률」 제4조에 따른 공공기관의 장에게 협조를 요청할 수 있는 사항은 다음 각 호와 같다.

1. 안전·보건 의식 정착을 위한 안전문화운동의 추진

2. 산업재해 예방을 위한 홍보 지원

3. 안전·보건과 관련된 중복규제의 정비

4. 안전·보건과 관련된 시설을 개선하는 사업장에 대한 자금융자 등 금융·세제상의 혜택 부여

5. 사업장에 대하여 관계 기관이 합동으로 하는 안전·보건점검의 실시

6. 「건설산업기본법」 제23조에 따른 건설업체의 시공능력 평가 시 별표 1 제1호에서 정한 건설업체의 산업재해발생률에 따른 공사 실적액의 감액(산업재해발생률의 산정 기준 및 방법은 별표 1에 따른다)

7. 「국가를 당사자로 하는 계약에 관한 법률 시행령」 제13조에 따른 입찰참가업체의 입찰참가자격 사전심사 시 다음 각 목의 사항

　가. 별표 1 제1호에서 정한 건설업체의 산업재해발생률 및 산업재해 발생 보고의무 위반에 따른 가감점 부여(건설업체의 산업재해발생률 및 산업재해 발생 보고의무 위반건수의 산정 기준과 방법은 별표 1에 따른다)

　나. 사업주가 안전·보건 교육을 이수하는 등 별표 1 제1호에서 정한 건설업체의 산업재해 예방활동에 대하여 고용노동부장관이 정하여 고시하는 바에 따라 그 실적을 평가한 결과에 따른 가점 부여

8. 산업재해 또는 건강진단 관련 자료의 제공

9. 정부포상 수상업체 선정 시 산업재해발생률이 같은 종류 업종에 비하여 높은 업체(소속 임원을 포함한다)에 대한 포상 제한에 관한 사항

10. 「건설기계관리법」 제3조 또는 「자동차관리법」 제5조에 따라 각각 등록한 건설기계 또는 자동차 중 법 제93조에 따라 안전검사를 받아야 하는 유해하거나 위험한 기계·기구·설비가 장착된 건설기계 또는 자동차에 관한 자료의 제공

11. 「119구조·구급에 관한 법률」 제22조 및 같은 법 시행규칙 제18조에 따른 구급활동일지와 「응급의료에 관한 법률」 제49조 및 같은 법 시행규칙 제40조에 따른 출동 및 처치기록지의 제공

12. 그 밖에 산업재해 예방계획을 효율적으로 시행하기 위하여 필요하다고 인정하는 사항

② 고용노동부장관은 별표 1에 따라 산정한 산업재해발생률 및 그 산정내역을 해당 건설업체에 통보해야 한다. 이 경우 산업재해발생률 및 산정내역에 불복하는 건설업체는 통보를 받은 날부터 10일 이내에 고용노동부장관에게 이의를 제기할 수 있다.

■ 산업안전보건법 시행규칙 [별표 1] 〈개정 2021. 11. 19.〉

건설업체 산업재해발생률 및 산업재해 발생 보고의무 위반건수의 산정 기준과 방법(제4조 관련)

1. 산업재해발생률 및 산업재해 발생 보고의무 위반에 따른 가감점 부여대상이 되는 건설업체는 매년 「건설산업기본법」 제23조에 따라 국토교통부장관이 시공능력을 고려하여 공시하는 건설업체 중 고용노동부장관이 정하는 업체로 한다.

2. 건설업체의 산업재해발생률은 다음의 계산식에 따른 업무상 사고사망만인율(이하 "사고사망만인율"이라 한다)로 산출하되, 소수점 셋째 자리에서 반올림한다.

4. 제2호의 계산식에서 상시근로자 수는 다음과 같이 산출한다.

$$\text{사고사망만인율}(‰) = \frac{\text{사고사망자 수/상시근로자수}}{\text{상시근로자 수}} \times 10{,}000$$

　가. '연간 국내공사 실적액'은 「건설산업기본법」에 따라 설립된 건설업자의 단체, 「전기공사업법」에 따라 설립된 공사업자단체, 「정보통신공사업법」에 따라 설립된 정보통신공사협회, 「소방시설공사업법」에 따라 설립된 한국소방시설협회에서 산정한 업체별 실적액을 합산하여 산정한다.

　나. '노무비율'은 「고용보험 및 산업재해보상보험의 보험료징수 등에 관한 법률 시행령」 제11조제1항에 따라 고용노동부장관이 고시하는 일반 건설공사의 노무비율(하도급 노무비율은 제외한다)을 적용한다.

　다. '건설업 월평균임금'은 「고용보험 및 산업재해보상보험의 보험료징수 등에 관한 법률 시행령」 제2조제1항 제3호가목에 따라 고용노동부장관이 고시하는 건설업 월평균임금을 적용한다.

5. 고용노동부장관은 제3호라목에 따른 사고사망자 수 산정 여부 등을 심사하기 위하여 다음 각 목의 어느 하나에 해당하는 사람 각 1명 이상으로 심사단을 구성·운영할 수 있다.

　가. 전문대학 이상의 학교에서 건설안전 관련 분야를 전공하는 조교수 이상인 사람

　나. 공단의 전문직 2급 이상 임직원

　다. 건설안전기술사 또는 산업안전지도사(건설안전 분야에만 해당한다) 등 건설안전 분야에 학식과 경험이 있는 사람

6. 산업재해 발생 보고의무 위반건수는 다음 각 목에서 정하는 바에 따라 산정한다.

　가. 건설업체의 산업재해 발생 보고의무 위반건수는 국내의 건설현장에서 발생한 산업재해의 경우 법 제57조제3항에 따른 보고의무를 위반(제73조제1항에 따른 보고기한을 넘겨 보고의무를 위반한 경우는 제외한다)하여 과태료 처분을 받은 경우만 해당한다.

　나. 「건설산업기본법」 제8조에 따른 종합공사를 시공하는 업체의 산업재해 발생 보고의무 위반건수에는 해당 업체로부터 도급받은 업체(그 도급을 받은 업체의 하수급인을 포함한다)의 산업재해 발생 보고의무 위반건수를 합산한다.

　다. 「건설산업기본법」 제29조제3항에 따라 종합공사를 시공하는 업체(A)가 발주자의 승인을 받아 종합공사를 시공하는 업체(B)에 도급을 준 경우에는 해당 도급을 받은 종합공사를 시공하는 업체(B)의 산업재해 발생 보고의무 위반건수와 그 업체로부터 도급을 받은 업체(C)의 산업재해 발생 보고의무 위반건수를 도급을 준 종합공사를 시공하는 업체(A)와 도급을 받은 종합공사를 시공하는 업체(B)에 반으로 나누어 각각 합산한다.

　라. 둘 이상의 건설업체가 「국가를 당사자로 하는 계약에 관한 법률」 제25조에 따라 공동계약을 체결하여 공사를 공동이행 방식으로 시행하는 경우 산업재해 발생 보고의무 위반건수는 공동수급업체의 출자비율에 따라 분배한다.

제10조(공표대상 사업장) ① 법 제10조제1항에서 "대통령령으로 정하는 사업장"이란 다음 각 호의 어느 하나에 해당하는 사업장을 말한다.

1. 산업재해로 인한 사망자(이하 "사망재해자"라 한다)가 연간 2명 이상 발생한 사업장

2. 사망만인율(死亡萬人率: 연간 상시근로자 1만명당 발생하는 사망재해자 수의 비율을 말한다)이 규모별 같은 업종의 평균 사망만인율 이상인 사업장

3. 법 제44조제1항 전단에 따른 중대산업사고가 발생한 사업장

4. 법 제57조제1항을 위반하여 산업재해 발생 사실을 은폐한 사업장

5. 법 제57조제3항에 따른 산업재해의 발생에 관한 보고를 최근 3년 이내 2회 이상 하지 않은 사업장

② 제1항제1호부터 제3호까지의 규정에 해당하는 사업장은 해당 사업장이 관계수급인의 사업장으로서 법 제63조에 따른 도급인이 관계수급인 근로자의 산업재해 예방을 위한 조치의무를 위반하여 관계수급인 근로자가 산업재해를 입은 경우에는 도급인의 사업장(도급인이 제공하거나 지정한 경우로서 도급인이 지배·관리하는 제11조 각 호에 해당하는 장소를 포함한다. 이하 같다)의 법 제10조제1항에 따른 산업재해발생건수등을 함께 공표한다.

제11조(도급인이 지배·관리하는 장소) 법 제10조제2항에서 "대통령령으로 정하는 장소"란 다음 각 호의 어느 하나에 해당하는 장소를 말한다.

1. 토사(土砂)·구축물·인공구조물 등이 붕괴될 우려가 있는 장소

2. 기계·기구 등이 넘어지거나 무너질 우려가 있는 장소

3. 안전난간의 설치가 필요한 장소

4. 비계(飛階) 또는 거푸집을 설치하거나 해체하는 장소

5. 건설용 리프트를 운행하는 장소

6. 지반(地盤)을 굴착하거나 발파작업을 하는 장소

7. 엘리베이터홀 등 근로자가 추락할 위험이 있는 장소

8. 석면이 붙어 있는 물질을 파쇄하거나 해체하는 작업을 하는 장소

9. 공중 전선에 가까운 장소로서 시설물의 설치·해체·점검 및 수리 등의 작업을 할 때 감전의 위험이 있는 장소

10. 물체가 떨어지거나 날아올 위험이 있는 장소

11. 프레스 또는 전단기(剪斷機)를 사용하여 작업을 하는 장소

12. 차량계(車輛系) 하역운반기계 또는 차량계 건설기계를 사용하여 작업하는 장소

13. 전기 기계·기구를 사용하여 감전의 위험이 있는 작업을 하는 장소

14. 「철도산업발전기본법」 제3조제4호에 따른 철도차량(「도시철도법」에 따른 도시철도차량을

포함한다)에 의한 충돌 또는 협착의 위험이 있는 작업을 하는 장소

15. 그 밖에 화재·폭발 등 사고발생 위험이 높은 장소로서 고용노동부령으로 정하는 장소

제12조(통합공표 대상 사업장 등) 법 제10조제2항에서 "대통령령으로 정하는 사업장"이란 다음 각 호의 어느 하나에 해당하는 사업이 이루어지는 사업장으로서 도급인이 사용하는 상시근로자 수가 500명 이상이고 도급인 사업장의 사고사망만인율(질병으로 인한 사망재해자를 제외하고 산출한 사망만인율을 말한다. 이하 같다)보다 관계수급인의 근로자를 포함하여 산출한 사고사망만인율이 높은 사업장을 말한다.

1. 제조업 2. 철도운송업3. 도시철도운송업4. 전기업

제13조(이사회 보고·승인 대상 회사 등) ① 법 제14조제1항에서 "대통령령으로 정하는 회사"란 다음 각 호의 어느 하나에 해당하는 회사를 말한다.

1. 상시근로자 500명 이상을 사용하는 회사

2.「건설산업기본법」제23조에 따라 평가하여 공시된 시공능력(같은 법 시행령 별표 1의 종합공사를 시공하는 업종의 건설업종란 제3호에 따른 토목건축공사업에 대한 평가 및 공시로 한정한다)의 순위 상위 1천위 이내의 건설회사

② 법 제14조제1항에 따른 회사의 대표이사(「상법」제408조의2제1항 후단에 따라 대표이사를 두지 못하는 회사의 경우에는 같은 법 제408조의5에 따른 대표집행임원을 말한다)는 회사의 정관에서 정하는 바에 따라 다음 각 호의 내용을 포함한 회사의 안전 및 보건에 관한 계획을 수립해야 한다.

1. 안전 및 보건에 관한 경영방침

2. 안전·보건관리 조직의 구성·인원 및 역할

3. 안전·보건 관련 예산 및 시설 현황

4. 안전 및 보건에 관한 전년도 활동실적 및 다음 연도 활동계획

제15조(관리감독자의 업무 등) ① 법 제16조제1항에서 "대통령령으로 정하는 업무"란 다음 각 호의 업무를 말한다. 〈개정 2021. 11. 19.〉

1. 사업장 내 법 제16조제1항에 따른 관리감독자(이하 "관리감독자"라 한다)가 지휘·감독하는 작업(이하 이 조에서 "해당작업"이라 한다)과 관련된 기계·기구 또는 설비의 안전·보건 점검 및 이상 유무의 확인

2. 관리감독자에게 소속된 근로자의 작업복·보호구 및 방호장치의 점검과 그 착용·사용에 관한 교육·지도

3. 해당작업에서 발생한 산업재해에 관한 보고 및 이에 대한 응급조치

4. 해당작업의 작업장 정리·정돈 및 통로 확보에 대한 확인·감독

5. 사업장의 다음 각 목의 어느 하나에 해당하는 사람의 지도·조언에 대한 협조

　　가. 법 제17조제1항에 따른 안전관리자(이하 "안전관리자"라 한다) 또는 같은 조 제5항에 따라 안전관리자의 업무를 같은 항에 따른 안전관리전문기관(이하 "안전관리전문기관"이라 한다)에 위탁한 사업장의 경우에는 그 안전관리전문기관의 해당 사업장 담당자

　　나. 법 제18조제1항에 따른 보건관리자(이하 "보건관리자"라 한다) 또는 같은 조 제5항에 따라 보건관리자의 업무를 같은 항에 따른 보건관리전문기관(이하 "보건관리전문기관"이라 한다)에 위탁한 사업장의 경우에는 그 보건관리전문기관의 해당 사업장 담당자

　　다. 법 제19조제1항에 따른 안전보건관리담당자(이하 "안전보건관리담당자"라 한다) 또는 같은 조 제4항에 따라 안전보건관리담당자의 업무를 안전관리전문기관 또는 보건관리전문기관에 위탁한 사업장의 경우에는 그 안전관리전문기관 또는 보건관리전문기관의 해당 사업장 담당자

　　라. 법 제22조제1항에 따른 산업보건의(이하 "산업보건의"라 한다)

6. 법 제36조에 따라 실시되는 위험성평가에 관한 다음 각 목의 업무

　　가. 유해·위험요인의 파악에 대한 참여

　　나. 개선조치의 시행에 대한 참여

7. 그 밖에 해당작업의 안전 및 보건에 관한 사항으로서 고용노동부령으로 정하는 사항

② 관리감독자에 대한 지원에 관하여는 제14조제2항을 준용한다. 이 경우 "안전보건관리책임자"는 "관리감독자"로, "법 제15조제1항"은 "제1항"으로 본다.

제16조(안전관리자의 선임 등) ① 법 제17조제1항에 따라 안전관리자를 두어야 하는 사업의 종류와 사업장의 상시근로자 수, 안전관리자의 수 및 선임방법은 별표 3과 같다.

② 법 제17조제3항에서 "대통령령으로 정하는 사업의 종류 및 사업장의 상시근로자 수에 해당하는 사업장"이란 제1항에 따른 사업 중 상시근로자 300명 이상을 사용하는 사업장[건설업의 경우에는 공사금액이 120억원(「건설산업기본법 시행령」 별표 1의 종합공사를 시공하는 업종의 건설업종란 제1호에 따른 토목공사업의 경우에는 150억원) 이상인 사업장]을 말한다. 〈개정 2021. 11. 19.〉

③ 제1항 및 제2항을 적용할 경우 제52조에 따른 사업으로서 도급인의 사업장에서 이루어지는 도급사업의 공사금액 또는 관계수급인의 상시근로자는 각각 해당 사업의 공사금액 또는 상시근로자로 본다. 다만, 별표 3의 기준에 해당하는 도급사업의 공사금액 또는 관계수급인의 상시근로자의 경우에는 그렇지 않다.

④ 제1항에도 불구하고 같은 사업주가 경영하는 둘 이상의 사업장이 다음 각 호의 어느 하나에 해당하는 경우에는 그 둘 이상의 사업장에 1명의 안전관리자를 공동으로 둘 수 있다. 이 경우 해당 사업장의 상시근로자 수의 합계는 300명 이내[건설업의 경우에는 공사금액의

합계가 120억원(「건설산업기본법 시행령」 별표 1의 종합공사를 시공하는 업종의 건설업종란 제1호에 따른 토목공사업의 경우에는 150억원) 이내]이어야 한다.

1. 같은 시·군·구(자치구를 말한다) 지역에 소재하는 경우

2. 사업장 간의 경계를 기준으로 15킬로미터 이내에 소재하는 경우

⑤ 제1항부터 제3항까지의 규정에도 불구하고 도급인의 사업장에서 이루어지는 도급사업에서 도급인이 고용노동부령으로 정하는 바에 따라 그 사업의 관계수급인 근로자에 대한 안전관리를 전담하는 안전관리자를 선임한 경우에는 그 사업의 관계수급인은 해당 도급사업에 대한 안전관리자를 선임하지 않을 수 있다.

⑥ 사업주는 안전관리자를 선임하거나 법 제17조제5항에 따라 안전관리자의 업무를 안전관리전문기관에 위탁한 경우에는 고용노동부령으로 정하는 바에 따라 선임하거나 위탁한 날부터 14일 이내에 고용노동부장관에게 그 사실을 증명할 수 있는 서류를 제출해야 한다. 법 제17조제4항에 따라 안전관리자를 늘리거나 교체한 경우에도 또한 같다. 〈개정 2021. 11. 19.〉

안전관리자의 자격(제17조 관련)

안전관리자는 다음 각 호의 어느 하나에 해당하는 사람으로 한다.
1. 법 제143조제1항에 따른 산업안전지도사 자격을 가진 사람
2. 「국가기술자격법」에 따른 산업안전산업기사 이상의 자격을 취득한 사람
3. 「국가기술자격법」에 따른 건설안전산업기사 이상의 자격을 취득한 사람
4. 「고등교육법」에 따른 4년제 대학 이상의 학교에서 산업안전 관련 학위를 취득한 사람 또는 이와 같은 수준 이상의 학력을 가진 사람
5. 「고등교육법」에 따른 전문대학 또는 이와 같은 수준 이상의 학교에서 산업안전 관련 학위를 취득한 사람
6. 「고등교육법」에 따른 이공계 전문대학 또는 이와 같은 수준 이상의 학교에서 학위를 취득하고, 해당 사업의 관리감독자로서의 업무(건설업의 경우는 시공실무경력)를 3년(4년제 이공계 대학 학위 취득자는 1년) 이상 담당한 후 고용노동부장관이 지정하는 기관이 실시하는 교육(1998년 12월 31일까지의 교육만 해당한다)을 받고 정해진 시험에 합격한 사람. 다만, 관리감독자로 종사한 사업과 같은 업종(한국표준산업분류에 따른 대분류를 기준으로 한다)의 사업장이면서, 건설업의 경우를 제외하고는 상시근로자 300명 미만인 사업장에서만 안전관리자가 될 수 있다.
7. 「초·중등교육법」에 따른 공업계 고등학교 또는 이와 같은 수준 이상의 학교를 졸업하고, 해당 사업의 관리감독자로서의 업무(건설업의 경우는 시공실무경력)를 5년 이상 담당한 후 고용노동부장관이 지정하는 기관이 실시하는 교육(1998년 12월 31일까지의 교육만 해당한다)을 받고 정해진 시험에 합격한 사람. 다만, 관리감독자로 종사한 사업과 같은 종류인 업종(한국표준산업분류에 따른 대분류를 기준으로 한다)의 사업장이면서, 건설업의 경우를 제외하고는 별표 3 제28호 또는 제33호의 사업을 하는 사업장(상시근로자 50명 이상 1천명 미만인 경우만 해당한다)에서만 안전관리자가 될 수 있다.
8. 다음 각 목의 어느 하나에 해당하는 사람. 다만, 해당 법령을 적용받은 사업에서만 선임될 수 있다.
   가. 「고압가스 안전관리법」 제4조 및 같은 법 시행령 제3조제1항에 따른 허가를 받은 사업자 중 고압가스를 제조·저장 또는 판매하는 사업에서 같은 법 제15조 및 같은 법 시행령 제12조에 따라 선임하는 안전관리책임자
   나. 「액화석유가스의 안전관리 및 사업법」 제5조 및 같은 법 시행령 제3조에 따른 허가를 받은 사업자 중 액화석유가스 충전사업·액화석유가스 집단공급사업 또는 액화석유가스 판매사업에서 같은 법 제34조 및 같은 법 시행령 제15조에 따라 선임하는 안전관리책임자

다. 「도시가스사업법」 제29조 및 같은 법 시행령 제15조에 따라 선임하는 안전관리 책임자

라. 「교통안전법」 제53조에 따라 교통안전관리자의 자격을 취득한 후 해당 분야에 채용된 교통안전관리자

마. 「총포·도검·화약류 등의 안전관리에 관한 법률」 제2조제3항에 따른 화약류를 제조·판매 또는 저장하는 사업에서 같은 법 제27조 및 같은 법 시행령 제54조·제55조에 따라 선임하는 화약류제조보안책임자 또는 화약류관리보안책임자

바. 「전기안전관리법」 제22조에 따라 전기사업자가 선임하는 전기안전관리자

9. 제16조제2항에 따라 전담 안전관리자를 두어야 하는 사업장(건설업은 제외한다)에서 안전 관련 업무를 10년 이상 담당한 사람

10. 「건설산업기본법」 제8조에 따른 종합공사를 시공하는 업종의 건설현장에서 안전보건관리책임자로 10년 이상 재직한 사람

11. 「건설기술 진흥법」에 따른 토목·건축 분야 건설기술인 중 등급이 중급 이상인 사람으로서 고용노동부장관이 지정하는 기관이 실시하는 산업안전교육(2023년 12월 31일까지의 교육만 해당한다)을 이수하고 정해진 시험에 합격한 사람

12. 「국가기술자격법」에 따른 토목산업기사 또는 건축산업기사 이상의 자격을 취득한 후 해당 분야에서의 실무경력이 다음 각 목의 구분에 따른 기간 이상인 사람으로서 고용노동부장관이 지정하는 기관이 실시하는 산업안전교육(2023년 12월 31일까지의 교육만 해당한다)을 이수하고 정해진 시험에 합격한 사람

가. 토목기사 또는 건축기사: 3년

나. 토목산업기사 또는 건축산업기사: 5년

안전관리자를 두어야 하는 사업의 종류, 사업장의 상시근로자 수, 안전관리자의 수 및 선임방법
(제16조제1항 관련)

사업의 종류	사업장의 상시근로자 수	안전관리자의 수	안전관리자의 선임방법
1. 토사석 광업 2. 식료품 제조업, 음료 제조업 3. 섬유제품 제조업; 의복 제외 4. 목재 및 나무제품 제조업; 가구 제외 5. 펄프, 종이 및 종이제품 제조업 6. 코크스, 연탄 및 석유정제품 제조업	상시근로자 50명 이상 500명 미만	1명 이상	별표 4 각 호의 어느 하나에 해당하는 사람(같은 표 제3호·제7호 및 제9호부터 제12호까지에 해당하는 사람은 제외한다)을 선임해야 한다.
7. 화학물질 및 화학제품 제조업; 의약품 제외 8. 의료용 물질 및 의약품 제조업 9. 고무 및 플라스틱제품 제조업 10. 비금속 광물제품 제조업 11. 1차 금속 제조업 12. 금속가공제품 제조업; 기계 및 가구 제외	상시근로자 500명 이상	2명 이상	별표 4 각 호의 어느 하나에 해당하는 사람(같은 표 제7호 및 제9호부터 제12호까지에 해당하는 사람은 제외한다)을 선임하되, 같은 표 제1호·제2호(「국가기술자격법」에 따른 산업안전산업기사의 자격을 취득한 사람은 제외한다) 또는 제4호에 해당하는 사람이 1명 이상 포함되어야 한다.

사업의 종류			
13. 전자부품, 컴퓨터, 영상, 음향 및 통신장비 제조업			
14. 의료, 정밀, 광학기기 및 시계 제조업			
15. 전기장비 제조업			
16. 기타 기계 및 장비 제조업			
17. 자동차 및 트레일러 제조업			
18. 기타 운송장비 제조업			
19. 가구 제조업			
20. 기타 제품 제조업			
21. 산업용 기계 및 장비 수리업			
22. 서적, 잡지 및 기타 인쇄물 출판업			
23. 폐기물 수집, 운반, 처리 및 원료 재생업			
24. 환경 정화 및 복원업			
25. 자동차 종합 수리업, 자동차 전문 수리업			
26. 발전업			
27. 운수 및 창고업			
28. 농업, 임업 및 어업 29. 제2호부터 제21호까지의 사업을 제외한 제조업 30. 전기, 가스, 증기 및 공기조절 공급업(발전업은 제외한다) 31. 수도, 하수 및 폐기물 처리, 원료 재생업(제23호 및 제24호에 해당하는 사업은 제외한다) 32. 도매 및 소매업 33. 숙박 및 음식점업 34. 영상ㆍ오디오 기록물 제작 및 배급업 35. 방송업 36. 우편 및 통신업 37. 부동산업 38. 임대업; 부동산 제외 39. 연구개발업 40. 사진처리업	상시근로자 50명 이상 1천명 미만. 다만, 제37호의 사업(부동산 관리업은 제외한다)과 제40호의 사업의 경우에는 상시근로자 100명 이상 1천명 미만으로 한다.	1명 이상	별표 4 각 호의 어느 하나에 해당하는 사람(같은 표 제3호 및 제9호부터 제12호까지에 해당하는 사람은 제외한다. 다만, 제28호 및 제30호부터 제46호까지의 사업의 경우 별표 4 제3호에 해당하는 사람에 대해서는 그렇지 않다)을 선임해야 한다.
	상시근로자 1천명 이상	2명 이상	별표 4 각 호의 어느 하나에 해당하는 사람(같은 표 제7호ㆍ제11호 및 제12호에 해당하는 사람은 제외한다)을 선임하되, 같은 표 제1호ㆍ제2호ㆍ제4호 또는 제5호에 해당하는 사람이 1명 이상 포함되어야 한다.

41. 사업시설 관리 및 조경 서비스업			
42. 청소년 수련시설 운영업			
43. 보건업			
44. 예술, 스포츠 및 여가 관련 서비스업			
45. 개인 및 소비용품수리업(제25호에 해당하는 사업은 제외한다)			
46. 기타 개인 서비스업			
47. 공공행정(청소, 시설관리, 조리 등 현업업무에 종사하는 사람으로서 고용노동부장관이 정하여 고시하는 사람으로 한정한다)			
48. 교육서비스업 중 초등·중등·고등 교육기관, 특수학교·외국인학교 및 대안학교(청소, 시설관리, 조리 등 현업업무에 종사하는 사람으로서 고용노동부장관이 정하여 고시하는 사람으로 한정한다)			
49. 건설업	공사금액 50억원 이상(관계수급인은 100억원 이상) 120억원 미만(「건설산업기본법 시행령」 별표 1 제1호가목의 토목공사업의 경우에는 150억원 미만)	1명 이상	별표 4 제1호부터 제7호까지 및 제10호부터 제12호까지의 어느 하나에 해당하는 사람을 선임해야 한다.
	공사금액 120억원 이상(「건설산업기본법 시행령」 별표 1 제1호가목의 토목공사업의 경우에는 150억원 이상) 800억원 미만		별표 4 제1호부터 제7호까지 및 제10호의 어느 하나에 해당하는 사람을 선임해야 한다.
	공사금액 800억원 이상 1,500억원 미만	2명 이상. 다만, 전체 공사기간을 100으로 할 때 공사 시작에서 15에 해당하는 기간과 공사 종료 전의 15에 해당하는 기간(이하 "전체 공사기간 중 전·후 15에 해당하는 기간"이라 한다) 동안은 1명 이상으로 한다.	별표 4 제1호부터 제7호까지 및 제10호의 어느 하나에 해당하는 사람을 선임하되, 같은 표 제1호부터 제3호까지의 어느 하나에 해당하는 사람이 1명 이상 포함되어야 한다.

	공사금액 1,500억원 이상 2,200억원 미만	3명 이상. 다만, 전체 공사기간 중 전·후 15에 해당하는 기간은 2명 이상으로 한다.	별표 4 제1호부터 제7호까지 및 제12호의 어느 하나에 해당하는 사람을 선임하되, 같은 표 제12호에 해당하는 사람은 1명만 포함될 수 있고, 같은 표 제1호 또는 「국가기술자격법」에 따른 건설안전기술사(건설안전기사 또는 산업안전기사의 자격을 취득한 후 7년 이상 건설안전 업무를 수행한 사람이거나 건설안전산업기사 또는 산업안전산업기사의 자격을 취득한 후 10년 이상 건설안전 업무를 수행한 사람을 포함한다) 자격을 취득한 사람(이하 "산업안전지도사등"이라 한다)이 1명 이상 포함되어야 한다.
	공사금액 2,200억원 이상 3천억원 미만	4명 이상. 다만, 전체 공사기간 중 전·후 15에 해당하는 기간은 2명 이상으로 한다.	
	공사금액 3천억원 이상 3,900억원 미만	5명 이상. 다만, 전체 공사기간 중 전·후 15에 해당하는 기간은 3명 이상으로 한다.	별표 4 제1호부터 제7호까지 및 제12호의 어느 하나에 해당하는 사람을 선임하되, 같은 표 제12호에 해당하는 사람이 1명만 포함될 수 있고, 산업안전지도사등이 2명 이상 포함되어야 한다. 다만, 전체 공사기간 중 전·후 15에 해당하는 기간에는 산업안전지도사등이 1명 이상 포함되어야 한다.
	공사금액 3,900억원 이상 4,900억원 미만	6명 이상. 다만, 전체 공사기간 중 전·후 15에 해당하는 기간은 3명 이상으로 한다.	
	공사금액 4,900억원 이상 6천억원 미만	7명 이상. 다만, 전체 공사기간 중 전·후 15에 해당하는 기간은 4명 이상으로 한다.	별표 4 제1호부터 제7호까지 및 제12호의 어느 하나에 해당하는 사람을 선임하되, 같은 표 제12호에 해당하는 사람은 2명까지만 포함될 수 있고, 산업안전지도사등이 2명 이상 포함되어야 한다. 다만, 전체 공사기간 중 전·후 15에 해당하는 기간에는 산업안전지도사등이 2명 이상 포함되어야 한다.
	공사금액 6천억원 이상 7,200억원 미만	8명 이상. 다만, 전체 공사기간 중 전·후 15에 해당하는 기간은 4명 이상으로 한다.	

건설안전기사 관련 법령

| | 공사금액 7,200억원 이상 8,500억원 미만 | 9명 이상. 다만, 전체 공사기간 중 전·후 15에 해당하는 기간은 5명 이상으로 한다. | 별표 4 제1호부터 제7호까지 및 제12호의 어느 하나에 해당하는 사람을 선임하되, 같은 표 제12호에 해당하는 사람은 2명까지만 포함될 수 있고, 산업안전지도사등이 3명 이상 포함되어야 한다. 다만, 전체 공사기간 중 전·후 15에 해당하는 기간에는 산업안전지도사등이 3명 이상 포함되어야 한다. |
| | 1조원 이상 | 11명 이상[매 2천억원(2조원이상부터는 매 3천억원)마다 1명씩 추가한다]. 다만, 전체 공사기간 중 전·후 15에 해당하는 기간은 선임대상 안전관리자 수의 2분의 1(소수점 이하는 올림한다) 이상으로 한다. | |

비고

1. 철거공사가 포함된 건설공사의 경우 철거공사만 이루어지는 기간은 전체 공사기간에는 산입되나 전체 공사기간 중 전·후 15에 해당하는 기간에는 산입되지 않는다. 이 경우 전체 공사기간 중 전·후 15에 해당하는 기간은 철거공사만 이루어지는 기간을 제외한 공사기간을 기준으로 산정한다.
2. 철거공사만 이루어지는 기간에는 공사금액별로 선임해야 하는 최소 안전관리자 수 이상으로 안전관리자를 선임해야 한다.

(規))제12조(안전관리자 등의 증원·교체임명 명령) ① 지방고용노동관서의 장은 다음 각 호의 어느 하나에 해당하는 사유가 발생한 경우에는 법 제17조제4항·제18조제4항 또는 제19조제3항에 따라 사업주에게 안전관리자·보건관리자 또는 안전보건관리담당자(이하 이 조에서 "관리자"라 한다)를 정수 이상으로 증원하게 하거나 교체하여 임명할 것을 명할 수 있다. 다만, 제4호에 해당하는 경우로서 직업성 질병자 발생 당시 사업장에서 해당 화학적 인자(因子)를 사용하지 않은 경우에는 그렇지 않다. 〈개정 2021. 11. 19.〉

1. 해당 사업장의 연간재해율이 같은 업종의 평균재해율의 2배 이상인 경우
2. 중대재해가 연간 2건 이상 발생한 경우. 다만, 해당 사업장의 전년도 사망만인율이 같은 업종의 평균 사망만인율 이하인 경우는 제외한다.
3. 관리자가 질병이나 그 밖의 사유로 3개월 이상 직무를 수행할 수 없게 된 경우
4. 별표 22 제1호에 따른 화학적 인자로 인한 직업성 질병자가 연간 3명 이상 발생한 경우. 이 경우 직업성 질병자의 발생일은 「산업재해보상보험법 시행규칙」 제21조제1항에 따른 요양급여의 결정일로 한다.

② 제1항에 따라 관리자를 정수 이상으로 증원하게 하거나 교체하여 임명할 것을 명하는 경우에는 미리 사업주 및 해당 관리자의 의견을 듣거나 소명자료를 제출받아야 한다. 다만, 정당한 사유 없이 의견진술 또는 소명자료의 제출을 게을리한 경우에는 그렇지 않다.

③ 제1항에 따른 관리자의 정수 이상 증원 및 교체임명 명령은 별지 제4호서식에 따른다.

(法)제15조(안전보건관리책임자) ① 사업주는 사업장을 실질적으로 총괄하여 관리하는 사람에게 해당 사업장의 다음 각 호의 업무를 총괄하여 관리하도록 하여야 한다.

1. 사업장의 산업재해 예방계획의 수립에 관한 사항

2. 제25조 및 제26조에 따른 안전보건관리규정의 작성 및 변경에 관한 사항

3. 제29조에 따른 안전보건교육에 관한 사항

4. 작업환경측정 등 작업환경의 점검 및 개선에 관한 사항

5. 제129조부터 제132조까지에 따른 근로자의 건강진단 등 건강관리에 관한 사항

6. 산업재해의 원인 조사 및 재발 방지대책 수립에 관한 사항

7. 산업재해에 관한 통계의 기록 및 유지에 관한 사항

8. 안전장치 및 보호구 구입 시 적격품 여부 확인에 관한 사항

9. 그 밖에 근로자의 유해·위험 방지조치에 관한 사항으로서 고용노동부령으로 정하는 사항

② 제1항 각 호의 업무를 총괄하여 관리하는 사람(이하 "안전보건관리책임자"라 한다)은 제17조에 따른 안전관리자와 제18조에 따른 보건관리자를 지휘·감독한다.

③ 안전보건관리책임자를 두어야 하는 사업의 종류와 사업장의 상시근로자 수, 그 밖에 필요한 사항은 대통령령으로 정한다.

제18조(안전관리자의 업무 등) ① 안전관리자의 업무는 다음 각 호와 같다.

1. 법 제24조제1항에 따른 산업안전보건위원회(이하 "산업안전보건위원회"라 한다) 또는 법 제75조제1항에 따른 안전 및 보건에 관한 노사협의체(이하 "노사협의체"라 한다)에서 심의·의결한 업무와 해당 사업장의 법 제25조제1항에 따른 안전보건관리규정(이하 "안전보건관리규정"이라 한다) 및 취업규칙에서 정한 업무

2. 법 제36조에 따른 위험성평가에 관한 보좌 및 지도·조언

3. 법 제84조제1항에 따른 안전인증대상기계등(이하 "안전인증대상기계등"이라 한다)과 법 제89조제1항 각 호 외의 부분 본문에 따른 자율안전확인대상기계등(이하 "자율안전확인대상기계등"이라 한다) 구입 시 적격품의 선정에 관한 보좌 및 지도·조언

4. 해당 사업장 안전교육계획의 수립 및 안전교육 실시에 관한 보좌 및 지도·조언

5. 사업장 순회점검, 지도 및 조치 건의

6. 산업재해 발생의 원인 조사·분석 및 재발 방지를 위한 기술적 보좌 및 지도·조언

7. 산업재해에 관한 통계의 유지·관리·분석을 위한 보좌 및 지도·조언

8. 법 또는 법에 따른 명령으로 정한 안전에 관한 사항의 이행에 관한 보좌 및 지도·조언

9. 업무 수행 내용의 기록·유지

10. 그 밖에 안전에 관한 사항으로서 고용노동부장관이 정하는 사항

② 사업주가 안전관리자를 배치할 때에는 연장근로·야간근로 또는 휴일근로 등 해당 사업장의

작업 형태를 고려해야 한다.

③ 사업주는 안전관리 업무의 원활한 수행을 위하여 외부전문가의 평가·지도를 받을 수 있다.

④ 안전관리자는 제1항 각 호에 따른 업무를 수행할 때에는 보건관리자와 협력해야 한다.

⑤ 안전관리자에 대한 지원에 관하여는 제14조제2항을 준용한다. 이 경우 "안전보건관리책임자"는 "안전관리자"로, "법 제15조제1항"은 "제1항"으로 본다.

제24조(안전보건관리담당자의 선임 등) ① 다음 각 호의 어느 하나에 해당하는 사업의 사업주는 법 제19조제1항에 따라 상시근로자 20명 이상 50명 미만인 사업장에 안전보건관리담당자를 1명 이상 선임해야 한다.

1. 제조업

2. 임업

3. 하수, 폐수 및 분뇨 처리업

4. 폐기물 수집, 운반, 처리 및 원료 재생업

5. 환경 정화 및 복원업

② 안전보건관리담당자는 해당 사업장 소속 근로자로서 다음 각 호의 어느 하나에 해당하는 요건을 갖추어야 한다.

　1. 제17조에 따른 안전관리자의 자격을 갖추었을 것

　2. 제21조에 따른 보건관리자의 자격을 갖추었을 것

　3. 고용노동부장관이 정하여 고시하는 안전보건교육을 이수했을 것

③ 안전보건관리담당자는 제25조 각 호에 따른 업무에 지장이 없는 범위에서 다른 업무를 겸할 수 있다.

④ 사업주는 제1항에 따라 안전보건관리담당자를 선임한 경우에는 그 선임 사실 및 제25조 각 호에 따른 업무를 수행했음을 증명할 수 있는 서류를 갖추어 두어야 한다.

제25조(안전보건관리담당자의 업무) 안전보건관리담당자의 업무는 다음 각 호와 같다. 〈개정 2020. 9. 8.〉

1. 법 제29조에 따른 안전보건교육 실시에 관한 보좌 및 지도·조언

2. 법 제36조에 따른 위험성평가에 관한 보좌 및 지도·조언

3. 법 제125조에 따른 작업환경측정 및 개선에 관한 보좌 및 지도·조언

4. 법 제129조부터 제131조까지의 규정에 따른 각종 건강진단에 관한 보좌 및 지도·조언

5. 산업재해 발생의 원인 조사, 산업재해 통계의 기록 및 유지를 위한 보좌 및 지도·조언

6. 산업 안전·보건과 관련된 안전장치 및 보호구 구입 시 적격품 선정에 관한 보좌 및 지도·조언

제32조(명예산업안전감독관 위촉 등) ① 고용노동부장관은 다음 각 호의 어느 하나에 해당하는 사람 중에서 법 제23조제1항에 따른 명예산업안전감독관(이하 "명예산업안전감독관"이라 한다)을 위촉할 수 있다.

1. 산업안전보건위원회 구성 대상 사업의 근로자 또는 노사협의체 구성·운영 대상 건설공사의 근로자 중에서 근로자대표(해당 사업장에 단위 노동조합의 산하 노동단체가 그 사업장 근로자의 과반수로 조직되어 있는 경우에는 지부·분회 등 명칭이 무엇이든 관계없이 해당 노동단체의 대표자를 말한다. 이하 같다)가 사업주의 의견을 들어 추천하는 사람

2. 「노동조합 및 노동관계조정법」 제10조에 따른 연합단체인 노동조합 또는 그 지역 대표기구에 소속된 임직원 중에서 해당 연합단체인 노동조합 또는 그 지역 대표기구가 추천하는 사람

3. 전국 규모의 사업주단체 또는 그 산하조직에 소속된 임직원 중에서 해당 단체 또는 그 산하조직이 추천하는 사람

4. 산업재해 예방 관련 업무를 하는 단체 또는 그 산하조직에 소속된 임직원 중에서 해당 단체 또는 그 산하조직이 추천하는 사람

② 명예산업안전감독관의 업무는 다음 각 호와 같다. 이 경우 제1항제1호에 따라 위촉된 명예산업안전감독관의 업무 범위는 해당 사업장에서의 업무(제8호는 제외한다)로 한정하며, 제1항제2호부터 제4호까지의 규정에 따라 위촉된 명예산업안전감독관의 업무 범위는 제8호부터 제10호까지의 규정에 따른 업무로 한정한다.

   1. 사업장에서 하는 자체점검 참여 및 「근로기준법」 제101조에 따른 근로감독관(이하 "근로감독관"이라 한다)이 하는 사업장 감독 참여

   2. 사업장 산업재해 예방계획 수립 참여 및 사업장에서 하는 기계·기구 자체검사 참석

   3. 법령을 위반한 사실이 있는 경우 사업주에 대한 개선 요청 및 감독기관에의 신고

   4. 산업재해 발생의 급박한 위험이 있는 경우 사업주에 대한 작업중지 요청

   5. 작업환경측정, 근로자 건강진단 시의 참석 및 그 결과에 대한 설명회 참여

   6. 직업성 질환의 증상이 있거나 질병에 걸린 근로자가 여러 명 발생한 경우 사업주에 대한 임시건강진단 실시 요청

   7. 근로자에 대한 안전수칙 준수 지도

   8. 법령 및 산업재해 예방정책 개선 건의

   9. 안전·보건 의식을 북돋우기 위한 활동 등에 대한 참여와 지원

   10. 그 밖에 산업재해 예방에 대한 홍보 등 산업재해 예방업무와 관련하여 고용노동부장관이 정하는 업무

③ 명예산업안전감독관의 임기는 2년으로 하되, 연임할 수 있다.

④ 고용노동부장관은 명예산업안전감독관의 활동을 지원하기 위하여 수당 등을 지급할 수 있다.

⑤ 제1항부터 제4항까지에서 규정한 사항 외에 명예산업안전감독관의 위촉 및 운영 등에 필요한 사항은 고용노동부장관이 정한다.

제33조(명예산업안전감독관의 해촉) 고용노동부장관은 다음 각 호의 어느 하나에 해당하는 경우에는 명예산업안전감독관을 해촉(解囑)할 수 있다.

1. 근로자대표가 사업주의 의견을 들어 제32조제1항제1호에 따라 위촉된 명예산업안전감독관의 해촉을 요청한 경우
2. 제32조제1항제2호부터 제4호까지의 규정에 따라 위촉된 명예산업안전감독관이 해당 단체 또는 그 산하조직으로부터 퇴직하거나 해임된 경우
3. 명예산업안전감독관의 업무와 관련하여 부정한 행위를 한 경우
4. 질병이나 부상 등의 사유로 명예산업안전감독관의 업무 수행이 곤란하게 된 경우

(法)제24조(산업안전보건위원회) ① 사업주는 사업장의 안전 및 보건에 관한 중요 사항을 심의·의결하기 위하여 사업장에 근로자위원과 사용자위원이 같은 수로 구성되는 산업안전보건위원회를 구성·운영하여야 한다.

② 사업주는 다음 각 호의 사항에 대해서는 제1항에 따른 산업안전보건위원회(이하 "산업안전보건위원회"라 한다)의 심의·의결을 거쳐야 한다.

1. 제15조제1항제1호부터 제5호까지 및 제7호에 관한 사항
2. 제15조제1항제6호에 따른 사항 중 중대재해에 관한 사항
3. 유해하거나 위험한 기계·기구·설비를 도입한 경우 안전 및 보건 관련 조치에 관한 사항
4. 그 밖에 해당 사업장 근로자의 안전 및 보건을 유지·증진시키기 위하여 필요한 사항

③ 산업안전보건위원회는 대통령령으로 정하는 바에 따라 회의를 개최하고 그 결과를 회의록으로 작성하여 보존하여야 한다.

④ 사업주와 근로자는 제2항에 따라 산업안전보건위원회가 심의·의결한 사항을 성실하게 이행하여야 한다.

⑤ 산업안전보건위원회는 이 법, 이 법에 따른 명령, 단체협약, 취업규칙 및 제25조에 따른 안전보건관리규정에 반하는 내용으로 심의·의결해서는 아니 된다.

⑥ 사업주는 산업안전보건위원회의 위원에게 직무 수행과 관련한 사유로 불리한 처우를 해서는 아니 된다.

⑦ 산업안전보건위원회를 구성하여야 할 사업의 종류 및 사업장의 상시근로자 수, 산업안전보건위원회의 구성·운영 및 의결되지 아니한 경우의 처리방법, 그 밖에 필요한 사항은 대통령령으로 정한다.

제34조(산업안전보건위원회 구성 대상) 법 제24조제1항에 따라 산업안전보건위원회를 구성해야 할 사업의 종류 및 사업장의 상시근로자 수는 별표 9와 같다.

산업안전보건위원회를 구성해야 할 사업의 종류 및 사업장의 상시근로자 수(제34조 관련)

사업의 종류	사업장의 상시근로자 수
1. 토사석 광업 2. 목재 및 나무제품 제조업; 가구제외 3. 화학물질 및 화학제품 제조업; 의약품 제외(세제, 화장품 및 광택제 제조업과 화학섬유 제조업은 제외한다) 4. 비금속 광물제품 제조업 5. 1차 금속 제조업 6. 금속가공제품 제조업; 기계 및 가구 제외 7. 자동차 및 트레일러 제조업 8. 기타 기계 및 장비 제조업(사무용 기계 및 장비 제조업은 제외한다) 9. 기타 운송장비 제조업(전투용 차량 제조업은 제외한다)	상시근로자 50명 이상
10. 농업 11. 어업 12. 소프트웨어 개발 및 공급업 13. 컴퓨터 프로그래밍, 시스템 통합 및 관리업 14. 정보서비스업 15. 금융 및 보험업 16. 임대업; 부동산 제외 17. 전문, 과학 및 기술 서비스업(연구개발업은 제외한다) 18. 사업지원 서비스업 19. 사회복지 서비스업	상시근로자 300명 이상
20. 건설업	공사금액 120억원 이상(「건설산업기본법 시행령」 별표 1의 종합공사를 시공하는 업종의 건설업종란 제1호에 따른 토목공사업의 경우에는 150억원 이상)
21. 제1호부터 제20호까지의 사업을 제외한 사업	상시근로자 100명 이상

제35조(산업안전보건위원회의 구성) ① 산업안전보건위원회의 근로자위원은 다음 각 호의 사람으로 구성한다.

1. 근로자대표

2. 명예산업안전감독관이 위촉되어 있는 사업장의 경우 근로자대표가 지명하는 1명 이상의 명예산업안전감독관

3. 근로자대표가 지명하는 9명(근로자인 제2호의 위원이 있는 경우에는 9명에서 그 위원의 수를 제외한 수를 말한다) 이내의 해당 사업장의 근로자

② 산업안전보건위원회의 사용자위원은 다음 각 호의 사람으로 구성한다. 다만, 상시근로자 50명 이상 100명 미만을 사용하는 사업장에서는 제5호에 해당하는 사람을 제외하고 구성할 수 있다.

　1. 해당 사업의 대표자(같은 사업으로서 다른 지역에 사업장이 있는 경우에는 그 사업장의 안전보건관리책임자를 말한다. 이하 같다)

　2. 안전관리자(제16조제1항에 따라 안전관리자를 두어야 하는 사업장으로 한정하되, 안전관리자의 업무를 안전관리전문기관에 위탁한 사업장의 경우에는 그 안전관리전문기관의 해당 사업장 담당자를 말한다) 1명

　3. 보건관리자(제20조제1항에 따라 보건관리자를 두어야 하는 사업장으로 한정하되, 보건관리자의 업무를 보건관리전문기관에 위탁한 사업장의 경우에는 그 보건관리전문기관의 해당 사업장 담당자를 말한다) 1명

　4. 산업보건의(해당 사업장에 선임되어 있는 경우로 한정한다)

　5. 해당 사업의 대표자가 지명하는 9명 이내의 해당 사업장 부서의 장

③ 제1항 및 제2항에도 불구하고 법 제69조제1항에 따른 건설공사도급인(이하 "건설공사도급인"이라 한다)이 법 제64조제1항제1호에 따른 안전 및 보건에 관한 협의체를 구성한 경우에는 산업안전보건위원회의 위원을 다음 각 호의 사람을 포함하여 구성할 수 있다.

　1. 근로자위원: 도급 또는 하도급 사업을 포함한 전체 사업의 근로자대표, 명예산업안전감독관 및 근로자대표가 지명하는 해당 사업장의 근로자

　2. 사용자위원: 도급인 대표자, 관계수급인의 각 대표자 및 안전관리자

제36조(산업안전보건위원회의 위원장) 산업안전보건위원회의 위원장은 위원 중에서 호선(互選)한다. 이 경우 근로자위원과 사용자위원 중 각 1명을 공동위원장으로 선출할 수 있다.

제37조(산업안전보건위원회의 회의 등) ① 법 제24조제3항에 따라 산업안전보건위원회의 회의는 정기회의와 임시회의로 구분하되, 정기회의는 분기마다 산업안전보건위원회의 위원장이 소집하며, 임시회의는 위원장이 필요하다고 인정할 때에 소집한다.

② 회의는 근로자위원 및 사용자위원 각 과반수의 출석으로 개의(開議)하고 출석위원 과반수의 찬성으로 의결한다.

③ 근로자대표, 명예산업안전감독관, 해당 사업의 대표자, 안전관리자 또는 보건관리자는 회의에 출석할 수 없는 경우에는 해당 사업에 종사하는 사람 중에서 1명을 지정하여 위원으로서의 직무를 대리하게 할 수 있다.

④ 산업안전보건위원회는 다음 각 호의 사항을 기록한 회의록을 작성하여 갖추어 두어야 한다.

  1. 개최 일시 및 장소

  2. 출석위원

  3. 심의 내용 및 의결 · 결정 사항

  4. 그 밖의 토의사항

제41조(제3자의 폭언등으로 인한 건강장해 발생 등에 대한 조치) 법 제41조제2항에서 "업무의 일시적 중단 또는 전환 등 대통령령으로 정하는 필요한 조치"란 다음 각 호의 조치 중 필요한 조치를 말한다. 〈개정 2021. 10. 14.〉

1. 업무의 일시적 중단 또는 전환

2.「근로기준법」 제54조제1항에 따른 휴게시간의 연장

3. 법 제41조제2항에 따른 폭언등으로 인한 건강장해 관련 치료 및 상담 지원

4. 관할 수사기관 또는 법원에 증거물 · 증거서류를 제출하는 등 법 제41조제2항에 따른 폭언등으로 인한 고소, 고발 또는 손해배상 청구 등을 하는 데 필요한 지원 [제목개정 2021. 10. 14.]

(規)제41조(고객의 폭언등으로 인한 건강장해 예방조치) 사업주는 법 제41조제1항에 따라 건강장해를 예방하기 위하여 다음 각 호의 조치를 해야 한다.

1. 법 제41조제1항에 따른 폭언등을 하지 않도록 요청하는 문구 게시 또는 음성 안내

2. 고객과의 문제 상황 발생 시 대처방법 등을 포함하는 고객응대업무 매뉴얼 마련

3. 제2호에 따른 고객응대업무 매뉴얼의 내용 및 건강장해 예방 관련 교육 실시

4. 그 밖에 법 제41조제1항에 따른 고객응대근로자의 건강장해 예방을 위하여 필요한 조치

제42조(유해위험방지계획서 제출 대상) ① 법 제42조제1항제1호에서 "대통령령으로 정하는 사업의 종류 및 규모에 해당하는 사업"이란 다음 각 호의 어느 하나에 해당하는 사업으로서 전기 계약용량이 300킬로와트 이상인 경우를 말한다.

1. 금속가공제품 제조업; 기계 및 가구 제외

2. 비금속 광물제품 제조업

3. 기타 기계 및 장비 제조업

4. 자동차 및 트레일러 제조업

5. 식료품 제조업

6. 고무제품 및 플라스틱제품 제조업

7. 목재 및 나무제품 제조업

8. 기타 제품 제조업

9. 1차 금속 제조업

10. 가구 제조업

11. 화학물질 및 화학제품 제조업

12. 반도체 제조업

13. 전자부품 제조업

② 법 제42조제1항제2호에서 "대통령령으로 정하는 기계·기구 및 설비"란 다음 각 호의 어느 하나에 해당하는 기계·기구 및 설비를 말한다. 이 경우 다음 각 호에 해당하는 기계·기구 및 설비의 구체적인 범위는 고용노동부장관이 정하여 고시한다. 〈개정 2021. 11. 19.〉

  1. 금속이나 그 밖의 광물의 용해로

  2. 화학설비

  3. 건조설비

  4. 가스집합 용접장치

  5. 근로자의 건강에 상당한 장해를 일으킬 우려가 있는 물질로서 고용노동부령으로 정하는 물질의 밀폐·환기·배기를 위한 설비

  6. 삭제 〈2021. 11. 19.〉

③ 법 제42조제1항제3호에서 "대통령령으로 정하는 크기 높이 등에 해당하는 건설공사"란 다음 각 호의 어느 하나에 해당하는 공사를 말한다.

  1. 다음 각 목의 어느 하나에 해당하는 건축물 또는 시설 등의 건설·개조 또는 해체(이하 "건설등"이라 한다) 공사

    가. 지상높이가 31미터 이상인 건축물 또는 인공구조물

    나. 연면적 3만제곱미터 이상인 건축물

    다. 연면적 5천제곱미터 이상인 시설로서 다음의 어느 하나에 해당하는 시설

      1) 문화 및 집회시설(전시장 및 동물원·식물원은 제외한다)

      2) 판매시설, 운수시설(고속철도의 역사 및 집배송시설은 제외한다)

      3) 종교시설

      4) 의료시설 중 종합병원

      5) 숙박시설 중 관광숙박시설

      6) 지하도상가

      7) 냉동·냉장 창고시설

  2. 연면적 5천제곱미터 이상인 냉동·냉장 창고시설의 설비공사 및 단열공사

  3. 최대 지간(支間)길이(다리의 기둥과 기둥의 중심사이의 거리)가 50미터 이상인 다리의 건설등 공사

  4. 터널의 건설등 공사

  5. 다목적댐, 발전용댐, 저수용량 2천만톤 이상의 용수 전용 댐 및 지방상수도 전용 댐의 건설
     등 공사

  6. 깊이 10미터 이상인 굴착공사

(規)제43조(유해위험방지계획서의 건설안전분야 자격 등) 법 제42조제2항에서 "건설안전
분야의 자격 등 고용노동부령으로 정하는 자격을 갖춘 자"란 다음 각 호의 어느 하나에
해당하는 사람을 말한다.

1. 건설안전 분야 산업안전지도사

2. 건설안전기술사 또는 토목·건축 분야 기술사

3. 건설안전산업기사 이상의 자격을 취득한 후 건설안전 관련 실무경력이 건설안전기사 이상의
   자격은 5년, 건설안전산업기사 자격은 7년 이상인 사람

(法)제35조(근로자대표의 통지 요청) 근로자대표는 사업주에게 다음 각 호의 사항을 통지하여
줄 것을 요청할 수 있고, 사업주는 이에 성실히 따라야 한다.

1. 산업안전보건위원회(제75조에 따라 노사협의체를 구성·운영하는 경우에는 노사협의체를
   말한다)가 의결한 사항

2. 제47조에 따른 안전보건진단 결과에 관한 사항

3. 제49조에 따른 안전보건개선계획의 수립·시행에 관한 사항

4. 제64조제1항 각 호에 따른 도급인의 이행 사항

5. 제110조제1항에 따른 물질안전보건자료에 관한 사항

6. 제125조제1항에 따른 작업환경측정에 관한 사항

7. 그 밖에 고용노동부령으로 정하는 안전 및 보건에 관한 사항

(法)제38조(안전조치) ① 사업주는 다음 각 호의 어느 하나에 해당하는 위험으로 인한
산업재해를 예방하기 위하여 필요한 조치를 하여야 한다.

1. 기계·기구, 그 밖의 설비에 의한 위험

2. 폭발성, 발화성 및 인화성 물질 등에 의한 위험

3. 전기, 열, 그 밖의 에너지에 의한 위험

② 사업주는 굴착, 채석, 하역, 벌목, 운송, 조작, 운반, 해체, 중량물 취급, 그 밖의 작업을 할
   때 불량한 작업방법 등에 의한 위험으로 인한 산업재해를 예방하기 위하여 필요한 조치를
   하여야 한다.

③ 사업주는 근로자가 다음 각 호의 어느 하나에 해당하는 장소에서 작업을 할 때 발생할 수

있는 산업재해를 예방하기 위하여 필요한 조치를 하여야 한다.

1. 근로자가 추락할 위험이 있는 장소

2. 토사·구축물 등이 붕괴할 우려가 있는 장소

3. 물체가 떨어지거나 날아올 위험이 있는 장소

4. 천재지변으로 인한 위험이 발생할 우려가 있는 장소

④ 사업주가 제1항부터 제3항까지의 규정에 따라 하여야 하는 조치(이하 "안전조치"라 한다)에 관한 구체적인 사항은 고용노동부령으로 정한다.

(法)제25조(안전보건관리규정의 작성) ① 사업주는 사업장의 안전 및 보건을 유지하기 위하여 다음 각 호의 사항이 포함된 안전보건관리규정을 작성하여야 한다.

1. 안전 및 보건에 관한 관리조직과 그 직무에 관한 사항

2. 안전보건교육에 관한 사항

3. 작업장의 안전 및 보건 관리에 관한 사항

4. 사고 조사 및 대책 수립에 관한 사항

5. 그 밖에 안전 및 보건에 관한 사항

② 제1항에 따른 안전보건관리규정(이하 "안전보건관리규정"이라 한다)은 단체협약 또는 취업규칙에 반할 수 없다. 이 경우 안전보건관리규정 중 단체협약 또는 취업규칙에 반하는 부분에 관하여는 그 단체협약 또는 취업규칙으로 정한 기준에 따른다.

③ 안전보건관리규정을 작성하여야 할 사업의 종류, 사업장의 상시근로자 수 및 안전보건관리규정에 포함되어야 할 세부적인 내용, 그 밖에 필요한 사항은 고용노동부령으로 정한다.

(規)제25조(안전보건관리규정의 작성) ① 법 제25조제3항에 따라 안전보건관리규정을 작성해야 할 사업의 종류 및 상시근로자 수는 별표 2와 같다.

② 제1항에 따른 사업의 사업주는 안전보건관리규정을 작성해야 할 사유가 발생한 날부터 30일 이내에 별표 3의 내용을 포함한 안전보건관리규정을 작성해야 한다. 이를 변경할 사유가 발생한 경우에도 또한 같다.

③ 사업주가 제2항에 따라 안전보건관리규정을 작성할 때에는 소방·가스·전기·교통 분야 등의 다른 법령에서 정하는 안전관리에 관한 규정과 통합하여 작성할 수 있다.

■ 산업안전보건법 시행규칙 [별표 3] 안전보건관리규정의 세부 내용(제25조제2항 관련)

1. 총칙
    가. 안전보건관리규정 작성의 목적 및 적용 범위에 관한 사항
    나. 사업주 및 근로자의 재해 예방 책임 및 의무 등에 관한 사항
    다. 하도급 사업장에 대한 안전 · 보건관리에 관한 사항
2. 안전 · 보건 관리조직과 그 직무
    가. 안전 · 보건 관리조직의 구성방법, 소속, 업무 분장 등에 관한 사항
    나. 안전보건관리책임자(안전보건총괄책임자), 안전관리자, 보건관리자, 관리감독자의 직무 및 선임에 관한 사항
    다. 산업안전보건위원회의 설치 · 운영에 관한 사항
    라. 명예산업안전감독관의 직무 및 활동에 관한 사항
    마. 작업지휘자 배치 등에 관한 사항
3. 안전 · 보건교육
    가. 근로자 및 관리감독자의 안전 · 보건교육에 관한 사항
    나. 교육계획의 수립 및 기록 등에 관한 사항
4. 작업장 안전관리
    가. 안전 · 보건관리에 관한 계획의 수립 및 시행에 관한 사항
    나. 기계 · 기구 및 설비의 방호조치에 관한 사항
    다. 유해 · 위험기계등에 대한 자율검사프로그램에 의한 검사 또는 안전검사에 관한 사항
    라. 근로자의 안전수칙 준수에 관한 사항
    마. 위험물질의 보관 및 출입 제한에 관한 사항
    바. 중대재해 및 중대산업사고 발생, 급박한 산업재해 발생의 위험이 있는 경우 작업중지에 관한 사항
    사. 안전표지 · 안전수칙의 종류 및 게시에 관한 사항과 그 밖에 안전관리에 관한 사항
5. 작업장 보건관리
    가. 근로자 건강진단, 작업환경측정의 실시 및 조치절차 등에 관한 사항
    나. 유해물질의 취급에 관한 사항
    다. 보호구의 지급 등에 관한 사항
    라. 질병자의 근로 금지 및 취업 제한 등에 관한 사항
    마. 보건표지 · 보건수칙의 종류 및 게시에 관한 사항과 그 밖에 보건관리에 관한 사항
6. 사고 조사 및 대책 수립
    가. 산업재해 및 중대산업사고의 발생 시 처리 절차 및 긴급조치에 관한 사항
    나. 산업재해 및 중대산업사고의 발생원인에 대한 조사 및 분석, 대책 수립에 관한 사항
    다. 산업재해 및 중대산업사고 발생의 기록 · 관리 등에 관한 사항
7. 위험성평가에 관한 사항
    가. 위험성평가의 실시 시기 및 방법, 절차에 관한 사항
    나. 위험성 감소대책 수립 및 시행에 관한 사항
8. 보칙
    가. 무재해운동 참여, 안전 · 보건 관련 제안 및 포상 · 징계 등 산업재해 예방을 위하여 필요하다고 판단하는 사항
    나. 안전 · 보건 관련 문서의 보존에 관한 사항
    다. 그 밖의 사항
사업장의 규모 · 업종 등에 적합하게 작성하며, 필요한 사항을 추가하거나 그 사업장에 관련되지 않는 사항은 제외할 수 있다.

■ 산업안전보건법 시행규칙 [별표 2]

안전보건관리규정을 작성해야 할 사업의 종류 및 상시근로자 수(제25조제1항 관련)

사업의 종류	상시근로자 수
1. 농업 2. 어업 3. 소프트웨어 개발 및 공급업 4. 컴퓨터 프로그래밍, 시스템 통합 및 관리업 5. 정보서비스업 6. 금융 및 보험업 7. 임대업; 부동산 제외 8. 전문, 과학 및 기술 서비스업(연구개발업은 제외한다) 9. 사업지원 서비스업 10. 사회복지 서비스업	300명 이상
11. 제1호부터 제10호까지의 사업을 제외한 사업	100명 이상

(規)제26조(교육시간 및 교육내용 등) ① 법 제29조제1항부터 제3항까지의 규정에 따라 사업주가 근로자에게 실시해야 하는 안전보건교육의 교육시간은 별표 4와 같고, 교육내용은 별표 5와 같다. 이 경우 사업주가 법 제29조제3항에 따른 유해하거나 위험한 작업에 필요한 안전보건교육(이하 "특별교육"이라 한다)을 실시한 때에는 해당 근로자에 대하여 법 제29조제2항에 따라 채용할 때 해야 하는 교육(이하 "채용 시 교육"이라 한다) 및 작업내용을 변경할 때 해야 하는 교육(이하 "작업내용 변경 시 교육"이라 한다)을 실시한 것으로 본다.

② 제1항에 따른 교육을 실시하기 위한 교육방법과 그 밖에 교육에 필요한 사항은 고용노동부장관이 정하여 고시한다.

③ 사업주가 법 제29조제1항부터 제3항까지의 규정에 따른 안전보건교육을 자체적으로 실시하는 경우에 교육을 할 수 있는 사람은 다음 각 호의 어느 하나에 해당하는 사람으로 한다. [제목개정 2023. 9. 27.]

1. 다음 각 목의 어느 하나에 해당하는 사람

　가. 법 제15조제1항에 따른 안전보건관리책임자

　나. 법 제16조제1항에 따른 관리감독자

　다. 법 제17조제1항에 따른 안전관리자(안전관리전문기관에서 안전관리자의 위탁업무를 수행하는 사람을 포함한다)

　라. 법 제18조제1항에 따른 보건관리자(보건관리전문기관에서 보건관리자의 위탁업무를 수행하는 사람을 포함한다)

　마. 법 제19조제1항에 따른 안전보건관리담당자(안전관리전문기관 및 보건관리전문기관에서 안전보건관리담당자의 위탁업무를 수행하는 사람을 포함한다)

　바. 법 제22조제1항에 따른 산업보건의

2. 공단에서 실시하는 해당 분야의 강사요원 교육과정을 이수한 사람

3. 법 제142조에 따른 산업안전지도사 또는 산업보건지도사(이하 "지도사"라 한다)

4. 산업안전보건에 관하여 학식과 경험이 있는 사람으로서 고용노동부장관이 정하는 기준에 해당하는 사람

■ 산업안전보건법 시행규칙 [별표 4] 〈개정 2023. 9. 27.〉

안전보건교육 교육과정별 교육시간(제26조제1항 등 관련)

1. 근로자 안전보건교육(제26조제1항, 제28조제1항 관련)

교육과정	교육대상		교육시간
가. 정기교육	1) 사무직 종사 근로자		매반기 6시간 이상
	2) 그 밖의 근로자	가) 판매업무에 직접 종사하는 근로자	매반기 6시간 이상
		나) 판매업무에 직접 종사하는 근로자 외의 근로자	매반기 12시간 이상
나. 채용 시 교육	1) 일용근로자 및 근로계약기간이 1주일 이하인 기간제근로자		1시간 이상
	2) 근로계약기간이 1주일 초과 1개월 이하인 기간제근로자		4시간 이상
	3) 그 밖의 근로자		8시간 이상
다. 작업내용 변경 시 교육	1) 일용근로자 및 근로계약기간이 1주일 이하인 기간제근로자		1시간 이상
	2) 그 밖의 근로자		2시간 이상
라. 특별교육	1) 일용근로자 및 근로계약기간이 1주일 이하인 기간제근로자: 별표 5 제1호라목(제39호는 제외한다)에 해당하는 작업에 종사하는 근로자에 한정한다.		2시간 이상
	2) 일용근로자 및 근로계약기간이 1주일 이하인 기간제근로자: 별표 5 제1호라목제39호에 해당하는 작업에 종사하는 근로자에 한정한다.		8시간 이상
	3) 일용근로자 및 근로계약기간이 1주일 이하인 기간제근로자를 제외한 근로자: 별표 5 제1호라목에 해당하는 작업에 종사하는 근로자에 한정한다.		가) 16시간 이상(최초 작업에 종사하기 전 4시간 이상 실시하고 12시간은 3개월 이내에서 분할하여 실시 가능) 나) 단기간 작업 또는 간헐적 작업인 경우에는 2시간 이상
마. 건설업 기초안전 · 보건교육	건설 일용근로자		4시간 이상

비고

1. 위 표의 적용을 받는 "일용근로자"란 근로계약을 1일 단위로 체결하고 그 날의 근로가 끝나면 근로관계가 종료되어 계속 고용이 보장되지 않는 근로자를 말한다.

2. 일용근로자가 위 표의 나목 또는 라목에 따른 교육을 받은 날 이후 1주일 동안 같은 사업장에서 같은 업무의 일용근로자로 다시 종사하는 경우에는 이미 받은 위 표의 나목 또는 라목에 따른 교육을 면제한다.

건설안전기사 관련 법령

3. 다음 각 목의 어느 하나에 해당하는 경우는 위 표의 가목부터 라목까지의 규정에도 불구하고 해당 교육과정별 교육시간의 2분의 1 이상을 그 교육시간으로 한다.

   가. 영 별표 1 제1호에 따른 사업

   나. 상시근로자 50명 미만의 도매업, 숙박 및 음식점업

4. 근로자가 다음 각 목의 어느 하나에 해당하는 안전교육을 받은 경우에는 그 시간만큼 위 표의 가목에 따른 해당 반기의 정기교육을 받은 것으로 본다.

   가. 「원자력안전법 시행령」 제148조제1항에 따른 방사선작업종사자 정기교육

   나. 「항만안전특별법 시행령」 제5조제1항제2호에 따른 정기안전교육

   다. 「화학물질관리법 시행규칙」 제37조제4항에 따른 유해화학물질 안전교육

5. 근로자가 「항만안전특별법 시행령」 제5조제1항제1호에 따른 신규안전교육을 받은 때에는 그 시간만큼 위 표의 나목에 따른 채용 시 교육을 받은 것으로 본다.

6. 방사선 업무에 관계되는 작업에 종사하는 근로자가 「원자력안전법 시행규칙」 제138조제1항제2호에 따른 방사선작업종사자 신규교육 중 직장교육을 받은 때에는 그 시간만큼 위 표의 라목에 따른 특별교육 중 별표 5 제1호라목의 33.란에 따른 특별교육을 받은 것으로 본다.

1의2. 관리감독자 안전보건교육(제26조제1항 관련)

교육과정	교육시간
가. 정기교육	연간 16시간 이상
나. 채용 시 교육	8시간 이상
다. 작업내용 변경 시 교육	2시간 이상
라. 특별교육	16시간 이상(최초 작업에 종사하기 전 4시간 이상 실시하고, 12시간은 3개월 이내에서 분할하여 실시 가능)
	단기간 작업 또는 간헐적 작업인 경우에는 2시간 이상

2. 안전보건관리책임자 등에 대한 교육(제29조제2항 관련)

교육대상	교육시간	
	신규교육	보수교육
가. 안전보건관리책임자	6시간 이상	6시간 이상
나. 안전관리자, 안전관리전문기관의 종사자	34시간 이상	24시간 이상
다. 보건관리자, 보건관리전문기관의 종사자	34시간 이상	24시간 이상
라. 건설재해예방전문지도기관의 종사자	34시간 이상	24시간 이상
마. 석면조사기관의 종사자	34시간 이상	24시간 이상
바. 안전보건관리담당자	–	8시간 이상
사. 안전검사기관, 자율안전검사기관의 종사자	34시간 이상	24시간 이상

3. 특수형태근로종사자에 대한 안전보건교육(제95조제1항 관련)

교육과정	교육시간
가. 최초 노무제공 시 교육	2시간 이상(단기간 작업 또는 간헐적 작업에 노무를 제공하는 경우에는 1시간 이상 실시하고, 특별교육을 실시한 경우는 면제)
나. 특별교육	16시간 이상(최초 작업에 종사하기 전 4시간 이상 실시하고 12시간은 3개월 이내에서 분할하여 실시가능)
	단기간 작업 또는 간헐적 작업인 경우에는 2시간 이상

비고: 영 제67조제13호라목에 해당하는 사람이 「화학물질관리법」 제33조제1항에 따른 유해화학물질 안전교육을 받은 경우에는 그 시간만큼 가목에 따른 최초 노무제공 시 교육을 실시하지 않을 수 있다.

4. 검사원 성능검사 교육(제131조제2항 관련)

교육과정	교육대상	교육시간
성능검사 교육	–	28시간 이상

(規)제27조(안전보건교육의 면제) ① 전년도에 산업재해가 발생하지 않은 사업장의 사업주의 경우 법 제29조제1항에 따른 근로자 정기교육(이하 "근로자 정기교육"이라 한다)을 그 다음 연도에 한정하여 별표 4에서 정한 실시기준 시간의 100분의 50 범위에서 면제할 수 있다.

② 영 제16조 및 제20조에 따른 안전관리자 및 보건관리자를 선임할 의무가 없는 사업장의 사업주가 법 제11조제3호에 따라 노무를 제공하는 자의 건강 유지·증진을 위하여 설치된 근로자건강센터(이하 "근로자건강센터"라 한다)에서 실시하는 안전보건교육, 건강상담, 건강관리프로그램 등 근로자 건강관리 활동에 해당 사업장의 근로자를 참여하게 한 경우에는 해당 시간을 제26조제1항에 따른 교육 중 해당 반기(관리감독자의 지위에 있는 사람의 경우 해당 연도)의 근로자 정기교육 시간에서 면제할 수 있다. 이 경우 사업주는 해당 사업장의 근로자가 근로자건강센터에서 실시하는 건강관리 활동에 참여한 사실을 입증할 수 있는 서류를 갖춰 두어야 한다. 〈개정 2023. 9. 27.〉

③ 법 제30조제1항제3호에 따라 관리감독자가 다음 각 호의 어느 하나에 해당하는 교육을 이수한 경우 별표 4에서 정한 근로자 정기교육시간을 면제할 수 있다.

1. 법 제32조제1항 각 호 외의 부분 본문에 따라 영 제40조제3항에 따른 직무교육기관(이하 "직무교육기관"이라 한다)에서 실시한 전문화교육

2. 법 제32조제1항 각 호 외의 부분 본문에 따라 직무교육기관에서 실시한 인터넷 원격교육

3. 법 제32조제1항 각 호 외의 부분 본문에 따라 공단에서 실시한 안전보건관리담당자 양성 교육

4. 법 제98조제1항제2호에 따른 검사원 성능검사 교육

5. 그 밖에 고용노동부장관이 근로자 정기교육 면제대상으로 인정하는 교육

④ 사업주는 법 제30조제2항에 따라 해당 근로자가 채용되거나 변경된 작업에 경험이 있을 경우 채용 시 교육 또는 특별교육 시간을 다음 각 호의 기준에 따라 실시할 수 있다.

1. 「통계법」 제22조에 따라 통계청장이 고시한 한국표준산업분류의 세분류 중 같은 종류의 업 종에 6개월 이상 근무한 경험이 있는 근로자를 이직 후 1년 이내에 채용하는 경우: 별표 4 에서 정한 채용 시 교육시간의 100분의 50 이상

2. 별표 5의 특별교육 대상작업에 6개월 이상 근무한 경험이 있는 근로자가 다음 각 목의 어 느 하나에 해당하는 경우: 별표 4에서 정한 특별교육 시간의 100분의 50 이상

가. 근로자가 이직 후 1년 이내에 채용되어 이직 전과 동일한 특별교육 대상작업에 종사하 는 경우

　　나. 근로자가 같은 사업장 내 다른 작업에 배치된 후 1년 이내에 배치 전과 동일한 특별교육 대상작업에 종사하는 경우

　3. 채용 시 교육 또는 특별교육을 이수한 근로자가 같은 도급인의 사업장 내에서 이전에 하던 업무와 동일한 업무에 종사하는 경우: 소속 사업장의 변경에도 불구하고 해당 근로자에 대한 채용 시 교육 또는 특별교육 면제

　4. 그 밖에 고용노동부장관이 채용 시 교육 또는 특별교육 면제 대상으로 인정하는 교육

(規)제28조(건설업 기초안전보건교육의 시간·내용 및 방법 등) ① 법 제31조제1항에 따라 건설 일용근로자를 채용할 때 실시하는 안전보건교육(이하 "건설업 기초안전보건교육"이라 한다)의 교육시간은 별표 4에 따르고, 교육내용은 별표 5에 따른다.

② 건설업 기초안전보건교육을 하기 위하여 등록한 기관(이하 "건설업 기초안전·보건교육기관"이라 한다)이 건설업 기초안전보건교육을 할 때에는 별표 5의 교육내용에 적합한 교육교재를 사용해야 하고, 영 별표 11의 인력기준에 적합한 사람을 배치해야 한다.

③ 제1항 및 제2항에서 정한 사항 외에 교육생 관리, 교육 과정 편성, 교육방법 등 교육에 필요한 사항은 고용노동부장관이 정하여 고시한다. 〈개정 2023. 9. 27.〉

■ 산업안전보건법 시행규칙 [별표 5] 〈개정 2023. 9. 27.〉

안전보건교육 교육대상별 교육내용(제26조제1항 등 관련)

1. 근로자 안전보건교육(제26조제1항 관련)
　가. 정기교육

교육내용
○ 산업안전 및 사고 예방에 관한 사항
○ 산업보건 및 직업병 예방에 관한 사항
○ 위험성 평가에 관한 사항
○ 건강증진 및 질병 예방에 관한 사항
○ 유해 · 위험 작업환경 관리에 관한 사항
○ 산업안전보건법령 및 산업재해보상보험 제도에 관한 사항
○ 직무스트레스 예방 및 관리에 관한 사항
○ 직장 내 괴롭힘, 고객의 폭언 등으로 인한 건강장해 예방 및 관리에 관한 사항

다. 채용 시 교육 및 작업내용 변경 시 교육

교육내용
○ 산업안전 및 사고 예방에 관한 사항
○ 산업보건 및 직업병 예방에 관한 사항
○ 위험성 평가에 관한 사항
○ 산업안전보건법령 및 산업재해보상보험 제도에 관한 사항
○ 직무스트레스 예방 및 관리에 관한 사항
○ 직장 내 괴롭힘, 고객의 폭언 등으로 인한 건강장해 예방 및 관리에 관한 사항
○ 기계 · 기구의 위험성과 작업의 순서 및 동선에 관한 사항
○ 작업 개시 전 점검에 관한 사항
○ 정리정돈 및 청소에 관한 사항
○ 사고 발생 시 긴급조치에 관한 사항
○ 물질안전보건자료에 관한 사항

라. 특별교육 대상 작업별 교육

작업명	교육내용
3. 밀폐된 장소(탱크 내 또는 환기가 극히 불량한 좁은 장소를 말한다)에서 하는 용접 작업 또는 습한 장소에서 하는 전기용접 작업	○ 작업순서, 안전작업방법 및 수칙에 관한 사항 ○ 환기설비에 관한 사항 ○ 전격 방지 및 보호구 착용에 관한 사항 ○ 질식 시 응급조치에 관한 사항 ○ 작업환경 점검에 관한 사항 ○ 그 밖에 안전 · 보건관리에 필요한 사항
14. 1톤 이상의 크레인을 사용하는 작업 또는 1톤 미만의 크레인 또는 호이스트를 5대 이상 보유한 사업장에서 해당 기계로 하는 작업(제40호의 작업은 제외한다)	○ 방호장치의 종류, 기능 및 취급에 관한 사항 ○ 걸고리 · 와이어로프 및 비상정지장치 등의 기계 · 기구 점검에 관한 사항 ○ 화물의 취급 및 안전작업방법에 관한 사항 ○ 신호방법 및 공동작업에 관한 사항 ○ 인양 물건의 위험성 및 낙하 · 비래(飛來) · 충돌재해 예방에 관한 사항 ○ 인양물이 적재될 지반의 조건, 인양하중, 풍압 등이 인양물과 타워크레인에 미치는 영향 ○ 그 밖에 안전 · 보건관리에 필요한 사항
15. 건설용 리프트 · 곤돌라를 이용한 작업	○ 방호장치의 기능 및 사용에 관한 사항 ○ 기계, 기구, 달기체인 및 와이어 등의 점검에 관한 사항 ○ 화물의 권상 · 권하 작업방법 및 안전작업 지도에 관한 사항 ○ 기계 · 기구에 특성 및 동작원리에 관한 사항 ○ 신호방법 및 공동작업에 관한 사항 ○ 그 밖에 안전 · 보건관리에 필요한 사항
18. 콘크리트 파쇄기를 사용하여 하는 파쇄 작업(2미터 이상인 구축물의 파쇄작업만 해당한다)	○ 콘크리트 해체 요령과 방호거리에 관한 사항 ○ 작업안전조치 및 안전기준에 관한 사항 ○ 파쇄기의 조작 및 공통작업 신호에 관한 사항 ○ 보호구 및 방호장비 등에 관한 사항 ○ 그 밖에 안전 · 보건관리에 필요한 사항

19. 굴착면의 높이가 2미터 이상이 되는 지반 굴착(터널 및 수직갱 외의 갱 굴착은 제외한다)작업	○ 지반의 형태·구조 및 굴착 요령에 관한 사항 ○ 지반의 붕괴재해 예방에 관한 사항 ○ 붕괴 방지용 구조물 설치 및 작업방법에 관한 사항 ○ 보호구의 종류 및 사용에 관한 사항 ○ 그 밖에 안전·보건관리에 필요한 사항
20. 흙막이 지보공의 보강 또는 동바리를 설치하거나 해체하는 작업	○ 작업안전 점검 요령과 방법에 관한 사항 ○ 동바리의 운반·취급 및 설치 시 안전작업에 관한 사항 ○ 해체작업 순서와 안전기준에 관한 사항 ○ 보호구 취급 및 사용에 관한 사항 ○ 그 밖에 안전·보건관리에 필요한 사항
21. 터널 안에서의 굴착작업(굴착용 기계를 사용하여 하는 굴착작업 중 근로자가 칼날 밑에 접근하지 않고 하는 작업은 제외한다) 또는 같은 작업에서의 터널 거푸집 지보공의 조립 또는 콘크리트 작업	○ 작업환경의 점검 요령과 방법에 관한 사항 ○ 붕괴 방지용 구조물 설치 및 안전작업 방법에 관한 사항 ○ 재료의 운반 및 취급·설치의 안전기준에 관한 사항 ○ 보호구의 종류 및 사용에 관한 사항 ○ 소화설비의 설치장소 및 사용방법에 관한 사항 ○ 그 밖에 안전·보건관리에 필요한 사항
22. 굴착면의 높이가 2미터 이상이 되는 암석의 굴착작업	○ 폭발물 취급 요령과 대피 요령에 관한 사항 ○ 안전거리 및 안전기준에 관한 사항 ○ 방호물의 설치 및 기준에 관한 사항 ○ 보호구 및 신호방법 등에 관한 사항 ○ 그 밖에 안전·보건관리에 필요한 사항
23. 높이가 2미터 이상인 물건을 쌓거나 무너뜨리는 작업(하역기계로만 하는 작업은 제외한다)	○ 원부재료의 취급 방법 및 요령에 관한 사항 ○ 물건의 위험성·낙하 및 붕괴재해 예방에 관한 사항 ○ 적재방법 및 전도 방지에 관한 사항 ○ 보호구 착용에 관한 사항 ○ 그 밖에 안전·보건관리에 필요한 사항
25. 거푸집 동바리의 조립 또는 해체작업	○ 동바리의 조립방법 및 작업 절차에 관한 사항 ○ 조립재료의 취급방법 및 설치기준에 관한 사항 ○ 조립 해체 시의 사고 예방에 관한 사항 ○ 보호구 착용 및 점검에 관한 사항 ○ 그 밖에 안전·보건관리에 필요한 사항
26. 비계의 조립·해체 또는 변경작업	○ 비계의 조립순서 및 방법에 관한 사항 ○ 비계작업의 재료 취급 및 설치에 관한 사항 ○ 추락재해 방지에 관한 사항 ○ 보호구 착용에 관한 사항 ○ 비계상부 작업 시 최대 적재하중에 관한 사항 ○ 그 밖에 안전·보건관리에 필요한 사항
27. 건축물의 골조, 다리의 상부구조 또는 탑의 금속제의 부재로 구성되는 것(5미터 이상인 것만 해당한다)의 조립·해체 또는 변경작업	○ 건립 및 버팀대의 설치순서에 관한 사항 ○ 조립 해체 시의 추락재해 및 위험요인에 관한 사항 ○ 건립용 기계의 조작 및 작업신호 방법에 관한 사항 ○ 안전장비 착용 및 해체순서에 관한 사항 ○ 그 밖에 안전·보건관리에 필요한 사항

28. 처마 높이가 5미터 이상인 목조건축물의 구조 부재의 조립이나 건축물의 지붕 또는 외벽 밑에서의 설치작업	○ 붕괴 · 추락 및 재해 방지에 관한 사항 ○ 부재의 강도 · 재질 및 특성에 관한 사항 ○ 조립 · 설치 순서 및 안전작업방법에 관한 사항 ○ 보호구 착용 및 작업 점검에 관한 사항 ○ 그 밖에 안전 · 보건관리에 필요한 사항
29. 콘크리트 인공구조물(그 높이가 2미터 이상인 것만 해당한다)의 해체 또는 파괴 작업	○ 콘크리트 해체기계의 점점에 관한 사항 ○ 파괴 시의 안전거리 및 대피 요령에 관한 사항 ○ 작업방법 · 순서 및 신호 방법 등에 관한 사항 ○ 해체 · 파괴 시의 작업안전기준 및 보호구에 관한 사항 ○ 그 밖에 안전 · 보건관리에 필요한 사항
30. 타워크레인을 설치(상승작업을 포함한다) · 해체하는 작업	○ 붕괴 · 추락 및 재해 방지에 관한 사항 ○ 설치 · 해체 순서 및 안전작업방법에 관한 사항 ○ 부재의 구조 · 재질 및 특성에 관한 사항 ○ 신호방법 및 요령에 관한 사항 ○ 이상 발생 시 응급조치에 관한 사항 ○ 그 밖에 안전 · 보건관리에 필요한 사항
34. 밀폐공간에서의 작업	○ 산소농도 측정 및 작업환경에 관한 사항 ○ 사고 시의 응급처치 및 비상 시 구출에 관한 사항 ○ 보호구 착용 및 보호 장비 사용에 관한 사항 ○ 작업내용 · 안전작업방법 및 절차에 관한 사항 ○ 장비 · 설비 및 시설 등의 안전점검에 관한 사항 ○ 그 밖에 안전 · 보건관리에 필요한 사항
35. 허가 또는 관리 대상 유해물질의 제조 또는 취급작업	○ 취급물질의 성질 및 상태에 관한 사항 ○ 유해물질이 인체에 미치는 영향 ○ 국소배기장치 및 안전설비에 관한 사항 ○ 안전작업방법 및 보호구 사용에 관한 사항 ○ 그 밖에 안전 · 보건관리에 필요한 사항
38. 가연물이 있는 장소에서 하는 화재위험 작업	○ 작업준비 및 작업절차에 관한 사항 ○ 작업장 내 위험물, 가연물의 사용 · 보관 · 설치 현황에 관한 사항 ○ 화재위험작업에 따른 인근 인화성 액체에 대한 방호조치에 관한 사항 ○ 화재위험작업으로 인한 불꽃, 불티 등의 흩날림 방지 조치에 관한 사항 ○ 인화성 액체의 증기가 남아 있지 않도록 환기 등의 조치에 관한 사항 ○ 화재감시자의 직무 및 피난교육 등 비상조치에 관한 사항 ○ 그 밖에 안전 · 보건관리에 필요한 사항
39. 타워크레인을 사용하는 작업시 신호업무를 하는 작업	○ 타워크레인의 기계적 특성 및 방호장치 등에 관한 사항 ○ 화물의 취급 및 안전작업방법에 관한 사항 ○ 신호방법 및 요령에 관한 사항 ○ 인양 물건의 위험성 및 낙하 · 비래 · 충돌재해 예방에 관한 사항 ○ 인양물이 적재될 지반의 조건, 인양하중, 풍압 등이 인양물과 타워크레인에 미치는 영향 ○ 그 밖에 안전 · 보건관리에 필요한 사항

1의2. 관리감독자 안전보건교육(제26조제1항 관련)

가. 정기교육

교육내용
○ 산업안전 및 사고 예방에 관한 사항
○ 산업보건 및 직업병 예방에 관한 사항
○ 위험성평가에 관한 사항
○ 유해 · 위험 작업환경 관리에 관한 사항
○ 산업안전보건법령 및 산업재해보상보험 제도에 관한 사항
○ 직무스트레스 예방 및 관리에 관한 사항
○ 직장 내 괴롭힘, 고객의 폭언 등으로 인한 건강장해 예방 및 관리에 관한 사항
○ 작업공정의 유해 · 위험과 재해 예방대책에 관한 사항
○ 사업장 내 안전보건관리체제 및 안전 · 보건조치 현황에 관한 사항
○ 표준안전 작업방법 결정 및 지도 · 감독 요령에 관한 사항
○ 현장근로자와의 의사소통능력 및 강의능력 등 안전보건교육 능력 배양에 관한 사항
○ 비상시 또는 재해 발생 시 긴급조치에 관한 사항
○ 그 밖의 관리감독자의 직무에 관한 사항

나. 채용 시 교육 및 작업내용 변경 시 교육

교육내용
○ 산업안전 및 사고 예방에 관한 사항
○ 산업보건 및 직업병 예방에 관한 사항
○ 위험성평가에 관한 사항
○ 산업안전보건법령 및 산업재해보상보험 제도에 관한 사항
○ 직무스트레스 예방 및 관리에 관한 사항
○ 직장 내 괴롭힘, 고객의 폭언 등으로 인한 건강장해 예방 및 관리에 관한 사항
○ 기계 · 기구의 위험성과 작업의 순서 및 동선에 관한 사항
○ 작업 개시 전 점검에 관한 사항
○ 물질안전보건자료에 관한 사항
○ 사업장 내 안전보건관리체제 및 안전 · 보건조치 현황에 관한 사항
○ 표준안전 작업방법 결정 및 지도 · 감독 요령에 관한 사항
○ 비상시 또는 재해 발생 시 긴급조치에 관한 사항
○ 그 밖의 관리감독자의 직무에 관한 사항

2. 건설업 기초안전보건교육에 대한 내용 및 시간(제28조제1항 관련)

교육 내용	시간
가. 건설공사의 종류(건축 · 토목 등) 및 시공 절차	1시간
나. 산업재해 유형별 위험요인 및 안전보건조치	2시간
다. 안전보건관리체제 현황 및 산업안전보건 관련 근로자 권리 · 의무	1시간

4. 특수형태근로종사자에 대한 안전보건교육(제95조제1항 관련)

가. 최초 노무제공 시 교육

교육내용
아래의 내용 중 특수형태근로종사자의 직무에 적합한 내용을 교육해야 한다. ○ 산업안전 및 사고 예방에 관한 사항 ○ 산업보건 및 직업병 예방에 관한 사항 ○ 건강증진 및 질병 예방에 관한 사항 ○ 유해 · 위험 작업환경 관리에 관한 사항 ○ 산업안전보건법령 및 산업재해보상보험 제도에 관한 사항 ○ 직무스트레스 예방 및 관리에 관한 사항 ○ 직장 내 괴롭힘, 고객의 폭언 등으로 인한 건강장해 예방 및 관리에 관한 사항 ○ 기계 · 기구의 위험성과 작업의 순서 및 동선에 관한 사항 ○ 작업 개시 전 점검에 관한 사항 ○ 정리정돈 및 청소에 관한 사항 ○ 사고 발생 시 긴급조치에 관한 사항 ○ 물질안전보건자료에 관한 사항 ○ 교통안전 및 운전안전에 관한 사항 ○ 보호구 착용에 관한 사항

6. 물질안전보건자료에 관한 교육(제169조제1항 관련)

교육내용	
○ 대상화학물질의 명칭(또는 제품명)	○ 적절한 보호구
○ 물리적 위험성 및 건강 유해성	○ 응급조치 요령 및 사고시 대처방법
○ 취급상의 주의사항	○ 물질안전보건자료 및 경고표지를 이해하는 방법

제43조(공정안전보고서의 제출 대상) ① 법 제44조제1항 전단에서 "대통령령으로 정하는 유해하거나 위험한 설비"란 다음 각 호의 어느 하나에 해당하는 사업을 하는 사업장의 경우에는 그 보유설비를 말하고, 그 외의 사업을 하는 사업장의 경우에는 별표 13에 따른 유해 · 위험물질 중 하나 이상의 물질을 같은 표에 따른 규정량 이상 제조 · 취급 · 저장하는 설비 및 그 설비의 운영과 관련된 모든 공정설비를 말한다.

1. 원유 정제처리업

2. 기타 석유정제물 재처리업

3. 석유화학계 기초화학물질 제조업 또는 합성수지 및 기타 플라스틱물질 제조업. 다만, 합성수지 및 기타 플라스틱물질 제조업은 별표 13 제1호 또는 제2호에 해당하는 경우로 한정한다.

4. 질소 화합물, 질소 · 인산 및 칼리질 화학비료 제조업 중 질소질 비료 제조

5. 복합비료 및 기타 화학비료 제조업 중 복합비료 제조(단순혼합 또는 배합에 의한 경우는 제외한다)

6. 화학 살균·살충제 및 농업용 약제 제조업[농약 원제(原劑) 제조만 해당한다]

7. 화약 및 불꽃제품 제조업

② 제1항에도 불구하고 다음 각 호의 설비는 유해하거나 위험한 설비로 보지 않는다.

　1. 원자력 설비

　2. 군사시설

　3. 사업주가 해당 사업장 내에서 직접 사용하기 위한 난방용 연료의 저장설비 및 사용설비

　4. 도매·소매시설

　5. 차량 등의 운송설비

　6.「액화석유가스의 안전관리 및 사업법」에 따른 액화석유가스의 충전·저장시설

　7.「도시가스사업법」에 따른 가스공급시설

　8. 그 밖에 고용노동부장관이 누출·화재·폭발 등의 사고가 있더라도 그에 따른 피해의 정
　　도가 크지 않다고 인정하여 고시하는 설비

③ 법 제44조제1항 전단에서 "대통령령으로 정하는 사고"란 다음 각 호의 어느 하나에 해당하는
　사고를 말한다.

　1. 근로자가 사망하거나 부상을 입을 수 있는 제1항에 따른 설비(제2항에 따른 설비는 제외한
　　다. 이하 제2호에서 같다)에서의 누출·화재·폭발 사고

　2. 인근 지역의 주민이 인적 피해를 입을 수 있는 제1항에 따른 설비에서의 누출·화재·폭발
　　사고

제44조(공정안전보고서의 내용) ① 법 제44조제1항 전단에 따른 공정안전보고서에는 다음 각
호의 사항이 포함되어야 한다.

1. 공정안전자료

2. 공정위험성 평가서

3. 안전운전계획

4. 비상조치계획

5. 그 밖에 공정상의 안전과 관련하여 고용노동부장관이 필요하다고 인정하여 고시하는 사항

② 제1항제1호부터 제4호까지의 규정에 따른 사항에 관한 세부 내용은 고용노동부령으로
　정한다.

(規)제50조(공정안전보고서의 세부 내용 등) ① 영 제44조에 따라 공정안전보고서에 포함해야
할 세부내용은 다음 각 호와 같다.

1. 공정안전자료

　가. 취급·저장하고 있거나 취급·저장하려는 유해·위험물질의 종류 및 수량

　　나. 유해·위험물질에 대한 물질안전보건자료

　　다. 유해하거나 위험한 설비의 목록 및 사양

　　라. 유해하거나 위험한 설비의 운전방법을 알 수 있는 공정도면

　　마. 각종 건물·설비의 배치도

　　바. 폭발위험장소 구분도 및 전기단선도

　　사. 위험설비의 안전설계·제작 및 설치 관련 지침서

2. 공정위험성평가서 및 잠재위험에 대한 사고예방·피해 최소화 대책(공정위험성평가서는 공정의 특성 등을 고려하여 다음 각 목의 위험성평가 기법 중 한 가지 이상을 선정하여 위험성평가를 한 후 그 결과에 따라 작성해야 하며, 사고예방·피해최소화 대책은 위험성평가 결과 잠재위험이 있다고 인정되는 경우에만 작성한다)

　　가. 체크리스트(Check List)

　　나. 상대위험순위 결정(Dow and Mond Indices)

　　다. 작업자 실수 분석(HEA)

　　라. 사고 예상 질문 분석(What-if)

　　마. 위험과 운전 분석(HAZOP)

　　바. 이상위험도 분석(FMECA)

　　사. 결함 수 분석(FTA)

　　아. 사건 수 분석(ETA)

　　자. 원인결과 분석(CCA)

　　차. 가목부터 자목까지의 규정과 같은 수준 이상의 기술적 평가기법

3. 안전운전계획

　　가. 안전운전지침서

　　나. 설비점검·검사 및 보수계획, 유지계획 및 지침서

　　다. 안전작업허가

　　라. 도급업체 안전관리계획

　　마. 근로자 등 교육계획

　　바. 가동 전 점검지침

　　사. 변경요소 관리계획

　　아. 자체감사 및 사고조사계획

　　자. 그 밖에 안전운전에 필요한 사항

4. 비상조치계획

　　가. 비상조치를 위한 장비·인력 보유현황

　　나. 사고발생 시 각 부서·관련 기관과의 비상연락체계

다. 사고발생 시 비상조치를 위한 조직의 임무 및 수행 절차

라. 비상조치계획에 따른 교육계획

마. 주민홍보계획

바. 그 밖에 비상조치 관련 사항

② 공정안전보고서의 세부내용별 작성기준, 작성자 및 심사기준, 그 밖에 심사에 필요한 사항은 고용노동부장관이 정하여 고시한다.

(規)제51조(공정안전보고서의 제출 시기) 사업주는 영 제45조제1항에 따라 유해하거나 위험한 설비의 설치·이전 또는 주요 구조부분의 변경공사의 착공일(기존 설비의 제조·취급·저장 물질이 변경되거나 제조량·취급량·저장량이 증가하여 영 별표 13에 따른 유해·위험물질 규정량에 해당하게 된 경우에는 그 해당일을 말한다) 30일 전까지 공정안전보고서를 2부 작성하여 공단에 제출해야 한다.

제46조(안전보건진단의 종류 및 내용) ① 법 제47조제1항에 따른 안전보건진단(이하 "안전보건진단"이라 한다)의 종류 및 내용은 별표 14와 같다.

② 고용노동부장관은 법 제47조제1항에 따라 안전보건진단 명령을 할 경우 기계·화공·전기·건설 등 분야별로 한정하여 진단을 받을 것을 명할 수 있다.

③ 안전보건진단 결과보고서에는 산업재해 또는 사고의 발생원인, 작업조건·작업방법에 대한 평가 등의 사항이 포함되어야 한다.

안전보건진단의 종류 및 내용(제46조제1항 관련)

종류	진단내용
종합진단	1. 경영·관리적 사항에 대한 평가 　가. 산업재해 예방계획의 적정성 　나. 안전·보건 관리조직과 그 직무의 적정성 　다. 산업안전보건위원회 설치·운영, 명예산업안전감독관의 역할 등 근로자의 참여 정도 　라. 안전보건관리규정 내용의 적정성 2. 산업재해 또는 사고의 발생 원인(산업재해 또는 사고가 발생한 경우만 해당한다) 3. 작업조건 및 작업방법에 대한 평가 4. 유해·위험요인에 대한 측정 및 분석 　가. 기계·기구 또는 그 밖의 설비에 의한 위험성 　나. 폭발성·물반응성·자기반응성·자기발열성 물질, 자연발화성 액체·고체 및 인화성 액체 등에 의한 위험성 　다. 전기·열 또는 그 밖의 에너지에 의한 위험성 　라. 추락, 붕괴, 낙하, 비래(飛來) 등으로 인한 위험성 　마. 그 밖에 기계·기구·설비·장치·구축물·시설물·원재료 및 공정 등에 의한 위험성

	바. 법 제118조제1항에 따른 허가대상물질, 고용노동부령으로 정하는 관리대상 유해물질 및 온도 · 습도 · 환기 · 소음 · 진동 · 분진, 유해광선 등의 유해성 또는 위험성 5. 보호구, 안전 · 보건장비 및 작업환경 개선시설의 적정성 6. 유해물질의 사용 · 보관 · 저장, 물질안전보건자료의 작성, 근로자 교육 및 경고표시 부착의 적정성 7. 그 밖에 작업환경 및 근로자 건강 유지 · 증진 등 보건관리의 개선을 위하여 필요한 사항
안전진단	종합진단 내용 중 제2호 · 제3호, 제4호가목부터 마목까지 및 제5호 중 안전 관련 사항
보건진단	종합진단 내용 중 제2호 · 제3호, 제4호바목, 제5호 중 보건 관련 사항, 제6호 및 제7호

제49조(안전보건진단을 받아 안전보건개선계획을 수립할 대상) 법 제49조제1항 각 호 외의 부분 후단에서 "대통령령으로 정하는 사업장"이란 다음 각 호의 사업장을 말한다.

1. 산업재해율이 같은 업종 평균 산업재해율의 2배 이상인 사업장

2. 법 제49조제1항제2호에 해당하는 사업장

3. 직업성 질병자가 연간 2명 이상(상시근로자 1천명 이상 사업장의 경우 3명 이상) 발생한 사업장

4. 그 밖에 작업환경 불량, 화재 · 폭발 또는 누출 사고 등으로 사업장 주변까지 피해가 확산된 사업장으로서 고용노동부령으로 정하는 사업장

(法)제49조(안전보건개선계획의 수립·시행 명령) ① 고용노동부장관은 다음 각 호의 어느 하나에 해당하는 사업장으로서 산업재해 예방을 위하여 종합적인 개선조치를 할 필요가 있다고 인정되는 사업장의 사업주에게 고용노동부령으로 정하는 바에 따라 그 사업장, 시설, 그 밖의 사항에 관한 안전 및 보건에 관한 개선계획(이하 "안전보건개선계획"이라 한다)을 수립하여 시행할 것을 명할 수 있다. 이 경우 대통령령으로 정하는 사업장의 사업주에게는 제47조에 따라 안전보건진단을 받아 안전보건개선계획을 수립하여 시행할 것을 명할 수 있다.

1. 산업재해율이 같은 업종의 규모별 평균 산업재해율보다 높은 사업장

2. 사업주가 필요한 안전조치 또는 보건조치를 이행하지 아니하여 중대재해가 발생한 사업장

3. 대통령령으로 정하는 수 이상의 직업성 질병자가 발생한 사업장

4. 제106조에 따른 유해인자의 노출기준을 초과한 사업장

② 사업주는 안전보건개선계획을 수립할 때에는 산업안전보건위원회의 심의를 거쳐야 한다. 다만, 산업안전보건위원회가 설치되어 있지 아니한 사업장의 경우에는 근로자대표의 의견을 들어야 한다.

제51조(도급승인 대상 작업) 법 제59조제1항 전단에서 "급성 독성, 피부 부식성 등이 있는 물질의 취급 등 대통령령으로 정하는 작업"이란 다음 각 호의 어느 하나에 해당하는 작업을 말한다.

1. 중량비율 1퍼센트 이상의 황산, 불화수소, 질산 또는 염화수소를 취급하는 설비를 개조·분해·해체·철거하는 작업 또는 해당 설비의 내부에서 이루어지는 작업. 다만, 도급인이 해당 화학물질을 모두 제거한 후 증명자료를 첨부하여 고용노동부장관에게 신고한 경우는 제외한다.
2. 그 밖에 「산업재해보상보험법」 제8조제1항에 따른 산업재해보상보험및예방심의위원회(이하 "산업재해보상보험및예방심의위원회"라 한다)의 심의를 거쳐 고용노동부장관이 정하는 작업

제52조(안전보건총괄책임자 지정 대상사업) 법 제62조제1항에 따른 안전보건총괄책임자(이하 "안전보건총괄책임자"라 한다)를 지정해야 하는 사업의 종류 및 사업장의 상시근로자 수는 관계수급인에게 고용된 근로자를 포함한 상시근로자가 100명(선박 및 보트 건조업, 1차 금속 제조업 및 토사석 광업의 경우에는 50명) 이상인 사업이나 관계수급인의 공사금액을 포함한 해당 공사의 총공사금액이 20억원 이상인 건설업으로 한다.

제53조(안전보건총괄책임자의 직무 등) ① 안전보건총괄책임자의 직무는 다음 각 호와 같다.
1. 법 제36조에 따른 위험성평가의 실시에 관한 사항
2. 법 제51조 및 제54조에 따른 작업의 중지
3. 법 제64조에 따른 도급 시 산업재해 예방조치
4. 법 제72조제1항에 따른 산업안전보건관리비의 관계수급인 간의 사용에 관한 협의·조정 및 그 집행의 감독
5. 안전인증대상기계등과 자율안전확인대상기계등의 사용 여부 확인
② 안전보건총괄책임자에 대한 지원에 관하여는 제14조제2항을 준용한다. 이 경우 "안전보건관리책임자"는 "안전보건총괄책임자"로, "법 제15조제1항"은 "제1항"으로 본다.
③ 사업주는 안전보건총괄책임자를 선임했을 때에는 그 선임 사실 및 제1항 각 호의 직무의 수행내용을 증명할 수 있는 서류를 갖추어 두어야 한다.

제53조의2(도급에 따른 산업재해 예방조치) 법 제64조제1항제8호에서 "화재·폭발 등 대통령령으로 정하는 위험이 발생할 우려가 있는 경우"란 다음 각 호의 경우를 말한다.
1. 화재·폭발이 발생할 우려가 있는 경우
2. 동력으로 작동하는 기계·설비 등에 끼일 우려가 있는 경우

3. 차량계 하역운반기계, 건설기계, 양중기(揚重機) 등 동력으로 작동하는 기계와 충돌할 우려가 있는 경우
4. 근로자가 추락할 우려가 있는 경우
5. 물체가 떨어지거나 날아올 우려가 있는 경우
6. 기계·기구 등이 넘어지거나 무너질 우려가 있는 경우
7. 토사·구축물·인공구조물 등이 붕괴될 우려가 있는 경우
8. 산소 결핍이나 유해가스로 질식이나 중독의 우려가 있는 경우[본조신설 2021. 11. 19.]

(法)제58조(유해한 작업의 도급금지) ① 사업주는 근로자의 안전 및 보건에 유해하거나 위험한 작업으로서 다음 각 호의 어느 하나에 해당하는 작업을 도급하여 자신의 사업장에서 수급인의 근로자가 그 작업을 하도록 해서는 아니 된다.

1. 도금작업
2. 수은, 납 또는 카드뮴을 제련, 주입, 가공 및 가열하는 작업
3. 제118조제1항에 따른 허가대상물질을 제조하거나 사용하는 작업

② 사업주는 제1항에도 불구하고 다음 각 호의 어느 하나에 해당하는 경우에는 제1항 각 호에 따른 작업을 도급하여 자신의 사업장에서 수급인의 근로자가 그 작업을 하도록 할 수 있다.

1. 일시·간헐적으로 하는 작업을 도급하는 경우
2. 수급인이 보유한 기술이 전문적이고 사업주(수급인에게 도급을 한 도급인으로서의 사업주를 말한다)의 사업 운영에 필수 불가결한 경우로서 고용노동부장관의 승인을 받은 경우

③ 사업주는 제2항제2호에 따라 고용노동부장관의 승인을 받으려는 경우에는 고용노동부령으로 정하는 바에 따라 고용노동부장관이 실시하는 안전 및 보건에 관한 평가를 받아야 한다.

④ 제2항제2호에 따른 승인의 유효기간은 3년의 범위에서 정한다.

⑤ 고용노동부장관은 제4항에 따른 유효기간이 만료되는 경우에 사업주가 유효기간의 연장을 신청하면 승인의 유효기간이 만료되는 날의 다음 날부터 3년의 범위에서 고용노동부령으로 정하는 바에 따라 그 기간의 연장을 승인할 수 있다. 이 경우 사업주는 제3항에 따른 안전 및 보건에 관한 평가를 받아야 한다.

⑥ 사업주는 제2항제2호 또는 제5항에 따라 승인을 받은 사항 중 고용노동부령으로 정하는 사항을 변경하려는 경우에는 고용노동부령으로 정하는 바에 따라 변경에 대한 승인을 받아야 한다.

⑦ 고용노동부장관은 제2항제2호, 제5항 또는 제6항에 따라 승인, 연장승인 또는 변경승인을 받은 자가 제8항에 따른 기준에 미달하게 된 경우에는 승인, 연장승인 또는 변경승인을 취소하여야 한다.

⑧ 제2항제2호, 제5항 또는 제6항에 따른 승인, 연장승인 또는 변경승인의 기준·절차 및 방법, 그 밖에 필요한 사항은 고용노동부령으로 정한다.

(法)제64조(도급에 따른 산업재해 예방조치) ① 도급인은 관계수급인 근로자가 도급인의 사업장에서 작업을 하는 경우 다음 각 호의 사항을 이행하여야 한다. 〈개정 2021. 5. 18.〉

1. 도급인과 수급인을 구성원으로 하는 안전 및 보건에 관한 협의체의 구성 및 운영

2. 작업장 순회점검

3. 관계수급인이 근로자에게 하는 제29조제1항부터 제3항까지의 규정에 따른 안전보건교육을 위한 장소 및 자료의 제공 등 지원

4. 관계수급인이 근로자에게 하는 제29조제3항에 따른 안전보건교육의 실시 확인

5. 다음 각 목의 어느 하나의 경우에 대비한 경보체계 운영과 대피방법 등 훈련

　　가. 작업 장소에서 발파작업을 하는 경우

　　나. 작업 장소에서 화재·폭발, 토사·구축물 등의 붕괴 또는 지진 등이 발생한 경우

6. 위생시설 등 고용노동부령으로 정하는 시설의 설치 등을 위하여 필요한 장소의 제공 또는 도급인이 설치한 위생시설 이용의 협조

7. 같은 장소에서 이루어지는 도급인과 관계수급인 등의 작업에 있어서 관계수급인 등의 작업시기·내용, 안전조치 및 보건조치 등의 확인

8. 제7호에 따른 확인 결과 관계수급인 등의 작업 혼재로 인하여 화재·폭발 등 대통령령으로 정하는 위험이 발생할 우려가 있는 경우 관계수급인 등의 작업시기·내용 등의 조정

② 제1항에 따른 도급인은 고용노동부령으로 정하는 바에 따라 자신의 근로자 및 관계수급인 근로자와 함께 정기적으로 또는 수시로 작업장의 안전 및 보건에 관한 점검을 하여야 한다.

③ 제1항에 따른 안전 및 보건에 관한 협의체 구성 및 운영, 작업장 순회점검, 안전보건교육 지원, 그 밖에 필요한 사항은 고용노동부령으로 정한다.

(規)제79조(협의체의 구성 및 운영) ① 법 제64조제1항제1호에 따른 안전 및 보건에 관한 협의체(이하 이 조에서 "협의체"라 한다)는 도급인 및 그의 수급인 전원으로 구성해야 한다.

② 협의체는 다음 각 호의 사항을 협의해야 한다.

　　1. 작업의 시작 시간

　　2. 작업 또는 작업장 간의 연락방법

　　3. 재해발생 위험이 있는 경우 대피방법

　　4. 작업장에서의 법 제36조에 따른 위험성평가의 실시에 관한 사항

　　5. 사업주와 수급인 또는 수급인 상호 간의 연락 방법 및 작업공정의 조정

③ 협의체는 매월 1회 이상 정기적으로 회의를 개최하고 그 결과를 기록·보존해야 한다.

(規)제80조(도급사업 시의 안전·보건조치 등) ① 도급인은 법 제64조제1항제2호에 따른 작업장 순회점검을 다음 각 호의 구분에 따라 실시해야 한다.

1. 다음 각 목의 사업: 2일에 1회 이상

　　가. 건설업

　　나. 제조업

　　다. 토사석 광업

　　라. 서적, 잡지 및 기타 인쇄물 출판업

　　마. 음악 및 기타 오디오물 출판업

　　바. 금속 및 비금속 원료 재생업

2. 제1호 각 목의 사업을 제외한 사업: 1주일에 1회 이상

② 관계수급인은 제1항에 따라 도급인이 실시하는 순회점검을 거부·방해 또는 기피해서는 안 되며 점검 결과 도급인의 시정요구가 있으면 이에 따라야 한다.

③ 도급인은 법 제64조제1항제3호에 따라 관계수급인이 실시하는 근로자의 안전·보건교육에 필요한 장소 및 자료의 제공 등을 요청받은 경우 협조해야 한다.

(規)제82조(도급사업의 합동 안전·보건점검) ① 법 제64조제2항에 따라 도급인이 작업장의 안전 및 보건에 관한 점검을 할 때에는 다음 각 호의 사람으로 점검반을 구성해야 한다.

1. 도급인(같은 사업 내에 지역을 달리하는 사업장이 있는 경우에는 그 사업장의 안전보건관리책임자)

2. 관계수급인(같은 사업 내에 지역을 달리하는 사업장이 있는 경우에는 그 사업장의 안전보건관리책임자)

3. 도급인 및 관계수급인의 근로자 각 1명(관계수급인의 근로자의 경우에는 해당 공정만 해당한다)

② 법 제64조제2항에 따른 정기 안전·보건점검의 실시 횟수는 다음 각 호의 구분에 따른다.

　　1. 다음 각 목의 사업: 2개월에 1회 이상

　　　　가. 건설업

　　　　나. 선박 및 보트 건조업

2. 제1호의 사업을 제외한 사업: 분기에 1회 이상

제54조(질식 또는 붕괴의 위험이 있는 작업) 법 제65조제1항제3호에서 "대통령령으로 정하는 작업"이란 다음 각 호의 작업을 말한다.

1. 산소결핍, 유해가스 등으로 인한 질식의 위험이 있는 장소로서 고용노동부령으로 정하는 장소에서 이루어지는 작업

2. 토사·구축물·인공구조물 등의 붕괴 우려가 있는 장소에서 이루어지는 작업

제55조(산업재해 예방 조치 대상 건설공사) 법 제67조제1항 각 호 외의 부분에서 "대통령령으로 정하는 건설공사"란 총공사금액이 50억원 이상인 공사를 말한다.

제55조의2(안전보건전문가) 법 제67조제2항에서 "대통령령으로 정하는 안전보건 분야의 전문가"란 다음 각 호의 사람을 말한다.

1. 법 제143조제1항에 따른 건설안전 분야의 산업안전지도사 자격을 가진 사람
2. 「국가기술자격법」에 따른 건설안전기술사 자격을 가진 사람
3. 「국가기술자격법」에 따른 건설안전기사 자격을 취득한 후 건설안전 분야에서 3년 이상의 실무경력이 있는 사람
4. 「국가기술자격법」에 따른 건설안전산업기사 자격을 취득한 후 건설안전 분야에서 5년 이상의 실무경력이 있는 사람 [본조신설 2021. 11. 19.]

(法)제68조(안전보건조정자) ① 2개 이상의 건설공사를 도급한 건설공사발주자는 그 2개 이상의 건설공사가 같은 장소에서 행해지는 경우에 작업의 혼재로 인하여 발생할 수 있는 산업재해를 예방하기 위하여 건설공사 현장에 안전보건조정자를 두어야 한다.
② 제1항에 따라 안전보건조정자를 두어야 하는 건설공사의 금액, 안전보건조정자의 자격·업무, 선임방법, 그 밖에 필요한 사항은 대통령령으로 정한다.

제56조(안전보건조정자의 선임 등) ① 법 제68조제1항에 따른 안전보건조정자(이하 "안전보건조정자"라 한다)를 두어야 하는 건설공사는 각 건설공사의 금액의 합이 50억원 이상인 경우를 말한다.
② 제1항에 따라 안전보건조정자를 두어야 하는 건설공사발주자는 제1호 또는 제4호부터 제7호까지에 해당하는 사람 중에서 안전보건조정자를 선임하거나 제2호 또는 제3호에 해당하는 사람 중에서 안전보건조정자를 지정해야 한다. 〈개정 2020. 9. 8.〉

1. 법 제143조제1항에 따른 산업안전지도사 자격을 가진 사람
2. 「건설기술 진흥법」 제2조제6호에 따른 발주청이 발주하는 건설공사인 경우 발주청이 같은 법 제49조제1항에 따라 선임한 공사감독자
3. 다음 각 목의 어느 하나에 해당하는 사람으로서 해당 건설공사 중 주된 공사의 책임감리자
   가. 「건축법」 제25조에 따라 지정된 공사감리자
   나. 「건설기술 진흥법」 제2조제5호에 따른 감리업무를 수행하는 사람
   다. 「주택법」 제43조에 따라 지정된 감리자
   라. 「전력기술관리법」 제12조의2에 따라 배치된 감리원

마.「정보통신공사업법」제8조제2항에 따라 해당 건설공사에 대하여 감리업무를 수행하는 사람

4.「건설산업기본법」제8조에 따른 종합공사에 해당하는 건설현장에서 안전보건관리책임자로서 3년 이상 재직한 사람

5.「국가기술자격법」에 따른 건설안전기술사

6.「국가기술자격법」에 따른 건설안전기사 자격을 취득한 후 건설안전 분야에서 5년 이상의 실무경력이 있는 사람

7.「국가기술자격법」에 따른 건설안전산업기사 자격을 취득한 후 건설안전 분야에서 7년 이상의 실무경력이 있는 사람

③ 제1항에 따라 안전보건조정자를 두어야 하는 건설공사발주자는 분리하여 발주되는 공사의 착공일 전날까지 제2항에 따라 안전보건조정자를 선임하거나 지정하여 각각의 공사 도급인에게 그 사실을 알려야 한다.

제57조(안전보건조정자의 업무) ① 안건보건조정자의 업무는 다음 각 호와 같다.

1. 법 제68조제1항에 따라 같은 장소에서 이루어지는 각각의 공사 간에 혼재된 작업의 파악

2. 제1호에 따른 혼재된 작업으로 인한 산업재해 발생의 위험성 파악

3. 제1호에 따른 혼재된 작업으로 인한 산업재해를 예방하기 위한 작업의 시기·내용 및 안전보건 조치 등의 조정

4. 각각의 공사 도급인의 안전보건관리책임자 간 작업 내용에 관한 정보 공유 여부의 확인

② 안전보건조정자는 제1항의 업무를 수행하기 위하여 필요한 경우 해당 공사의 도급인과 관계수급인에게 자료의 제출을 요구할 수 있다.

제58조(설계변경 요청 대상 및 전문가의 범위) ① 법 제71조제1항 본문에서 "대통령령으로 정하는 가설구조물"이란 다음 각 호의 어느 하나에 해당하는 것을 말한다. 〈개정 2021. 11. 19.〉

1. 높이 31미터 이상인 비계

2. 작업발판 일체형 거푸집 또는 높이 5미터 이상인 거푸집 동바리[타설(打設)된 콘크리트가 일정 강도에 이르기까지 하중 등을 지지하기 위하여 설치하는 부재(部材)]

3. 터널의 지보공(支保工: 무너지지 않도록 지지하는 구조물) 또는 높이 2미터 이상인 흙막이 지보공

4. 동력을 이용하여 움직이는 가설구조물

② 법 제71조제1항 본문에서 "건축·토목 분야의 전문가 등 대통령령으로 정하는 전문가"란 공단 또는 다음 각 호의 어느 하나에 해당하는 사람으로서 해당 건설공사도급인 또는 관계수급인에게 고용되지 않은 사람을 말한다.

    1.「국가기술자격법」에 따른 건축구조기술사(토목공사 및 제1항제3호의 구조물의 경우는 제외한다)

    2.「국가기술자격법」에 따른 토목구조기술사(토목공사로 한정한다)

    3.「국가기술자격법」에 따른 토질및기초기술사(제1항제3호의 구조물의 경우로 한정한다)

    4.「국가기술자격법」에 따른 건설기계기술사(제1항제4호의 구조물의 경우로 한정한다)

제59조(기술지도계약 체결 대상 건설공사 및 체결 시기) ① 법 제73조제1항에서 "대통령령으로 정하는 건설공사"란 공사금액 1억원 이상 120억원(「건설산업기본법 시행령」 별표 1의 종합공사를 시공하는 업종의 건설업종란 제1호의 토목공사업에 속하는 공사는 150억원) 미만인 공사와「건축법」제11조에 따른 건축허가의 대상이 되는 공사를 말한다. 다만, 다음 각 호의 어느 하나에 해당하는 공사는 제외한다. 〈개정 2022. 8. 16.〉

1. 공사기간이 1개월 미만인 공사

2. 육지와 연결되지 않은 섬 지역(제주특별자치도는 제외한다)에서 이루어지는 공사

3. 사업주가 별표 4에 따른 안전관리자의 자격을 가진 사람을 선임(같은 광역지방자치단체의 구역 내에서 같은 사업주가 시공하는 셋 이하의 공사에 대하여 공동으로 안전관리자의 자격을 가진 사람 1명을 선임한 경우를 포함한다)하여 제18조제1항 각 호에 따른 안전관리자의 업무만을 전담하도록 하는 공사

4. 법 제42조제1항에 따라 유해위험방지계획서를 제출해야 하는 공사

② 제1항에 따른 건설공사의 건설공사발주자 또는 건설공사도급인(건설공사도급인은 건설공사발주자로부터 건설공사를 최초로 도급받은 수급인은 제외한다)은 법 제73조제1항의 건설 산업재해 예방을 위한 지도계약(이하 "기술지도계약"이라 한다)을 해당 건설공사 착공일의 전날까지 체결해야 한다. 〈신설 2022. 8. 16.〉[제목개정 2022. 8. 16.]

(規)제89조의2(기술지도계약서 등) ① 법 제73조제1항 및 영 제59조제2항에 따른 기술지도계약의 지도계약서는 별지 제104호서식에 따른다.

② 영 제60조 및 영 별표 18 제4호나목4)의 기술지도 완료증명서는 별지 제105호서식에 따른다.[본조신설 2022. 8. 18.]

(規)**제89조의2(기술지도계약서 등)** ① 법 제73조제1항 및 영 제59조제2항에 따른 기술지도계약의 지도계약서는 별지 제104호서식에 따른다.

② 영 제60조 및 영 별표 18 제4호나목4)의 기술지도 완료증명서는 별지 제105호서식에 따른다.
[본조신설 2022. 8. 18.]

■ 산업안전보건법 시행규칙 [별지 제104호서식] 〈개정 2023. 9. 27.〉

기술지도계약서

건설공사 발주자 또는 건설공 사시공주도총 괄·관리자	성명 또는 사업자명	대표자
	법인등록번호 (사업자등록번호)	사업장관리번호
	주소	연락처
	유형　(공공) [　]정부 [　]지방자치단체 [　]공공기관 [　]지방공기업 [　]기타 국가기관 (민간) [　]기업 [　]개인	

기술지도 위탁 사업장	현장	공사명	사업개시번호
		공사기간	공사금액
		현장책임자	연락처
		소재지	
	본사	건설업체명	대표자
		법인등록번호 (사업자등록번호)	건설면허번호
		주소	연락처

건설재해 예방전문 지도기관	명칭	대표자
	소재지	지정서 발급번호
	담당자	전화번호

기술지도	기술지도 구분	[　]건설공사 [　]전기 및 정보통신 공사		
	기술지도 대가	원	기술지도 횟수	총(　　)회
	계약기간	년　　월　　일부터　　년　　월　　일까지		

「산업안전보건법」 제73조제1항, 같은 법 시행령 제59조제2항·제60조, 별표 18 및 같은 법 시행규칙 제89조의2제1항에 따라 기술지도계약을 체결하고 성실하게 계약사항을 준수하기로 한다.

년　　　　　월　　　　　일

건설공사발주자 또는 건설공사시공주도총괄·관리자
사업주 또는 대표자　　　　　　　　　　　　　　　　　(서명 또는 인)
건설재해예방전문지도기관 명칭
건설재해예방전문지도기관 대표자　　　　　　　　　　(서명 또는 인)

제60조(건설재해예방전문지도기관의 지도 기준) 법 제73조제1항에 따른 건설재해예방전문지도기관(이하 "건설재해예방전문지도기관"이라 한다)의 지도업무의 내용, 지도대상 분야, 지도의 수행방법, 그 밖에 필요한 사항은 별표 18과 같다.

건설재해예방전문지도기관의 지도 기준(제60조 관련)

1. 건설재해예방전문지도기관의 지도대상 분야

건설재해예방전문지도기관이 법 제73조제2항에 따라 건설공사도급인에 대하여 실시하는 지도(이하 "기술지도"라 한다)는 공사의 종류에 따라 다음 각 목의 지도 분야로 구분한다.

가. 건설공사(「전기공사업법」, 「정보통신공사업법」 및 「소방시설공사업법」에 따른 전기공사, 정보통신공사 및 소방시설공사는 제외한다) 지도 분야

나. 「전기공사업법」, 「정보통신공사업법」 및 「소방시설공사업법」에 따른 전기공사, 정보통신공사 및 소방시설공사 지도 분야

2. 기술지도계약

가. 건설재해예방전문지도기관은 건설공사발주자로부터 기술지도계약서 사본을 받은 날부터 14일 이내에 이를 건설현장에 갖춰 두도록 건설공사도급인(건설공사발주자로부터 해당 건설공사를 최초로 도급받은 수급인만 해당한다)을 지도하고, 건설공사의 시공을 주도하여 총괄·관리하는 자에 대해서는 기술지도계약을 체결한 날부터 14일 이내에 기술지도계약서 사본을 건설현장에 갖춰 두도록 지도해야 한다.

나. 건설재해예방전문지도기관이 기술지도계약을 체결할 때에는 고용노동부장관이 정하는 전산시스템(이하 "전산시스템"이라 한다)을 통해 발급한 계약서를 사용해야 하며, 기술지도계약을 체결한 날부터 7일 이내에 전산시스템에 건설업체명, 공사명 등 기술지도계약의 내용을 입력해야 한다.

다. 삭제 〈2022. 8. 16.〉

라. 삭제 〈2022. 8. 16.〉

3. 기술지도의 수행방법

가. 기술지도 횟수

1) 기술지도는 특별한 사유가 없으면 다음의 계산식에 따른 횟수로 하고, 공사시작 후 15일 이내마다 1회 실시하되, 공사금액이 40억원 이상인 공사에 대해서는 별표 19 제1호 및 제2호의 구분에 따른 분야 중 그 공사에 해당하는 지도 분야의 같은 표 제1호나목 지도인력기준란 1) 및 같은 표 제2호나목 지도인력기준란 1)에 해당하는 사람이 8회마다 한 번 이상 방문하여 기술지도를 해야 한다.

$$\text{기술지도 횟수(회)} = \frac{\text{공사기간(일)}}{15\text{일}}$$

2) 공사가 조기에 준공된 경우, 기술지도계약이 지연되어 체결된 경우 및 공사기간이 현저히 짧은 경우 등의 사유로 기술지도 횟수기준을 지키기 어려운 경우에는 그 공사의 공사감독자(공사감독자가 없는 경우에는 감리자를 말한다)의 승인을 받아 기술지도 횟수를 조정할 수 있다.

나. 기술지도 한계 및 기술지도 지역

1) 건설재해예방전문지도기관의 사업장 지도 담당 요원 1명당 기술지도 횟수는 1일당 최대 4회로 하고, 월 최대 80회로 한다.

2) 건설재해예방전문지도기관의 기술지도 지역은 건설재해예방전문지도기관으로 지정을 받은 지방고용노동관서 관할지역으로 한다.

4. 기술지도 업무의 내용

가. 기술지도 범위 및 준수의무

1) 건설재해예방전문지도기관은 기술지도를 할 때에는 공사의 종류, 공사 규모, 담당 사업장 수 등을 고려하여 건설재해예방전문지도기관의 직원 중에서 기술지도 담당자를 지정해야 한다.

2) 건설재해예방전문지도기관은 기술지도 담당자에게 건설업에서 발생하는 최근 사망사고 사례, 사망사고의 유형과 그 유형별 예방 대책 등에 대하여 연 1회 이상 교육을 실시해야 한다.

3) 건설재해예방전문지도기관은 「산업안전보건법」 등 관계 법령에 따라 건설공사도급인이 산업재해 예방을 위해 준수해야 하는 사항을 기술지도해야 하며, 기술지도를 받은 건설공사도급인은 그에 따른 적절한 조치를 해야 한다.

4) 건설재해예방전문지도기관은 건설공사도급인이 기술지도에 따라 적절한 조치를 했는지 확인해야 하며, 건설공사도급인 중 건설공사발주자로부터 해당 건설공사를 최초로 도급받은 수급인이 해당 조치를 하지 않은 경우에는 건설공사발주자에게 그 사실을 알려야 한다.

나. 기술지도 결과의 관리

1) 건설재해예방전문지도기관은 기술지도를 한 때마다 기술지도 결과보고서를 작성하여 지체 없이다음의 구분에 따른 사람에게 알려야 한다.

가) 관계수급인의 공사금액을 포함한 해당 공사의 총공사금액이 20억원 이상인 경우: 해당 사업장의 안전보건총괄책임자

나) 관계수급인의 공사금액을 포함한 해당 공사의 총공사금액이 20억원 미만인 경우: 해당 사업장을 실질적으로 총괄하여 관리하는 사람

2) 건설재해예방전문지도기관은 기술지도를 한 날부터 7일 이내에 기술지도 결과를 전산시스템에 입력해야 한다.

3) 건설재해예방전문지도기관은 관계수급인의 공사금액을 포함한 해당 공사의 총공사금액이 50억원 이상인 경우에는 건설공사도급인이 속하는 회사의 사업주와 「중대재해 처벌 등에관한 법률」에 따른 경영책임자등에게 매 분기 1회 이상 기술지도 결과보고서를 송부해야 한다.

4) 건설재해예방전문지도기관은 공사 종료 시 건설공사의 건설공사발주자 또는 건설공사도급인(건설공사도급인은 건설공사발주자로부터 건설공사를 최초로 도급받은 수급인은 제외한다)에게 고용노동부령으로 정하는 서식에 따른 기술지도 완료증명서를 발급해 주어야 한다.

5. 기술지도 관련 서류의 보존

건설재해예방전문지도기관은 기술지도계약서, 기술지도 결과보고서, 그 밖에 기술지도업무 수행에 관한 서류를 기술지도계약이 종료된 날부터 3년 동안 보존해야 한다.

제61조(건설재해예방전문지도기관의 지정 요건) 법 제74조제1항에 따라 건설재해예방전문지도기관으로 지정받을 수 있는 자는 다음 각 호의 어느 하나에 해당하는 자로서 별표 19에 따른 인력·시설 및 장비를 갖춘 자로 한다.

1. 법 제145조에 따라 등록한 산업안전지도사(전기안전 또는 건설안전 분야의 산업안전지도사만 해당한다)

2. 건설 산업재해 예방 업무를 하려는 법인

건설재해예방전문지도기관의 인력·시설 및 장비 기준(제61조 관련)

1. 건설공사(「전기공사업법」, 「정보통신공사업법」 및 「소방시설공사업법」에 따른 전기공사, 정보통신공사 및 소방시설공사는 제외한다) 지도 분야

  가. 법 제145조제1항에 따라 등록한 산업안전지도사의 경우

      1) 지도인력기준: 법 제145조제1항에 따라 등록한 산업안전지도사(건설안전 분야)

      2) 시설기준: 사무실(장비실을 포함한다)

      3) 장비기준: 나목의 장비기준과 같음

  나. 건설 산업재해 예방 업무를 하려는 법인의 경우

지도인력기준	시설기준	장비기준

○ **다음에 해당하는 인원**
1) 산업안전지도사(건설 분야) 또는 건설안전기술사 1명 이상
2) 다음의 기술인력 중 2명 이상
  가) 건설안전산업기사 이상의 자격을 취득한 후 건설안전 실무경력이 건설안전기사 이상의 자격은 5년, 건설안전산업기사 자격은 7년 이상인 사람
  나) 토목·건축산업기사 이상의 자격을 취득한 후 건설 실무경력이 토목·건축기사 이상의 자격은 5년, 토목·건축산업기사 자격은 7년 이상이고 제17조에 따른 안전관리자의 자격을 갖춘 사람
3) 다음의 기술인력 중 2명 이상
  가) 건설안전산업기사 이상의 자격을 취득한 후 건설안전 실무경력이 건설안전기사 이상의 자격은 1년, 건설안전산업기사 자격은 3년 이상인 사람
  나) 토목·건축산업기사 이상의 자격을 취득한 후 건설 실무경력이 토목·건축기사 이상의 자격은 1년, 토목·건축산업기사 자격은 3년 이상이고 제17조에 따른 안전관리자의 자격을 갖춘 사람
4) 제17조에 따른 안전관리자의 자격(별표 4 제1호부터 제5호까지의 어느 하나에 해당하는 자격을 갖춘 사람만 해당한다)을 갖춘 후 건설안전 실무경력이 2년 이상인 사람 1명 이상
	사무실(장비실 포함)	지도인력 2명당 다음의 장비 각 1대 이상(지도인력이 홀수인 경우 지도인력 인원을 2로 나눈 나머지인 1명도 다음의 장비를 갖추어야 한다)
		1) 가스농도측정기
		2) 산소농도측정기
		3) 접지저항측정기
		4) 절연저항측정기
		5) 조도계

비고 : 지도인력기준란 3)과 4)를 합한 인력 수는 1)과 2)를 합한 인력의 3배를 초과할 수 없다.

제63조(노사협의체의 설치 대상) 법 제75조제1항에서 "대통령령으로 정하는 규모의 건설공사"란 공사금액이 120억원(「건설산업기본법 시행령」 별표 1의 종합공사를 시공하는 업종의 건설업종란 제1호에 따른 토목공사업은 150억원) 이상인 건설공사를 말한다.

제64조(노사협의체의 구성) ① 노사협의체는 다음 각 호에 따라 근로자위원과 사용자위원으로 구성한다.

1. 근로자위원

    가. 도급 또는 하도급 사업을 포함한 전체 사업의 근로자대표

    나. 근로자대표가 지명하는 명예산업안전감독관 1명. 다만, 명예산업안전감독관이 위촉되어 있지 않은 경우에는 근로자대표가 지명하는 해당 사업장 근로자 1명

    다. 공사금액이 20억원 이상인 공사의 관계수급인의 각 근로자대표

2. 사용자위원

    가. 도급 또는 하도급 사업을 포함한 전체 사업의 대표자

    나. 안전관리자 1명

    다. 보건관리자 1명(별표 5 제44호에 따른 보건관리자 선임대상 건설업으로 한정한다)

    라. 공사금액이 20억원 이상인 공사의 관계수급인의 각 대표자

② 노사협의체의 근로자위원과 사용자위원은 합의하여 노사협의체에 공사금액이 20억원 미만인 공사의 관계수급인 및 관계수급인 근로자대표를 위원으로 위촉할 수 있다.

③ 노사협의체의 근로자위원과 사용자위원은 합의하여 제67조제2호에 따른 사람을 노사협의체에 참여하도록 할 수 있다.

제65조(노사협의체의 운영 등) ① 노사협의체의 회의는 정기회의와 임시회의로 구분하여 개최하되, 정기회의는 2개월마다 노사협의체의 위원장이 소집하며, 임시회의는 위원장이 필요하다고 인정할 때에 소집한다.

② 노사협의체 위원장의 선출, 노사협의체의 회의, 노사협의체에서 의결되지 않은 사항에 대한 처리방법 및 회의 결과 등의 공지에 관하여는 각각 제36조, 제37조제2항부터 제4항까지, 제38조 및 제39조를 준용한다. 이 경우 "산업안전보건위원회"는 "노사협의체"로 본다.

(規)제93조(노사협의체 협의사항 등) 법 제75조제5항에서 "고용노동부령으로 정하는 사항"이란 다음 각 호의 사항을 말한다.

1. 산업재해 예방방법 및 산업재해가 발생한 경우의 대피방법

2. 작업의 시작시간, 작업 및 작업장 간의 연락방법

3. 그 밖의 산업재해 예방과 관련된 사항

(法)제67조(건설공사발주자의 산업재해 예방 조치) ① 대통령령으로 정하는 건설공사의 건설공사발주자는 산업재해 예방을 위하여 건설공사의 계획, 설계 및 시공 단계에서 다음 각 호의 구분에 따른 조치를 하여야 한다.

1. 건설공사 계획단계: 해당 건설공사에서 중점적으로 관리하여야 할 유해·위험요인과 이의 감소방안을 포함한 기본안전보건대장을 작성할 것
2. 건설공사 설계단계: 제1호에 따른 기본안전보건대장을 설계자에게 제공하고, 설계자로 하여금 유해·위험요인의 감소방안을 포함한 설계안전보건대장을 작성하게 하고 이를 확인할 것
3. 건설공사 시공단계: 건설공사발주자로부터 건설공사를 최초로 도급받은 수급인에게 제2호에 따른 설계안전보건대장을 제공하고, 그 수급인에게 이를 반영하여 안전한 작업을 위한 공사안전보건대장을 작성하게 하고 그 이행 여부를 확인할 것

② 제1항에 따른 건설공사발주자는 대통령령으로 정하는 안전보건 분야의 전문가에게 같은 항 각 호에 따른 대장에 기재된 내용의 적정성 등을 확인받아야 한다. 〈신설 2021. 5. 18.〉

③ 제1항에 따른 건설공사발주자는 설계자 및 건설공사를 최초로 도급받은 수급인이 건설현장의 안전을 우선적으로 고려하여 설계·시공 업무를 수행할 수 있도록 적정한 비용과 기간을 계상·설정하여야 한다. 〈신설 2021. 5. 18.〉

④ 제1항 각 호에 따른 대장에 포함되어야 할 구체적인 내용은 고용노동부령으로 정한다. 〈개정 2021. 5. 18.〉

(規)제86조(기본안전보건대장 등) ① 법 제67조제1항제1호에 따른 기본안전보건대장에는 다음 각 호의 사항이 포함되어야 한다.

1. 공사규모, 공사예산 및 공사기간 등 사업개요
2. 공사현장 제반 정보
3. 공사 시 유해·위험요인과 감소대책 수립을 위한 설계조건

② 법 제67조제1항제2호에 따른 설계안전보건대장에는 다음 각 호의 사항이 포함되어야 한다. 다만, 「건설기술진흥법 시행령」 제75조의2에 따른 설계안전검토보고서를 작성한 경우에는 제1호 및 제2호를 포함하지 않을 수 있다. 〈개정 2021. 1. 19.〉

1. 안전한 작업을 위한 적정 공사기간 및 공사금액 산출서
2. 제1항제3호의 설계조건을 반영하여 공사 중 발생할 수 있는 주요 유해·위험요인 및 감소 대책에 대한 위험성평가 내용
3. 법 제42조제1항에 따른 유해위험방지계획서의 작성계획
4. 법 제68조제1항에 따른 안전보건조정자의 배치계획
5. 법 제72조제1항에 따른 산업안전보건관리비(이하 "산업안전보건관리비"라 한다)의 산출 내역서

6. 법 제73조제1항에 따른 건설공사의 산업재해 예방 지도의 실시계획

③ 법 제67제1항제3호에 따른 공사안전보건대장에 포함하여 이행여부를 확인해야 할 사항은 다음 각 호와 같다. 〈개정 2021. 1. 19.〉

1. 설계안전보건대장의 위험성평가 내용이 반영된 공사 중 안전보건 조치 이행계획

2. 법 제42조제1항에 따른 유해위험방지계획서의 심사 및 확인결과에 대한 조치내용

3. 산업안전보건관리비의 사용계획 및 사용내역

4. 법 제73조제1항에 따른 건설공사의 산업재해 예방 지도를 위한 계약 여부, 지도결과 및 조치내용

④ 제1항부터 제3항까지의 규정에 따른 기본안전보건대장, 설계안전보건대장 및 공사안전보건대장의 작성과 공사안전보건대장의 이행여부 확인 방법 및 절차 등에 관하여 필요한 사항은 고용노동부장관이 정하여 고시한다.

(法)제72조(건설공사 등의 산업안전보건관리비 계상 등) ① 건설공사발주자가 도급계약을 체결하거나 건설공사의 시공을 주도하여 총괄·관리하는 자(건설공사발주자로부터 건설공사를 최초로 도급받은 수급인은 제외한다)가 건설공사 사업 계획을 수립할 때에는 고용노동부장관이 정하여 고시하는 바에 따라 산업재해 예방을 위하여 사용하는 비용(이하 "산업안전보건관리비"라 한다)을 도급금액 또는 사업비에 계상(計上)하여야 한다. 〈개정 2020. 6. 9.〉

② 고용노동부장관은 산업안전보건관리비의 효율적인 사용을 위하여 다음 각 호의 사항을 정할 수 있다.

1. 사업의 규모별·종류별 계상 기준

2. 건설공사의 진척 정도에 따른 사용비율 등 기준

3. 그 밖에 산업안전보건관리비의 사용에 필요한 사항

③ 건설공사도급인은 산업안전보건관리비를 제2항에서 정하는 바에 따라 사용하고 고용노동부령으로 정하는 바에 따라 그 사용명세서를 작성하여 보존하여야 한다. 〈개정 2020. 6. 9.〉

④ 선박의 건조 또는 수리를 최초로 도급받은 수급인은 사업 계획을 수립할 때에는 고용노동부장관이 정하여 고시하는 바에 따라 산업안전보건관리비를 사업비에 계상하여야 한다.

⑤ 건설공사도급인 또는 제4항에 따른 선박의 건조 또는 수리를 최초로 도급받은 수급인은 산업안전보건관리비를 산업재해 예방 외의 목적으로 사용해서는 아니 된다. 〈개정 2020. 6. 9.〉

(規)제89조(산업안전보건관리비의 사용) ① 건설공사도급인은 도급금액 또는 사업비에 계상(計上)된 산업안전보건관리비의 범위에서 그의 관계수급인에게 해당 사업의 위험도를 고려하여 적정하게 산업안전보건관리비를 지급하여 사용하게 할 수 있다. 〈개정 2021. 1. 19.〉

② 건설공사도급인은 법 제72조제3항에 따라 산업안전보건관리비를 사용하는 해당 건설공사의 금액(고용노동부장관이 정하여 고시하는 방법에 따라 산정한 금액을 말한다)이 4천만원 이상인 때에는 고용노동부장관이 정하는 바에 따라 매월(건설공사가 1개월 이내에 종료되는 사업의 경우에는 해당 건설공사가 끝나는 날이 속하는 달을 말한다) 사용명세서를 작성하고, 건설공사 종료 후 1년 동안 보존해야 한다. 〈개정 2021. 1. 19.〉

건설업 산업안전보건관리비 계상 및 사용기준[시행 2024. 1. 1.] [고용노동부고시 제2023-49호, 2023. 10. 5., 일부개정]

제3조(적용범위) 이 고시는 법 제2조제11호의 건설공사 중 총공사금액 2천만 원 이상인 공사에 적용한다. 다만, 다음 각 호의 어느 하나에 해당되는 공사 중 단가계약에 의하여 행하는 공사에 대하여는 총계약금액을 기준으로 적용한다.

1. 「전기공사업법」 제2조에 따른 전기공사로서 저압·고압 또는 특별고압 작업으로 이루어지는 공사
2. 「정보통신공사업법」 제2조에 따른 정보통신공사

제7조(사용기준) ① 도급인과 자기공사자는 산업안전보건관리비를 산업재해예방 목적으로 다음 각 호의 기준에 따라 사용하여야 한다.

1. 안전관리자·보건관리자의 임금 등
    가. 법 제17조제3항 및 법 제18조제3항에 따라 안전관리 또는 보건관리 업무만을 전담하는 안전관리자 또는 보건관리자의 임금과 출장비 전액
    나. 안전관리 또는 보건관리 업무를 전담하지 않는 안전관리자 또는 보건관리자의 임금과 출장비의 각각 2분의 1에 해당하는 비용
    다. 안전관리자를 선임한 건설공사 현장에서 산업재해 예방 업무만을 수행하는 작업지휘자, 유도자, 신호자 등의 임금 전액
    라. 별표 1의2에 해당하는 작업을 직접 지휘·감독하는 직·조·반장 등 관리감독자의 직위에 있는 자가 영 제15조제1항에서 정하는 업무를 수행하는 경우에 지급하는 업무수당(임금의 10분의 1 이내)

2. 안전시설비 등

가. 산업재해 예방을 위한 안전난간, 추락방호망, 안전대 부착설비, 방호장치(기계·기구와 방호장치가 일체로 제작된 경우, 방호장치 부분의 가액에 한함) 등 안전시설의 구입·임대 및 설치를 위해 소요되는 비용

나. 「산업재해예방시설자금 융자금 지원사업 및 보조금 지급사업 운영규정」(고용노동부고시) 제2조제12호에 따른 "스마트안전장비 지원사업" 및 「건설기술진흥법」 제62조의3에 따른 스마트 안전장비 구입·임대 비용의 5분의 2에 해당하는 비용. 다만, 제4조에 따라 계상된 산업안전보건관리비 총액의 10분의 1을 초과할 수 없다.

다. 용접 작업 등 화재 위험작업 시 사용하는 소화기의 구입·임대비용

3. 보호구 등

가. 영 제74조제1항제3호에 따른 보호구의 구입·수리·관리 등에 소요되는 비용

나. 근로자가 가목에 따른 보호구를 직접 구매·사용하여 합리적인 범위 내에서 보전하는 비용

다. 제1호가목부터 다목까지의 규정에 따른 안전관리자 등의 업무용 피복, 기기 등을 구입하기 위한 비용

라. 제1호가목에 따른 안전관리자 및 보건관리자가 안전보건 점검 등을 목적으로 건설공사 현장에서 사용하는 차량의 유류비·수리비·보험료

4. 안전보건진단비 등

가. 법 제42조에 따른 유해위험방지계획서의 작성 등에 소요되는 비용

나. 법 제47조에 따른 안전보건진단에 소요되는 비용

다. 법 제125조에 따른 작업환경 측정에 소요되는 비용

라. 그 밖에 산업재해예방을 위해 법에서 지정한 전문기관 등에서 실시하는 진단, 검사, 지도 등에 소요되는 비용

5. 안전보건교육비 등

가. 법 제29조부터 제32조까지의 규정에 따라 실시하는 의무교육이나 이에 준하여 실시하는 교육을 위해 건설공사 현장의 교육 장소 설치·운영 등에 소요되는 비용

나. 가목 이외 산업재해 예방 목적을 가진 다른 법령상 의무교육을 실시하기 위해 소요되는 비용

다. 「응급의료에 관한 법률」 제14조제1항제5호에 따른 안전보건교육 대상자 등에게 구조 및 응급처치에 관한 교육을 실시하기 위해 소요되는 비용

라. 안전보건관리책임자, 안전관리자, 보건관리자가 업무수행을 위해 필요한 정보를 취득하기 위한 목적으로 도서, 정기간행물을 구입하는 데 소요되는 비용

마. 건설공사 현장에서 안전기원제 등 산업재해 예방을 기원하는 행사를 개최하기 위해 소요되는 비용. 다만, 행사의 방법, 소요된 비용 등을 고려하여 사회통념에 적합한 행사에 한한다.

바. 건설공사 현장의 유해·위험요인을 제보하거나 개선방안을 제안한 근로자를 격려하기 위해 지급하는 비용

6. 근로자 건강장해예방비 등

가. 법·영·규칙에서 규정하거나 그에 준하여 필요로 하는 각종 근로자의 건강장해 예방에 필요한 비용

나. 중대재해 목격으로 발생한 정신질환을 치료하기 위해 소요되는 비용

다. 「감염병의 예방 및 관리에 관한 법률」 제2조제1호에 따른 감염병의 확산 방지를 위한 마스크, 손소독제, 체온계 구입비용 및 감염병병원체 검사를 위해 소요되는 비용

라. 법 제128조의2 등에 따른 휴게시설을 갖춘 경우 온도, 조명 설치·관리기준을 준수하기 위해 소요되는 비용

마. 건설공사 현장에서 근로자 심폐소생을 위해 사용되는 자동심장충격기(AED) 구입에 소요되는 비용

7. 법 제73조 및 제74조에 따른 건설재해예방전문지도기관의 지도에 대한 대가로 제2조제1항제5호의 자기공사자가 지급하는 비용

8. 「중대재해 처벌 등에 관한 법률 시행령」 제4조제2호나목에 해당하는 건설사업자가 아닌 자가 운영하는 사업에서 안전보건 업무를 총괄·관리하는 3명 이상으로 구성된 본사 전담조직에 소속된 근로자의 임금 및 업무수행 출장비 전액. 다만, 제4조에 따라 계상된 산업안전보건관리비 총액의 20분의 1을 초과할 수 없다.

9. 법 제36조에 따른 위험성평가 또는 「중대재해 처벌 등에 관한 법률 시행령」 제4조제3호에 따라 유해·위험요인 개선을 위해 필요하다고 판단하여 법 제24조의 산업안전보건위원회 또는 법 제75조의 노사협의체에서 사용하기로 결정한 사항을 이행하기 위한 비용. 다만, 제4조에 따라 계상된 산업안전보건관리비 총액의 10분의 1을 초과할 수 없다.

② 제1항에도 불구하고 도급인 및 자기공사자는 다음 각 호의 어느 하나에 해당하는 경우에는 산업안전보건관리비를 사용할 수 없다. 다만, 제1항제2호나목 및 다목, 제1항제6호나목부터 마목, 제1항제9호의 경우에는 그러하지 아니하다.

1. 「(계약예규)예정가격작성기준」제19조제3항 중 각 호(단, 제14호는 제외한다)에 해당되는 비용

2. 다른 법령에서 의무사항으로 규정한 사항을 이행하는 데 필요한 비용

3. 근로자 재해예방 외의 목적이 있는 시설·장비나 물건 등을 사용하기 위해 소요되는 비용

4. 환경관리, 민원 또는 수방대비 등 다른 목적이 포함된 경우

③ 도급인 및 자기공사자는 별표 3에서 정한 공사진척에 따른 산업안전보건관리비 사용기준을 준수하여야 한다. 다만, 건설공사발주자는 건설공사의 특성 등을 고려하여 사용기준을 달리 정할 수 있다.

④ 〈삭 제〉

⑤ 도급인 및 자기공사자는 도급금액 또는 사업비에 계상된 산업안전보건관리비의 범위에서 그의 관계수급인에게 해당 사업의 위험도를 고려하여 적정하게 산업안전보건관리비를 지급하여 사용하게 할 수 있다

[별표 1] 공사종류 및 규모별 산업안전보건관리비 계상기준표

(단위 : 원)

구분 공사종류	대상액 5억원 미만 적용비율(%)	대상액 5억원 이상 50억원 미만인 경우 적용비율(%)	대상액 5억원 이상 50억원 미만인 경우 기초액	대상액 50억원 이상인 경우 적용비율(%)	영 별표5에 따른 보건관리자 선임 대상 건설공사의 적용비율(%)
건축공사	2.93%	1.86%	5,349,000원	1.97%	2.15%
토목공사	3.09%	1.99%	5,499,000원	2.10%	2.29%
중건설공사	3.43%	2.35%	5,400,000원	2.44%	2.66%
특수건설공사	1.85%	1.20%	3,250,000원	1.27%	1.38%

[별표 1의2] 관리감독자 안전보건업무 수행 시 수당지급 작업

1. 건설용 리프트 · 곤돌라를 이용한 작업

2. 콘크리트 파쇄기를 사용하여 행하는 파쇄작업 (2미터 이상인 구축물 파쇄에 한정한다)

3. 굴착 깊이가 2미터 이상인 지반의 굴착작업

4. 흙막이지보공의 보강, 동바리 설치 또는 해체작업

5. 터널 안에서의 굴착작업, 터널거푸집의 조립 또는 콘크리트 작업

6. 굴착면의 깊이가 2미터 이상인 암석 굴착 작업

7. 거푸집지보공의 조립 또는 해체작업

8. 비계의 조립, 해체 또는 변경작업

9. 건축물의 골조, 교량의 상부구조 또는 탑의 금속제의 부재에 의하여 구성되는 것(5미터 이상에 한정한다)의 조립, 해체 또는 변경작업

10. 콘크리트 공작물(높이 2미터 이상에 한정한다)의 해체 또는 파괴 작업

11. 전압이 75볼트 이상인 정전 및 활선작업

12. 맨홀작업, 산소결핍장소에서의 작업

13. 도로에 인접하여 관로, 케이블 등을 매설하거나 철거하는 작업

14. 전주 또는 통신주에서의 케이블 공중가설작업

[별표 1의3] 설계변경 시 산업안전보건관리비 조정·계상 방법

1. 설계변경에 따른 안전관리비는 다음 계산식에 따라 산정한다.

   ○ 설계변경에 따른 안전관리비 = 설계변경 전의 안전관리비 + 설계변경으로 인한 안전관리비 증감액

2. 제1호의 계산식에서 설계변경으로 인한 안전관리비 증감액은 다음 계산식에 따라 산정한다.

   ○ 설계변경으로 인한 안전관리비 증감액 = 설계변경 전의 안전관리비 × 대상액의 증감 비율

3. 제2호의 계산식에서 대상액의 증감 비율은 다음 계산식에 따라 산정한다. 이 경우, 대상액은 예정가격 작성시의 대상액이 아닌 설계변경 전·후의 도급계약서상의 대상액을 말한다.

   ○ 대상액의 증감 비율 = [(설계변경후 대상액 − 설계변경 전 대상액) / 설계변경 전 대상액] × 100%

[별표 3]공사진척에 따른 산업안전보건관리비 사용기준 − ※ 공정률은 기성공정률을 기준으로 한다.

공 정 율	50%이상 70%미만	70%이상 90%미만	90퍼센트 이상
사용기준	50% 이상	70% 이상	90% 이상

제66조(기계·기구 등) 법 제76조에서 "타워크레인 등 대통령령으로 정하는 기계·기구 또는 설비 등"이란 다음 각 호의 어느 하나에 해당하는 기계·기구 또는 설비를 말한다.

1. 타워크레인
2. 건설용 리프트
3. 항타기(해머나 동력을 사용하여 말뚝을 박는 기계) 및 항발기(박힌 말뚝을 빼내는 기계)

제67조(특수형태근로종사자의 범위 등) 법 제77조제1항제1호에 따른 요건을 충족하는 사람은 다음 각 호의 어느 하나에 해당하는 사람으로 한다. 〈개정 2021. 11. 19.〉

1. 보험을 모집하는 사람으로서 다음 각 목의 어느 하나에 해당하는 사람

   가. 「보험업법」 제83조제1항제1호에 따른 보험설계사

   나. 「우체국예금·보험에 관한 법률」에 따른 우체국보험의 모집을 전업(專業)으로 하는 사람

2. 「건설기계관리법」 제3조제1항에 따라 등록된 건설기계를 직접 운전하는 사람
3. 「통계법」 제22조에 따라 통계청장이 고시하는 직업에 관한 표준분류(이하 "한국표준직업분류표"라 한다)의 세세분류에 따른 학습지 방문강사, 교육 교구 방문강사, 그 밖에 회원의 가정 등을 직접 방문하여 아동이나 학생 등을 가르치는 사람
4. 「체육시설의 설치·이용에 관한 법률」 제7조에 따라 직장체육시설로 설치된 골프장 또는

같은 법 제19조에 따라 체육시설업의 등록을 한 골프장에서 골프경기를 보조하는 골프장 캐디

5. 한국표준직업분류표의 세분류에 따른 택배원으로서 택배사업(소화물을 집화·수송 과정을 거쳐 배송하는 사업을 말한다)에서 집화 또는 배송 업무를 하는 사람

6. 한국표준직업분류표의 세분류에 따른 택배원으로서 고용노동부장관이 정하는 기준에 따라 주로 하나의 퀵서비스업자로부터 업무를 의뢰받아 배송 업무를 하는 사람

7. 「대부업 등의 등록 및 금융이용자 보호에 관한 법률」 제3조제1항 단서에 따른 대출모집인

8. 「여신전문금융업법」 제14조의2제1항제2호에 따른 신용카드회원 모집인

9. 고용노동부장관이 정하는 기준에 따라 주로 하나의 대리운전업자로부터 업무를 의뢰받아 대리운전 업무를 하는 사람

10. 「방문판매 등에 관한 법률」 제2조제2호 또는 제8호의 방문판매원이나 후원방문판매원으로서 고용노동부장관이 정하는 기준에 따라 상시적으로 방문판매업무를 하는 사람

11. 한국표준직업분류표의 세세분류에 따른 대여 제품 방문점검원

12. 한국표준직업분류표의 세분류에 따른 가전제품 설치 및 수리원으로서 가전제품을 배송, 설치 및 시운전하여 작동상태를 확인하는 사람

13. 「화물자동차 운수사업법」에 따른 화물차주로서 다음 각 목의 어느 하나에 해당하는 사람

　가. 「자동차관리법」 제3조제1항제4호의 특수자동차로 수출입 컨테이너를 운송하는 사람

　나. 「자동차관리법」 제3조제1항제4호의 특수자동차로 시멘트를 운송하는 사람

　다. 「자동차관리법」 제2조제1호 본문의 피견인자동차나 「자동차관리법」 제3조제1항제3호의 일반형 화물자동차로 철강재를 운송하는 사람

　라. 「자동차관리법」 제3조제1항제3호의 일반형 화물자동차나 특수용도형 화물자동차로 「물류정책기본법」 제29조제1항 각 호의 위험물질을 운송하는 사람

14. 「소프트웨어 진흥법」에 따른 소프트웨어사업에서 노무를 제공하는 소프트웨어기술자

제74조(안전인증대상기계등) ① 법 제84조제1항에서 "대통령령으로 정하는 것"이란 다음 각 호의 어느 하나에 해당하는 것을 말한다.

1. 다음 각 목의 어느 하나에 해당하는 기계 또는 설비

　가. 프레스

　나. 전단기 및 절곡기(折曲機)

　다. 크레인

　라. 리프트

　마. 압력용기

　　　바. 롤러기

　　　사. 사출성형기(射出成形機)

　　　아. 고소(高所) 작업대

　　　자. 곤돌라

2. 다음 각 목의 어느 하나에 해당하는 방호장치

　　　가. 프레스 및 전단기 방호장치

　　　나. 양중기용(揚重機用) 과부하 방지장치

　　　다. 보일러 압력방출용 안전밸브

　　　라. 압력용기 압력방출용 안전밸브

　　　마. 압력용기 압력방출용 파열판

　　　바. 절연용 방호구 및 활선작업용(活線作業用) 기구

　　　사. 방폭구조(防爆構造) 전기기계·기구 및 부품

　　　아. 추락·낙하 및 붕괴 등의 위험 방지 및 보호에 필요한 가설기자재로서 고용노동부장관이 정하여 고시하는 것

　　　자. 충돌·협착 등의 위험 방지에 필요한 산업용 로봇 방호장치로서 고용노동부장관이 정하여 고시하는 것

3. 다음 각 목의 어느 하나에 해당하는 보호구

　　　가. 추락 및 감전 위험방지용 안전모

　　　나. 안전화

　　　다. 안전장갑

　　　라. 방진마스크

　　　마. 방독마스크

　　　바. 송기(送氣)마스크

　　　사. 전동식 호흡보호구

　　　아. 보호복

　　　자. 안전대

　　　차. 차광(遮光) 및 비산물(飛散物) 위험방지용 보안경

　　　카. 용접용 보안면

　　　타. 방음용 귀마개 또는 귀덮개

② 안전인증대상기계등의 세부적인 종류, 규격 및 형식은 고용노동부장관이 정하여 고시한다.

(規)제107조(안전인증대상기계등) 법 제84조제1항에서 "고용노동부령으로 정하는 안전인증대상기계등"이란 다음 각 호의 기계 및 설비를 말한다.

1. 설치·이전하는 경우 안전인증을 받아야 하는 기계
   가. 크레인
   나. 리프트
   다. 곤돌라
2. 주요 구조 부분을 변경하는 경우 안전인증을 받아야 하는 기계 및 설비
   가. 프레스
   나. 전단기 및 절곡기(折曲機)
   다. 크레인
   라. 리프트
   마. 압력용기
   바. 롤러기
   사. 사출성형기(射出成形機)
   아. 고소(高所)작업대자. 곤돌라

(規)제110조(안전인증 심사의 종류 및 방법) ① 유해·위험기계등이 안전인증기준에 적합한지를 확인하기 위하여 안전인증기관이 하는 심사는 다음 각 호와 같다.

1. 예비심사: 기계 및 방호장치·보호구가 유해·위험기계등 인지를 확인하는 심사(법 제84조제3항에 따라 안전인증을 신청한 경우만 해당한다)
2. 서면심사: 유해·위험기계등의 종류별 또는 형식별로 설계도면 등 유해·위험기계등의 제품기술과 관련된 문서가 안전인증기준에 적합한지에 대한 심사
3. 기술능력 및 생산체계 심사: 유해·위험기계등의 안전성능을 지속적으로 유지·보증하기 위하여 사업장에서 갖추어야 할 기술능력과 생산체계가 안전인증기준에 적합한지에 대한 심사. 다만, 다음 각 목의 어느 하나에 해당하는 경우에는 기술능력 및 생산체계 심사를 생략한다.
   가. 영 제74조제1항제2호 및 제3호에 따른 방호장치 및 보호구를 고용노동부장관이 정하여 고시하는 수량 이하로 수입하는 경우
   나. 제4호가목의 개별 제품심사를 하는 경우
   다. 안전인증(제4호나목의 형식별 제품심사를 하여 안전인증을 받은 경우로 한정한다)을 받은 후 같은 공정에서 제조되는 같은 종류의 안전인증대상기계등에 대하여 안전인증을 하는 경우
4. 제품심사: 유해·위험기계등이 서면심사 내용과 일치하는지와 유해·위험기계등의

안전에 관한 성능이 안전인증기준에 적합한지에 대한 심사. 다만, 다음 각 목의 심사는 유해·위험기계등별로 고용노동부장관이 정하여 고시하는 기준에 따라 어느 하나만을 받는다.

가. 개별 제품심사: 서면심사 결과가 안전인증기준에 적합할 경우에 유해·위험기계등 모두에 대하여 하는 심사(안전인증을 받으려는 자가 서면심사와 개별 제품심사를 동시에 할 것을 요청하는 경우 병행할 수 있다)

나. 형식별 제품심사: 서면심사와 기술능력 및 생산체계 심사 결과가 안전인증기준에 적합할 경우에 유해·위험기계등의 형식별로 표본을 추출하여 하는 심사(안전인증을 받으려는 자가 서면심사, 기술능력 및 생산체계 심사와 형식별 제품심사를 동시에 할 것을 요청하는 경우 병행할 수 있다)

② 제1항에 따른 유해·위험기계등의 종류별 또는 형식별 심사의 절차 및 방법은 고용노동부장관이 정하여 고시한다.

③ 안전인증기관은 제108조제1항에 따라 안전인증 신청서를 제출받으면 다음 각 호의 구분에 따른 심사 종류별 기간 내에 심사해야 한다. 다만, 제품심사의 경우 처리기간 내에 심사를 끝낼 수 없는 부득이한 사유가 있을 때에는 15일의 범위에서 심사기간을 연장할 수 있다.

1. 예비심사: 7일

2. 서면심사: 15일(외국에서 제조한 경우는 30일)

3. 기술능력 및 생산체계 심사: 30일(외국에서 제조한 경우는 45일)

4. 제품심사

가. 개별 제품심사: 15일

나. 형식별 제품심사: 30일(영 제74조제1항제2호사목의 방호장치와 같은 항 제3호가목부터 아목까지의 보호구는 60일)

④ 안전인증기관은 제3항에 따른 심사가 끝나면 안전인증을 신청한 자에게 별지 제45호서식의 심사결과 통지서를 발급해야 한다. 이 경우 해당 심사 결과가 모두 적합한 경우에는 별지 제46호서식의 안전인증서를 함께 발급해야 한다.

⑤ 안전인증기관은 안전인증대상기계등이 특수한 구조 또는 재료로 제조되어 안전인증기준의 일부를 적용하기 곤란할 경우 해당 제품이 안전인증기준과 같은 수준 이상의 안전에 관한 성능을 보유한 것으로 인정(안전인증을 신청한 자의 요청이 있거나 필요하다고 판단되는 경우를 포함한다)되면 「산업표준화법」 제12조에 따른 한국산업표준 또는 관련 국제규격 등을 참고하여 안전인증기준의 일부를 생략하거나 추가하여 제1항제2호 또는 제4호에 따른 심사를 할 수 있다.

⑥ 안전인증기관은 제5항에 따라 안전인증대상기계등이 안전인증기준과 같은 수준 이상의 안전에 관한 성능을 보유한 것으로 인정되는지와 해당 안전인증대상기계등에 생략하거나

추가하여 적용할 안전인증기준을 심의·의결하기 위하여 안전인증심의위원회를 설치·운영해야 한다. 이 경우 안전인증심의위원회의 구성·개최에 걸리는 기간은 제3항에 따른 심사기간에 산입하지 않는다.

⑦ 제6항에 따른 안전인증심의위원회의 구성·기능 및 운영 등에 필요한 사항은 고용노동부장관이 정하여 고시한다.

제77조(자율안전확인대상기계등) ① 법 제89조제1항 각 호 외의 부분 본문에서 "대통령령으로 정하는 것"이란 다음 각 호의 어느 하나에 해당하는 것을 말한다.

1. 다음 각 목의 어느 하나에 해당하는 기계 또는 설비

   가. 연삭기(研削機) 또는 연마기. 이 경우 휴대형은 제외한다.

   나. 산업용 로봇

   다. 혼합기

   라. 파쇄기 또는 분쇄기

   마. 식품가공용 기계(파쇄·절단·혼합·제면기만 해당한다)

   바. 컨베이어

   사. 자동차정비용 리프트

   아. 공작기계(선반, 드릴기, 평삭·형삭기, 밀링만 해당한다)

   자. 고정형 목재가공용 기계(둥근톱, 대패, 루타기, 띠톱, 모떼기 기계만 해당한다)차. 인쇄기

2. 다음 각 목의 어느 하나에 해당하는 방호장치

   가. 아세틸렌 용접장치용 또는 가스집합 용접장치용 안전기

   나. 교류 아크용접기용 자동전격방지기

   다. 롤러기 급정지장치

   라. 연삭기 덮개

   마. 목재 가공용 둥근톱 반발 예방장치와 날 접촉 예방장치

   바. 동력식 수동대패용 칼날 접촉 방지장치

   사. 추락·낙하 및 붕괴 등의 위험 방지 및 보호에 필요한 가설기자재(제74조제1항제2호아목의 가설기자재는 제외한다)로서 고용노동부장관이 정하여 고시하는 것

3. 다음 각 목의 어느 하나에 해당하는 보호구

   가. 안전모(제74조제1항제3호가목의 안전모는 제외한다)

   나. 보안경(제74조제1항제3호차목의 보안경은 제외한다)

   다. 보안면(제74조제1항제3호카목의 보안면은 제외한다)

② 자율안전확인대상기계등의 세부적인 종류, 규격 및 형식은 고용노동부장관이 정하여 고시한다.

제78조(안전검사대상기계등) ① 법 제93조제1항 전단에서 "대통령령으로 정하는 것"이란 다음 각 호의 어느 하나에 해당하는 것을 말한다.

1. 프레스
2. 전단기
3. 크레인(정격 하중이 2톤 미만인 것은 제외한다)
4. 리프트
5. 압력용기
6. 곤돌라
7. 국소 배기장치(이동식은 제외한다)
8. 원심기(산업용만 해당한다)
9. 롤러기(밀폐형 구조는 제외한다)
10. 사출성형기[형 체결력(型 締結力) 294킬로뉴턴(KN) 미만은 제외한다]
11. 고소작업대(「자동차관리법」 제3조제3호 또는 제4호에 따른 화물자동차 또는 특수자동차에 탑재한 고소작업대로 한정한다)
12. 컨베이어
13. 산업용 로봇

② 법 제93조제1항에 따른 안전검사대상기계등의 세부적인 종류, 규격 및 형식은 고용노동부장관이 정하여 고시한다.

(規)제126조(안전검사의 주기와 합격표시 및 표시방법) ① 법 제93조제3항에 따른 안전검사대상기계등의 안전검사 주기는 다음 각 호와 같다.

1. 크레인(이동식 크레인은 제외한다), 리프트(이삿짐운반용 리프트는 제외한다) 및 곤돌라: 사업장에 설치가 끝난 날부터 3년 이내에 최초 안전검사를 실시하되, 그 이후부터 2년마다(건설현장에서 사용하는 것은 최초로 설치한 날부터 6개월마다)
2. 이동식 크레인, 이삿짐운반용 리프트 및 고소작업대:「자동차관리법」 제8조에 따른 신규등록 이후 3년 이내에 최초 안전검사를 실시하되, 그 이후부터 2년마다
3. 프레스, 전단기, 압력용기, 국소 배기장치, 원심기, 롤러기, 사출성형기, 컨베이어 및 산업용 로봇: 사업장에 설치가 끝난 날부터 3년 이내에 최초 안전검사를 실시하되, 그 이후부터 2년마다(공정안전보고서를 제출하여 확인을 받은 압력용기는 4년마다)

② 법 제93조제3항에 따른 안전검사의 합격표시 및 표시방법은 별표 16과 같다

제85조(유해성·위험성 조사 제외 화학물질) 법 제108조제1항 각 호 외의 부분 본문에서 "대통령령으로 정하는 화학물질"이란 다음 각 호의 어느 하나에 해당하는 화학물질을 말한다.

1. 원소

2. 천연으로 산출된 화학물질

3. 「건강기능식품에 관한 법률」 제3조제1호에 따른 건강기능식품

4. 「군수품관리법」 제2조 및 「방위사업법」 제3조제2호에 따른 군수품[「군수품관리법」 제3조에 따른 통상품(痛常品)은 제외한다]

5. 「농약관리법」 제2조제1호 및 제3호에 따른 농약 및 원제

6. 「마약류 관리에 관한 법률」 제2조제1호에 따른 마약류

7. 「비료관리법」 제2조제1호에 따른 비료

8. 「사료관리법」 제2조제1호에 따른 사료

9. 「생활화학제품 및 살생물제의 안전관리에 관한 법률」 제3조제7호 및 제8호에 따른 살생물물질 및 살생물제품

10. 「식품위생법」 제2조제1호 및 제2호에 따른 식품 및 식품첨가물

11. 「약사법」 제2조제4호 및 제7호에 따른 의약품 및 의약외품(醫藥外品)

12. 「원자력안전법」 제2조제5호에 따른 방사성물질

13. 「위생용품 관리법」 제2조제1호에 따른 위생용품

14. 「의료기기법」 제2조제1항에 따른 의료기기

15. 「총포·도검·화약류 등의 안전관리에 관한 법률」 제2조제3항에 따른 화약류

16. 「화장품법」 제2조제1호에 따른 화장품과 화장품에 사용하는 원료

17. 법 제108조제3항에 따라 고용노동부장관이 명칭, 유해성·위험성, 근로자의 건강장해 예방을 위한 조치 사항 및 연간 제조량·수입량을 공표한 물질로서 공표된 연간 제조량·수입량 이하로 제조하거나 수입한 물질

18. 고용노동부장관이 환경부장관과 협의하여 고시하는 화학물질 목록에 기록되어 있는 물질

제86조(물질안전보건자료의 작성·제출 제외 대상 화학물질 등) 법 제110조제1항 각 호 외의 부분 전단에서 "대통령령으로 정하는 것"이란 다음 각 호의 어느 하나에 해당하는 것을 말한다. 〈개정 2020. 8. 27.〉

1. 「건강기능식품에 관한 법률」 제3조제1호에 따른 건강기능식품

2. 「농약관리법」 제2조제1호에 따른 농약

3. 「마약류 관리에 관한 법률」 제2조제2호 및 제3호에 따른 마약 및 향정신성의약품

4. 「비료관리법」 제2조제1호에 따른 비료

5. 「사료관리법」 제2조제1호에 따른 사료

6. 「생활주변방사선 안전관리법」 제2조제2호에 따른 원료물질

7. 「생활화학제품 및 살생물제의 안전관리에 관한 법률」 제3조제4호 및 제8호에 따른

건설안전기사 관련 법령

안전확인대상생활화학제품 및 살생물제품 중 일반소비자의 생활용으로 제공되는 제품

8. 「식품위생법」 제2조제1호 및 제2호에 따른 식품 및 식품첨가물

9. 「약사법」 제2조제4호 및 제7호에 따른 의약품 및 의약외품

10. 「원자력안전법」 제2조제5호에 따른 방사성물질

11. 「위생용품 관리법」 제2조제1호에 따른 위생용품

12. 「의료기기법」 제2조제1항에 따른 의료기기

12의2. 「첨단재생의료 및 첨단바이오의약품 안전 및 지원에 관한 법률」 제2조제5호에 따른 첨단바이오의약품

13. 「총포·도검·화약류 등의 안전관리에 관한 법률」 제2조제3항에 따른 화약류

14. 「폐기물관리법」 제2조제1호에 따른 폐기물

15. 「화장품법」 제2조제1호에 따른 화장품

16. 제1호부터 제15호까지의 규정 외의 화학물질 또는 혼합물로서 일반소비자의 생활용으로 제공되는 것(일반소비자의 생활용으로 제공되는 화학물질 또는 혼합물이 사업장 내에서 취급되는 경우를 포함한다)

17. 고용노동부장관이 정하여 고시하는 연구·개발용 화학물질 또는 화학제품. 이 경우 법 제110조제1항부터 제3항까지의 규정에 따른 자료의 제출만 제외된다.

18. 그 밖에 고용노동부장관이 독성·폭발성 등으로 인한 위해의 정도가 적다고 인정하여 고시하는 화학물질

[시행일 : 2020. 8. 28.] 제86조제12호의2

제89조(기관석면조사 대상) ① 법 제119조제2항 각 호 외의 부분 본문에서 "대통령령으로 정하는 규모 이상"란 다음 각 호의 어느 하나에 해당하는 경우를 말한다.

1. 건축물(제2호에 따른 주택은 제외한다. 이하 이 호에서 같다)의 연면적 합계가 50제곱미터 이상이면서, 그 건축물의 철거·해체하려는 부분의 면적 합계가 50제곱미터 이상인 경우

2. 주택(「건축법 시행령」 제2조제12호에 따른 부속건축물을 포함한다. 이하 이 호에서 같다)의 연면적 합계가 200제곱미터 이상이면서, 그 주택의 철거·해체하려는 부분의 면적 합계가 200제곱미터 이상인 경우

3. 설비의 철거·해체하려는 부분에 다음 각 목의 어느 하나에 해당하는 자재(물질을 포함한다. 이하 같다)를 사용한 면적의 합이 15제곱미터 이상 또는 그 부피의 합이 1세제곱미터 이상인 경우

　가. 단열재

　나. 보온재

　다. 분무재

　라. 내화피복재(耐火被覆材)

　마. 개스킷(Gasket: 누설방지재)

　바. 패킹재(Packing material: 틈박이재)

　사. 실링재(Sealing material: 액상 메움재)

　아. 그 밖에 가목부터 사목까지의 자재와 유사한 용도로 사용되는 자재로서 고용노동부장관
　　　이 정하여 고시하는 자재

4. 파이프 길이의 합이 80미터 이상이면서, 그 파이프의 철거·해체하려는 부분의 보온재로
　사용된 길이의 합이 80미터 이상인 경우

② 법 제119조제2항 각 호 외의 부분 단서에서 "석면함유 여부가 명백한 경우 등 대통령령으로
　정하는 사유"란 다음 각 호의 어느 하나에 해당하는 경우를 말한다. 〈개정 2020. 9. 8.〉

1. 건축물이나 설비의 철거·해체 부분에 사용된 자재가 설계도서, 자재 이력 등 관련 자료를
　통해 석면을 포함하고 있지 않음이 명백하다고 인정되는 경우

2. 건축물이나 설비의 철거·해체 부분에 석면이 중량비율 1퍼센트가 넘게 포함된 자재를
　사용함이 명백하게 인정되는 경우

제96조의2(휴게시설 설치·관리기준 준수 대상 사업장의 사업주) 법 제128조의2제2항에서
"사업의 종류 및 사업장의 상시 근로자 수 등 대통령령으로 정하는 기준에 해당하는
사업장"이란 다음 각 호의 어느 하나에 해당하는 사업장을 말한다.

1. 상시근로자(관계수급인의 근로자를 포함한다. 이하 제2호에서 같다) 20명 이상을 사용하는
　사업장(건설업의 경우에는 관계수급인의 공사금액을 포함한 해당 공사의 총공사금액이
　20억원 이상인 사업장으로 한정한다)

2. 다음 각 목의 어느 하나에 해당하는 직종(「통계법」 제22조제1항에 따라 통계청장이 고시하는
　한국표준직업분류에 따른다)의 상시근로자가 2명 이상인 사업장으로서 상시근로자 10명
　이상 20명 미만을 사용하는 사업장(건설업은 제외한다)

　가. 전화 상담원

　나. 돌봄 서비스 종사원

　다. 텔레마케터

　라. 배달원

　마. 청소원 및 환경미화원

　바. 아파트 경비원

　사. 건물 경비원 [본조신설 2022. 8. 16.]

(規)제194조의2(휴게시설의 설치·관리기준) 법 제128조의2제2항에서 "크기, 위치, 온도, 조명 등 고용노동부령으로 정하는 설치·관리기준"이란 별표 21의2의 휴게시설 설치·관리기준을 말한다. [본조신설 2022. 8. 18.]

휴게시설 설치·관리기준(제194조의2 관련)

1. 크기
  가. 휴게시설의 최소 바닥면적은 6제곱미터로 한다. 다만, 둘 이상의 사업장의 근로자가 공동으로 같은 휴게시설(이하 이 표에서 "공동휴게시설"이라 한다)을 사용하게 하는 경우 공동휴게시설의 바닥면적은 6제곱미터에 사업장의 개수를 곱한 면적 이상으로 한다.
  나. 휴게시설의 바닥에서 천장까지의 높이는 2.1미터 이상으로 한다.
  다. 가목 본문에도 불구하고 근로자의 휴식 주기, 이용자 성별, 동시 사용인원 등을 고려하여 최소면적을 근로자대표와 협의하여 6제곱미터가 넘는 면적으로 정한 경우에는 근로자대표와 협의한 면적을 최소 바닥면적으로 한다.
  라. 가목 단서에도 불구하고 근로자의 휴식 주기, 이용자 성별, 동시 사용인원 등을 고려하여 공동휴게시설의 바닥면적을 근로자대표와 협의하여 정한 경우에는 근로자대표와 협의한 면적을 공동휴게시설의 최소 바닥면적으로 한다.

2. 위치: 다음 각 목의 요건을 모두 갖춰야 한다.
  가. 근로자가 이용하기 편리하고 가까운 곳에 있어야 한다. 이 경우 공동휴게시설은 각 사업장에서 휴게시설까지의 왕복 이동에 걸리는 시간이 휴식시간의 20퍼센트를 넘지 않는 곳에 있어야 한다.
  나. 다음의 모든 장소에서 떨어진 곳에 있어야 한다.
    1) 화재·폭발 등의 위험이 있는 장소
    2) 유해물질을 취급하는 장소
    3) 인체에 해로운 분진 등을 발산하거나 소음에 노출되어 휴식을 취하기 어려운 장소

3. 온도
  적정한 온도(18℃ ~ 28℃)를 유지할 수 있는 냉난방 기능이 갖춰져 있어야 한다.

4. 습도
  적정한 습도(50% ~ 55%. 다만, 일시적으로 대기 중 상대습도가 현저히 높거나 낮아 적정한 습도를 유지하기 어렵다고 고용노동부장관이 인정하는 경우는 제외한다)를 유지할 수 있는 습도 조절 기능이 갖춰져 있어야 한다.

5. 조명
  적정한 밝기(100럭스 ~ 200럭스)를 유지할 수 있는 조명 조절 기능이 갖춰져 있어야 한다.

6. 창문 등을 통하여 환기가 가능해야 한다.

7. 의자 등 휴식에 필요한 비품이 갖춰져 있어야 한다.

8. 마실 수 있는 물이나 식수 설비가 갖춰져 있어야 한다.

9. 휴게시설임을 알 수 있는 표지가 휴게시설 외부에 부착돼 있어야 한다.

10. 휴게시설의 청소.관리 등을 하는 담당자가 지정돼 있어야 한다. 이 경우 공동휴게시설은 사업장마다 각각 담당자가 지정돼 있어야 한다.

11. 물품 보관 등 휴게시설 목적 외의 용도로 사용하지 않도록 한다.

※ 비고
다음 각 목에 해당하는 경우에는 다음 각 목의 구분에 따라 제1호부터 제6호까지의 규정에 따른 휴게시설 설치·관리기준의 일부를 적용하지 않는다.
가. 사업장 전용면적의 총 합이 300제곱미터 미만인 경우: 제1호 및 제2호의 기준
나. 작업장소가 일정하지 않거나 전기가 공급되지 않는 등 작업특성상 실내에 휴게시설을 갖추기 곤란한 경우로서 그늘막 등 간이 휴게시설을 설치한 경우: 제3호부터 제6호까지의 규정에 따른 기준
다. 건조 중인 선박 등에 휴게시설을 설치하는 경우: 제4호의 기준

(法)제142조(산업안전지도사 등의 직무) ① 산업안전지도사는 다음 각 호의 직무를 수행한다.

1. 공정상의 안전에 관한 평가 · 지도

2. 유해 · 위험의 방지대책에 관한 평가 · 지도

3. 제1호 및 제2호의 사항과 관련된 계획서 및 보고서의 작성

4. 그 밖에 산업안전에 관한 사항으로서 대통령령으로 정하는 사항

② 산업보건지도사는 다음 각 호의 직무를 수행한다.

1. 작업환경의 평가 및 개선 지도

2. 작업환경 개선과 관련된 계획서 및 보고서의 작성

3. 근로자 건강진단에 따른 사후관리 지도

4. 직업성 질병 진단(「의료법」 제2조에 따른 의사인 산업보건지도사만 해당한다) 및 예방 지도

5. 산업보건에 관한 조사 · 연구

6. 그 밖에 산업보건에 관한 사항으로서 대통령령으로 정하는 사항

③ 산업안전지도사 또는 산업보건지도사(이하 "지도사"라 한다)의 업무 영역별 종류 및 업무 범위, 그 밖에 필요한 사항은 대통령령으로 정한다.

제101조(산업안전지도사 등의 직무) ① 법 제142조제1항제4호에서 "대통령령으로 정하는 사항"이란 다음 각 호의 사항을 말한다.

1. 법 제36조에 따른 위험성평가의 지도

2. 법 제49조에 따른 안전보건개선계획서의 작성

3. 그 밖에 산업안전에 관한 사항의 자문에 대한 응답 및 조언

② 법 제142조제2항제6호에서 "대통령령으로 정하는 사항"이란 다음 각 호의 사항을 말한다.

  1. 법 제36조에 따른 위험성평가의 지도

  2. 법 제49조에 따른 안전보건개선계획서의 작성

  3. 그 밖에 산업보건에 관한 사항의 자문에 대한 응답 및 조언

제102조(산업안전지도사 등의 업무 영역별 종류 등) ① 법 제145조제1항에 따라 등록한 산업안전지도사의 업무 영역은 기계안전 · 전기안전 · 화공안전 · 건설안전 분야로 구분하고, 같은 항에 따라 등록한 산업보건지도사의 업무 영역은 직업환경의학 · 산업위생 분야로 구분한다.

② 법 제145조제1항에 따라 등록한 산업안전지도사 또는 산업보건지도사(이하 "지도사"라 한다)의 해당 업무 영역별 업무 범위는 별표 31과 같다.

지도사의 업무 영역별 업무 범위(제102조제2항 관련)

1. 법 제145조제1항에 따라 등록한 산업안전지도사(기계안전 · 전기안전 · 화공안전 분야)
   가. 유해위험방지계획서, 안전보건개선계획서, 공정안전보고서, 기계 · 기구 · 설비의 작업계획서 및 물질안전보건자료 작성 지도
   나. 다음의 사항에 대한 설계 · 시공 · 배치 · 보수 · 유지에 관한 안전성 평가 및 기술 지도
      1) 전기
      2) 기계 · 기구 · 설비
      3) 화학설비 및 공정
   다. 정전기 · 전자파로 인한 재해의 예방, 자동화설비, 자동제어, 방폭전기설비 및 전력시스템 등에 대한 기술 지도
   라. 인화성 가스, 인화성 액체, 폭발성 물질, 급성독성 물질 및 방폭설비 등에 관한 안전성 평가 및 기술 지도
   마. 크레인 등 기계 · 기구, 전기작업의 안전성 평가
   바. 그 밖에 기계, 전기, 화공 등에 관한 교육 또는 기술 지도
2. 법 제145조제1항에 따라 등록한 산업안전지도사(건설안전 분야)
   가. 유해위험방지계획서, 안전보건개선계획서, 건축 · 토목 작업계획서 작성 지도
   나. 가설구조물, 시공 중인 구축물, 해체공사, 건설공사 현장의 붕괴우려 장소 등의 안전성 평가
   다. 가설시설, 가설도로 등의 안전성 평가
   라. 굴착공사의 안전시설, 지반붕괴, 매설물 파손 예방의 기술 지도
   마. 그 밖에 토목, 건축 등에 관한 교육 또는 기술 지도
3. 법 제145조제1항에 따라 등록한 산업보건지도사(산업위생 분야)
   가. 유해위험방지계획서, 안전보건개선계획서, 물질안전보건자료 작성 지도
   나. 작업환경측정 결과에 대한 공학적 개선대책 기술 지도
   다. 작업장 환기시설의 설계 및 시공에 필요한 기술 지도
   라. 보건진단결과에 따른 작업환경 개선에 필요한 직업환경의학적 지도
   마. 석면 해체 · 제거 작업 기술 지도
   바. 갱내, 터널 또는 밀폐공간의 환기 · 배기시설의 안전성 평가 및 기술 지도
   사. 그 밖에 산업보건에 관한 교육 또는 기술 지도
4. 법 제145조제1항에 따라 등록한 산업보건지도사(직업환경의학 분야)
   가. 유해위험방지계획서, 안전보건개선계획서 작성 지도
   나. 건강진단 결과에 따른 근로자 건강관리 지도
   다. 직업병 예방을 위한 작업관리, 건강관리에 필요한 지도
   라. 보건진단 결과에 따른 개선에 필요한 기술 지도
   마. 그 밖에 직업환경의학, 건강관리에 관한 교육 또는 기술 지도

제107조(연수교육의 제외 대상) 법 제146조에서 "대통령령으로 정하는 실무경력이 있는 사람"이란 산업안전 또는 산업보건 분야에서 5년 이상 실무에 종사한 경력이 있는 사람을 말한다.

(規)제231조(지도사 보수교육) ① 법 제145조제5항 단서에서 "고용노동부령으로 정하는 보수교육"이란 업무교육과 직업윤리교육을 말한다.
② 제1항에 따른 보수교육의 시간은 업무교육 및 직업윤리교육의 교육시간을 합산하여

총 20시간 이상으로 한다. 다만, 법 제145조제4항에 따른 지도사 등록의 갱신기간 동안 제230조제1항에 따른 지도실적이 2년 이상인 지도사의 교육시간은 10시간 이상으로 한다.

③ 공단이 보수교육을 실시하였을 때에는 그 결과를 보수교육이 끝난 날부터 10일 이내에 고용노동부장관에게 보고해야 하며, 다음 각 호의 서류를 5년간 보존해야 한다.

　1. 보수교육 이수자 명단

　2. 이수자의 교육 이수를 확인할 수 있는 서류

④ 공단은 보수교육을 받은 지도사에게 별지 제96호서식의 지도사 보수교육 이수증을 발급해야 한다.

⑤ 보수교육의 절차·방법 및 비용 등 보수교육에 필요한 사항은 고용노동부장관의 승인을 거쳐 공단이 정한다.

(規)제232조(지도사 연수교육) ① 법 제146조에 따른 "고용노동부령으로 정하는 연수교육"이란 업무교육과 실무수습을 말한다.

② 제1항에 따른 연수교육의 기간은 업무교육 및 실무수습 기간을 합산하여 3개월 이상으로 한다.

③ 공단이 연수교육을 실시하였을 때에는 그 결과를 연수교육이 끝난 날부터 10일 이내에 고용노동부장관에게 보고해야 하며, 다음 각 호의 서류를 3년간 보존해야 한다.

　1. 연수교육 이수자 명단

　2. 이수자의 교육 이수를 확인할 수 있는 서류

④ 공단은 연수교육을 받은 지도사에게 별지 제96호서식의 지도사 연수교육 이수증을 발급해야 한다.

⑤ 연수교육의 절차·방법 및 비용 등 연수교육에 필요한 사항은 고용노동부장관의 승인을 거쳐 공단이 정한다.

제108조(손해배상을 위한 보증보험 가입 등) ① 법 제145조제1항에 따라 등록한 지도사(같은 조 제2항에 따라 법인을 설립한 경우에는 그 법인을 말한다. 이하 이 조에서 같다)는 법 제148조제2항에 따라 보험금액이 2천만원(법 제145조제2항에 따른 법인인 경우에는 2천만원에 사원인 지도사의 수를 곱한 금액) 이상인 보증보험에 가입해야 한다.

② 지도사는 제1항의 보증보험금으로 손해배상을 한 경우에는 그 날부터 10일 이내에 다시 보증보험에 가입해야 한다.

③ 손해배상을 위한 보증보험 가입 및 지급에 관한 사항은 고용노동부령으로 정한다.

(規)제196조(일반건강진단 실시의 인정) 법 제129조제1항 단서에서 "고용노동부령으로 정하는 건강진단"이란 다음 각 호 어느 하나에 해당하는 건강진단을 말한다.

1. 「국민건강보험법」에 따른 건강검진
2. 「선원법」에 따른 건강진단
3. 「진폐의 예방과 진폐근로자의 보호 등에 관한 법률」에 따른 정기 건강진단
4. 「학교보건법」에 따른 건강검사
5. 「항공안전법」에 따른 신체검사
6. 그 밖에 제198조제1항에서 정한 법 제129조제1항에 따른 일반건강진단(이하 "일반건강진단"이라 한다)의 검사항목을 모두 포함하여 실시한 건강진단

(規)제37조(위험성평가 실시내용 및 결과의 기록·보존) ① 사업주가 법 제36조제3항에 따라 위험성평가의 결과와 조치사항을 기록·보존할 때에는 다음 각 호의 사항이 포함되어야 한다.

1. 위험성평가 대상의 유해·위험요인
2. 위험성 결정의 내용
3. 위험성 결정에 따른 조치의 내용
4. 그 밖에 위험성평가의 실시내용을 확인하기 위하여 필요한 사항으로서 고용노동부장관이 정하여 고시하는 사항

② 사업주는 제1항에 따른 자료를 3년간 보존해야 한다.

사업장 위험성평가에 관한 지침
[시행 2023. 5. 22.] [고용노동부고시 제2023-19호, 2023. 5. 22., 일부개정.]

제3조(정의) ① 이 고시에서 사용하는 용어의 뜻은 다음과 같다.

1. "유해·위험요인"이란 유해·위험을 일으킬 잠재적 가능성이 있는 것의 고유한 특징이나 속성을 말한다.
2. "위험성"이란 유해·위험요인이 사망, 부상 또는 질병으로 이어질 수 있는 가능성과 중대성 등을 고려한 위험의 정도를 말한다.
3. "위험성평가"란 사업주가 스스로 유해·위험요인을 파악하고 해당 유해·위험요인의 위험성 수준을 결정하여, 위험성을 낮추기 위한 적절한 조치를 마련하고 실행하는 과정을 말한다.

② 그 밖에 이 고시에서 사용하는 용어의 뜻은 이 고시에 특별히 정한 것이 없으면 「산업안전보건법」(이하 "법"이라 한다), 같은 법 시행령(이하 "영"이라 한다), 같은

법 시행규칙(이하 "규칙"이라 한다) 및「산업안전보건기준에 관한 규칙」(이하 "안전보건규칙"이라 한다)에서 정하는 바에 따른다.

제5조(위험성평가 실시주체) ① 사업주는 스스로 사업장의 유해·위험요인을 파악하고 이를 평가하여 관리 개선하는 등 위험성평가를 실시하여야 한다.

② 법 제63조에 따른 작업의 일부 또는 전부를 도급에 의하여 행하는 사업의 경우는 도급을 준 도급인(이하 "도급사업주"라 한다)과 도급을 받은 수급인(이하 "수급사업주"라 한다)은 각각 제1항에 따른 위험성평가를 실시하여야 한다.

③ 제2항에 따른 도급사업주는 수급사업주가 실시한 위험성평가 결과를 검토하여 도급사업주가 개선할 사항이 있는 경우 이를 개선하여야 한다.

제6조(근로자 참여) 사업주는 위험성평가를 실시할 때, 법 제36조제2항에 따라 다음 각 호에 해당하는 경우 해당 작업에 종사하는 근로자를 참여시켜야 한다.

1. 유해·위험요인의 위험성 수준을 판단하는 기준을 마련하고, 유해·위험요인별로 허용 가능한 위험성 수준을 정하거나 변경하는 경우
2. 해당 사업장의 유해·위험요인을 파악하는 경우
3. 유해·위험요인의 위험성이 허용 가능한 수준인지 여부를 결정하는 경우
4. 위험성 감소대책을 수립하여 실행하는 경우
5. 위험성 감소대책 실행 여부를 확인하는 경우

제7조(위험성평가의 방법) ① 사업주는 다음과 같은 방법으로 위험성평가를 실시하여야 한다.

1. 안전보건관리책임자 등 해당 사업장에서 사업의 실시를 총괄 관리하는 사람에게 위험성평가의 실시를 총괄 관리하게 할 것
2. 사업장의 안전관리자, 보건관리자 등이 위험성평가의 실시에 관하여 안전보건관리책임자를 보좌하고 지도·조언하게 할 것
3. 유해·위험요인을 파악하고 그 결과에 따른 개선조치를 시행할 것
4. 기계·기구, 설비 등과 관련된 위험성평가에는 해당 기계·기구, 설비 등에 전문 지식을 갖춘 사람을 참여하게 할 것
5. 안전·보건관리자의 선임의무가 없는 경우에는 제2호에 따른 업무를 수행할 사람을 지정하는 등 그 밖에 위험성평가를 위한 체제를 구축할 것

② 사업주는 제1항에서 정하고 있는 자에 대해 위험성평가를 실시하기 위해 필요한 교육을 실시하여야 한다. 이 경우 위험성평가에 대해 외부에서 교육을 받았거나, 관련학문을 전공하여 관련 지식이 풍부한 경우에는 필요한 부분만 교육을 실시하거나 교육을 생략할 수 있다.

③ 사업주가 위험성평가를 실시하는 경우에는 산업안전·보건 전문가 또는 전문기관의 컨설팅을 받을 수 있다.

④ 사업주가 다음 각 호의 어느 하나에 해당하는 제도를 이행한 경우에는 그 부분에 대하여 이 고시에 따른 위험성평가를 실시한 것으로 본다.

　1. 위험성평가 방법을 적용한 안전·보건진단(법 제47조)

　2. 공정안전보고서(법 제44조). 다만, 공정안전보고서의 내용 중 공정위험성 평가서가 최대 4년 범위 이내에서 정기적으로 작성된 경우에 한한다.

　3. 근골격계부담작업 유해요인조사(안전보건규칙 제657조부터 제662조까지)

　4. 그 밖에 법과 이 법에 따른 명령에서 정하는 위험성평가 관련 제도

⑤ 사업주는 사업장의 규모와 특성 등을 고려하여 다음 각 호의 위험성평가 방법 중 한 가지 이상을 선정하여 위험성평가를 실시할 수 있다.

　1. 위험 가능성과 중대성을 조합한 빈도·강도법

　2. 체크리스트(Checklist)법

　3. 위험성 수준 3단계(저·중·고) 판단법

　4. 핵심요인 기술(One Point Sheet)법

　5. 그 외 규칙 제50조제1항제2호 각 목의 방법

제8조(위험성평가의 절차) 사업주는 위험성평가를 다음의 절차에 따라 실시하여야 한다. 다만, 상시근로자 5인 미만 사업장(건설공사의 경우 1억원 미만)의 경우 제1호의 절차를 생략할 수 있다.

1. 사전준비 2.유해·위험요인 파악 3.위험성 결정 4.위험성 감소대책 수립·실행 5.위험성평가 실시내용·결과에 관한 기록·보존

제9조(사전준비) ① 사업주는 위험성평가를 효과적으로 실시하기 위하여 최초 위험성평가시 다음 각 호의 사항이 포함된 위험성평가 실시규정을 작성하고, 지속적으로 관리하여야 한다.

1. 평가의 목적 및 방법

2. 평가담당자 및 책임자의 역할

3. 평가시기 및 절차

4. 근로자에 대한 참여·공유방법 및 유의사항

5. 결과의 기록·보존

② 사업주는 위험성평가를 실시하기 전에 다음 각 호의 사항을 확정하여야 한다.

　1. 위험성의 수준과 그 수준을 판단하는 기준

　2. 허용 가능한 위험성의 수준(이 경우 법에서 정한 기준 이상으로 위험성의 수준을 정하여야 한다)

③ 사업주는 다음 각 호의 사업장 안전보건정보를 사전에 조사하여 위험성평가에 활용할 수 있다.

1. 작업표준, 작업절차 등에 관한 정보

2. 기계·기구, 설비 등의 사양서, 물질안전보건자료(MSDS) 등의 유해·위험요인에 관한 정보

3. 기계·기구, 설비 등의 공정 흐름과 작업 주변의 환경에 관한 정보

4. 법 제63조에 따른 작업을 하는 경우로서 같은 장소에서 사업의 일부 또는 전부를 도급을 주어 행하는 작업이 있는 경우 혼재 작업의 위험성 및 작업 상황 등에 관한 정보

5. 재해사례, 재해통계 등에 관한 정보

6. 작업환경측정결과, 근로자 건강진단결과에 관한 정보

7. 그 밖에 위험성평가에 참고가 되는 자료 등

제10조(유해·위험요인 파악) 사업주는 사업장 내의 제5조의2에 따른 유해·위험요인을 파악하여야 한다. 이때 업종, 규모 등 사업장 실정에 따라 다음 각 호의 방법 중 어느 하나 이상의 방법을 사용하되, 특별한 사정이 없으면 제1호에 의한 방법을 포함하여야 한다.

1. 사업장 순회점검에 의한 방법

2. 근로자들의 상시적 제안에 의한 방법

3. 설문조사·인터뷰 등 청취조사에 의한 방법

4. 물질안전보건자료, 작업환경측정결과, 특수건강진단결과 등 안전보건 자료에 의한 방법

5. 안전보건 체크리스트에 의한 방법

6. 그 밖에 사업장의 특성에 적합한 방법

제11조(위험성 결정) ① 사업주는 제10조에 따라 파악된 유해·위험요인이 근로자에게 노출되었을 때의 위험성을 제9조제2항제1호에 따른 기준에 의해 판단하여야 한다.

② 사업주는 제1항에 따라 판단한 위험성의 수준이 제9조제2항제2호에 의한 허용 가능한 위험성의 수준인지 결정하여야 한다.

제12조(위험성 감소대책 수립 및 실행) ① 사업주는 제11조제2항에 따라 허용 가능한 위험성이 아니라고 판단한 경우에는 위험성의 수준, 영향을 받는 근로자 수 및 다음 각 호의 순서를 고려하여 위험성 감소를 위한 대책을 수립하여 실행하여야 한다. 이 경우 법령에서 정하는 사항과 그 밖에 근로자의 위험 또는 건강장해를 방지하기 위하여 필요한 조치를 반영하여야 한다.

1. 위험한 작업의 폐지·변경, 유해·위험물질 대체 등의 조치 또는 설계나 계획 단계에서 위험성을 제거 또는 저감하는 조치

2. 연동장치, 환기장치 설치 등의 공학적 대책

3. 사업장 작업절차서 정비 등의 관리적 대책

4. 개인용 보호구의 사용

② 사업주는 위험성 감소대책을 실행한 후 해당 공정 또는 작업의 위험성의 수준이 사전에 자체
설정한 허용 가능한 위험성의 수준인지를 확인하여야 한다.

③ 제2항에 따른 확인 결과, 위험성이 자체 설정한 허용 가능한 위험성 수준으로 내려오지 않는
경우에는 허용 가능한 위험성 수준이 될 때까지 추가의 감소대책을 수립·실행하여야 한다.

④ 사업주는 중대재해, 중대산업사고 또는 심각한 질병이 발생할 우려가 있는 위험성으로서
제1항에 따라 수립한 위험성 감소대책의 실행에 많은 시간이 필요한 경우에는 즉시 잠정적인
조치를 강구하여야 한다.

제15조(위험성평가의 실시 시기) ① 사업주는 사업이 성립된 날(사업 개시일을 말하며,
건설업의 경우 실착공일을 말한다)로부터 1개월이 되는 날까지 제5조의2제1항에 따라
위험성평가의 대상이 되는 유해·위험요인에 대한 최초 위험성평가의 실시에 착수하여야 한다.
다만, 1개월 미만의 기간 동안 이루어지는 작업 또는 공사의 경우에는 특별한 사정이 없는 한
작업 또는 공사 개시 후 지체 없이 최초 위험성평가를 실시하여야 한다.

② 사업주는 다음 각 호의 어느 하나에 해당하여 추가적인 유해·위험요인이 생기는 경우에는
해당 유해·위험요인에 대한 수시 위험성평가를 실시하여야 한다. 다만, 제5호에 해당하는
경우에는 재해발생 작업을 대상으로 작업을 재개하기 전에 실시하여야 한다.

1. 사업장 건설물의 설치·이전·변경 또는 해체

2. 기계·기구, 설비, 원재료 등의 신규 도입 또는 변경

3. 건설물, 기계·기구, 설비 등의 정비 또는 보수(주기적·반복적 작업으로서 이미 위험성평
가를 실시한 경우에는 제외)

4. 작업방법 또는 작업절차의 신규 도입 또는 변경

5. 중대산업사고 또는 산업재해(휴업 이상의 요양을 요하는 경우에 한정한다) 발생

6. 그 밖에 사업주가 필요하다고 판단한 경우

③ 사업주는 다음 각 호의 사항을 고려하여 제1항에 따라 실시한 위험성평가의 결과에 대한
적정성을 1년마다 정기적으로 재검토(이때, 해당 기간 내 제2항에 따라 실시한 위험성평가의
결과가 있는 경우 함께 적정성을 재검토하여야 한다)하여야 한다. 재검토 결과 허용
가능한 위험성 수준이 아니라고 검토된 유해·위험요인에 대해서는 제12조에 따라 위험성
감소대책을 수립하여 실행하여야 한다.

1. 기계·기구, 설비 등의 기간 경과에 의한 성능 저하

2. 근로자의 교체 등에 수반하는 안전·보건과 관련되는 지식 또는 경험의 변화

3. 안전·보건과 관련되는 새로운 지식의 습득

4. 현재 수립되어 있는 위험성 감소대책의 유효성 등

④ 사업주가 사업장의 상시적인 위험성평가를 위해 다음 각 호의 사항을 이행하는 경우 제2항과 제3항의 수시평가와 정기평가를 실시한 것으로 본다.

1. 매월 1회 이상 근로자 제안제도 활용, 아차사고 확인, 작업과 관련된 근로자를 포함한 사업장 순회점검 등을 통해 사업장 내 유해·위험요인을 발굴하여 제11조의 위험성결정 및 제12조의 위험성 감소대책 수립·실행을 할 것

2. 매주 안전보건관리책임자, 안전관리자, 보건관리자, 관리감독자 등(도급사업주의 경우 수급사업장의 안전·보건 관련 관리자 등을 포함한다)을 중심으로 제1호의 결과 등을 논의·공유하고 이행상황을 점검할 것

3. 매 작업일마다 제1호와 제2호의 실시결과에 따라 근로자가 준수하여야 할 사항 및 주의하여야 할 사항을 작업 전 안전점검회의 등을 통해 공유·주지할 것

Chapter 03 건설기술진흥법 시행령 (주요 조문)

(法) 제62조(건설공사의 안전관리) ① 건설사업자와 주택건설등록업자는 대통령령으로 정하는 건설공사를 시행하는 경우 안전점검 및 안전관리조직 등 건설공사의 안전관리계획(이하 "안전관리계획"이라 한다)을 수립하고, 착공 전에 이를 발주자에게 제출하여 승인을 받아야 한다. 이 경우 발주청이 아닌 발주자는 미리 안전관리계획의 사본을 인·허가기관의 장에게 제출하여 승인을 받아야 한다. 〈개정 2018. 12. 31., 2019. 4. 30., 2020. 6. 9.〉

제98조(안전관리계획의 수립) ① 법 제62조제1항에 따른 안전관리계획(이하 "안전관리계획"이라 한다)을 수립해야 하는 건설공사는 다음 각 호와 같다. 이 경우 원자력시설공사는 제외하며, 해당 건설공사가 「산업안전보건법」 제42조에 따른 유해위험방지계획을 수립해야 하는 건설공사에 해당하는 경우에는 해당 계획과 안전관리계획을 통합하여 작성할 수 있다. 〈개정 2016. 1. 12., 2016. 5. 17., 2016. 8. 11., 2018. 1. 16., 2019. 12. 24., 2021. 1. 5.〉

1. 「시설물의 안전 및 유지관리에 관한 특별법」 제7조제1호 및 제2호에 따른 1종시설물 및 2종시설물의 건설공사(같은 법 제2조제11호에 따른 유지관리를 위한 건설공사는 제외한다)

2. 지하 10미터 이상을 굴착하는 건설공사. 이 경우 굴착 깊이 산정 시 집수정(물저장고), 엘리베이터 피트 및 정화조 등의 굴착 부분은 제외하며, 토지에 높낮이 차가 있는 경우 굴착 깊이의 산정방법은 「건축법 시행령」 제119조제2항을 따른다.

3. 폭발물을 사용하는 건설공사로서 20미터 안에 시설물이 있거나 100미터 안에 사육하는 가축이 있어 해당 건설공사로 인한 영향을 받을 것이 예상되는 건설공사

4. 10층 이상 16층 미만인 건축물의 건설공사

4의2. 다음 각 목의 리모델링 또는 해체공사

    가. 10층 이상인 건축물의 리모델링 또는 해체공사

    나. 「주택법」 제2조제25호다목에 따른 수직증축형 리모델링

5. 「건설기계관리법」 제3조에 따라 등록된 다음 각 목의 어느 하나에 해당하는 건설기계가 사용되는 건설공사

    가. 천공기(높이가 10미터 이상인 것만 해당한다)

    나. 항타 및 항발기

    다. 타워크레인

5의2. 제101조의2제1항 각 호의 가설구조물을 사용하는 건설공사

6. 제1호부터 제4호까지, 제4호의2, 제5호 및 제5호의2의 건설공사 외의 건설공사로서 다음 각 목의 어느 하나에 해당하는 공사

가. 발주자가 안전관리가 특히 필요하다고 인정하는 건설공사

나. 해당 지방자치단체의 조례로 정하는 건설공사 중에서 인·허가기관의 장이 안전관리가 특히 필요하다고 인정하는 건설공사

② 건설사업자와 주택건설등록업자는 법 제62조제1항에 따라 안전관리계획을 수립하여 발주청 또는 인·허가기관의 장에게 제출하는 경우에는 미리 공사감독자 또는 건설사업관리기술인의 검토·확인을 받아야 하며, 건설공사를 착공하기 전에 발주청 또는 인·허가기관의 장에게 제출해야 한다. 안전관리계획의 내용을 변경하는 경우에도 또한 같다. 〈개정 2015. 7. 6., 2016. 1. 12., 2018. 12. 11., 2020. 1. 7.〉

③ 법 제62조제1항에 따라 안전관리계획을 제출받은 발주청 또는 인·허가기관의 장은 안전관리계획의 내용을 검토하여 안전관리계획을 제출받은 날부터 20일 이내에 건설사업자 또는 주택건설등록업자에게 그 결과를 통보해야 한다. 〈개정 2016. 1. 12., 2017. 12. 29., 2019. 6. 25., 2020. 1. 7.〉

④ 발주청 또는 인·허가기관의 장이 제3항에 따라 안전관리계획의 내용을 심사하는 경우에는 제100조제2항에 따른 건설안전점검기관에 검토를 의뢰하여야 한다. 다만, 「시설물의 안전 및 유지관리에 관한 특별법」 제7조제1호 및 제2호에 따른 1종시설물 및 2종시설물의 건설공사의 경우에는 국토안전관리원에 안전관리계획의 검토를 의뢰하여야 한다. 〈개정 2016. 1. 12., 2017. 12. 29., 2018. 1. 16., 2020. 12. 1.〉

⑤ 발주청 또는 인·허가기관의 장은 제3항에 따른 안전관리계획의 검토 결과를 다음 각 호의 구분에 따라 판정한 후 제1호 및 제2호의 경우에는 승인서(제2호의 경우에는 보완이 필요한 사유를 포함해야 한다)를 건설사업자 또는 주택건설등록업자에게 발급해야 한다. 〈개정 2016. 1. 12., 2019. 6. 25., 2020. 1. 7.〉

1. 적정: 안전에 필요한 조치가 구체적이고 명료하게 계획되어 건설공사의 시공상 안전성이 충분히 확보되어 있다고 인정될 때

2. 조건부 적정: 안전성 확보에 치명적인 영향을 미치지는 아니하지만 일부 보완이 필요하다고 인정될 때

3. 부적정: 시공 시 안전사고가 발생할 우려가 있거나 계획에 근본적인 결함이 있다고 인정될 때

⑥ 발주청 또는 인·허가기관의 장은 건설사업자 또는 주택건설등록업자가 제출한 안전관리계획서가 제5항제3호에 따른 부적정 판정을 받은 경우에는 안전관리계획의 변경 등 필요한 조치를 해야 한다. 〈개정 2016. 1. 12., 2020. 1. 7.〉

⑦ 발주청 또는 인·허가기관의 장은 법 제62조제3항에 따른 안전관리계획서 사본 및 검토결과를 제3항에 따라 건설사업자 또는 주택건설등록업자에게 통보한 날부터 7일 이내에

국토교통부장관에게 제출해야 한다. 〈신설 2019. 6. 25., 2020. 1. 7.〉

⑧ 국토교통부장관은 법 제62조제3항에 따라 제출받은 안전관리계획서 및 계획서 검토결과가 다음 각 호의 어느 하나에 해당하여 건설안전에 위험을 발생시킬 우려가 있다고 인정되는 경우에는 법 제62조제10항에 따라 안전관리계획서 및 계획서 검토결과의 적정성을 검토할 수 있다. 〈신설 2019. 6. 25., 2020. 1. 7.〉

1. 건설사업자 또는 주택건설등록업자가 안전관리계획을 성실하게 수립하지 않았다고 인정되는 경우

2. 발주청 또는 인·허가기관의 장이 안전관리계획서를 성실하게 검토하지 않았다고 인정되는 경우

3. 그 밖에 안전사고가 자주 발생하는 공종이 포함된 건설공사의 안전관리계획서 및 계획서 검토결과 등 국토교통부장관이 정하여 고시하는 사항에 해당하는 경우

⑨ 법 제62조제10항에 따라 시정명령 등 필요한 조치를 하도록 요청받은 발주청 및 인·허가기관의 장은 건설사업자 및 주택건설등록업자에게 안전관리계획서 및 계획서 검토결과에 대한 수정이나 보완을 명해야 하며, 수정이나 보완조치가 완료된 경우에는 7일 이내에 국토교통부장관에게 제출해야 한다. 〈신설 2019. 6. 25., 2020. 1. 7.〉

⑩ 제8항 및 제9항에 따른 안전관리계획서 및 계획서 검토결과의 적정성 검토와 그에 필요한 조치 등에 관한 세부적인 절차 및 방법은 국토교통부장관이 정하여 고시한다. 〈신설 2019. 6. 25.〉

제99조(안전관리계획의 수립 기준) ① 법 제62조제6항에 따른 안전관리계획의 수립 기준에는 다음 각 호의 사항이 포함되어야 한다. 〈개정 2016. 1. 12., 2019. 6. 25.〉

1. 건설공사의 개요 및 안전관리조직

2. 공정별 안전점검계획(계측장비 및 폐쇄회로 텔레비전 등 안전 모니터링 장비의 설치 및 운용계획이 포함되어야 한다)

3. 공사장 주변의 안전관리대책(건설공사 중 발파·진동·소음이나 지하수 차단 등으로 인한 주변지역의 피해방지대책과 굴착공사로 인한 위험징후 감지를 위한 계측계획을 포함한다)

4. 통행안전시설의 설치 및 교통 소통에 관한 계획

5. 안전관리비 집행계획

6. 안전교육 및 비상시 긴급조치계획

7. 공종별 안전관리계획(대상 시설물별 건설공법 및 시공절차를 포함한다)

② 제1항 각 호에 따른 안전관리계획의 수립 기준에 관한 세부적인 내용은 국토교통부령으로 정한다.

■ 건설기술 진흥법 시행규칙 [별표 7] 〈개정 2021. 8. 27.〉

안전관리계획의 수립기준(제58조 관련)

1. 일반기준

가. 안전관리계획은 다음 표에 따라 구분하여 각각 작성·제출해야 한다.

구분	작성 기준	제출 기한
1) 총괄 안전관리계획	제2호에 따라 건설공사 전반에 대하여 작성	건설공사 착공 전까지
2) 공종별 세부 안전관리계획	제3호 각 목 중 해당하는 공종별로 작성	공종별로 구분하여 해당 공종의 착공 전까지

나. 각 안전관리계획서의 본문에는 반드시 필요한 내용만 작성하며, 해당 사항이 없는 내용에 대해서는 "해당 사항 없음"으로 작성한다.

다. 각 안전관리계획서에 첨부하는 관련 법령, 일반도면, 시방기준 등 일반적인 내용의 자료는 특별히 필요한 자료 외에는 최소한으로 첨부한다. 다만, 안전관리계획의 검토를 위하여 필요한 배치도, 입면도, 층별 평면도, 종·횡단면도(세부 단면도를 포함한다) 및 그 밖에 공사현황을 파악할 수 있는 주요 도면 등은 각 안전관리계획과 별도로 첨부하여 제출해야 한다.

라. 이 표에서 규정한 사항 외에 건설공사의 안전 확보를 위하여 안전관리계획에 포함해야 하는 세부사항은 국토교통부장관이 정하여 고시할 수 있다.

2. 총괄 안전관리계획의 수립기준

가. 건설공사의 개요

공사 전반에 대한 개략을 파악하기 위한 위치도, 공사개요, 전체 공정표 및 설계도서(해당 공사를 인가·허가 또는 승인한 행정기관 등에 이미 제출된 경우는 제외한다)

나. 현장 특성 분석

1) 현장 여건 분석

주변 지장물(支障物) 여건(지하 매설물, 인접 시설물 제원 등을 포함한다), 지반 조건[지질 특성, 지하수위(地下水位), 시추주상도(試錐柱狀圖) 등을 말한다], 현장시공 조건, 주변 교통 여건 및 환경요소 등

2) 시공단계의 위험 요소, 위험성 및 그에 대한 저감대책

　가) 핵심관리가 필요한 공정으로 선정된 공정의 위험 요소, 위험성 및 그에 대한 저감대책

　나) 시공단계에서 반드시 고려해야 하는 위험 요소, 위험성 및 그에 대한 저감대책(영 제75조의2제1항에 따라 설계의 안전성 검토를 실시한 경우에는 같은 조 제2항제1호의 사항을 작성하되, 같은 조 제4항에 따라 설계도서의 보완·변경 등 필요한 조치를 한 경우에는 해당 조치가 반영된 사항을 기준으로 작성한다)

　다) 가) 및 나) 외에 시공자가 시공단계에서 위험 요소 및 위험성을 발굴한 경우에 대한 저감대책 마련 방안

3) 공사장 주변 안전관리대책

공사 중 지하매설물의 방호, 인접 시설물 및 지반의 보호 등 공사장 및 공사현장 주변에 대한 안전관리에 관한 사항(주변 시설물에 대한 안전 관련 협의서류 및 지반침하 등에 대한 계측계획을 포함한다)

4) 통행안전시설의 설치 및 교통소통계획

　가) 공사장 주변의 교통소통대책, 교통안전시설물, 교통사고예방대책 등 교통안전관리에 관한 사항(현장차량 운행계획, 교통 신호수 배치계획, 교통안전시설물 점검계획 및 손상·유실·작동이상 등에 대한 보수 관리계획을 포함한다)

　나) 공사장 내부의 주요 지점별 건설기계·장비의 전담유도원 배치계획

다. 현장운영계획

1) 안전관리조직

공사관리조직 및 임무에 관한 사항으로서 시설물의 시공안전 및 공사장 주변안전에 대한 점검·확인 등을 위한 관리조직표(비상시의 경우를 별도로 구분하여 작성한다)

2) 공정별 안전점검계획

　가) 자체안전점검, 정기안전점검의 시기·내용, 안전점검 공정표, 안전점검 체크리스트 등 실시계획 등에 관한 사항

　나) 계측장비 및 폐쇄회로 텔레비전 등 안전 모니터링 장비의 설치 및 운용계획에 관한 사항(「시설물의 안전 및 유지관리에 관한 특별법 시행령」 별표 1에 따른 제2종시설물 중 공동주택의 건설공사는 공사장 상부에서 전체를 실시간으로 파악할 수 있도록 폐쇄회로 텔레비전의 설치·운영계획을 마련해야 한다)

3) 안전관리비 집행계획

안전관리비의 계상, 산출·집행계획, 사용계획 등에 관한 사항

4) 안전교육계획

안전교육계획표, 교육의 종류·내용 및 교육관리에 관한 사항

    5) 안전관리계획 이행보고 계획

        위험한 공정으로 감독관의 작업허가가 필요한 공정과 그 시기, 안전관리계획 승인권자에게 안전관리계획 이행 여부 등에 대한 정기적 보고계획 등

  라. 비상시 긴급조치계획

    1) 공사현장에서의 사고, 재난, 기상이변 등 비상사태에 대비한 내부·외부 비상연락망, 비상동원조직, 경보체제, 응급조치 및 복구 등에 관한 사항

    2) 건축공사 중 화재발생을 대비한 대피로 확보 및 비상대피 훈련계획에 관한 사항(단열재 시공시점부터는 월 1회 이상 비상대피 훈련을 실시해야 한다)

3. 공종별 세부 안전관리계획

  가. 가설공사

    1) 가설구조물의 설치개요 및 시공상세도면

    2) 안전시공 절차 및 주의사항

    3) 안전점검계획표 및 안전점검표

    4) 가설물 안전성 계산서

  나. 굴착공사 및 발파공사

    1) 굴착, 흙막이, 발파, 항타 등의 개요 및 시공상세도면

    2) 안전시공 절차 및 주의사항(지하매설물, 지하수위 변동 및 흐름, 되메우기 다짐 등에 관한 사항을 포함한다)

    3) 안전점검계획표 및 안전점검표

    4) 굴착 비탈면, 흙막이 등 안전성 계산서

  다. 콘크리트공사

    1) 거푸집, 동바리, 철근, 콘크리트 등 공사개요 및 시공상세도면

    2) 안전시공 절차 및 주의사항

    3) 안전점검계획표 및 안전점검표

    4) 동바리 등 안전성 계산서

  라. 강구조물공사

    1) 자재·장비 등의 개요 및 시공상세도면

    2) 안전시공 절차 및 주의사항

    3) 안전점검계획표 및 안전점검표

    4) 강구조물의 안전성 계산서

  마. 성토(흙쌓기) 및 절토(땅깎기) 공사(흙댐공사를 포함한다)

건설안전기사 관련 법령

1) 자재·장비 등의 개요 및 시공상세도면

2) 안전시공 절차 및 주의사항

3) 안전점검계획표 및 안전점검표

4) 안전성 계산서

바. 해체공사

1) 구조물해체의 대상·공법 등의 개요 및 시공상세도면

2) 해체순서, 안전시설 및 안전조치 등에 대한 계획

사. 건축설비공사

1) 자재·장비 등의 개요 및 시공상세도면

2) 안전시공 절차 및 주의사항

3) 안전점검계획표 및 안전점검표

4) 안전성 계산서

아. 타워크레인 사용공사

1) 타워크레인 운영계획

안전작업절차 및 주의사항, 관리자 및 신호수 배치계획, 타워크레인간 충돌방지계획 및 공사장 외부 선회방지 등 타워크레인 설치·운영계획, 표준작업시간 확보계획, 관련 도면[타워크레인에 대한 기초 상세도, 브레이싱(압축 또는 인장에 작용하며 구조물을 보강하는 대각선 방향 등의 구조 부재) 연결 상세도 등 설치 상세도를 포함한다]

2) 타워크레인 점검계획

점검시기, 점검 체크리스트 및 검사업체 선정계획 등

3) 타워크레인 임대업체 선정계획

적정 임대업체 선정계획(저가임대 및 재임대 방지방안을 포함한다), 조종사 및 설치·해체 작업자 운영계획(원격조종 타워크레인의 장비별 전담 조정사 지정여부 및 조종사의 운전시간 등 기록관리 계획을 포함한다), 임대업체 선정과 관련된 발주자와의 협의시기, 내용, 방법 등 협의계획

4) 타워크레인에 대한 안전성 계산서(현장조건을 반영한 타워크레인의 기초 및 브레이싱에 대한 계산서는 반드시 포함해야 한다)

제100조(안전점검의 시기·방법 등) ① 건설사업자와 주택건설등록업자는 건설공사의 공사기간 동안 매일 자체안전점검을 하고, 제2항에 따른 기관에 의뢰하여 다음 각 호의 기준에 따라 정기안전점검 및 정밀안전점검 등을 해야 한다. 〈개정 2020. 1. 7.〉

1. 건설공사의 종류 및 규모 등을 고려하여 국토교통부장관이 정하여 고시하는 시기와 횟수에 따라 정기안전점검을 할 것

2. 정기안전점검 결과 건설공사의 물리적·기능적 결함 등이 발견되어 보수·보강 등의 조치를 위하여 필요한 경우에는 정밀안전점검을 할 것

3. 제98조제1항제1호에 해당하는 건설공사에 대해서는 그 건설공사를 준공(임시사용을 포함한다)하기 직전에 제1호에 따른 정기안전점검 수준 이상의 안전점검을 할 것

4. 제98조제1항 각 호의 어느 하나에 해당하는 건설공사가 시행 도중에 중단되어 1년 이상 방치된 시설물이 있는 경우에는 그 공사를 다시 시작하기 전에 그 시설물에 대하여 제1호에 따른 정기안전점검 수준의 안전점검을 할 것

② 제1항 각 호의 구분에 따른 정기안전점검 및 정밀안전점검 등을 건설사업자나 주택건설등록업자로부터 의뢰받아 실시할 수 있는 기관(이하 "건설안전점검기관"이라 한다)은 다음 각 호의 기관으로 한다. 다만, 그 기관이 해당 건설공사의 발주자인 경우에는 정기안전점검만을 할 수 있다. 〈개정 2018. 1. 16., 2020. 1. 7., 2020. 12. 1.〉

1.「시설물의 안전 및 유지관리에 관한 특별법」제28조에 따라 등록한 안전진단전문기관

2. 국토안전관리원

③ 건설사업자와 주택건설등록업자는 국토교통부장관이 정하여 고시하는 절차에 따라 발주자(발주자가 발주청이 아닌 경우에는 인·허가기관의 장을 말한다)가 지정하는 건설안전점검기관에 정기안전점검 또는 정밀안전점검 등의 실시를 의뢰해야 한다. 이 경우 그 건설공사를 발주·설계·시공·감리 또는 건설사업관리를 수행하는 자의 계열회사인 건설안전점검기관에 의뢰해서는 안 된다. 〈개정 2019. 6. 25., 2020. 1. 7.〉

④ 안전점검을 한 건설안전점검기관은 안전점검 실시 결과를 안전점검 완료 후 30일 이내에 발주자, 해당 인·허가기관의 장(발주자가 발주청이 아닌 경우만 해당한다), 건설사업자 또는 주택건설등록업자에게 통보해야 한다. 이 경우 점검 결과를 통보받은 발주자나 인·허가기관의 장은 건설사업자 또는 주택건설등록업자에게 보수·보강 등 필요한 조치를 요청할 수 있다. 〈개정 2019. 6. 25., 2020. 1. 7.〉

⑤ 제4항에 따라 안전점검 결과를 통보받은 건설사업자 또는 주택건설등록업자는 통보받은 날부터 15일 이내에 안전점검 결과를 국토교통부장관에게 제출해야 한다. 〈신설 2019. 6. 25., 2020. 1. 7.〉

⑥ 제1항 각 호에 따라 정기안전점검 및 정밀안전점검 등을 할 수 있는 사람(이하 "안전점검책임기술인"이라 한다)은 별표 1에 따른 해당 분야의 특급기술인으로서 「시설물의 안전 및 유지관리에 관한 특별법 시행령」제9조에 따라 국토교통부장관이 인정하는 해당 기술 분야의 안전점검교육 또는 정밀안전진단교육을 이수한 사람으로 한다. 이 경우 안전점검책임기술인은 타워크레인에 대한 정기안전점검을 할 때에는 국토교통부령으로 정하는 자격요건을 갖춘 사람으로 하여금 자신의 감독하에 안전점검을 하게 해야 하고, 그 밖에 안전점검을 할 때 필요한 경우에는 「시설물의 안전 및 유지관리에 관한 특별법 시행령」별표 11의 기술인력의 구

분란에 규정된 자격요건을 갖춘 사람으로 하여금 자신의 감독하에 안전점검을 하게 할 수 있다. 〈개정 2018. 1. 16., 2018. 12. 11., 2019. 6. 25., 2020. 12. 8.〉

⑦ 제1항에 따른 정기안전점검 및 정밀안전점검의 실시에 관한 세부 사항은 국토교통부령으로 정한다. 〈개정 2019. 6. 25.〉

⑧ 법 제62조제6항에 따른 안전점검의 대가는 다음 각 호의 비용을 합한 금액으로 한다. 〈개정 2019. 6. 25.〉

1. 직접인건비: 안전점검 업무를 수행하는 인원의 급료·수당 등

2. 직접경비: 안전점검 업무를 수행하는 데에 필요한 여비, 차량운행비 등

3. 간접비: 직접인건비 및 직접경비에 포함되지 아니하는 각종 경비

4. 기술료

5. 그 밖에 각종 조사·시험비 등 안전점검에 필요한 비용

⑨ 제8항에 따른 안전점검 대가의 세부 산출기준은 건설공사의 종류 및 규모 등을 고려하여 국토교통부장관이 정하여 고시한다. 〈개정 2019. 6. 25.〉

제101조의2(가설구조물의 구조적 안전성 확인) ① 법 제62조제11항에 따라 건설사업자 또는 주택건설등록업자가 같은 항에 따른 관계전문가(이하 "관계전문가"라 한다)로부터 구조적 안전성을 확인받아야 하는 가설구조물은 다음 각 호와 같다. 〈개정 2019. 6. 25., 2020. 1. 7., 2020. 5. 26.〉

1. 높이가 31미터 이상인 비계

1의2. 브라켓(bracket) 비계

2. 작업발판 일체형 거푸집 또는 높이가 5미터 이상인 거푸집 및 동바리

3. 터널의 지보공(支保工) 또는 높이가 2미터 이상인 흙막이 지보공

4. 동력을 이용하여 움직이는 가설구조물

4의2. 높이 10미터 이상에서 외부작업을 하기 위하여 작업발판 및 안전시설물을 일체화하여 설치하는 가설구조물

4의3. 공사현장에서 제작하여 조립·설치하는 복합형 가설구조물

5. 그 밖에 발주자 또는 인·허가기관의 장이 필요하다고 인정하는 가설구조물

② 관계전문가는 「기술사법」에 따라 등록되어 있는 기술사로서 다음 각 호의 요건을 갖추어야 한다. 〈개정 2020. 5. 26.〉

1. 「기술사법 시행령」 별표 2의2에 따른 건축구조, 토목구조, 토질 및 기초와 건설기계 직무 범위 중 공사감독자 또는 건설사업관리기술인이 해당 가설구조물의 구조적 안전성을 확인하기에 적합하다고 인정하는 직무 범위의 기술사일 것

2. 해당 가설구조물을 설치하기 위한 공사의 건설사업자나 주택건설등록업자에게 고용되지 않은 기술사일 것

③ 건설사업자 또는 주택건설등록업자는 제1항 각 호의 가설구조물을 시공하기 전에 다음 각 호의 서류를 공사감독자 또는 건설사업관리기술인에게 제출해야 한다.

　　1. 법 제48조제4항제2호에 따른 시공상세도면

　　2. 관계전문가가 서명 또는 기명날인한 구조계산서[본조신설 2015. 7. 6.]

제101조의3(건설공사 참여자의 안전관리 수준 평가기준 및 절차) ① 국토교통부장관은 법 제62조제14항에 따라 건설공사 참여자(같은 조 제13항 각 호의 자를 말한다. 이하 같다)의 안전관리 수준 평가(이하 "안전관리 수준평가"라 한다)를 할 때에는 다음 각 호의 구분에 따른 기준에 따른다. 〈개정 2019. 6. 25., 2020. 1. 7., 2021. 9. 14.〉

1. 발주청 또는 인ㆍ허가기관의 장에 대한 평가기준

　　가. 안전한 공사조건의 확보 및 지원

　　나. 안전경영 체계의 구축 및 운영

　　다. 건설현장의 법적 요건 준수 및 안전관리 체계 운영 실태

　　라. 수급자의 안전관리 수준

　　마. 건설사고 발생 현황

2. 건설엔지니어링사업자, 건설사업자 및 주택건설등록업자에 대한 평가기준

　　가. 안전경영 체계의 구축 및 운영

　　나. 관련 법에 따른 안전관리 활동 실적

　　다. 자발적 안전관리 활동 실적

　　라. 건설사고 위험요소 확인 및 제거 활동

　　마. 사후관리 실태

② 국토교통부장관은 「건설산업기본법」 제24조제3항에 따른 건설산업정보망에 등록된 공사정보를 확인하여 매년 11월 30일까지 다음 해의 안전관리 수준평가의 대상을 선정하고, 그 선정사실을 해당 건설공사 참여자에게 매년 12월 31일까지 통보하여야 한다.

③ 국토교통부장관은 안전관리 수준평가를 위하여 필요하다고 인정하는 경우에는 소속 공무원으로 하여금 건설공사현장 등을 점검하게 할 수 있다.

④ 국토교통부장관은 안전관리 수준평가 결과의 전부 또는 일부를 인터넷 홈페이지 등을 통하여 공개할 수 있다.

⑤ 제1항부터 제5항까지에서 규정한 사항 외에 안전관리 수준평가에 필요한 세부사항은 국토교통부장관이 정하여 고시한다.[본조신설 2016. 1. 12.]

제101조의4(건설공사 안전관리 종합정보망의 구축ㆍ운영 등) ① 국토교통부장관은 법 제62조제15항에 따라 정보망의 효율적인 구축과 공동활용을 촉진하기 위하여 다음 각 호의 업무를 수행할 수 있다. 〈개정 2019. 6. 25., 2024. 7. 2.〉

1. 정보망의 구축·운영에 관한 각종 연구개발 및 기술지원

2. 정보망의 구축을 위한 공동사업의 시행

3. 정보망의 표준화

4. 정보망을 이용한 정보의 공동활용 촉진

5. 그 밖에 정보망의 구축·운영을 위하여 필요한 사항

제101조의5(소규모 건설공사 안전관리계획의 수립 등) ① 법 제62조의2제1항 전단에 따른 소규모안전관리계획(이하 "소규모안전관리계획"이라 한다)을 수립해야 하는 건설공사는 다음 각 호의 어느 하나에 해당하는 건축물의 건설공사로서 2층 이상 10층 미만인 건축물의 건설공사로 한다.

1. 연면적 1,000제곱미터 이상인「건축법 시행령」별표 1 제2호의 공동주택

2. 연면적 1,000제곱미터 이상인「건축법 시행령」별표 1 제3호 및 제4호의 제1종 근린생활시설 및 제2종 근린생활시설

3. 연면적 1,000제곱미터 이상(「산업집적활성화 및 공장설립에 관한 법률」제2조제14호에 따른 산업단지에서 공장을 건축하는 경우에는 2,000제곱미터 이상으로 한다)인「건축법 시행령」 별표 1 제17호의 공장

4. 연면적 5,000제곱미터 이상인「건축법 시행령」별표 1 제8호가목의 창고

② 법 제62조의2제1항에 따라 소규모안전관리계획을 제출받은 발주청 또는 인·허가기관의 장은 그 내용을 검토하여 소규모안전관리계획을 제출받은 날부터 15일 이내에 해당 건설사업자 또는 주택건설등록업자에게 그 결과를 통보해야 한다. 이 경우 검토 결과는 적정, 조건부 적정, 부적정으로 구분한다.

③ 제2항 후단에 따른 검토 결과 구분의 기준, 승인 절차 및 부적정 판정을 받은 경우 필요한 조치에 관하여는 제98조제5항 및 제6항을 준용한다. 이 경우 제98조제5항 및 제6항 중 "안전관리계획"은 "소규모안전관리계획"으로, 제98조제6항 중 "안전관리계획서"는 "소규모안전관리계획서"로 본다. [본조신설 2020. 12. 8.]

제101조의6(소규모안전관리계획의 수립 기준) ① 법 제62조의2제3항에 따른 소규모안전관리계획의 수립 기준에는 다음 각 호의 사항이 포함되어야 한다.

1. 건설공사의 개요

2. 비계 설치계획

3. 안전시설물 설치계획

② 제1항의 소규모안전관리계획의 수립 기준에 관한 세부적인 내용은 국토교통부령으로 정한다. [본조신설 2020. 12. 8.]

■ 건설기술 진흥법 시행규칙 [별표 7의2] 〈신설 2020. 12. 14.〉

소규모안전관리계획의 수립기준(제59조의2 관련)

> **1. 건설공사의 개요**
>
> 공사 전반을 파악하기 위한 위치도, 공사개요, 전체 공정표 및 설계도서(해당 공사를 인가 · 허가 또는 승인한 행정기관 등에 이미 제출된 경우는 제외한다)
>
> **2. 비계 설치계획**
>
> 건축물 외부에 설치하는 비계의 설치계획 및 시공도면과 현장 특성을 반영한 비계 시공절차 및 주의사항
>
> **3. 안전시설물 설치계획**
>
> 추락방호망, 낙하물방지망, 개구부 덮개, 안전난간대 등 안전시설물 설치계획과 안전시설물을 적정하게 설치하기 위한 사진 · 그림 등 예시자료

제105조(건설공사현장의 사고조사 등) ① 건설공사 참여자(발주자는 제외한다)는 건설사고의 발생 사실을 알게 된 경우에는 법 제67조제1항에 따라 다음 각 호의 사항을 발주청 및 인 · 허가기관의 장에게 전화 · 팩스 또는 그 밖의 적절한 방법으로 통보하여야 한다.

1. 사고발생 일시 및 장소

2. 사고발생 경위

3. 조치사항

4. 향후 조치계획

② 제1항에 따라 건설사고를 통보받은 발주청 및 인 · 허가기관의 장은 건설사고를 통보한 자의 의사에 반하여 해당 통보자의 신분을 공개해서는 아니 된다.

③ 법 제67조제3항에서 "대통령령으로 정하는 중대한 건설사고"란 건설공사의 현장에서 하나의 건설사고로 다음 각 호의 어느 하나에 해당하는 사고(원자력시설공사의 현장에서 발생한 사고는 제외한다)가 발생한 경우를 말한다. 이 경우 동일한 원인으로 일련의 사고가 발생한 경우 하나의 건설사고로 본다. 〈개정 2019. 6. 25.〉

1. 사망자가 3명 이상 발생한 경우

2. 부상자가 10명 이상 발생한 경우

3. 건설 중이거나 완공된 시설물이 붕괴 또는 전도(顚倒)되어 재시공이 필요한 경우

④ 국토교통부장관, 발주청 및 인 · 허가기관의 장은 제3항에 따른 중대한 건설사고(이하 "중대건설현장사고"라 한다)에 대하여 법 제67조제3항 및 제5항에 따른 사고조사를 완료하였을 때에는 다음 각 호의 사항이 포함된 사고조사보고서를 작성하고, 유사한 사고의 예방을 위한 자료로 활용될 수 있도록 관계기관에 배포하여야 한다.

1. 사고 개요

2. 사고원인 분석

3. 조치 결과 및 사후 대책

4. 그 밖에 사고와 관련되어 필요한 사항

⑤ 국토교통부장관, 발주청, 인 · 허가기관의 장 및 건설사고조사위원회는 사고조사를 위하여

필요하다고 인정하는 경우에는 건설사업자 및 주택건설등록업자 등에게 관련 자료의 제출을 요청할 수 있다. 〈개정 2020. 1. 7.〉

⑥ 제1항부터 제5항까지에서 규정한 사항 외에 건설사고 발생 보고 및 중대건설현장사고의 조사에 필요한 세부사항은 국토교통부장관이 정하여 고시한다.[전문개정 2016. 1. 12.]

제103조(안전교육) ① 법 제64조 제1항 제2호 또는 제3호에 따른 분야별 안전관리책임자 또는 안전관리담당자는 법 제65조에 따른 안전교육을 당일 공사작업자를 대상으로 매일 공사 착수 전에 실시하여야 한다.

② 제1항에 따른 안전교육은 당일 작업의 공법 이해, 시공상세도면에 따른 세부 시공순서 및 시공기술상의 주의사항 등을 포함하여야 한다.

③ 건설사업자와 주택건설등록업자는 제1항에 따른 안전교육 내용을 기록·관리해야 하며, 공사 준공 후 발주청에 관계 서류와 함께 제출해야 한다. 〈개정 2020. 1. 7.〉

제104조(건설공사의 환경관리) ① 법 제66조 제1항 제3호에서 "대통령령으로 정하는 환경친화적인 건설공사에 필요한 시책"이란 다음 각 호의 시책을 말한다.

1. 제77조에 따른 공사의 관리에 관하여 정한 내용을 이행하기 위한 건설공사현장의 환경관리

2. 건설공사현장 환경의 정비·복원

3. 환경친화적인 건설산업의 육성·지원

4. 환경친화적인 건설공사를 위한 기술인력의 육성·관리 및 건설환경정보시스템의 구축·활용 촉진

5. 「국토의 계획 및 이용에 관한 법률」 제2조제11호에 따른 도시·군계획사업 등에 대한 환경친화적인 건설기술의 지원

6. 그 밖에 환경친화적인 건설공사를 위하여 국토교통부장관이 필요하다고 인정하여 고시하는 사항

② 제1항제1호에 따른 건설공사현장의 환경관리를 위하여 필요한 절차·방법 등에 관한 세부사항은 국토교통부장관이 정하여 고시한다.다.

제106조(건설사고조사위원회의 구성·운영 등) ① 건설사고조사위원회는 위원장 1명을 포함한 12명 이내의 위원으로 구성한다.

② 건설사고조사위원회의 위원은 다음 각 호의 어느 하나에 해당하는 사람 중에서 해당

건설사고조사위원회를 구성·운영하는 국토교통부장관, 발주청 또는 인·허가기관의 장이 임명하거나 위촉한다.

  1. 건설공사 업무와 관련된 공무원

  2. 건설공사 업무와 관련된 단체 및 연구기관 등의 임직원

  3. 건설공사 업무에 관한 학식과 경험이 풍부한 사람

③ 제2항제2호 및 제3호에 따른 위원의 임기는 2년으로 하며, 위원의 사임 등으로 새로 위촉된 위원의 임기는 전임위원 임기의 남은 기간으로 한다.

④ 건설사고조사위원회 위원의 제척·기피·회피에 관하여는 제20조를 준용한다. 이 경우 "중앙심의위원회등"은 "건설사고조사위원회"로, "각 위원회의 심의·의결"은 "건설사고조사위원회의 심의·의결"로, "안건"은 "사고"로, "심의"는 "조사"로 본다.

⑤ 법 제68조제2항에 따른 건설사고조사위원회의 권고 또는 건의를 받은 국토교통부장관, 발주청 또는 인·허가기관의 장, 그 밖의 관계 행정기관의 장은 그 조치 결과를 국토교통부장관 및 건설사고조사위원회에 통보하여야 한다.

⑥ 건설사고조사위원회의 회의에 출석하는 위원에게는 예산의 범위에서 수당과 여비 등을 지급할 수 있다. 다만, 공무원인 위원이 그 소관 업무와 직접적으로 관련되어 출석하는 경우에는 그러하지 아니하다.

⑦ 제1항부터 제6항까지에서 규정한 사항 외에 건설사고조사위원회의 구성 및 운영 등에 필요한 사항은 국토교통부장관이 정하여 고시한다.

건설기술 진흥법 시행규칙
[시행 2024. 7. 10] [국토교통부령 제1362호, 2024. 7. 10, 일부개정]

제60조(안전관리비) ① 법 제63조제1항에 따른 건설공사의 안전관리에 필요한 비용(이하 "안전관리비"라 한다)에는 다음 각 호의 비용이 포함되어야 한다. 〈개정 2016. 3. 7., 2020. 3. 18., 2020. 12. 14.〉

1. 안전관리계획의 작성 및 검토 비용 또는 소규모안전관리계획의 작성 비용

2. 영 제100조제1항제1호 및 제3호에 따른 안전점검 비용

3. 발파·굴착 등의 건설공사로 인한 주변 건축물 등의 피해방지대책 비용

4. 공사장 주변의 통행안전관리대책 비용

5. 계측장비, 폐쇄회로 텔레비전 등 안전 모니터링 장치의 설치·운용 비용

6. 법 제62조제11항에 따른 가설구조물의 구조적 안전성 확인에 필요한 비용

7. 「전파법」 제2조제1항제5호 및 제5호의2에 따른 무선설비 및 무선통신을 이용한 건설공사 현장의 안전관리체계 구축·운용 비용

② 건설공사의 발주자는 법 제63조제1항에 따라 안전관리비를 공사금액에 계상하는 경우에는 다음 각 호의 기준에 따라야 한다. 〈개정 2016. 3. 7., 2016. 7. 4., 2020. 3. 18.〉

1. 제1항제1호의 비용: 작성 대상과 공사의 난이도 등을 고려하여 「엔지니어링산업 진흥법」 제31조에 따른 엔지니어링사업 대가기준을 적용하여 계상

2. 제1항제2호의 비용: 영 제100조제8항에 따른 안전점검 대가의 세부 산출기준을 적용하여 계상

3. 제1항제3호의 비용: 건설공사로 인하여 불가피하게 발생할 수 있는 공사장 주변 건축물 등의 피해를 최소화하기 위한 사전보강, 보수, 임시이전 등에 필요한 비용을 계상

4. 제1항제4호의 비용: 공사시행 중의 통행안전 및 교통소통을 위한 시설의 설치비용 및 신호수(信號手)의 배치비용에 관해서는 토목·건축 등 관련 분야의 설계기준 및 인건비기준을 적용하여 계상

5. 제1항제5호의 비용: 영 제99조제1항제2호의 공정별 안전점검계획에 따라 계측장비, 폐쇄회로 텔레비전 등 안전 모니터링 장치의 설치 및 운용에 필요한 비용을 계상

6. 제1항제6호의 비용: 법 제62조제11항에 따라 가설구조물의 구조적 안전성을 확보하기 위하여 같은 항에 따른 관계전문가의 확인에 필요한 비용을 계상

7. 제1항제7호의 비용: 건설공사 현장의 안전관리체계 구축·운용에 사용되는 무선설비의 구입·대여·유지 등에 필요한 비용과 무선통신의 구축·사용 등에 필요한 비용을 계상

③ 건설공사의 발주자는 다음 각 호의 어느 하나에 해당하는 사유로 인하여 추가로 발생하는 안전관리비에 대해서는 제2항 각 호의 기준에 따라 안전관리비를 증액 계상하여야 한다. 다만, 발주자의 요구 또는 귀책사유로 인한 경우로 한정한다. 〈신설 2016. 7. 4.〉

1. 공사기간의 연장

2. 설계변경 등으로 인한 건설공사 내용의 추가

3. 안전점검의 추가편성 등 안전관리계획의 변경

4. 그 밖에 발주자가 안전관리비의 증액이 필요하다고 인정하는 사유

④ 건설사업자 또는 주택건설등록업자는 안전관리비를 해당 목적에만 사용해야 하며, 발주자 또는 건설사업관리용역사업자가 확인한 안전관리 활동실적에 따라 정산해야 한다. 〈개정 2016. 7. 4., 2020. 3. 18.〉

⑤ 안전관리비의 계상 및 사용에 관한 세부사항은 국토교통부장관이 정하여 고시한다. 〈개정 2016. 7. 4.〉

Chapter 04 시설물의 안전 및 유지관리에 관한 특별법 (주요 조문)

(法)제7조(시설물의 종류) 시설물의 종류는 다음 각 호와 같다.

1. **제1종시설물** : 공중의 이용편의와 안전을 도모하기 위하여 특별히 관리할 필요가 있거나 구조상 안전 및 유지관리에 고도의 기술이 필요한 대규모 시설물로서 다음 각 목의 어느 하나에 해당하는 시설물 등 대통령령으로 정하는 시설물

    가. 고속철도 교량, 연장 500미터 이상의 도로 및 철도 교량

    나. 고속철도 및 도시철도 터널, 연장 1000미터 이상의 도로 및 철도 터널

    다. 갑문시설 및 연장 1000미터 이상의 방파제

    라. 다목적댐, 발전용댐, 홍수전용댐 및 총저수용량 1천만톤 이상의 용수전용댐

    마. 21층 이상 또는 연면적 5만제곱미터 이상의 건축물

    바. 하구둑, 포용저수량 8천만톤 이상의 방조제

    사. 광역상수도, 공업용수도, 1일 공급능력 3만톤 이상의 지방상수도

2. **제2종시설물** : 제1종시설물 외에 사회기반시설 등 재난이 발생할 위험이 높거나 재난을 예방하기 위하여 계속적으로 관리할 필요가 있는 시설물로서 다음 각 목의 어느 하나에 해당하는 시설물 등 대통령령으로 정하는 시설물

    가. 연장 100미터 이상의 도로 및 철도 교량

    나. 고속국도, 일반국도, 특별시도 및 광역시도 도로터널 및 특별시 또는 광역시에 있는 철도 터널

    다. 연장 500미터 이상의 방파제

    라. 지방상수도 전용댐 및 총저수용량 1백만톤 이상의 용수전용댐

    마. 16층 이상 또는 연면적 3만제곱미터 이상의 건축물

    바. 포용저수량 1천만톤 이상의 방조제

    사. 1일 공급능력 3만톤 미만의 지방상수도

3. 제3종시설물: 제1종시설물 및 제2종시설물 외에 안전관리가 필요한 소규모 시설물로서 제8조에 따라 지정·고시된 시설물

(法)제8조(제3종시설물의 지정 등) ① 중앙행정기관의 장 또는 지방자치단체의 장은 다중이용시설 등 재난이 발생할 위험이 높거나 재난을 예방하기 위하여 계속적으로 관리할 필요가 있다고 인정되는 제1종시설물 및 제2종시설물 외의 시설물을 대통령령으로 정하는 바에

따라 제3종시설물로 지정·고시하여야 한다.

② 중앙행정기관의 장 또는 지방자치단체의 장은 제3종시설물이 보수·보강의 시행 등으로 재난 발생 위험이 없어지거나 재난을 예방하기 위하여 계속적으로 관리할 필요성이 없는 경우에는 대통령령으로 정하는 바에 따라 그 지정을 해제하여야 한다. 〈개정 2020. 6. 9.〉

③ 중앙행정기관의 장 또는 지방자치단체의 장은 제1항 및 제2항에 따라 제3종시설물을 지정·고시 또는 해제할 때에는 국토교통부령으로 정하는 바에 따라 그 사실을 해당 관리주체에게 통보하여야 한다.

(領)8조(시설물의 중대한 결함 등) ① 법 제22조제1항에서 "시설물기초의 세굴(洗掘), 부등침하(不等沈下) 등 대통령령으로 정하는 중대한 결함"이란 시설물의 구조안전에 중대한 영향을 미치는 것으로 인정되는 다음 각 호의 결함을 말한다. 〈개정 2021. 1. 5.〉

1. 시설물기초의 세굴

2. 교량교각의 부등침하

3. 교량받침의 파손

4. 터널지반의 부등침하

5. 항만 계류시설 중 강관 또는 철근콘크리트파일의 파손·부식

6. 댐의 파이핑(piping: 흙·모래 등이 깎여 땅속에 관 모양의 물길이 생기는 현상을 말한다. 이하 같다) 및 구조적 균열

7. 건축물의 기둥·보 또는 내력벽의 내력(耐力) 손실

8. 하천시설물의 본체, 교량 및 수문의 파손·누수·파이핑 또는 세굴

9. 시설물의 철근콘크리트의 염해(鹽害: 염분 피해) 또는 탄산화에 따른 내력 손실

10. 절토사면 및 성토사면(쌓기비탈면)의 균열·이완 등에 따른 옹벽의 균열 또는 파손

11. 그 밖에 시설물의 구조안전에 영향을 미치는 것으로 인정되는 결함으로서 국토교통부령으로 정하는 결함

② 법 제22조제2항에서 "교량 난간의 파손 등 대통령령으로 정하는 공중이 이용하는 부위에 결함"이란 시설물을 이용하는 공중의 안전에 영향을 미치는 것으로 인정되는 다음 각 호의 결함을 말한다. 〈신설 2020. 2. 18.〉

1. 시설물의 난간 등 추락방지시설의 파손

2. 도로교량, 도로터널의 포장 부분이나 신축(伸縮) 이음부의 파손

3. 보행자 또는 차량이 이동하는 구간에 있는 환기구 등의 덮개 파손

4. 그 밖에 공중의 안전에 영향을 미치는 것으로 인정되는 부위의 결함으로서 국토교통부령으로 정하는 부위의 결함

③ 법 제22조제1항 및 제2항에 따른 통보에는 다음 각 호의 사항이 포함되어야 한다. 〈개정
　2020. 2. 18.〉

1. 시설물의 명칭 및 소재지

2. 관리주체의 상호, 명칭, 성명(관리주체가 법인인 경우에는 대표자의 성명을 말한다) 및 주소

3. 안전점검등의 실시기간과 실시자

4. 시설물의 상태별 등급과 중대한 결함의 내용

5. 관리주체가 조치하여야 할 사항

6. 그 밖에 안전관리에 필요한 사항

④ 제1항부터 제3항까지에서 규정한 사항 외에 법 제22조에 따른 시설물의 중대한결함등의
　통보에 필요한 구체적인 사항은 국토교통부장관이 정하여 고시한다. 〈신설 2020. 2.
　18.〉[제목개정 2020. 2. 18.]

■ 시설물의 안전 및 유지관리에 관한 특별법 시행령 [별표 7]

안전점검등 결과보고서에 포함되어야 할 사항(제11조제3항 및 제13조제1항 관련)

1. 정기안전점검	2. 정밀안전점검 및 긴급안전점검	3. 정밀안전진단
가. 시설물의 개요 및 이력사항, 점검의 범위 및 과업내용 등 정기안전점검의 개요 나. 설계도면 및 보수 · 보강 이력 등 자료 수집 및 분석 다. 외관조사 결과분석 등 현장조사 라. 종합결론 마. 그 밖에 정기안전점검에 관한 것으로서 국토교통부장관이 정하는 사항	가. 시설물의 개요 및 이력사항, 점검의 범위 및 과업내용 등 정밀안전점검 및 긴급안전점검의 개요 나. 설계도면, 구조계산서 및 보수 · 보강 이력 등 자료 수집 및 분석 다. 외관조사 결과분석, 재료시험 및 측정 결과분석 등 현장조사 및 시험 라. 콘크리트 또는 강재 등 시설물의 상태평가 마. 종합결론 및 건의사항 바. 그 밖에 정밀안전점검 및 긴급안전점검에 관한 것으로서 국토교통부장관이 정하는 사항	가. 시설물의 개요 및 이력사항, 진단의 범위 및 과업내용 등 정밀안전진단의 개요 나. 설계도면, 구조계산서 및 보수 · 보강 이력 등 자료 수립 및 분석 다. 외관조사 결과분석, 재료시험 및 측정 결과분석 등 현장조사 및 시험 라. 콘크리트 또는 강재 등 시설물의 상태평가 마. 시설물의 구조해석 등 안전성 평가 바. 시설물의 종합평가 사. 보수 · 보강 방법 아. 종합결론 및 건의사항 자. 그 밖에 정밀안전진단에 관한 것으로서 국토교통부장관이 정하는 사항

■ 시설물의 안전 및 유지관리에 관한 특별법 시행령 [별표 4] 〈개정 2021. 1. 5.〉

시설물별 주요 부분(제8조제3항 관련)

시설물별	주요부분
1. 교량	가. 최대 경간장이 50미터 이상이거나 연장이 500미터 이상인 교량의 철근콘크리트 또는 철골구조부 나. 연장이 500미터 미만인 교량의 철근콘크리트 또는 철골구조부
2. 터널	터널(철도터널을 포함한다)의 철근콘크리트 또는 철골구조부
3. 항만	철근콘크리트 · 철골구조부
4. 댐	본체 및 여수로(여분 수량 배수로) 부분
5. 건축물	대형공공성 건축물(공동주택 · 종합병원 · 관광숙박시설 · 관람집회시설 · 대규모소매점과 그 밖의 용도의 16층 이상의 건축물)의 기둥 및 내력벽
6. 상 · 하수도	철근콘크리트 · 철골구조부

■ 시설물의 안전 및 유지관리에 관한 특별법 시행령 [별표 3] 〈개정 2022. 11. 15.〉

안전점검, 정밀안전진단 및 성능평가의 실시시기(제8조제2항, 제10조제1항 및 제28조제2항 관련)

안전등급	정기안전점검	정밀안전점검		정밀안전진단	성능평가
		건축물	건축물 외 시설물		
A등급	반기에 1회 이상	4년에 1회 이상	3년에 1회 이상	6년에 1회 이상	5년에 1회 이상
B · C 등급		3년에 1회 이상	2년에 1회 이상	5년에 1회 이상	
D · E 등급	1년에 3회 이상	2년에 1회 이상	1년에 1회 이상	4년에 1회 이상	

■ 시설물의 안전 및 유지관리에 관한 특별법 시행령 [별표 1의2] 〈개정 2022. 11. 15.〉

제3종시설물의 범위(제5조제1항 관련)

1. 토목분야 : 준공 후 10년이 경과된 시설물(마목은 제외한다)로서 다음 구분에 따른 시설물

구분	대상범위
가. 교량	1) 「도로법」 제10조에 따른 도로에 설치된 연장 20미터 이상 100미터 미만인 도로교량 2) 「도로법」 제10조에 따른 도로 외의 도로에 설치된 연장 20미터 이상인 교량 3) 연장 100미터 미만인 철도교량
나. 터널	1) 연장 300미터 미만의 지방도, 시도, 군도 및 구도의 터널 2) 「농어촌도로 정비법 시행령」 제2조제1호에 따른 터널 3) 연장 100미터 미만인 지하차도 4) 제1종시설물에 해당하지 않는 터널로서 특별시 및 광역시 외의 지역에 있는 철도터널
다. 육교	보도육교
라. 옹벽	1) 지면으로부터 노출된 높이가 5미터 이상인 부분이 포함된 연장 100미터 이상인 옹벽 2) 지면으로부터 노출된 높이가 5미터 이상인 부분이 포함된 연장 40미터 이상인 복합식 옹벽
마. 그 밖의 시설물	그 밖에 중앙행정기관의 장 또는 지방자치단체의 장이 재난예방을 위해 안전관리가 필요한 것으로 인정하는 교량 · 터널 · 옹벽 · 항만 · 댐 · 하천 · 상하수도 등의 구조물(부대시설을 포함한다)과 이와 구조가 유사한 시설물

2. 건축분야: 준공 후 15년이 경과된 시설물(다목은 제외한다)로서 다음 구분에 따른 시설물

가. 공동주택	1) 5층 이상 15층 이하인 아파트 2) 연면적이 660제곱미터를 초과하고 4층 이하인 연립주택 3) 연면적 660제곱미터 초과인 기숙사
나. 공동주택 외의 건축물	1) 11층 이상 16층 미만 또는 연면적 5천제곱미터 이상 3만제곱미터 미만인 건축물(동물 및 식물 관련 시설 및 자원순환 관련 시설은 제외한다) 2) 연면적 1천제곱미터 이상 5천제곱미터 미만인 문화 및 집회시설, 종교시설, 판매시설, 운수시설, 의료시설, 교육연구시설(연구소는 제외한다), 노유자시설, 수련시설, 운동시설, 숙박시설, 위락시설, 관광 휴게시설, 장례시설 3) 연면적 500제곱미터 이상 1천제곱미터 미만인 문화 및 집회시설(공연장 및 집회장만 해당한다), 종교시설 및 운동시설 4) 연면적 300제곱미터 이상 1천제곱미터 미만인 위락시설 및 관광휴게시설 5) 연면적 1천제곱미터 이상인 공공업무시설(외국공관은 제외한다) 6) 연면적 5천제곱미터 미만인 지하도상가(지하보도면적을 포함한다)

시설물의 안전 및 유지관리에 관한 특별법 시행령 [별표 1] 〈개정 2021. 1. 5.〉

제1종시설물 및 제2종시설물의 종류(제4조 관련)

구분	제1종시설물	제2종시설물
1. 교량 　가. 도로교량	1) 상부구조형식이 현수교, 사장교, 아치교 및 트러스교인 교량 2) 최대 경간장 50미터 이상의 교량(한 경간 교량은 제외한다) 3) 연장 500미터 이상의 교량 4) 폭 12미터 이상이고 연장 500미터 이상인 복개구조물	1) 경간장 50미터 이상인 한 경간 교량 2) 제1종시설물에 해당하지 않는 교량으로서 연장 100미터 이상의 교량 3) 제1종시설물에 해당하지 않는 복개구조물로서 폭 6미터 이상이고 연장 100미터 이상인 복개구조물
나. 철도교량	1) 고속철도 교량 2) 도시철도의 교량 및 고가교 3) 상부구조형식이 트러스교 및아치교인 교량 4) 연장 500미터 이상의 교량	제1종시설물에 해당하지 않는 교량으로서 연장 100미터 이상의 교량
2. 터널 　가. 도로터널	1) 연장 1천미터 이상의 터널 2) 3차로 이상의 터널 3) 터널구간의 연장이 500미터 이상인 지하차도	1) 제1종시설물에 해당하지 않는 터널로서 고속국도, 일반국도, 특별시도 및 광역시도의 터널 2) 제1종시설물에 해당하지 않는 터널로서 연장 300미터 이상의 지방도, 시도, 군도 및 구도의 터널 3) 제1종시설물에 해당하지 않는 지하차도로서 터널구간의 연장이 100미터 이상인 지하차도

나. 철도터널	1) 고속철도 터널 2) 도시철도 터널 3) 연장 1천미터 이상의 터널	제1종시설물에 해당하지 않는 터널로서 특별시 또는 광역시에 있는 터널
3. 항만 가. 갑문 나. 방파제, 파제제 및 호안	갑문시설 연장 1천미터 이상인 방파제	1) 제1종시설물에 해당하지 않는 방파제로서 연장 500미터 이상의 방파제 2) 연장 500미터 이상의 파제제 3) 방파제 기능을 하는 연장 500미터 이상의 호안
다. 계류시설	1) 20만톤급 이상 선박의 하역시설로서 원유부이(BUOY)식 계류시설(부대시설인 해저송유관을 포함한다) 2) 말뚝구조의 계류시설(5만톤급 이상의 시설만 해당한다)	1) 제1종시설물에 해당하지 않는 원유부이식 계류시설로서 1만톤급 이상의 원유부이식 계류시설(부대시설인 해저송유관을 포함한다) 2) 제1종시설물에 해당하지 않는 말뚝구조의 계류시설로서 1만톤급 이상의 말뚝구조의 계류시설 3) 1만톤급 이상의 중력식 계류시설
4. 댐	다목적댐, 발전용댐, 홍수전용댐 및 총저수용량 1천만톤 이상의 용수전용댐	제1종시설물에 해당하지 않는 댐으로서 지방상수도전용댐 및 총저수용량 1백만톤 이상의 용수전용댐
5. 건축물 　가. 공동주택 　나. 공동주택 외의 건축물	1) 21층 이상 또는 연면적 5만제곱미터 이상의 건축물 2) 연면적 3만제곱미터 이상의 철도역시설 및 관람장 3) 연면적 1만제곱미터 이상의 지하도상가(지하보도면적을 포함한다)	16층 이상의 공동주택 1) 제1종시설물에 해당하지 않는 건축물로서 16층 이상 또는 연면적 3만제곱미터 이상의 건축물 2) 제1종시설물에 해당하지 않는 건축물로서 연면적 5천제곱미터 이상(각 용도별 시설의 합계를 말한다)의 문화 및 집회시설, 종교시설, 판매시설, 운수시설 중 여객용 시설, 의료시설, 노유자시설, 수련시설, 운동시설, 숙박시설 중 관광숙박시설 및 관광 휴게시설 3) 제1종시설물에 해당하지 않는 철도 역시설로서 고속철도, 도시철도 및 광역철도 역시설 4) 제1종시설물에 해당하지 않는 지하도상가로서 연면적 5천제곱미터 이상의 지하도상가(지하보도면적을 포함한다)
6. 하천 　가. 하구둑	1) 하구둑 2) 포용조수량 8천만톤 이상의 방조제	제1종시설물에 해당하지 않는 방조제로서 포용조수량 1천만톤 이상의 방조제

나. 수문 및통문	특별시 및 광역시에 있는 국가하천의 수문 및 통문(通門)	1) 제1종시설물에 해당하지 않는 수문 및 통문으로서 국가하천의 수문 및 통문 2) 특별시, 광역시, 특별자치시 및 시에 있는 지방하천의 수문 및 통문
다. 제방		국가하천의 제방[부속시설인 통관(通管) 및 호안(護岸)을 포함한다]
라. 보	국가하천에 설치된 높이 5미터 이상인 다기능 보	제1종시설물에 해당하지 않는 보로서 국가하천에 설치된 다기능 보
마. 배수펌프장	특별시 및 광역시에 있는 국가하천의 배수펌프장	1) 제1종시설물에 해당하지 않는 배수펌프장으로서 국가하천의 배수펌프장 2) 특별시, 광역시, 특별자치시 및 시에 있는 지방하천의 배수펌프장
7. 상하수도 　가. 상수도	1) 광역상수도 2) 공업용수도 3) 1일 공급능력 3만톤 이상의 지방상수도	제1종시설물에 해당하지 않는 지방상수도
나. 하수도		공공하수처리시설(1일 최대처리용량 500톤 이상인 시설만 해당한다)
8. 옹벽 및 절토사면		1) 지면으로부터 노출된 높이가 5미터 이상인 부분의 합이 100미터 이상인 옹벽 2) 지면으로부터 연직(鉛直)높이(옹벽이 있는 경우 옹벽 상단으로부터의 높이) 30미터 이상을 포함한 절토부(땅깎기를 한 부분을 말한다)로서 단일 수평연장 100미터 이상인 절토사면
9. 공동구		공동구

저희 북스케치는 오류 없는 책을 만들기 위해 노력하고 있으나, 미처 발견하지 못한 잘못된 내용이 있을 수 있습니다.
학습하시다 문의 사항이 생기실 경우, 북스케치 이메일(booksk@booksk.co.kr)로 교재 이름, 페이지, 문의 내용 등을
보내주시면 확인 후 성실히 답변 드리도록 하겠습니다.
또한, 출간 후 발견되는 정오 사항은 북스케치 홈페이지(www.booksk.co.kr)의 도서정오표 게시판에 신속히 게재하
도록 하겠습니다.
좋은 콘텐츠와 유용한 정보를 전하는 '간직하고 싶은 수험서'를 만들기 위해 늘 노력하겠습니다.

테마
건설안전기사
실기 필답형 +작업형

초판 발행	2022년 3월 10일
개정판 발행	2023년 1월 31일
개정2판 발행	2024년 3월 20일
개정3판 발행	2025년 3월 10일
편저자	신상욱
펴낸곳	북스케치
출판등록	제2022－000047호
주소	경기도 파주시 광인사길 193, 2층
전화	070－4821－5513
팩스	0303－0957－0405
학습문의	booksk@booksk.co.kr
홈페이지	www.booksk.co.kr
ISBN	979－11－94041－37－5